Ferdinand Hauck

Die Meeresalgen Deutschlands und Oesterreichs

Ferdinand Hauck

Die Meeresalgen Deutschlands und Oesterreichs

ISBN/EAN: 9783741171567

Hergestellt in Europa, USA, Kanada, Australien, Japan

Cover: Foto ©Klaus-Uwe Gerhardt /pixelio.de

Manufactured and distributed by brebook publishing software (www.brebook.com)

Ferdinand Hauck

Die Meeresalgen Deutschlands und Oesterreichs

Die Meeresalgen

Deutschlands und Oesterreichs.

Bearbeitet

von

Dr. **Ferdinand Hauck.**

Mit 583 Abbildungen im Texte und 5 Lichtdrucktafeln.

Leipzig.
Verlag von Eduard Kummer.
1885.

Vorrede.

Seit dem Erscheinen der Phycologia germanica von F. T. Kützing im Jahre 1845, an welche sich L. Rabenhorst in seiner Kryptogamen-Flora von Deutschland etc. — Die Algen Deutschlands, Leipzig 1847 — anlehnte, ist keine weitere systematisch-beschreibende Bearbeitung der Meeresalgen des deutschen und österreichischen Küstengebietes erfolgt.

Bei der grossen Umgestaltung, welche die Algenkunde seit dieser Zeit in jeder Richtung erfahren hat, war eine Umarbeitung des Rabenhorst'schen Werkes ganz ausgeschlossen, es musste vielmehr eine vollständige Neubearbeitung vorgenommen werden.

Indem ich dem ehrenvollen Antrage des Herrn Verlegers, mich dieser Arbeit zu unterziehen, nachkam, trat an mich die Aufgabe heran, nicht nur sämmtliche bis jetzt aus dem Gebiete bekannt gewordenen Meeresalgen auf Grund der neueren Forschungen einer kritischen Revision zu unterziehen, sondern es sollte, dem Plane des Sammelwerkes gemäss, sowohl dem Fachmanne als auch dem Anfänger ein Handbuch zum leichten und sicheren Bestimmen der Meeresalgen geboten werden, was bis jetzt bei der zerstreuten, oft schwer zugänglichen Literatur meistens mit grossen Schwierigkeiten oder Zeitverlust verbunden war.

In Bezug auf die Ausführung habe ich nun Einiges zu bemerken:

Das Florengebiet erstreckt sich auf die Küstenstriche und Inseln des deutschen Reiches (Helgoland jedoch mit inbegriffen) und Oesterreichs, schliesst in sich somit den grössten Theil der aus der Nord- und Ostsee, und sämmtliche aus dem adriatischen Meere bekannten Algen, da an den benachbarten Küsten dieses Meeres bis jetzt keine Formen gefunden worden sind, welche nicht auch an den Küsten und Inseln des Litorale und Dalmatiens vorkommen. Anders verhält es sich dagegen mit den übrigen Küstenstrichen der Nord- und Ostsee, deren Algenflora einen mehr oder weniger veränderten Charakter trägt, weshalb ich mich im Norden an die politischen Grenzen halten musste. Da die vorliegende Flora als Basis für weitere Forschungen dienen soll, so habe ich nur jene Arten aufgenommen, welche mir sicher aus dem Gebiete bekannt geworden sind und für welche sich Belegexemplare in meiner

Sammlung oder in den mir zugänglich gewesenen öffentlichen und Privat-Herbarien vorfanden. Nicht berücksichtiget dagegen habe ich alle jene Meeresalgen, deren angebliches Vorkommen im Gebiete sich nicht mehr konstatiren liess, oder deren Aufzählung in einigen Werken offenbar auf falscher Bestimmung beruht. In gleicher Weise habe ich alle ganz mangelhaft gekannten, häufig nur nach einzelnen fragmentarischen Herbarexemplaren aufgestellten Species eliminirt, sofern sie sich nach den vorhandenen ungenügenden Beschreibungen oder Abbildungen nicht wieder erkennen liessen und von welchen Originalexemplare nicht mehr zu verschaffen waren.

Die Vollständigkeit des Werkes ist aber dadurch nicht beeinträchtigt worden, denn abgesehen davon, dass die Anzahl der eliminirten Species nur eine sehr geringe ist, so dürften sich die meisten derselben bei einer eventuellen künftigen Untersuchung als Entwicklungsglieder oder Formen von bereits aufgenommenen Arten erweisen; dagegen sind dem Florengebiete mehrere neue und viele aus demselben bisher nicht bekannte Arten zugewachsen.

Im vorliegenden Werke fanden ferner nur die echten Meeresalgen Aufnahme; jene Algen der süssen Gewässer, welche nur gelegentlich auch im Brackwasser der Küsten leben, wurden nicht berücksichtigt, mit Ausnahme weniger Arten, deren Formen sowohl im Süsswasser als auch in reinem Meerwasser vorkommen.

Im Systeme bin ich mit einigen Ausnahmen demjenigen von J. Agardh und Thuret-Bornet gefolgt, nur den Ordnungen der Phaeozoosporeen und Chlorozoosporeen habe ich ein geändertes Eintheilungsprinzip zu Grunde gelegt.

Da ein System für eine künstlich und geographisch abgegrenzte Gruppe der Algen selbstverständlich sich nicht vollständig durchführen lässt, so musste ich es dem Zwecke anpassen; ebenso hatte auch die Charakteristik der Ordnungen, Familien und Gattungen sich vorzugsweise nach den in Betracht kommenden untergeordneten Kategorien zu richten, namentlich da, wo nur wenige Repräsentanten derselben im Gebiete vertreten sind. In gleicher Weise musste sich auch der allgemeine Theil, der dem speciellen bei den Ordnungen vorausgeschickt wurde, nur auf die Arten des Gebietes und auch nur auf das Wesentliche, zum Verständnisse der Beschreibungen unumgänglich Nöthige beschränken, da es nicht im Plane lag, mit der Flora zugleich ein Lehrbuch zu verknüpfen.

Die Beschreibungen der Arten, namentlich der kritischen, sind dagegen vielfach ausführlicher gehalten, als gerade zum Bestimmen der betreffenden Alge erforderlich gewesen wäre; ich beabsichtigte damit die Art so zu charakterisiren, dass sie auch von den verwandten, bis jetzt im Gebiete nicht gefundenen Arten genügend unterschieden werden könne.

Um das Buch nicht über Gebühr auszudehnen, habe ich eine Begründung der gewählten Arten-Begrenzung vermieden, mich auch in der Anführung der Synonyme auf die wichtigsten beschränkt und alle veralteten unsicheren, die sich als unnützer Ballast von einem Werke in das andere schleppen, über Bord geworfen. In der Nomenklatur wurde die Priorität gewahrt: nur da, wo es sich nicht mehr sicher stellen liess, welche Art unter dem ältesten Namen verstanden worden ist, musste ein neuerer gewählt werden.

Zur sicheren oder doch leichteren Bestimmung, namentlich der Kryptogamen, sind Abbildungen unerlässlich; da aber aus äusseren Gründen auf die Abbildung sämmtlicher beschriebenen Arten verzichtet werden musste, so konnten nur Gattungs-Repräsentanten illustrirt werden, wobei im Speciellen auf die wichtigsten anatomischen Merkmale Rücksicht genommen worden ist. Bei einzelnen schwierigeren Gattungen wurden jedoch mehrere oder sämmtliche beschriebene Arten abgebildet.

Die Illustrationen selbst sind grösstentheils Copien aus den besten neueren Werken, ein Theil jedoch, sowie die Tafeln in Lichtdruck, sind Originale. Die Beigabe der Tafeln schien mir insofern nothwendig, als von den darauf in natürlicher Grösse dargestellten Arten der Gattungen Melobesia, Lithophyllum und Lithothamnion bis jetzt gar keine oder nur ungenügende Abbildungen existirten, und ohne solche eine sichere Bestimmung fast unmöglich, da auch die Formenreihe und Entwicklungsgeschichte der einzelnen Arten gar nicht bekannt ist.

Mit Hilfe der Abbildungen und unter Benützung des am Schlusse angefügten, zumeist nach äusseren oder leicht aufzufindenden Merkmalen verfassten Hilfschlüssels wird es hoffentlich auch dem Anfänger nicht schwer werden, eine Meeresalge aus dem Gebiete der Gattung nach zu bestimmen und auch die Art leicht herauszufinden; nur bei den artenreicheren Gattungen, wie Polysiphonia, Cladophora etc., wird letzteres anfänglich etwas mehr Geduld beanspruchen. Ich weiss aus eigener Erfahrung, dass hier auch analytische Tabellen von wenig Nutzen sind, da solche bei der unvollständigen Kenntniss, die wir gerade von den meisten dieser Arten haben, und bei deren subtilen Unterscheidungsmerkmalen, die oft nur in ihrer Gesammtheit die Art charakterisiren, überhaupt keine präcise Fassung gestatten, und anderseits zur Bestimmung selten so vollständige Exemplare vorliegen, an welchen eben alle in der Tabelle benützten Merkmale ersichtlich sind.

Obwohl ich nach Möglichkeit bemüht war, die ganze einschlägige Literatur kennen zu lernen und zu benützen, so konnte ich doch einige neuere Publikationen seit 1882 nicht mehr oder nur theilweise berücksichtigen, weil der Druck dieses Werkes schon in jenem Jahre begonnen hatte.

Gern hätte ich den einzelnen Arten einige biologische Bemerkungen beigefügt, doch sind hierfür die mir zur Verfügung stehenden Daten viel zu spärlich und lückenhaft. Es bleibt hier wie in jeder anderen Richtung noch viel zu thun übrig, wie denn auch anzunehmen ist, dass sich die Zahl von 675 Arten und Formen, die hier beschrieben sind, und von welchen 273 an den deutschen Küsten, und 496 im adriatischen Meere vorkommen, bei gründlicherer Durchforschung des Gebietes noch um ein Bedeutendes vermehren dürfte.

Zum Schlusse spreche ich meinen verbindlichsten Dank allen jenen aus, welche mich in irgend einer Weise bei meiner Arbeit unterstützt haben, insbesondere aber den Herren: Dr. J. G. Agardh Professor in Lund; Dr. J. E. Areschoug, Professor in Upsala; Dr. G. Berthold in Göttingen; Dr. E. Bornet in Paris; Dr. A. Borzi, Professor in Messina; Dr. T. Caruel, Professor in Florenz; Dr. A. Dodel-Port, Professor in Zürich; Dr. P. Falkenberg in Göttingen; Dr. W. G. Farlow, Professor in Cambridge, Mass.; Dr. E. Gräffe in Triest; Dr. F. R. Kjellman, Professor in Upsala; Dr. A. Le Jolis in Cherbourg; Dr. C. de Marchesetti in Triest; Dr. O. Nordstedt, Professor in Lund; Dr. H. W. Reichardt, Professor in Wien; P. Richter in Leipzig; Hofrath Dr. A. Schenk, Professor in Leipzig; Dr. F. Schmitz, Professor in Greifswald; Dr. H. Graf zu Solms-Laubach, Professor in Göttingen; A. Valle in Triest; R. Marquis Valiante in Neapel; Rev. Fr. Wolle in Bethlehem, Pennsilv. und Dr. V. Wittrock, Professor in Stockholm. Sehr verpflichtet war ich auch dem mittlerweile verstorbenen Herrn Dr. W. Sonder in Hamburg, aus dessen reichen Herbar ich zahlreiche Originalexemplare zur Untersuchung erhalten habe.

Triest, im December 1884.

Dr. F. Hauck.

Inhalts-Verzeichniss

(zugleich systematische Uebersicht).

Seite

Vorwort V

Literatur-Verzeichniss XIII

Einleitung 1

Uebersicht der Reihen 7

I. Reihe. Rhodophyceae . . . 8

I. Ordnung. Florideae 8

Uebersicht der Familien der Florideen 13

I. Familie. Porphyraceae . . . 21

Gattungen: Bangia, Porphyra.

II. Familie. Squamariaceae 26

Gattungen: Cruoria, Petrocelis, Cruoriella, Contarinia, Peyssonnelia, Rhizophyllis.

III. Familie. Hildenbrandtiaceae . . . 37

Gattung: Hildenbrandtia.

IV. Familie. Wrangeliaceae 39

Gattungen: Chantransia, Spermothamnion, Monospora, Bornetia, Spondylothamnion, Wrangelia, Naccaria.

V. Familie. Helminthocladiaceae 55

Gattungen: Helminthocladia, Helminthora, Nemalion, Scinaia, Liagora.

VI. Familie. Chaetangiaceae . . . 65

Gattung: Galaxaura.

VII. Familie. Ceramiaceae 67

Gattungen: Rhodochorton, Antithamnion, Callithamnion, Pleonosporium, Griffithsia, Ptilota, Crouania, Dudresnaya, Gloeosiphonia, Ceramium.

VIII. Familie. Spyridiaceae 113

Gattung: Spyridia.

Seite

IX. Familie. Cryptonemiaceae 116
Gattungen: Nemastoma, Schizymenia, Sarcophyllis. Grateloupia. Fastigiaria, Halymenia, Dumontia, Cryptonemia, Acrodiscus.

X. Familie. Gigartinaceae 133
Gattungen: Chondrus, Gigartina. Gymnogongrus, Phyllophora. Kallymenia, Constantinea. Cystoclonium.

XI. Familie. Rhodymeniaceae 149
Gattungen: Gloiocladia, Fauchea. Chylocladia, Chrysymenia, Rhodymenia, Plocamium, Rhodophyllis, Hydrolapathum.

XII. Familie. Delesseriaceae 169
Gattungen: Nitophyllum, Delesseria.

XIII. Familie. Sphaerococcaceae 178
Gattungen: Sphaerococcus, Gracilaria, Chondrymenia.

XIV. Familie. Solieriaceae 186
Gattung: Catenella.

XV. Familie. Hypnaeaceae . . . 187
Gattung: Hypnaea.

XVI. Familie. Gelidiaceae 189
Gattungen: Gelidium, Caulacanthus.

XVII. Familie. Spongiocarpeae 197
Gattung: Polyides.

XVIII. Familie. Lomentariaceae . . . 199
Gattung: Lomentaria.

XIX. Familie. Rhodomelaceae 203
Gattungen: Ricardia, Laurencia, Bonnemaisonia, Chondria, Alsidium, Digenea. Rhodomela, Polysiphonia. Rytiphlaea, Vidalia, Dasya, Halodictyon.

XX. Familie. Corallinaceae 259
Gattungen: Melobesia, Lithophyllum, Lithothamnion, Amphiroa, Corallina.

II. Reihe. Phaeophyceae 282

II. Ordnung. Fucoideae 282

I. Familie. Fucaceae 285
Gattungen: Himanthalia, Ascophyllum, Fucus, Halidrys, Cystosira, Sargassum.

III. Ordnung. Dictyotaceae 302

I. Familie. Dictyoteae 304
Gattungen: Dictyota, Taonia, Padina, Dictyopteris.

IV. Ordnung. Phaeozoosporeae 312

Uebersicht der Familien der Phaeozoosporeen 316

Seite

I. Familie. **Ectocarpaceae** 319
Gattungen: Myrionema, Streblonema, Ectocarpus, Sorocarpus, Choristocarpus, Giraudia, Myriotrichia, Dichosporangium, Pilayella, Sphacelaria, Chaetopteris, Cladostephus.

II. Familie. **Mesogloeaceae** 351
Gattungen: Elachista, Leathesia, Petrospongium, Castagnea, Mesogloea, Nemacystus, Chordaria.

III. Familie. **Punctariaceae** 369
Gattungen: Punctaria, Dictyosiphon, Stictyosiphon, Striaria, Desmarestia.

IV. Familie. **Arthrocladiaceae** . . . 380
Gattung: Arthrocladia.

V. Familie. **Sporochnaceae** 382
Gattungen: Sporochnus, Stilophora, Nereia, Asperococcus.

VI. Familie. **Scytosiphonaceae** 389
Gattungen: Scytosiphon, Phyllitis, Hydroclathrus.

VII. Familie. **Laminariaceae** 394
Gattungen: Chorda, Laminaria, Alaria.

VIII. Familie. **Ralfsiaceae** 399
Gattung: Ralfsia.

IX. Familie. **Lithodermaceae** . . . 402
Gattung: Lithoderma.

X. Familie. **Cutleriaceae** 403
Gattungen: Cutleria, Zanardinia, Aglaozonia.

III. Reihe. Chlorophyceae 410

V. Ordnung. Oosporeae 410

I. Familie. **Vaucheriaceae** . 412
Gattung: Vaucheria.

VI. Ordnung. Chlorozoosporeae . . . 417

Uebersicht der Familien der Chlorozoosporeen . . 420

I. Familie. **Ulvaceae** 422
Gattungen: Monostroma, Enteromorpha, Ulva.

II. Familie. **Confervaceae** 437
Gattungen: Chaetomorpha, Ulothrix, Rhizoclonium, Cladophora, Entocladia, Phaeophila, Bolbocoleon, Acrochaete.

III. Familie. **Anadyomenaceae** 466
Gattungen: Microdictyon, Anadyomene.

IV. Familie. **Valoniaceae** 469
Gattungen: Valonia, Siphonocladus, Codiolum.

Seite

V. Familie. **Bryopsideae** 471
Gattung: Bryopsis.

VI. Familie. **Derbesiaceae** 475
Gattung: Derbesia.

VII. Familie. **Codiaceae** 477
Gattungen: Codium, Udotea, Halimeda.

VIII. Familie. **Dasycladaceae** 483
Gattung: Dasycladus.

IX. Familie. **Acetabulariaceae** 484
Gattung: Acetabularia.

X. Familie. **Palmellaceae** 485
Gattung: Palmophyllum.

IV. Reihe. Cyanophyceae 487

VII. Ordnung. Schizophyceae 487

Uebersicht der Familien der Schizophyceen . . . 490

I. Familie. **Nostocaceae** 491
Gattungen: Calothrix, Rivularia, Isactis, Hormactis, Sphaerozyga, Nodularia, Lyngbya, Symploca, Oscillaria, Microcoleus, Spirulina.

II. Familie. **Chroococcaceae** 512
Gattungen: Gloeocapsa, Entophysalis, Oncobyrsa, Pleurocapsa, Dermocarpa. — Goniotrichum.

Nachträge 520
Gattungen: Lejolisia, Janczewskia, Discosporangium.

Hilfsschlüssel zum leichteren Auffinden der Gattungen . . . 527
Register der Familien, Gattungen, Arten und Synonymen . . 548
Register der Abbildungen 571
Berichtigungen 575
Zur Erklärung der Tafeln.

Alle in diesem Werke angeführten Werthe beziehen sich auf das metrische System; bei mikrometrischen Werthen ist die Einheit das Mikromillimeter (μ) = 0·001 mm.

Literatur-Verzeichniss.

(Der abgekürzte Autor-Name steht in Klammer.)

Adanson, M. (Adans). Familles des plantes. II Vol. Paris 1763.

Agardh, C. A. (Ag.). Dispositio Algarum Sueciae. Lundae 1811.

—— Synopsis Algarum Scandinaviae, adjecta dispositione universali Algarum. Lundae 1817.

—— Species Algarum rite cognitae. Gryphiswaldiae Vol. I. 1821; Vol. II. 1828.

—— Systema Algarum. Lundae 1824.

—— Aufzählung einiger in den österreichischen Ländern aufgefundener neuer Gattungen und Arten von Algen. (Flora II.) Regensburg 1827.

—— Icones Algarum europaearum. Lipsiae 1828—1835.

Agardh, J. G. (J. Ag.). Algae maris mediterranei et adriatici. Paris 1842.

—— In systemata Algarum hodierna Adversaria. Lundae 1844.

—— Species, Genera et ordines Algarum. Lundae 1848—1876. Vol. I—III. — Der III. Band auch unter dem Titel „Epicrisis systematis Floridearum. Lundae 1876“.

—— Om Spetsbergens Alger. Lund. 1862.

De Laminarieis symbolas offert J. G. Agardh (Universitets Årsskrift. T. IV.) Lund. 1867.

Bidrag till künnedomen af Spetsbergens Alger. (Kongl. Svenska Vetenskaps-Akademiens Handlingar.) Stockholm 1868. — Tillägg till föregaende afhandling. l. c. 1868.

—— Till Algernes Systematik. Nya bidrag. — (Univ. Årsskr. T. IX). Lund. 1872. — Andra afdelningen (l. c. T. XVII). — Tredje afdelningen (l. c. T. XIX).

—— Bidrag till Kännedomen af Grönlands Laminariecr och Fucaceer. (Kongl. Vetensk.-Akademiens Handlingar.) Stockholm 1872.

Florideernes Morphologi. Stockholm 1879. — Auch lateinisch unter dem Titel „Morphologia Floridearum“ als Fortsetzung der Species Algarum.

Ahlner, K. (Ahln.). Bidrag till Kännedomen om de Svenska formerna af algslägtet Enteromorpha. Stockholm 1877.

Ambronn, H. Ueber einige Fälle von Bilateralität bei den Florideen. (Botan. Zeitung.) Leipzig 1880.

Ardissone, F. (Ardiss.). Prospetto delle Ceramiee italiche. Pesaro 1867.

—— Le Floridee italiche descritte ed illustrate. Vol. I, II. Milano e Firenze 1868—1878.

Ardissone, F. Nota sullo Spermothamnion torulosum. (Atti della Società crittogam. italiana.) Milano 1880.

— Phycologia mediterranea. Parte prima, Floridee. Varese 1883.

Ardissone, F. e Strafforello, I. Enumerazione delle Alghe di Liguria. Milano 1877.

Areschoug, J. E. (Aresch.). Algarum minus cognitarum pugillus primus. (Linnaea) Berlin 1842.

Algarum (Phycearum) minus rite cognitarum pugillus secundus. (Linnaea.) Berlin 1843.

Phyceae Scandinavicae marinae. Upsala 1850.

Observationes Phycologicae. (Part. I—III. Nova Acta reg. soc. scient. Upsaliensis.) Upsala 1866—1875.

Om de scandinaviska algformer, som äro närmast beslägtade med Dictyosiphon foeniculaceus ella kunna med denna lättast förblandas. (Botaniska Notiser.) Lund 1873.

De algis nonnullis maris baltici et Bahusiensis. (Botaniska Notiser.) Lund 1876.

De copulatione microzoosporarum Enteromorphae compressae. (Botaniska Notiser.) Lund 1876.

De Bary, A. (De By.). Beiträge zur Kenntniss der Nostochaceen, insbesondere der Rivularieen. (Flora.) Regensburg 1863.

De Bary, A. und Strasburger E. Acetabularia mediterranea. (Botanische Zeitung. Band XIII.) Leipzig 1877.

Berkeley, M. J. (Berk.). Gleanings of British Algae; being an appendix to the Supplement to English Botany. London 1833.

Berthold, G. (Berth.). Untersuchungen über die Verzweigung einiger Süsswasseralgen. Halle 1878.

Zur Kenntniss der Siphoneen und Bangiaceen. (Mitth. aus der zool. Station zu Neapel. Vol. II.) Leipzig 1880.

Die geschlechtliche Fortpflanzung von Dasycladus clavaeformis Ag. (Nachr. von der Gesellsch. der Wissensch.) Göttingen 1880.

Die geschlechtliche Fortpflanzung der eigentlichen Phaeosporeen. (Mitth. aus der zoolog. Stazion zu Neapel. II. Bd.) Leipzig 1881.

Die Befruchtungsvorgänge bei den Algen. (Biolog. Centralblatt.) Erlangen 1881.

Beiträge zur Morphologie und Physiologie der Meeresalgen. (Pringsh. Jahrb.) Berlin 1882.

Ueber die Vertheilung der Algen im Golf von Neapel. (Mitth. aus der zool. Station zu Neapel. Vol. III.) Leipzig 1882.

Die Bangiaceen des Golfes von Neapel. Leipzig 1882.

Die Cryptonemiaceen des Golfes von Neapel. Leipzig 1884.

Bertoloni, A. (Bertol.). Lettera al Lamouroux. (Opusculi scientifici di Bologna, Vol. V.) Bologna 1818.

Amoenitates italicae. Bononiae 1819.

Biasoletto, B. (Bias.). Viaggio di S. M. Federico Augusto Re di Sassonia per l'Istria, Dalmazia e Montenegro. Trieste 1841.

Bivona-Bernardi, A. Scinaia. Algarum marinarum novum genus. Palermo 1822.

Bonnemaison, Th. (Bonnem.). Essai d'une classification des Hydrophytes loculées ou plantes marines qui croissent en France. Paris 1822.

Bonnemaison, Th. Essai sur les Hydrophytes loculées ou articulées de la famille des Epidermées et des Ceramiées. Paris 1828.

Bornet, E. (Born.). Description d'un nouveau genre de Floridées des côtes de la France. (Ann. sc. nat. 4 ser. T. XI.) Paris 1859.

Bornet, E. et **Thuret, G.** (Born. et Thur.). Recherches sur la fécondation des Floridées. Paris 1867.

— Notes algologiques. Fasc. I, II. Paris 1876—1880.

Bory de Saint-Vincent. (Bory.). Ceramiaires et Conferves in Dictionnaire classique d'Histoire naturelle. T. IV. Paris 1823.

— Expedition scientifique de Morée. Section des sciences physiques. T. III. 2 part. botanique. Paris 1832.

Borzi, A. Note alla morfologia e biologia delle alghe ficocromacee. (Nuovo Giorn. bot. ital. Vol. X, No. 3; XI, No. 4; XIV, No. 4.) Pisa 1878—1882.

— Nachträge zur Morphologie und Biologie der Nostocaceen. (Flora.) Regensburg 1878.

Hauckia, nuova palmellacea dell' Isola di Favignana. (Nuovo Giorn. botan. ital. Vol. XII.) Firenze 1880.

— Sugli spermazi della Hildenbrandtia rivularis. (Rivista scientifica.) Messina 1880.

Studi algologici. Fasc. I. Messina 1883.

Braun, A. (A. Br.). Algarum unicellularum genera nova et minus cognita. Leipzig 1855.

De Candolle, A. P. (DC. oder Decand.). Flore française. Paris 1805.

Caspary, R. (Casp.). Die Seealgen von Neukuhren an der samländischen Küste in Preussen nach Hensche's Sammlung. (Schrift. d. phys. ökon. Gesellsch.) Königsberg 1871.

Castagne, L. Catalogue des plantes qui croissent naturellement aux environs de Marseille. Aix 1845.

— Supplément au catalogue des plantes qui croissent naturellement aux environs de Marseille. Aix 1851.

Chauvin, J. F. (Chauv.). Recherches sur l'organisation, la fructification et la classification de plusieurs genres d'Algues. Caen 1842.

Cienkowski, L. Zur Morphologie der Ulothricheen. (Mélanges biolog. tirés du Bull. de l'Academie imp. des sciences.) Petersburg 1876.

Clemente, S. de Roxas. (Clem.). Ensajo sobre las variedades de la vid comun que vegetan en Andalucia. Madrid 1807.

Cohn, F. Ueber einige Algen aus Helgoland. (Rabenhorst's Beiträge zur näheren Kenntniss und Verbreitung der Algen.) Leipzig 1865.

Beiträge zur Physiologie der Phycochromaceen und Florideen. (M. Schultze's Archiv für mikroskopische Anatomie.) Bonn 1867.

Ueber zwei Fälle von sogenannter Wasserblüthe durch Algen veranlasst. (Hedwigia). Dresden 1877.

Cornu, M. Sur la reproduction des algues marines. (Comptes-Rendus.) Paris 1879.

Cramer, C. Ueber Ceramiaceen. (Pflanzenphysiologische Untersuchungen von C. Naegeli und C. Cramer. 4. Heft.) Zürich 1857.

— — Physiologisch-systematische Untersuchungen über die Ceramiaceen. (Denkschrift schweiz. naturf. Gesellsch.) Zürich 1863.

Crouan, H. M. et P. L. Sur l'organisation, la fructification et la classification du Fucus Wighii etc. (Ann. sc. nat. 3 ser. T. X.) Paris 1848.
Études microscopiques sur quelques algues nouvelles ou peu connues constituant un genre nouveau Cylindrocarpus. (Ann. sc. nat. 3. ser. T. XV.) Paris 1851.
Observations microscopiques sur l'organisation, la fructification et la dissémination de plusieurs genres d'algues appartenant à la famille de dictyotées. (Bull. de la soc. bot. de France.) Paris 1857.
Note sur quelques algues marines nouvelles de la rade de Brest. (Ann. sc. nat. 4. ser. T. IX.) Paris 1858.
Notice sur le genre Hapalidium. (Ann. sc. nat. 4 ser. T. XII). Paris 1859.
— Notice sur quelques espèces et genres nouveaux d'algues marines de la rade de Brest. (Ann. sc. nat. 4. ser. T. XII.) Paris 1859.
Florule du Finistère. Paris 1867.

Decaisne, J. (Decne.). Plantes de l'Arabie heureuse. (Arch. du Museum.) Paris 1839.
Essai sur une classification des algues et des polypiers calcifères. Mémoire sur les Corallines. (Ann. sc. nat. 2. ser. T. XVII.) Paris 1842.

Decaisne, J. et Thuret, G. Recherches sur les anthéridies et les spores de quelques Fucus. (Ann. sc. nat. 3. ser. T. XVI.) Paris 1842.

Delle Chiaje, S. Hydrophytologiae Regni Neapolitani Icones. Neapolis 1829.

Derbès, A. (Derb.). Description d'une nouvelle espèce de Floridèes etc. (Ann. sc. nat. 4. ser. T. V.) Paris 1856.

Derbès, A. et Solier, A. J. J. (Derb. et Sol.). Sur les organes reproduct. des Algues. (Ann. sc. nat. 3. ser. T. XIV.) Paris 1850.
— Mémoire sur quelques points de la physiologie des algues. Paris 1856.

Desfontaines, R. (Desfont.). Flora atlantica. 2 vol. Parisiis 1798.

Dillwyn, L. W. (Dillw.). Synopsis of the British Confervae. London 1802.
— British Confervae. London 1809.

Dodel, A. Die Kraushaaralge, Ulothrix zonata. Leipzig 1876.

Dodel-Port, A. Illustrirtes Pflanzenleben. Zürich 1883.

Donati, V. Saggio della storia naturale marina dell' adriatico. Venezia 1750.

Duby, J. E. Botanicon gallicum. Paris 1830.
Memoire sur le groupe des Ceramiées. (Mem. de la soc. de phys. et d'hist. nat. de Geneve. T. V.) Gèneve 1832.
Second Mémoire sur le groupe des Ceramiées. (l. c. T. VI.) Gèneve 1833.
Troisieme Mémoire sur les Ceramiacées. (l. c. T. VIII.) Gèneve 1838.

Ducluzeau, J. A. P. (Ducl.). Essai sur l'histoire naturelle des conferves des environs de Montpellier. Montpellier 1809.

Dufour, L. Elenco delle Alghe della Liguria. Genova 1864.

Ellis, J. B. (Ell.) An essay towards a natural history of the Corallines. London 1755.

Endlicher, St. (Endl.). Genera plantarum secundum ordines naturale disposita, cum 5 supplementis. Vindobonae 1836—1847.

English Botany (Engl. Bot.), or coloured figures of british plants, with their essential characters, synonyms, and places of growth, with occasional remarks; by J. E. Smith and J. Sowerby. London 1790—1814; Suppl. 1831.

Esper, E. J. Ch. (Esp.). Die Pflanzenthiere in Abbildungen nebst Beschreibungen. 3 Bde. u. Suppl. Nürnberg 1788—1830.
Icones Fucorum. Nürnberg 1797—1802.

Falkenberg, P. (Falkb.). Die Befruchtung und der Generationswechsel von Cutleria. (Mitth. aus der zoolog. Station zu Neapel. I. Bd.) Leipzig 1878.
Ueber Discosporangium, ein neues Phaeosporen-Genus. (Mitth. aus der zoolog. Station zu Neapel. I. Bd.) Leipzig 1878.
Die Meeresalgen des Golfes von Neapel. (Mitth. aus der zoolog. Station zu Neapel. I. Bd.) Leipzig 1879.
Die Algen im weitesten Sinne. (Schenk's Handbuch der Botanik.) Breslau 1881.

Farlow, W. G. On some Algae new to the United States. (Proced. Amer. Acad. of Arts and Scienc.) Boston 1877.
Marine Algae of New England and adjacent coast. Washington 1881.

Fischer, L. H. Beiträge zur Kenntniss der Nostochaceen. Bern 1853.

Flora Danica (Fl. Dan.). Icones plantarum in regnis Daniae et Norwegiae nascentium, ad illustrandam Floram danicam, ediderunt C. Oeder, O. F. Müller, M. Vahl et J. W. Hornemann. Hafniae 1766—1831.

Forskål, P. (Forsk.). Flora aegyptiaco-arabica. Hafniae 1770.

Fries, E. (Fr.). Systema orbis vegetabilis. Plantae homonemae. Lundae 1825.

Gaillon, B. (Gaill.). Essai sur l'étude des Thalassiophytes. Rouen 1821.
La fructif. des Thalassiophytes symphytissées. Rouen 1821.
Résumé méthodique des classifications des Thalassiophytes. (Dict. des sc. nat. T. IV.) Strassbourg 1828.

Geyler, Th. Zur Kenntniss der Sphacelarieen. (Pringsh. Jahrb. IV. Bd.) Leipzig 1866.

Ginanni, G. Opere postume. 2 Vol. Venezia 1755.

Gmelin, S. G. (Gmel.). Historia Fucorum. St. Petersburg 1768.

Gobi, C. Die Brauntange des finnischen Meerbusens. (Mém. acad. sc.) St. Petersburg 1874.
Die Rothtange des finnischen Meerbusens. (l. c.). St. Petersburg 1877.
Ueber einen Wachsthumsmodus des Thallus der Phaeosporeen. (Botan. Zeitung.) Leipzig 1877.
Ueber einige Phaeosporeen der Ostsee und des finnischen Meerbusens. (Botan. Zeitung.) Leipzig 1877.
Die Algenflora des weissen Meeres. (l. c.) St. Petersburg 1878.
Ueber eine die Erscheinung der Wasserblüthe im Meerwasser hervorrufende Rivularia, nebst Nachtrag. (Hedwigia p. 33 und 49.) Dresden 1878.

Göbel, K. Zur Kenntniss einiger Meeresalgen. (Botan. Zeitung.) Leipzig 1878.
Ueber die Verzweigung dorsiventraler Sprossen. (Arb. d. botan. Instituts.) Würzburg 1880.

Goodenough, S. et Woodward, T. J. (Good. et Woodw.). Observations on the British Fuci, with particular descriptions of each species. (Linn. Trans. III.) London 1797.

Grateloup, J. P. A. G. (Grat.). Observations sur la constitution de l'été de 1806, avec un appendix sur les Conferves. Montpellier 1808.

Greville, R. K. (Grev.). Scottish Cryptogamic Flora. 6 Vol. Edinburgh 1823—1828.

Greville, R. K. Flora Edinensis. Edinburgh 1824.
Algae britannicae. Edinburgh 1830.
Some account of a collection of cryptogamic plants from the Joniam Island. (Linn. Trans. XV.) London.

Harvey, W. H. (Harv.). A Manual of the British marine algae. Ed. 1. London 1841.
Phycologia britannica. 4 vol. London 1846—1851.
Nereis Boreali-Americana. 3 parts and suppl. Washington 1852—1857.

Hauck, F. Verzeichniss der im Golfe von Triest gesammelten Meeralgen. (Oesterr. botan. Zeitschrift.) Wien 1875—1877.
Bemerkungen über einige Species der Rhodophyceen und Melanophyceen in „Contributiones ad Algologiam et Fungologiam. Auctore P. F. Reinsch". (Oesterr. botan. Zeitschr.) Wien 1876.
Beiträge zur Kenntniss der adriatischen Algen. I—XIII. (Oesterr. botan. Zeitschr.) Wien 1877—1879.

Holmes, E. M. On Codiolum gregarium A. Br. (Journ. Linn. Soc. Vol. 18. London 1881.

Hooker, W. J. (Hook.). British Flora. Vol. II. pars prior. London 1833.

Hudson, G. (Huds.). Flora anglica. Ed. 1. Londini 1762.

Janczewski, E. Études anatomiques sur les Porphyra et sur les propagules du Sphacelaria cirrhosa. (Ann. sc. nat. 5. ser. T. XVII.) Paris 1873.
Observations sur la réproduction de quelques Nostochacées. (Ann. sc. nat. 5 ser. Vol. XIX.) Paris 1874.
Observations sur l'accroisement du thalle des Phéosporées. (Mem. soc. sc. nat.) Cherbourg 1875.
Notes sur le développement du cystocarpe dans les Floridées. (Mem. soc. sc. nat.) Cherbourg 1877.
Etudes algologiques. (Fécondation du Cutleria adspersa. — Godlewskia, nouveau genre d'algues.) Paris 1883.

Johnston, G. A. (Johnst.). History of British Sponges et Lithophytes. Edinburgh 1842.

Kirchner, O. Kryptogamen-Flora von Schlesien. — Algen. Breslau 1878.
Ueber die Entwicklungsgeschichte einiger Chaetophoreen. Tageblatt der 54. Versamml. deutscher Naturf. und Aerzte in Salzburg. 1881.

Kjellman, F. R. (Kjellm.). Bidrag till kännedomen om Skandinaviens Ectocarpeer och Tilopterider. Stockholm 1872.
Om Spetsbergens marina klorofyllförande thallophyter. 2 parts. (Kongl. Svenska Vet.-Akad. Handl.) Stockholm 1875—1877.
Bidrag till kännedomen af Kariska hafvets Algvegetation. (Kongl. Vetensk. Akad. Förhandl. Stockholm 1877.
Ueber die Algenvegetation des Murman'schen Meeres der Westküste von Nowaja Semlja und Wajgatsch. (Kgl. Gess. d. Wissenschaften.) Upsala 1877.
Ueber Algenregionen und Algenformationen im östlichen Skagerak. (Bihang till Kgl. svenska Vetens.-Akad. Handl.) Stockholm 1878.

Kleen, E. Om Nordlandens högre hafsalger. (Öfvers. af Kongl. Vetensk.-Akad. Förhandl.) Stockholm 1874.

Kny, L. Ueber die Morphologie von Chondriopsis coerulescens Crouan. Berlin 1870.
Ueber Axillarknospen bei Florideen. (Festschr. der Gesellsch. naturf. Freunde). Berlin 1873.

Kolderup Rosenvinge, L. Vaucheria sphaerospora Nordst. dioica n. var. (Botaniska Notiser.) Lund 1879.
Bidrag til Polysiphonia's Morfologi. (Botan. Tidsskr.) Kjöbenhavn 1884.

Kützing, F. T. (Kütz.). Ueber die „Polypiers calcifères" des Lamouroux. (Programm.) Nordhausen und Leipzig 1841.
Phycologia generalis. Leipzig 1843.
Phycologia germanica. Nordhausen 1845.
Tabulae Phycologicae. 19 Vol. Nordhausen 1845—1869.
Diagnosen und Bemerkungen zu neuen oder kritischen Algen. (Botan. Zeitung.) Berlin 1847.
Species Algarum. Lipsiae 1849.
Diagnosen und Bemerkungen zu drei und siebenzig neuen Algenspecies. (Osterprogramm.) Nordhausen 1863.

Lamarck, De. Histoire naturelle des animaux sans vertèbres. Tome II. Paris 1816.

Lamouroux, J. V. F. (Lamour.). Disertation sur plusieurs espèces de Fucus peu connues ou nouvelles. Agen 1805.
Essai sur les genres de la Famille des Thalassiophytes non articulées. (Mus. hist. nat. ann.) Paris 1813.
Histoire des polypiers coralligènes flexibles. Caen 1816.

Langenbach, G. Die Meeresalgen der Inseln Sicilien und Pantellaria. Berlin 1873.

Le Jolis, A. (Le Jol.). Examen des espèces confondues sous le nom de Laminaria digitata, suivi de quelques observations sur le genre Laminaria. (Mem. soc. sc. nat. Cherbourg.) Paris et Cherbourg 1855.
Quelques remarques sur la nomenclature generique des algues. (Mem. soc. sc. nat. Cherbourg.) Paris et Cherbourg 1856.
Liste des Algues marines de Cherbourg. Paris 1863.

Liebman, F. (Liebm.). Bemärkninger og Tilläg til den danske Algeflora. Kjöbenhavn 1841.
Algologisk Bidrag. Kjöbenhavn 1841.

Lightfoot, J. (Lightf.). Flora scotica. 2 Vol. London 1777.

Linnè, C. (L. oder Linn.). Systema naturae, edit. XII. Holmiae 1766.
- Mantissa Plantarum. Holmiae 1767.
Systema vegetabilium, edit. XVI. curante C. Sprengel. (Vol. IV. pars I^a. Class. XXIV, p. 311—375.) Gottingae 1827.

Link, H. F. Epistola de Algis aquaticis in genera disponendis. (C. G. Nees ab Essenbeck. Horae physicae berolinenses.) Bonnae 1820.

Lorenz, J. R. Physicalische Verhältnisse und Vertheilung der Organismen im quarnerischen Golfe. Wien 1863.

Lyngbye, H. L. (Lyngb.). Tentamen Hydrophytologiae Danicae. Hafniae 1819.

Magnus, P. Zur Morphologie der Sphacelarieen. (Festschrift der Gesellsch. d. naturf. Freunde.) Berlin 1873.
Botanische Untersuchungen der Pommerania-Expedition. Kiel 1873.
Die botanischen Ergebnisse der Nordseefahrt vom 21. Juli bis 9. Sept. 1872. Berlin 1874.

Magnus, P. Bericht über die botanischen Ergebnisse der Untersuchung der Schlei vom 7. bis 10. Juli 1874. (Verh. botan. Vereins der Provinz Brandenburg.) Berlin 1875.

Martens, G. Reise nach Venedig. Ulm 1824.

Martius, C. Ph. Flora brasiliensis. Tom. I. Stuttgardiae et Tubingae 1833.

Meneghini, G. (Menegh.). Lettera al Dott. Corinaldi. Pisa 1840.

Monographia Nostochinearum Italicarum. Torino 1842.

Alghe italiane e dalmatiche (5 fascicoli). Padova 1842—1843.

Algarum species novae vel minus cognitae. (Giorn. botan. ital. anno 1°. Tom. I.) Firenze 1844.

Nuove specie di Callithamnion e di Griffithsia trovate in Dalmazia dal Signor Vidovich. (l. c.) Firenze 1844.

Trentatre nuove specie di alghe. (Atti della 6ª Riunione degli scienziati italiani in Milano.) Milano 1844.

Montagne, C. (Mont.). Phytographia canariensis. Sectio ultima plantas cellulares sistens. Paris 1840.

Voyage au Pol Sud et dans l'Océanie, exécuté par les Corvettes l'Astrolabe et la Zélée etc. Plantes cellul. un vol. Paris 1842—1845.

Voyage autour du monde exécuté pendant les années 1836 et 1837 sur la Corvette Bonite. Crypt. cellul. un vol. Paris 1844—1846.

Exploration scientifique de l'Algerie. Algues, Tom. I. Paris 1846.

Sylloge generum specierumque plantarum cryptogamarum. Parisiis 1856.

Moris, G. et **De Notaris, G.** Florula Caprariae. Torino 1840.

Naccari, F. L. (Nacc.). Algologia adriatica. Bologna 1828.

Flora veneta o descrizione delle piante che nascono nella provincia di Venezia. Vol. VI. Venezia 1828.

Nägeli, C. (Näg.) Wachsthumsgeschichte von Delesseria Hypoglossum. (Zeitschr. f. wissensch. Botanik. Heft 2.) Zürich 1845.

Polysiphonia. Zeitschr. f. wissensch. Botanik. Heft 3 u. 4.) Zürich 1846

Die neueren Algensysteme. Zürich 1847.

Gattungen einzelliger Algen. Zürich 1849.

Beiträge zur Morphologie und Systematik der Ceramiaceae. (Sitzungsber. d. königl. Akad. d. Wissensch.) München 1861.

Nardo, G. M. De nuovo genere Algarum, cui nomen est Hildenbrandtia prototypus. (Isis.) Leipzig 1834.

De algarum genere Stifftia. (Isis.) Leipzig 1834.

Nordstedt, O. (Nordst.). Algologiska småsaker. Vaucheria-studier. (Botan. Notiser.) Lund 1878—1879.

De Notaris, G. (De Not.). Specimen Algologiae maris ligustici. Aug. Taurinorum 1842.

Sopra alcune alghe del mare ligustico. (Giorn. botan. ital.) Firenze 1844.

Novità algologiche. (Prospetto della Flora ligustica.) Genova 1846.

Pallas, P. S. Elenchus Zoophytorum. Haag 1766.

Philippi (Phil.). Beweis, dass die Nulliporen Pflanzen sind. (Wiegemanns Archiv.) Berlin 1837.

Poiret (Poir.). Encyclopédie methodique. Botanique Vol. VIII. Paris 1808.

Postels, A. et **Rupprecht, F. J.** (Post. et Rupr.) Illustrationes Algarum Oceani Pacifici, imprimis septentrionalis. St. Petersburg 1840.

Pringsheim, N. (Pringsh.). Beiträge zur Morphologie der Meeresalgen. (Abhandl. Königl. Akad. d. Wissensch.) Berlin 1862.
Ueber die männlichen Pflanzen und die Schwärmsporen der Gattung Bryopsis. (Monatsber. Akad. Wissensch.) Berlin 1871.
Ueber den Gang der morphologischen Differenzirung in der Sphacelarieen-Reihe. (Abhandl. Königl. Akad. Wissensch.) Berlin 1873.

Rabenhorst, L. (Rabenh.) Deutschlands Kryptogamenflora. Band 2. Algen. Leipzig 1847.
Flora europaea algarum aquae dulcis et submarinae. III Vol. Lipsiae 1864—1868.

Reinke, J. Beiträge zur Kenntniss der Tange. (Pringsh. Jahrb. Vol. X.) Berlin 1876.
Ueber das Wachsthum und die Fortpflanzung von Zanardinia collaris. (Monatsber. Königl. Akad. Wissensch.) Berlin 1876.
Ueber die Entwicklung von Phyllitis, Scytosiphon und Asperococcus. (Pringsh. Jahrb. Vol. XI.) Leipzig 1878.
Ueber die Geschlechtspflanzen von Bangia fusco-purpurea. (l. c.)
Entwicklungsgeschichtliche Untersuchungen über die Cutleriaceen des Golfs von Neapel. (Nova Acta Leop.-Carol. Bd. XL.) Dresden 1878.
Entwicklungsgeschichtliche Untersuchungen über die Dictyotaceen des Golfs von Neapel. (Nova Acta Leop.-Carol. Bd. XL.) Dresden 1878.
Ueber Entocladia viridis und Chlorotylium cataractarum. (Botan. Zeitung.) Leipzig 1879.
Lehrbuch der Botanik. Berlin 1880.

Reinsch, P. F. Contributiones ad Algologiam et Fungologiam. Lipsiae 1875.

Richter, P. Ist Sphaerozyga Jabobi Ag. ein Synonym (Entwicklungsglied) von Mastigocladus laminosus Cohn? (Hedwigia.) Dresden 1882.
— Weiteres über Sphaerozyga Jacobi. (Hedwigia.) Dresden 1883.

Rosanoff, S. (Rosan.). Recherches anatomiques sur les Mélobésiées. (Mem. soc. sc. nat. Cherbourg.) Cherbourg 1866.

Rostafinski, J. Beiträge zur Kenntniss der Tange. I. Theil. Leipzig 1876.

Rostafinski, J. und **Woronin, M.** Ueber Botrydium granulatum. (Botan. Zeitung.) Leipzig 1877.

Roth, A. G. Catalecta botanica. Fasc. I—III. Lipsiae 1797—1806.

Ruprecht, F. J. (Rupr.). Tange des ochotskischen Meeres. (Middendorf's sibirische Reise, Vol. I.) St. Petersburg 1847.

Schmitz, F. Ueber grüne Algen aus dem Golfe von Athen. (Sitzungsber. d. Naturf. Gesellsch.) Halle 1878.
Halosphaera, eine neue Gattung grüner Algen aus dem Mittelmeer. (Mitth. aus der zoolog. Station zu Neapel. I. Bd.) Leipzig 1878.
Ueber den Bau der Zellen bei den Siphonocladiaceen. (Sitzungsber. d. niederrhein. Gesellsch. f. Natur- und Heilkunde.) Bonn 1879.
Beobachtungen über die vielkernigen Zellen der Siphonocladiaceen. Halle 1879.
Untersuchungen über die Fruchtbildung der Squamarieen. (Sitzungsbericht d. niederrhein. Gesellsch.) Bonn 1879.
Untersuchungen über die Zellkerne der Thallophyten. (Sitzungsber. d. niederrhein. Gesellsch. f. Natur- und Heilkunde.) Bonn 1879 und 1880.

Schmitz, F. Ueber die Bildung der Sporangien bei der Algengattung Halimeda. (Sitzungsber. der niederrhein. Gesellsch. f. Natur- und Heilkunde.) Bonn 1880.
Die Chromatophoren der Algen. Bonn 1882.
Untersuchungen über die Befruchtung der Florideen. (Sitzungsber. Königl. Akad. d. Wissensch.) Berlin 1883.
Soller, A. (Sol.). Mémoire sur deux algues zoosporées devant former un genre distinct, le genre Derbesia. (Ann. sc. nat. 3. ser. T. VII.) Paris 1847.
Solms-Laubach, H. Note sur le Janczewskia, nouvelle floridée parasite du Chondria obtusa. (Mém. soc. sc. nat. Cherbourg.) Cherbourg 1878.
Die Corallinenalgen des Golfes von Neapel. Leipzig 1881
Sprengel (Spr.), siehe **Linné.**
Stackhouse, J. (Stackh.). Nereis britannica. Ed. I. Bathoniae 1801. Ed. II. Oxonii 1816.
Tentamen marino-cryptogamicum, ordinem novum, in genera et species distributum in classe XXIV[ta] Linnaei sistens. (Mem. soc. nat. T. II.) Moscou 1809.
Thuret, G. (Thur.). Recherches sur les zoospores des algues et les antheridies des cryptogames. (Ann. sc. nat. 3. ser. T. XIV, XVI.) Paris 1850—1853.
Note sur la synonymie des Ulva Lactuca et Ulva latissima. (Mém. soc. sc. nat. Cherbourg.) Cherbourg 1854.
Note sur un nouveau genre d'algues de la famille des floridées. (Mem. soc. sc. nat. Cherbourg.) Cherbourg 1855.
Recherches sur la fécondation des Fucacées suivies d'observations sur les anthéridies des algues. (Ann. sc. nat. 4. ser. T. II et III.) Paris 1855.
Deuxième note sur la fécondation des Fucacées. (Mem. soc. sc. nat. Cherbourg.) Cherbourg 1857.
Essai de classification des Nostochinées. (Ann. sc. nat. 6 ser. T. I.) Paris 1875.
Thuret, G. et **Bornet, E.** Études phycologiques. Paris 1878.
Tournefort, J. P. Institutiones rei herbariae. T. III. Paris 1719.
Turner, D. (Turn.). Synopsis of the british Fuci. London 1802.
- Fuci, sive plantarum Fucorum generis a botanicis ascriptarum icones, descriptiones et historia. IV Vol. Londini 1808—1819.
Valiante, R. Le Cystoseirae del golfo di Napoli. Leipzig 1883.
Vaucher, J. P. (Vauch.). Histoire des conferves d'eau douce. Genève 1830.
Walz, J. Beiträge zur Morphologie und Systematik der Gattung Vaucheria. (Pringsh. Jahrb.) Leipzig 1866.
Webb, Ph. B. Otia hispanica seu delectus plantarum rariorum aut nondum rite notarum per hispanias sponte nascentium. Parisiis 1843.
Weber, F. und **Mohr, D. M. H.** Grossbritanniens Conferven; nach Dillwyn für deutsche Botaniker bearbeitet. Göttingen 1803—1805.
Naturhistorische Reise durch einen Theil Schwedens. Göttingen 1804.
Wille, N. Algologiske Bidrag. (Vidensk. Forhandl.) Christiania 1880.
——— Om en ny endophytisk Alge. (Vidensk. Forhandl.) Christiania 1880.
Om Hvileceller hos Conferva (L.) Wille. (Öfvers. Kongl. Vetensk.-Akadem. Förhandl.) Stockholm 1881.
Withering, W. (With.). An arrangement of british plants, according to the latest improvements of the Linnaean System. Sixth edit. London 1818.

Wittrock, V. B. (Wittr.). Försök till en Monografi öfver Algslägtel Monostroma. Stockholm 1872.

Wollny, R. Die Meeresalgen von Helgoland (Hedwigia). Dresden 1880.

Woodward, Th. J. (Woodw.). The history and description of a new Species of Fucus. (Trans. Linn. soc. Vol. I.) London 1791.

Woronin, M. Beitrag zur Kenntniss der Vaucherien. (Botan. Zeitung.) Leipzig 1869.

Recherches sur les algues marines Acetabularia et Espera. (Ann. sc. nat. 4. ser. T. XVI.) Paris 1861.

Vaucheria De Baryana. (Botan. Zeitung.) Leipzig 1880.

Wright, E. P. On a New species of parasitic green Alga belonging to the genus Chlorochytrium of Cohn. (R. ir. Acad. Trans. Vol. XXVI).

Wulfen, F. X. (Wulf.). Cryptogama aquatica. Lipsiae 1803.

Zanardini, G. (Zanard.). Sopra un' alga nuova o meno nota delle lagune veneziane decorata del nome specifico Ranieriana (Hutchinsia). Venezia 1834.

Sopra le alghe del mare adriatico. (Lett. 1ª e 2ª inscrite nei tomi 96 e 99 della Bibl. italiana.) Milano 1840.

Synopsis algarum in mare adriatico hujusque collectarum. Taurini 1841.

Saggio di classificazione naturale delle ficee, aggiunte due memorie sull' Androsace degli antichi e sulle alghe dalmatiche. Venezia 1843.

Sulle Coralline. Rivista. Venezia 1844.

Delle Callitamnie e di alcune nuove specie del genere Callithamnion. (Giorn. botan. ital. anno II.). Firenze 1846.

Illustrazione della Desmarestia filiformis J. Ag. elevata a tipo di un nuovo genere. (Giorn. botan. ital. anno II.) Firenze 1846.

— Notizie intorno alle cellulari marine delle lagune e de'litorali di Venezia. Venezia 1847.

— Iconographia phycologica adriatica. Vol. I—III fasc. 1—4 Venezia 1860—1876.

Zopf, W. Zur Morphologie der Spaltpflanzen. Leipzig 1882.

Algae exsiccatae.

Areschoug, J. E. Algae Scandinavicae exsiccatae. Ser. Nov. Fasc. I—VIII. Upsaliae. 1861—1872.

Chauvin, J. F. Algues de la Normandie, recueillies et publiées. la partie des Articulées par M. Roberge, et la partie des inarticulées par J. F. Chauvin. Caen 1827.

Crouan, H. M. et P. L. Algues marines du Finistère. Exsiccata. Brest 1852.

Desmazières, J. B. H. J. Plantes cryptogames de France. 1. ser. N. 1—2200.

Erbario crittogamico italiano. — Ser. 1ª. No. 1—1500, Genova 1858—1867; Ser. 2ª. No. 1—1200 in cont. Genova-Milano 1868—1882.

Farlow, W. G., Anderson, C. L. and Eaton, D. C. Algae amer. bor. exsiccatae. Boston 1877—1879.

Hohenacker, R. F. Algae marinae siccatae. No. 1—600. Kirchheim 1851—1862.

Jürgens, G. H. B. (Jürg.). Algae aquaticae, quas et in littore maris dynastiam Jeveranam et Frisiam orientalem alluentis rejectas, et in harum terrarum aquis habitantes collegit et exsiccavit. Dec. 1—20. Jever 1816—1822.

Kützing, F. T. (Kütz.) Actien. — Verzeichniss verkäuflicher Algen. (Flora, Intelligenzblatt p. 13, 16). Regensburg 1836.

Le Jolis, A. Algues marines de Cherbourg. Sp. 1—200.

Lloyd. Algues de l'Ouest de la France. No. 1—300.

Rabenhorst, L. Die Algen Sachsens. Dec. 1—100. Dresden 1848—1860. Die Algen Europas. Dec. 1—259. Dresden 1861—1879.

Wittrock, V. B. et Nordstedt, O. Algae aquae dulcis exsiccatae praecipue Scandinavicae quas adjectis algis marinis chlorophyllaceis et phycochromaceis. Fasc. 1—14. Upsala 1877—1881.

Wyatt, Mrs. Mary. Algae Danmonienses. Torquay.

Einleitung.

Das Sammeln und Präpariren der Meeresalgen.

Algen sind chlorophyllhaltige Thallophyten. Zu den Meeresalgen werden alle jene Algen gerechnet, welche zu ihrer Entwicklung die im Meerwasser gelösten Bestandtheile erfordern.

Die Meeresalgen wachsen demnach sowohl an den Küsten und am Grunde des offenen Meeres, wenige freischwimmend im offenen Meere selbst, als auch in der Nähe der Mündungen süsser Gewässer, also in brackischem Wasser, in Salztümpeln und Salinen, einige auch an den nur zeitweise von den Meereswogen bespülten Felsen; wohl kaum gibt es eine Oertlichkeit am Meere, welche nicht wenigstens zu einer Zeit des Jahres Algen beherbergt.

Das Sammeln der Algen ist an keine Jahreszeit gebunden: in jeder kommen andere Arten oder dieselben doch in verschiedener Entwicklung vor. Beim Sammeln beachte man daher Alles, was sich im Meere oder an der Küste befindet: Felsen, Steine, Pfähle, Meeresphanerogamen, Muscheln, Schneckenhäuser, Glas- und Thonscherben u. s. w. Kurz, an allen Meeresgegenständen siedeln sich Algen an; grössere Algen selbst dienen wieder als Stütz- oder Wirthspflanzen kleineren; sogar im Innern von Spongien hat man Algen entdeckt. Nach Stürmen werden oft Massen von Algen von ihrem Standorte losgerissen und am Strande abgesetzt. Gewöhnlich sind aber solche ausgeworfene Algen beschädigt und unvollständig und nur zum Theil brauchbar: doch findet man darunter nicht selten Arten, die man auf eine andere Weise schwer erhält. Nach diesen Auswürflingen kann man übrigens urtheilen, welche Algen an der nächstgelegenen Küste bis zu einer gewissen Tiefe vorkommen. Algen aus grösseren Tiefen werden jedoch nicht angeschwemmt, weil die Gewalt der Wogen nicht so weit reicht.

Algen, die am Strande oder in geringer Tiefe wachsen, kann man, namentlich vortheilhaft bei Ebbe, vom Ufer aus sammeln. Um der etwas tiefer wachsenden Algen habhaft zu werden, bedient man sich eines kleinen Instrumentes, welches sich an einem festen

Spazierstock leicht anbringen lässt. Es besteht aus einem pferdekammförmigen, stählernen Krätzer, dessen breite, etwas geschärfte Zähne ziemlich nahe aneinander stehen, und der mittelst einer Schraube an die eiserne Spitze des Stockes in der Stellung wie eine Harke befestigt wird.

Ein anderes ebenso zweckentsprechendes Instrument besteht aus einem ca. 3 cm breiten, ungefähr 1 dm weiten eisernen Reifen, an welchem ein kurzes, weitmaschiges, festes Netz befestigt ist, und der an der Seite unter einem etwas stumpfen Winkel an die Spitze des Stockes angebracht wird. Diese Instrumente entsprechend grösser und etwas modifizirt, an langen Stangen befestigt, dienen dann für etwas grössere Tiefen zum Abkratzen von Steinen, Pfählen u. s. w., auch zum Heraufholen kleiner Steine.

Bis zu Tiefen, die man von einem Boote aus mit Stangen erreichen kann, ist es aber am besten, grössere, mit Algen bewachsene Steine mittelst sogenannter Austern-Zangen oder eines ähnlichen Instrumentes heraufzuholen. Man hat hier den Vortheil, die Algen bequem im Boote sammeln zu können und ausserdem viele Arten zu finden, die wegen ihrer Kleinheit sich leicht der Beachtung entziehen. Bei noch grösseren Tiefen muss man sich aber des Schleppnetzes bedienen. Ausser den genannten Instrumenten benöthigt man noch eines guten Taschenmessers zu verschiedenen Zwecken, einer messingenen Pincette zum Anfassen zarter Algen, eines Meisels sammt Hammer zum Absprengen krustenartiger, auf Steinen festgewachsener Algen, und endlich eines an einem Messingring befestigten Leinwandnetzes zum Fischen der pelagischen Formen im offenen Meere. Eine gute Lupe zur oberflächlichen Untersuchung der Algen ist vortheilhaft.

Beim Sammeln beachte man Folgendes: die Algen sollen in vollständigen Exemplaren, also mit ihren Haftorganen, gesammelt werden. Sollten die Algen dem Substrat zu fest aufsitzen, so muss man ein Stück desselben mit ablösen, was namentlich von allen krustenartigen und jenen gilt, die schleimige Ueberzüge auf verschiedenen Meeresgegenständen bilden. Man bedient sich dazu des Messers, bei Steinen des Meisels oder auch eines Hammers, wie ihn Geologen brauchen. Findet man eine Art gut entwickelt, so sammle man zahlreiche Exemplare, richte aber auch sein Augenmerk auf die halbentwickelten und fast überständigen Formen, die sich häufig nicht weit von einander finden. Abgesehen davon, dass sich wegen ungünstiger Witterungsverhältnisse oft nicht leicht wieder die Gelegenheit bietet, die gleiche Alge zu sammeln, zudem manche Algen mitunter ihren Standort wechseln oder für Jahre verschwinden: so lernt man nur bei einer grösseren Individuenzahl den Formen- und Entwicklungskreis der Art kennen; auch findet man unter vielen Individuen fast immer solche, die fruktificiren, oder andere, auf denen selbst wieder kleinere Algen leben. Nicht selten trifft es sich auch, dass bei näherer Untersuchung, die selbstverständlich nicht an Ort und Stelle vorgenommen werden kann, unter der vermeintlichen einen Art zwei oder mehrere darunter sich befinden, da viele Algen im Habitus einander gleichen.

Das gesammelte Material soll noch lebend untersucht werden; da dies aber nur selten möglich ist, die Algen aber, sobald sie dem Wasser entnommen, bald vertrocknen oder sich zersetzen, so muss man verschiedene Methoden anwenden, um sie für eine spätere Untersuchung in brauchbarem Zustande aufzubewahren. In jedem Falle müssen aber die frisch gesammelten Algen sobald als thunlich präparirt werden. Man kann sie theils in Gefässen mit Meerwasser nach Hause transportiren, wobei man die kleineren und zarteren Algen von den grösseren und robusteren separirt; bequemer und in vielen Fällen besser ist es aber, die Algen sofort an Ort und Stelle von Sand und Schlamm durch sehr vorsichtiges Ausfläthen zu reinigen, von dem abfliessenden Wasser zu befreien und dann die einzelnen Arten gesondert in geleimtes Papier oder noch besser in Leinenlappen einzuwickeln. Diese Päckchen kann man dann zusammen in ein feuchtes Tuch einschlagen oder in einem Kautschuksack gut transportiren.

Auf Reisen hat man oft keine Gelegenheit die Algen gleich zu präpariren. In diesem Falle legt man die Päckchen zwischen Lagen von Meersalz in eine verlöthbare Zinkbüchse oder in sonst ein anderes wasserdicht schliessendes Gefäss und giesst, bis es voll ist, soviel Wasser hinein, dass die Algen in eine sich allmählich bildende concentrirte Salzlösung (die aber überschüssiges Salz enthalten soll), zu liegen kommen, worauf das Gefäss geschlossen wird. In einer solchen Salzlösung halten sich die meisten Arten der Rhodophyceen, Phaeophyceen und Chlorophyceen gut. Alle verkalkten, krustenartigen, zum Theil auch die knorpeligen Algen kann man aber auch in der Luft im Schatten, oder zwischen Fliesspapier wie gewöhnliche Pflanzen trocknen und sie dann in Kisten packen. Die Cyanophyceen halten sich in der Salzlösung schlecht, diese müssen daher sobald als möglich getrocknet werden. Die Praxis lehrt bald, welche Algen besser nach der einen oder anderen Methode behandelt werden sollen.

Von allen gesammelten Arten versäume man nicht einige Exemplare, oder von grösseren Algen charakteristische, namentlich fruktificirende Stücke derselben in gewöhnlichem (eventuell absolutem) Alkohol aufzubewahren, in welchen die Algen aber noch in ganz frischem Zustande gebracht werden müssen. Solche Alkoholexemplare bilden ein schätzbares Material für viele spätere Untersuchungen.

Um nun die Algen für die Sammlung zu präpariren, verfährt man auf folgende Weise: Alle gallert- und krustenartigen Algen, die man mit einem Stück Unterlage abgelöst hat, sowie auch die Corallinaceen, trocknet man einfach an der Luft, oder, wo es angeht, zwischen Fliesspapier und bewahrt sie dann in Schächtelchen oder weithalsigen Fläschchen, auch in Papierkapseln auf. Grosse knorpelige Tange, die nicht am Papier kleben bleiben, behandelt man wie Phanerogamen. Die meisten Algen müssen aber auf Papierblätter unter Wasser aufgelegt und dann zwischen Fliesspapier getrocknet werden.

Das Aufziehen der Algen kann entweder im Meerwasser oder im Süsswasser geschehen. Für viele Algen ist das letztere besser, indem sie auf diese Weise von dem überschüssigen, später oft herauskrystallisirenden Salze befreit werden, daher auch bei feuchtem Wetter keine Feuchtigkeit anziehen, was oft zu Schimmelbildung Veranlassung giebt. Dagegen zersetzen sich einige Arten, namentlich solche, deren Zellen zarte Membranen haben, wenn sie in süsses Wasser gebracht werden. Auch hier lehrt einige Uebung bald, welche Arten in Süss- oder Meerwasser präparirt werden sollen. In jedem Fall müssen aber die gesammelten Algen (päckchenweise vorgenommen) zuerst in Meerwasser gebracht werden, um sie noch besser zu reinigen und die allzugrossen in kleinere Exemplare zu zertheilen. Das Aufziehen selbst geschieht nun in der Art, dass man der in einem entsprechend grossen Gefässe schwimmenden Alge ein grösseres weisses, starkes, gut geleimtes, ziemlich glattes Papier unterschiebt und sie nun auf diesem, allenfalls mit Hülfe einer stumpfen Nadel, so ausbreitet, dass sie zwar ihre natürlichen Richtungen beibehält, die Verzweigung aber doch leicht erkannt werden kann. Dann hebt man Papier und Alge vorsichtig aus dem Wasser, lässt dasselbe gut abrinnen und presst schliesslich die so aufgezogene Alge unter leichtem Drucke zwischen Lagen von gutem, glattem Fliesspapier, welches oft, namentlich anfangs, gewechselt werden muss. Da aber die gallertartigen, schlüpfrigen, frisch aufgezogenen Algen am Fliesspapiere kleben bleiben würden, wenn man sie ohne Weiteres zwischen dieses brächte, so muss man solche Exemplare entweder früher an der Luft halb trocknen lassen, oder besser, sie mit Lappen von feiner Leinwand oder Seide bedecken, die sich von der trocken gewordenen Alge gut ablösen lässt.

Die an der Luft getrockneten Algen werden in Meerwasser wieder aufgeweicht und dann wie frische behandelt. Hat man aber gerade kein Meerwasser (welches sich übrigens in Flaschen abgezogen jahrelang aufbewahren lässt), so kann man sich aus Süsswasser und einer entsprechenden Menge Meersalz eine für diesen Zweck vollkommen entsprechende Flüssigkeit herstellen. Die in Salzlösung gelegenen Algen müssen dagegen, bevor sie aufgezogen werden, in Süsswasser gut ausgewaschen werden.

Wenn möglich, so trachte man die ganze Pflanze aufzuziehen; ist sie aber grösser als das Format der Herbarbogen, so muss sie derart zertheilt werden, dass die einzelnen Stücke dann zusammengelegt ein Bild der ganzen Pflanze geben; auch kann man lange Algen, wie Laminariaceen u. a. durch mehrmaliges Zusammenfalten in das gewünschte Format bringen. Die umgelegten Stücke müssen aber beim Pressen durch Lagen von Fliesspapier auseinander gehalten werden. Selbstverständlich können von sehr grossen Algen nur charakteristische Stücke für das Herbar getrocknet werden. Sehr zarte, namentlich gallertartige Algen, zieht man auf Glimmerblättchen (die unbedingt den schweren, zerbrechlichen Glastäfelchen vorzuziehen sind) auf, um sie bequemer untersuchen zu können. Die so aufgezogenen Algen trocknet man ebenfalls zwischen Fliesspapier, oder, wo dies nicht thunlich, entfernt man das anhängende Wasser vorsichtig mittelst eines feuchten Pinsels und lässt sie ohne Weiteres antrocknen. Zum Pressen der Algen genügen zwei Breter, zwischen welchen die Fliesspapierlagen mit den Algen gebracht werden. Will man den Druck verstärken, so kann dies durch Beschweren (allenfalls durch Auflegen von Ziegeln, die man der Reinlichkeit halber in Papier einschlägt) geschehen. Auch die sogenannten Drahtmappen, deren Eisenbestandtheile jedoch verzinnt oder gut lackirt sein müssen, erweisen sich zum Pressen der Algen, besonders auf Reisen, sehr praktisch. Es sei aber nochmals bemerkt, dass die Algen nur schwach gepresst werden dürfen, denn durch zu starken Druck werden dieselben zerquetscht und sind für Untersuchungen ganz unbrauchbar.

Von mikroskopischen Algen, Durchschnitten grösserer u. s. w. fertigt man auch mikroskopische Dauerpräparate auf die gewöhnliche Weise an. Als Einlegeflüssigkeit benutzt man (nach Bornet) eine

Mischung von Wasser und Glycerin, welche durch Chromalaun schwach gefärbt ist. In derselben behalten die frisch präparirten Rhodophyceen ihre natürliche Farbe; auch die übrigen Algen halten sich darin sehr gut. Bei vielen, namentlich niederen Algen und den Phaeophyceen empfiehlt es sich auch, dieselben kurze Zeit mit einer 1% Lösung von Ueberosmiumsäure in Wasser zu behandeln, dann mit reinem Wasser oder Alkohol auszuwaschen, bevor sie in die Einlegeflüssigkeit, die dann nur aus verdünntem Glycerin zu bestehen braucht, gebracht werden.

Auch Glyceringallerte ist in manchen Fällen zum Einlegen der Präparate zu empfehlen.

Um zu verhüten, dass der Asphaltlack oder überhaupt die Kittmassen durch den Druck, welchen sie beim Trocknen auf das Deckgläschen ausüben, die Präparate zerquetschen, bringt man je nach der Dicke derselben dünnere oder dickere Deckglassplitter zwischen den Objektträger und das Deckgläschen.

Der anatomische Bau höherer Algen kann nur durch Längs- und Querschnitte erkannt werden. Gallertartige Algen müssen vor Anfertigung der Schnitte jedoch einige Zeit in absolutem Alkohol gehärtet werden. Bei trockenen Algen macht man, wo es thunlich ist, die Schnitte an solchen und weicht diese in dem Wassertropfen, welchen man auf den Objektträger gebracht hat, auf. Ein Zusatz von verdünnter Salzsäure oder Kalilauge (auch Ammoniak) befördert das Aufquellen. Behufs Untersuchung der Kalkalgen, wozu sich am besten frisch gesammelte oder in Alkohol aufbewahrte eignen, werden diese so lange mit verdünnter Salzsäure (oder auch verdünnter Salpeter- oder Essigsäure) behandelt, bis aller Kalk aufgelöst ist, hierauf ausgewaschen und ebenfalls in absolutem Alkohol gehärtet. Von so entkalkten Exemplaren lassen sich leicht Schnitte anfertigen. Die Untersuchung der Struktur der Kalkalgen muss übrigens auch an Dünnschliffen und zarten abgesprengten Splittern der Alge im natürlichen Zustande vorgenommen werden.

Als Einbettungsmedium zarter Algen behufs Anfertigung von Schnitten eignet sich am besten Gummi-Glycerin oder eine dicke Lösung von arabischem Gummi. Bei Anwendung dieser letzteren wird die damit eingehüllte Alge auf die Dauer einiger Minuten in absoluten Alkohol gebracht, welcher die Gummilösung bis zur schnittbaren Consistenz härtet.

Meeresalgen

(excl. Diatomaceen).

Uebersicht der Reihen.

I. Reihe. Rhodophyceae.

Plasma roth gefärbt.

II. Reihe. Phaeophyceae.

Plasma braun.

III. Reihe. Chlorophyceae.

Plasma chlorophyllgrün.

IV. Reihe. Cyanophyceae.

Plasma bläulichgrün.

I. Reihe. Rhodophyceae.

Rosen- bis purpurrothe oder violette Algen, die in dem Plasma ihrer Zellen einen dem Chlorophyll beigemengten und dieses verdeckenden rothen Farbstoff, das Phycoërythrin enthalten.

Das Phycoërythrin kann aus todten Pflanzen durch kaltes Wasser ausgezogen werden; seine Lösung ist im durchfallenden Lichte karminroth, im auffallenden zeigt dieselbe eine Fluorescenz in Gelb oder Grün. Durch Alkalien wird dieser Farbstoff entfärbt, durch Säuren wieder hergestellt. Auch im Lichte unter Luftzutritt verfärbt er sich.

I. Ordnung. Florideae.

Thallus vielzellig, verschieden gestaltet, rosen- bis purpurroth oder violett. Geschlechtliche Fortpflanzung durch Carposporen, welche sich in Cystocarpien in Folge der Befruchtung einer weiblichen Zelle durch Spermatozoiden, die in Antheridien erzeugt werden, entwickeln. Ungeschlechtliche Fortpflanzung durch Tetrasporen, welche sich meist zu vieren in Tetrasporangien bilden.

Die Florideen sind eine der formenreichsten Ordnungen der Algen, welche mit wenigen Ausnahmen nur dem Meere angehören; ihre Farbe ist roth in allen Abänderungen bis rothbraun und schwärzlich-violett; unter Umständen ist aber das Phycoërythrin verfärbt und die lebende Pflanze zeigt dann eine wachsgelbe, bräunliche oder grünliche Farbe. Der Thallus ist seiner äusseren Gestalt nach fadenförmig, stengel- oder blattartig, seltener blasenförmig, einfach oder verzweigt, meist aufrecht wachsend und an der Basis dem Substrat mittelst einer scheiben- oder schildförmigen oder faserigen Wurzel anhaftend, seltener niederliegend, oder krustenartig und dem Substrate mit seiner Unterseite zum Theil oder ganz angewachsen.

Im inneren Bau zeigen sich ebenso viele Verschiedenheiten wie im äusseren; von den einfachsten Formen, die aus einer Zellenreihe oder Zellfläche gebildet werden, führen zahlreiche Uebergänge zu den zusammengesetzten, welche aus einem soliden oder hohlen Zellenkörper bestehen. Ihrer Substanz nach sind sie gallertartig, hautartig, knorpelig oder durch Einlagerungen von kohlensaurem Kalke in die Zellenmembranen spröde bis steinhart.

Bei den meisten Florideen sind dreierlei Fortpflanzungsorgane bekannt: die Antheridien und Cystocarpien als die Organe der geschlechtlichen, die Tetrasporangien als solche der ungeschlechtlichen Fortpflanzung.

Nur bei einer Gattung (Monospora) findet (statt der bisher nicht bekannten Cystocarpien) eine Vermehrung durch Brutknospen (Propagula) statt.

Die Fortpflanzungsorgane bilden sich entweder äusserlich am Thallus oder sie sind demselben oder eigenthümlichen Behältern eingesenkt, oder sie entwickeln sich in Nematheeien.

Die Nematheeien kommen nur bei Thallomen vor, die aus mehreren oder vielen Zellenlagen zusammengesetzt sind. Sie formiren warzenförmige oder ausgebreitete Erhabenheiten der Thallusoberfläche, welche aus senkrechten, einfachen oder verzweigten, untereinander parallelen, häufig perlschnurförmigen, durch Gallerte verbundenen Gliederfäden bestehen, die durch Auswachsen der Rindenzellen des Thallus oder der die äussere Schichte desselben zusammensetzenden Zellenreihen gebildet werden.

Die Antheridien -- die männlichen Fortpflanzungsorgane — entwickeln sich häufig äusserlich am Thallus und sind sehr kleine, gewöhnlich kugelige bis längliche (selten gestielte), mit farblosem Plasma ausgefüllte Zellen, welche meistens zu vielen beisammen, zu Gruppen, Schichten oder bestimmt geformten Körpern vereinigt sind. Bei der Reife entleeren sie ihren Inhalt als einen bewegungslosen, runden oder länglichen (selten mit einem oder zwei Anhängsel versehenen) Samenkörper, das Spermatozoid (Spermatium).

Die Cystocarpien — die weiblichen Fortpflanzungsorgane — sind das Produkt eines Geschlechtsaktes. Sie entstehen aus einer Zelle oder einer Gesammtheit von Zellen, welche das weibliche Organ vor der Befruchtung bilden und das Procarp genannt werden.

Das Procarp, welches sich stets nur an den jüngsten Theilen der Pflanze findet, besteht 1. aus einer Zelle oder einem Zellencomplex, dem Carpogon — dem sporenerzeugenden Organe — und

2. aus dem Trichophor — dem eigentlichen Empfängnissorgane —, dessen Hauptbestandtheil das Trichogyn, ein haarförmiger, geschlossener, hyaliner Schlauch von meist ansehnlicher Länge ist.

Beide Organe können einen mehr oder weniger complicirten Bau haben.

In den einfachsten Fällen besteht das Carpogon und das Trichophor aus ein und derselben Zelle, und das Trichogyn ist nur eine haarförmige Verlängerung desselben. Häufiger jedoch sind beide ganz von einander getrennt und die Befruchtung wird hier vom Trichophor vermittelst langer Verbindungsschläuche, welche aus den Zellen auswachsen, auf das Carpogon übertragen.

Die Befruchtung selbst kommt dadurch zu Stande, dass die Samenkörper, vom Wasser passiv fortbewegt, sich an das Trichogyn anlegen und mit ihm copulirt, ihren Inhalt an dasselbe abgeben.

Nach der Befruchtung können sich die carpogenen Zellen unmittelbar in Carposporen umwandeln, meistens aber wachsen jene in zahlreiche Zellen oder Zellfäden aus, deren Gesammtheit den Nucleus (Kern) des Cystocarps bildet.

Bald verwandeln sich alle Zellen des Kernes in Carposporen, bald erleiden nur die äussersten diese Umwandlung; die übrigen bleiben ungefärbt, behalten das Ansehen vegetativer Zellen und bilden in ihrer Gesammtheit die Placenta.

Die Placenta besteht manchmal nur aus einer einzigen Zelle oder aus sehr vielen Zellen; oft bildet sie einen deutlich gesonderten Körper, der nicht selten den grössten Theil des Kernes einnimmt, oder sie besteht aus verzweigten Fäden, die in das Gewebe des Thallus hineinwachsen und zwischen jenem verlaufen; daher häufig die Carposporen und der Kern mit vegetativen Zellen des Thallus untermischt sind.

Bei vielen Florideen convergiren die Elemente der Placenta gegen eine dickwandige, bisweilen sehr entwickelte Zelle, die placentare Zelle; diese ist meistens grundständig, seltener central.

Der Kern erscheint entweder einfach, oder aus Lappen oder vielen kleinen Kernen — den sogenannten Tochterkernen — zusammengesetzt. Im ersteren Falle heisst er einfach, in den beiden letzteren Fällen zusammengesetzt. Der Kern ist entweder nackt — von keiner besonderen Hülle umgeben — oder in eine farblose gallertartige Membran, oder in eine besondere zellige Hülle, das Pericarp, eingeschlossen. Das Pericarp bildet in der Regel am Thallus eine äusserliche, halbkugelige bis kugelige, ei- oder krugförmige Anschwellung und wird häufig aus dem Theile der äusseren Schichte des Thallus gebildet, welcher anfänglich die junge Frucht bedeckt und mit dieser zugleich sich entwickelt; seltener bildet sich das Pericarp aus Adventivzweigen oder Fäden, welche aus den Zellen des Procarps hervorwachsen.

Das Pericarp ist entweder geschlossen, in welchem Falle die Carposporen durch Zerfallen der sie bedeckenden Hülle frei werden, oder es bildet sich früher oder später am Scheitel desselben eine Oeffnung, das Carpostom, durch welche die Carposporen entweichen.

Die Carposporen sind innerhalb des Cystocarps gewöhnlich rundlich, verkehrt eiförmig oder birnförmig, immer intensiv gefärbt (nie mit Kalk inkrustirt). Die ausgetretenen Carposporen sind bewegungslos; nur bei denen einiger Porphyraceen und bei Helminthora wurden amöbenartige Bewegungen beobachtet.

Das reife, sehr verschieden gebaute Cystocarp besteht demnach aus einem Kern, der entweder nackt oder von einer farblosen Membran eingeschlossen, theils äusserlich am Thallus, theils innerhalb desselben oder eines Pericarps, seltener in Nemathecien entwickelt ist.

Die Tetrasporangien — die Mutterzellen, in welchen sich die Tetrasporen entwickeln — sind meist kugelige, ovale oder längliche Fortpflanzungsorgane und entstehen unmittelbar aus einzelnen, den vegetativen gleichenden Zellen, indem dieselben anschwellen, sich durch dichteres und intensiv gefärbtes Plasma auszeichnen, das schliesslich in meist vier, selten in mehr oder weniger Tetrasporen zerfällt.

Nach der Art der Theilung, die bald sehr regelmässig, bald mehr oder weniger unregelmässig ist, unterscheidet man:

1. Ungetheilte Tetrasporangien: wenn aus dem Inhalte derselben nur eine Spore sich entwickelt.
2. Zweitheilige: wenn der Inhalt durch eine Querwand in zwei gleiche Theile getheilt wird.
3. Kreuzförmig getheilte: wenn der Inhalt durch zweimalige Zweitheilung in Kugelquadranten zerfällt.
4. Tetraëdrisch getheilte: wenn der Inhalt durch gleichzeitige Viertheilung in Tetraëder zerfällt.
5. Zonenförmig getheilte: wenn der Inhalt durch vier zu einander meist parallele Querwände in vier Theile zerfällt.
6. Vieltheilige: wenn der Inhalt in mehr als vier Theile zerfällt.

Die Tetrasporangien sind am Thallus theils äusserlich entwickelt, theils sind sie in demselben, oder in eigenthümlichen Behältern, oder in Nemathecien gelagert. In den Nemathecien entwickeln sie sich entweder aus allen Gliedern sämmtlicher Nematheciumfäden, oder sie stehen mehr weniger dicht zwischen solchen sterilen. Bisweilen bilden sich die Tetrasporangien in besonders umgestalteten Aestchen, die dann als Stichidien bezeichnet werden.

Wahrscheinlich als Modificationen der Tetrasporangien sind die Seirosporen und die Sporenhaufen zu betrachten.

Die Seirosporen kommen nur bei einigen Arten der Gattung Callithamnion vor und bestehen aus gliederartig und gabelig gereihten (ungetheilten), rundlichen oder ovalen Sporen. Sie entwickeln sich aus den Endgliedern der Aestchen.

Die Sporenhaufen kommen bei einigen Ceramiaceen vor und bilden äusserliche, den Cystocarpien dieser Familie ähnliche, rundliche Conglomerate von mehreren oder wenigeren, ohne Ordnung gelagerten, aus den Rindenzellen des Thallus sich entwickelnden Sporen, die von einer farblosen Membran gemeinschaftlich eingeschlossen sind. Sie scheinen den vieltheiligen Tetrasporangien zu entsprechen.

Die ausgetretenen Tetrasporen sind ebenfalls bewegungslos; nur die einiger Porphyraceen zeigen eine amöbenartige Bewegung.

Die Brutknospen (Propagula) bei Monospora sind äusserliche, grosse, länglich-keulenförmige Zellen mit grobkörnigem, undurchsichtigem Inhalte, die auf einer fast farblosen Stielzelle sitzen, bei der Reife sich loslösen und keimen.

Die Florideen sind entweder monöcisch oder diöcisch, je nachdem Antheridien und Cystocarpien vereinigt auf einem Individuum, oder getrennt auf verschiedenen vorkommen; einige Arten sind monöcisch und diöcisch zugleich. Die Tetrasporangien kommen in der Regel auf andern Individuen vor; Ausnahmen davon, wo Tetrasporangien an derselben Pflanze mit den Antheridien oder Cystocarpien zugleich vorkommen, sind selten.

Uebersicht der Familien der Florideen.

I. Familie. Porphyraceae.

Thallus entweder fadenförmig, aus einer Zellenreihe, später häufig aus mehreren Reihen oder bisweilen parenchymatisch gelagerten Zellen bestehend, oder blattartig. zarthäutig, aus einer Zellenlage, die fruktificirenden Theile häufig aus mehreren Zellenlagen gebildet. Cystocarpien — nur bei einigen Arten bekannt — aus anschwellenden, den vegetativen Zellen gleichgestalteten Mutterzellen durch Theilung des Plasmas in eine Anzahl Carposporen entstehend. Tetrasporen theils einzeln, theils den Carposporen analog zu mehreren in einer den vegetativen Zellen gleichgestalteten Mutterzelle sich entwickelnd.

Gattungen:

I. Bangia. **II. Porphyra.**

II. Familie. Squamariaceae.

Thallus krusten-, haut- oder blattartig, bisweilen mit Kalk inkrustirt, horizontal ausgebreitet, dem Substrate mehr weniger fest anhaftend, meist aus vertikalen parallelen, zusammen verwachsenen Zellenreihen, oder durch Gallerte verbundenen, mehr weniger leicht trennbaren Gliederfäden bestehend, welche einer horizontal ausgebreiteten, den Umriss des Thallus bestimmenden Zellschichte entspringen. Cystocarpien zwischen den vertikalen Zellenreihen des Thallus oder in Nemathecien zwischen den Fäden derselben gelagert, aus meist wenigen rundlichen oder kantig gedrückten Carposporen bestehend, die gliederartig über einander in einoder mehrfache vertikale, seltener verzweigte Reihen geordnet, bisweilen unregelmässig zusammengeballt und gemeinschaftlich von einer farblosen Membran eingeschlossen sind. Tetrasporangien durch Umwandlung einzelner oder mehrerer Glieder der vertikalen Zellenreihen des Thallus entstanden oder in Nemathecien gelagert, zonen- oder kreuzförmig getheilt.

Gattungen:

III. Cruoria. **VI. Contarinia.**
IV. Petrocelis. **VII. Peyssonnelia.**
V. Cruoriella. **VIII. Rhizophyllis.**

III. Familie. Hildenbrandtiaceae.

Thallus krustenförmig ausgebreitet, mit der ganzen Unterfläche dem dem Substrate fest aufgewachsen, häutig, aus kleinen, fast kubischen Zellen bestehend, welche in vertikale Reihen geordnet sind. Cystocarpien und Tetrasporangien in rundlichen, nach aussen geöffneten Höhlungen (Conceptakeln) unter der Oberfläche des Thallus. Cystocarpien ovale oder birnförmige, fast kreuzförmig, oder durch schiefe Querwände unregelmässig in vier (oder mehr) Carposporen getheilte Zellkörper bildend, die mit zahlreichen farblosen Nebenfäden untermischt, in grösserer Anzahl aus der Wandung des Conceptakels gegen dessen Oeffnung convergirend, entspringen. Tetrasporangien in den Conceptakeln den Cystocarpien analog angeordnet, jedoch mit keinen Nebenfäden untermischt, durch horizontale oder schiefe Querwände regelmässig oder unregelmässig viertheilig.

Gattung:

IX. Hildenbrandtia.

IV. Familie. Wrangeliaceae.

Thallus fadenförmig, monosiphon-gegliedert, unberindet oder berindet, oder zellig und von einer gegliederten Fadenachse durchzogen. Cystocarpien äusserlich, oder doch um die Fadenachse entwickelt, aus einem nackten, meist rundlichen Kern bestehend, der aus birn- oder keulenförmigen, unter sich freien, strahlig angeordneten Carposporen gebildet wird. Tetrasporangien äusserlich, tetraëdrisch oder kreuzförmig getheilt, oder ungetheilt.

Gattungen:

X. Chantransia.
XI. Spermothamnion.
XII. Monospora.
XIII. Bornetia.
XIV. Spondylothamnion.
XV. Wrangelia.
XVI. Naccaria.

V. Familie. Helminthocladiaceae.

Thallus stielrund oder zusammengedrückt, meist gallertartig, bisweilen mit Kalk inkrustirt. Die innere Schicht von längsverlaufenden, die äussere von senkrecht aus diesen entspringenden Fäden gebildet. Cystocarpien, dem Thallus eingesenkt, in der äusseren Schicht entwickelt, aus einem fast kugeligen Kern bestehend, der entweder nackt oder von einer gallertartigen, farblosen Membran, oder einem zelligen Pericarp eingeschlossen ist. Kern aus dichotom-büschelig verzweigten, allseitig oder nach aussen strahlig aus einem placentaren Mittelpunkte dicht gedrängt entspringenden sporigenen Fäden gebildet, deren oberste Glieder in Carposporen umgewandelt sind. Tetrasporangien (nur bei Liagora bekannt), aus den Endzellen der peripherischen Fäden entwickelt, kreuzförmig getheilt.

Gattungen:

XVII. Helminthocladia.
XVIII. Helminthora.
XIX. Nemalion.
XX. Scinaia.
XXI. Liagora.

VI. Familie. Chaetangiaceae.

Thallus stielrund oder flach, solid oder fast hohl, bisweilen mit Kalk inkrustirt, die innere Schicht von netzförmig-anastomosirenden oder längsverlaufenden Fäden, die äussere Schicht von senkrecht zur Oberfläche aus diesen entspringenden

Fäden gebildet. Cystocarpien dem Thallus eingesenkt oder mit fast halbkugelig hervorspringendem, später am Scheitel geöffnetem Perikarp: Kern kugelig, in eine Hülle zarter, verworrener, placentarer Fäden eingeschlossen, aus fast rispig verzweigten, zu dichten Büscheln vereinigten, unter sich freien sporigenen Fäden gebildet, die an der ganzen inneren Wand der fädigen Hülle entspringen, gegen das Centrum convergiren und deren Endzellen in birnförmige Carposporen umgewandelt sind. Tetrasporangien in der äusseren Schicht entwickelt, kreuz- oder zonenförmig getheilt.

Gattung:

XXII. Galaxaura.

VII. Familie. Ceramiaceae.

Thallus fadenförmig oder zusammengedrückt, entweder aus einem monosiphonen, unberindeten oder mehr weniger berindeten Gliederfaden bestehend, oder von einer gegliederten Fadenachse durchzogen, die entweder von einer zelligen Schichte umgeben ist, oder aus deren Gliedern zu einer peripherischen Schichte vereinigte Aestchen wirtelig entspringen. Cystocarpien äusserlich an den Zweigen oder an der Basis der wirteligen Aestchen entwickelt und zwischen diesen gelagert, aus einem rundlichen oder gelappten, in eine gallertartige, farblose Membran eingeschlossenen Kern bestehend, der aus mehr oder weniger zahlreichen, meist ohne erkennbare Ordnung zusammengeballten Carposporen gebildet wird. Nur in einem Falle besteht das Cystocarp aus einem Büschel freier• dichotom gereihter Carposporen. Tetrasporangien meist äusserlich, tetraëdrisch-, kreuz- oder zonenförmig getheilt, bisweilen zwei- oder vieltheilig. Seirosporen und Sporenhaufen bei einigen Arten.

Gattungen:

XXIII. Rhodochorton.	**XXVIII. Ptilota.**
XXIV. Antithamnion.	**XXIX. Crouania.**
XXV. Callithamnion.	**XXX. Dudresnaya.**
XXVI. Pleonosporium.	**XXXI. Gloiosiphonia.**
XXVII. Griffithsia.	**XXXII. Ceramium.**

VIII. Familie. Spyridiaceae.

Thallus fadenförmig, monosiphon gegliedert, mehr weniger berindet. Cystocarpien äusserlich, fast kugelig oder in 2—3 rundliche Lappen getheilt, gestielt, mit geschlossenem, zelligem Pericarp, welches durch Verbindung der Endzellen steriler, strahlig aus der Spitze des Stieles entspringender dichotomer und anastomosirender Fäden gebildet wird und einen oder, der Anzahl der Lappen entsprechend, 2—3 rundliche, durch Bündel steriler Fäden von einander getrennte Kerne einschliesst. Kern aus einer Masse zusammengeballter, länglicher Carposporen bestehend, die in dichten, unregelmässigen, wirteligen Häufchen rings um die oberen Glieder einer monosiphon gegliederten Achse angeordnet sind. Tetrasporangien äusserlich, tetraëdrisch getheilt.

Gattung:

XXXIII. Spyridia.

IX. Familie. Cryptonemiaceae.

Thallus stielrund, zusammengedrückt oder flach, meist häutig oder fleischig, innen aus einem lockeren Gewebe längs verlaufender Fäden bestehend, welches von einer Schichte Zellen oder senkrecht abstehender Fäden umgeben ist. Cystocarpien dem Thallus eingesenkt, selten unter warzenförmigen Erhabenheiten desselben gelagert. Kern einfach (bisweilen aus mehr weniger fest verwachsenen Lappen zusammengesetzt) rundlich, von einer gallertartigen, farblosen Hüllenmembran oder einem Fadengeflecht eingeschlossen, aus einem Häufchen mehr weniger zahlreicher, ohne erkennbare Ordnung zusammengeballter Carposporen bestehend. Tetrasporangien in der äusseren Schichte des Thallus entwickelt, kreuz- oder zonenförmig getheilt.

Gattungen:

XXXIV. Nemastoma. **XXXV. Schizymenia.** **XXXVI. Sarcophyllis.** **XXXVII. Grateloupia.** **XXXVIII. Fastigiaria.** **XXXIX. Halymenia.** **XL. Dumontia.** **XLI. Cryptonemia.** **XLII. Acrodiscus.**

X. Familie. Gigartinaceae.

Thallus stielrund, zusammengedrückt oder flach, fleischig oder knorpelig von verschiedener Struktur, innen meist aus einem Gewebe grösserer Zellen oder längs verlaufender Fäden bestehend, welches von einer Schichte kleinerer Zellen oder senkrecht zur Oberfläche abstehender Fäden umgeben ist. Cystocarpien dem Thallus eingesenkt oder mit äusserlichem, meist halbkugeligem oder kugeligem Pericarp; Kern rundlich oder unbestimmt begrenzt, nackt oder in ein Fadengeflecht eingehüllt, aus mehr oder weniger zahlreichen, ohne Ordnung einander genäherten kleinen Kernen — Tochterkernen — zusammengesetzt, welche durch placentare Zellen oder Fäden mehr weniger deutlich von einander getrennt sind und aus rundlichen Häufchen rundlicher, ohne erkennbare Ordnung zusammengeballter Carposporen bestehen, die häufig durch Zerfallen des Pericarps oder der das Cystocarp bedeckenden Thallusschichte frei werden. Tetrasporangien dem Thallus eingesenkt oder in Nematheeien entwickelt, kreuz- oder zonenförmig getheilt.

Gattungen:

XLIII. Chondrus. **XLIV. Gigartina.** **XLV. Gymnogongrus.** **XLVI. Phyllophora.** **XLVII. Kallymenia.** **XLVIII. Constantinea.** **XLIX. Cystoclonium.**

XI. Familie. Rhodymeniaceae.

Thallus stielrund oder zusammengedrückt, solid oder röhrig und dann bisweilen gliederartig eingeschnürt, oder flach oder blattartig, von verschiedener Substanz und Struktur. Cystocarpien äusserlich, mit fast kugeligem oder halbkugeligem, zelligem, am Scheitel geöffnetem Pericarp, welches einen rundlichen oder ovalen Kern einschliesst, der entweder aus verschmolzenen oder durch sterile Fäden von einander getrennten, fast verkehrt-konischen oder verkehrt-eiförmigen, mehr weniger deutlich strahlig angeordneten Lappen oder Tochterkernen zusammengesetzt ist, die aus zusammengeballten, rundlichen, kantig-gedrückten Carposporen bestehen, welche sich aus den oberen Gliedern gabeliger oder fast corymbos- oder rispenartig-verzweigter, bisweilen anastomosirender, aus dem Grunde des Pericarps entspringender sporigener Fäden entwickeln. Tetrasporangien dem Thallus eingesenkt oder in Nematheccien entwickelt, tetraëdrisch, kreuz- oder zonenförmig getheilt.

Gattungen:

L. Gloiocladia. **LIV. Rhodymenia.**
LI. Fauchea. **LV. Plocamium.**
LII. Chylocladia. **LVI. Rhodophyllis.**
LIII. Chrysymenia. **LVII. Hydrolapathum.**

XII. Familie. Delesseriaceae.

Thallus blattartig, zarthäutig, zellig, mit oder ohne Mittelrippe. Cystocarpien äusserlich, flach-warzenförmig erhaben, mit zelligem, später am Scheitel geöffnetem Pericarp und grosser niedergedrückter, basal ausgebreiteter placentarer Zelle, aus welcher aufwärts die unterhalb fast büschelig verzweigten, oberhalb fast einfachen und unter sich freien, sporigenen Fäden im Kreise ausstrahlen, deren Endglieder, oder auch einige vorhergehende, in meist verkehrt-eiförmige bis längliche Carposporen umgewandelt sind. Tetrasporangien gruppenweise an bestimmten Stellen im Thallus entwickelt, tetraëdrisch getheilt.

Gattungen:

LVIII. Nitophyllum. **LIX. Delesseria.**

XIII. Familie. Sphaerococcaceae.

Thallus stielrund, zusammengedrückt oder flach, meist knorpelig-fleischig, zellig; die Markschichte bisweilen aus längs verlaufenden Fäden gebildet. Cystocarpien äusserlich, meist halbkugelig, mit dickem, zelligem, an der oft vorgezogenen Spitze geöffnetem Pericarp und meist zelliger, vom Grunde desselben sich mehr oder weniger erhebender Placenta, aus deren Oberfläche zahlreiche, einfache oder büschelig verzweigte, unter sich (wenigstens oberhalb) freie, sporigene Fäden strahlig entspringen, die auf ihrer Spitze je eine einfache oder quergetheilte Carpospore tragen, oder deren obere Glieder in perlschnurförmig gereihte Carposporen umgewandelt sind. Tetrasporangien in der Rindenschichte entwickelt, kreuz- oder zonenförmig getheilt.

Gattungen:

LX. Sphaerococcus. **LXI. Gracilaria.**
LXII. Chondrymenia.

XIV. Familie. Solieriaceae.

Thallus stielrund, zusammengedrückt oder flach, solid oder hohl, innen aus einem Gewebe längs verlaufender Fäden bestehend, welches von einer Schichte Zellen oder senkrecht-abstehender Fäden umgeben ist. Cystocarpien in Anschwellungen oder Auswüchsen des Thallus, mit einem aus der äusseren Schichte gebildeten, am Scheitel meist geöffneten Pericarp, innerhalb dessen ein fast kugeliger, häufig von einem Fadengeflecht umgebener Kern gelagert ist, der aus einer centralen, grossen placentaren Zelle oder zelligen Placenta besteht, aus deren Oberfläche zahlreiche, kurze, unter sich freie, sporigene Fäden büschelig ausstrahlen. deren Endglieder in keulen- oder birnförmige Carposporen umgewandelt sind. Placenta mit der fädigen Hülle des Kernes häufig durch sterile Fäden verbunden. Tetrasporangien dem Thallus eingesenkt, kreuz- oder zonenförmig getheilt.

Gattung:

LXIII. Catenella.

XV. Familie. Hypnaeaceae.

Thallus häufig fadenförmig, zellig. Cystocarpien dem Thallus eingesenkt oder äusserlich mit halbkugeligem oder fast kugeligem, zelligem, später am Scheitel geöffnetem Pericarp, welches ein netzartig gefächertes, placentares Fadengewebe einschliesst, in welchem viele kleine Büschel von kurz gestielten, birnförmigen Carposporen zerstreut sind. Tetrasporangien dem Thallus eingesenkt, zonenförmig getheilt.

Gattung:

LXIV. Hypnaea.

XVI. Familie. Gelidiaceae.

Thallus stielrund, zusammengedrückt oder flach, knorpelig, meist aus fest verbundenen Zellen und Fäden zusammengesetzt und von einer, oft aber nur in den jüngsten Theilen erkennbaren, gegliederten Fadenachse durchzogen. Cystocarpien mit dickem, aus der äusseren Thallusschichte gebildetem, später nach aussen geöffnetem Pericarp, welches am Thallus eine halbkugelige, fast kugelige oder unregelmässige Anschwellung bildet und die zellige, an der gegliederten Fadenachse entwickelte Placenta bedeckt, aus deren Oberfläche zahlreiche, freie, einfache oder zu kurzen Schnüren gereihte, meist verkehrt-eiförmige Carposporen entspringen. Tetrasporangien in der äusseren Thallusschichte entwickelt. kreuz- oder zonenförmig getheilt.

Gattungen:

LXV. Gelidium. **LXVI. Caulacanthus.**

XVII. Familie. Spongiocarpeae.

Thallus stielrund, knorpelig; die innere Schichte aus längs verlaufenden Fäden, die äussere aus senkrecht-radial zur Oberfläche gereihten Zellen zusammengesetzt. Cystocarpien zahlreich, in warzenförmigen Nematheeien eingesenkt; Kern einfach, kugelig oder oval, in eine farblose, gallertartige Membran eingehüllt, aus grossen verkehrt-konischen oder keulenförmigen Carposporen zusammengesetzt, die dicht gedrängt, allseitig strahlig aus der centralen, kleinzelligen, gestielten Placenta entspringen. Tetrasporangien dem Thallus eingesenkt, kreuzförmig getheilt.

Gattung:

LXVII. Polyides.

XVIII. Familie. Lomentariaceae.

Thallus stielrund, hohl, meist gliederartig eingeschnürt, häutig, oder die Aeste hohl und der Stamm solid. Wandschichte zellig. Cystocarpien äusserlich, fast kugelig, mit zelligem, geschlossenem Pericarp, welches einen fast kugeligen, von einem Netzwerk sternförmiger anastomosirender Zellen umgebenen Kern einschliesst, der aus grossen, verkehrt-konischen oder keulenförmigen Carposporen gebildet wird, welche dicht gedrängt, allseitig strahlig aus der centralen Placenta entspringen. Tetrasporangien dem Thallus eingesenkt, tetraëdrisch getheilt.

Gattung:

LXVIII. Lomentaria.

XIX. Familie. Rhodomelaceae.

Thallus sehr verschieden gestaltet: fadenförmig, (polysiphon gegliedert oder ungegliedert, bisweilen monosiphon gegliedert) oder stielrund, zusammengedrückt, flach oder blasenförmig, von verschiedener Struktur. Cystocarpien äusserlich, mit meist eiförmigem, kugeligem oder krugförmigem, selten halbkugeligem, zelligem, am Scheitel geöffnetem Pericarp, aus dessen grundständiger Placenta kurze, unter sich freie sporigene Fäden entspringen, deren Endglieder in verkehrt-eiförmige oder birnförmige Carposporen umgewandelt sind. Tetrasporangien dem Thallus eingesenkt, bisweilen in besonders umgestalteten, als Stichidien bezeichneten Aestchen, meist tetraëdrisch, selten kreuzförmig getheilt.

Gattungen:

LXIX. Ricardia.
LXX. Laurencia.
LXXI. Bonnemaisonia.
LXXII. Chondria.
LXXIII. Alsidium.
LXXIV. Digenea.
LXXV. Rhodomela.
LXXVI. Polysiphonia.
LXXVII. Rytiphlaea.
LXXVIII. Vidalia.
LXXIX. Dasya.
LXXX. Halydictyon.

XX. Familie. Corallinaceae.

Thallus verschieden geformt: stielrund oder zusammengedrückt gegliedert und verzweigt, oder krustenartig, blattartig oder korallenähnlich, von verschiedener Struktur, durch bedeutende Einlagerung von kohlensaurem Kalke steinartig hart und zerbrechlich. Fortpflanzungsorgane in Conceptakeln, kleine Höhlungen bildenden Behältern, welche unter der Oberfläche des Thallus ganz eingesenkt sind, oder häufiger äusserlich meist wärzchenförmige oder fast eiförmige Anschwellungen bilden. Die weiblichen Conceptakeln (Cystocarpien) mit einer Mündung am Scheitel: die sehr kurzen sporigenen Fäden, deren oberste Glieder sich in Carposporen umwandeln, entspringen am Grunde der Höhlung des Conceptakels und stehen häufig rings um ein centrales Bündel farbloser Nebenfäden. Die ungeschlechtlichen Conceptakeln sind entweder den Cystocarpien ähnlich: mit einer Mündung am Scheitel, die Tetrasporangien entspringen am Grunde der

Höhlung und stehen rings um ein centrales Bündel farbloser Nebenfäden, oder die Conceptakeln bilden oberhalb siebartig poröse Wärzchen und die Tetrasporangien stehen einzeln unter jedem Porus und sind durch Gewebe-Zellen von einander getrennt. Tetrasporangien oval oder länglich, zonenförmig viertheilig oder quer zweitheilig.

Gattungen:

LXXXI. Melobesia. **LXXXIII. Lithothamnion.**
LXXXII. Lithophyllum. **LXXXIV. Amphiroa.**
LXXXV. Corallina.

1. Familie. **Porphyraceae.**

Thallus entweder fadenförmig, aus einer Zellenreihe, später häufig aus mehreren Reihen oder bisweilen fast parenchymatisch gelagerten Zellen bestehend, oder blattartig, zarthäutig, aus einer Zellenlage, die fruktificirenden Theile häufig aus mehreren Zellenlagen gebildet. Cystocarpien — nur bei einigen Arten bekannt — aus anschwellenden, den vegetativen Zellen gleichgestalteten Mutterzellen durch Theilung des Plasmas in eine Anzahl Carposporen entstehend. Tetrasporen theils einzeln, theils den Carposporen analog, zu mehreren in einer den vegetativen Zellen gleichgestalteten Mutterzelle sich entwickelnd.

I. Gattung. **Bangia** Lyngb.

Thallus fadenförmig, meist einfach, aus einer Zellenreihe oder stellenweisse aus mehreren Reihen oder fast parenchymatisch gelagerten Zellen gebildet.

Fig. 1.

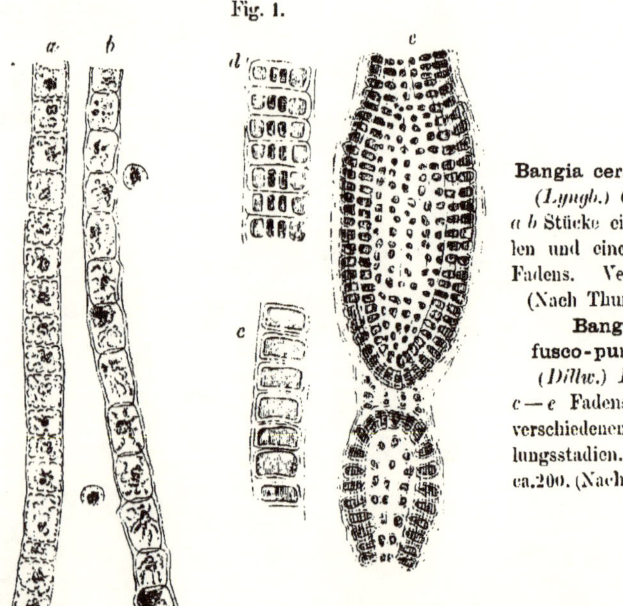

Bangia ceramicola (*Lyngb.*) *Chauv.* *a b* Stücke eines sterilen und eines fertilen Fadens. Verg r.330. (Nach Thuret). — **Bangia fusco-purpurea** (*Dillw.*) *Lyngb.* *c—e* Fadenstücke in verschiedenen Entwicklungsstadien. Vergr. ca.200. (Nach Kützing).

1. **B. ceramicola** (Lyngb.) Chauv. Fig. 1, *a b*.

Fäden epiphytisch auf verschiedenen Algen, selten vereinzelt, meist zu ausgebreiteten Räschen vereinigt, rosenroth, einfach, 1—30 mm lang und 12—24 μ dick, aus einer Zellenreihe gebildet; Glieder ½—1½ mal so lang als der Durchmesser. Die Sporen entwickeln sich einzeln aus dem Inhalt einer Zelle.

Conferva ceramicola Lyngb. Hydr. Dan. p. 114, Tab. 48.

B. ceramicola Chauv. Rech. sur l'organ. d'alg. (nec Kütz.). — Harv. Phyc. brit. pl. 317.

Erythrotrichia ceramicola Aresch. Phyc. scand. p. 210. — Le Jol. Alg. mar. Cherb. pl. 3, fig. 1. 2.

In der Nordsee, Ostsee und im adriatischen Meere.

F.? investiens.

Einzelne oder mehrere auf einander folgende Fadenglieder stellenweise aus zwei Zellen gebildet; Fäden dadurch hier und da dicker und knotig.

B. investiens Zanard. Cellul. mar. p. 68, Tab. 1. — Kütz. Spec. Alg. p. 359. — Id. Tab. phyc. III, Tab. 28?

B. tenuissima Kütz. Spec. Alg. p. 251. — Id. Tab. phyc. l. c. Tab. 27.

Im adriatischen Meere.

2. **B. reflexa** Crouan.

Bildet 1—4 mm hohe, dichte, häufig ausgebreitete, violette Räschen auf verschiedenen Algen. Fäden 10—50 μ dick, meist hin und hergebogen, einfach oder etwas (namentlich an der Basis) verzweigt, aus einer, später aus mehreren Zellenreihen gebildet, oder fast parenchymatisch und stellenweise ungleich, oft knotig verdickt. Die aus einer Zellenreihe bestehenden Fäden 10—20 μ dick, deren Glieder halb bis eben so lang als der Durchmesser.

B. reflexa Crouan, Alg. mar. Finist. N. 397.

Erythrotrichia reflexa Thur. Herb.

Porphyra reflexa Crouan. Flor. Finist. p. 132, pl. 10. gen. 73. fig. 1—3.

Auf Gelidium capillaceum im adriatischen Meere.

3. **B. fusco-purpurea** (Dillw.) Lyngb. Fig. 1, *c e*.

Bildet dichte, ausgebreitete, 3—15 cm lange, dunkel purpurbraune bis fuchsrothe oder gelbliche, mehr weniger violett oder blaugrün nüancirte Rasen an Felsen und Steinen. Fäden schlüpfrig (trocken glänzend), einfach, 20—150 μ dick, gerade oder kraus, aus einer Reihe, fruktificirend aus mehreren Reihen oder fast parenchymatisch gelagerten Zellen bestehend, im Alter ungleich verdickt; Glieder 1—$^1/_2$—$^1/_4$ mal so lang als der Durchmesser. Meist diöcisch.

Die Carposporen entwickeln sich durch radiale Längstheilungen der Zellen weiblicher Fäden. Sehr entwickelte weibliche Fäden zeigen im Querschnitte 16—32 keilförmige (radial gestellte) Carsposporen.

Die Antheridien, welche als kleine haut- und farblose Zellen nach ihrem Austreten durch tetraëdrische Theilung in vier Spermatozoiden zerfallen, bilden sich in grosser Anzahl durch wiederholte Zweitheilung der Zellen, welche am oberen Fadentheile beginnt und nach unten fortschreitet.

Die ungeschlechtlichen Sporen (Tetrasporen) entwickeln sich in besonderen ungeschlechtlichen Fäden und entstehen durch eine ähnliche Theilung der Zellen, wie die Carposporen.

Conferva fusco-purpurea Dillw. Brit. Conf. Tab. 22.

B. fusco-purpurea Lyngb. Hydr. Dan. p. 83. Tab. 24. fig. c. — Harv. Phyc. brit. pl. 96. — Kütz. Spec. Alg. p. 360. — Id.. Tab. phyc. III. Tab. 29. — Rabenh. flor. europ. alg. III. p. 399.

B. compacta Zanard. Icon. phyc. adr. II, p. 165, Tav. 80. — Kütz. Spec. Alg. p. 359. — Id. Tab. phyc. III. Tab. 27.

B. bidentata Kütz. Spec. Alg. p. 359. — Id. Tab. phyc. l. c. Tab. 28.

B. pallida Kütz. Spec. Alg. p. 359. — Id. Tab. phyc. l. c. Tab, 28.

B. versicolor Kütz. Spec. Alg. l. c. — Id. Tab. phyc. l. c. Tab. 29.

B. crispa Lyngb.? (Hydr. Dan. Tab. 24. — Kütz. Spec. Alg. p. 359. — Id. Tab. phyc. l. c. Tab. 28. — Rabenh. flor. europ. alg. III. p. 400.)

An der Fluthgrenze in der Nordsee, Ostsee und im adriatischen Meere.

II. Gattung. **Porphyra** Ag.

Thallus blattartig, flach, undeutlich gestielt, zarthäutig, schlüpfrig, aus einer Zellenlage, die fruktificirenden Theile häufig aus mehreren Zellenlagen gebildet.

Fig. 2.

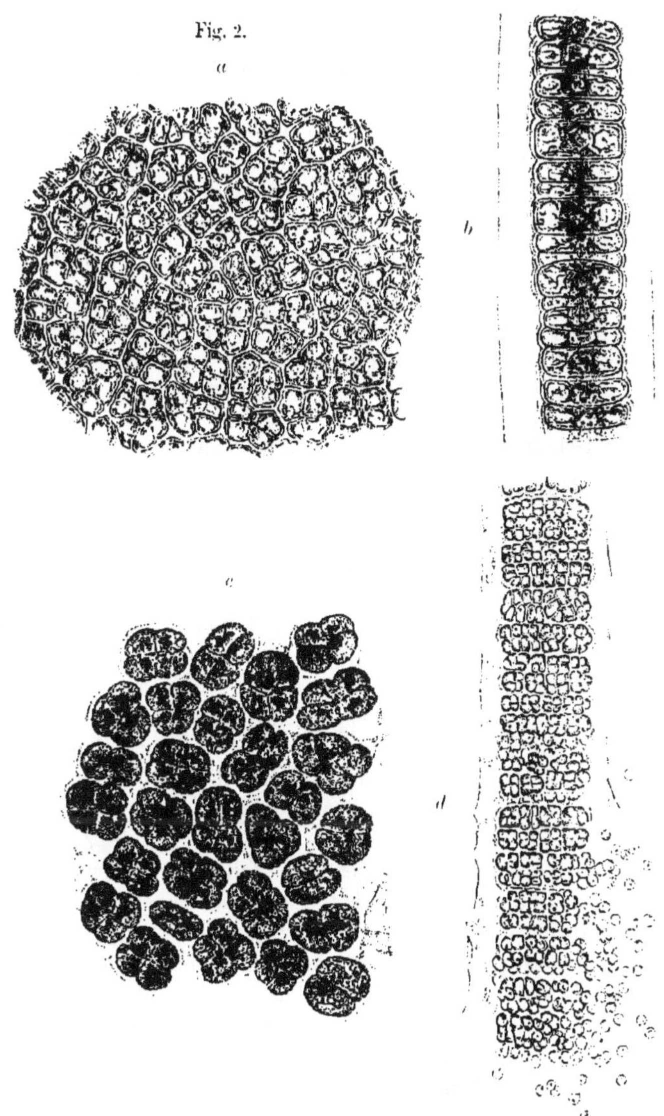

Porphyra laciniata (*Lightf.*) *Ag.*
a Stück des vegetativen Thallus, Flächenansicht. *b* Querschnitt durch den vegetativen Thallus. *c* Stück des Thallus mit reifen Sporen, Flächenansicht. *d* Querschnitt durch ein männliches Thallusstück, mit Antheridien. Vergr. aller Fig. 330. (Nach Thuret).

1. **P. ciliaris** (Carm.) Crouan.

Bildet 3 - 10 mm hohe, purpurrothe Räschen auf grösseren Algen. Thallus sehr zarthäutig, linear, 40 - 400 μ breit, einfach, gegen die Basis allmälig sehr verschmälert. Anfänglich aus einer 9—12 μ dicken Zellenreihe bestehend, deren Zellen durch Längs- und Quertheilungen in einer Ebene bald ein aus zwei oder mehr Reihen bestehendes Band, schliesslich einen Blattkörper bilden.

Bangia ciliaris Carm in Hook. Brit. Fl. p. 316. — Harv. Phyc. brit. pl. 322.
P. ciliaris Crouan, Flor. Finist. p. 132.
Erythrotrichia ciliaris Thur. in Le Jol. Alg. mar. Cherb. p. 103.
P. Boryana Mont. Flor. Alger. pl. 13. — Kütz. Spec. Alg. p. 691 — Id. Tab. phyc. XIX. Tab. 79. — Zanard. Icon. phyc. adr. I. p. 31. Tav. 8, A.

Auf Gelidium capillaceum im adriatischen Meere.

2. **P. leucosticta** Thur.

Thallus sehr kurz gestielt und mittelst einer kleinen Wurzelschwiele dem Substrate anhaftend, anfänglich rundlich oder oval, später breitblättrig, von unregelmässigem Umriss, ganzrandig oder eingerissen, 10 - 40 cm lang, wellig-faltig. Blaugrünlich, in's Sepiabraune oder Purpurröthliche übergehend (trocken meist röthlich-violett). Cystocarpien durch Befruchtung vermittelst eines rudimentären Trichogyns aus weiblichen, den vegetativen gleichgestalteten Zellen sich entwickelnd, indem das Plasma durch zur Thallusfläche parallele und darauf senkrechte Wände in meist 8 Carposporen zerfällt. Tetrasporen den Carposporen ähnlich, jedoch etwas grösser, durch senkrecht zur Thallusfläche vor sich gehende Zwei- oder Viertheilung des Plasmas vegetativer Zellen entstehend (Thallus daher einschichtig bleibend). Antheridien in der Nähe des Randes in gelblich-weissen, fast farblosen, abgegrenzten, kleinen länglichen, jedoch sehr unregelmässigen Flecken, die häufig sehr zahlreiche parallele, breitere und schmälere Längsstreifen bilden, aus männlichen, den vegetativen gleichgestalteten Zellen sich entwickelnd, indem das Plasma durch wiederholte Längs- und Quertheilungen in 32—64 Spermatozoiden zerfällt.

P. leucosticta Thur. in Le Jol. Alg. mar. Cherb. p. 100.
P. vulgaris Auct. partim.
P. vermicellifera Kütz. Spec. Alg. p. 692 — Id. Tab. phyc. XIX, Tab. 80.
P. coriacea Zanard. — Kütz. Spec. Alg. p. 692. — Id. Tab. phyc. l. c. Tab. 81.

P. microphylla Zanard. Icon. phyc. adr. I. p. 25. Tav.
P. autumnalis Zanard. l. c. p. 29 Tav. 7, B.

Auf Steinen und grösseren Algen im adriatischen Meere.

3. **P. laciniata** (Lightf.) Ag. Fig 2.

Der P. leucosticta sehr ähnlich. Thallus anfänglich lanzettlich oder linear, später breitblättrig von unregelmässigem Umriss, mehr weniger gelappt oder zerschlitzt, wellig-faltig, 10—15 cm lang. Blaugrünlich, mit verschiedenen Nüancen in Braun oder Purpurroth (trocken ins Violette ziehend). Bildung der Fortpflanzungsorgane im Wesentlichen wie bei P. leucosticta; Antheridien am Thallusrande jedoch einen mehr oder weniger breiten, gelblich-weissen verfliessenden Raum bildend.

Ulva laciniata Lightf. Fl. Scot. II. p. 974, Tab. 33.
P. laciniata Ag. Syst. p. 190. — Thur. in Le Jol. Alg. mar. Cherb. p. 99. — Thur et Born. Etud. phyc. p. 58, pl. 31. — Harv. Phyc. brit. pl. 92. — Kütz. Spec. Alg. p. 692. — Id. Tab. phyc. XIX. Tab. 82.
P. linearis Grev. — Harv. Phyc. brit. pl. 211. — Kütz. Spec. Alg. p. 691. — Id. Tab. phyc. XIX, Tab. 79.
P. vulgaris Auct. partim. — Harv. Phyc. brit. pl. 211. — Kütz. Tab. phyc. l. c. Tab. 82.
P. umbilicalis Kütz. Phyc. gener. p. 383.
P. purpurea Ag. Syst. p. 191.

In der Nord- und Ostsee.

II. Familie. Squamariaceae.

Thallus krusten-, haut- oder blattartig, bisweilen mit Kalk inkrustirt, horizontal ausgebreitet, dem Substrate mehr weniger fest anhaftend, meist aus vertikalen, parallelen, zusammen verwachsenen Zellenreihen oder durch Gallerte verbundenen, mehr weniger leicht trennbaren Gliederfäden bestehend, welche einer horizontal ausgebreiteten, den Umriss des Thallus bestimmenden Zellenschichte entspringen. Cystocarpien zwischen den vertikalen Zellenreihen des Thallus oder in Nemathecien zwischen den Fäden derselben gelagert, aus meist wenigen rundlichen oder kantig-gedrückten Carposporen bestehend, die gliederartig übereinander in ein- oder mehrfache vertikale, seltener verzweigte Reihen geordnet, bisweilen unregelmässig zusammengeballt, und gemeinschaftlich von einer farblosen

Membran eingeschlossen sind. Tetrasporangien durch Umwandlung einzelner oder mehrerer Glieder der vertikalen Zellenreihen des Thallus entstanden oder in Nematheceien gelagert, zonen- oder kreuzförmig getheilt.

III. Gattung. **Cruoria** Fries.

Thallus krustenförmig ausgebreitet, mit der ganzen Unterfläche dem Substrat fest aufgewachsen, fleischig-gallertartig, aus vertikalen, parallelen, einfachen oder verzweigten, durch Gallerte zusammen verbundenen, leicht trennbaren Gliederfäden bestehend, welche aus einer horizontal ausgebreiteten Zellenfläche entspringen. Cystocarpien zerstreut zwischen den vertikalen Fäden des Thallus, längliche oder spindelförmige oder unregelmässig gelappte Körper bildend, die aus über und neben einander oder unregelmässig gelagerten Carposporen bestehen. Tetrasporangien seitlich an den vertikalen Fäden des Thallus entwickelt, zerstreut, verhältnissmässig gross, länglich, zonenförmig getheilt.

Fig. 3.

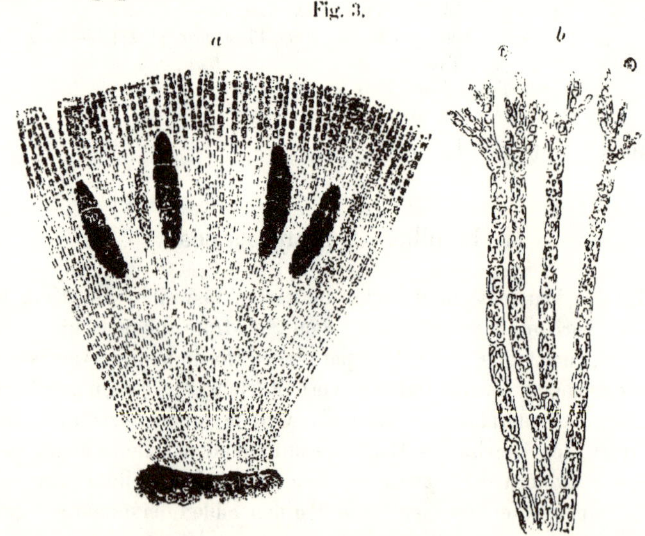

Cruoria pellita *(Lyngb.) Fries.*
a Stück eines Vertikalschnittes durch den Tetrasporangien-tragenden Thallus. Vergr. 75. *b* Thallusfäden (oberer Theil) mit Antheridien an der Spitze. Vergr. 250. (Nach Thuret.)

1. **Cr. pellita** (Lyngb.) Fries. Fig. 3.

Bildet dunkel-purpurrothe, schlüpfrige, ungefähr 0·5 mm dicke, fast kreisrunde, später unbestimmt ausgebreitete Krusten. Die vertikalen, aus der Basis bogig aufsteigenden Fäden einfach oder dichotom, 8—12 μ dick, gegen die Basis dicker (meist doppelt so stark); Glieder cylindrisch, $1^1/_2$—3 mal länger als der Durchmesser, die basalen bauchig. Antheridien aus den Gliedern kurzer Aestchen sich entwickelnd, welche an der Spitze der vertikalen Thallusfäden entspringen.

Chaetophora pellita Lyngb. Hydr. Dan. p. 193, Tab. 66, B.
Cr. pellita Fries Fl. Scan. p. 137. — J. Ag. Spec. Alg. II, p. 491; III p. 377. — Le Jol. Alg. mar. Cherb. pl. 4.
Cr. adhaerens Crouan — J. Ag. l. c.

Auf Steinen in der Nordsee.

2. **Cr. purpurea** Crouan.

Bildet unbestimmt ausgebreitete, dunkel purpurrothe bis ca. 0·5 mm dicke, schlüpfrige Krusten. Die vertikalen Fäden einfach, hin und wieder 1—2 mal gabelig, 6—8 μ dick, fast senkrecht aus einer einfachen Zellenfläche entspringend. Glieder cylindrisch, 1—3 mal so lang als der Durchmesser. Tetrasporangien am oberen Theile der vertikalen Fäden entspringend.

Cr. purpurea Crouan, Flor. Finist. p. 147, pl. 18, gen. 123.
Contarinia cruoriaeformis Crouan, in Ann. sc. nat. pl. 3, fig. 4, *a—d*.

An Lithothamnien, Muschelschalen etc. im adriatischen Meere.

IV. Gattung. **Petrocelis** J. Ag.

Thallus krustenförmig ausgebreitet, mit der ganzen Unterfläche dem Substrate fest aufgewachsen, fleischig-gallertartig, aus vertikalen, parallelen, fast einfachen, durch Gallerte zusammen verbundenen, leicht trennbaren Gliederfäden bestehend, welche aus einer horizontal ausgebreiteten Zellenfläche entspringen. Cystocarpien wie bei Cruoria. Tetrasporangien im Thallus ausgesät, aus einem oder mehreren auf einander folgenden Gliedern (nie aus den Endzellen) der vertikalen Fäden sich entwickelnd, kugelig-oval, kreuzförmig oder unregelmässig getheilt.

Fig. 4.

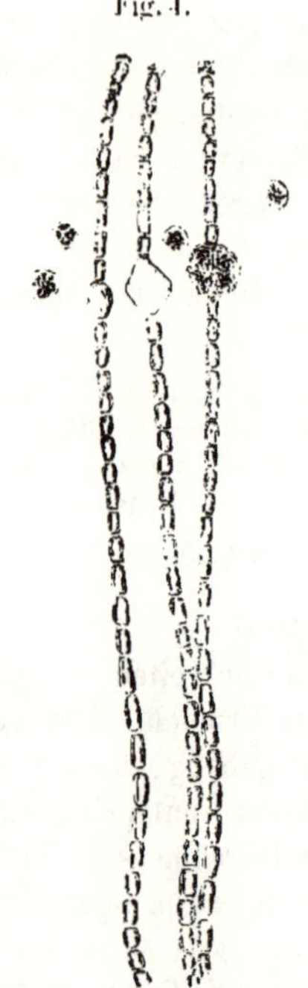

Petrocelis cruenta *J. Ag.*
Thallusfäden mit Tetrasporangien in verschiedenen Entwicklungsstadien. Vergr. 250.
(Nach Thuret).

1. **P. cruenta** J. Ag. Fig. 4.

Bildet anfänglich kreisrunde, später unbestimmt ausgebreitete, dunkel-purpurrothe, schlüpfrige, 0·5 bis über 1 mm dicke Krusten. Die vertikalen Fäden einfach (seltener einzelne gabelig), meist 4—8 μ dick, durchaus ziemlich gleich dick; Glieder cylindrisch, eben so lang oder etwas länger, seltener zweimal so lang als der Durchmesser. Tetrasporangien meist einzeln, aus einem mittleren oder oberen Gliede der Fäden entwickelt, kreuzförmig getheilt.

P. cruenta J. Ag. Spec. Alg. II. p. 490 (partim); III. p. 375. — Le Jol. Alg. mar. Cherb. pl. III. fig. 3. 4.
Cruoria pellita Harv. Phyc. brit. pl. 117.

Auf Steinen in der Nordsee.

2. **P. Ruprechtii** Hauck.

Gleicht ganz der P. cruenta; die Tetrasporangien sind aber schief-kreuzförmig oder unregelmässig getheilt und bilden perlschnurförmige, einfache, seltener gabelige Reihen. Sie entwickeln sich aus den oberen Gliedern der Fäden meist zu 2—9 hinter einander.

Cruoria pellita (Lyngbyei) Rupr. Tange d. ochotskischen Meeres. p. 138, Taf. 18 *c—e.*

Auf Steinen (auch an den Stielen von Laminaria) in der Nordsee (Helgoland).

V. Gattung. **Cruoriella** Crouan.

Thallus krustenförmig ausgebreitet, mit der ganzen Unterfläche dem Substrat fest anhaftend, gallertartig-häutig, aus vertikalen, parallelen, gegen die Spitze mehr weniger verdünnten, einfachen oder zum Theil gabeligen, durch Gallerte verbundenen (leicht trennbaren) Gliederfäden bestehend, welche einer horizontalen Zellenfläche entspringen, deren Zellen in dichotome, fächerförmig ausstrahlende Reihen geordnet sind. Cystocarpien und Tetrasporangien zwischen den Fäden des Thallus zerstreut. Cystocarpien aus wenigen rundlichen, über einander gelagerten, oder längliche Häufchen bilden den Carposporen bestehend. Tetrasporangien auf der Spitze verkürzter Fäden entwickelt, länglich, kreuzförmig getheilt.

Fig. 5.

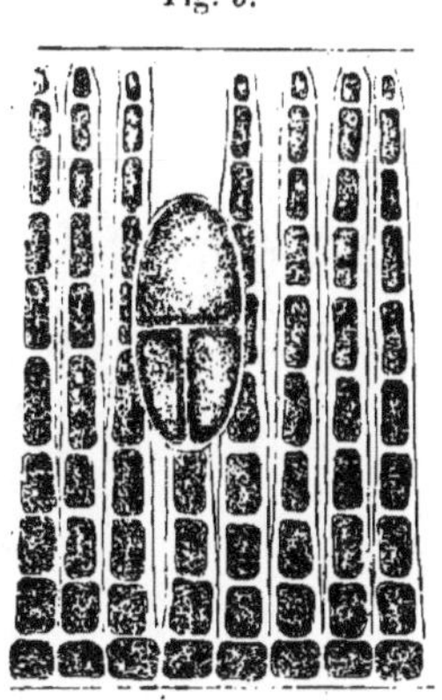

Cruoriella armorica *Crouan.*
Stück eines Vertikalschnittes durch den Tetrasporangien-tragenden Thallus.
Vergr. 300.

1. **Cr. armorica** Crouan. Fig. 5.

Bildet fleckenförmige, rundliche, gelappte oder unbestimmt ausgebreitete, purpurrothe, 50—100 μ dicke Krusten von 1—3 mm im Durchmesser. Fäden unterhalb 10—15 μ dick: Glieder eben so lang oder etwas länger als der Durchmesser, die oberen sehr verdünnter Fäden 3—4 mal länger als dick.

Cr. armorica Crouan, in Ann. sc. nat. 4e ser. T. 12. pl. 22. F. G. 34—37. — Id. Flor. Finist. p. 148, pl. 19, gen. 128. — J. Ag. Spec. Alg. III. p. 381.
Cruoriopsis cruciata Duf. Elenc. alg. lig. p. 35.?
Cruoria cruciata Zanard. Icon. phyc. adr. III, p. 25, Tav. 86.?

Auf Schneckenhäusern, Melobesieen etc. im adriatischen Meere.

VI. Gattung. **Contarinia** Zanard.

Thallus krustenförmig ausgebreitet, mit der ganzen Unterfläche dem Substrat anhaftend, fleischig, aus vertikalen, dichotomen, parallelen, durch Gallerte verbundenen Gliederfäden bestehend, die bogig aufsteigend einer horizontal ausgebreiteten Zellenfläche entspringen, deren Zellen in dichotome, fächerförmig ausstrahlende Reihen geordnet sind. Tetrasporangien auf der Oberfläche des

Fig. 6.

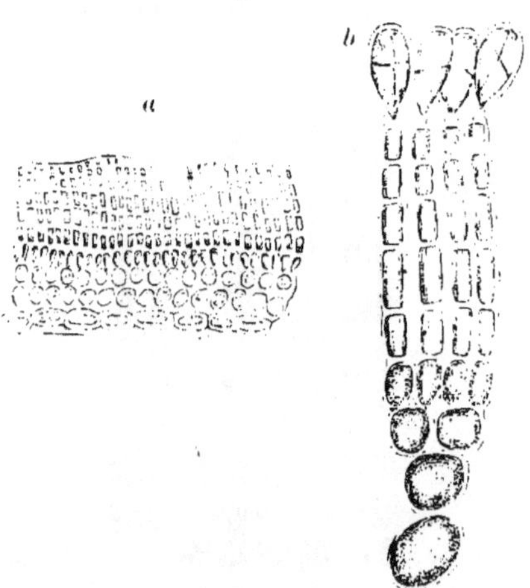

Contarinia Peyssonneliaeformis *Zanard.*
a Vertikalschnitt durch ein Stück des sterilen Thallus. Vergr. 200. *b* Vertikalschnitt durch ein Tetrasporangien-tragendes Stück des Thallus. Vergr. 350. (Nach Zanardini).

Thallus in Gruppen beisammen, aus den Endgliedern der vertikalen Fäden entwickelt, verkehrt-eiförmig, unregelmässig kreuzförmig getheilt. Cystocarpien unbekannt.

1. C. Peyssonneliaeformis Zanard. Fig. 6.

Bildet fast kreisrunde oder unbestimmt ausgebreitete, gelappte oder eingeschlitzte, bis 0·5—1 mm dicke, dunkelrothe Krusten von 1—4 cm im Durchmesser, die dem Substrat ziemlich fest, stellenweise mit Wurzelfäden, anhaften. Die vertikalen Fäden des Thallus 2—3 mal gabelig, unterhalb 12—20 μ dick, gegen die Spitze verdünnt, 5—8 μ dick; die unteren Glieder tonnenförmig, eben so lang oder etwas länger als der Durchmesser, die übrigen cylindrisch, $1^1/_2$—3 mal, mitunter bis 4 mal länger als dick. Tetrasporangien zerstreute, unbestimmt begrenzte, Nemathecien-artige Flecken auf der Thallus-Oberfläche bildend.

C. Peyssonneliaeformis Zanard. Sagg. p. 45. — Id. Icon. phyc. adr. I. p. 47, Tav. 12. — J. Ag. Spec. Alg. II. p. 492; III. p. 378.

Auf Spongien, Melobesieen, an den Stämmen von Cystosiren etc. im adriatischen Meere.

VII. Gattung. **Peyssonnelia** Decne.

Thallus blatt- oder krustenartig, horizontal ausgebreitet, an der Unterseite häufig mit Wurzelfäden dem Substrate mehr weniger fest anhaftend, häutig oder lederartig, bisweilen durch bedeutende Einlagerung von kohlensaurem Kalk steinartig hart und zerbrechlich, aus einer horizontal ausgebreiteten basalen Zellenfläche bestehend, deren Zellen dichotome, fächerförmig ausstrahlende Reihen bilden und aus welcher aufsteigend vertikale, parallele, einfache oder dichotome, zusammen verwachsene Zellenreihen sich erheben.

Fortpflanzungsorgane in flecken- oder warzenförmigen, bisweilen zusammenfliessenden, mehr weniger erhabenen Nemathecien. Cystocarpien aus vertikalen, ein- oder mehrfachen oder etwas verzweigten Reihen weniger, grosser, rundlicher Carposporen bestehend, zwischen sterilen Nemathecienfäden gelagert.

Tetrasporangien zwischen sterilen Nemathecienfäden gelagert, länglich oder oval, kreuzförmig getheilt. Antheridien aus den Gliedern sämmtlicher Fäden männlicher Nemathecien sich entwickelnd.

Fig. 7.

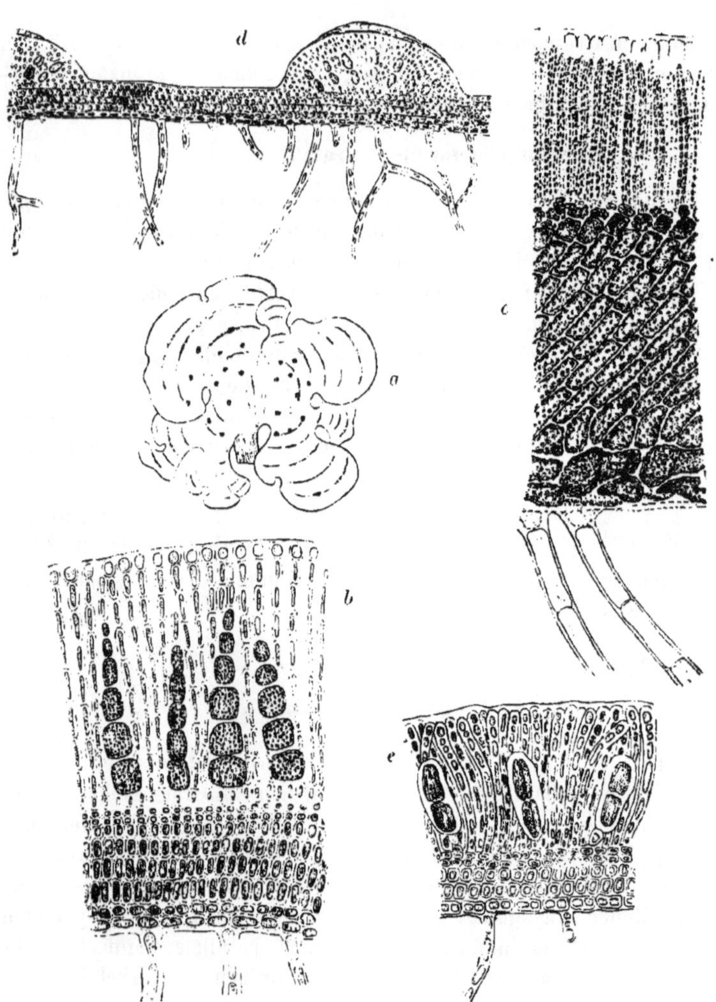

Peyssonnelia Squamaria *(Gmel.) Decne.*

a Alge mit Nemathecien in natürlicher Grösse. *b* Vertikalschnitt durch ein Stück des Thallus und eines Cystocarpien-tragenden Nematheciums. Vergr. ca. 200. (Nach Kützing.) *c* Vertikalschnitt durch ein Stück des Thallus und eines männlichen Nematheciums. Vergr. 250. (Nach Thuret).

Peyssonnelia rubra *(Grev.) J. Ag.*

d Vertikalschnitt durch ein Stück des Thallus mit Tetrasporangien-tragenden Nemathecien. Vergr. ca. 100. *e* Vertikalschnitt durch einen Theil des Thallus und eines Tetrasporangien-tragenden Nematheciums. Vergr. ca. 200.

1. **P. Squamaria** (Gmel.) Decne. Fig. 7, *a*–*c*.

Thallus blattartig, lederig, 120—200 μ dick, anfänglich rundlich oder fast nierenförmig, am Rande etwas gelappt, später unregelmässig radial eingeschlitzt, mit keil- bis nierenförmigen, übereinander greifenden Lappen, 4—10 cm im Durchmesser, dunkel- bis braunroth (trocken fast schwarz); die ganze Unterfläche, bis auf einige schmale Zonen am Rande, mit einem kurzen dichten, schmutziggelb-bräunlichen Filz einfacher Wurzelfäden besetzt, und mit Ausnahme des Randes dem Substrate mehr weniger fest anhaftend; Oberfläche etwas strahlig und concentrisch gezeichnet. Zellen der aufsteigend-vertikalen Reihen im radial-vertikal durchschnittenen Thallus zwei mal länger als dick. Nematheeien sehr flache, zerstreute Wärzchen bildend. Cystocarpien aus einer einfachen oder verzweigten Reihe rundlicher, meist zahlreicher Carposporen bestehend.

Fucus squamarius Gmel. Hist. Fuc. p. 171
P. Squamaria Decne. Pl. Arab. p. 168. — J. Ag. Spec. Alg. II. p. 502; III. p. 386. — Kütz. Phyc. gener. Tab. 77, I. — Id. Spec. Alg. p. 693 — Id. Tab. phyc. XIX, Tab. 87. — Thur. Anth. des Alg. Ann. sc. nat. 4. ser. T. III. p. 23 pl. 4.

An Cystosirenstämmen etc. im adriatischen Meere.

2. **P. rubra** (Grev.) J. Ag. Fig. 7, *d*, *e*.

Thallus blattartig, häutig, (trocken meist mehr weniger spröde und mit etwas eingerolltem Rande), 50—160 μ dick, rundlich, am Rande etwas gelappt, später unregelmässig eingeschlitzt, mit keil- bis nierenförmigen, übereinander greifenden Lappen, 2—6 cm im Durchmesser, hellroth, trocken dunkler bis braunroth; die ganze Unterfläche mit einem sehr kurzen, meist inkrustirten, hell-erdfarbenen Filz einfacher Wurzelfäden besetzt und dem Substrat mehr weniger fest, entweder durchaus anhaftend oder am Rande frei; Oberfläche etwas strahlig und concentrisch gezeichnet. Zellen der aufsteigend-verikalen Reihen im radial-vertikal durchschnittenen Thallus kaum länger als dick. Nematheeien sehr flache, zerstreute, etwas dunkler gefärbte Wärzchen bildend.

Der P. Squamaria sehr ähnlich.

Zonaria rubra Grev. Lin. Trans. XV. 2. p. 340.
P. rubra J. Ag. Spec. Alg. II. p. 502; III. p. 386.

An Cystosirenstämmen, Lithothamnien, Schneckenhäusern etc. im adriatischen Meere.

3. **P. Dubyi** Crouan.

Bildet anfänglich fast kreisrunde, am Rande leicht buchtige, 1—4 cm grosse, später unbestimmt ausgebreitete, purpurrothe, einer Hildenbrandtia ähnliche, fleckenartige, 80—200 μ dicke Krusten auf Steinen, Schneckenhäusern etc.

Thallus häutig, (trocken gegen den Rand strahlig gerunzelt), mit der ganzen Unterfläche dem Substrat fest aufgewachsen. Nemathecien zerstreute, bisweilen zusammenfliessende, nicht scharf begrenzte, kaum unterscheidbare Flecken formirend, aus 5—6gliedrigen Fäden gebildet, deren Glieder so lang bis doppelt länger als der Durchmesser sind. Cystocarpien länglich, aus einer oder zwei Reihen je 5—6 grosser Carposporen bestehend.

P. Dubyi Crouan Ann. sc. nat. 1844 p. 368, Tab. 11. — Id. Flor. Finist. pl. 19, gen. 130, Fig 1—3. — J. Ag. Spec. Alg. II. p. 501; III. p. 384. — Harv. Phyc. brit. pl. 71.

In der Nordsee und im adriatischen Meere.

4. **P. adriatica** Hauck.

Bildet anfänglich fast kreisrunde, am Rande leicht buchtige, mehrere cm grosse, später unbestimmt ausgebreitete, der P. Dubyi ähnliche, dunkelpurpurrothe, 100—400 μ dicke, fleckenartige Krusten auf Steinen, Lithothamnien, Schneckenhäusern etc.

Thallus häutig, trocken häufig am Rande etwas concentrisch runzelig, mit der ganzen Unterfläche dem Substrat aufgewachsen: Oberfläche uneben, mehr weniger höckerig. Nemathecien unbestimmt ausgebreitete, nicht scharf begrenzte, zusammenfliessende, oft den grössten Theil der Thallusoberfläche bedeckende, dunkler gefärbte Flecken bildend. Die Nemathecienfäden kurz, als Fortsetzung der Thallusfäden nicht scharf abgegrenzt, nur durch etwas hellere Färbung zu unterscheiden: Glieder jener so lang als der Durchmesser. Cystocarpien aus 2–3 länglichen, hinter einander gereihten Carposporen bestehend.

P. adriatica Hauck, Herb.

P. Harveyana Crouan? (Flor. Finist. pl. 19. gen. 129 Fig. 1—5. J. Ag. Spec. Alg. II. p. 501; III. p. 384).

Im adriatischen Meere.

5. **P. polymorpha** (Zanard.) Schmitz. Taf. I. Fig. 6.

Thallus krustenartig, stark verkalkt, steinhart und brüchig, dem Substrat bis auf den freien Rand fest anhaftend, 300 μ—1 mm dick, kreisrund, am Rande unregelmässig buchtig, 5—10 cm im Durchmesser, oder nach der Form des Substrates verschieden gestaltet. häufig innen hohle, bis faustgrosse Knollen bildend; Oberfläche mehr weniger höckerig, häufig concentrisch zonnenartig-wellig; Unterfläche mit zahlreichen inkrustirten Wurzelfasern. Nematheeien flach warzenförmig, kreisrund oder unregelmässig geformt, von verschiedener Grösse, zerstreut, stellenweise zusammenfliessend; Glieder der Nematheeienfäden 6—12 mal länger als der Durchmesser. Cystocarpien länglich, aus einer verkehrt-eirunden oder meist 2—6 runden oder scheibenförmigen, hintereinander gereihten grossen Carposporen bestehend. Im Leben rosen- bis purpurroth, trocken dunkelroth oder röthlich-ockergelb, die Nematheeien als dunkel-purpurrothe Flecken markirt.

Habitus eines Lithophyllum.

Nardoa polymorpha Zanard. Corall. p. 37.
P. polymorpha Schmitz, in Falk. Alg. Neap. p. 264.
Lithymenia polymorpha Zanard. Icon. phyc. adr. I. p. 127, Tav. 30.

Auf Steinen und verschiedenen Meereskörpern im adriatischen Meere.

VIII. Gattung. **Rhizophyllis** Kütz.

Thallus flach, zweischneidig, linear, dichotom getheilt, horizontal ausgebreitet und an der Unterseite mit Wurzelfasern dem Substrat anhaftend, häutig, innen aus grösseren, nach aussen kleineren, rundlich-polyedrischen Zellen und, nur an der oberen Fläche vorhandenen, kleinen, rundlichen, später zu kurzen vertikalen Reihen geordneten Rindenzellen bestehend. Fortpflanzungsorgane in Nematheeien.

Cystocarpien aus fast kugeligen Häufchen rundlicher Carposporen bestehend, in warzenförmigen, aus meist einfachen Gliederfäden gebildeten Nematheeien gelagert. Tetrasporangien in flachwarzenförmigen Nematheeien, deren kurze, cylindrisch- keulenförmige, einzellige Fäden durch Theilung des Inhaltes sich sämmtlich in zonenförmig-getheilte Tetrasporangien umwandeln. Antheridien aus den Gliedern sämmtlicher Fäden männlicher, flach-warzenförmiger Nematheeien sich entwickelnd.

Fig. 8.

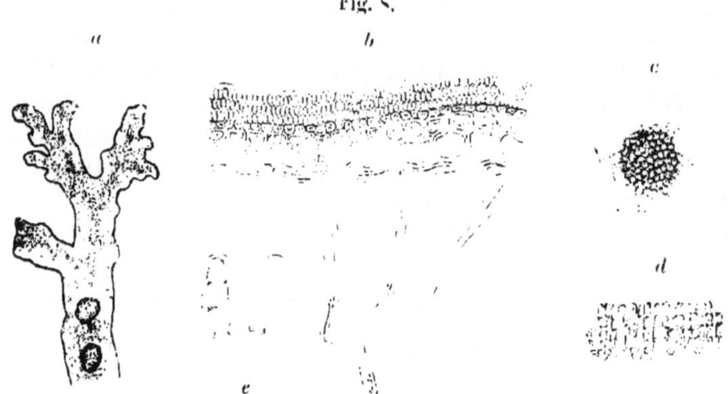

Rhizophyllis dentata *Mont.*

a Stück des Thallus mit Nematheeien; schwach vergrössert. *b* Vertikalschnitt durch ein Stück des Thallus. Vergr. 200. *c* Stück eines Nematheciums mit einem Cystocarp. Vergr. 100. *d* Stück eines Nematheciums mit Tetrasporangien (sämmtliche Nemathecium-Fäden in Tetrasporangien umgewandelt). Vergr. 100. *e* Zwei Tetrasporangien. Vergr. 200. (Nach Zanardini.)

1. **Rh. dentata** Mont. Fig. 8.

Thallus dichotom-fiederig getheilt und fächerförmig ausgebreitet, 1—3 cm lang. Segmente linear, längs der Mitte etwas rippenartig erhaben, ungefähr 1 mm breit, mitunter etwas breiter; Rand etwas gezähnt, fein buchtig oder wie ausgenagt; Spitzen stumpf-gerundet. Nematheeien längs der Mitte der Segmente entwickelt. Hochroth.

Delesseria alata, var. dentata Mont Crypt. Alger. No. 76.

Rh. dentata Mont. Flor. Alger. p. 63, Tab. 15. Fig. 2. — J. Ag. Spec. Alg. II, p. 222; III. p 352. — Zanard. Icon. phyc. adr. III. p. 29. Tav. 87.

Rh. Squamariae Kütz. Spec. Alg. p. 877. — Id. Tab. phyc. XVI. Tab. 8.

Auf der Oberseite von Peyssonnelia squamaria und rubra. seltener an Cystosirenstämmen und Lithothamnien. Im adriatischen Meere.

III. Familie. **Hildenbrandtiaceae.**

Thallus krustenförmig ausgebreitet, mit der ganzen Unterfläche dem Substrat fest aufgewachsen, häutig, aus kleinen, fast kubischen

Zellen bestehend, welche in vertikale Reihen geordnet sind. Cystocarpien und Tetrasporangien in rundlichen, nach aussen geöffneten Höhlungen (Conceptakeln) unter der Oberfläche des Thallus. Cystocarpien ovale oder birnförmige, fast kreuzförmig oder durch schiefe Querwände unregelmässig in vier (oder mehr) Carposporen getheilte Zellenkörper bildend, die, mit zahlreichen farblosen Nebenfäden untermischt, in grösserer Anzahl aus der Wandung des Conceptakels gegen dessen Oeffnung convergirend entspringen. Tetrasporangien in den Conceptakeln den Cystocarpien analog angeordnet, jedoch mit keinen Nebenfäden untermischt, oval oder birnförmig, durch horizontale oder schiefe Querwände regelmässig oder unregelmässig viertheilig. (Nach Schmitz.)

IX. Gattung. **Hildenbrandtia** Nardo.

Charakter der Familie.

Fig. 9.

Hildenbrandtia prototypus *Nardo*.
Stück eines Vertikalschnittes durch den Thallus und drei Conceptakeln mit Cystocarpien. Vergr. ca. 300. (Nach Kützing.)

1. **H. prototypus** Nardo. Fig. 9.

Bildet blutrothe bis braunrothe, glänzende, anfänglich kreisrunde, später unbestimmt ausgebreitete Flecken auf Felsen und Steinen. Thallus dünn, sehr entwickelt kaum 0·5 mm dick, meist viel dünner; Oberfläche etwas uneben, fruktificirend mit dichten und feinen Poren versehen. Die vertikalen Zellenreihen des Thallus ca. 4 μ dick.

H. prototypus Nardo, in Isis, 1834, p. 675.

H. Nardi Zanard. Syn. p. 136, Tab. 1, Fig. 1. — J. Ag. Spec. Alg. II. p. 494; III. p. 379. — Kütz. Tab. phyc. XIX. Tab. 94 (nec Phyc. germ. p. 294).

H. sanguinea Kütz. Phyc. gener. p. 384. Tab. 78. — Id. Spec. Alg p. 694 (nec Tab. phyc. XIX, Tab. 91).
H. rubra Menegh.

Im adriatischen Meere.

β. **rosea.**

Thallus rosenroth.

H. rosea Kütz. Phyc. gener. p. 384. — Id. Spec. Alg. p. 694. — Id. Tab. phyc. XIX. Tab. 91. — J. Ag. Spec. Alg. II. p. 495; III. 379
H. rubra Harv. Phyc. brit. pl. 250.

In der Nord- und Ostsee.

IV. Familie. **Wrangeliaceae.**

Thallus fadenförmig, monosiphon gegliedert, unberindet oder berindet, oder zellig und von einer gegliederten Fadenachse durchzogen. Cystocarpien äusserlich, oder doch um die Fadenachse entwickelt, aus einem nackten, meist rundlichen Kern bestehend, der aus birn- oder keulenförmigen, unter sich freien, strahlig angeordneten Carposporen gebildet wird. Tetrasporangien äusserlich, tetraëdrisch oder kreuzförmig getheilt oder ungetheilt.

X. Gattung. **Chantransia** Fries.

Thallus meist epiphytisch, aus einem unberindeten, verzweigten Gliederfaden bestehend, dessen Endzellen häufig in ein farbloses, abfallendes Haar ausgehen. Tetrasporangien seitlich oder terminal, oval, ungetheilt. Cystocarpien und Antheridien bei den folgenden Arten unbekannt.

1. **Ch. virgatula** (Harv.) Thur. Fig. 10.

Bildet 1—4 mm hohe, meist dichte, rosenrothe Räschen auf Zostera und verschiedenen Algen. Fäden meist ca. 16 μ dick, aus einer Zellenfläche entspringend, ziemlich strikte, seitlich mehr weniger verzweigt und an den meisten Gliedern (durchaus oder stellenweise, oder nur an den oberen Aesten) mit abwechselnden oder einseitigen, seltener hin und wieder opponirten ein- oder zweigliedrigen Aestchen besetzt. Glieder 3—4 mal länger als der Durchmesser. Endzellen häufig in ein langes, dünnes Haar auslaufend. Tetrasporangien sitzend oder gestielt, meist einzeln oder zu zweien, die Stelle von Aestchen einnehmend.

Fig. 10.

Chantransia virgatula (*Harv.*) *Thur.*
a Ein Stück von Zostera, welches mit der Alge am Rande bewachsen ist; in natürlicher Grösse. *b* Stück der Alge mit Tetrasporangien. Vergr. ca. 100. (Nach Kützing).

Callithamnion virgatulum Harv. Phyc. brit. pl. 313. — J. Ag. Spec. Alg. III. p. 7.
Ch. virgatula Thur. in Le Jol. Alg. Cherb. p. 106.
Trentepohlia virgatula Farl. New. Engl. Algae. p. 109, pl. 10, fig. 3.
Callithamnion Daviesii Auct. partim.
C. luxurians J. Ag. Spec. Alg. III. p. 9. — Kütz. Spec. Alg. p. 639. — Id. Tab. phyc. XI. Tab. 59.
C. piliferum Kütz. Tab. phyc. l. c. p. 18, Tab. 56.
C. minutissimum Kütz. Spec. Alg. p. 640. — Id. Tab. phyc. l. c. Tab. 57.
C. Pubes Ag. — Kütz. Spec. Alg. p. 637. — Id. Tab. phyc. l. c.
C. Lenormandi Suhr. in Kütz. Spec. Alg. p. 640 et Tab. phyc. l. c. Tab. 57.
C. pygmaeum Kütz. Spec. Alg. et Tab. phyc. l. c. Tab. 59.
C. byssaceum Kütz. Spec. Alg. p. 639. — Id. Tab. phyc. l. c. Tab. 58.
C. Savianum Menegh. Lett. ad Corin. N. 3.
C. Posidoniae Zanard. Call. p. 13.
Acrochaetium Griffithsianum Näg. Ceram. p. 406.

In der Nordsee, Ostsee und im adriatischen Meere.

2. **Ch. secundata** (Lyngb.) Thur.

Bildet bis 0·6 mm hohe, rosenrothe Räschen. Fäden aus einer Zellenfläche entspringend, ca. 8 μ dick, häufig etwas gebogen, einseitig und mehr weniger gleich hoch verzweigt. Zweige meist genähert, abstehend. Endzellen in ein langes, dünnes Haar auslaufend. Glieder so lang als dick oder 2—3 mal länger. Tetrasporangien an den Zweigen gereiht, sitzend oder auf einem einzelligen Stiele, seltener auf mehrgliedrigen Zweigen terminal.

Callithamnion secundatum J. Ag. Spec. Alg. III. p. 9. — Kütz. Spec. Alg. p. 639. — Id. Tab. phyc. XI. Tab. 56.
Ch. secundata Thur. in Le Jol. Alg. Cherb. p. 106.
Callithamnion ramellosum Kütz. Tab. phyc. l. c. p. 19, Tab. 58.
C. Lenormandi Suhr. partim.
C. microscopicum Näg. — Kütz. Spec. Alg. p. 640. — Id. Tab. phyc. l. c. Tab. 58.
Achrochaetium microscopicum Näg. Ceram. p. 407.
A. pulvereum Näg. l. c. p. 406.
Microthamnion marinum Kütz. Tab. phyc. III. p. 18. Tab. 55, fig. 1, 4.

In der Nordsee und im adriatischen Meere; auf Zostera, Sphacelaria scoparia, Chaetomorpha etc. einen rosenrothen Anflug bildend.

3. **Ch. minutissima** (Zanard.) Hauck.

Bildet auf den Stämmen von Cystosiren ausgebreitete, purpurrothe Räschen. Fäden einfach oder wenig verzweigt, ca. 10 μ dick und bis 2 mm lang, aus primären, niederliegenden entspringend. Glieder eben so lang oder $1\frac{1}{2}$ mal länger als der Durchmesser. Tetrasporangien terminal, selten seitlich sitzend (ca. 25 μ lang und 20 μ dick).

Callithamnion minutissimum Zanard. Synops. p. 74. Tab. II, fig. 3.
Ch. minutissima Hauck. Herb.
Ch. velutina Hauck, Verz. p. 351. — Id. Beitr. 1878, Taf. 2.

Im adriatischen Meere.

XI. Gattung. **Spermothamnion** Aresch.

Thallus aus verzweigten, unberindeten Gliederfäden bestehend. Die aufrechten Fäden aus primären, niederliegenden, mit kurzen Wurzelästchen am Substrat befestigten entspringend. Cystocarpien an den Aesten terminal, von einigen Hüllästchen klauenartig umgeben, ein fast kugeliges Köpfchen bildend, welches aus birn- oder keulenförmigen, radial angeordneten, unter sich freien Carposporen besteht. Tetrasporangien sitzend oder gestielt, einzeln oder gehäuft, kugelig, tetraëdrisch getheilt, oder mehr als 4 (bis 10) unregelmässig gelagerte Tetrasporen enthaltend. Antheridien länglich-cylindrische (von keiner Achse durchsetzte) Zellenkörper bildend, terminal oder seitlich an den Zweigen sitzend.

1. **Sp. Turneri** (Mert.) Aresch. Fig. 11, *d*.

Bildet dichte, rosen- bis purpurrothe, meist 1—4 cm hohe Räschen. Die aufrechten Fäden 30—80 μ dick, unterhalb bisweilen dicker, in den letzten Verzweigungen bis zu 35—20 μ verdünnt: Hauptfäden einfach oder seitlich (meist abwechselnd) verästelt, zweizeilig mit opponirten, kürzeren oder längeren Aestchen besetzt: Aestchen mehr weniger abstehend, bald sehr regelmässig opponirt aus fast jedem Gliede der Hauptfäden entspringend, bald streckenweise fehlend, oder auch abwechselnd und einseitig, einfach oder etwas gefiedert, bisweilen gegen die Spitze verdünnt. Glieder gewöhnlich 3—8 mal länger als der Durchmesser. Cystocarpien von 1—6 Hüllästchen umgeben. (Hüllästchen mitunter fehlend.) Tetrasporangien an kurzen, grundständigen Fiederchen der Aestchen einzeln oder zu mehreren beisammen, theils terminal, theils innenseitig sitzend oder gestielt.

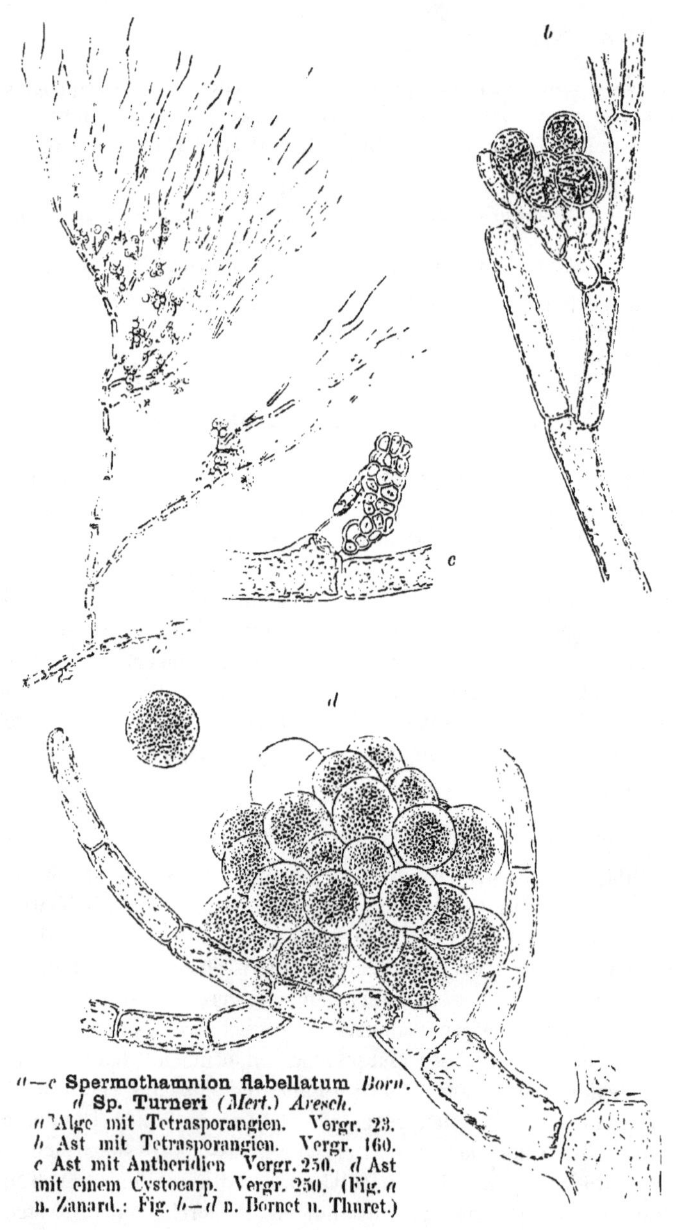

a–*c* **Spermothamnion flabellatum** *Born.* *d* **Sp. Turneri** *(Mert.) Aresch.* *a* Alge mit Tetrasporangien. Vergr. 23. *b* Ast mit Tetrasporangien. Vergr. 160. *c* Ast mit Antheridien Vergr. 250. *d* Ast mit einem Cystocarp. Vergr. 250. (Fig. *a* n. Zanard.: Fig. *b*–*d* n. Bornet u. Thuret.)

Ceramium Turneri Mert. in Roth. Catal. III. p. 127, Tab. 5.
Sp. Turneri Aresch. Phyc. scand. p. 113, Tab 5. C.
Callithamnion Turneri Ag: — J. Ag. Spec. Alg. II. p. 23; III. p. 17. — Kütz. Spec. Alg. p. 619. — Id. Tab. phyc. XI. Tab. 80. — Harv. Phyc. brit. pl. 179.
C. subverticillatum Zanard. — Kütz. Tab. phyc. XI. p. 26. Tab. 81.
C. abbreviatum Kütz. Spec. Alg. p. 619. — Id. Tab. phyc. l. c.
C. rigidulum Kütz. Spec. Alg. p. 646. — Id. Tab. phyc. l. c. Tab. 79.

An Algen in der Nordsee (Helgoland) und im adriatischen Meere.

F. variabilis.

Räschen gewöhnlich 1—2 cm hoch, bisweilen verworren. Hauptfäden meist einfach. Aestchen abwechselnd, opponirt und einseitig entspringend, meist einfach, theils kurz, theils verlängert, nicht verdünnt, abstehend oder fast gespreizt. Tetrasporangien meist vereinzelt.

Callithamnion variabile Ag. Spec. Alg. II. p. 163.

An Algen im adriatischen Meere.

2. **Sp. roseolum** (Ag.) Pringsh.

Bildet rosenrothe, 1—5 cm hohe, oft sehr dichte und etwas verworrene Räschen. Die aufrechten Fäden 40—60 μ dick, in den letzten Verzweigungen bis zu 35—15 μ verdünnt. Hauptfäden verlängert, abwechselnd oder einseitig verzweigt, stellenweise an jedem Gliede, stellenweise entfernter mit einfachen Aestchen besetzt; Aestchen abwechselnd und einseitig, hin und wieder opponirt entspringend, abstehend oder fast gespreizt. Glieder 4—9 mal länger als der Durchmesser. Cystocarpien von 6—8 Hüllästchen umgeben. Tetrasporangien an sehr kurzen Aestchen, die innenseitig am Grunde grösserer Aestchen entspringen, grösstentheils einzeln und terminal, hin und wieder einzeln oder zu zweien innenseitig sitzend. — Alle drei Fortpflanzungsorgane kommen (nach Pringsheim) normal zusammen auf derselben Pflanze vor.

Callithamnion roseolum Ag. Spec. Alg. II. p. 182. — J. Ag. Spec. Alg. II. p. 21; III. p. 11. — Kütz. Spec. Alg. p. 642. — Id. Tab. phyc. XI. Tab. 68.
Sp. roseolum Pringsh. Morph. p. 25. Tab. 4—6.
Callithamnion repens Kütz. Spec. Alg. p. 642. — Id. Tab. phyc. XI. Tab. 69.

Auf Steinen und grösseren Algen in der Nord- und Ostsee.

3. **Sp. inordinatum** (Zanard.) Hauck.

Bildet rosenrothe, 2—3 cm hohe, aus sehr verworrenen Fäden bestehende Räschen; Fäden 12—24 μ, die stärkeren und niederliegenden bis 30 μ dick, meist spärlich mit abwechselnd und einseitig entspringenden, gespreizten Aesten und Aestchen besetzt. Glieder 4—8 mal länger als der Durchmesser. Tetrasporangien an kurzen Aestchen entwickelt, gestielt, einzeln.

Eine nicht genügend gekannte, kaum von Sp. roseolum verschiedene Art.

Callithamnion inordinatum Zanard. Call. p. 12. — J. Ag. Spec. Alg. II. p. 20.
Sp. inordinatum Hauck, Herb.

Im adriatischen Meere (Lesina).

4. **Sp. flabellatum** Born. Fig. 11. *a—c*.

Bildet 3—5, seltener bis 10 mm hohe, rosenrothe Räschen. Die aufrechten Fäden unterhalb 80—120 μ dick, gegen die Spitze sehr verdünnt, an der Basis meist einfach, oberhalb mehrmal einseitig und ziemlich gleich hoch verzweigt. Zweige aufrecht-abstehend, verlängert. Glieder 3—7 mal, die obersten oft bis 15 mal länger als der Durchmesser. Tetrasporangien einzeln am Grunde der Aestchen entwickelt, gestielt oder an besonderen kurzen, seitlichen Aestchen innenseitig gereiht, oder gehäuft und sitzend. Antheridien an der inneren Seite der Aestchen gereiht. Diöcisch.

Sp. flabellatum Born. in Born et Thur. Not. algol. p. 24. pl. 8. fig. 1—3 und pl. 9.
Callithamnion strictum J. Ag. Spec. Alg. II. p. 34 (partim). — Zanard. Icon. phyc. adr. I. p. 117. Tav. 27.
Griffithsia repens Zanard. — Kütz. Spec. Alg. p. 662. — Id. Tab. phyc. XII. Tab. 33.
Callithamnion unilaterale Zanard. Call. p. 12.
C. semipennatum J. Ag. Alg. med. p. 72. — Kütz. Spec. Alg. p. 645.

An Codium tomentosum, Cystosiren etc. im adriatischen Meere.

5. **Sp. torulosum** (Zanard.) Ardiss.

Bildet 1—3 cm hohe, verworrene, purpurrothe Räschen. Fäden 60—120 (nach Ardissone 150—200) μ dick, die aufrechten verlängert, einfach oder unregelmässig verzweigt; Glieder 2—4 mal länger als der Durchmesser; Gelenke (bei der aufgeweichten Pflanze) mehr weniger eingezogen. (Tetrasporangien zerstreut, sitzend oder sehr kurz gestielt. Cystocarpien endständig, kugelig, von Hüllästchen umgeben. — Nach Ardissone).

Griffithsia? torulosa Zanard. Call. p. 13. — Id. Icon. phyc. adr. I. p. 85. Tav. 20, B. — J. Ag. Spec. Alg. II. p. 88.
Sp. torulosum Ardiss. — Nuovo Giorn. bot. Vol. XIII. N. 1. Bibliograf. p. 18.

An Algen im adriatischen Meere.

XII. Gattung. **Monospora** Sol.

Thallus aus einem unberindeten, dichotom und seitlich verzweigten Gliederfaden bestehend. Cystocarpien und Antheridien unbekannt. Brutknospen (Propagula) an der Innenseite der Aestchen,

Fig. 12.

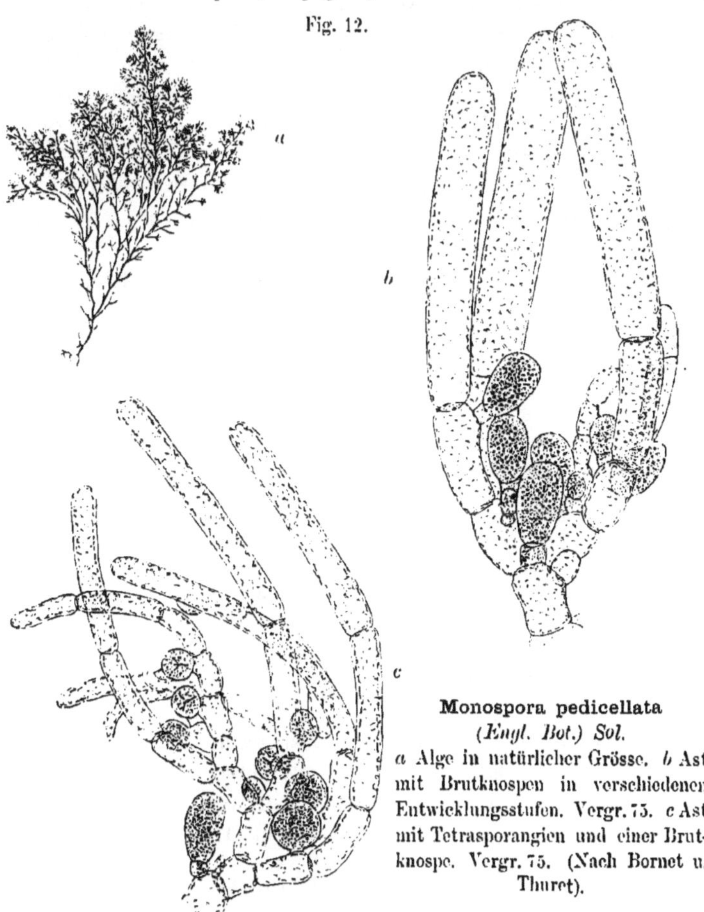

Monospora pedicellata
(Engl. Bot.) Sol.
a Alge in natürlicher Grösse. *b* Ast mit Brutknospen in verschiedenen Entwicklungsstufen. Vergr. 75. *c* Ast mit Tetrasporangien und einer Brutknospe. Vergr. 75. (Nach Bornet u. Thuret).

meist in den Achseln, einzeln oder zu zweien an einem Gliede, aus einer Stielzelle bestehend, auf welcher eine grosse, länglich-keulenförmige Zelle sitzt, deren Inhalt grobkörnig und dunkel gefärbt ist. Tetrasporangien an der Innenseite der Aestchen sitzend, einzeln oder zu 2—3 an den auf einander folgenden Gliedern gereiht, kugelig, tetraëdrisch getheilt.

Systematische Stellung fraglich.

1. **M. pedicellata** (Engl. Bot.) Sol. Fig. 12.

Thallus mit faseriger Wurzel dem Substrat anhaftend, 2—6 cm hoch und 250—400 μ, in den Aestchen letzter Ordnung 250—100 μ dick, fast dichotom und gleich hoch verzweigt; Gabelzweige mit 1—5 mm langen, an den Spitzen fast corymbos gedrängten Aestchen abwechselnd an fast allen Gliedern besetzt. Die unteren Aestchen meist einfach, die oberen gabelig oder etwas corymbos verzweigt. Alle Verzweigungen aufrecht bis abstehend. Glieder 4—10 mal länger als der Durchmesser. Endglieder cylindrisch, stumpf oder abgerundet, bei manchen Formen etwas keulenförmig. Fleischroth, leicht verbleichend.

Brutknospen mit Tetrasporangien an derselben Pflanze vorkommend.

Conferva pedicellata Engl. Bot. Tab. 1817.
B. pedicellata Sol. in Cast. Cat. pl. Mars. p. 212. Tab. 7, et Suppl. p. 119. — Zanard. Icon. phyc. adr. II. p. 112. Tav. 67, B. — J. Ag. Spec. Alg. III. p. 610. — Born. et Thur. Not. algol. p. 21. pl. 7.
Callithamnion pedicellatum Ag. — Harv. Phyc. brit. pl. 212. — Kütz. Spec. Alg. p. 641. — Id. Tab. phyc. XI. Tab. 61.
Corynospora pedicellata J. Ag. Spec. Alg. II. p. 71.
Callithamnion clavatum Schousb. — Kütz. Spec. Alg. p. 641. — Id. Tab. phyc. XI. Tab. 63.
Corynospora clavata J. Ag. Spec. Alg. II. p. 71.
M. clavata J. Ag. Spec. Alg. III. p. 611.
M. pedicellata var. clavata Zanard. Icon. phyc. adr. II. p. 107. Tav. 67, A.

Im adriatischen Meere.

β. **sessile.**

Thallus meist 2—3 cm hoch, fast regelmässig dichotom und gleich hoch verzweigt; Gabelzweige mit kurzen aufrechten oder fast angedrückten Aestchen besetzt. Aestchen fast regelmässig mehrmal gabelig. Glieder 6—8 und mehrmal länger als der Durchmesser.

Callithamnion sessile Menegh. Giorn. bot. ital. 1844, p. 284. — Kütz. Spec. Alg. p. 641. — Id. Tab. phyc. XI. Tab. 64.

Im adriatischen Meere.

XIII. Gattung. **Bornetia** Thur.

Thallus aus einem unberindeten, dichotomen Gliederfaden bestehend. Fortpflanzungsorgane an sehr kurzen seitlichen Aestchen innerhalb wirteliger, klauenartig-zusammenschliessender, einfacher oder gabeliger Hüllästchen. Cystocarpien an den Fruchtästchen terminal, von einfachen oder gabeligen, 2–4gliedrigen Hüllästchen umgeben, fast kugelig, aus birnförmigen, strahlig angeordneten, unter sich freien Carposporen bestehend. Tetrasporangien an der inneren Seite mehrmal gabeliger Hüllästchen sitzend, kugelig, tetraëdrisch getheilt. Antheridien länglich-konische, von einer gegliederten Achse durchzogene Zellenkörper bildend, die einzeln an den Achseln gabeliger Hüllästchen sitzen.

Fig. 13.

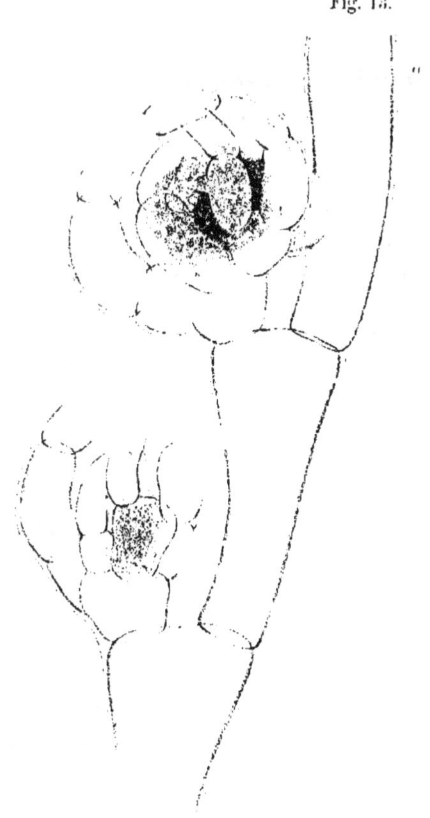

Bornetia secundiflora (*J. Ag.*) *Thur.*
a Stück eines Astes der Alge mit zwei Cystocarpien in verschiedener Entwicklung. Vergr. 50. *b* Fragment eines Cystocarps mit Carposporen in verschiedenen Entwicklungsstadien. Vergr. 90. (Nach Thuret).

1. **B. secundiflora** (J. Ag.) Thur. Fig. 13.

Thallus 10—15 cm hoch, meist etwas über 1 mm dick, an den Enden ungefähr um die Hälfte dünner, vielfach dichotom verzweigt; die letzten Verzweigungen etwas einseitig. Glieder 2—4 mal länger als der Durchmesser. Fruchtästchen an der innern Seite der letzten leicht eingekrümmten Zweige. Rosenroth.

Griffithsia secundiflora J. Ag. Symb. Alg. p. 39. — Id. Spec. Alg. II. p. 86. — Kütz. Spec. Alg. p. 660. — Id. Tab. phyc. XII. Tab. 22. — Harv. Phyc. brit. pl. 185.

B. secundiflora Thur. in Mem. Soc. des Scienc. nat. de Cherbourg. III. 1855. — Zanard. Icon. phyc. adr. II. p. 43. Tav. 51, fig. 1—6. — J. Ag. Spec. Alg. III. p. 613.

Griffithsia crassa Kütz. Phyc. gener. p. 374.

Gr. cymiflora Kütz. Tab. phyc. XII. p. 8. Tab. 22.

Im adriatischen Meere.

XIV. Gattung. **Spondilothamnion** Näg.

Thallus monosiphon gegliedert, unberindet, aus einem verzweigten Hauptfaden bestehend, der an allen Gliedern je einen Wirtel kurzer, verzweigter Aestchen trägt. Cystocarpien an kurzen Aestchen terminal, von verlängerten Hüllästchen eingeschlossen, ein halbkugeliges bis fast kugeliges Köpfchen bildend, das aus birn- oder keulenförmigen, unter sich freien, strahlig aus der Oberfläche einer grossen placentaren Zelle entspringenden Carposporen besteht. Tetrasporangien am Grunde der Wirtelästchen sitzend, kugelig, kreuzförmig (anscheinend tetraëdrisch) getheilt. Antheridien an den Zweigen der Wirtelästchen sitzend, kugelige Körper bildend, die aus sehr kleinen, strahlig um einen Mittelpunkt geordneten Zellen bestehen.

1. **Sp. multifidum** (Huds.) Näg. Fig. 14.

Thallus aus einer faserigen Wurzel entspringend, (im Gebiete) 5—8 cm hoch. Hauptfaden unterhalb 0·5—1 mm dick, oberhalb sehr verdünnt, wiederholt opponirt oder abwechselnd und abstehend verästelt; Aestchen bis 0·5—2 mm lang, zart, anfänglich zu zweien opponirt, später zu meist vieren wirtelig entspringend, fiederartig und dichotom (an ihrem Grunde opponirt, dann abwechselnd, zuletzt oft einseitig) verzweigt, deren Zweige eingekrümmt, meist 32—16 μ dick, gegen die abgerundete Spitze kaum verdünnt. Glieder des Hauptfadens meist 5—6 mal, jene der Wirtelästchen 3—5 mal länger als dick. Rosen-purpurroth.

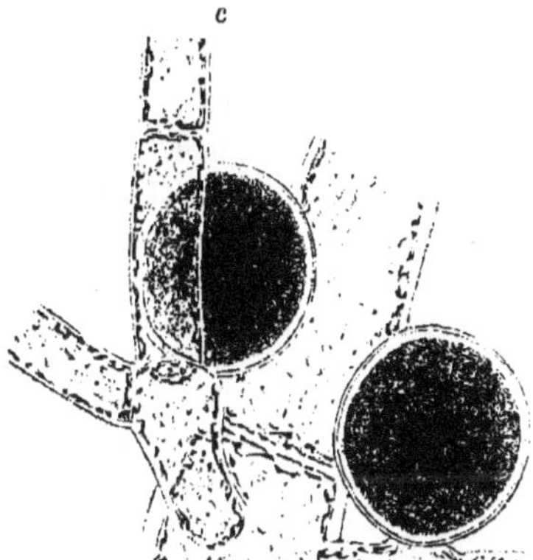

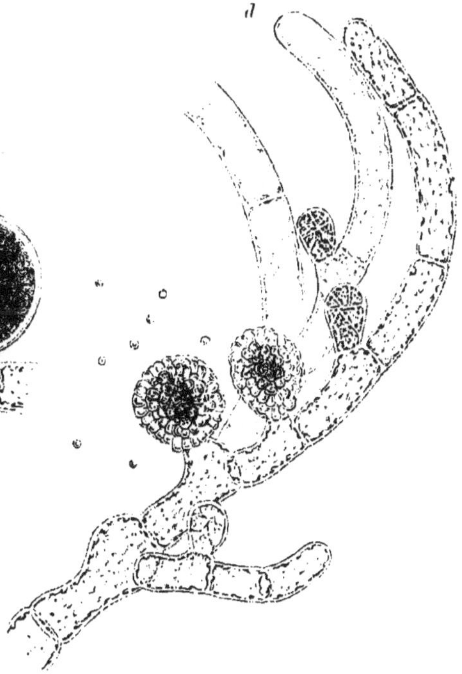

Spondylothamnion multifidum
(Huds.) Näg.

a Ast der Alge in natürl. Grösse. *b* Cystocarp der Länge nach durchschnitten. Vergr. 90. *c* Zweigstück mit Tetrasporangien. Vergr. 250. *d* Aestchen m. Antheridien. Vergr. 250. (*b*—*d* nach Bornet.)

Conferva multifida Huds. Fl. Angl. p. 596.
Sp. multifidum Näg. Ceram. p. 380. — Born. et Thur. Not. algol. p. 181. pl. 47.
Wrangelia multifida J. Ag. Spec. Alg. II. p. 705; III. p. 618. — Harv. Phyc. brit. pl. 27.
Callithamnion multifidum Kütz. Spec. Alg. p. 651. — Id. Tab. phyc. XI. Tab 91.

Im adriatischen Meere.

XV. Gattung. **Wrangelia** Ag.

Thallus aus einem monosiphon gegliederten, bald mit einer zellig-faserigen Rindenschichte bekleideten, verzweigten Hauptfaden bestehend, der an allen Gliedern je einen Wirtel kurzer, verzweigter, monosiphon gegliederter, unberindeter Aestchen trägt. Cystocarpien an kurzen Aesten terminal, von zahlreichen verlängerten Hüllästchen umgeben, ein fast kugeliges Köpfchen bildend, welches aus birnförmigen Carposporen besteht, die sich aus den Endgliedern kurzer, verzweigter, unter sich freier, sporigener Fäden entwickeln, welche strahlig aus einer zelligen, von den obersten Gliedern des Astes durchsetzten Placenta entspringen, und von dazwischen stehenden sterilen Fäden überragt werden. Tetrasporangien am Grunde der Wirtelästchen sitzend, kugelig, tetraëdrisch getheilt. Antheridien an verkürzten Zweigen der Wirtelästchen terminal, von kurzen Zweigen umgeben, kugelige, aus sehr kleinen, strahlig um einen Mittelpunkt geordneten Zellen bestehende Körper bildend.

1. **Wr. penicillata** Ag. Fig 15.

Thallus 5—20 cm hoch. Hauptfaden unterhalb 1—2 mm dick, oberhalb sehr verdünnt, wiederholt allseitig abwechselnd verästelt, bis gegen die Spitze berindet (Astspitzen jedoch unberindet); Aeste abstehend, die kurzen häufig fast gespreizt. Hauptfaden (und dessen Aeste) durch äusserst zarte, 1—3 mm lange, haarförmige, dichotome Wirtelästchen, die an den Astspitzen gedrängt stehen, an älteren Theilen oft fehlen, zottig. Wirtelästchen fünfzählig, eines davon häufig in einen kurzen Ast auswachsend. Glieder der Aeste durch die aus fast rechteckigen Zellen bestehende Rindenschichte schwer sichtbar, meist 3 mal länger als der Durchmesser; Glieder der Wirtelästchen sehr verlängert. Rosenroth, bräunlich oder dunkelroth.

Fig. 15.

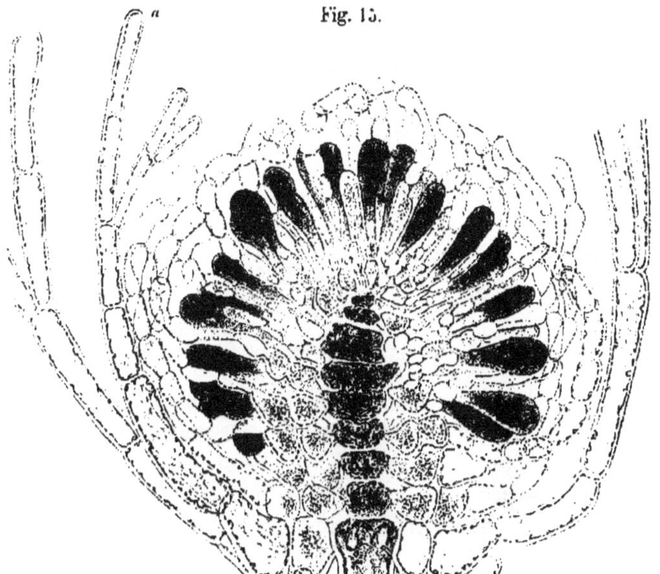

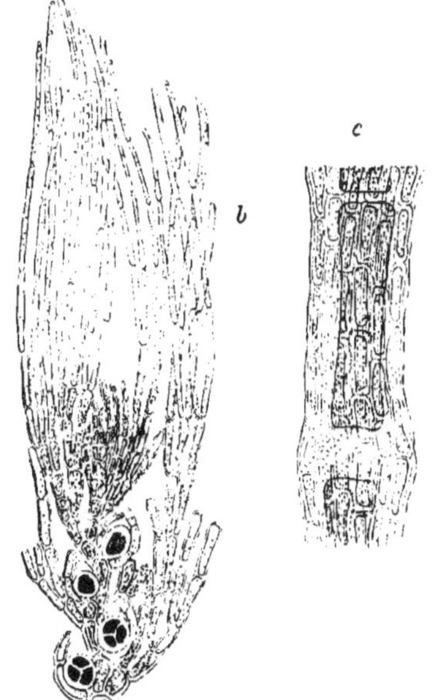

Wrangelia penicillata *Ag.*
a Längsschnitt durch ein halb entwickeltes Cystocarp. Vergr. 90. (Nach Bornet.) *b* oberes Stück eines Wirteläistchens mit Tetrasporangien. Vergr. ca. 100. *c* Stück des berindeten Hauptfadens. Vergr. ca. 100. (*b*, *c* nach Kützing.)

Griffithsia penicillata Ag. Syst. p. 143.
Wr. penicillata Ag. Spec. Alg. II. p. 138. — J. Ag. Spec. Alg. II. p. 708; III p. 623. — Kütz. Spec. Alg. p. 664. — Id. Tab. phyc. XII. Tab. 40. — Born. et Thur. Not. algol. p. 183. pl. 48.
Wr. tenera Ag. Spec. Alg. II. p. 137.
Wr. verticillata Kütz. Spec. Alg. p. 661. — Id. Tab. phyc. XII. Tab. 39.

Im adriatischen Meere.

XVI. Gattung. **Naccaria** Endl.

Thallus fadenförmig, allseitig verzweigt, gallertartig, aus einer gegliederten, nur in den jüngsten Theilen unberindeten, bald jedoch berindeten Fadenachse bestehend, aus deren Gliedern kurze, perlschnurförmige, di-trichotome Aestchen wirtelig entspringen, die unter einander frei, sich zu einer fast ununterbrochenen peripherischen Schichte vereinigen. An älteren Theilen fehlen die Wirtelästchen, der Thallus wird zellig, solid (an der Basis etwas röhrig), und besteht innen aus grossen rundlichen, um die dünne Fadenachse gelagerten, später nach aussen auch noch kleineren Zellen, und einer Lage kleiner Rindenzellen. Cystocarpien in der Mitte der Aestchen Anschwellungen bildend; Kern länglich oder oval, aus einer sich rings um die Thallusachse entwickelnden zelligen Placenta bestehend, aus welcher zwischen unveränderten Wirtelästchen sehr kurze, verzweigte, unter sich freie, sporigene Fäden strahlig entspringen, deren Endzellen in birnförmige Carposporen umgewandelt sind. Antheridien in dichten Büscheln an den Endverzweigungen der Wirtelästchen. Tetrasporangien unbekannt.

1. **N. Wigghii** (Turn.) Endl. Fig. 16.

Thallus 5—15 cm hoch, 1—2 mm, in den letzten Verzweigungen ca. 50—100 μ dick, allseitig abwechselnd verzweigt. Stämmchen und Aeste mit zahlreichen, 1—4 mm langen, sehr zarten, beiderends verdünnten Aestchen besetzt. Zweige abstehend. Rosenroth, leicht verbleichend.

Fucus Wigghii Turn. in Linn Trans. VI. p. 135. Tab. 10.
N. Wigghii Endl. Gen. No. 68. — Harv. Phyc. brit. pl. 88. — J. Ag. Spec. Alg. II. p. 714; III. p. 627. — Kütz. Spec. Alg. p. 714. — Id. Tab. phyc. XVI. Tab. 67. — Zanard. Icon. phyc. adr. III. p. 117. Tav. 109, fig. 1, 2. — Born. et Thur. Not. algol. p. 52. pl. 18.

Fig. 16.

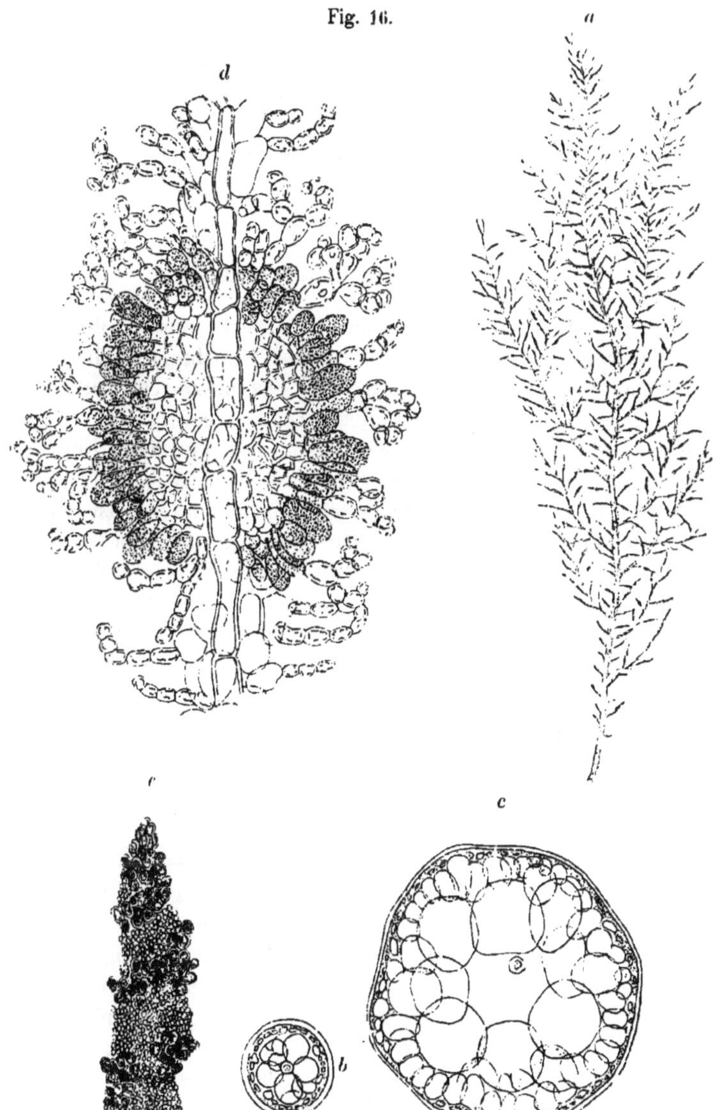

Naccaria Wigghii *(Turn.) Endl.*

a Alge in natürlicher Grösse. *b* Querschnitt durch die Basis eines Aestchens. Vergr. 50. *c* Querschnitt durch den unteren Theil des Stämmchens. Vergr. 50. *d* Längsschnitt durch ein Cystocarp, welches rings um die Achse eines Aestchens entwickelt ist. Vergr. 250. *e* Spitze eines Aestchens mit Antheridien. Vergr. 250. (*b*—*e* nach Bornet.)

N. gelatinosa J. Ag. Spec. Alg. II. p. 713; III. p. 626.
N. Vidovichii Menegh. — Zanard. Icon. phyc. adr. I. p. 143. Tab. 34; III. p. 118, Tav. 109. fig. 3, 4.

Im adriatischen Meere und in der Nordsee (Helgoland).

V. Familie. Helminthocladiaceae.

Thallus stielrund oder zusammengedrückt, meist gallertartig. bisweilen mit Kalk inkrustirt. Die innere Schichte von längs verlaufenden, die äussere von senkrecht aus diesen entspringenden Fäden gebildet. Cystocarpien dem Thallus eingesenkt, in der äusseren Schichte entwickelt, aus einem fast kugeligen Kern bestehend, der entweder nackt, oder von einer gallertartigen, farblosen Membran oder einem zelligen Pericarp eingeschlossen ist. Kern aus dichotom-büschelig verzweigten, allseitig oder nach aussen strahlig aus einem placentaren Mittelpunkte dicht gedrängt entspringenden, unter sich freien, sporigenen Fäden gebildet, deren oberste Glieder in Carposporen umgewandelt sind. Tetrasporangien (nur bei Liagora bekannt) aus den Endzellen der Fäden der äusseren Schichte entwickelt, kreuzförmig getheilt.

XVII. Gattung. **Helminthocladia** J. Ag.

Thallus fadenförmig, seitlich verzweigt, gallertartig, aus zwei Schichten zusammengesetzt; die innere besteht aus längs verlaufenden, fast parallelen, verzweigten, locker verwebten Fäden, welche gegen die Oberfläche senkrecht-radiale, perlschnurförmige, dichotome, unter sich freie Aeste entsenden, die durch Gallerte zur äusseren Schichte verbunden sind. (Endglied der peripherischen Fäden am grössten.) Cystocarpien zwischen den Fäden der äusseren Schichte gelagert, von Hüllästchen umgeben, aus einem nackten, kugeligen Kern bestehend, welcher aus sehr kurzen, büscheligen, strahlig aus der placentaren Zelle entspringenden, sporigenen Fäden gebildet wird, deren Glieder sich von aussen nach innen in Carposporen umwandeln. Antheridien in kleinen Büscheln an den Spitzen der peripherischen Fäden. Tetrasporangien unbekannt.

Fig. 17.

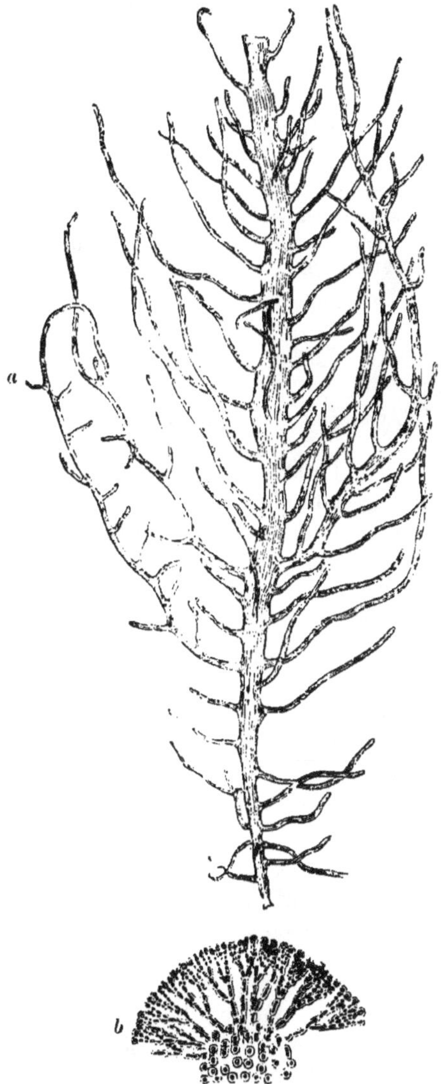

Helminthocladia purpurea *(Harv.) J. Ag.*
a Stück der Alge in natürlicher Grösse. *b* Stück eines Querschnittes durch den Thallus. Vergr. ca. 100. (Nach Kützing.)

1. **H. purpurea** (Harv.) J. Ag. Fig. 17.

Thallus 30—50 cm lang, aus einem einfachen, seltener etwas verzweigten, durchlaufenden, 3—6 mm dicken, beiderends verdünnten Stämmchen bestehend, welches mit zahlreichen, allseitig entspringenden, weit abstehenden, ungleich langen, ca. 1 mm dicken, meist einfachen, seltener verzweigten Aesten besetzt ist. Purpurroth. Meist monöcisch.

Mesogloeia purpurea Harv. in Hook. Brit. fl. II. p. 386.
H. purpurea J. Ag. Spec. Alg. II. p. 414: III. p. 506.
Nemalion purpureum Chauv. — Kütz. Spec. Alg. p. 713. — Id. Tab. phyc. XVI. Tab. 62. — Harv. Phyc. brit. pl. 161.

In der Nordsee (Helgoland).

XVIII. Gattung. **Helminthora** J. Ag.

Thallus fadenförmig, seitlich verzweigt, gallertartig, aus zwei Schichten zusammengesetzt; die innere besteht aus längs verlaufenden, parallelen, zu einer cylindrischen Achse fest verbundenen, ziemlich grosszelligen Fäden, zwischen welchen dünnere, verästelte Fäden verlaufen, die gegen die Oberfläche senkrecht-radiale, allmälig perlschnurförmige, fast einfache oder dichotome, unter sich freie, durch Gallerte zur äusseren Schichte verbundene Aeste entsenden (deren Endglieder ein langes, farbloses, abfallendes Haar tragen). Cystocarpien zwischen den Fäden der äusseren Schichte gelagert, von Hüllästchen umgeben, aus einem kugeligen, bis zur Reife von einer zarten, gallertartigen, farblosen Membran eingeschlossenen Kern bestehend, der aus sehr kurzen, büschelig-verzweigten, sporigenen Fäden gebildet wird, die strahlig aus der placentaren Zelle entspringen, und deren Glieder sich von aussen nach innen in fast ovale Carposporen umwandeln. Antheridien kleine Büschel an den Spitzen der peripherischen Fäden bildend. Tetrasporangien unbekannt.

1. **H. divaricata** (Ag.) J. Ag. Fig. 18.

Thallus 5—20 cm lang und ca. 1 mm dick (Stämmchen und Hauptverzweigungen etwas stärker), pyramidal-rispenartig verzweigt. Aeste weit abstehend, opponirt oder abwechselnd, in gleicher Weise mit kleinen, stumpfen Aestchen besetzt. Blassroth, leicht ins Schmutziggrüne übergehend. Gallertartig, etwas elastisch. Meist monöcisch.

Fig. 18.

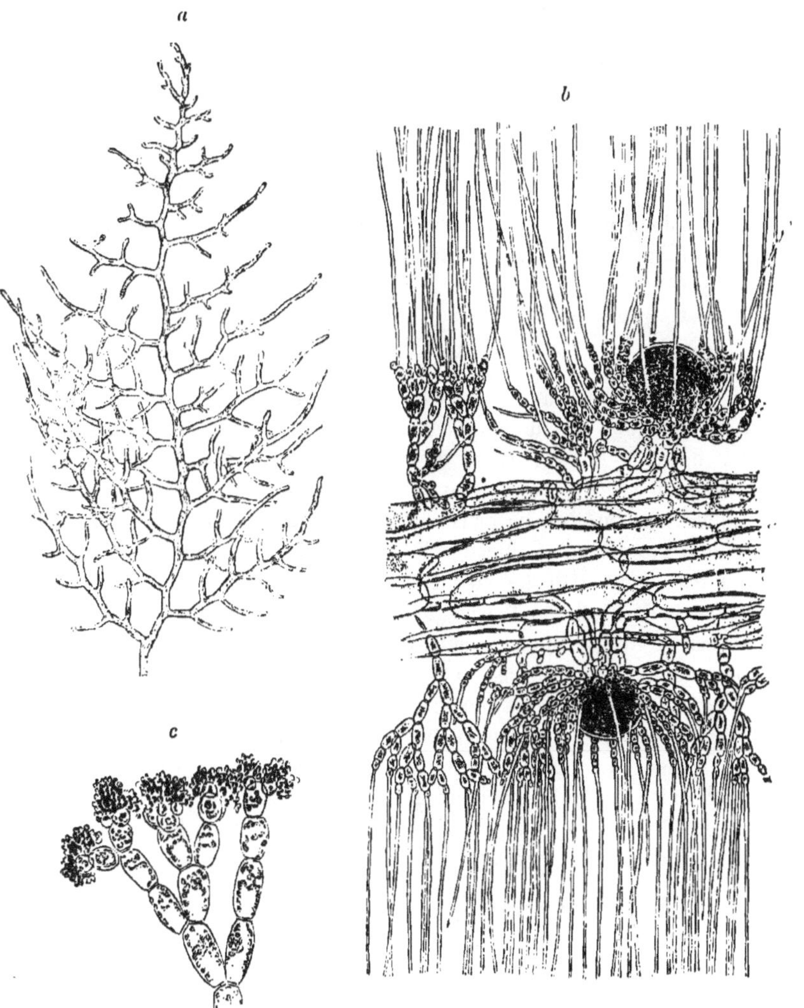

Helminthora divaricata *(Ag.) J. Ag.*
a Alge in natürlicher Grösse. *b* Längsschnitt durch ein Stück eines Zweiges mit Cystocarpien. Vergr. 90. *c* obere Gabelzweige eines peripherischen Fadens mit Antheridien an den Spitzen. Vergr. 250. (*b*, *c* nach Thuret.)

Mesogloia divaricata Ag. Syst. p. 51.
H. divaricata J. Ag. Spec. Alg. II. p. 416; III. p. 507. — Zanard. Icon. phyc. adr. I. p. 123. Tav. 29. — Thur. et Born. Etud. phyc. p. 63, pl. 32.
Dudresnaya divaricata J. Ag. — Harv. Phyc. brit pl. 60.
Nemalion divaricatum Kütz. Spec. Alg. p. 713. — Id. Tab. phyc. XVI. Tab. 63.
N. clavatum Kütz. Spec. Alg. p. 713. — Id. Tab. phyc. l. c.
N. ramosissimum Zanard. Cellul. mar. p. 88. Tab. 5. — Kütz. Tab. phyc. XVI. Tab. 65.

In der Nordsse und im adriatischen Meere (Helgoland. Spalato etc.): die adriatische Form meist kleiner.

XIX. Gattung. **Nemalion** Duby.

Thallus stielrund, einfach oder dichotom, gallertartig, aus zwei Schichten zusammengesetzt, woven die innere aus längs verlaufenden, verzweigten, zu einer dünnen Achse ziemlich fest verflochtenen Fäden besteht, welche gegen die Oberfläche senkrecht-radiale, an ihrer Basis anastomosirende, di-trichotome, unter sich freie Aeste absenden, die durch Gallerte zur äusseren Schichte verbunden sind. (Glieder der Fäden der äusseren Schichte an der Basis cylindrisch und sehr lang, gegen die Spitze zu allmälig kürzer, tonnenförmig; Endglied in ein farbloses, abfallendes Haar ausgehend). Cystocarpien zwischen den Fäden der äusseren Schichte gelagert; Kern nackt, kugelig, aus strahlig aus dem Scheitel einer placentaren Zelle entspringenden, sehr kurzen, dichotom-büscheligen, sporigenen Fäden gebildet, deren sämmtliche Glieder sich von aussen nach innen in verkehrt-eiförmige Carposporen umwandeln. Antheridien kleine Büschel an der Spitze der peripherischen Fäden bildend. Tetrasporangien unbekannt.

1. **N. lubricum** Duby. Fig. 19.

Thallus 10—25 cm lang und 2—5 mm dick, durchaus fast gleich stark, oder gegen die Spitze etwas verdünnt, wurmförmig, einfach oder etwas di-trichotom verzweigt; Achseln spitz. Bräunlich-braun oder rothbraun. Meist monöcisch.

N. lubricum Duby, Bot. gal. p. 959. — Kütz. Spec. Alg. p. 712. — Id. Tab. phyc. XVI. Tab. 62. — J. Ag. Spec. Alg. II. p. 418; III. p. 507.

Im adriatischen Meere, an der Fluthgrenze.

Fig. 19.

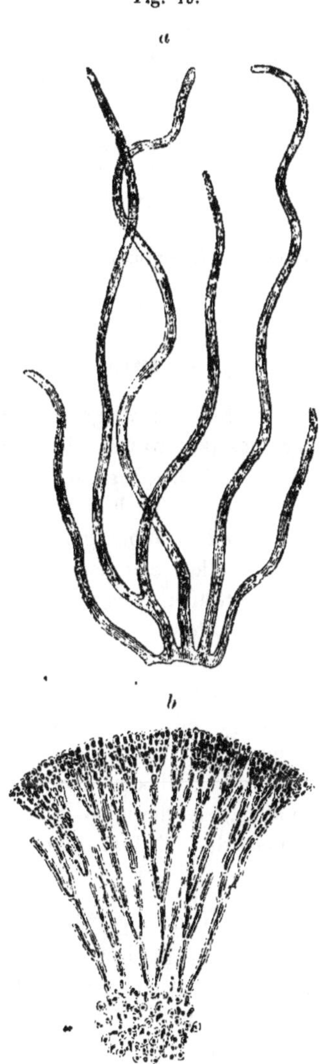

Nemalion lubricum *Duby.*
a Alge in natürlicher Grösse. *b* Stück eines Querschnittes durch den Thallus. Vergr. ca. 200. (Nach Kützing).

2. **N. multifidum** (Web. et Mohr) J. Ag.

Thallus 10—25 cm lang und 1—3 mm dick, aufwärts verdünnt, vielfach di-trichotom verzweigt; Aeste abstehend, bisweilen mit kurzen, weit abstehenden Aestchen besetzt. Achseln stumpf. Bräunlich-purpurn. Meist monöcisch.

Rivularia multifida Web. et Mohr. Schwed. Reise, Tab. 3, fig. 1.
N. multifidum J. Ag. Spec. Alg. II. p. 419; III. p. 508. — Harv. Phyc. brit. pl. 36. — Kütz. Spec. Alg. p. 712. — Id. Tab. phyc. XVI. Tab. 61.

In der Nord- und Ostsee (Helgoland. bei Travemünde etc.).

XX. Gattung. **Scinaia** Bivona.

Thallus stielrund, dichotom verzweigt, gallertartig-häutig, aus drei Schichten zusammengesetzt, wovon die innerste, eine dünne Achse bildend, aus längs verlaufenden, dicht verflochtenen Fäden besteht, welche senkrecht-strahlig nach aussen lockere, dichotome Aeste entsenden, die in doldentraubig gereihte, rundliche, dicht neben einander gelagerte Zellen endigen, auf welche dann eine geschlossene, die hautartige Rindenschichte formirende Lage grosser, länglicher (ungefärbter) Zellen folgt, deren Zwischenräume von sehr kleinen Zellen ausgefüllt werden. Cystocarpien unter der Rindenschichte gelagert, fast kugelig, sich nach aussen mit enger Mündung öffnend, mit ziemlich dickem, zelligem Pericarp, aus dessem Grunde die büschelig verästelten, einen dichten Knäuel bildenden, sporigenen Fäden entspringen, deren Glieder sich von aussen nach innen in Carposporen umwandeln. Antheridien sehr kleine Büschel auf den peripherischen Zellen des Thallus bildend. Tetrasporangien unbekannt.

1. **Sc. furcellata** (Turn.) Biv. Fig. 20.

Thallus fast halbkugelige, 5—10 cm hohe, dichte Büschel bildend, 2—3 mm dick, durchaus fast gleich stark, oder oberwärts etwas dicker, regelmässig di-trichotom, gleich hoch verzweigt. Zweige aufrecht und angedrückt; Achseln spitz; Enden stumpf, selten spitz. Bräunlichroth.

Ulva furcellata Turn. in Schrad. Journ. 1800. II. p. 301.
Sc. furcellata Bivona. in L'Iride. Palermo 1822. — J. Ag. Spec. Alg. II. p. 422; III. p. 512. — Born. et Thur. Notes algol. p. 18. pl. 6.
Halymenia furcellata Ag. Spec. Alg. I. p. 212.

Fig. 20.

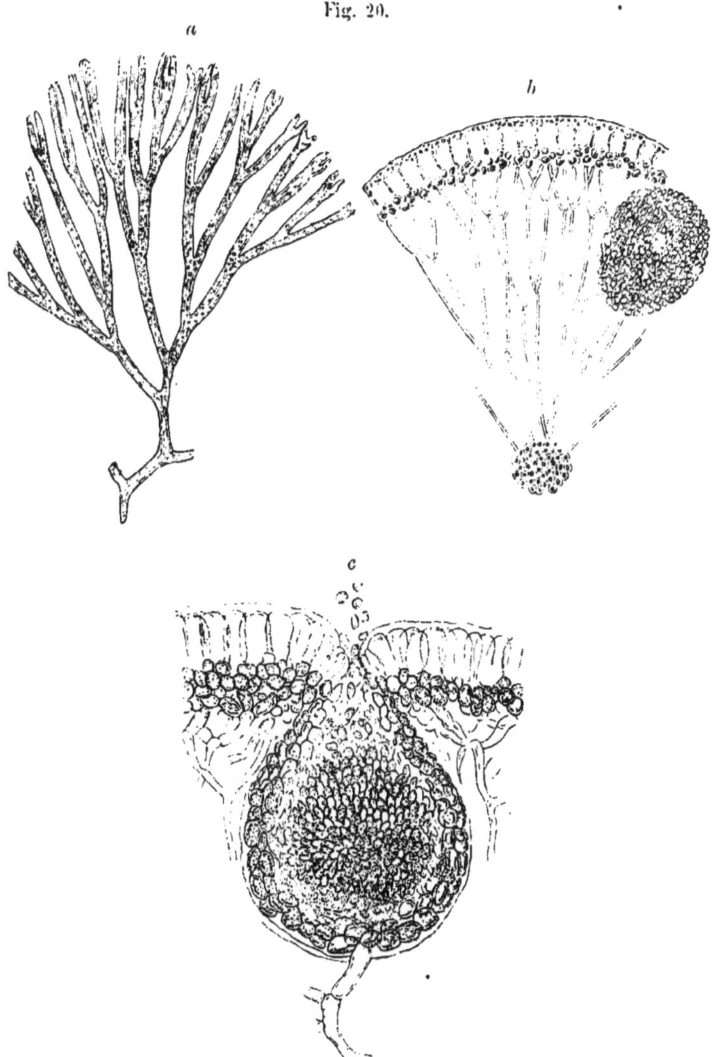

Scinaia furcellata (*Turn.*) *Biv.*

a Stück der Alge in natürlicher Grösse. *b* Stück eines Querschnittes durch den Thallus mit einem Cystocarp. Vergr. ca. 200. (Nach Kützing.) *c* Längsschnitt durch ein Cystocarp. Vergr. 250. (Nach Bornet.)

Ginannia furcellata Mont. Flor. Alger. p. 111. — Harv. Phyc. brit. pl. 69. — Kütz. Spec. Alg. p. 715. — Id. Tab. phyc. XVI. Tab. 68. G. pulvinata Kütz. l. c.

Im adriatischen Meere: auch in der Nordsee (Helgoland).

XXI. Gattung. **Liagora** Lamour.

Thallus fast stielrund oder zusammengedrückt (trocken oft rinnenförmig), dichotom oder seitlich verzweigt, meist hautartig zäh, bis auf die gallertartigen, röthlich-violetten Spitzen mit Kalk inkrustirt, aus zwei Schichten zusammengesetzt, wovon die innere eine Achse bildend, aus einem Bündel längs verlaufender, dünnerer und dickerer, verzweigter, locker verflochtener (in ältern Partieen des Thallus fest verbundener) Fäden besteht, welche strahlig nach aussen senkrecht abstehende, fast perlschnurförmige, di-polychotome (nach der Entfernung des kohlensauren Kalkes unter sich freie) Aeste entsenden, die zur äusseren, mit Kalk inkrustirten Schichte verbunden sind. (Endglieder der peripherischen Fäden in der Jugend farblose, abfallende Haare tragend.) Cystocarpien in den oberen Aesten zerstreut oder gehäuft, zwischen den Fäden der äusseren Schichte gelagert, aus der Kalkkruste etwas hervortretend: Kern von zahlreichen, di-polychotomen Hüllästchen umgeben, aus strahlig vom Grunde aus entspringenden, büschelig verzweigten, sporigenen Fäden bestehend, deren Glieder sich von aussen nach innen in keulen- oder birnförmige Carposporen umwandeln. Tetrasporangien in etwas knotig verdickten Stellen der oberen Aeste, aus den Endzellen der peripherischen Fäden entwickelt, kugelig oder birnförmig, unregelmässig kreuzförmig getheilt.

1. **L. viscida** (Forsk.) Ag. Fig. 21, *a*.

Thallus einen halbkugeligen, 5—10 cm hohen Büschel bildend, stielrund oder zusammengedrückt, trocken nicht oder nur unterhalb rinnenförmig, an der Basis 1—2 mm dick, aufwärts allmälig bis zu ca. 0·5 mm verdünnt, regelmässig gedrängt dichotom und gleich hoch verzweigt. Gabelzweige abstehend, die obersten meist gespreizt. Grünlich-weiss, stellenweise schmutzig-violett.

Fucus viscidus Forskal, Fl. Aeg. p. 193.
L. viscida Ag. Spec. Alg. I. p. 395. — J. Ag. Spec. Alg. II. p. 425; III. p. 518. — Zanard. Icon. phyc. adr. III. Tav. 102, fig. 4 u. 5. — Kütz. Spec. Alg. p. 538. — Id. Tab. phyc. VIII. Tab. 95.

Fig. 21.

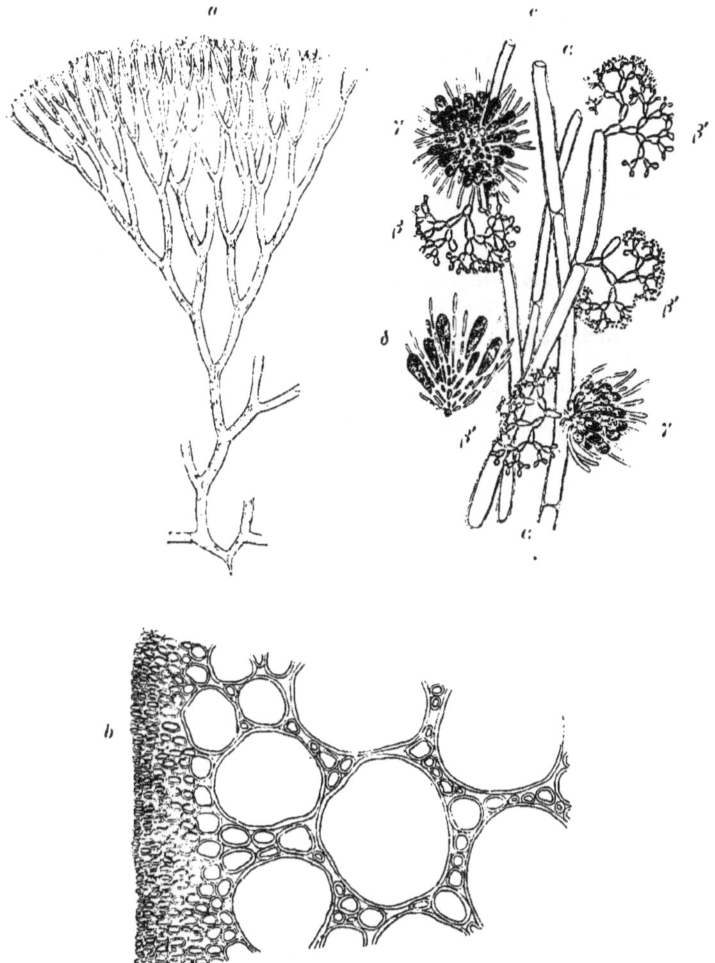

a **Liagora viscida** *(Forsk.) Ag.* — *b, c* **L. distenta** *(Mert.) Ag.*

a Stück der Alge in natürlicher Grösse. *b* Stück eines Querschnittes durch den älteren Thallus. Vergr. ca. 200. *c* Fäden der Mark- und Rindenschichte aus einem jüngeren Thallusstücke mit Cystocarpien und Antheridien. *α* Fäden der Markschichte. *β* dichotome Fäden der Rindenschichte, bei *β'* mit Antheridien an den Spitzen. *γ* Cystocarpien. Vergr. ca. 200. *δ* Fragment eines Cystocarps. Vergr. ca. 300. (Nach Kützing.)

L. dilatata Kütz. Tab. phyc. l. c.
L. coarctata Kütz. Tab. phyc. l. c.
L. attenuata Kütz. Tab. phyc. l. c.
L. versicolor Kütz. Spec. Alg. 537. — Id. Tab. phyc. l. c. Tab. 96.
L. versicolor var. Lamour. Polyp. flex. p. 238 (partim).

Im adriatischen Meere.

F. ceranoides.

Thallus zusammengedrückt, trocken bis in die Spitzen rinnenförmig.

L. ceranoides Lamour. Polyp. flex. p. 239. — J. Ag. Spec. Alg. II. p. 426; III. p. 519 — Zanard. Icon. phyc. adr. III. p. 89. Tav. 102. fig. 1 u. 2.

Im adriatischen Meere.

2. **L. distenta** (Mert.) Ag. Fig. 21. *b* und *c*.

Thallus buschig, 10—20 cm hoch, zusammengedrückt, trocken meist bis in die Spitzen rinnenförmig, unterhalb 2—3 mm, in den letzten Verzweigungen 1—0·5 mm dick, vielfach dichotom verzweigt. Gabelzweige abstehend, der Länge nach mit mehr weniger zahlreichen, kurzen, fast stielrunden, einfachen oder gabeligen, gespreizten Aestchen besetzt. Grünlich-weiss.

Fucus distentus Mert. in Roth Cat. III. p. 103.
L. distenta Ag. Spec. Alg. I. p. 394. — J. Ag. Spec. Alg. II. p. 426; III. p. 519. — Zanard. Icon. phyc. adr. III. p. 61. Tav. 95. — Kütz. Spec. Alg. p. 538. — Id. Tab. phyc. VIII. Tab. 88.
L. complanata Ag. Spec. Alg. p. 296.

Im adriatischen Meere (Lesina, Lacroma).

VI. Familie. **Chaetangiaceae.**

Thallus stielrund oder flach, solid oder fast hohl, bisweilen mit Kalk inkrustirt. Die innere Schichte von netzförmig anastomosirenden oder längs verlaufenden Fäden, die äussere Schichte von senkrecht zur Oberfläche aus diesen entspringenden Fäden gebildet. Cystocarpien dem Thallus eingesenkt, oder mit fast halbkugelig hervorspringendem, später am Scheitel geöffnetem Pericarp; Kern kugelig, in eine Hülle zarter, verworrener, placentarer Fäden eingeschlossen, aus fast rispig verzweigten, zu dichten Büscheln vereinigten, unter sich freien sporigenen Fäden gebildet, die an der ganzen inneren Wand der fädigen Hülle entspringen, gegen das

Centrum convergiren und deren Endzellen in birnförmige Carposporen umgewandelt sind. Tetrasporangien in der äusseren Schichte entwickelt, kreuz- oder zonenförmig getheilt.

XXII. Gattung. **Galaxaura** Lamour.

Thallus stielrund (oder zusammengedrückt), dichotom, fast röhrenförmig mit Kalk inkrustirt, brüchig, innen der Länge nach von einem lockeren Gewebe sehr zarter Fäden durchzogen, welche schief nach aussen dichotome Aeste entsenden, die gegen die Oberfläche in senkrecht abstehende, kurze, dichotome, die äussere, inkrustirte Schichte bildende Fäden übergehen, deren Glieder aus grossen ovalen, nach aussen etwas kleineren Zellen bestehen und deren Endzellen zu einer (von der Oberfläche gesehen) 5—6eckig gefelderten Membran fest verbunden sind. Cystocarpien im Thallus zerstreut, unter der äusseren Schichte gelagert. Antheridien und Tetrasporangien unbekannt.

Fig. 22.

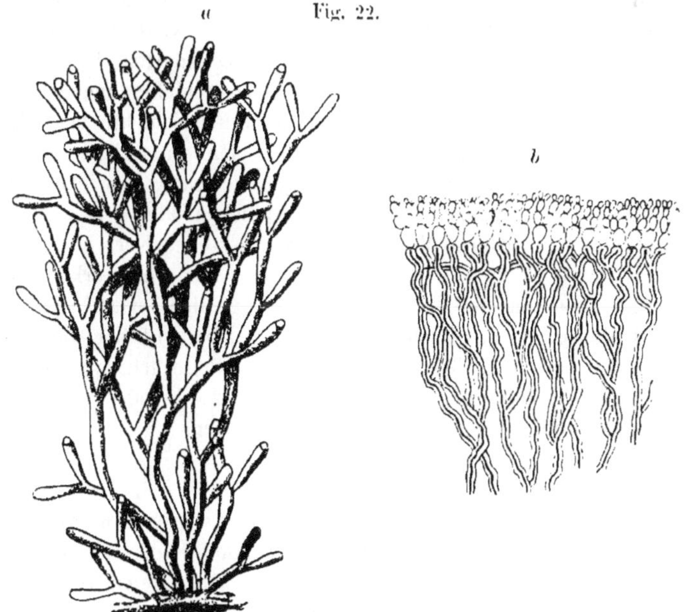

Galaxaura adriatica *Zanard.*
a Alge in natürlicher Grösse. *b* Stück eines Querschnittes durch den Thallus. Vergr. 130. (Nach Zanardini.)

2. G. adriatica Zanard. Fig. 22.

Thallus 5—8 cm hohe, fast halbkugelige Büschel bildend, stielrund, etwas über 1 mm dick, durchgehends gleich dick, dichotom, hin und wieder tri-polychotom, fast gleich hoch verzweigt, mitunter proliferirend. Zweige abstehend, an ihrer Basis etwas verschmälert und im Alter oft gliederartig gebrochen. Endzweige am Scheitel mit einem Porus. Oberfläche glatt, bei der fruktificirenden Pflanze kaum deutlich knotig geringelt. Im Leben rosenroth, bald verbleichend, grünlich.

Ist kaum von G. Schimperi Decne. und G. fragilis (Lamark) Lamour. verschieden.

G. adriatica Zanard. Icon. phyc. adr. I. p. 91, Tav. 22, A.

Im adriatischen Meere.

VII. Familie. **Ceramiaceae.**

Thallus fadenförmig oder zusammengedrückt, entweder aus einem monosiphonen, unberindeten oder mehr weniger berindeten Gliederfaden bestehend, oder von einer gegliederten Fadenachse durchzogen, die entweder von einer zelligen Schichte umgeben ist, oder aus deren Gliedern zu einer peripherischen Schichte vereinigte Aestchen wirtelig entspringen. Cystocarpien äusserlich an den Zweigen oder an der Basis der wirteligen Aestchen entwickelt und zwischen diesen gelagert, aus einem rundlichen oder gelappten, in eine gallertartige, farblose Membran eingeschlossenen Kern bestehend, der aus mehr oder weniger zahlreichen, meist ohne erkennbare Ordnung zusammengeballten Carposporen gebildet wird. Nur in einem Falle besteht das Cystocarp aus einem Büschel freier, dichotom gereihter Carposporen. Tetrasporangien meist äusserlich, tetraëdrisch, kreuz- oder zonenförmig getheilt, bisweilen zwei- oder vieltheilig. Seirosporen und Sporenhaufen bei einigen Arten.

XXIII. Gattung. **Rhodochorton** Näg.

Thallus aus aufrechten, einfachen oder verzweigten, unberindeten Gliederfäden bestehend, welche aus kriechenden Fäden gleicher Art oder aus einer Zellenfläche entspringen. Tetrasporangien äusserlich, an der inneren Seite der Zweige gereiht, oder endständig auf besonderen Fruchtästchen, fast oval, kreuzförmig getheilt. Cystocarpien und Antheridien unbekannt.

Gattung und systematische Stellung fraglich.

Fig. 23.

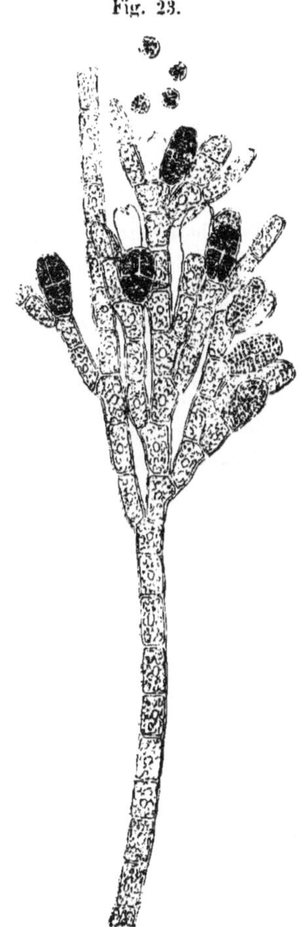

Rhodochorton Rothii (*Engl. Bot.*) *Näg.*
Oberer Theil eines Astes mit Tetrasporangien. Vergr. 250. (Nach Thuret.)

1. **Rh. Rothii** (Engl. Bot.) Näg. Fig. 23.

Bildet sammetartig ausgebreitete, karminrothe, einige mm bis 1 cm hohe Räschen. Die aufrechten Fäden, welche aus kriechenden, wenig verzweigten entspringen, sind 10—15 μ dick, spärlich und gleich hoch verästelt. Aeste verlängert, aufrecht oder angedrückt, unter der Spitze mit opponirt oder abwechselnd hervorbrechenden, kurzen (meist weniggliedrigen) einfachen, gabeligen oder fast corymbos verzweigten Fruchtästchen besetzt, deren Endglieder sich in Tetrasporangien umwandeln. Glieder der aufrechten Fäden $1^1/_2$—4 mal länger als der Durchmesser.

Conferva Rothii Engl. Bot. Tab. 1702.
Rh. Rothii Näg. Ceram. p. 355.
Callithamnion Rothii Lyngb. — J. Ag. Spec. Alg. II. p. 17; III p. 13. — Harv. Phyc. brit. pl. 120, B. — Kütz. Spec. Alg. p. 640. — Id. Tab. phyc. XI. Tab. 62.
Thamnidium Rothii Thur. in Le Jol. Alg. mar. Cherb. p. 111, Pl. 5.

In der Nordsee auf Felsen und Steinen.

2. **Rh.** (?) **pallens** (Zanard.) Hauck.

Bildet bis 5 mm hohe, rosenrothe Räschen an grösseren Algen. Fäden aus einer gemeinschaftlichen Zellenfläche entspringend, 10 bis 12 μ dick, mit zerstreuten, stellenweise einseitigen, abstehenden, einfachen oder in gleicher Weise wieder verzweigten Aesten besetzt. Glieder 5—6 mal länger als der Durchmesser. Tetrasporangien am Grunde der Zweige innenseitig gereiht, einzeln oder bis zu dreien auf einem kurzen Stiele (selten sitzend).

Habitus einer Chantransia.

Callithamnion pallens Zanard. Call. p. 12. — J. Ag. Spec. Alg. II. p. 13.
Rh. pallens Hauck, Herb.
Thamnidium pallens Hauck, Beitr. 1878, p. 187, Taf. II. fig. 4—6.

Im adriatischen Meere.

3. **Rh.** (?) **membranaceum** Magnus.

Thallus aus einer rosenrothen, äusserst zarten, mit der Unterseite dem Substrate anhaftenden Zellenfläche bestehend, welche theils aus langgliedrigen, dünneren, meist geraden, theils aus kürzer gliedrigen, etwas dickeren, meist gewundenen, ganz unregelmässig netzartig verzweigten, 6—8 μ dicken Fäden gebildet wird, deren Zweige fast rechtwinkelig auf einander stossend und neben einander wachsend allmälig alle Lücken unter einander ausfüllen. Aus dieser Zellenfläche erheben sich (nach Magnus) an unbestimmten Stellen kurze (wenig gliedrige), einfache oder etwas verzweigte Fäden, deren Endglieder sich in Tetrasporangien umwandeln. Glieder der basalen Fäden $1^1/_2$—8 mal, die der aufrechten Fäden $1^1/_2$—2 mal länger als der Durchmesser.

Callithamnion (Rhodochorton) membranaceum Magnus, Bot. Ergebn. Nordseef. p. 67, Taf. II. fig. 7—15.

Im adriatischen Meere auf Valonia macrophysa, Zoophyten etc.; auch in der Nordsee.

XXIV. Gattung. **Antithamnion** Näg.

Thallus monosiphon gegliedert, aus einem verzweigten, unberindeten, oder unterhalb mit fast dendritisch verzweigten Fasern überwachsenen (berindeten) Hauptfaden bestehend, der an allen Gliedern mit zweizeilig opponirten oder zu vieren wirtelig entspringenden, kurzen, gefiederten, durchaus fast gleich langen, unberindeten Aestchen besetzt ist. Cystocarpien an den oberen Aesten sitzend, frei (nicht von Hüllästchen umgeben), rundlich, meist paarig einander opponirt oder zu dreien bis vieren beisammen. Tetrasporangien äusserlich, sitzend oder gestielt (die Stelle von Aestchen letzter Ordnung einnehmend), meist oval, kreuzförmig getheilt. Antheridien in Büscheln an den Aestchen letzter Ordnung.

Fig. 24.

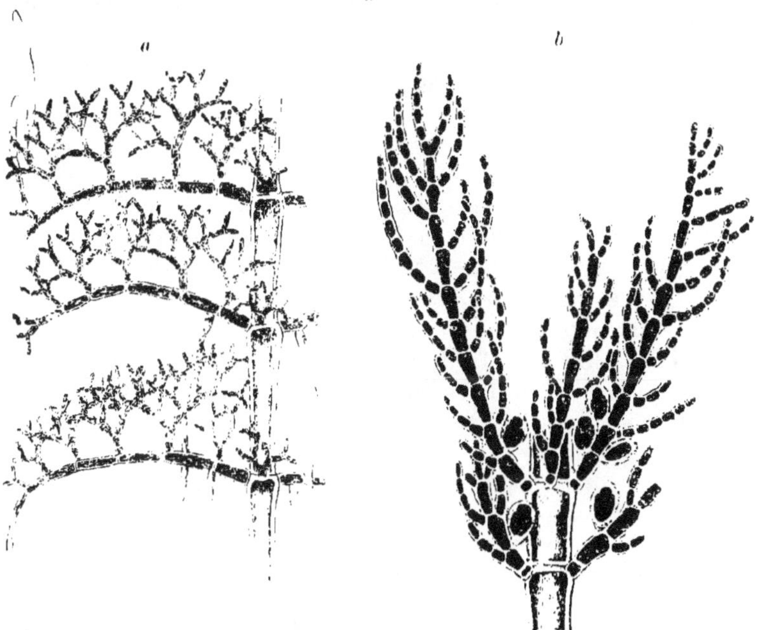

a **Antithamnion plumula** *(Ellis) Thur.*, β crispum. Stück eines Astes. Vergr. ca. 100. *b* **A. cruciatum** *(Ag.) Näg.* Stück eines Astes mit Tetrasporangien. Vergr. ca. 60. (Nach Kützing.)

Rosen- bis purpurrothe, zarte Sträuchlein oder Räschen formirende Algen.

Von Callithamnion eigentlich nur durch die kreuzförmig getheilten Tetrasporangien unterschieden.

1. **A. cruciatum** (Ag.) Näg. Fig. 24. *b*.

Bildet 1—4 cm hohe, meist dichte Rasen. Fäden unberindet. Hauptfäden gesellig entspringend, meist 70—160 μ dick, aufwärts verdünnt, fast einfach, oder mit wenigen aufrechten, fast gleich hohen Aesten besetzt. Aestchen meist 1—2 mm lang, 24—12 μ dick, gegen die Spitze verdünnt, opponirt oder zu vieren wirtelig entspringend, abstehend, an ihrer Basis opponirt, dann abwechselnd oder einseitig (bisweilen nur innenseitig) gefiedert, an der Spitze der Aeste (pfauenfederähnlich) schopfig gedrängt. Glieder 3—6 mal länger als der Durchmesser. Tetrasporangien am Grunde der Aestchen sitzend oder gestielt.

Callithamnion cruciatum Ag. Aufg. p. 637. — Harv. Phyc. brit. pl. 164. — J. Ag. Spec. Alg. II. p. 27; III. p. 18. — Kütz. Spec. Alg. p. 649. — Id. Tab. phyc. XI. Tab. 87.
A. cruciatum Näg. Ceram. p. 380.

F. fragilissima.

Rasen nur einige mm bis etwa 1 cm hoch. Hauptfäden zart, mit sehr kurzen, opponirten, meist abwechselnd gefiederten Aestchen, deren Glieder meist $1\frac{1}{2}$—2 mal länger als der Durchmesser sind.

C. fragilissimum Zanard. Icon. phyc. adr. I. p. 11, Tav. 3, B.

F. radicans.

Hauptfäden zum Theil niederliegend, etwas gewunden, mit Wurzelfäden dem Substrat anhaftend; Aestchen opponirt entspringend, jedoch einseitswendig, abwechselnd oder zum Theil innenseitig gefiedert, abstehend.

C. cruciatum β radicans J. Ag. in Linnaea 1841, p. 44. — Id. Spec. Alg. II. p. 28.

F. tenuissima.

Thallus von einigen mm bis 6 cm hoch. Hauptfäden vielfach verzweigt, sehr verdünnt; Aestchen opponirt, sehr zart, mehr weniger verlängert, sehr schlaff, meist nur innenseitig gefiedert, weit abstehend, deren Glieder meist 5—8 mal länger als der Durchmesser.

C. cruciatum f. tenuissima Hauck, Herb.
C. cladodermum Hauck, Beitr. 1878, p. 185, Taf. II, fig. 1, 2, 3, 9. (nec Zanard.)

Alle Formen im adriatischen Meere.

2. **A. cladodermum** (Zanard.) Hauck.

Thallus 2—3 cm hoch, wiederholt gefiedert. Hauptfaden unterhalb ca. 0·5 mm dick und mehr, aufwärts verdünnt; Aestchen letzter Ordnung (Fiederchen) 8—6 μ dick. Hauptfaden unterhalb mit aus den Basalgliedern der Aestchen entspringenden, dendritisch verzweigten Berindungsfäden allmälig ganz überwachsen, zweizeilig abwechselnd reich verzweigt. Aestchen opponirt, die jüngsten einfach, die älteren doppelt opponirt gefiedert. Fiederchen an allen Gliedern entspringend. Zweige meist abstehend. Glieder des Hauptfadens an der Basis fast eben so lang, oberhalb 2½—4 mal, jene der Aestchen meist 2—3 mal länger als der Durchmesser. Cystocarpien nicht selten theilweise mit den Berindungsfäden des Thallus locker überwachsen. Tetrasporangien an den Aestchen zerstreut.

C. cladodermum Zanard. Call. p. 10. — Id. Icon. phyc. adr. I. p. 9, Tav. 3. — J. Ag. Spec. Alg. II. p. 65. — Falk. Alg. Neap. p. 255.
A. cladodermum Hauck, Herb.

Im adriatischen Meere.

3. **A. plumula** (Ellis) Thur.

Thallus 2—6 (in der Nordsee auch bis 10) cm hoch, unberindet. Hauptfaden gewöhnlich 80—180, bei robusteren Formen unterhalb auch bis über 300 μ dick, aufwärts verdünnt; Aestchen letzter Ordnung (Fiederchen) 16—8 μ dick. Hauptfaden wiederholt abwechselnd fiederartig verzweigt. Aestchen opponirt oder wirtelig vierzeilig entspringend, abstehend oder gespreizt und zurückgebogen, ein- oder zweifach innenseitig gefiedert. Fiederchen an allen Gliedern entspringend, dornspitzig. Glieder meist 2—4 mal länger als der Durchmesser. Cystocarpien paarig oder zu vieren. Tetrasporangien am Grunde der Aestchen, kurz gestielt oder sitzend, oval bis fast kugelig.

Conferva plumula Ellis. Phil. Tr. 57. p. 426. Tab. 18.
A. plumula Thur. in Le Jol. Alg. mar. Cherb. p. 112.
Callithamnion plumula Ag. Spec. Alg. II. p. 159. — J. Ag. Spec. Alg. II. p. 20; III. p. 24.

α. **genuinum.**

Aestchen opponirt, abstehend, die unteren oft gespreizt; Fiederchen derselben etwas verlängert.

A. plumula *α.* genuinum Hauck, Herb.
A. plumula Thur. l. c.

C. plumula Harv. Phyc. brit. pl. 242. — Kütz. Spec. Alg. p. 647. — Id. Tab. phyc. XI. Tab. 83. fig. I.
C. plumula *α*. plumula J. Ag. l. c.

In der Nordsee.

β. **crispum.** Fig. 24, *a*.

Aestchen wirtelig vierzeilig, gespreizt und zurückgebogen; Fiederchen derselben dornartig.

Ceramium crispum Duel. Ess. p. 47.
A. crispum Thur. l. c.
C. plumula *β*. crispum J. Ag. l. c.
C. refractum Kütz. Spec. Alg. p. 650. — Id. Tab. phyc. XI. Tab. 84. fig. I.
C. polyacanthum Kütz. Spec. Alg. p. 648. — Id. Tab. phyc. XI. Tab. 83. fig. II.
C. macropterum Menegh. in Kütz. Spec. Alg. p. 650.

Im adriatischen Meere.

XXV. Gattung. **Callithamnion** Lyngb.

Thallus aus einem zweizeilig oder allseitig oder fast dichotom verzweigten Gliederfaden bestehend, der entweder durchaus unberindet oder nur an den Stämmchen und Hauptästen mit von den Basalgliedern der Aeste ausgehenden, gegliederten Fasern überwachsen — berindet — ist. Cystocarpien an den Aesten sitzend, meist paarig einander opponirt, seltener einzeln oder zu dreien beisammen, frei — von keinen eigentlichen Hüllästchen umgeben —, rundlich oder gelappt, nur in einem Falle aus einem Büschel freier, gabelig gereihter Carposporen bestehend. Tetrasporangien äusserlich, sitzend oder gestielt, kugelig oder oval, tetraëdrisch getheilt, mitunter zweitheilig. Seirosporen und Sporenhaufen bei einigen Arten. Antheridien meist Büschel bildend, an analoger Stelle wie die Tetrasporangien.

Meist rosen- oder purpurrothe Sträuchlein oder Rasen formirende Algen.

A. Aeste zweizeilig opponirt verzweigt . . . . 1—2.
B. Thallus durchaus regelmässig zweizeilig abwechselnd verzweigt 3—6.
C. Aeste allseitig entspringend, zweizeilig abwechselnd verzweigt, oder mit zweizeilig verzweigten Aestchen besetzt . . . . 7—10.
D. Thallus allseitig abwechselnd verzweigt, oder die letzten Verzweigungen dichotom . . . . 11—16.

Fig. 25.

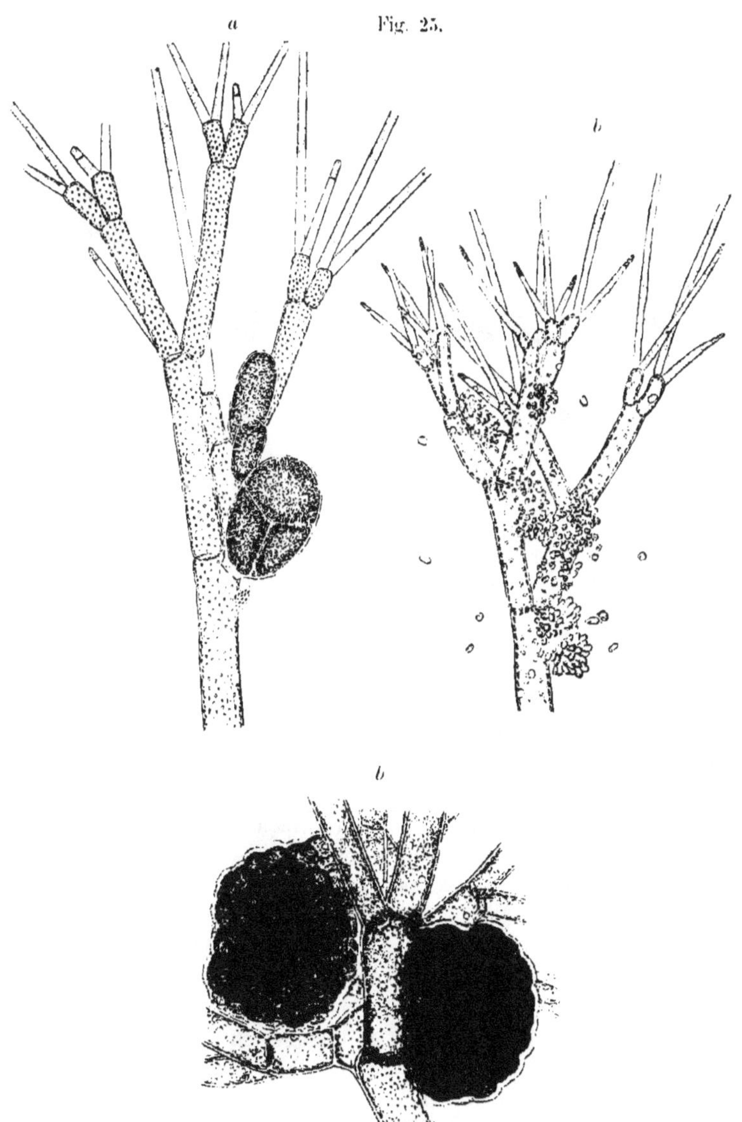

Callithamnion corymbosum (*Engl. Bot.*) *Ag.*
a Zweig mit Tetrasporangien. Vergr 250. *b* Zweig mit Antheridien. Vergr. 250.
c Zweig mit zwei Cystocarpien. Vergr. 120. (Nach Thuret.)

Fig. 26.

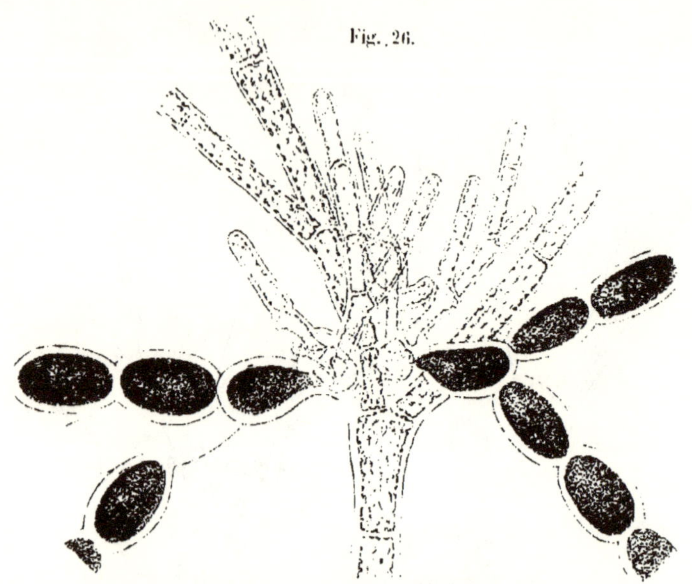

Callithamnion seirospermum *Griff.*
Zweig mit Cystocarpien (welche hier aus freien, gabelig gereihten Carposporen bestehen). Vergr. 280.

A. Aeste zweizeilig opponirt verzweigt.

1. C. pluma (Dillw.) Ag. Fig. 27.

Bildet karminrothe, 2—5 mm hohe Räschen. Fäden unberindet. Aus niederliegenden, verzweigten, mittelst Wurzelfäden dem Substrate anhaftenden, 24—40 μ dicken Fäden entspringen aufrechte, eben so dicke, kaum verdünnte, meist einfache, seltener etwas verzweigte Aeste, die an der Basis nackt, ungefähr von der Mitte an, dem Umfange nach fast lanzettlich mit kurzen (meist 3—8 gliedrigen), einfachen, opponirten Aestchen zweizeilig besetzt sind. Aestchen ca. 24—16 μ dick, fast 30° abstehend, bald aus jedem Gliede entspringend (einander fast berührend), bald stellenweise, namentlich an den Astenden fehlend, oder hin und wieder abwechselnd oder einseitig. Glieder 2—3 mal länger als der Durchmesser. Cystocarpien auf der Spitze der aufrechten Aeste, klein, rundlich, in dicker, farbloser Hülle einige Carposporen enthaltend, von meist zwei, unterhalb (opponirt) entspringenden, etwas eingekrümmten Aestchen überragt, die nicht selten wieder auf ihrer Spitze halb entwickelte Cystocarpien tragen. Tetrasporangien einzeln auf der Spitze der Aestchen. Antheridien auf der Spitze der Aestchen fast ovale Körper bildend, die von einer gegliederten Fadenachse durchsetzt sind. — Diöcisch, bisweilen monöcisch.

Diese Art, durch die Antheridien und Procarpien von den übrigen Callithamnien verschieden, ist besser generisch als Ptilothamnion pluma Thur. abzutrennen.

Fig. 27.

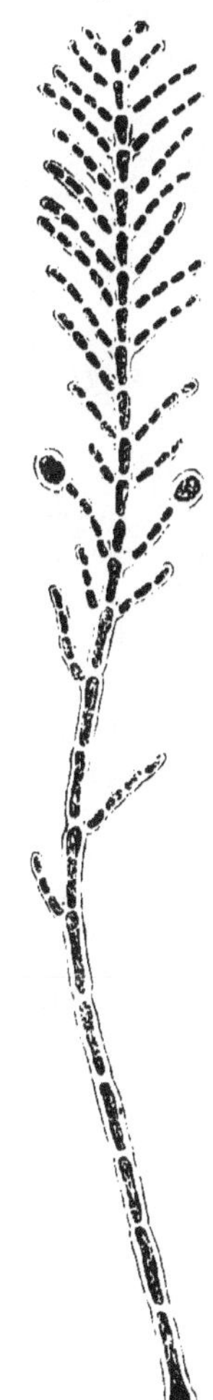

Callithamnion pluma *(Dillw.) Ag.* Vergr. ca. 100. (Nach Kützing.)

Conferva pluma Dillw. Introd. N. 119. Tab. F.
Callithamnion pluma Ag. Spec. Alg. II. p. 162. — J. Ag. Spec. Alg. II. p. 25; III. p. 16. — Harv. Phyc. brit. pl. 296. — Kütz. Spec. Alg. p. 647. — Id. Tab. phyc. XI. Tab. 82.
Ptilothamnion pluma Thur. in Le Jol. Alg. mar. Cherb. p. 118. — Born. et Thur. Not. algol. p. XII. und 179, pl. 46.

In der Nordsee, an den Stielen von Laminaria.

β. (?) **micropteru.**

Aeste fast linear mit gabeligen, an der Spitze einfachen, abstehenden Aestchen besetzt. Der Gabelzweig der Aestchen entspringt aussenseitlich am ersten Gliede derselben; bisweilen trägt auch das zweite Glied einen Zweig, so dass die Aestchen dreigabelig erscheinen. Glieder meist anderthalbmal länger als der Durchmesser.

Callithamnion Pluma var. micropterum Mont. Canar. p. 177.
C. micropterum Kütz. Spec. Alg. p. 648. — Id. Tab. phyc. XII. Tab. 1 (?) — J. Ag. Spec. Alg. II. p. 26; III. p. 16.
C. pluma Hauck, Beitr. 1878, p. 131.

Im adriatischen Meere (bei Triest: auf Muscheln etc.).

2. C. elegans Schousb.

Habitus von C. pluma. Bildet ausgebreitete, meist 4—8 mm hohe, violette Räschen. Fäden unberindet. Aus niederliegenden, verzweigten, mittelst Wurzelfäden dem Substrate anhaftenden, 24—30 μ dicken Fäden entspringen aufrechte, eben so dicke, gegen die Spitze wenig verdünnte, einfache oder unregelmässig dichotome Aeste, die an der Basis nackt, ungefähr von der Mitte an, dem Umfange nach fast linear oder linear-lanzettlich mit meist 3—9gliedrigen, stellenweise sehr verlängerten, einfachen, opponirten Aestchen zweizeilig besetzt sind. Aestchen 16—10 μ dick, fast 45—60° abstehend, meist aus jedem Gliede entspringend (von einander gesondert), bisweilen stellenweise fehlend. Glieder der Aeste kaum doppelt, jene der Aestchen doppelt länger als der Durchmesser. Cystocarpien klein, gelappt, an der Spitze der Aestchen oder Aeste, frei oder von Aestchen umgeben. Tetrasporangien einzeln auf der Spitze der Aestchen. Die Antheridien bilden trugdoldige Büschel an den Spitzen kurzer (in diesem Falle) gabeliger Aestchen.

Callithamnion elegans Schousboe, mspt. — Ag. Spec. Alg. II. p. 162. — J. Ag. Spec. Alg. II. p. 25; III. p. 16. — Born. et Thur. Not. algol. p. 32. pl. 10.

Ptilota Schousboei Born. — Born. et Thur. l. c. p. 34.

Im adriatischen Meere (Rovigno).

B. Thallus durchaus regelmässig zweizeilig abwechselnd verzweigt.

3. **C. gracillimum** Harv. Fig. 28.

Thallus 3—6 cm hoch. Fäden unberindet, regelmässig wiederholt abwechselnd gefiedert. Fiedern und Fiederchen aus fast allen Gliedern entspringend, abstehend. Stämmchen 100—200 μ, Fiederchen 15—10 μ dick. Stämmchen von der Basis an verzweigt. Aeste mit einfach oder doppelt gefiederten, dem Umfange nach fast lanzettlichen Fiedern besetzt. Basalglieder der meisten Fiedern (mitunter aber auch die zwei folgenden Glieder) ohne Fiederchen,

Fig. 28.

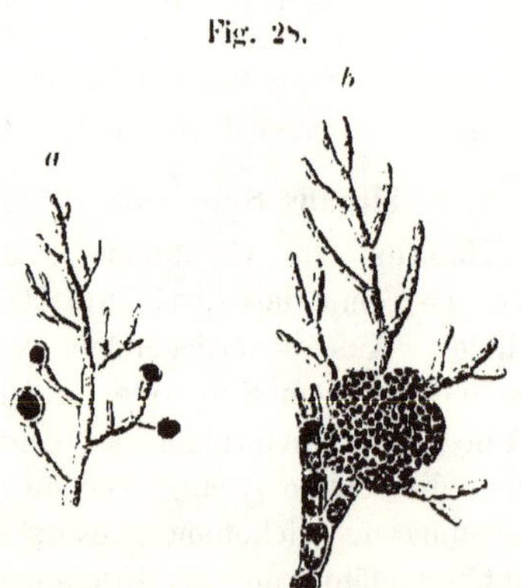

Callithamnion gracillimum *Harr.*
a Zweig mit Tetrasporangien. *b* Zweig mit einem Cystocarp. Vergr. ca. 10. (Nach Kützing.)

oder nur ein einfaches oder doch weniger als die übrigen entwickeltes Fiederchen tragend. Glieder 3—5 mal, die der Fiederchen 2—3 mal länger als der Durchmesser. Cystocarpien an den oberen Aesten, rundlich oder unregelmässig gelappt. Tetrasporangien fast vereinzelt, auf den Spitzen der Fiederchen, die bisweilen eine Fieder letzter Ordnung vertreten.

C. gracillimum Harv. in Hook. Brit. Fl. II. p 345. — Id. Phyc. brit. pl. 5. — J. Ag. Spec. Alg. II. p. 43; III. p. 29. — Kütz. Spec. Alg. p. 644. — Id. Tab. phyc. XI. Tab. 73.

Im adriatischen Meere.

4. **C. Thuyoides** (Engl. Bot.) Ag.

Thallus 3—5 cm hoch. Fäden unberindet, regelmässig wiederholt abwechselnd gefiedert. Fiedern und Fiederchen aus allen Gliedern entspringend, abstehend. Stämmchen 150—300 μ, Fiederchen 15—10 μ dick. Stämmchen von der Basis an wiederholt verzweigt. Aeste mit zwei- bis dreifach gefiederten, dem Umfange nach linearlanzettlichen (1—2 mm breiten) Fiedern besetzt; Basalglied derselben eine gleich den übrigen entwickelte Fieder höherer Ordnung tragend. Glieder der Aeste 2—6 mal länger, die der Fiederchen eben so lang oder doppelt länger als der Durchmesser. Tetrasporangien auf den Spitzen der Fiederchen grundständiger Fiedern letzter Ordnung entwickelt, meist zu mehreren an derselben Fieder.

Conferva Thuyoides Engl. Bot. Tab. 2205.
C. Thuyoides Ag. Spec. Alg. II. p. 172. — J. Ag. Spec. Alg. II. p. 44; III. p. 29. — Harv. Phyc. brit. pl. 269. — Kütz. Spec. Alg. p. 645. — Id. Tab. phyc. XI. Tab 74.

Im adriatischen Meere.

5. **C. hyrtellum** Zanard.

Thallus ca. 2 cm hoch. Fäden unberindet, regelmässig wiederholt abwechselnd gefiedert. Fiedern und Fiederchen aus allen Gliedern entspringend, abstehend. Stämmchen 60—100 μ, die Fiederchen ca. 10 μ dick. Stämmchen von der Basis an wiederholt verzweigt. Aeste mit einfach oder doppelt gefiederten, dem Umfange nach fast ovalen Fiedern besetzt. Mittelrippe der Hauptfiedern häufig an den Gelenken etwas hin- und hergebogen. Glieder 2—4 mal, die der Fiederchen meist 2 mal länger als der Durchmesser. Tetrasporangien sitzend und gereiht an der inneren Seite der Fiederchen.

C. hyrtellum Zanard. Call. p. 10. — Id. Icon. phyc. adr. III. p. 9. Tav. 82. A. — J. Ag. Spec. Alg. II. p. 47.

Im adriatischen Meere (Lesina, Zara).

6. **C. tripinnatum** (Grat.) Ag.

Thallus 2—4 cm hoch. Fäden unberindet, oder nur das Stämmchen an der Basis bei älteren Individuen berindet, regelmässig wiederholt abwechselnd gefiedert. Zweige abstehend. Stämmchen 60—100 μ, Fiederchen 20—15 μ dick. Stämmchen von der Basis an verästelt. Aeste an allen Gliedern mit (häufig fast bogig abnehmenden) Fiedern besetzt. Fiedern an ihrer Basis nackt, oder am ersten Gliede ein (meist kurzes) fast achselständiges, schwach gekrümmtes, einfaches oder fast gabeliges Fiederchen tragend, vor der Mitte an einfach, gegen die Spitze (am oberen Ende der Fiederchen) doppelt gefiedert, von fast eirundem Umfang. Fiederchen verlängert. Glieder 2—4 mal länger als der Durchmesser, die der Fiederchen mitunter (aber selten) fast so lang als dick, meist 3—4 mal länger. Tetrasporangien sitzend, an der inneren Seite der Fiederchen gereiht.

Mertensia tripinnata Grat. mspt.
C. tripinnatum Ag. Spec. Alg. II. p. 168. — J. Ag. Spec. Alg. II. p. 46; III. p. 30. — Harv. Phyc. brit. pl. 77. — Zanard. Icon. phyc. adr. III. p. 11. Tav. 82. B.
Phlebothamnion tripinnatum. Kütz. Spec. Alg. p. 654. — Id. Tab. phyc. XI. Tab. 99.

Im adriatischen Meere.

C. Aeste allseitig entspringend, zweizeilig abwechselnd verzweigt, oder mit zweizeilig verzweigten Aestchen besetzt.

7. **C. scopulorum** J. Ag.

Bildet dichte, fast halbkugelige, ca. 1 cm hohe Räschen. Fäden unberindet. Stämmchen gesellig entspringend, an der Basis von herablaufenden Wurzelfäden eingehüllt, 30—60 μ. Aestchen letzter Ordnung 16—12 μ dick. Stämmchen mit allseitig entspringenden Aesten, welche gegen die Spitze abwechselnd gefiedert und häufig an den Gelenken etwas hin- und hergebogen sind. Fiederchen oberhalb fast aus jedem Gliede entspringend, an der Spitze der Aeste gedrängt, einfach oder einzelne wieder etwas abwechselnd oder innenseitig gefiedert. (Fiederchen meist aus 5—8 Gliedern bestehend.) Verzweigungen abstehend. Glieder 2—4 mal länger als der Durchmesser. Tetrasporangien sitzend, an der inneren Seite der Fiederchen gereiht.

C. scopulorum J. Ag. Alg. med. p. 73.! — Id. Spec. Alg. II. p. 47.! — Ag. Spec. Alg. II. p. 166.? — Kütz. Tab. phyc. XI. p. 70.?

Im adriatischen Meere (bei Triest).

8. **C. polyspermum** Ag. Fig. 29.

Thallus dicht rasig, meist 2—5 cm hoch. Fäden unberindet, oder nur an der Basis der Stämmchen etwas berindet. Stämmchen

Fig. 29.

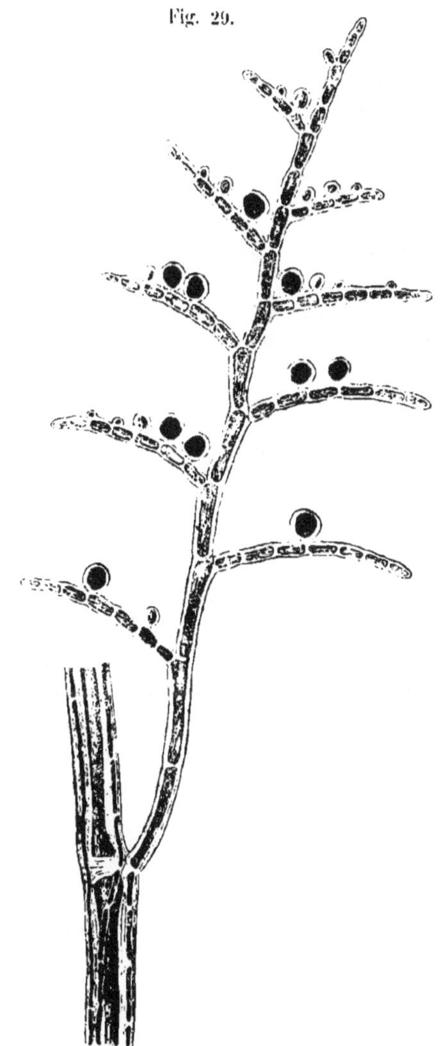

Callithamnion polyspermum *Ag.*
Zweig mit Tetrasporangien. Vergr. ca. 100. (Nach Kützing.)

60—80 μ, Aestchen letzter Ordnung 24—15 μ dick. Stämmchen von der Basis an allseitig verästelt. Aeste, mit Ausnahme der Basis, zweizeilig mit aus allen Gliedern entspringenden, abnehmenden Fiedern abwechselnd besetzt. Fiedern von fast linear-länglichem Umfange, einfach abwechselnd gefiedert; die basalen Glieder jedoch meistens ohne Fiederchen. Fiederchen meist verlängert, weit abstehend oder etwas zurückgebogen. Mittelrippen bisweilen an den Gelenken etwas hin- und hergebogen. Glieder unterhalb 2 mal, oberhalb bis 5 mal, die der Fiederchen 4—2 mal länger als der Durchmesser. Tetrasporangien sitzend, an der inneren Seite der Fiederchen gereiht, zahlreich.

C. polyspermum Ag. Spec. Alg. II. p. 169. — J. Ag. Spec. Alg. II. p. 48; III. p. 32. — Harv. Phyc. brit. pl. 281.
Phlebothamnion polyspermum Kütz. Spec. Alg. p. 653. — Id. Tab. phyc. XI. Tab. 97.
Ceramium roseum Roth. Jürg. Dec. Alg. I. N. 9.

In der Nordsee.

9. **C. tetricum** (Dillw.) Ag.

Thallus dichte, 5—10 cm hohe Büschel bildend. Fäden steif. Stämmchen 120—160 μ, Aestchen letzter Ordnung 60—40 μ dick. Stämmchen unterhalb berindet und durch allseitig dicht entspringende, aufrechte, verworrene Aestchen und Berindungsfasern rauhhaarig, wiederholt allseitig verästelt. Aeste aufrecht, büschelig-gedrängt, beinahe von der Basis an — dem Umfange nach linear-lanzettlich — abwechselnd gefiedert. Fiederchen abstehend, einfach oder zum Theil an ihrer Spitze wieder gefiedert, an der Basis etwas verdünnt. Enden aller Zweige dornspitzig. Glieder so lang als der Durchmesser oder 2—3 mal länger. Cystocarpien rundlich, paarig, nahe an den Spitzen der Aeste (Fiedern). Tetrasporangien sitzend, einzeln oder zu 2—3 gereiht, (in der Regel) an der Innenseite der Fiederchen. — Schmutzig weinroth.

Conferva tetrica Dillw. Brit. Conf. Tab. 81.
C. tetricum Ag. Spec. Alg. II. p. 170. — J. Ag. Spec. Alg. II. p. 52; III. p. 38. — Harv. phyc. brit. pl 188.
Phlebothamnion tetricum Kütz. Spec. Alg. p. 652. — Id. Tab phyc. XI. Tab 93.

In der Nordsee (Wangerooge, Norderney).

10. **C. tetragonum** (Wither.) Ag.

Thallus 3—8 cm hoch. Stämmchen 350—500 μ, Aestchen letzter Ordnung 150—40 μ dick. Stämmchen mehr weniger hoch hinauf mit einer dünnfädigen Rindenschichte, unter welcher jedoch die Glieder durchscheinen, bedeckt und später durch allseitig entspringende Aestchen fast rauhhaarig, von der Basis an mit allseitig abwechselnd entspringenden, abstehenden, oder auch in gleicher Weise wieder verzweigten Aesten pyramidal besetzt, aus deren sämmtlichen Gliedern kurze, fast durchaus gleich lange, abstehende Fiedern abwechselnd entspringen, welche ihre Fläche dem Aste zukehren und deren Fiederchen fast gleich hoch, die Mittelrippe überragend, gegen diese etwas eingekrümmt sind. Fiederchen an allen Gliedern, einfach, meist bis aus 6—9 Gliedern bestehend. Glieder $1\frac{1}{2}$—3 mal länger als der Durchmesser. Enden aller Zweige dornspitzig. Cystocarpien rundlich, einzeln oder paarig an den Spitzen der Fiedern. Antheridien halbkugelige Büschel bildend, die einzeln oder zu 2—3 gereiht an der Innenseite der Fiederchen sitzen. Tetrasporangien verhältnissmässig klein, analog den Antheridien angeordnet, sitzend. Monöcisch. — Dunkel-purpurroth. Etwas schwammig.

Fig. 30.

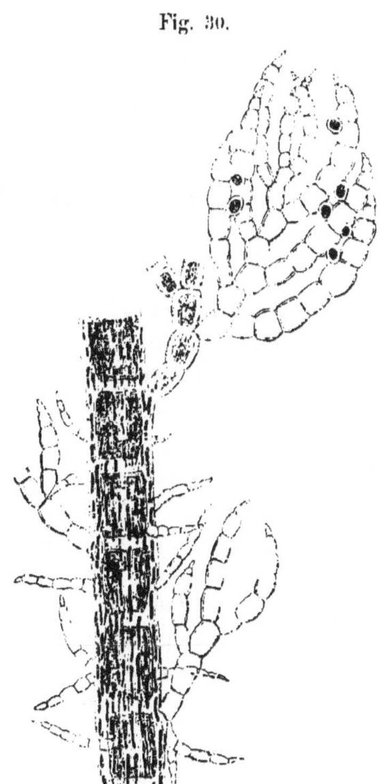

Zweig von **Callithamnion tetragonum** *(Wither.) Ag. α.* **genuinum.** Vergr. ca. 100. (Nach Kützing.)

Conferva tetragona Wither. Arr. V. p. 405.

C. tetragonum Ag. Spec. Alg. II. p. 176. — J. Ag. Spec. Alg. II. p. 51; III. p. 34.

Dorythamnion tetragonum Naeg.

α. **genuinum.** Fig. 30.

Fiederchen ca. 80—140 μ dick, an der Basis etwas eingezogen. Spitzen kurz, dornartig. Glieder ca. $1\frac{1}{2}$ mal länger als der Durchmesser, etwas tonnenförmig.

C. tetragonum *α.* genuinum Hauck, mspt.

C. tetragonum *α.* tetragonum J. Ag. l. c.

C. tetragonum Harv. Phyc. brit. pl. 136.
Phlebothamnion tetragonum Kütz. Spec. Alg. p. 654. — Id. Tab. phyc. XII. Tab. 3. fig. *a*, *b*.

In der Nordsee.

β. **brachiatum.**

Fiederchen ca. 40—80 *μ* dick; Spitzen mehr pfriemig; Glieder cylindrisch (an den Gelenken kaum eingezogen), 2—3 mal länger als der Durchmesser.

C. brachiatum (Bonnem.) Harv. Phyc. brit pl. 137.
C. tetragonum *β*. brachiatum J. Ag. l. c.
Phlebothamnion brachiatum Kütz. Tab. phyc. XII. Tab. 3. fig. *c*. *d*.

In der Nordsee (Norderney).

D. Thallus allseitig abwechselnd verzweigt, oder die letzten Verzweigungen dichotom.

11. C. **byssoideum** Arn.

Bildet fast kugelige, 2—4 cm hohe Rasen. Fäden sehr schlaff, unberindet oder nur an der Basis der Stämmchen etwas berindet, wiederholt allseitig abwechselnd verzweigt. Stämmchen 40—60 *μ*, an der Basis mitunter bis 80 *μ*, die Aestchen letzter Ordnung 12—8 *μ* dick. Hauptverzweigungen ziemlich in gleicher Höhe endigend. Aeste verlängert, aufrecht, mit fiederig verzweigten, an den Spitzen mitunter etwas corymbos gedrängten Aestchen regelmässig abwechselnd an jedem Gliede besetzt, deren aufrecht-abstehende, häufig leicht eingebogene Fiederchen gegen die nicht selten etwas corymbose Spitze verlängert, einfach, einzelne gabelig oder etwas einseitig verzweigt sind und regelmässig abwechselnd, bisweilen aber auch mehr einseitig entspringen. Cystocarpien an den oberen Aesten paarig, gelappt; Lappen konisch. Tetrasporangien an den basalen Gliedern der Fiederchen innenseitig sitzend, ausnahmsweise gestielt, einzeln oder zu zweien gereiht. Sporenhaufen (bisweilen an ungeschlechtlichen Pflanzen, jedoch selten vorkommend) gelappt, terminal oder seitlich an den Aesten. Antheridien an analoger Stelle wie die Tetrasporangien.

C. byssoideum Arnott, mspt. — Harv. in Hook. Brit. Fl. II. p. 342. — Id. Phyc. brit. pl. 5.
C. Byssoides J. Ag. Spec. Alg. II. p. 40; III. p. 39. — Hauck, Beitr. 1878. p. 288, Taf. 3, fig. 7—15. (nec Phlebothamnion byssoides Kütz. Tab. phyc. XII. Tab. 8.)
C. pinnato-furcatum Kütz. Tab. phyc. XII. p. 5. Tab. 15.

Im adriatischen Meere.

β. **flagellare.**

Aestchen fast corymbos; Fiederchen verlängert, aufrecht, an kürzeren Aestchen fast alle, an längeren die oberen in gleicher Höhe endigend.

C. flagellare Zanard. Icon. phyc. adr. I. p. 115. Tav. 27. A.

Im adriatischen Meere.

12. **C. plumosum** Kütz.

Thallus 1—3 cm hoch, rasig. Fäden sehr schlaff, unberindet. Stämmchen 40—80 μ, Aestchen letzter Ordnung 12—7 μ dick. Stämmchen mehrmal allseitig abwechselnd, pyramidal verästelt. Aeste wieder allseitig abwechselnd mit dichotomen Aestchen an jedem Gliede besetzt. Gabelzweige der Aestchen ungleich lang, verlängert. Verzweigungen abstehend-aufrecht. Glieder 4—7 mal länger als der Durchmesser. Tetrasporangien an den basalen Gliedern der Gabelzweige sitzend, einzeln oder zu zweien gereiht.

C. plumosum Kütz. Phyc. gener. p. 372. — Id. Spec. Alg. p. 645. — Id. Tab. phyc. XI. Tab. 75, fig. I. (Junge Pflanze).

In der Nordsee (Insel Föhr), an Dictyosiphon.

13. **C. subtilissimum** De Not.

Bildet 4—6 mm hohe Räschen. Fäden unberindet. Stämmchen 40—100 μ, Aestchen letzter Ordnung 10—8 μ dick. Stämmchen fast einfach oder in allseitig abwechselnde, oberhalb fast corymbose Aeste getheilt, an allen Gliedern abwechselnd mit unterhalb fast einfachen oder gabeligen, oberhalb mehrmal gabeligen, gleich hohen und an den Enden dicht büschelig gedrängten Aestchen besetzt; Gabelzweige derselben verlängert und verdünnt. Verzweigungen abstehend-aufrecht. Die unteren Glieder fast so lang als der Durchmesser, die übrigen 2—3 mal, die der letzten Gabelzweige mitunter bis 8 mal länger. Tetrasporangien an den Basalgliedern der Gabelzweige innenseitig sitzend, einzeln oder zu zweien bis dreien an den auf einander folgenden Gliedern gereiht.

C. subtilissimum De Not. Prosp. Fl. Lig. p. 66.
C. Vermilarae De Not. l. c. p. 70. cum icone.
C. Cabellae De Not. l. c. p. 69.

Im adriatischen Meere: an Cystosira, Codium etc.

14. **C. corymbosum** (Engl. Bot.) Ag. Fig. 25.

Thallus 2—6 cm hoch. Stämmchen 250—450 μ, Aestchen letzter Ordnung 10—6 μ dick. Stämmchen an der Basis mehr weniger berindet oder unberindet, wiederholt allseitig abwechselnd verästelt. Aeste allseitig abwechselnd mit dichotomen, fast gleich hohen, gegen die Spitze zu mehr gedrängten Aestchen besetzt, die auf ihrer Spitze je ein langes farbloses, ungegliedertes, leicht abfallendes Haar tragen. Gabelzweige der Aestchen eingliedrig. Verzweigungen abstehend-aufrecht, die letzten meist aufrecht. Glieder meist 4 bis 10 mal länger als der Durchmesser. Cystocarpien rundlich, meist paarig. Tetrasporangien an den Gabelzweigen der Aestchen sitzend, einzeln oder zu 2—3 hinter einander an demselben Gliede. Antheridien fast flach-halbkugelige Büschel bildend, an analoger Stelle wie die Tetrasporangien.

Conferva corymbosa Engl. Bot. Tab. 2352.

C. corymbosum Lyngb. Hydr. Dan. p. 125. Tab. 38. — J. Ag. Spec. Alg. II. p. 41; III. p. 40. — Harv. Phyc. brit. pl. 272. — Thur. et Born. Etud. phyc. p. 67. pl. 33—35.

Phlebothamnion corymbosum Kütz. Spec. Alg. p. 657. — Id. Tab. phyc. XII. Tab. 9. fig. *c*, *d*.

Phl. corymbiferum Kütz. Spec. Alg. l. c. — Id. Tab. phyc. l. c. fig. *a*, *b*.

C. versicolor Ag. — J. Ag. Spec. Alg. II. p. 41; III. p. 42.

Phl. versicolor Kütz. Spec. Alg. l. c. — Id. Tab. phyc. l. c. Tab. 10. fig. *a*—*c*.

Im adriatischen Meere, in der Nord- und Ostsee.

15. **C. seirospermum** Griff. Fig. 26.

Thallus 1—12 cm hoch. Stämmchen 160—400 μ, Aestchen letzter Ordnung 10—6 μ dick. Stämmchen an der Basis, mehr weniger hoch hinauf berindet, regelmässig mehrmal allseitig abwechselnd verästelt. Aeste allseitig abwechselnd mit dichotomen Aestchen besetzt; deren Gabelzweige meist ungleich lang, 1—3gliedrig. Endzweige bisweilen je ein langes, dünnes, farbloses, ungegliedertes, leicht abfallendes Haar tragend. Verzweigungen abstehend-aufrecht. Glieder meist 4—8 mal länger als der Durchmesser. Cystocarpien paarig an den Zweigen, aus je einem Büschel freier, gabelig gereihter, fast ovaler Carposporen bestehend. Tetrasporangien an den Gabelzweigen der Aestchen, meist innenseitig am ersten Glied der Gabelzweige oder an dem Fussgliede derselben sitzend, einzeln an den Gliedern. Zweitheilige Tetrasporangien sitzend oder gestielt, die Stelle eines Gabelzweiges einnehmend. Seirosporen (gabelig gereihte, kugelig-ovale Sporen) aus den letzten Gabelzweigen entstehend. Antheridien fast straussförmige Büschel bildend, an analoger Stelle wie die Tetrasporangien.

Fig. 31.

Zweig von **Callithamnion seirospermum** *Griff.* β. **graniferum**, mit Seirosporen. Vergr. ca. 100. (Nach Kützing.)

C. seirospermum wird von einigen Autoren als eine Form von C. corymbosum betrachtet: auch sollen bei jenem ausnahmsweise auch normale Cystocarpien vorkommen.

C. seirospermum Griff. mspt. — Harv. Man. p. 113. — J. Ag. Spec. Alg. II. p. 42; III. p. 42.
Seirospora Griffithsiana Harv. Phyc. brit. pl. 21. — Kütz. Tab. phyc. XII. Tab. 17.
Phlebothamnion seirospermum Kütz. Spec. Alg. p. 657.

α. **lanceolatum.**

Thallus rasig, 1—5 cm hoch. Hauptverzweigungen fast gleich hoch. Aeste meist aufrecht, dem Umfange nach linear-lanzettlich mit dichotomen, kurzen Aestchen besetzt; Gabelzweige derselben etwas ungleich lang, die oberen bisweilen gegen die Astspitzen zu gedrängter. Glieder der Gabelzweige meist 2—6 mal länger als der Durchmesser.

C. lanceolatum Derb. in litt. — Kütz. Tab. phyc. XII. Tab. 10.
C. roseum Derb. et Sol. Phys. Alg. Pl. 17. fig. 1.
C. versicolor Auct. gall. (Draparnaud, Crouan, Le Jolis. — non Ag., J. Ag., nec. Phlebothamnion versicolor Kütz.!)

Im adriatischen Meere.

β. **graniferum.** Fig. 26 u. 31.

Thallus 1—12 cm hoch. Fäden zart und schlaff. Hauptäste bisweilen gegen die Spitze etwas verdickt, mit spitzer Scheitelzelle. Aeste mit verlängerten, sehr zarten, ziemlich regelmässig dichotomen, fast gleich hohen Aestchen besetzt. Glieder der Gabelzweige meist 5—11 mal länger als der Durchmesser.

C. graniferum Menegh. in Giorn. bot. 1844. p. 285. — Zanard. Icon. phyc. adr. I. p. 43. Tav. 9.

Seirospora flaccida Kütz. Spec. Alg. p. 896. — Id. Tab. phyc. XII Tab. 17.

C. apiculatum Menegh. l. c. p. 302. — Kütz. Tab phyc. XI. p. 22. Tab. 67.

Im adriatischen Meere.

16. **C. granulatum** (Ducl.) Ag.

Thallus 2—8 cm hoch, dicht rasig, fast schwammig. Stämmchen 200—600 μ, Aestchen letzter Ordnung 16—12 μ dick. Stämmchen hoch hinauf berindet, mit aus den Berindungsfasern entspringenden kurzen Aestchen ganz bedeckt, schwammig-rauhhaarig, regelmässig mehrmal allseitig abwechselnd, pyramidal verästelt. Aeste an allen Gliedern allseitig abwechselnd mit Aestchen besetzt; die unteren, einen jungen Ast bildenden, länger, fiederartig abwechselnd mit dichotom-gleichhohen, an den Spitzen büschelig gedrängten Aestchen; die oberen allmälig kürzer, fast ganz dichotom-gleichhoch verzweigt und dicht gebüschelt. Gabelzweige der Aestchen eingliedrig, gespreizt bis abstehend. Endzweige je ein langes dünnes, ungegliedertes, farbloses, leicht abfallendes Haar tragend. Glieder $1^1/_2$—3 mal länger als der Durchmesser. Cystocarpien gross, rundlich, paarig. Tetrasporangien zahlreich, einzeln an den Achseln der Gabelzweige sitzend. — Schmutzig dunkelroth oder bräunlich.

Ceramium granulatum Ducl. Ess. p. 72.

C. granulatum Ag. Spec. Alg. II. p. 177. — J. Ag. Spec. Alg. II. p. 61; III. p. 13.

Phlebothamnion granulatum Kütz. Spec. Alg. p. 658. — Id. Tab. phyc. XII. Tab. 11.

C. spongiosum Harv. Phyc. brit. pl. 125.

Phl. spongiosum Kütz. Spec. Alg. l. c. — Id. Tab. phyc. XII. Tab. 13.

Im adriatischen Meere.

XXVI. Gattung. **Pleonosporium** Näg.

Thallus aus einem zweizeilig verzweigten, unberindeten Gliederfaden bestehend. Cystocarpien an den Aesten terminal, rundlich, paarig, von mehreren Hüllästchen umgeben. Tetrasporangien an der inneren Seite der Aestchen sitzend, oval, in 8—24, strahlig um eine centrale Zelle gestellte Tetrasporen getheilt.

Fig. 32.

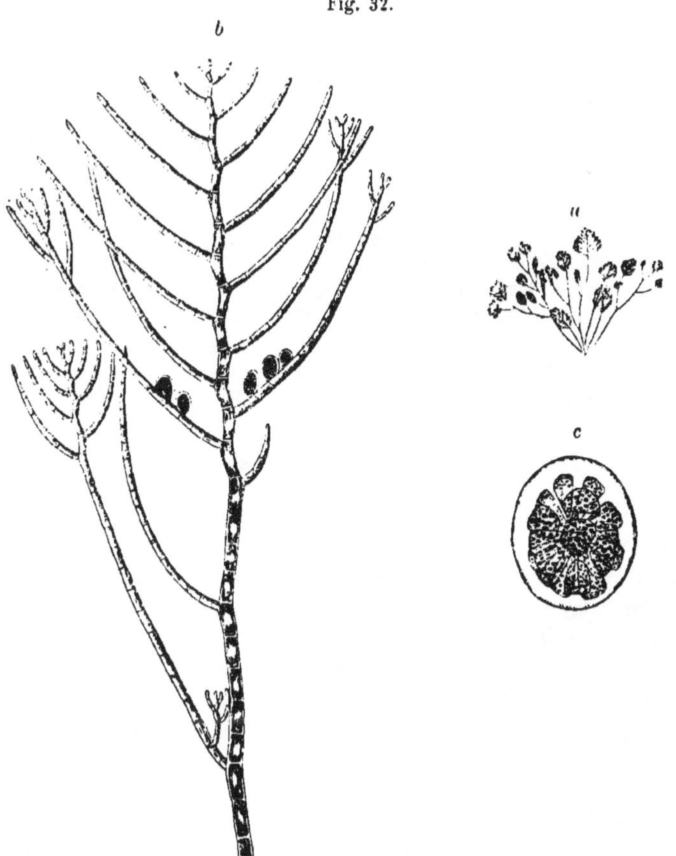

Pleonosporium Borreri *(Engl. Bot.) Näg.*
a Alge in natürlicher Grösse. *b* Zweig mit Tetrasporangien. Vergr. ca. 40. (Nach Kützing.) *c* ein Tetrasporangium. Vergr. 280. (Nach Nägeli.)

1. **Pl. Borreri** (Engl. Bot.) Näg. Fig. 32.

Thallus 2—6 cm hoch, mehrmal abwechselnd gefiedert. Stämmchen 100—160 μ, Aestchen letzter Ordnung 60—35 μ dick. Stämmchen an der Basis mit abstehenden Wurzelfäden und hin und wieder aus diesen entspringenden kurzen Aesten besetzt. Hauptäste etwas unregelmässig, fast allseitig entspringend. Aeste an der Basis ungefiedert, oberhalb mit aus allen Gliedern entspringenden, etwas verdünnten Fiederchen, dem Umfang nach länglich-eirund oder deltaförmig besetzt: die unteren Fiederchen verlängert, die oberen an ihrem oberen Theil wieder (und häufig fast gleich hoch) gefiedert. Verzweigungen abstehend. Mittelrippe der Fiedern an den Gelenken etwas hin- und hergebogen. Glieder 2—4 mal länger als der Durchmesser. Tetrasporangien am Grunde der Fiederchen gereiht. Antheridien cylindrische Körper bildend, ebenfalls am Grunde der Fiederchen gereiht. — Rosenroth.

Conferva Borreri Engl. Bot. Tab. 1741.
Pl. Borreri Näg. Ceram. p. 342.
Callithamnion Borreri Harv. Phyc. brit. pl. 159. — J. Ag. Spec. Alg. II. p. 49; III. p. 32. – Kütz. Spec. Alg. p. 643. — Id. Tab. phyc. XI. Tab. 71. Tab 72. fig. I., fig. II.?
C. seminudum Ag. Spec. Alg. II. p. 167.

Im adriatischen Meere.

XXVII. Gattung. **Griffithsia** Ag.

Thallus aus einem unberindeten, meist dichotomen Gliederfaden bestehend, welcher häufig an den obersten Gliedern je einen Wirtel haarförmiger, gegliederter, einfacher oder di-, tri- bis polychotom verzweigter, farbloser Aestchen trägt. Cystocarpien meist zu mehreren beisammen an der Spitze eines kurzen, seitlichen Fruchtästchens, oder am oberen Ende eines unbestimmten Fadengliedes entwickelt, von einem Wirtel klauenförmig eingekrümmter Hüllästchen umgeben. Tetrasporangien entweder einzeln an den haarförmigen Wirtelästchen, oder auf mikroskopischen, sehr kurzen, einfachen oder büschelig verzweigten Stielen, bald rings um das obere Ende eines unbestimmten Fadengliedes gehäuft entspringend und gemeinschaftlich von einem Wirtel eingekrümmter Hüllästchen umgeben, bald an der Innenseite klauenförmiger Hüllästchen, die wirtelig am oberen Ende kurzer, seitlicher Fruchtäste entspringen, kugelig, tetraëdrisch getheilt.

Orange- bis rosenrothe, meist Rasen bildende Algen.

1. **Gr. barbata** (Engl. Bot.) Ag. Fig. 33, *a*.

Bildet meist 1—6 cm, seltener bis 12 cm hohe Rasen. Fäden unterhalb 200—400 μ dick, oberhalb sehr verdünnt (an den Spitzen meist 50—30 μ dick), regelmässig vielfach dichotom und gleich hoch

Fig. 33.

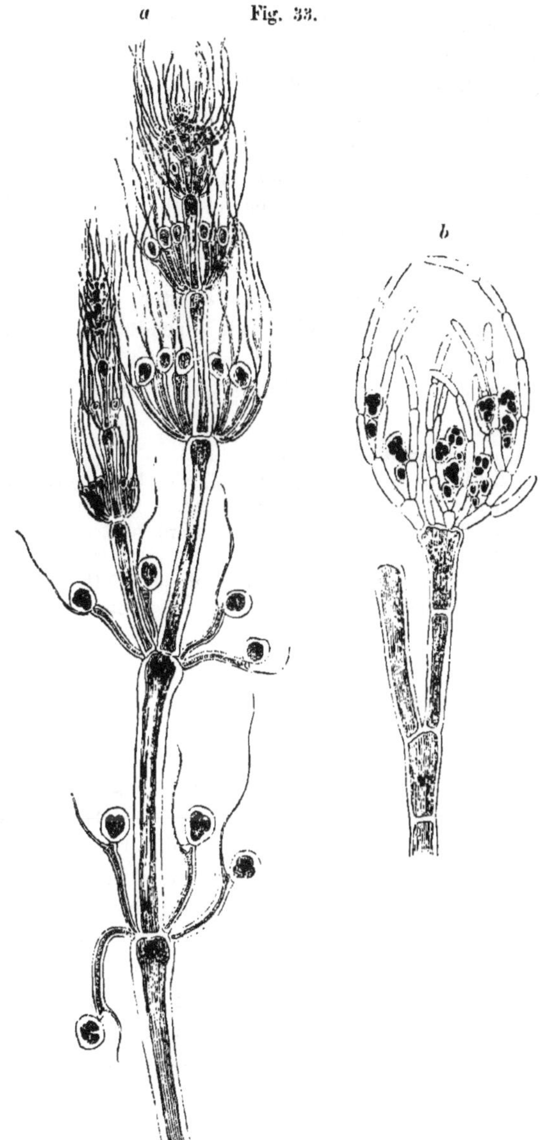

Griffithsia barbata (*Engl. Bot.*) *Ag.* *a* Zweig mit Tetrasporangien. Vergr. ca. 100.
Griffithsia setacea (*Ellis*) *Ag.* *b* Zweig mit Tetrasporangien. Vergr. ca. 100.
(Nach Kützing.)

verzweigt. Zweige aufrecht. Die obersten Glieder aller Zweigspitzen mit je einem (aus dem oberen Ende der Zelle entspringenden) Wirtel haarförmiger, einfacher oder di-trichotom verzweigter, farbloser Aestchen. Die unteren Glieder mehr als 2 mal, die oberen 6—8 mal länger als der Durchmesser, die obersten etwas keulenförmig, die übrigen cylindrisch. Cystocarpien terminal an eingliedrigen, birnförmigen, seitlichen Fruchtästchen, innerhalb eines 6 oder mehr zähligen, am oberen Ende derselben entspringenden Wirtels 1—3 gliedriger eingekrümmter Hüllästchen. Tetrasporangien einzeln am oberen Ende des ersten (seltener des zweiten) mehr entwickelten Gliedes der haarförmigen Wirtelästchen sitzend, die gewöhnlich zu 6—8 aus einem Fadengliede entspringen und nicht verzweigt, wie die sterilen, sondern sämmtlich einfach (selten an der Spitze gabelig) sind.

Conferva barbata Engl. Bot. Tab. 1814.
Gr. barbata Ag. Spec. Alg. II. p. 132. — J. Ag. Spec. Alg. II. p. 80; III. p. 64. — Harv. Phyc. brit. pl. 281. — Kütz. Spec. Alg. p. 660. — Id. Tab. phyc. XII. Tab. 24. — Zanard. Icon. phyc. adr. II. p. 39. Tav. 50.
Stephanocomium adriaticum Kütz. Tab. phyc. XII. p. 5. Tab. 16.
Gr. pogonoides Menegh Giorn. bot. 1844. p. 290.

Im adriatischen Meere.

2. **Gr. tenuis** Ag.

Rasen bis 5 cm hoch. Fäden 120—200 μ dick, an den Spitzen verdünnt, etwas kriechend und verworren, unregelmässig dichotom verzweigt und mit längeren und kürzeren allseitig, stellenweise einseitig entspringenden Aesten besetzt. Zweige abstehend. Die obersten Glieder aller Zweigspitzen mit je einem (aus dem oberen Ende der Zelle entspringenden) Wirtel haarförmiger, di-trichotom oder doldig verzweigter farbloser Aestchen. Glieder cylindrisch, 4—6 mal länger als der Durchmesser. Fäden unterhalb hin und wieder mit eingliedrigen Wurzelfäden. Tetrasporangien einzeln auf der Spitze eingliedriger haarförmiger Wirtelästchen, welche die Stelle steriler, verzweigter vertreten und mit diesen untermischt vorkommen.

Gr. tenuis Ag. Spec. Alg. II. p. 13. — J. Ag. Spec. Alg. II. p. 84; III. p. 70. — Kütz. Spec. Alg. p. 661. — Id. Tab. phyc. XII. Tab. 31 (wenig characteristisch).
Anotrichium (Coryphosporium) tenue Näg. Ceram. p. 399.

Im adriatischen Meere.

3. **Gr. Schousboei** Mont.

Bildet 2—6 cm hohe Rasen. Fäden 600 μ bis 1 mm dick, durchaus ziemlich gleich dick und nur in den letzten Verzweigungen verdünnt, regelmässig dichotom und gleich hoch verzweigt. Verzweigungen dicht, (aus jedem, bis jedem 2.–3. Gliede entspringend) aufrecht. Glieder 2—4 mal länger als der Durchmesser, die unteren cylindrisch, die oberen oval, die zweigtragenden fast keulenförmig. Die obersten Glieder aller Zweigspitzen mit je einem Wirtel, äusserst zarter, haarförmiger, zwei- bis dreimal doldig verzweigter, abfallender Aestchen besetzt. Cystocarpien an unbestimmten Stellen der Fäden entspringend, am oberen Ende eines Gliedes sitzend, häufig zu dreien vereinigt und gemeinschaftlich von wenigen sehr kurzen, einfachen, ein- oder zweigliedrigen Hüllästchen umgeben. Tetrasporangien ebenfalls an unbestimmten Stellen der Fäden, rings um das obere Ende eines Fadengliedes an mikroskopischen, sehr kurzen, verzweigten Stielen in dichten Büscheln entspringend, die zusammen einen ringförmigen Wulst um das Gelenk bilden, der rings von einem Wirtel kurzer, einfacher, eingliedriger (mit dem kurzen Basalgliede zweigliedriger) Hüllästchen umgeben ist. Antheridien an analoger Stelle wie die Tetrasporangien, in dichten Büscheln rings um das obere Ende eines Gliedes entspringend und von einem Wirtel kurzer Hüllästen umgeben.

Ist von Gr. corallina (Lightf.) Ag. kaum specifisch verschieden.

Gr. Schousboei Mont. in Pl. Webb. Ot. Hisp. p. 11. — J. Ag. Spec. Alg. II. p. 78; III. p. 66. — Kütz. Spec. Alg. p. 661. — Id. Tab. phyc. XII. Tab. 27. — Zanard. Icon. phyc. adr. I. p. 83. Tav. 20. A.

Im adriatischen Meere.

4. **Gr. phyllamphora** J. Ag.

Bildet 2—3 cm hohe, verworrene Räschen. Fäden 160—300 μ dick, in den letzten Verzweigungen oft bis zu 120 μ verdünnt, unregelmässig seitlich und locker verzweigt; Aeste hin und wieder mit kurzen, abstehenden, grösstentheils einseitig entspringenden Aestchen besetzt. Glieder 4—10 mal länger als der Durchmesser, die unteren fast cylindrisch, die oberen — namentlich die zweigtragenden — keulenförmig. Fäden stellenweise mit dünnen, ungegliederten, abstehenden Wurzelfäden. Tetrasporangien rings um das obere Ende einzelner, unter den Zweigspitzen befindlicher, birnförmig angeschwollener Glieder (häufig aus dem vorletzten oder bis viertletzten Gliede) gehäuft entspringend und gemeinschaftlich von einem — ungefähr 20 zähligen — Wirtel kurzer, einzelliger Hüllästchen umgeben.

Gr. phyllamphora J. Ag. Alg. med. p. 77. Spec. Alg. II. p. 81; III. p. 67. (non Kütz. Tab. phyc. XII. Tab. 29.)
Ascocladium neapolitanum Näg. Ceram. p. 393.

Im adriatischen Meere.

5. **Gr. setacea** (Ellis) Ag. Fig. 33 b.

Bildet dichte, 5—15 cm hohe Rasen. Fäden meistens 250 400 μ dick, gegen die Spitze allmälig bis zu ca. 200 μ verdünnt, regelmässig di-trichotom, gleich hoch verzweigt. Zweige ruthenförmig verlängert, aufrecht. Glieder cylindrisch, 4—8 mal länger als der Durchmesser. Fortpflanzungsorgane an besonderen, zerstreut oder opponirt entspringenden, meist 2—6 gliedrigen Fruchtästchen, die an ihrem vorletzten oder den zwei, drei obersten Gliedern je einen Wirtel einfacher oder gabeliger, ein- oder weniggliedriger Hüllästchen tragen, welche klauenförmig die Fortpflanzungsorgane einschliessen. Cystocarpien an der Spitze der Fruchtästchen entwickelt, zu 3 oder 4 beisammen, gemeinschaftlich von den Hüllästchen eingeschlossen, die an den 2—3 vorhergehenden Gliedern entspringen, und von welchen die äusseren verlängert, gabelig, die inneren einfach sind. Antheridien pyramidal-straussförmige, von einer gegliederten Achse durchzogene Körper bildend, einzeln in den Achseln der einmal gabeligen Hüllästchen, welche aus dem vorletzten (seltener auch noch aus dem zweit- und drittletzten) Gliede der Fruchtästchen entspringen. Tetrasporangien auf sehr kurzen, mikroskopischen, einfachen oder verzweigten Stielen innenseitig an den Achseln oder den Gelenken ein- oder zweimal gabeliger Hüllästchen, die aus dem vorletzten oder auch aus dem zweit- und drittletzten Gliede der Fruchtästchen entspringen. (Scheitelzelle hier, so wie bei den Antheridien-tragenden Fruchtästchen sehr verkürzt, schwer erkennbar.)

Conferva setacea Ellis, Phil. Tr. p. 57. Tab. 18. fig. c.
Gr. setacea Ag. Syn. p. XXVIII. — J. Ag. Spec. Alg. II. p. 85; III. p. 69. — Harv. Phyc. brit. pl. 184. — Kütz. Spec. Alg. p. 660. — Id. Tab. phyc. XII. Tab. 20. — Thur. et. Born. Etud. phyc. p. 71. pl. 36. — Näg. Ceram. p. 392.
Gr. sphaerica Schousb. — Kütz. Spec. Alg. p. 660. — Id. Tab. phyc. XII. Tab. 26.

In der Nordsee (Norderney).

b. irregularis.

Rasen 2—5 cm hoch. Fäden meist 250—350 μ dick, mehr weniger regelmässig dichotom, bisweilen oberhalb etwas einseitig verzweigt. Zweige mehr abstehend. Glieder meist 4—5 mal länger als der Durchmesser.

Gr. irregularis Kütz. Spec. Alg. p. 660. — Id. Tab. phyc. XII. Tab. 25.

Im adriatischen Meere.

6. **Gr. opuntioides** J. Ag.

Rasen 4—6 cm hoch. Fäden meist 350—550 μ dick, an den Spitzen verdünnt, regelmässig dichotom und gleich hoch verzweigt. Zweige aufrecht. Glieder 4—6 mal länger als der Durchmesser, länglich bis birnförmig, die unteren cylindrisch. Fortpflanzungsorgane auf kurzen, eingliedrigen, birnförmig angeschwollenen, seitlichen Fruchtästchen, innerhalb eines wenigzähligen, am oberen Ende derselben entspringenden Wirtels kurzer, eingliedriger, eingekrümmter Hüllästchen.

Gr. opuntioides J. Ag. Alg. med. p. 76. — Id. Spec. Alg. II. p. 83; III. p. 68 — Zanard. Icon. phyc. adr. II. p. 97, Tav. 64, B. (non Kütz. Tab. phyc. XII. Tab. 27.)
Gr. neapolitana Kütz. Tab. phyc. XII. p. 9, Tab. 28.
Gr. dalmatica Kütz. l. c.

Im adriatischen Meere.

XXVIII. Gattung **Ptilota** Ag.

Thallus flach- oder zusammengedrückt-zweischneidig wiederholt zweizeilig verzweigt (Zweige kammartig gefiedert), knorpelig, aus einer monosiphon gegliederten Achse bestehend, die entweder ganz oder mit Ausnahme der letzten Verzweigungen von einer allmälig dicker werdenden zelligen Schichte umgeben ist, die innen aus grösseren rundlichen, aussen aus kleinen Zellen zusammengesetzt ist. Cystocarpien an den Aesten terminal, meistens von Hüllästchen umgeben. Tetrasporangien äusserlich, terminal, an den Aestchen letzter Ordnung oder an sehr kurzen, aus denselben entspringenden monosiphon gegliederten Stielen, kugelig, tetraëdrisch getheilt, bisweilen auch vieltheilig.

Fig. 34.

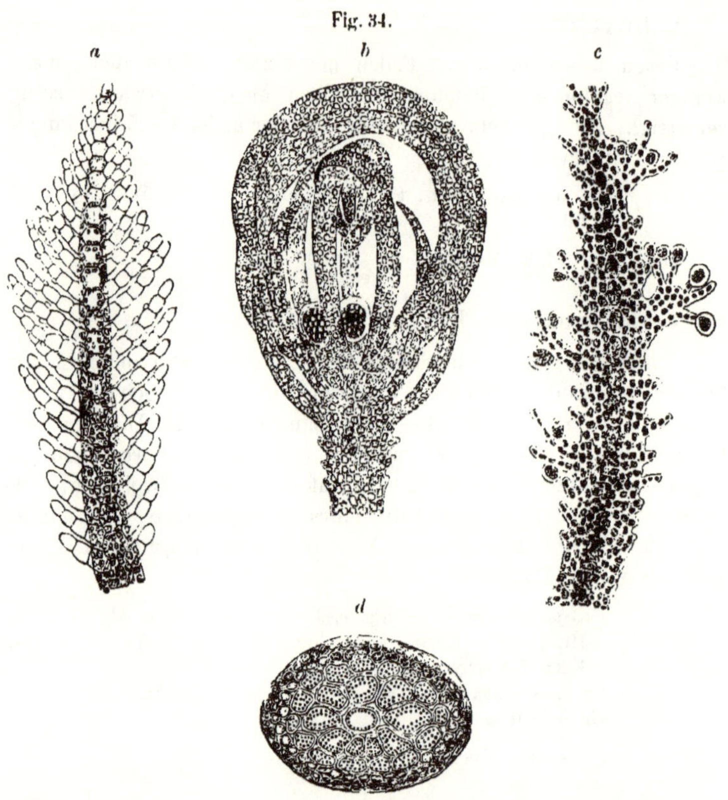

Ptilota elegans *Bonnem.* *a* Eine Fieder letzter Ordnung. Vergr. ca. 100. **Ptilota plumosa** *(L.) Ag.* *b* Spitze eines Aestchens mit Cystocarpien innerhalb der Hüllästchen. Vergr. ca. 100. *c* Eine Fieder letzter Ordnung mit Tetrasporangien. Vergr. ca. 100. *d* Querschnitt durch den unteren Theil des Stämmchens. Vergr. ca. 100. (Nach Kützing.)

1. **Pt. elegans** Bonnem. Fig. 34 *a*.

Thallus 5—15 cm hoch, flach-zweischneidig, unterhalb zusammengedrückt-zweischneidig, mit Ausnahme der Fiedern letzter Ordnung zellig-berindet. Stämmchen im Alter durch allseitig entspringende Aestchen etwas rauhhaarig, 0·5—1 mm dick, gegen die Spitze allmälig sehr verdünnt, mehrmal abwechselnd fiederästig. Aeste in kurzen, gleichen Abständen (die je einem Gliede der Thallusachse entsprechen) mit grösseren und kleineren opponirten

Fiedern besetzt, die höchstens an der Basis der Mittelrippe berindet sind. Fiedern abstehend, nicht selten grössere mit kleineren (die bisweilen auf ein Fiederchen reducirt sind) in der Reihe abwechselnd, oder grösere kleineren opponirt. Fiederchen an allen Gliedern der Mittelrippe, einfach, abstehend, 20—30 μ dick, meist aus 3—14 Gliedern bestehend, bisweilen in langgliedrige Fäden auswachsend. Glieder so lang als der Durchmesser. Cystocarpien paarig an der Spitze der Fiedern, frei oder von den nächsten etwas eingekrümmten Fiederchen umgeben. Tetrasporangien einzeln auf der Spitze der Fiederchen, vier oder mehr Tetrasporen enthaltend. — Dunkelroth.

Pt. elegans Bonnem. Hydr. loc. p. 22. — J. Ag. Spec. Alg. II. p. 94: III. p. 94. — Kütz. Spec. Alg. p. 670. — Id. Tab. phyc. XII. Tab. 56.

Pt. sericea Harv. Phyc. brit. pl. 191.

In der Nordsee (Helgoland).

2. **Pt. plumosa** (L.) Ag. Fig. 33. *b—d.*

Thallus 10—20 cm hoch, flach-zweischneidig, wiederholt opponirt gefiedert, durchaus berindet. Stämmchen (an der Basis fast stielrund) 0·5—1 mm dick, gegen die Spitze verdünnt. Aeste abstehend, in kurzen, gleichen Abständen (die je einem Gliede der Thallusachse entsprechen) mit kleineren und grösseren (1—6 mm langen) Fiedern besetzt. Fiedern abstehend, häufig etwas eingekrümmt, alle einander ähnlich, meist regelmässig grössere mit kleineren (oft sehr verkümmerten) der Reihe nach und auch gegenüber abwechselnd. Mittelrippe der Fiedern letzter Ordnung 120—240 μ breit, zugespitzt. Fiederchen in Abständen, die den Achsengliedern der Mittelrippe entsprechen, entspringend, abnehmend, einfach, an ihrer Basis 30—80 μ breit, zugespitzt, bald länger, bald kürzer, bisweilen von der Form spitzer Sägezähne. Die innenseitigen Fiederchen sowie die kleinen Fiedern, welche den grösseren gegenüber stehen, vornehmlich fruktificirend. Cystocarpien an den Fiederchen terminal, von 5—7 einfachen (zelligen), klauenförmig zusammenschliessenden Hüllästchen umgeben. Tetrasporangien auf sehr kurzen Stielen, die am Rande der Fiederchen entspringen. — Dunkelroth.

Fucus plumosus L. Mant. p. 134.

Pt. plumosa Ag. Spec. Alg. I. p. 385 (excl. var γ). — J. Ag. Spec. Alg. II. p. 96; III. p. 75. — Harv. phyc. brit. pl. 80. — Kütz. Spec. Alg. p. 669. — Id. Tab. phyc. XII. Tab. 54.

In der Nordsee (Helgoland).

XXIX. Gattung. **Crouania** J. Ag.

Thallus fadenförmig, allseitig verzweigt, gallertartig, aus einem unberindeten (seltener berindeten), verzweigten Gliederfaden bestehend, dessen sämmtliche Glieder je einen Wirtel kurzer, di-polychotomer, büscheliger Aestchen tragen, welche einander sehr genähert, die Fadenachse ganz bedecken, bisweilen aber auch etwas weiter auseinander rückend, dem Thallus ein knotiges Ansehen geben. Cystocarpien rundlich, meist paarig, an der Basis der Wirtelästchen entwickelt und zwischen diesen verborgen. Tetrasporangien vereinzelt an den unteren Gliedern der Wirtelästchen sitzend, kugelig-oval, tetraëdrisch getheilt oder zweitheilig.

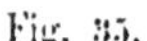

Fig. 35.

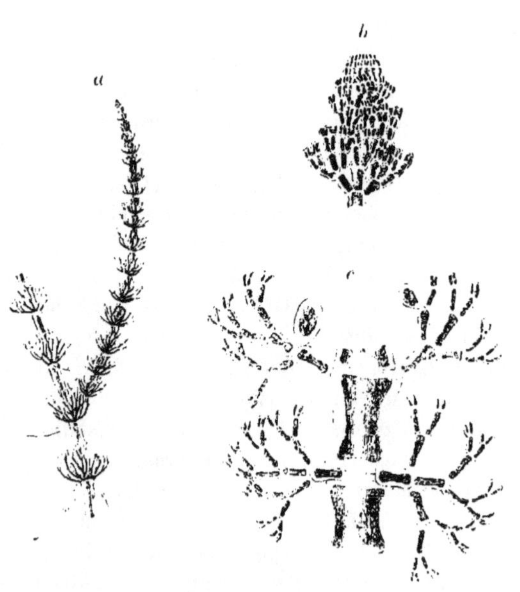

Crouania attenuata (*Bonnem.*) *J. Ag.*
a Zweig einer lockeren Form. Vergr. ca. 40. *b* Zweigspitze einer gedrängteren Form. Vergr. ca. 100. *c* Zweigstück derselben Form mit Tetrasporangien. Vergr. ca. 100. (Nach Kützing.)

1. **Cr. attenuata** (Bonnem.) J. Ag. Fig. 35.

Thallus 1—6 cm hoch, 250—600 μ dick, an den Spitzen bis zu 150—120 μ verdünnt, allseitig abwechselnd, bisweilen fast dichotom, etwas pyramidal verzweigt. Fadenachse nackt oder unterhalb mit wenigen Fasern überwachsen. Wirtelästchen dreizählig, 100—200 μ lang, an jedem Gliede (zuerst polychotom, nachher gabelig) verzweigt; Endzellen haarförmig verlängert, abfallend. Glieder sowohl der Fadenachse als der Wirtelästchen $1^1/_2$—$2^1/_2$ mal länger als der Durchmesser. Tetrasporangien tetraëdrisch getheilt. Schmutzig braunroth, schlüpfrig.

Batrachospermum attenuatum Bonnem. mspt.
Cr. attenuata J. Ag. Alg. med. p. 83. — Id. Spec. Alg. II. p. 105; III. p. 84. — Harv. phyc. brit. pl. 106.
Callithamnion Batrachospermum Kütz. Tab. phyc. XI. p. 28. Tab. 89.
C. condensatum Kütz. l. c.
C. nodulosum Kütz. Spec. Alg. p. 651. — Id. Tab. phyc. Tab. 90.

F. bispora.

Tetrasporangien zweitheilig.

Cr. bispora Crouan, in Ann. sc. nat. 1848. 10. p. 374. Pl. 12. fig. 21—23. — Id. Flor. Finist. Pl. 12. fig. 85. — J. Ag. Spec. Alg. II. p. 106; III. p. 84.
Bisporium Crouani Näg. Ceram. p. 385.

Beide Formen im adriatischen Meere.

XXX. Gattung. Dudresnaya Bonnem.

Thallus stielrund, allseitig verzweigt, gallertartig-schlüpfrig, aus einer Achse und einer peripherischen Schichte zusammengesetzt. Die Achse besteht anfänglich aus einem unberindeten Gliederfaden, aus deren Gliedern di-trichotome, monosiphon gegliederte Aestchen wirtelig entspringen, welche unter sich frei, durch Gallerte zu einer ununterbrochenen, peripherischen Schichte verbunden sind; später wird die allmälig dicker werdende Fadenachse mit (aus den Basalgliedern der Wirtelästchen entspringenden) herablaufenden Fäden immer mehr und mehr überwachsen, die von aussen nach innen an Dicke zunehmen, und aus deren äussersten dann die Wirtelästchen ohne Ordnung und sehr dicht entspringen. Cystocarpien an sehr kurzen, gekrümmten, kurzgliedrigen, perlschnurförmigen Fäden (Procarpien) entwickelt, welche an der Basis der Wirtelästchen entspringen, rundlich, undeutlich gelappt. Tetrasporangien an den Zweigen der Wirtelästchen seitlich oder terminal, länglich-oval, zonenförmig getheilt. Antheridien auf den fast dichotom-verzweigten Spitzen einzelner Zweige der Wirtelästchen.

Fig. 36.

Dudresnaya coccinea (*Ag.*) *Crouan.*
a Stück eines jungen Zweiges. Vergr. ca. 100. *b* Stück eines älteren Theiles mit zwei Cystocarpien. Vergr. ca. 100. (Nach Kützing.) *c* Zweig eines Wirtelästchens mit Antheridien an den Spitzen. Vergr. 400. *d* Ein Cystocarp. Vergr. 250. (Nach Bornet.)

1. **D. coccinea** (Ag.) Crouan. Fig. 36.

Thallus 5—15 cm hoch, ca. 1 mm dick, unterhalb etwas dicker. Aestchen letzter Ordnung ca. 0·5 mm dick, pyramidal-rispenartig reich verzweigt. Enden nicht zugespitzt. Wirtelästchen zuerst trichotom, dann dichotom verzweigt, deren Zweige 6—3 μ dick, deren Glieder cylindrisch, 4—6 mal länger als der Durchmesser. Glieder der Achse 3—4 mal länger als dick. Monöcisch. — Rosenroth.

Mesogloia coccinea Ag. Syst. Alg. p. 51.

D. coccinea Crouan in Ann. sc. nat. 1835. Pl. 2. fig. 3—4. — J. Ag. Spec. Alg. II. p. 168; III. p. 249. — Harv. Phyc. brit. pl. 244. — Born. et Thur. Not. algol. p. 35, Pl. 11.

Nemalion coccineum Kütz. Spec. Alg. p. 713. — Id. Tab. phyc. XVI. Tab. 64.

D. verticillata (Wither.) Le Jol. Alg. mar. Cherb. p. 117.

Im adriatischen Meere.

2. **D. purpurifera** J. Ag.

Thallus 5—12 cm hoch, unterhalb meist 2—5 mm. Aestchen letzter Ordnung ca. 0·5 mm dick, pyramidal-rispenartig reich verzweigt. Aeste häufig mit kurzen, zarten Aestchen besetzt. Enden zugespitzt. Wirtelästchen dichotom verzweigt, deren Zweige 6—4 μ dick, deren Glieder oval, 2—1½ mal länger als der Durchmesser, die obersten bisweilen fast kugelig. Glieder der Achse 1½—2½ mal länger als der Durchmesser. Monöcisch. — Rosen- bis karminroth.

D. purpurifera J. Ag. Alg. med. p. 85. — Id. Spec. Alg. II. p. 108; III. p. 249. — Zanard. Icon. phyc. adr. II. p. 21. Tav. 46.

Nemalion purpuriferum Kütz. Spec. Alg. p. 713. — Id. Tab. phyc. XVI. Tab. 61.

Im adriatischen Meere.

3. **D. dalmatica** (Kütz.) Zanard.

Thallus 2—4 cm hoch, unterhalb ca. 1 mm, die Aestchen letzter Ordnung ca. 0·5 mm dick, wiederholt allseitig abwechselnd verzweigt. Aeste fast ruthenförmig verlängert, bisweilen hin und wieder mit kurzen, zarten Aestchen besetzt. Enden zugespitzt. Wirtelästchen sehr dicht, dichotom verzweigt, deren Zweige 4—3 μ dick; die unteren Glieder derselben länglich-oval, 2—1½ mal länger als der Durchmesser, die oberen eben so lang als dick und fast kugelig. Glieder der Achse 4—5 mal länger als der Durchmesser. — Purpurroth. Knorpelig-gallertartig.

Steht der D. purpurifera sehr nahe, hauptsächlich nur durch die compactere peripherische Schichte und die mehr knorpelige Substanz verschieden.

Nemalion lubricum β. N. dalmaticum Kütz. Spec. Alg. p. 713.
D. dalmatica Zanard. Icon. phyc. adr. II. p. 25. Tav. 17.

Im adriatischen Meere (Capocesto).

XXXI. Gattung. **Gloeosiphonia** Carm.

Thallus fadenförmig, solid, später röhrig, allseitig verzweigt, gallertartig, aus einer Mark- und Rindenschichte zusammengesetzt. Die Markschichte besteht ursprünglich nur aus einer gegliederten Fadenachse, welche bald von zahlreichen herablaufenden, verzweigten Fäden umgeben wird, in den älteren Partien aber schwindet, wodurch der Thallus röhrig erscheint. Die Rindenschichte besteht aus monosiphon gegliederten, perlschnurförmigen, dichotomen Fäden, welche anfänglich wirtelig aus der Mitte der Achsenglieder, später aus den äusseren Markfäden senkrecht zur Oberfläche entspringen und deren Endglieder durch Gallerte zur ununterbrochenen Rindenschichte leicht trennbar vereinigt sind. Cystocarpien jüngeren Theilen des Thallus eingesenkt, leichte Anschwellungen bildend, an der Basilarzelle der peripherischen Fäden entwickelt, einfach, rundlich. Tetrasporangien aus den Endgliedern der peripherischen Fäden entwickelt, oval, kreuzförmig (meist jedoch unregelmässig) getheilt. Antheridien auf der Oberfläche des Thallus kleine zerstreute, weissliche Flecken bildend, durch Umwandlung der äussersten Zellen der Rindenschichte entstehend.

1. **Gl. capillaris** (Huds.) Carm. Fig. 37.

Thallus 5—12 cm hoch. Stämmchen meist zu mehreren aus einer gemeinschaftlichen Wurzelschwiele entspringend, 1—2 mm dick, an der Basis und allmälig gegen die Spitze verdünnt, durchlaufend, der Länge nach (mit Ausnahme der Basis) allseitig mit gleichgestalteten dünneren Aesten, diese wieder mit mehr weniger zahlreichen, 2—5 mm langen und 120—280 μ dicken, häufig gewundenen, beiderends verdünnten, ohne Ordnung entspringenden Aestchen besetzt. Die Cystocarpien-tragenden Aestchen etwas knotig. Tetrasporangien in den Aestchen dicht verzweigter Individuen. Monöcisch. — Rosen- bis purpurroth.

Fucus capillaris Huds. Fl. Angl. p. 591.
Gl. capillaris Carm. in Berk. Glean. p. 45, Tab. 17. fig. 3. — J. Ag. Spec. Alg. II. p. 161; III. p. 116 — Harv. Phyc. brit. pl. 57. — Kütz. Spec. Alg. p. 714. — Id. Tab. phyc. XVI. Tab. 67. — Born. et Thur. Not. algol. p. 41. Pl. 13.

In der Nordsee (Helgoland).

Fig. 37.

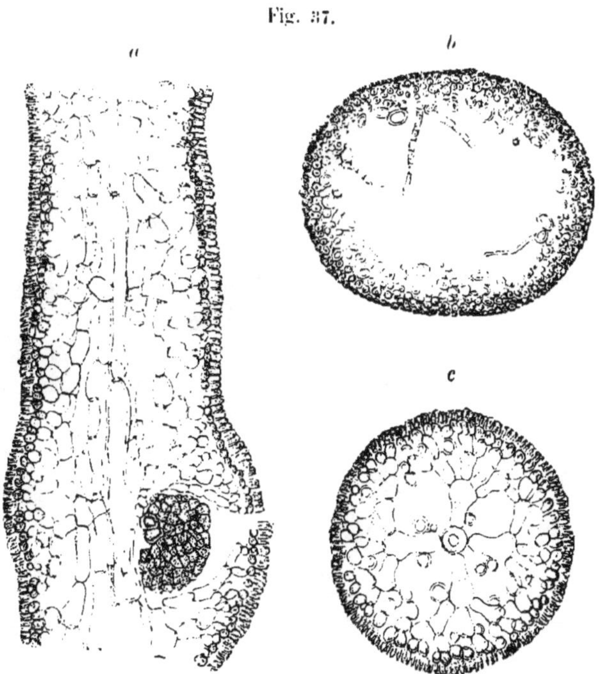

Gloeosiphonia capillaris *(Huds.) Carm.*
a Stück eines medianen Längsschnittes durch einen Ast des Thallus und ein Cystocarp. *b* Querschnitt durch den unteren Theil des Thallus. *c* Querschnitt durch den oberen Theil des Thallus. Vergr. aller Figuren 160. (Nach Bornet.)

XXXII. Gattung. **Ceramium** Lyngb.

Thallus fadenförmig, dichotom oder seitlich verzweigt, aus einem von grossen, meist farblosen Zellen gebildeten Gliederfaden bestehend, welcher entweder ganz oder nur gürtelförmig an den Gelenken mit einer aus kleinen gefärbten Zellen bestehenden Rindenschichte bedeckt ist. Cystocarpien meist an jüngeren Zweigen sitzend, von Hüllästchen umgeben. Tetrasporangien aus den Rindenzellen entwickelt, mehr weniger hervorbrechend, kugelig, tetraëdrisch getheilt. Bei einigen Arten Sporenhaufen, die den Cystocarpien ähnlich, jedoch nie von Hüllästchen umgeben sind. Antheridien in dichten Gruppen an den berindeten Theilen jüngerer Zweige.

Rasen bildende, meist bräunlich-rothe Algen.

Fig. 38.

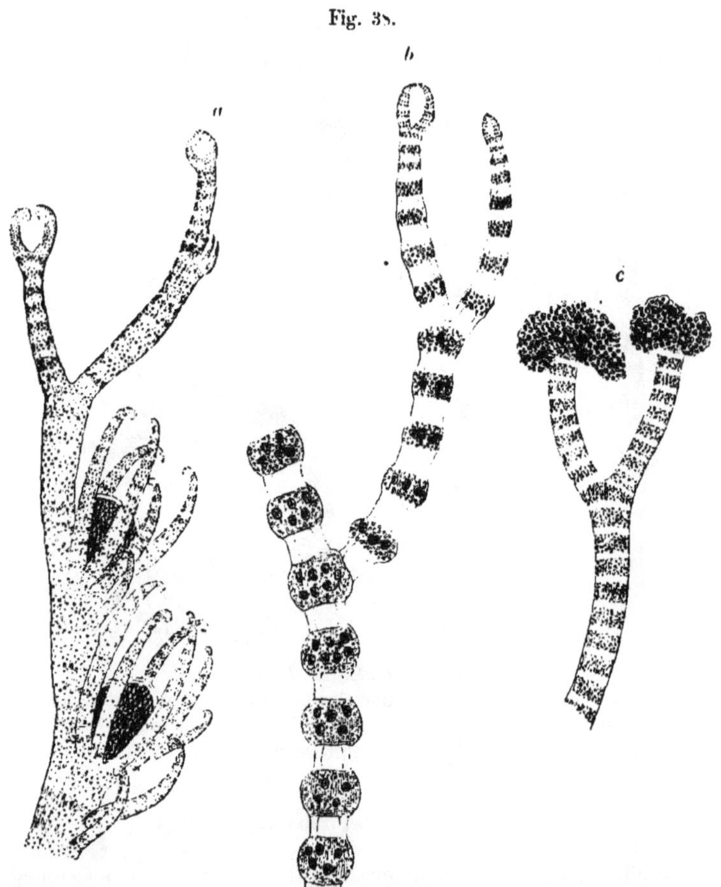

a Zweig von **Ceramium rubrum** *(Huds.) Ag.* mit Cystocarpien. *b* Zweig von **Ceramium strictum** *Grev. et Harv.* mit Tetrasporangien. *c* Zweig derselben Alge mit Sporenhaufen auf den Spitzen. Vergr. aller Figuren ca. 10. (Nach Kützing.)

A. Rindenzellen nicht in Längs- und Querreihen geordnet (***Ceramium***).

I. Fäden nur an den Gelenken gürtelförmig mit einer Rindenschichte bedeckt; ohne Stacheln an den Gelenken. 1.—7.

II. Fäden ganz oder doch unterhalb mit einer ununterbrochenen Rindenschichte bedeckt; ohne Stacheln an den Gelenken . . . . 8.

III. Fäden nur an den Gelenken gürtelförmig oder ganz mit einer Rindenschichte bedeckt; mit gegliederten oder ungegliederten Stacheln an den Gelenken . 9.—10.

B. Rindenzellen in Längs- und Querreihen geordnet (***Centroceras***).

Durchaus berindet; Gelenke mit oder ohne Stacheln . 11.—12.

A. Rindenzellen nicht in Längs- und Querreihen geordnet (***Ceramium***).

I. Fäden nur an den Gelenken gürtelförmig mit einer Rindenschichte bedeckt; ohne Stacheln an den Gelenken.

1. C. tenuissimum (Lyngb.) J. Ag.

Rasen oft nur 1—2, mitunter jedoch bis 8 cm hoch. Fäden meist 80—200 μ dick, regelmässig dichotom und gleich hoch verzweigt, mehr weniger mit seitlichen, kurzen, weit abstehenden Adventiv-Aestchen besetzt. Zweige abstehend bis fast gespreizt. Endästchen gabelig, schwach eingebogen. Die unteren Glieder 4—6 mal länger, die oberen allmälig kürzer als der Durchmesser. Interstitien durchsichtig. Rindengürtel etwas angeschwollen. Cystocarpien unter den Spitzen der Endästchen, von 2—3 kurzen Hüllästchen umgeben. Tetrasporangien an der Aussenseite der Aestchen, in mehreren aufeinander folgenden Rindengürteln eine Längsreihe bildend, einzeln oder zu mehreren aus je einem Gürtel knotig hervorbrechend, jedoch theilweise von den Rindenzellen umgeben bleibend.

Kommt auch in kaum 1—5 mm hohen und sehr zarten, fructificirenden Generationsformen (?) vereinzelt oder zu Räschen vereinigt, epiphytisch auf verschiedenen Algen vor.

C. diaphanum var. tenuissimum Lyngb. Hydr. Dan. p. 120. Tab. 37. B. fig. 4.
C. tenuissimum J. Ag. Spec. Alg. II. p. 120; III. p. 94.
C. nodosum Harv. Phyc. brit. pl. 40.
Gongroceras nodiferum Kütz. Spec. Alg. p. 678. — Id. Tab. phyc. XII. Tab. 79 und 100.
G. pellucidum Kütz. Spec. Alg. p. 678. — Id. Tab. phyc. Tab. 78.
C. gibbosum Menegh. Giorn. bot. 1844 p. 183.
C. Orsinianum Menegh. l. c.
C. erumpens Menegh. l. c. p. 182.

Im adriatischen Meere, gewöhnlich an grösseren Algen.

β. **arachnoideum.**

Fäden oberhalb deutlich verdünnt. Zweige aufrecht-abstehend. Tetrasporangien ohne Ordnung, einzeln oder zu mehreren aus den Rindengürteln hervorbrechend, häufig zusammenfliessend, cystocarpienähnliche, von einer farblosen Hülle eingeschlossene Sporenhaufen bildend, die einzeln, zu zweien oder dreien an einem Gürtel sitzen.

C. diaphanum var. arachnoidea Ag. Syst. p. 131.
C. arachnoideum J. Ag. Spec. Alg. II. p. 117.
C. tenuissimum Var. arachnoideum J. Ag. Spec. Alg. III. p. 94.
C. tenuissimum Aresch. Phyc. scand. p. 100, Tab. IV. D.
Gongroceras tenuissimum Kütz. Spec. Alg. p. 680 — Id. Tab. phyc. XII. Tab. 82.
G. tenuicorne Kütz. l. c.

In der Ostsee.

2. C. **fastigiatum** Harv.

Rasen 4—8 cm hoch. Fäden 80—200 μ dick, regelmässig dichotom und gleich hoch verzweigt. Zweige aufrecht-abstehend. Endästchen gabelig, schwach eingekrümmt. Glieder (mit Ausnahme der obersten) 3—5 mal, die unteren oft bis 6—7 mal länger als der Durchmesser. Interstitien der oberen Aeste meist rosenroth gefärbt. Rindengürtel schmäler bis halb so breit als der Durchmesser. Cystocarpien klein, öfters zu zweien oder dreien an den Aesten sitzend und von 2—4 kurzen Hüllästchen umgeben. Tetrasporangien manchmal einzeln, meist aber zu 4—6 rings aus den Rindengürteln frei hervorbrechend. — Rosenroth.

C. fastigiatum Harv. in Hook. Journ. Bot. p. 303. — Id. Phyc. brit pl. 255. — J. Ag. Spec. Alg. II. p. 119; III. p. 96.
Gongroceras fastigiatum Kütz. Spec. Alg. p. 678 — Id. Tab. phyc. XII. Tab. 79.

Im adriatischen Meere.

3. C. **Deslongchampii** Chauv.

Rasen bis 6 cm hoch. Fäden gewöhnlich 150—200 μ dick, gegen die Spitzen verdünnt, unregelmässig dichotom verzweigt. Zweige aufrecht-abstehend, mehr oder weniger mit seitlichen pfriemigen Adventiv-Aestchen besetzt. Endästchen fast gerade, pfriemig, nicht gabelig. Die unteren Glieder 3—4 mal länger, die oberen kürzer als der Durchmesser. Rindengürtel purpurroth; Interstitien schmutzig-gelb. Tetrasporangien wirtelig oder zerstreut aus den

Rindengürteln hervorbrechend, oft an einer Seite gehäuft, zusammenfliessend, cystocarpienähnliche, unregelmässig gelappte Sporenhaufen bildend.

C. Deslongchampii Chauv. Alg. Norm. N. 83. — Harv. Phyc. brit. pl. 219. — J. Ag. Spec. Alg. II. p. 122; III. p. 97.
Gongroceras Deslongchampii Kütz. Spec. Alg. p. 677. — Id. Tab. phyc. XII. Tab. 77.
G. Agardhianum Kütz. Tab. phyc. l. c.
G. strictum Kütz. Tab. phyc. XII. Tab. 78.

In der Nordsee (Helgoland).

4. **C. radiculosum** Grun.

Rasen braunroth, 4—6 cm hoch. Fäden unterhalb 160—300 μ dick, gegen die Spitzen bis zu 100—60 μ verdünnt, regelmässig dichotom und gleich hoch verzweigt. Zweige aufrecht-abstehend, hin und wieder mit seitlichen sehr zarten, pfriemigen Adventiv-Aestchen besetzt. Endästchen gabelig, pfriemig, gerade oder leicht gekrümmt. Die unteren Fadenglieder 3 mal, die oberen 2 mal bis eben so lang als der Durchmesser. Interstitien durchsichtig, die oberen rosenroth gefärbt. Rindengürtel fast so breit als der Durchmesser, die oberen schmäler, mehr weniger angeschwollen. Cystocarpien einzeln oder zu zweien und dreien beisammen an den obersten Aesten sitzend, gewöhnlich von 1—4, das Cystocarp weit überragenden Hüllästchen umgeben. Tetrasporangien in den oberen Rindengürteln in einfacher, an den untern häufig in doppelter Reihe eingesenkt, die Rindengürtel jedoch etwas knotig auftreibend.

C. radiculosum Grun. in litt. — Hauck, Verz. 1875. p. 248.

Im adriatischen Meere in Brackwasser (im Timavo bei Monfalcone).

5. **C. strictum** Grev. et Harv. Fig. 38, *b*, *c*.

Rasen von 1 bis über 12 cm hoch. Fäden dem entsprechend von 150—250 μ, bei robusten Individuen unterhalb nicht selten bis 400 μ dick, gegen die Spitzen verdünnt, regelmässig dichotom und gleich hoch verzweigt. Zweige aufrecht-abstehend, mehr oder weniger mit seitlichen Adventiv-Aestchen besetzt (Adventiv-Aestchen aber auch fehlend). Endästchen gabelig, leicht eingekrümmt, häufig aber zangenförmig zusammenschliessend. Gliederlänge sehr verschieden; die untern Glieder gewöhnlich 2—7 mal, die oberen allmälig $1^1/_2$ mal so lang als dick. Interstitien durchsichtig. Rindengürtel meist so breit als der Durchmesser, manchmal halb so breit, die untern bei robusten Individuen, sowie die Tetrasporangien erzeugenden angeschwollen. Nicht selten entspringen aus den Rindengürteln zahlreiche, zarte (ca. 8 μ dicke) ungegliederte farblose Haare. Cystocarpien von 4—5, das Cystocarp weit überragenden Hüllästchen umgeben. Tetrasporangien rings in den Rindengürteln eingesenkt (kaum hervorbrechend), je nach der Breite derselben in einfacher oder fast doppelter Reihe.

Zweigspitzen bisweilen mit cystocarpienähnlichen, häufig gelappten, in eine farblose Hüllmembran eingeschlossenen Sporenhaufen.

Kommt auch in 1—5 mm hohen, sehr zarten (fruktificirenden) Generationsformen (?) vereinzelt oder zu Räschen vereinigt, epiphytisch auf verschiedenen Algen vor.

C. strictum Grev. et Harv. mspt. — Harv. Phyc. brit pl. 334. — J. Ag. Spec. Ag. II. p. 123; III. p. 97 (excl. syn. Gongroceras strictum Kütz.).

C. elegans J. Ag. Spec. Alg. II. p. 124; III. p. 97.

C. diaphanum Auct. partim.

Hormoceras polyceras Kütz. Spec. Alg. p. 674. — Id. Tab. phyc. XII. Tab. 66.

H. polygonum Kütz. Tab. phyc. XII. p. 21. Tab. 67. und 100.

H. diaphanum Kütz. Spec. Alg. p. 675. — Id. Tab. phyc. XII. Tab. 68.

H. gracillimum Kütz. Spec. Alg. l. c. — Id. Tab. phyc l. c. Tab. 68.

H. moniliforme Kütz. Spec. Alg. l. c. — Id. Tab. phyc l. c. Tab. 69.

Trichoceras clavatum Kütz. Tab. phyc. XIII. p. 1. Tab. 1.

H. acrocarpum Kütz. Tab. phyc. XIII. p. 1. Tab. 1.

Im adriatischen Meere auf Steinen, Cystosiren, Zostera etc: auch in der Nordsee (im Gebiete der deutschen Küste jedoch fraglich).

6. **C. diaphanum** (Lightf.) Roth.

Rasen 6—20 cm hoch, dunkelroth. Fäden meist 300—450 μ dick (unterhalb oft dicker), gegen die Spitzen verdünnt, wiederholt seitlich abwechselnd reich verzweigt. Verzweigung sich der Dichotomie nähernd. Zweige aufrecht-abstehend, mehr oder weniger mit seitlichen Adventiv-Aestchen besetzt. Gabelzweige der Endästchen ungleich lang, leicht eingekrümmt oder zangenförmig zusammenschliessend. Die untern Glieder 3—4 mal länger, die oberen eben so lang als der Durchmesser. Interstitien durchsichtig. Rindengürtel etwas kürzer als der Durchmesser, jene der letzten Verzweigungen fast zusammenfliessend. Cystocarpien von 3—4 kurzen Hüllästchen umgeben. Tetrasporangien rings im Rindengürtel eingesenkt, je nach der Breite desselben in einfacher oder fast doppelter Reihe, die Rindengürtel jedoch knotig auftreibend.

Conferva diaphana Lightf. Fl. Scot. p. 996.
C. diaphanum Roth. Fl. Germ. p. 525. — Harv. Phyc. brit. pl. 193. — J. Ag. Spec. Alg. II. p. 125; III. p. 98.
Hormoceras cateniforme Kütz. Spec. Alg. p. 675. — Id. Tab. phyc. XII. Tab. 71.
H. siliquosum Kütz. Spec. Alg. p. 676. — Id. Tab. phyc. l. c. Tab. 76.

Im adriatischen Meere; auch in der Nordsee.

7. **C. circinatum** (Kütz.) J. Ag.

Rasen 8—20 cm hoch. Fäden gewöhnlich 300—500 μ dick, gegen die Spitzen verdünnt, regelmässig dichotom und gleich hoch verzweigt; Zweige aufrecht-abstehend, hin und wieder mit seitlichen Adventiv-Aestchen besetzt. Endästchen gabelig, zangenförmig, seltener fast gerade; Spitzen eingekrümmt. Die untern Glieder $1^1/_2$—3 mal, die oberen eben so lang, die obersten kürzer als der Durchmesser. Interstitien durchsichtig, die oberen sehr schmal. Rindengürtel mehr oder weniger deutlich in fast der Länge nach gereihten Zellen abwärts oder zugleich ab- und aufwärts verlaufend, meist fast so breit als der Durchmesser, in den jüngsten Zweigen halb so breit, zusammenfliessend oder eine sehr schmale durchsichtige Zone freilassend. Bisweilen entspringen aus den Rindengürteln zahlreiche, zarte, ungegliederte farblose Haare. Tetrasporangien eingesenkt.

Vielleicht nur eine Unterart von C. rubrum.

Hormoceras circinatum Kütz. in Linn. 1841. p. 733. — Id. Spec. Alg. p. 675. — Id. Tab. phyc. XII. Tab. 70.
C. circinnatum J. Ag. Spec. Alg. II. p. 126; III. p. 99.
H. decurrens Kütz. Spec. Alg. p. 675. — Id. Tab. phyc. l. c. Tab. 71.
H. duriusculum Kütz. Spec. Alg. l. c. — Id. Tab. phyc. l. c. Tab. 72.
H. confluens Kütz. Spec. Alg. l. c. — Id. Tab. phyc. l. c. Tab. 72.
H. Biasolettianum Kütz. Spec. Alg. p. 676. — Id. Tab. phyc. l. c. Tab. 74.
H. syntrophum Kütz. Spec. Alg. p. 676. — Id. Tab. phyc. l. c. p. 23. Tab. 76.
H. transfugum Kütz. Spec. Alg. p. 676.
Trichoceras transcurrens Kütz. Tab. phyc. l. c. Tab. 99.

Im adriatischen Meere.

II. Fäden ganz oder doch unterhalb mit einer ununterbrochenen Rindenschichte bedeckt; ohne Stacheln an den Gelenken.

8. **C. rubrum** (Huds.) Ag. Fig. 38 *a*.

Eine sehr veränderliche Art. Rasen dunkelroth oder braun bis schmutzig grün, wenige cm bis 20 cm hoch. Fäden 280—560 μ dick, gegen die Spitzen mehr weniger verdünnt, mehr oder weniger regelmässig dichotom und gleich hoch verzweigt. Zweige abstehend, bei manchen Formen nackt, häufig jedoch mit zahlreichen, oft sehr entwickelten (dichotomen) Adventiv-Aestchen fast fiederartig, mitunter einseitig besetzt. Gabelzweige der Endästchen bisweilen ungleich lang, fast gerade oder leicht gekrümmt, oder zangenförmig mit eingekrümmten Spitzen. Fäden ganz (oder wenigstens unterhalb) mit einer mehr oder weniger dichten Rindenschichte bedeckt. Gelenke meistens erkennbar. Glieder eben so lang bis 2–3 mal länger, die obersten kürzer als der Durchmesser. Bisweilen entspringen an den Gelenken zahlreiche zarte, ungegliederte, farblose Haare. Cystocarpien vornehmlich an den Adventiv-Aestchen entwickelt, einzeln oder zu zweien, von 3–6 Hüllästchen umgeben. Tetrasporangien rings in den Gelenken eingesenkt, zerstreut oder in einfacher oder fast doppelter Reihe.

Kommt auch mit gelappten Sporenhaufen (?) vor.

Conferva rubra Huds. Fl. Angl. p. 600.
C. rubrum. Ag. Syn. p. 60. — Harv. Phyc. brit. pl. 181. — J. Ag. Spec. Alg. II. p. 127; III. p. 100. — Kütz. Spec. Alg. p. 685. Id. Tab. phyc. XIII. Tab. 4.
C. laneiferum Kütz. Spec. Alg. p. 686. — Id. Tab. phyc. l. c. Tab. 8.
C. villosum Kütz. Spec. Alg. p. 687. — Id. Tab. phyc. l. c. Tab. 13.
C. dichotomum Kütz. Tab. phyc. l. c. p. 6. Tab. 16.
Trichoceras villosum Kütz. Spec. Alg. p. 680. — Id. Tab. phyc. XII. Tab. 84.

In der Nord- und Ostsee und im adriatischen Meere.

F. barbata.

Zweige mit meist zahlreichen, gewöhnlich kurzen Adventiv-Aestchen nur einseitig besetzt.

C. barbatum Kütz. Spec. Alg. p. 687. — Id. Tab. phyc. XIII. Tab. 9.

Im adriatischen Meere.

F. decurrens.

Fäden oberhalb nur an den Gelenken gürtelförmig berindet (Interstitien bald schmäler, bald breiter, durchsichtig), unterhalb allmälig ganz mit einer zarten Rindenschichte bedeckt, welche aus fast der Länge nach gereihten Zellen besteht.

Steht dem C. circinatum sehr nahe.

C. decurrens Harv. Phyc. brit. pl. 276. — Aresch. Alg. Scand. exsicc. N. 208.
C. rubrum Var. decurrens J. Ag. Spec. Alg. II. p. 127; III. p. 100.

Hormoceras perversum Kütz. Spec. Alg. p. 676. — Id. Tab. phyc. XII. Tab. 73.

In der Nord- und Ostsee, meistens an grösseren Algen.

III. Fäden nur an den Gelenken gürtelförmig oder ganz mit einer Rindenschichte bedeckt; mit gegliederten oder ungegliederten Stacheln an den Gelenken.

9. **C. ciliatum** (Ellis) Ducl.

Rasen im Leben meist röthlich-grau, bis 5--10 cm hoch. Fäden 200—300 μ dick, oberhalb verdünnt, regelmässig dichotom und gleich hoch verzweigt. Zweige aufrecht-abstehend, hin und wieder mit seitlichen Adventiv-Aestchen besetzt. Endästchen gabelig, zangenförmig zusammengebogen; Spitzen stark eingekrümmt (mitunter eingerollt). Die unteren Glieder 2—6 mal länger, die oberen meist eben so lang oder kürzer als der Durchmesser. Interstitien durchsichtig. Rindengürtel so breit oder ungefähr halb so breit als der Durchmesser, an den Gelenken mit je einem Wirtel 3--6 gliedriger, farbloser Stacheln besetzt. Nicht selten entspringen aus den Rindengürteln zugleich auch zahlreiche, ungegliederte, farblose Haare. Cystocarpien an den oberen Zweigen von 2—4 Hüllästchen umgeben. Tetrasporangien rings in den Rindengürteln eingesenkt.

Conferva ciliata Ellis Phil. Tr. 57. p. 425. Tab. 18. fig. *h*. H.
C. ciliatum Ducl. Ess. p. 64. — Harv. Phyc. brit. pl. 139. — J. Ag. Spec. Alg. II. p. 133; III. p. 103.
Echinoceras ciliatum Kütz. Spec. Alg. p. 680. — Id. Spec. Alg. XII. Tab. 86.
E. hirsutum Kütz. Spec. Alg. p. 681. -- Id. Tab. phyc. l. c.
E. armatum Kütz. Spec. Alg. l. c. — Id. Tab. phyc. l. c. Tab. 87.
E. imbricatum Kütz. Spec. Alg. l. c. — Id. Tab. phyc. l. c.
E. julaceum Kütz. Spec. Alg. l. c. — Id. Tab. phyc. l. c. Tab. 88.
E. diaphanum Kütz. Spec. Alg. l. c. — Id. Tab. phyc. l. c. Tab. 89.
E. Hystrix Kütz. Spec. Alg. l. c. — Id. Tab. phyc. l. c.
E. horridum Kütz. Spec. Alg. l. c. — Id. Tab. phyc. l. c. Tab. 90.
E. spinulosum Kütz. Spec. Alg. l. c. -- Id. Tab. phyc. l. c. Tab. 91.
E. distans Kütz. Tab. phyc. l. c.
E. secundatum Kütz. Spec. Alg. p. 682. — Id. Tab. phyc. l. c. Tab. 92.
E. patens Kütz. Spec. Alg. et Tab. phyc. l. c.
E. pellucidum Kütz. Spec. Alg. l. c. — Id. Tab. phyc. l. c. Tab. 93.
E. puberulum Kütz. Spec. Alg. et Tab. phyc. l. c.
E. ramulosum Menegh. — Kütz. Spec. Alg. p. 683. — Id. Tab. phyc. l. c. Tab. 94.
E. nudiusculum Kütz. Spec. Alg. p. 682. — Id. Tab. phyc. l. c. Tab. 94.
Ceramium uniforme Menegh. Giorn. bot. p. 184.

C. tumidulum Menegh. l. c.
C. cristatum Menegh l. c. p. 185.
C. ramulosum Menegh. l. c.
C. giganteum Menegh. l. c.

Im adriatischen Meere.

β. **echinatum.**

Rasen bis 5 cm hoch. Fäden unterhalb 500—600 μ, oberhalb 300—240 μ dick. Die unteren Glieder fast eben so lang, die oberen kürzer als der Durchmesser. Rindengürtel so breit oder oberhalb etwas schmäler als der Durchmesser, unterhalb und an den Spitzen zusammenfliessend, die übrigen nur durch einen sehr schmalen, farblosen Zwischenraum von einander getrennt; alle Rindengürtel ausser mit den grösseren, normalen, jedoch sehr entwickelten Stacheln noch mit überall entspringenden, sehr kurzen Stacheln mehr weniger dicht besetzt. Tetrasporangien zerstreut.

C. ciliatum β. echinatum Hauck, mspt.

Im adriatischen Meere (Insel Lacroma).

10. **C. echionotum.** J. Ag. Fig. 39.

Rasen (im Gebiete) 2—4 cm hoch. Fäden 150—200, mitunter bis 300 μ dick, oberhalb etwas verdünnt, regelmässig dichotom und gleich hoch verzweigt. Zweige aufrecht-abstehend, hin und wieder mit seitlichen Adventiv-Aestchen besetzt. Endästchen gabelig, zangenförmig zusammengebogen; Spitzen eingerollt. Die unteren Glieder 2—4 mal länger, die oberen eben so lang als dick oder kürzer. Rindengürtel meist halb so breit als der Durchmesser, an den Spitzen (bisweilen durchaus) zusammenfliessend, mehr oder weniger dicht mit oft nur an jungen Theilen noch vorhandenen farblosen, ungegliederten, weit abstehenden Stacheln besetzt. Cystocarpien von einigen überragenden Hüllästchen umgeben. Tetrasporangien an der Aussenseite der Aestchen in einer Längsreihe meist je einzeln in mehreren auf einander folgenden Rindengürteln eingesenkt, das Gürtelstück knotig auftreibend.

C. echionotum J. Ag. Advers. p. 27. — Id. Spec. Alg. II. p. 131; III. p. 102. — Harv. phyc. brit. pl. 141.

Acanthoceros echionotum Kütz. Spec. Alg. p. 681. — Id. Tab. phyc. XII. Tab. 97.

A. transcurrens Kütz. Spec. Alg. et Tab. phyc. l. c.

A. distans Kütz. Tab. phyc. l. c. Tab. 98.

A. azoricum (Menegh.). — Kütz. Spec. Alg. p. 685. — Id. Tab. phyc. l. c. Tab. 98.
C. echionophorum Menegh. Giorn. bot. 1844. p. 186.
C. dalmaticum Menegh. l. c.

Im adriatischen Meere.

Fig. 39.

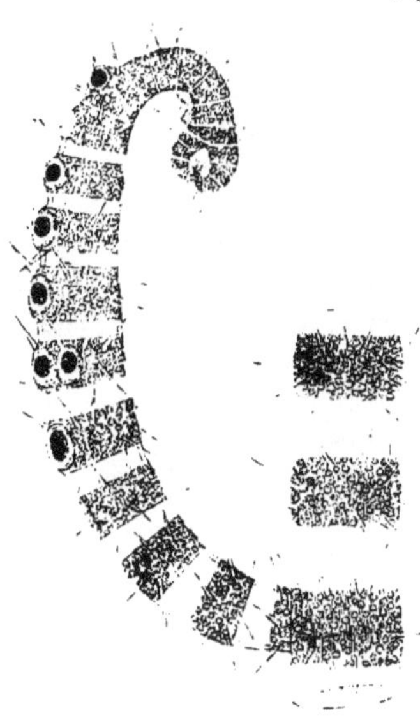

Ceramium echionotum *J. Ag.* Zweig mit Tetrasporangien. Vergr. ca. 100. (Nach Kützing.)

B. Rindenzellen in Längs- und Querreihen geordnet (***Centroceras***).

11. **C. cinnabarinum** (Grat.) Hauck.

Rasen braunroth, 2—5 cm hoch. Fäden 80—150 μ dick, dichotom verzweigt, bisweilen etwas verworren. Zweige abstehend, mit abstehenden oder gespreizten seitlichen Adventiv-Aestchen besetzt. Endästchen gabelig, leicht sichelförmig eingekrümmt oder zangenförmig zusammenschliessend; Spitzen gerade, seltener eingerollt. Glieder so lang als der Durchmesser, die unteren bisweilen 2 bis 3 mal länger. Sämmtliche Glieder mit einer kontinuirlichen, aus kleinen, fast sechseckigen, in Längs- und Querreihen geordneten Zellen gebildeten Rindenschichte bedeckt. Gelenke ohne Stacheln, nicht selten aber mit zarten ungegliederten, farblosen Haaren besetzt. Tetrasporangien eingesenkt, das Rindenstück jedoch etwas knotig auftreibend.

Boryna cinnabarina Grat. mspt.
Boryna elegans β. cinnabarina Bonnem. Hydr. loc. p. 56.
C. cinnabarinum Hauck. mspt.
Centroceras cinnabarinum J. Ag. Spec. Alg. II. p. 148; III. p. 107.
Ceramium ordinatum Kütz. Spec. Alg. p. 686. — Id Tab. phyc. XIII. Tab. 7.

Im adriatischen Meere, meist an grösseren Algen.

12. **C. clavulatum** Ag.

Rasen (im Gebiete) 3—6 cm hoch. Fäden gewöhnlich 120 bis 160 μ dick, regelmässig dichotom und gleich hoch verzweigt. Zweige aufrecht, mit aus den Achseln entspringenden Adventiv-Aestchen besetzt. Endästchen etwas keulenförmig, oder gabelig mit eingerollten Spitzen. Glieder 3—6 mal länger, die oberen allmälig kürzer als der Durchmesser, durchaus mit einer Rindenschichte bedeckt, die aus fast viereckigen, in Längs- und Querlinien geordneten Zellen besteht. Gelenke mehr oder weniger dicht mit je einem Wirtel meist zweigliedriger, farbloser Stacheln, bisweilen auch mit zarten, ungegliederten, farblosen Haaren besetzt. (Variirt in der Grösse und Anzahl der Stacheln, die bei einigen Formen sehr klein und vereinzelt sind.) Cystocarpien meist paarig, von 4—5 überragenden Hüllästchen umgeben. Tetrasporangien in den Endästchen (häufig in den Adventiv-Aestchen) einreihig-wirtelig an den Gelenken hervorbrechend.

C. clavulatum Ag. apud Kunth. Syn. pl. aequin. I. p. 2.
Centroceras clavulatum Mont. — J. Ag. Spec. Alg. II. p. 148: III. p. 108.
C. cryptacanthum Kütz. Spec. Alg. p. 688. — Id. Tab. phyc. XIII. Tab. 17.
C. inerme Kütz. Spec. Alg. et Tab. phyc. l. c.
C. micracanthum Kütz. Spec. Alg. l. c. — Id. Tab. phyc. l. c. Tab. 18.
C. leptacanthum Kütz. Spec. Alg. p. 689. — Id. Tab. phyc. l. c. Tab. 18.
C. macracanthum Kütz. Spec. Alg. l. c. — Id. Tab. phyc. l. c. Tab. 19.
C. oxyacanthum Kütz. Spec. Alg. l. c. — Id. Tab. phyc. l. c. Tab. 20.
C. brachiacanthum Kütz. Tab. phyc. l. c. p. 8. Tab. 20.

Im adriatischen Meere.

VIII. Familie. **Spyridiaceae.**

Thallus fadenförmig, monosiphon gegliedert, mehr weniger berindet. Cystocarpien äusserlich, fast kugelig oder in 2—3 rundliche Lappen getheilt, gestielt, mit geschlossenem, zelligem Pericarp.

welches durch Verbindung der Endzellen steriler, strahlig aus der Spitze des Stieles entspringender, dichotomer und anastomosirender Fäden gebildet wird und einen oder, der Anzahl der Lappen entsprechend, 2—3 rundliche, durch Bündel steriler Fäden von einander getrennte Kerne einschliesst. Kern aus einer Masse zusammengeballter, länglicher Carposporen bestehend, die in dichten unregelmässigen, wirteligen Häufchen rings um die oberen Glieder einer monosiphon gegliederten Achse angeordnet sind. Tetrasporangien äusserlich, tetraëdrisch getheilt.

XXXIII. Gattung. **Spyridia** Harv.

Thallus aus einem verzweigten, dicht berindeten Hauptfaden bestehend, welcher mehr weniger mit kurzen, haarförmigen, einfachen Aestchen besetzt ist, die nur an den Gelenken gürtelförmig mit einer schmäleren oder breiteren Rindenschichte bedeckt sind. Cystocarpien auf der Spitze sehr kurzer, seitlicher Aeste. Tetrasporangien an den Rindengürteln der Aestchen einzeln oder rings herum entwickelt, kugelig, tetraëdrisch getheilt.

Fig. 40.

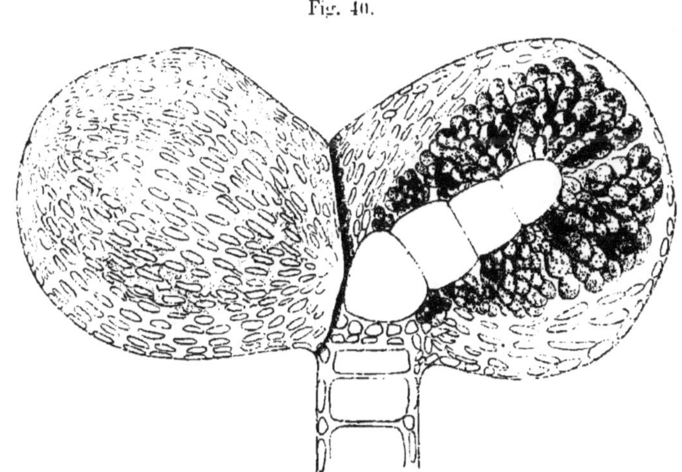

Spyridia filamentosa (*Wulf.*) *Harv.*
Ein zweilappiges Cystocarp; Stiel und rechter Lappen der Länge nach durchschnitten. Vergr. 400. (Nach Farlow.)

1. **Sp. filamentosa** (Wulf.) Harv. Fig. 40 und 41.

Thallus strauchartig, 10—20 cm hoch. Hauptfäden unterhalb 0·5 bis 3 mm dick, oberhalb sehr verdünnt, allseitig abwechselnd reich verzweigt: Zweige aufrecht-abstehend. Aestchen ohne Ordnung, mehr weniger dicht

Fig. 41.

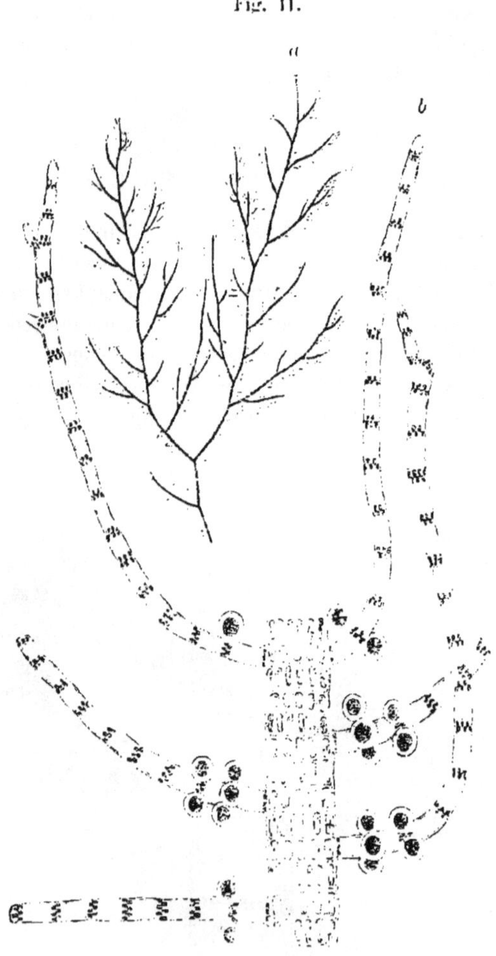

Spyridia filamentosa (*Wulf.*) *Harv.*
a Zweig in natürlicher Grösse. *b* Zweigstück mit Tetrasporangien. Vergr. ca. 100. Nach Kützing.)

entspringend, 1—2 mm lang und 30—80 μ dick, abstehend oder gespreizt, in der Jugend stachelspitzig, im Alter stumpf. Rindenschichte der Hauptfäden aus grösseren, länglichen, an den Gelenken meist kleineren, in Zonen geordneten, später ohne Ordnung verbundenen Zellen bestehend. Rindengürtel der Aestchen meist sehr schmal, häufig nur aus einer oder zwei Querreihen rundlich-polygoner Zellen gebildet. Glieder der Hauptfäden ungefähr eben so lang, jene der Aestchen $1^1/_2$—6 mal länger als der Durchmesser. Antheridien in dichten Gruppen rings um die Rindengürtel der Aestchen entwickelt, später über mehrere Glieder derselben zusammenfliessend. — Dunkelroth, häufig schmutzig-rosenroth bis weisslich-grau.

Fucus filamentosus Wulf. Crypt. aquat. p. 64.
Sp. filamentosa Harv. in Hook. Brit. Fl. p. 326. — Id. Phyc. Brit. pl. 46. — J. Ag. Spec. Alg. II. p. 340; III. p. 268. — Kütz. Spec. Alg. p. 665. — Id. Tab. phyc. XII. Tab. 42. — Farl. New Engl. Algae. p. 140. pl. X, fig. 1. pl. XII. fig. 2.
Sp. crassa Kütz. Tab. phyc. l. c. Tab. 43.
Sp. crassiuscula Kütz. Spec. Alg. p. 666.
Sp. setacea Kütz. Spec. Alg. p. 666. — Id. Tab. phyc. l. c. Tab. 44.
Sp. Vidovichii Menegh. — Kütz. Spec. Alg. p. 666.
Sp. brachyarthra Menegh. — Kütz. l. c.
Sp. nudiuscula Kütz. Spec. Alg. p. 666. — Id. Tab. phyc. l. c. Tab. 44.
Sp. fruticulosa Kütz. Spec. Alg. p. 667. — Id. Tab. phyc. l. c. Tab. 46.
Sp. villosa Kütz. Spec. Alg. et Tab. phyc. l. c.
Sp. divaricata Kütz. Spec. Alg. l. c. — Id. Tab. phyc. l. c. Tab. 47.
Sp. cuspidata Kütz. Spec. Alg. l. c. — Id. Tab. phyc. l. c. Tab. 48.
Sp. villosiuscula Kütz. Spec. Alg. et Tab. phyc. l. c.
Sp. hirsuta Kütz. Spec. Alg. l. c. — Id. Tab. phyc. l. c. Tab. 49.

Im adriatischen Meere.

IX. Familie. **Cryptonemiaceae.**

Thallus stielrund, zusammengedrückt oder flach, meist häutig oder fleischig, innen aus einem lockeren Gewebe längs verlaufender Fäden bestehend, welches von einer Schichte Zellen oder senkrecht abstehender Fäden umgeben ist. Cystocarpien dem Thallus eingesenkt, selten unter warzenförmigen Erhabenheiten desselben gelagert. Kern einfach (bisweilen aus mehr weniger fest verwachsenen Lappen zusammengesetzt), rundlich, von einer gallertartigen, farblosen Hüllenmembran oder einem Fadengeflecht eingeschlossen, aus einem Häufchen mehr weniger zahlreicher, ohne erkennbare Ordnung zammengeballter Carposporen bestehend. Tetrasporangien in der äusseren Schichte des Thallus entwickelt, kreuz- oder zonenförmig getheilt.

XXXIV. Gattung. **Nemastoma** J. Ag.

Thallus zusammengedrückt oder flach, dichotom oder fast fiederartig getheilt, gallertartig-fleischig, schlüpfrig, aus zwei Schichten zusammengesetzt, wovon die innere aus längs verlaufenden, verzweigten, verworrenen (leicht trennbaren) Fäden besteht welche senkrecht zur Oberfläche dichotome, allmälig mehr weniger perlschnurförmige Zweige entsenden, die durch Gallerte zur äusseren Schichte fest vereinigt sind. Cystocarpien im Thallus zerstreut, in der äusseren Schichte an der Basis der peripherischen Fäden entwickelt. Tetrasporangien (nicht genügend bekannt) im Thallus zerstreut, aus den Endzellen der peripherischen Fäden entstehend, kugelig, tetraëdrisch getheilt.

1. **N. dichotoma** J. Ag. Fig. 42.

Thallus 5—10 cm hoch, zusammengedrückt, an der Basis fast stielrund, meist regelmässig dichotom und gleich hoch getheilt. Segmente abstehend, 2—5 mm breit, linear oder etwas keilförmig, alle von gleicher Breite oder die mittleren oder oberen am breitesten: Endsegmente linear und abgerundet, oder etwas verbreitert und ausgerandet oder gabelig, oder verschmälert und spitz. Achseln gerundet. Rand ohne Prolificationen. Cystocarpien meist über den ganzen Thallus ausgesät. — Dunkelroth.

N. dichotoma J. Ag. Alg. med. p. 91. — Spec. Alg. II. p. 164; III. p. 126.
Gymnophlaea dichotoma Kütz. Sp. Alg. p. 711 — Id. Tab. phyc. XVI. Tab. 58.
G. Biasolettiana Kütz. Spec. Alg. p. 72. — Id. Tab. phyc. l. c. Tab. 59.
G. incrassata Kütz. Spec. Alg. 71!. — Id. Tab. phyc. l. c.
G. caulescens Kütz. Tab. phyc. l. c. p. 22. Tab. 61.
Ginnania irregularis Kütz. Spec. Alg. p. 715. — Tab. phyc. XVI. Tab. 69.
N. minor Zanard. Icon. phyc. adr. II. p. 153. Tav. 77. ?

Im adriatischen Meere.

2. **N. cyclocolpa** (Mont.) Zanard.

Thallus 4—8 cm hoch, flach, aus keilförmiger Basis dem Umfange nach fast fächer- oder nierenförmig ausgebreitet, unregel-

Fig. 42.

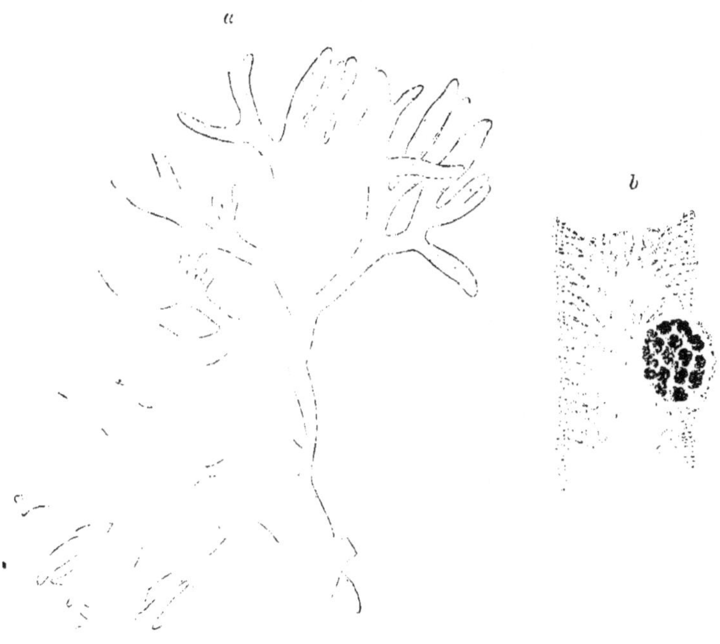

Nemastoma dichotoma *J. Ag.*
a Alge in natürlicher Grösse. *b* Stück eines Querschnittes durch den Thallus und ein Cystocarp. Vergr. ca. 100. (Nach Kützing.)

mässig dichotom (fast fiederartig), oder vielfach in immer schmälere Segmente getheilt. Segmente meist kurz, fast linear oder keilförmig, häufig über den gerundeten Achseln in Form einer 0 zusammenschliesend; die letzten Theilungen gabelig oder geweihförmig oder kurz und zahnförmig. Rand nackt oder mehr weniger mit geweih- oder zahnförmigen Prolificationen (die bisweilen auch aus der Fläche entspringen) besetzt. Die unteren Segmente meist 4—20 mm, die letzten 2 - 0·5 mm breit. — Rosen- oder dunkelroth.

Halymenia cyclocolpa Mont. Flor. canar. p. 163. — Id. Flor. alger. p. 116. Tab. 11. fig. *a*, *b*. — Kütz. Spec. Alg. p. 716. — Id. Tab. phyc. XVI. Tab. 94.

N. cyclocolpa Zanard. Sagg. p. 50. — Icon. phyc. adr. II. p. 149. Tav. 76.

N. cervicornis J. Ag. Alg. med. p. 97. Spec. Alg. II. p. 167; III. p. 129. — Id. Florid. Morph. Tab. 4. fig. 1—4.
Gymnophlaea furcellata Kütz. Spec. Alg. p. 712. — Id. Tab. phyc. XVI. Tab. 60. (sec. Zanard.)
Nemalion comosum Menegh. — Zanard. Icon. phyc. adr. II. p. 55. Tav. 59.

Im adriatischen Meere (Dalmatien).

XXXV. Gattung. Schizymenia J. Ag.

Thallus blattartig flach, einfach oder eingerissen, häutig-fleischig, aus zwei Schichten zusammengesetzt, wovon die innere aus längsverlaufenden, verzweigten, verworrenen, netzförmig-anastomosirenden Fäden besteht, welche senkrecht gegen die Oberfläche perlschnurförmige, dichotome Zweige absenden, die zusammen verbunden die äussere Schichte bilden. Cystocarpien im Thallus zerstreut, unter der äusseren Schichte entwickelt. Tetrasporangien in der äusseren Schichte zerstreut, oval, kreuzförmig getheilt.

Fig. 43.

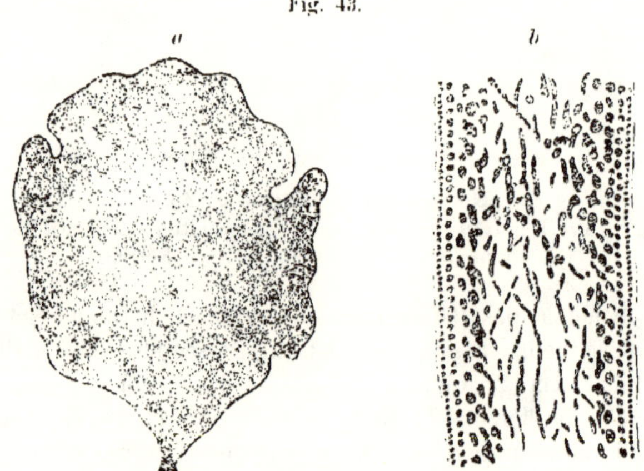

Schizymenia minor *J. Ag.*
a Alge in natürlicher Grösse. *b* Stück eines Querschnittes durch den Thallus. Vergr. 180.

1. Sch. minor J. Ag. Fig. 43.

Thallus sehr kurz gestielt. Stiel sofort in einen einfachen, breit keilförmigen oder unregelmässig ovalen, meist etwas gelappten, häufig eingerissenen oder durchlöcherten, 3—5, seltener bis 10 cm langen, häutigen (ca. 250 μ dicken) Blattkörper übergehend. Rand glatt oder undeutlich gekerbt. — Dunkelroth, leicht ins Wachsgelbe sich verfärbend. Trocken papierartig.

Nemastoma minor J. Ag. Alg. med. p. 90.
Sch. minor. J. Ag. Spec. Alg. II. p. 172. III. p. 122. Zanard. Icon. phyc. adr. II. p. 87. Tav. 62.

Im adriatischen Meere.

XXXVI. Gattung. **Sarcophyllis** Kütz.

Thallus blattartig flach, einfach, bisweilen zerschlitzt, an der Basis in einen Stiel verdünnt, ziemlich dick, fleischig, aus zwei Schichten zusammengesetzt, wovon die innere aus längsverlaufenden, sehr dicht verworrenen, verzweigten und anastomosirenden (stellenweise angeschwollenen) Fäden, die äussere aus rundlichen, zunächst grösseren, gegen die Oberfläche allmälig und bedeutend kleineren, senkrecht und dichotom gereihten Zellen besteht. (Zellen beider Schichten reich an Amylonkörnern.) Cystocarpien im Thallus ziemlich dicht ausgesät, in der äusseren Schichte eingesenkt (aus sehr kurzgliedrigen, perlschnurförmigen, wurmförmig-gekrümmten Procarpien entstehend). Kern rundlich, in dicker, gallertartiger, farbloser Hülle, ziemlich grosse längliche, durch gegenseitigen Druck kantige Carposporen einschliessend. Tetrasporangien in wenig (auf beiden Flächen gleichförmig) erhabenen, unbestimmt begrenzten Flecken am Thallus, aus den unteren Zellen der äusseren Schichte in dichten — fast eine Schichte formirenden — Gruppen entwickelt, rundlich, gross, kreuzförmig getheilt.

1. **S. edulis** (Stackh.) J. Ag. Fig. 44.

Thallus gesellig aus einer gemeinschaftlichen Wurzelschwiele entspringend. Stiel kurz, zusammengedrückt, linear, allmälig in einen keilförmigen oder breit verkehrt eirunden, häufig der Länge nach eingeschlitzten, gewöhnlich 15—30 cm langen und 5—15 cm breiten Blattkörper verflacht. — Intensiv blutroth.

Fucus edulis Stackh. Ner. Brit. p. 57. Tab. 12.
S. edulis J. Ag. Spec. Alg. III. p. 265.
Iridaea edulis Bory. — Harv. Phyc. brit. pl. 97. — Kütz. Spec. Alg. p. 724. — Id. Tab. phyc. XVII. Tab. 3.

Fig. 41.

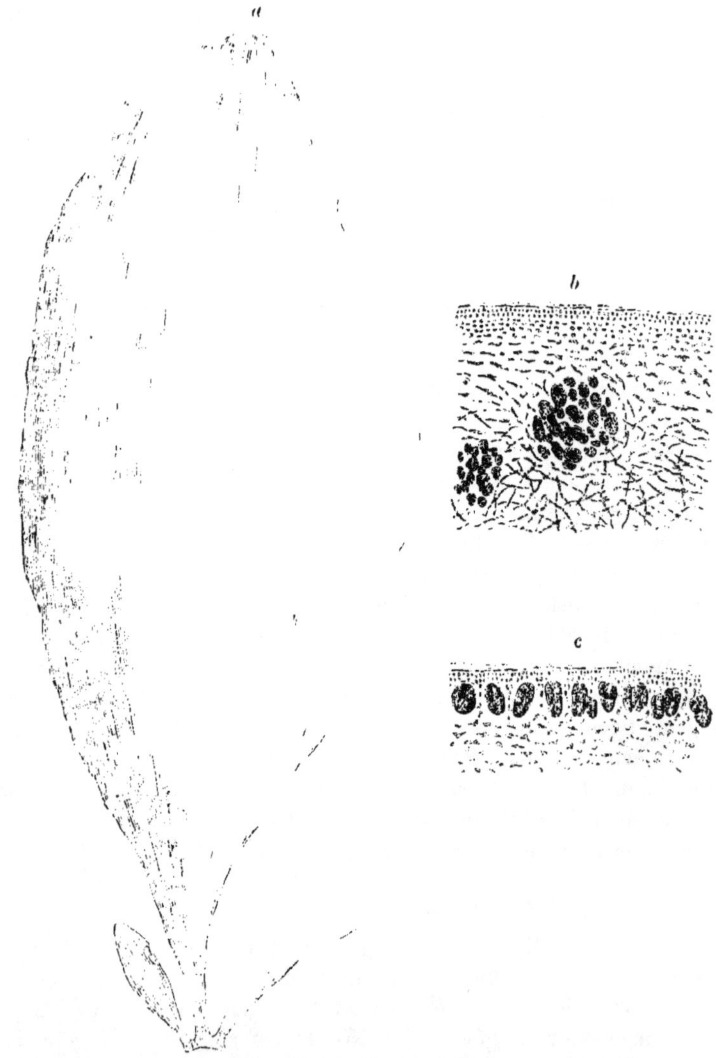

Sarcophyllis edulis (*Stackh.*) *J. Ag.*

a Alge in natürlicher Grösse. *b* Stück eines Querschnittes durch einen Cystocarpien-tragenden Theil des Thallus. Vergr. ca. 100. *c* Stück eines Querschnittes durch einen Tetrasporangien-tragenden Theil des Thallus. Vergr. ca. 100. (Nach Kützing.)

Schizymenia edulis J. Ag. Spec. Alg. II. p. 172.
Sarcophyllis lobata Kütz. Spec. Alg. p. 748. — Id. Tab. phyc. XVII. Tab. 97.

In der Nordsee (Helgoland).

XXXVII. Gattung. **Grateloupia** Ag.

Thallus zusammengedrückt-flach, dichotom oder gefiedert, nicht selten am Rande oder aus der Fläche proliferirend, häutig-fleischig, aus zwei Schichten zusammengesetzt, wovon die innere aus längsverlaufenden, verzweigten, anastomosirenden, dicht verworrenen Fäden besteht, welche senkrecht gegen die Oberfläche in perlschnurförmige, dichotome Fäden übergehen, die zur äusseren Schichte vereinigt sind und deren Zellen von innen nach aussen an Grösse abnehmen. Cystocarpien im Thallus eingesenkt, zerstreut oder zu mehreren beisammen unter flach warzenförmigen Erhöhungen der äusseren Schichte entwickelt; Kern von einem Geflechte anastomosirender Fäden umgeben. Tetrasporangien zwischen den Fäden der äusseren Schichte zerstreut, oval, kreuzförmig getheilt.

Fig. 45

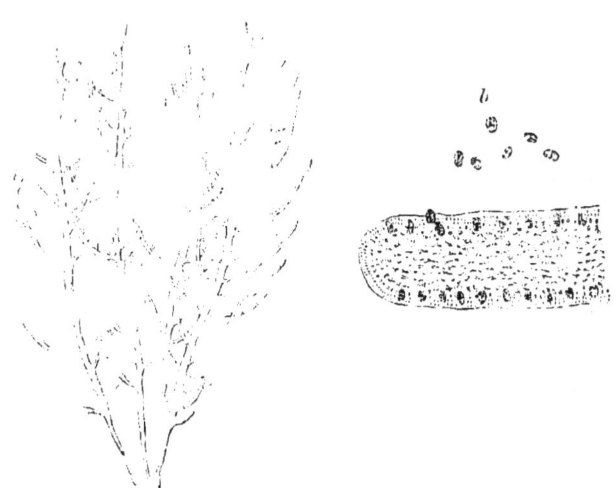

Grateloupia filicina (*Wulf.*) *Ag.*
a Alge in natürlicher Grösse. *b* Stück eines Querschnittes durch einen Tetrasporangien-tragenden Theil des Thallus. Vergr. ca. 100. (Nach Kützing.)

1. **Gr. filicina** (Wulf.) Ag. Fig. 45.

Im Rasen wachsend. Thallus 5—12 cm lang, bandförmig 1—4 mm breit, beiderends verschmälert, spitz (bisweilen an der Spitze abgerundet), selten einfach, meist von der Basis an mehrmal proliferirend gefiedert (Enden jedoch häufig nackt). Prolificationen aus dem Rande (seltener auch aus der Fläche) meist opponirt, aber auch abwechselnd oder einseitig entspringend, abstehend oder gespreizt, dem Thallus gleichgestaltet: die jüngsten Prolificationen lanzettlich. Tetrasporangien in den Prolificationen dicht ausgesäet. — Schwärzlich-violett bis schwärzlich-grün.

Fucus filicinus Wulf. Jacq. coll. III. p. 157.
Gr. filicina Ag. Spec. Alg. I. p. 223. — J. Ag. Spec. Alg. II. p. 180; III. p. 153. — Harv. Phyc. brit. pl. 100. — Kütz. Spec. Alg. p. 730. Id. Tab. phyc. XVII. Tab. 22.
Gr. horrida Kütz. Spec. Alg. p 731. — Id. Tab. phyc. l. c. Tab. 26.
Gr. neglecta Kütz. Spec. Alg. p. 731. Id. Tab. phyc. l. c. Tab. 27.

Im adriatischen Meere.

XXXVIII. Gattung. **Fastigiaria** Stackh.

Thallus stielrund, dichotom verzweigt, knorpelig, aus drei unterscheidbaren Schichten zusammengesetzt, wovon die innere aus längsverlaufenden, verzweigten, verworrenen Fäden, die mittlere aus grossen, fast rundlichen Zellen, die äussere aus kleineren, senkrecht-radialen, länglichen, dichotom gereihten, gegen die Oberfläche allmälig bedeutend kleiner werdenden Zellen besteht. (Zellen aller Schichten reich an Amylonkörnern.) Fortpflanzungsorgane in spindelig angeschwollenen Endzweigen. Cystocarpien in der Mittelschichte eingesenkt, zahlreich, in Längsreihen rings um die Markschichte entwickelt, aus rundlichen, durch Zellengewebe von einander getrennten (in den Längsreihen bisweilen zusammenfliessenden) Kernen bestehend, die von zahlreichen, grossen, ordnungslos gelagerten Carposporen gebildet werden. Tetrasporangien zwischen den Zellen der äusseren, nematheciumartig entwickelten Schichte gelagert, verlängert birnförmig, zonenförmig getheilt. Antheridien aus den Zellen der Oberfläche sich entwickelnd.

1. **F. furcellata** (L.) Stackh. Fig. 46.

Thallus in Rasen aus einer fadenförmigen, verzweigten, kriechenden, dicht verworrenen Wurzel entspringend, 5—20 cm hoch und

Fig. 46.

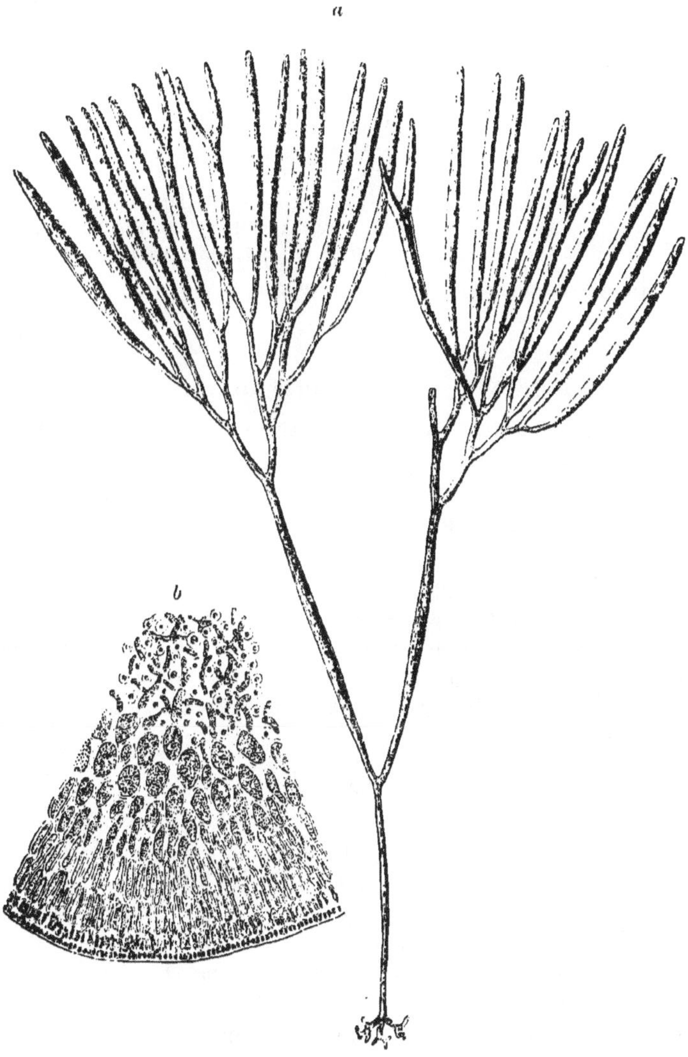

Fastigaria furcellata (*L.*) *Stackh.*
a Fruktificirende Alge in natürlicher Grösse. *b* Stück eines Querschnittes durch den Thallus. Vergr. ca. 100. (Nach Kützing.)

0·5 — 2 mm dick, durchaus ziemlich gleich dick, mehrmal gabelig und gleich hoch verzweigt. Zweige aufrecht bis abstehend; Enden zugespitzt; Achseln spitz. Die Cystocarpien- und Tetrasporangien-tragenden Endzweige verlängert (meist 2—5 cm lang), fast doppelt so dick als die sterilen, beiderends verdünnt; die Antheridien-tragenden Endästchen weit kürzer. Diöcisch. - Dunkel-rothbraun, trocken schwarz. Habitus und Struktur von Polyides rotundus.

Fucus furcellatus L. Spec. Pl. p. 1631.
F. furcellata Stackh. Tentam. p. 91.
Furcellaria fastigiata (Huds.) Lamour. — Harv. Phyc. brit. pl. 94 und 357, A. — J. Ag. Spec. Alg. II. p. 196; und III. p. 241. — Kütz. Spec. Alg. p. 749. — Id. Tab. phyc. XVII. Tab. 99.

In der Nord- und Ostsee. Perennirend.

XXXIX. Gattung. **Halymenia** Ag.

Thallus stielrund, zusammengedrückt oder flach, verschieden getheilt, gallertartig-häutig oder fleischig, innen aus einem lockeren Gewebe verworrener, verzweigter, anastomosirender Fäden bestehend, welches von einer (meist zarten) zelligen Membran umschlossen wird, deren Zellen rundlich, innerhalb grösser, ausserhalb klein sind. Cystocarpien im Thallus zerstreut, fast unmittelbar unter der äusseren membranartigen Schichte entwickelt; Kern in eine farblose, gallertartige Membran eingehüllt, oder von einem lockeren Fadengeflechte umgeben. Tetrasporangien im Thallus zerstreut, aus den Rindenzellen sich entwickelnd, rundlich, kreuzförmig getheilt.

1. **H. dichotoma** J. Ag. Fig. 48.

Thallus 5—20 cm hoch, stielrund bis zusammengedrückt, unterhalb 3—6 mm dick, oberhalb etwas dünner, regelmässig dichotom und gleich hoch getheilt. Segmente abstehend (bisweilen mit zahnförmigen Prolofikationen am Rande). Enden stumpf. Achseln gerundet. Thallus unterhalb solid, oberhalb häufig röhrig aufgetrieben, innen aus einem lockeren Gewebe sternförmiger, anastomosirender Zellen bestehend, auf welche mehrere Lagen rundlicher, grösserer, nach aussen kleiner werdender Zellen folgen, die in der Rindenschichte sehr kurze, dichotome, perlschnurförmige (aus kleinen, länglichen Zellen bestehende) Fäden bilden. Cystocarpien im Thallus zerstreut, bei der trockenen Pflanze als kleine

Wärzchen hervortretend. Tetrasporangien zerstreut. — Dunkelroth leicht ins Grünliche übergehend. Gallertartig-fleischig, schlüpfrig.

Habitus von Nemastoma dichotoma, aber von ganz verschiedener Struktur.

Chrysymenia dichotoma J. Ag. Spec. Alg. II. p. 211. — Zanard. Icon. phyc. adr. III. Tav. 41. fig. 3—5.
H. dichotoma J. Ag. Spec. Alg. III. p. 211.
Grateloupia gorgonioides Kütz. Tab. phyc. XVII. p. 9 Tab. 30.?
Chondrus adriaticus Zanard. Icon phyc. adr. I. p. 165. Tav. 38.?

Im adriatischen Meere.

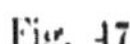

Fig. 47.

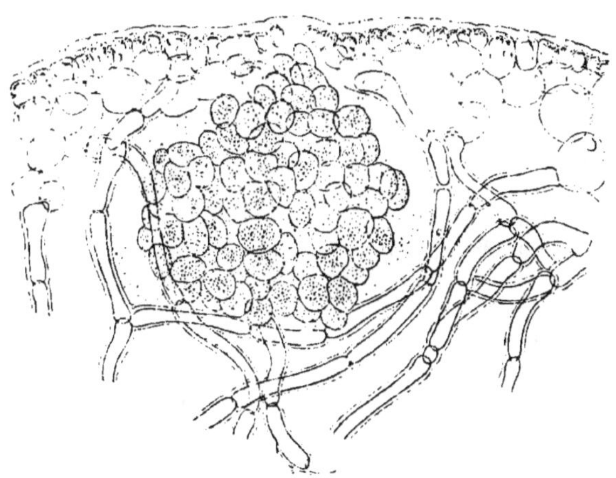

Halymenia ligulata (*Woodw.*) *Ag.*
Stück eines Querschnittes durch die äussere Schichte des Thallus und ein Cystocarp. Vergr. 250. (Nach Bornet.)

Fig. 48.

2. **H. Floresia** (Clem.) Ag.

Thallus 10—30 cm hoch, flach, gallertartig-häutig, an der Basis in einen Stiel verdünnt, drei- bis vierfach fiedertheilig. Mittelbänder und Fiederchen linear, zugespitzt. Hauptmittelband 1—4 cm, Fiederchen 2—1 mm breit, letztere (bis 10—25 mm lang) glattrandig oder sägezähnig oder fast gewimpert. Thallus bisweilen aus der Fläche proliferirend. Segmente abstehend. Cystocarpien punktförmig am Thallus zerstreut. Tetrasporangien in den Fiederchen ziemlich dicht ausgesät. — Rosenroth.

Fucus Floresius Clemente, Ens. p. 312.
H. Floresia Ag. Spec. Alg. p. 209. — J. Ag. Spec. Alg. II. p. 205; III. p. 138. — Kütz. Spec. Alg. p. 716. — Id. Tab. phyc. Tab. 88 und 89.

Im adriatischen Meere.

3. **H. ligulata** (Woodw.) Ag. Fig. 47.

Fig. 49.

Halymenia ligulata (*Woodw.*) *Ag.*
F. genuina.
Alge mit Cystocarpien in natürlicher Grösse.

Thallus sehr veränderlich in Form und Grösse, zusammengedrückt oder flach, gallertartig-häutig, an der Basis in einen Stiel verdünnt, dichotom getheilt. Segmente allmälig schmäler, linear, bisweilen gegen die Basis etwas verschmälert, zugespitzt. Thallus häufig aus dem Rande, seltener aus der Fläche proliferirend; Prolificationen bei den bandförmigen Formen lanzettlich (häufig gabelig), anfänglich wimperförmig. Segmente aufrecht bis abstehend. Achseln gerundet. Cystocarpien punktförmig über den ganzen Thallus ausgesät. Antheridien kleine, zerstreute Büschel auf den Rindenzellen bildend. Tetrasporangien unbekannt. Monöcisch. Rosen- bis purpurroth.

Der Thallus besteht innen aus einem äusserst weitläufigen anastomosirenden Fadengewebe, welches von der sehr zarthäutigen äusseren Schichte umschlossen ist, die aus einer oder zwei Lagen rundlicher, grösserer Zellen und einer Lage kleiner Rindenzellen gebildet wird.

Ulva ligulata Woodw. in Linn. Trans. III. p. 54.
H. ligulata Ag. Spec. Alg. p. 210. — J. Ag. Spec. Alg. II. p. 201; III. p. 139. — Harv. Phyc. brit. pl. 112. — Born. et Thur. Not. algol. I. p. 14. Pl. 14 und 15.

F. genuina. Fig. 49.

Thallus gewöhnlich 10—30 cm lang, flach, bandförmig, 0·5—4, mitunter bis 10 cm breit, meist reich proliferirend.

Halarachnion ligulatum Kütz. Spec. Alg. p. 721. — Id. Tab. phyc. XVI. Tab. 84.

In der Nordsee.

F. aciculare.

Thallus 5—10 cm lang, stielrund bis zusammengedrückt, fast röhrig, unterhalb 1—3 mm dick, in den letzten Segmenten oft bis zu 400 μ verdünnt.

Halarachnion aciculare Kütz. Tab. phyc. XVI. p. 30. Tab. 85.
H. ligulata Zanard. Icon. phyc. adr. I. p. 159. Tav. 37.

Im adriatischen Meere.

XL. Gattung. **Dumontia** Lamour.

Thallus stielrund, röhrig, seitlich verzweigt, gallertartig-häutig, innen von sehr lockeren, gegen die Peripherie dichteren, längs verlaufenden, verzweigten und anastomosirenden Fäden durchzogen, welche nach aussen senkrecht-radiale, kurze, perlschnurförmige, dichotome Zweige entsenden, die zur äusseren Schichte verbunden sind. Cystocarpien im Thallus zerstreut, unter der äusseren Schichte (aus sehr kurzgliederigen, perlschnurförmigen Procarpien) entwickelt; Kern klein, rundlich, aus wenigen, ziemlich grossen Carposporen bestehend. Tetrasporangien der äusseren Schichte eingesenkt, zerstreut, gross, rundlich, kreuzförmig getheilt.

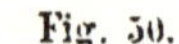

Fig. 50.

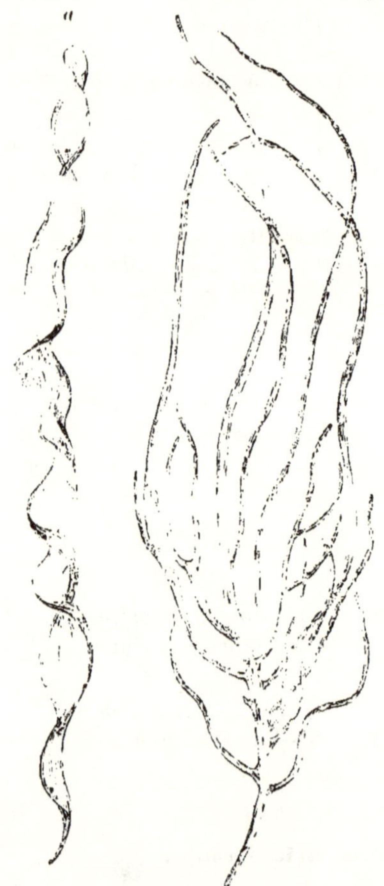

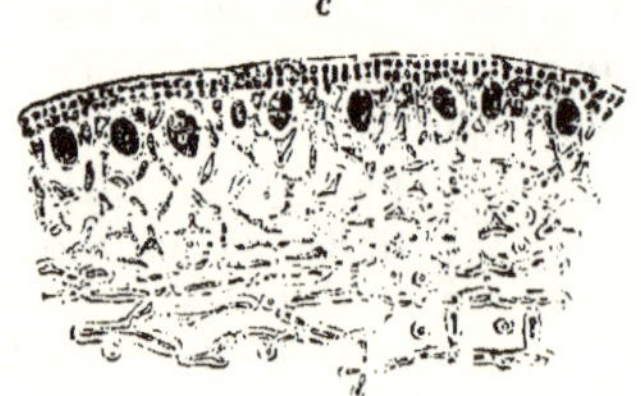

Dumontia filiformis
(Fl. Dan.) Grev.
a, *b* Alge in natürlicher Grösse *a* **F. crispata.** *c* Stück eines Querschnittes durch den Tetrasporangien-tragenden Thallus. Vergr. ca. 100. (Nach Kützing.)

1. **D. filiformis** (Fl. Dan.) Grev. Fig. 50.

Thallus meist gesellig wachsend, fast stielrund, verlängert, 1 bis 6 dm lang und 1—6, mitunter bis 10 mm dick, beiderends allmälig verdünnt, mit gleichgestalteten, verlängerten, meist ganz einfachen Aesten besetzt. — Rosen- bis braunroth oder purpurviolett.

Conferva filiformis Fl. Dan. Tab. 1480 f. 2.
D. filiformis Grev. Alg. Brit. p. 165. Tab. 17. — Harv. Phyc. brit. p. 59. — J. Ag. Spec. Alg. II. p. 349; III. p. 257. — Kütz. Spec Alg. p. 718. — Id. Tab. phyc. XVI. Tab. 81.
Halymenia filiformis Ag.

F. crispata. Fig. 49, *a.*

Thallus zusammengedrückt, wellenförmig-kraus, mehr weniger gedreht, bis zu 10—20 mm Dicke aufgetrieben.

Halymenia purpurascens β. crispata Grev. Crypt. Tab. 240.
H. filiformis β. crispata J. Ag. l. c.

In der Nord- und Ostsee.

XLI. Gattung. **Cryptonemia** J. Ag.

Thallus blattartig flach, häufig stengelig, einfach oder verschieden getheilt oder durch randständige Prolificationen verästelt, papierartig-häutig, aus zwei Schichten zusammengesetzt, wovon die innere aus längs verlaufenden, verzweigten, dicht verworrenen Fäden, die äussere aus rundlichen, gegen die Oberfläche kleiner werdenden Zellen besteht. Fortpflanzungsorgane in kleineren Blättchen, die aus dem Thallusrande proliferiren. Cystocarpien in kleinen warzenförmigen Erhabenheiten des Thallus, auf beiden Flächen desselben zerstreut; Kern in der inneren Schichte entwickelt, in ein Fadengeflecht eingehüllt. Tetrasporangien zwischen den Rindenzellen zerstreut, oval, kreuzförmig getheilt.

1. **Cr. Lomation** (Bertol.) J. Ag. Fig. 51.

Thallus 4—8 cm hoch, stengelig; Stengel 1—2 mm dick, einige mm bis 2 cm lang, einfach oder etwas verzweigt, bisweilen durch Blattüberbleibsel geflügelt. Stengel, bezw. dessen Zweige, spitz oder stumpfwinkelig in je einen meist verkehrt eirunden oder länglichen, ganzrandigen oder leicht ausgebuchteten, meist welligen (1—4 cm langen) Blattkörper übergehend. Stengel an der Basis des Blattkörpers sich verlierend oder denselben in Form einer Rippe durchsetzend und am Rande in ein neues Blättchen ausgehend. Blättchen in der Regel aus dem Stengel (oder der Blattrippe), seltener aus dem Rande des Blattkörpers proliferirend. Cystocarpien sehr klein. — Dunkelroth.

Fucus Lomation Bertol. Opusc. Bot. II. p. 289. Tab. 10. fig. 3.
Cr. Lomation J. Ag. Alg. med. p. 100. — Id. Spec. Alg. II. p. 228; III. p. 165.
Euhymenia Lactuca Kütz. Spec. Alg. p. 741. — Id. Tab. phyc. XVII. Tab. 71.

Im adriatischen Meere (meist an Cystosirenstämmen, Spongien und anderen Meereskörpern).

Fig. 51.

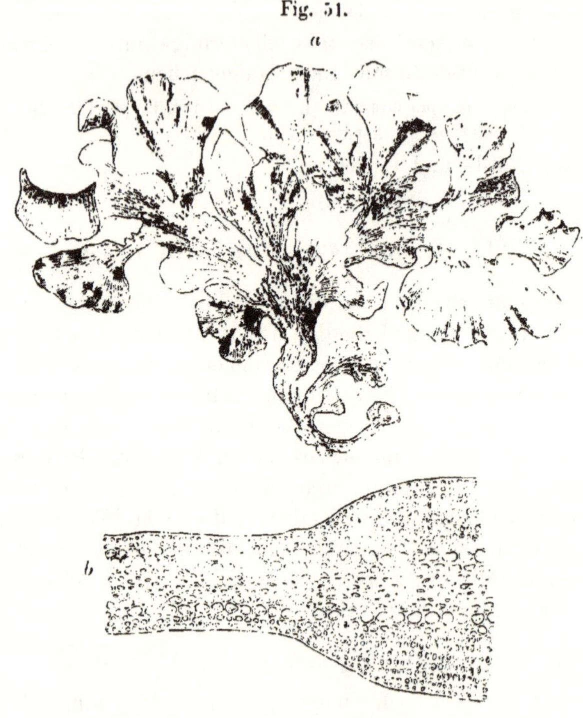

Cryptonemia Lomation (*Bertol.*) *J. Ag.*
a Alge in natürlicher Grösse. *b* Stück eines Querschnittes durch den Blattkörper und einen Theil des in denselben verlaufenden Stengels. Vergr. ca. 200. (Nach Kützing.)

2. **Cr.** (?) **tunaeformis** (Bertol.) Zanard.

Thallus 6—12 cm hoch, zart und kurz gestielt. Stiel (0.5 bis 2 mm lang und ca. 0·5 mm dick) meist spitzwinkelig in den gewöhnlich verkehrt eirunden oder länglichen, ganzrandigen, sehr dünnhäutigen (jedoch ziemlich steifen), 6—20 mm langen Blattkörper übergehend. Blattkörper aus dem oberen Rande wiederholt proliferirend. Prolificationen dem Thallus gleichgestaltet, kettenförmig und di-trichotom gereiht. Fruktification unbekannt. Struktur von den übrigen Cryptonemieen verschieden: Thallus innen fast ganz aus grösseren, gegen die Oberfläche etwas kleineren und an derselben kleinen rundlichen Zellen bestehend; eine eigentliche fädige Markschichte fehlt. — Dunkelroth.

Fucus tunaeformis Bertol. Amoen. ital. p. 221.

Cr. (?) tunaeformis Zanard. Icon. phyc. adr. II. p. 115. Tav. 68.

Rhodymenia tunaeformis Zanard. Sagg. p. 47. — J. Ag. Spec. Alg. II. p. 383.

Sphaerococcus tunaeformis Kütz. Spec. Alg. p. 782. — Id. Tab. phyc. XVIII. Tab. 94.

Im adriatischen Meere (an Spongien u. dergl.).

XLII. Gattung. **Acrodiscus** Zanard.

Thallus zusammengedrückt-flach, dichotom getheilt, dünnhäutig, aus zwei Schichten zusammengesetzt, wovon die innere aus längs verlaufenden, verzweigten, verworrenen Fäden besteht, welche nach aussen netzförmig anastomosirend in zur Oberfläche senkrechte, perlschnurförmige, dichotome Fäden ausgehen, die, zusammen verbunden, die äussere Schichte bilden. Cystocarpien unbekannt. Tetrasporangien in rundlichen Gruppen unter der Spitze der Segmente, zwischen stärker entwickelten Fäden der äusseren Schichte gelagert, erst keulenförmig, dann länglich, kreuzförmig getheiit.

1. **A. Vidovichii** (Menegh.) Zanard. Fig. 52.

Thallus 4—10 cm hoch, kurzgestielt; Stiel spitzwinkelig in den linearen, an der Spitze abgerundeten, dichotom getheilten Blattkörper übergehend. Blattkörper 4—8 mm breit, stellenweise — namentlich an den Theilungsstellen — eingeschnürt, am Rande der Einschnürungen proliferirend. Die durch die Einschnürungen gebildeten Stücke von ungleicher Länge, fast kreisrund bis linear-länglich. — Dunkelroth.

Chondrus Vidovichii Menegh. in Atti Congr. Firenze 1841. p. 11.

A. Vidovichii Zanard. Icon. phyc. adr. II. p. 119. Tav. 69.

Cryptonemia Vidovichii J. Ag. Alg. med. p. 100. — Id. Spec. Alg. II. p. 225; III. p. 161.

Euhymenia dichotoma und var. Vidovichii Kütz. Spec. Alg. p. 742. — Id. Tab. phyc. XVII. Tab. 72.

Im adriatischen Meere.

Fig. 52.

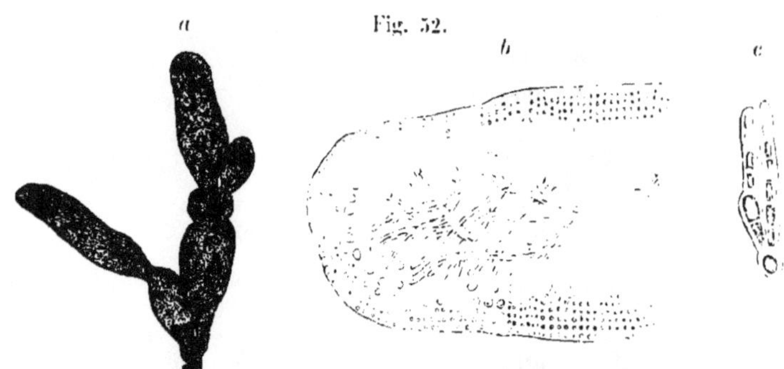

Acrodiscus Vidovichii (*Menegh.*) *Zanard.*
a Alge in natürlicher Grösse (kleines Exemplar). *b* Hälfte des Querschnittes durch einen fruktificirenden Theil des Thallus. Vergr. 350. *c* Fäden aus der Rindenschichte eines fruktificirenden Thallusstückes, mit einem (halbentwickelten) Tetrasporangium. Vergr. 680. (Nach Zanardini.)

X. Familie. **Gigartinaceae.**

Thallus stielrund, zusammengedrückt oder flach, fleischig oder knorpelig, von verschiedener Struktur, innen meist aus einem Gewebe grösserer Zellen oder längs verlaufender Fäden bestehend, welches von einer Schichte kleinerer Zellen oder senkrecht zur Oberfläche abstehender Fäden umgeben ist. Cystocarpien dem Thallus eingesenkt oder mit äusserlichem, meist halbkugeligem oder kugeligem Pericarp; Kern rundlich oder unbestimmt begrenzt, nackt oder in ein Fadengeflecht eingehüllt, aus mehr oder weniger zahlreichen, ohne Ordnung einander genäherten kleinen Kernen — Tochterkernen — zusammengesetzt, welche durch placentare Zellen oder Fäden mehr weniger deutlich von einander getrennt sind und aus rundlichen Häufchen rundlicher, ohne erkennbare Ordnung zusammengeballter Carposporen bestehen, die häufig durch Zerfallen des Pericarps oder der das Cystocarp bedeckenden Thallusschichte frei werden. Tetrasporangien dem Thallus eingesenkt oder in Nemathecien entwickelt, kreuz- oder zonenförmig getheilt.

XLIII. Gattung. **Chondrus** Stackh.

Thallus flach, dichotom getheilt, fleischig, aus zwei Schichten zusammengesetzt, wovon die innere aus cylindrischen, netzförmig anastomosirenden, später dickeren und ungleichen Zellen, die äussere aus senkrecht zur Oberfläche abstehenden, perlschnurförmigen, dichotomen Fäden besteht, welche durch Gallerte zusammen verbunden sind. Cystocarpien äusserlich, flach warzenförmig, mit aus der äusseren Thallusschichte gebildetem Pericarp; Kern in der inneren Schichte entwickelt, meist unbestimmt begrenzt, aus vielen kleinen rundlichen, dicht stehenden Tochterkernen zusammengesetzt, deren jeder von einem Fadengeflecht umgeben ist. Tetrasporangien in flach warzenförmigen Anschwellungen des Thallus unter der äusseren Schichte entwickelt, zu Häufchen gruppirt, rundlich, kreuzförmig getheilt.

Fig. 53.

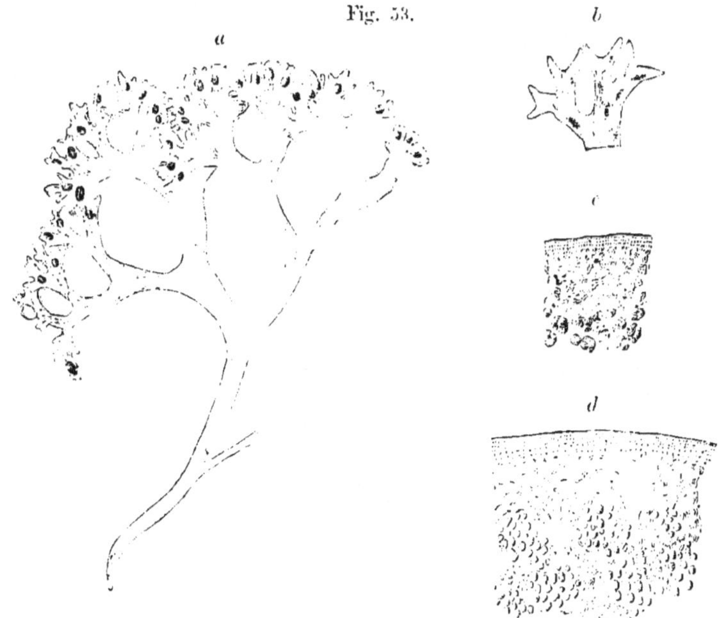

Chondrus crispus *(L.) Stackh.*

a Alge mit Cystocarpien in natürlicher Grösse. *b* Oberste Theilstücke (Segmente) der Alge mit Tetrasporangien. Natürliche Grösse. *c* Stück eines Querschnittes durch den Tetrasporangien-tragenden Theil des Thallus. Vergr. ca. 100. *d* Stück eines Querschnittes durch den Thallus und einen Theil des Cystocarps. Vergr. ca. 100. (Nach Kützing.)

1. **Ch. crispus** (L.) Stackh. Fig. 53.

Sehr veränderlich im Habitus. Thallus gewöhnlich 5—15 cm hoch, flach (bei manchen Formen zusammengedrückt), dichotom und gleich hoch getheilt, fächerförmig ausgebreitet, unterhalb allmälig in einen längeren oder kürzeren, an der Basis drehrunden Stiel verdünnt. Segmente linear oder mehr weniger keilförmig, 3—10 mm (und mehr) breit, alle beinahe gleich breit, oder die oberen breiter oder schmäler, abstehend; Enden spitz, stumpf, abgerundet oder ausgerandet. Achseln gerundet oder fast spitz. Rand nackt oder mit anfänglich zungenförmigen, später wiederholt getheilten Prolificationen besetzt. Cystocarpien ovale, meist ca. 2 mm lange (oder kleinere) Wärzchen auf einer Fläche des Thallus bildend, deren Stelle auf der anderen Fläche durch einen concaven Eindruck markirt ist und die nach Entleerung der Carposporen gleich grosse Narben oder Löcher zurücklassen. Tetrasporangien an den Endsegmenten cystocarpienähnliche Wärzchen bildend. — Hell purpurroth bis tief purpurbraun.

Fucus crispus L. Mant. p. 134.
Ch. crispus Stackh. Ner. — Lyngb. Hydr. dan. p. 15, Tab. 5, A. B. — Harv. Phyc. brit. pl. 63. — J. Ag. Spec. Alg. II. p. 246: III. p. 178. — Kütz. Spec. Alg. p. 735. — Id. Tab. phyc. XVII. Tab. 49.

In der Nord- und Ostsee. Perennirend.

β. **incurvatus.**

Thallus bis zu 25 cm verlängert, unterhalb fast stielrund, oberhalb zusammengedrückt bis flach, 2—3 mm breit, entfernt dichotom getheilt. Endsegmente eingekrümmt. Enden spitz. — Braunroth.

Ch. crispus ζ. incurvatus Lyngb. l. c. p. 16.
Ch. incurvatus Kütz. Spec. Alg. l. c. — Id. Tab. phyc. XVII. Tab. 50.

In der Ostsee (bei Travemünde). Perennirend.

XLIV. Gattung. **Gigartina** Stackh.

Thallus stielrund, zusammengedrückt oder flach, verschieden getheilt, fleischig oder knorpelig, aus zwei Schichten zusammengesetzt, wovon die innere aus cylindrischen, locker netzförmig anastomosirenden Zellen, die äussere aus senkrecht zur Oberfläche abstehenden, perlschnurförmigen, dichotomen Fäden besteht. Cystocarpien fast kugelige oder zäpfchenförmige Auswüchse bildend; Pericarp aus der äusseren Schichte des Thallus gebildet; Kern rundlich oder oval, in ein Fadengeflecht eingehüllt, aus vielen kleinen, rundlichen, dicht stehenden Tochterkernen zusammengesetzt, deren jeder von einem Fadengewebe umgeben ist. Tetrasporangien in leichten Anschwellungen des Thallus, der äusseren Schichte eingesenkt, zu unbestimmt begrenzten Häufchen vereinigt, rundlich, kreuzförmig getheilt.

1. **G. acicularis** (Wulf.) Lamour.

Bildet 4—10 cm hohe, verworrene Rasen. Thallus stielrund, ca. 1 mm dick (und mehr), unregelmässig allseitig verzweigt. Aeste abstehend, meist zurückgebogen, zugespitzt, mit kürzeren oder längeren, dornförmigen, abstehenden oder gespreizten Aestchen besetzt. Cystocarpien fast kugelig, an den Aestchen einzeln oder bis zu vieren, oft einseitig sitzend. Tetrasporangien-Häufchen in etwas verdickten Aesten. — Bräunlichroth oder schwarzgrün, trocken purpur- oder violettschwarz. Knorpelig.

Fucus acicularis Wulf. Crypt. aquat. N. 50.
G. acicularis Lamour. Ess. p. 48. — J. Ag. Spec. Alg. II. p. 263; III. p. 190. — Harv. Phyc. brit. pl. 104. — Kütz. Spec. Alg. p. 749. — Id. Tab. phyc. XVIII. Tab. 1.
G. compressa Kütz. Spec. Alg. p. 750. — Id. Tab. phyc. XVIII. Tab. 2.

Im adriatischen Meere. Perennirend.

Fig. 54.

Gigartina Teedii (*Roth*) *Lamour.*
Alge mit Cystocarpien in natürlicher Grösse.

2. **G. Teedii** (Roth) Lamour. Fig. 54.

Thallus 10—20 cm hoch, zusammengedrückt-flach, linear, mehrmal abwechselnd gefiedert. Grössere Fiedern mit kleineren oder einfachen Fiederchen gemischt. Mittelbänder 1 bis 4 mm breit, zugespitzt, gegen die Basis verschmälert; Fiederchen bald kürzer, bald länger, dornförmig oder fast lanzettlich, spitz, 0·5—1 mm breit. Fiedern und Fiederchen abstehend bis fast gespreizt. Cystocarpien fast kugelig, an den Fiederchen seitlich sitzend. Tetrasporangien-Häufchen in den

Fiederchen, nahe am Rande. Antheridien aus den Rindenzellen sich entwickelnd. — Purpurroth bis schwärzlich-grün. Knorpelig.

Ceramium Teedii Roth, Catal. III. p. 108.
G. Teedii Lamour. Ess. p. 49. — J. Ag. Spec. Alg. II. p. 266; III. p. 192. — Harv. Phyc. brit. pl. 266.
Chondrocloniuin Teedii Kütz. Spec. Alg. p. 740. — Id. Tab. phyc. XVII. Tab. 66.

Im adriatischen Meere.

3. **G. mamillosa** (Good. et Woodw.) J. Ag. Fig. 55.

Thallus 5—15 cm hoch, flach, linear, mehr weniger rinnenförmig (auf einer Seite), dichotom und gleich hoch getheilt, fächerförmig ausgebreitet, unterhalb in einen längeren oder kürzeren, an der Basis fast drehrunden Stiel verdünnt. Segmente durchaus linear, 2—3 mm breit, oder keilförmig, 2—8 mm breit, oder die unteren Segmente linear und die oberen keilförmig; Enden spitz, stumpf, abgerundet, ausgerandet oder zweispaltig. Segmente abstehend. Achseln gerundet. Cystocarpien mit eiförmigen, fast sitzenden oder kurz- oder langgestielten Pericarpien, welche anfänglich zäpfchen- oder zungenförmige, 2—5 mm lange Auswüchse bilden, die mehr

Fig. 55.

Gigartina mamillosa (*Good. et Woodw.*) *J. Ag.* Alge mit den zäpfchenförmigen Auswüchsen. Natürl. Grösse. (Nach Kützing.)

oder weniger zahlreich aus der Fläche und dem Rande am oberen Theile des Thallus entspringen und ausnahmsweise auch in Prolificationen auswachsen. Tetrasporangien unbekannt. — Purpurviolett bis purpurbraun. Knorpelig.

Fucus mamillosus Good. et Woodw. in Lin. Trans. 3. p. 174.
G. mamillosa J. Ag. Alg. med. p. 104. — Id. Spec. Alg. II. p. 273; III. p. 199. — Harv. Phyc. brit. pl. 199.
Mastocarpus mamillosus Kütz. Spec. Alg. p. 733. — Id. Tab. phyc. XVII. Tab. 39.

In der Nordsee (Helgoland). Perennirend.

XLV. Gattung. **Gymnogongrus** Martius.

Thallus (häufig) fadenförmig, dichotom verzweigt, hornartig-knorpelig, aus zwei Schichten zusammengesetzt, wovon die innere parenchymatisch, aus länglichen, gegen die Peripherie kleiner werdenden, rundlichen Zellen, die äussere Schichte aus senkrecht zur Oberfläche abstehenden, perlschnurförmigen, dichotomen, kleinzelligen Fäden besteht. Cystocarpien bei den folgenden Arten unbekannt. Tetrasporangien in warzenförmigen Nematheeien, welche an den Thalluszweigen zerstreut entspringen und aus perlschnurförmigen (bei der Reife trennbaren) Fäden bestehen, deren Glieder sich von aussen nach innen in ovale, kreuzförmig getheilte Tetrasporangien umwandeln.

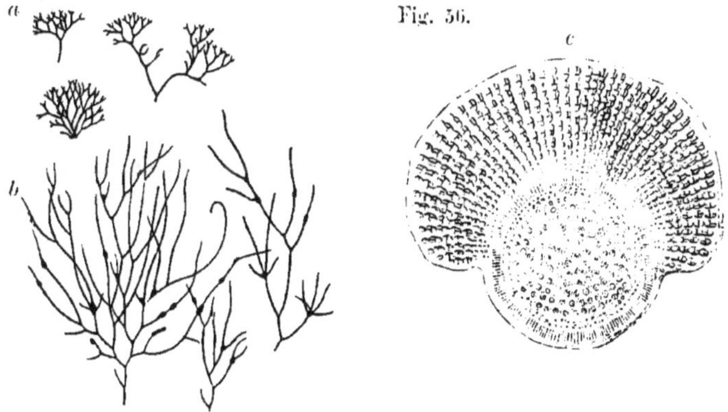

Fig. 56.

Gymnogongrus Griffithsiae (*Turn.*) *Martius.*
a, *b* Alge in natürlicher Grösse; *b* mit Nematheeien. *c* Querschnitt durch den Thallus und ein reifes Nematheeium. Vergr. ca. 100. (Nach Kützing.)

1. G. plicatus (Huds.) Kütz.

Bildet ausgebreitete, 5—15 cm hohe, häufig verworrene Rasen. Thallus fadenförmig, ca. 0·5 mm dick, durchaus ziemlich gleich dick, oder unterhalb etwas dicker und in den letzten Verzweigungen etwas dünner, dichotom verzweigt. Gabelzweige abstehend oder gespreizt (oder aufwärts gebogen), nackt oder mehr weniger mit kürzeren oder längeren proliferirenden, zum Theil büschelig entspringenden, gespreizten Aestchen einseitig besetzt. Nematheeien längliche, den Zweig halb oder ganz umfassende Wärzchen bildend. (Reife Tetrasporangien bisher nicht beobachtet.) Braunroth, bisweilen ins Violette ziehend, leicht (namentlich an den Spitzen) verbleichend, gelblich, durchscheinend, von der Farbe einer Darmsaite.

Fucus plicatus Turn. Fl. Angl. p. 589.
G. plicatus Kütz. Spec. Alg. p. 789. Id. Tab. phyc. XIX. Tab. 66. · Harv. Phyc. brit. pl. 288.
Ahnfeltia plicata Fr. Fl. Scan. p. 310. — J. Ag. Spec. Alg. II. p. 311: III. p. 206.
Tylocarpus plicatus Kütz. phyc. germ. p. 308.

In der Nord- und Ostsee. Perennirend.

2. **G. Griffithsiae** (Turn.) Martius. Fig. 56.

Bildet dichte, polsterförmige, 2—5 cm hohe Räschen. Thallus fadenförmig und zwar stielrund oder zusammengedrückt, 350 bis 550 μ dick, durchaus ziemlich gleich dick, dichotom und gleich hoch in einer Ebene (wenigstens ursprünglich) verzweigt. Zweige meist abstehend. Nematheeien an den Zweigen zerstreut, meistens an den Achseln entspringend, warzenförmig oder längliche bis kugelige, den Zweig ganz umfassende Anschwellungen bildend. — Purpur-schwärzlich bis schwarzgrün, trocken schwärzlich.

Fucus Griffithsiae Turn. Hist. Tab. 37.
G. Griffithsiae Martius Fl. Bras. p. 27. — J. Ag. Spec. Alg. II. p. 316: et III. p. 209. — Harv. Phyc. brit. pl. 108. — Kütz. Spec. Alg. p. 788. — Id. Tab. phyc. XIX. Tab. 65.
G. tentaculatus Kütz. l. c.
G. furcellatus Kütz. l. c.
G. Wulfeni Zanard. Icon phyc. adr. III. p. 57. Tav. 94.
Tylocarpus tentaculatus Kütz. Phyc. germ. p. 308.

Im adriatischen Meere. Perennirend.

XLVI. Gattung. **Phyllophora** Grev.

Thallus unterhalb stengelig (oder gestielt), oberhalb blattartig flach, mit oder ohne Mittelrippe, häufig proliferirend, knorpelig-häutig, aus zwei Schichten zusammengesetzt, wovon die innere aus grösseren, länglich-polyëdrischen, die äussere aus rundlichen, gegen die Oberfläche allmälig kleiner werdenden, senkrecht zu dieser gereihten

Zellen besteht. Cystocarpien äusserlich, halbkugelig oder kugelig, mit geschlossenem Pericarp, welches aus radialen, perlschnurförmigen, zusammen verwachsenen Fäden gebildet wird und einen rundlichen Kern einschliesst, der aus vielen kleinen, dicht stehenden, fast zusammen fliessenden (durch kein Fadengeflecht von einander getrennten) Tochterkernen zusammengesetzt ist. Tetrasporangien in polsterförmige oder kugelige Anschwellungen bildenden Nematheceien, die aus perlschnurförmigen, etwas gabeligen, bald leicht trennbaren Fäden bestehen, deren Glieder sich allmälig von aussen nach innen in ovale, kreuzförmig getheilte Tetrasporangien umwandeln. Antheridien aus den Zellen der Oberfläche sich entwickelnd.

Fig. 57.

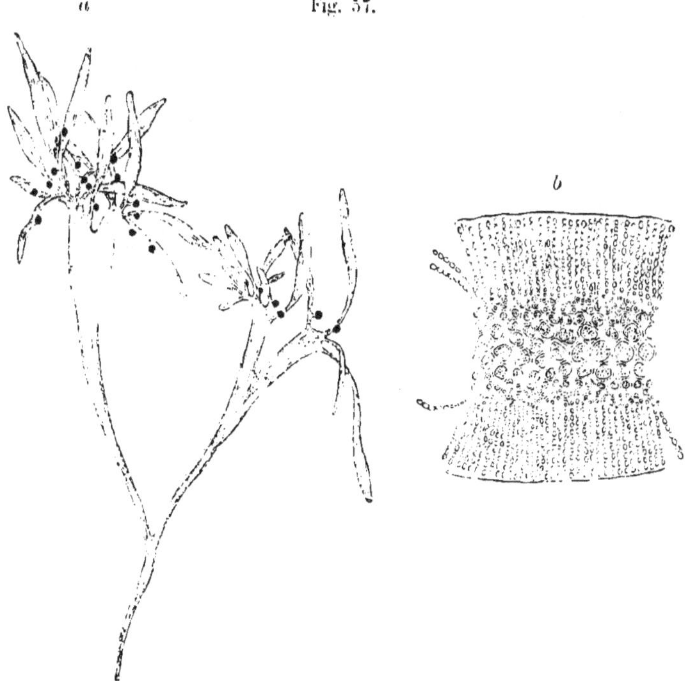

a **Phyllophora Brodiaei** *(Turn.) J. Ag.* Alge mit Nematheceien in natürlicher Grösse. *b* Stück eines unreifen Nematheciums von **Phyllophora membranifolia** *(Good. et Woodw.) J. Ag.* im Querschnitte. Vergr. ca. 100. (Nach Kützing.)

1 **Ph. Brodiaei** (Turn.) J. Ag. Fig. 57, *a*.

Thallus 8—15 cm hoch, stengelig. Stengel fadenförmig, ca. 1 mm dick oder mehr, an der Basis stielrund, oberhalb zusammengedrückt-flach, proliferirend, einfach oder verzweigt. Stengel, bezw. dessen Zweige in verlängert keilförmige, meist 2—6 cm lange und 3—20 mm breite, einfache und zweispaltige Blattkörper ausgehend. Blattkörper ohne Mittelrippe, häufig an der Spitze proliferirend. Prolificationen dem Thallus gleich gestaltet, oder häufig verkehrt eirund bis keilförmig; Enden abgerundet, abgestutzt oder spitz. Cystocarpien fast kugelig, ca. 1·5 mm im Durchmesser, auf der Blattfläche sitzend. Nemathecien von fast gleicher Form und Grösse, gestielt, meist zahlreich an der Spitze des Blattkörpers. — Dunkelroth.

Fucus Brodiaei Turn. Hist. Fuc. II. p. 1. Tab. 72.
Ph. Brodiaei J. Ag. Alg. med. p. 93 — Id. Spec. Alg. II. p. 330; III. p. 216. — Harv. Phyc. brit. pl. 20. (excl. var.)
Coccotylus Brodiaei Kütz. Spec. Alg. p. 79. — Id. Tab. phyc. XIX. Tab. 74. fig. a. b.
Actinococcus roseus Kütz. Tab. phyc. I. Tab. 81. (Nemathecien.)

In der Nord- und Ostsee.

β. **elongata.**

Bildet bis 30 cm hohe, verschlungene Rasen. Thallus verlängert, eigentlich nur auf einen verflachten und verzweigten Stengel reducirt. Stengel ca. 0·5 mm dick, unmerklich in den sehr verlängerten, hin- und hergebogenen, dichotom getheilten und proliferirenden Blattkörper übergehend, dessen Segmente entweder durchaus fast linear, 1—2 mm breit, oder stellenweise keilförmig oder lanzettlich und bis zu 5—10 mm verbreitert sind.

Ph. Brodiaei β. elongata Hauck, mspt.
Sphaerococcus Brodiaei β. concatenatus Lyngb. Hydr. dan. p. 11.
Ph. Br. β. concatenata Aresch. Phyc. scand. p. 83. Tab. III. A.
Coccotylus Br. β. concatenatus Kütz. Spec. Alg. p. 791.
Sphaerococcus Br. δ. angustissimus Ag. Spec. Alg. I. p. 240.
Coccotylus Br. δ. angustissimus Kütz. Spec. Alg. p. 791. — Id. Tab. phyc. XIX. Tab. 74. c.

In der Ostsee.

γ. **baltica.**

Thallus 2—5 cm hoch, auf einen unterhalb stielrunden, oberhalb verflachten, dichotomen und proliferirenden, durchaus fast linearen 0·3—2 mm breiten Stengel reducirt.

Ph. Brodiaei f. baltica Aresch. Alg. scand. exsicc. No. 310. — Gobi, Rothtange. p. 7. Tab. fig. 1—7.

Im östlichen Theile der Ostsee.

2. Ph. rubens (Good. et Woodw.) Grev.

Thallus 5—20 cm hoch, kurz gestielt. Stiel zusammengedrückt, spitzwinkelig in den linaren, meist 3—8 mm breiten, einfachen oder gabeltheiligen, kürzeren oder längeren Blattkörper übergehend. Blattkörper mit mehr weniger angedeuteter Mittelrippe (längs der Mitte etwas verdickt), aus der Fläche, nahe am Rande wiederholt (fast kettenförmig) proliferirend. Prolificationen sehr kurz gestielt, dem Thallus gleichgestaltet (anfänglich keilförmig). Spitzen stumpf oder abgerundet. Achseln spitz oder stumpf. Cystocarpien auf der Blattfläche fast sitzend (sehr kurz gestielt), kugelig, runzelig-faltig. Nemathecien wulstförmig um den sehr kurzen Stiel, kleiner, fast rundlicher bis länglicher (fast schildstieliger) Blättchen entwickelt, die aus der Blattfläche nahe am Rande proliferiren. — Dunkelroth.

Fig. 58.

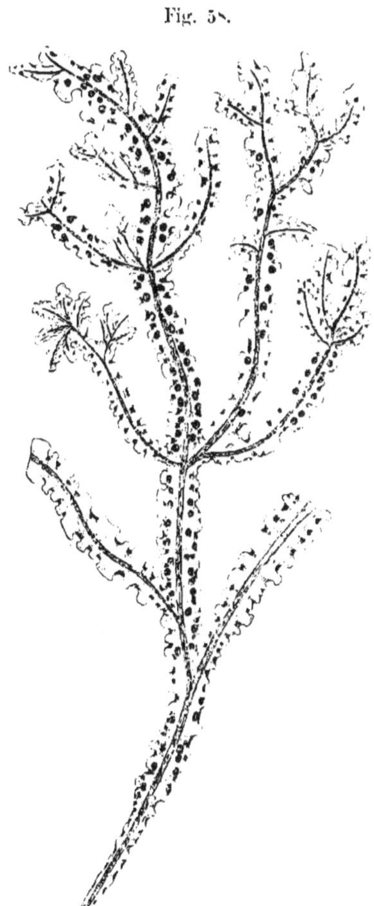

Phyllophora rubens (*Good et Woodw.*) *Grev.* β. **nervosa.** Alge in natürl. Grösse. (Nach Kützing.)

Variirt:

a. Blattkörper sehr schmal ca. 1 mm breit.

b. Blattkörper stellenweise deutlich gerippt.

Fucus rubens Good. et Woodw. in Lin. Trans. III. p. 165.

Ph. rubens Grev. Alg. Brit. p. 135. Tab. 15. — Harv. Phyc. brit. pl. 131. — J. Ag. Spec. Alg. II. p. 331; III. p. 217. — Kütz. Spec. Alg. p. 791. — Id. Tab. phyc. XIX Tab. 76.

In der Nordsee (Helgoland).

β. nervosa Fig. 58.

Thallus verlängert, 4—12 mm breit; Blattkörper mit mehr weniger deutlicher Mittelrippe und wellig-krausem Rande.

Variirt:

a. Blattkörper gedreht.
b. Blattkörper stellenweise eben.
c. Blattkörper mit fast verschwindender Mittelrippe.
d. Thallus 1—3 cm hoch; Blattkörper 1—2 mm breit.

Fucus nervosus De Cand. Fl. Fr. II. p. 20.
Ph. nervosa Grev. Alg. brit. — J. Ag. Spec. Alg. II. p. 332; III. p. 217. — Kütz. Spec. Alg. p. 791. — Id. Tab. phyc. XIX. Tab. 76.

Im adriatischen Meere.

3. **Ph. membranifolia** (Good. et Woodw.) J. Ag. Fig. 57, *b*.

Thallus 5—15 cm hoch, stengelig. Stengel zusammengedrückt, an der Basis stielrund, 1—1·5 mm dick, fadenförmig verlängert, mehr weniger dichotom und seitlich verzweigt. Zweige oberhalb in verschieden (1—10 mm) breite, meist 1—5 cm lange, fast lineare oder keilförmige, ungetheilte oder dichotome bis vieltheilige Blattkörper verflacht. Blattkörper ohne Mittelrippe; Segmente linear oder keilförmig, meist abstehend; Endsegmente abgerundet, abgestutzt, ausgerandet oder spitz; Achseln spitz oder gerundet. Cystocarpien ziemlich gross (1·5—2 mm lang), verkehrt eiförmig, gestielt, mit glatter Oberfläche, aus dem Rande des Stengels oder Blattkörpers, seltener aus der Fläche desselben entspringend. Nematheeien polsterförmig, dunkel-purpurrothe Flecken in der Mitte der Blattfläche bildend, und nach deren Form von verschiedenem Umriss. Antheridien in fast ovalen oder zungenförmigen, ca. 1 mm langen, heller gefärbten Blättchen, die an analoger Stelle wie die Cystocarpien entspringen. — Dunkelroth.

Variirt:

a. Blattkörper fast linear, kaum 1—2 mm breit.
b. Blattkörper breiter, keilförmig, ungetheilt, mit abgestutzter oder ausgerandeter Spitze, oder mehrmal gabeltheilig.
c. Blattkörper breit, fächerförmig, vieltheilig.

Fucus membranifolius Good. et Wood. in Lin. Trans. III. p. 120.
Ph. membranifolia J. Ag. Alg. med. p. 93. — Id. Spec. Alg. II. p. 934; III. p. 218. — Harv. Phyc. brit. pl. 163.

Phyllotylus membranifolius Kütz. Spec. Alg. p. 790. — Id. Tab phyc. XIX. Tab. 75.
Rivularia rosea Suhr! (Nemathecien.)

In der Nord- und Ostsee. Die sehr schmalen Formen in der Ostsee. Perennirend.

4. **Ph. palmettoides** J. Ag.

Thallus 2—6 cm hoch, gestielt. Stiel entweder kurz oder 1—3 cm lang, 0·5 bis kaum 1 mm dick, zusammengedrückt, meist einfach (selten gabelig), in einen länglich keilförmigen oder linear-länglichen, einfachen oder zweispaltigen (seltener fast handförmig gespaltenen), 3—8 mm breiten Blattkörper verflacht; Blattkörper ohne Mittelrippe; Enden abgerundet, selten spitz. Thallus bisweilen aus dem Stiele proliferirend. Cystocarpien halbkugelig, auf der Fläche (am unteren Theile, nahe an der Basis) des Blattkörpers sitzend. Nemathecien polsterförmig, dunkelpurpurrothe, längliche oder rundliche Flecken auf der Blattfläche bildend. Antheridien in weisslichen, rundlichen Flecken auf der Blattfläche. — Dunkelroth.

Ph. palmettoides J. Ag. Act. Holm. Öfvers. 1849. p. 88. — Id. Spec. Alg. II. p. 333; III. p. 218. — Harv. Phyc. brit. pl. 310.
Ph. Brodiaei var. simplex Harv. Phyc. brit. pl. 20. fig. 2—4.
Phyllotylus siculus Kütz. Spec. Alg. p. 790. — Id. Tab. phyc. XIX. Tab. 75.
Sphaerococcus nicaeensis Kütz. Spec. Alg. p. 782. — Id. Tab. phyc. XVIII. Tab. 96.
Sph. Palmetta var. subdivisa et acutifolia Kütz. Tab. phyc. XVIII. Tab. 98.

Im adriatischen Meere.

5. **Ph.** (?) **Bangii** (Fl. Dan.) Jensen.

Thallus 2—8 cm hoch, an der Basis fast stielrund, oberhalb zweischneidig-flach, fast linear, 0·5—1 mm breit, stellenweise bis zu 2—3 mm flügelartig verbreitert, dichotom und fiederförmig getheilt. Rand theils in kurze, stumpfe Zähne, theils in schmälere und breitere, 0·5—1·5 mm lange, auswärts erweiterte, an ihrem oberen Rande äusserst fein buchtige und gekerbte Läppchen auswachsend. Nemathecien polsterförmige, das Thallusstück an verschmälerten Stellen (ob immer ?) fast ganz umfassende Anschwellungen bildend. Cystocarpien und Antheridien unbekannt. — Dunkelroth.

Fucus Bangii Fl. Dan. Tab. 1477.
Ph. Bangii Th. Jensen, in Rabenh. Alg. Europ. exsicc. N. 1299.
Chondrus Bangii Lyngb. Hydr. dan. p. 17. Tab. 3.

Sphaerococcus Bangii Ag. — Kütz. Spec. Alg. p. 778. — Id. Tab. phyc. XVIII. Tab. 84.
Rhizophyllis (?) Bangii J. Ag. Spec. Alg. II. p. 352; III. p. 352.

In der Ostsee. Perennirend.

XLVII. Gattung. **Kallymenia** J. Ag.

Thallus blattartig flach, ohne Mittelrippe, bisweilen aus dem Rande proliferirend, fleischig-häutig, aus zwei Schichten zusammengesetzt, wovon die innere aus längs verlaufenden, verzweigten, dicht verworrenen und anastomosirenden Fäden, die äussere zunächst aus grösseren, rundlich-polygonen, gegen die Oberfläche aus kleinen rundlichen Zellen besteht. Cystocarpien dem Thallus eingesenkt, oder äusserlich, warzenförmig, mit aus der äusseren Schichte gebildetem Pericarp; Kern in der inneren Schichte des Thallus entwickelt, kaum bestimmt begrenzt; Tochterkerne je von einem Fadengeflecht umgeben. Tetrasporangien im Thallus zerstreut, aus den Rindenzellen entwickelt, rundlich, kreuzförmig getheilt.

Fig. 59.

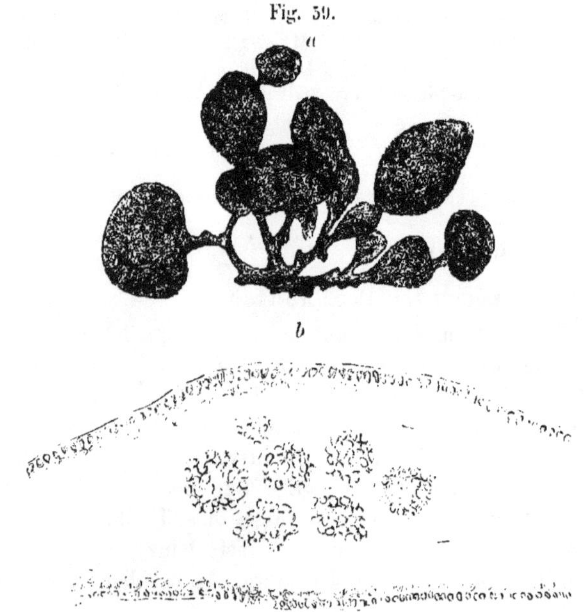

Kallymenia microphylla *J. Ag.*
a Alge in natürlicher Grösse. *b* Stück eines Querschnittes durch den Blattkörper und ein Cystocarp. Vergr. 380. (Nach Zanardini.)

1. **K. microphylla** J. Ag. Fig. 59.

Thallus 1 - 5 cm hoch, gestielt. Stiel cylindrisch, einfach oder verzweigt, 2—15 mm lang und 1—2 mm dick. Blattkörper einfach, nierenförmig, rundlich, oder verkehrt eiförmig oder länglich und am Grunde spitz oder herzförmig, 1—3 cm lang, mit glattem, oder (seltener) ausgenagtem Rande, häufig prolifirirend. Cystocarpien auf der Blattfläche zerstreut, flach halbkugelig, verhältnissmässig gross (ca. 1 mm im Durchmesser). — Dunkelroth. Trocken fast pergamentartig.

Habitus von Cryptonemia Lomation.

K. microphylla J. Ag. Spec. Alg. II. p. 288; III. p. 222. — Zanard. Icon. phyc. adr. III. p. 53. Tav. 43. fig. 1—3.
K. reniformis J. Ag. Alg. med. p. 99.
Iridea minor Kütz. Tab. phyc. XVII. Tab. 3. ?

Im adriatischen Meere.

XLVIII. Gattung. **Constantinea** Post. et Rupr.

Thallus stengelig. Stengel stielrund, knorpelig, verzweigt: Zweige mit fleischigen Blattkörpern besetzt. Thallus aus zwei Schichten zusammengesetzt, wovon die innere aus längs verlaufenden, verworrenen, verzweigten und anastomosirenden Fäden besteht, welche in der äusseren Schichte in senkrecht abstehende, perlschnurförmige, dichotome Fäden ausgehen (die im Blattkörper sehr verkürzt, im Stengel verlängert sind) und deren letzte Glieder aus sehr kleinen Zellen bestehen. Cystocarpien dem Blattkörper eingesenkt; Tochterkerne je in eine gallertartige, farblose Membran eingeschlossen. Tetrasporangien in Nematheeien, zonenförmig getheilt (bei der folgenden Art jedoch unbekannt).

1. **C. reniformis** Post. et Rupr. Fig. 60.

Thallus 6—10 cm hoch. Stengel 1—3 mm dick, unregelmässig verzweigt. Zweige in kurzen Entfernungen (von ca. 1 cm) mit stengelumfassenden, nierenförmigen, 1—3 cm breiten, dicken, fleischigen, häufig etwas wellenrandigen oder breitgekerbten Blattkörpern besetzt und an den Spitzen in solche gleich gestaltete verflacht. Cystocarpien in einer breiten Zone am Rande des Blattkörpers ausgesäet, kaum merkliche Erhöhungen bildend. — Schwärzlich-purpurroth.

C. reniformis Post. et. Rupr. Illust. p. 17 (in notula). — J. Ag. Spec. Alg. II. p. 294; III. p. 225. — Zanard. Icon. phyc. adr. II. p. 158. Tav. 78.
Neurocaulon foliosum Zanard. Sagg. p. 49. — Kütz. Spec. Alg. p. 744. — Id. Tab. phyc. XVII. Tab. 88.

Im adriatischen Meere (Capocesto) in grösseren Tiefen.

Fig. 60.

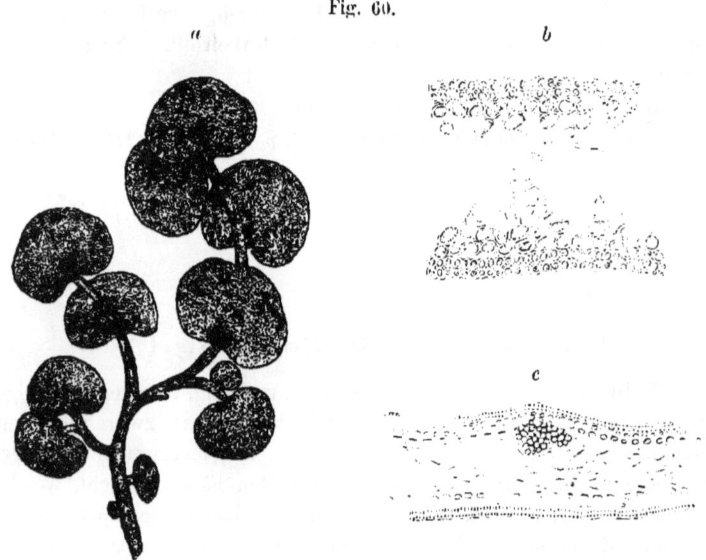

Constantinea reniformis *Post. et Rupr.*
a Alge in natürlicher Grösse. *b* Stück eines Querschnittes durch den Blattkörper. Vergr. 380. *c* Stück eines Querschnittes durch den Blattkörper und ein Cystocarp. Vergr. 120. (Nach Zanardini.)

XLIX. Gattung. **Cystoclonium** Kütz.

Thallus fadenförmig, seitlich verzweigt, fleischig, aus zwei Schichten zusammengesetzt, wovon die innere aus längs verlaufenden, verzweigten, verflochtenen und anastomosirenden Fäden, die äussere zunächst aus grossen rundlichen oder länglichen, gegen die Oberfläche kleineren, an derselben aus kleinen, rundlich-polyëdrischen Zellen besteht. Cystocarpien kugelige bis ovale, meist excentrische Anschwellungen in den Aestchen bildend: Pericarp

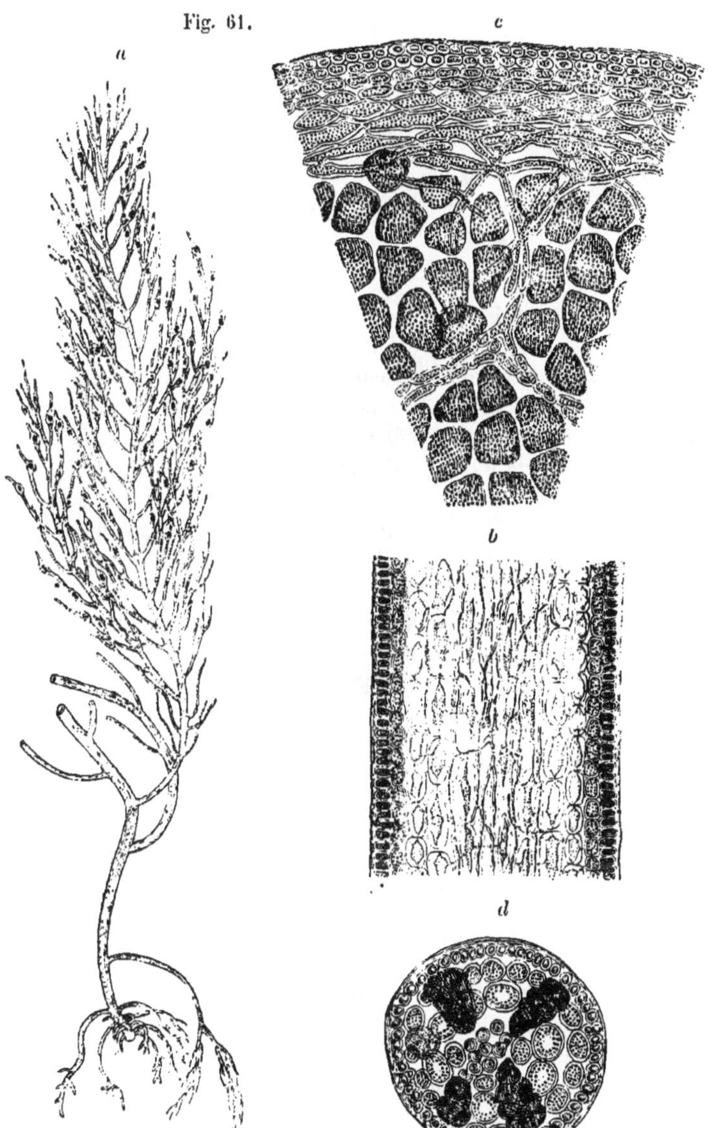

Cystoclonium purpurascens *(Huds.) Kütz.*

a Alge mit Cystocarpien in natürlicher Grösse. *b* Stück eines medianen Längsschnittes durch den Thallus. *c* Stück eines Querschnittes durch ein Aestchen und einen Theil des Cystocarps. *d* Querschnitt durch ein Aestchen mit Tetrasporangien. Vergr. von Fig. *b—d* ca. 300. (Nach Kützing.)

dick, zellig, dessen Zellen concentrisch und radial angeordnet; Kern fast oval, in der inneren Thallusschichte entwickelt, aus mehreren rundlichen, durch Fäden von einander getrennten Tochterkernen zusammengesetzt, die aus wenigen grossen Carposporen bestehen. Tetrasporangien in der äusseren Schichte verdickter Aestchen eingesenkt, länglich, zonenförmig getheilt. Antheridien an den Aestchen hellere Flecken bildend, aus den Rindenzellen entwickelt.

1. **C. purpurascens** (Huds). Kütz. Fig. 61.

Thallus 15—50 cm hoch, mittelst einer Wurzelscheibe, später auch mittelst wurzelnder Aestchen, die an der Basis desselben entspringen, dem Substrat anhaftend, wiederholt allseitig abwechselnd verzweigt. Stämmchen durchlaufend, unterhalb 1—3 mm dick, gegen die Spitze verdünnt. Hauptäste und Aeste ruthenförmig verlängert; Aestchen einfach, 5—25 mm lang und meist 250 bis 500 μ dick, beiderends verdünnt, einzelne bisweilen an der Spitze rankig. Alle Zweige aufrecht-abstehend. Cystocarpien fast in der Mitte der Aestchen entwickelt, einzeln oder zu 2—4 in kurzen Entfernungen hinter einander. Tetrasporangien in fast spindelig verdickten Aestchen. — Bräunlich-rosenroth.

Fucus purpurascens Huds. Fl. Angl. p. 589.
C. purpurascens Kütz. Phyc. gener. p. 404. Tab. 58. — Id. Spec. Alg. p. 756. — Id. Tab. phyc. XVIII. Tab. 15. — J. Ag. Spec. Alg. II. p. 307; III. p. 239.
Hypnaea purpurascens Harv. Phyc. brit. pl. 116.

In der Nord- und Ostsee.

XI. Familie. Rhodymeniaceae.

Thallus stielrund oder zusammengedrückt, solid oder röhrig und dann bisweilen gliederartig eingeschnürt oder flach oder blattartig, von verschiedener Substanz und Struktur. Cystocarpien äusserlich, mit fast kugeligem oder halbkugeligem, zelligem, am Scheitel geöffnetem Pericarp, welches einen rundlichen oder ovalen Kern einschliesst, der entweder aus verschmolzenen oder durch sterile Fäden von einander getrennten, fast verkehrt konischen oder verkehrt eiförmigen, mehr weniger deutlich strahlig angeordneten Lappen oder Tochterkernen zusammengesetzt ist, die aus zusammengeballten, rundlichen, kantig gedrückten Carposporen bestehen, welche sich aus den oberen Gliedern gabeliger oder fast corymbos oder rispenartig verzweigter, bisweilen anastomosirender, aus dem Grunde des Pericarps entspringender sporigener Fäden entwickeln. Tetrasporangien dem Thallus eingesenkt oder in Nemathecien entwickelt, tetraëdrisch, kreuz- oder zonenförmig getheilt.

L. Gattung. **Gloiocladia** J. Ag.

Thallus unterhalb stielrund, oberhalb flach, dichotom getheilt, gallertartig-häutig, aus zwei Schichten zusammengesetzt, wovon die innere der Länge nach aus länglichen, nach aussen kleineren Zellen, die äussere Schichte aus spitzwinkelig bis fast senkrecht abstehenden, kurzen, kleinzelligen, perlschnurförmigen, dichotomen, ziemlich-lockeren, in Gallerte eingehüllten Fäden besteht. Cystocarpien am Rande entspringend, fast kugelig, mit aus der äusseren Schichte und den äusseren Zellenlagen der inneren Schichte gebildetem Pericarp, welches ein zartfädiges, netzförmiges, weitmaschiges (aus sternförmigen, anastomosirenden Zellen gebildetes) Gewebe umschliesst, in dessen Mitte der mehrlappige Kern gelagert ist. Tetrasporangien in dichten Gruppen, welche mit Ausnahme des Randes die ganze Fläche der oberen Segmente einnehmen, zwischen den sehr entwickelten Fäden der äusseren Schichte gelagert, kugelig, kreuzförmig getheilt.

1. **Gl. furcata** (Ag.) J. Ag. Fig. 62.

Thallus an der Basis und bisweilen auch stellenweise an den Zweigen mittelst kleiner Wurzelschwielen dem Substrate anhaftend, 1—6 cm hoch, fast gestielt, ziemlich regelmässig mehrmal gabelig getheilt. Segmente linear, abstehend oder gespreizt, 0·5—2·5 mm breit, alle fast gleich breit, oder die oberen verschmälert oder verbreitert; Endsegmente spitz oder zugespitzt. Tetrasporangien meistens in verbreiterten Segmenten. — Rosen- oder fleischroth. Schlüpfrig.

Chondria furcata Ag. Aufz. p. 19. N. 59.
Gl. furcata J. Ag. Alg. med. p. 87. — Id. Spec. Alg. II. p. 216; III. p. 353. — Zanard. Icon. phyc. adr. I. p. 13. Tav. 4.

Im adriatischen Meere.

Fig. 62.

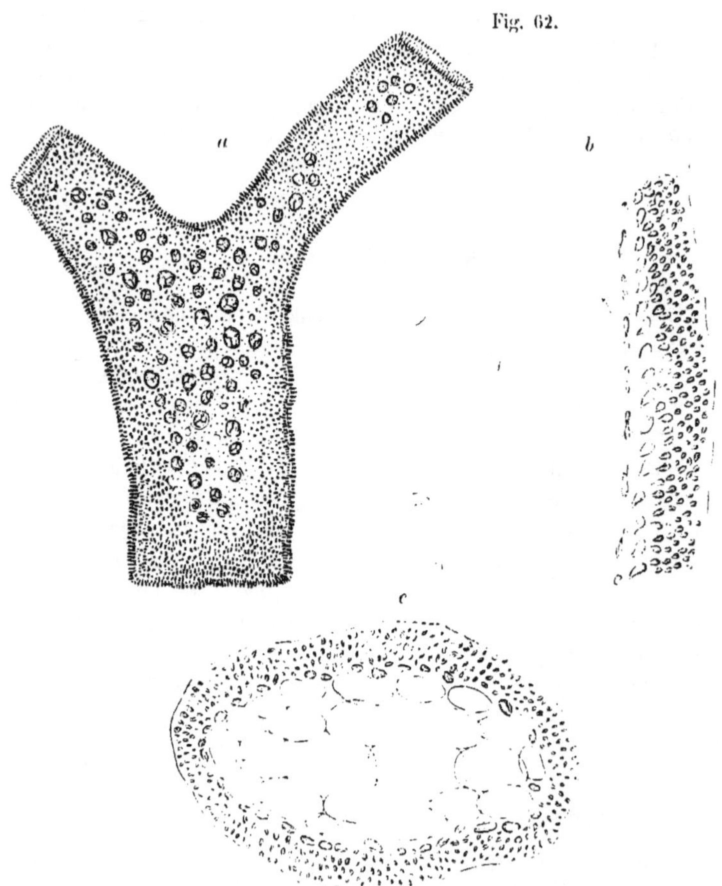

Gloiocladia furcata (*Ag.*) *J. Ag.*
a Stück des Thallus mit Tetrasporangien. Flächenansicht. Vergr. 65. *b* Stück eines Längsschnittes durch den Thallus. Vergr. 180. *c* Querschnitt durch den Thallus. Vergr. 100. (Nach Zanardini.)

LI. Gattung. **Fauchea** Mont.

Thallus flach, dichotom getheilt, fleischig-häutig, aus zwei Schichten zusammengesetzt, wovon die innere der Länge nach aus länglichen (in der Mitte sehr lang gestreckten), nach aussen bedeutend kleiner werdenden Zellen, die äussere aus sehr kurzen,

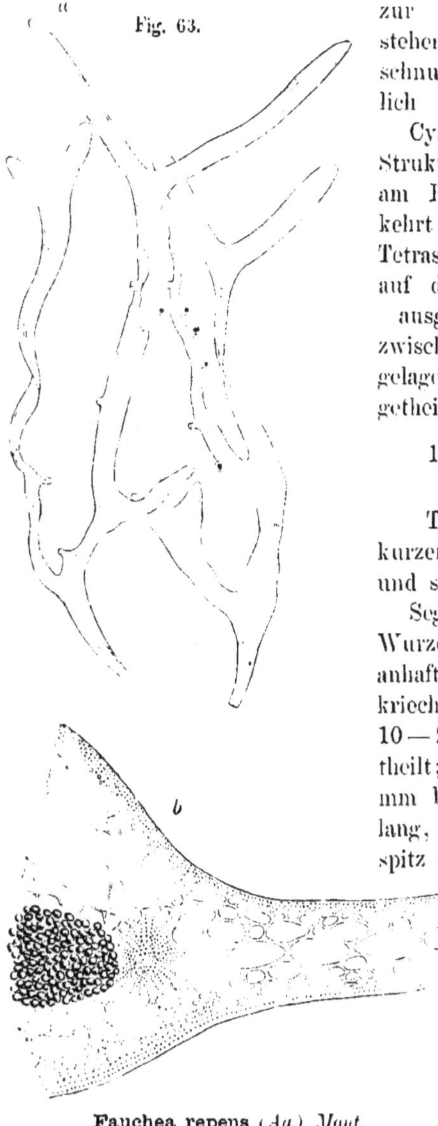

Fauchea repens (*Ag.*) *Mont.*
a Ein steriles Exemplar der Alge und ein Exemplar mit Cystocarpien, beide in natürlicher Grösse. *b* Schnitt durch einen Theil des Thallus und des Cystocarps. Vergr. ca. 100. (Nach Kützing.)

zur Oberfläche senkrecht abstehenden, kleinzelligen, perlschnurförmigen, gabeligen, ziemlich dichten Fäden besteht. Cystocarpien (von gleicher Struktur wie bei Gloiocladia) am Rande entspringend, verkehrt eiförmig, fast gestielt. Tetrasporangien in polsterförmig auf der Fläche der Segmente ausgebreiteten Nematheeien, zwischen den Fäden derselben gelagert, länglich, kreuzförmig getheilt.

1. **F. repens** (Ag.) Mont. Fig. 63.

Thallus an der in einen kurzen Stiel verdünnten Basis und stellenweise am Rande der Segmente mittelst kleiner Wurzelschwielen dem Substrate anhaftend, daher zum Theil kriechend, häufig verworren, 10—20 cm lang, dichotom getheilt; Segmente linear, 2—8 mm breit und meist 1—4 cm lang, gespreizt; Endsegmente spitz oder abgerundet. Achseln leicht gerundet. Nematheeien von fast ovalem oder länglich-linearem Umfange, längs der Mitte der Segmente entwickelt. — Rosen- oder fleischroth.

Sphaerococcus repens Ag. Spec. Alg. I. p. 244.
F. repens Mont. Flor. Alger. p. 64. Tab. 16, fig. I. — J. Ag. Spec. Alg. II. p. 218; III. p. 291. — Kütz. Spec. Alg. p. 787. — Id. Tab. phyc. XVIII. Tab. 71.
Dichophycus repens Zanard. Cellul. mar. Tav. 6.
Cypellon patens Zanard. Sagg. p. 42.

Im adriatischen Meere in grösseren Tiefen an verschiedenen Meereskörpern.

LII. Gattung. **Chylocladia** Grev.

Thallus stielrund oder zusammengedrückt, röhrig, häufig gliederartig eingeschnürt, verzweigt, gallertartig-häutig und saftig, innen von nur wenigen Fäden der Länge nach durchzogen, an den Einschnürungen bisweilen durch zellige Querwände unterbrochen (septirt); die perpherische Schichte zellig, aus einer oder wenigen Lagen grösserer Zellen und einer Lage kleiner Rindenzellen bestehend. Cystocarpien am Thallus zerstreut, kugelig oder krugförmig, mit zelligem, am Scheitel geöffnetem Pericarp, welches ein zartfädiges, netzförmig-anastomosirendes Gewebe umschliesst, innerhalb dessen der ovale oder längliche Kern gelagert ist. Tetrasporangien in etwas erweiterten Aestchen, aus den inneren Zellen der peripherischen Schichte entwickelt, anfänglich zerstreut, später häufig in kleinen Höhlungen unter der Oberfläche gehäuft, verhältnissmässig gross, kugelig, tetraëdrisch getheilt.

1. **Ch. uncinata** Menegh.

Bildet etwas verworrene, meist 2—5 cm hohe, fast kugelige Rasen. Thallus fadenförmig, stielrund, leicht zusammengedrückt, 200—600 μ dick, durchaus nahezu gleich dick oder unterhalb etwas dicker, unregelmässig allseitig abwechselnd und zum Theil einseitig verzweigt. Aeste gerade oder etwas gebogen, gegen die bisweilen hakig gekrümmte Spitze verdünnt, mit zerstreuten oder einseitigen, abnehmenden, beiderends verdünnten, hin und wieder gebogenen Aestchen besetzt. Alle Zweige weit abstehend. Cystocarpien kugelig bis krugförmig, zerstreut. — Rosenroth. Zarthäutig, etwas gallertartig.

Lomentaria uncinata Menegh. in Zanard. lett. 2. p. 21.
Ch. uncinata Menegh. in Kütz. Spec. Alg. p. 860. (nec Chondrosiphon uncinatus Kütz. Tab. phyc. XV. Tab. 79.) — J. Ag. Spec. Alg. II. p. 364; III. p. 267 — Zanard. Icon. phyc. adr. II. p. 9. Tav. 43.

Chondrosiphon Meneghinianus Kütz. Spec. Alg. p. 860. Id. Tab. phyc. XV. Tab. 80.

Ch. Baileyana Harv. Ner. bor. amer. II. p. 185. pl. 20, C. ?

Im adriatischen Meere.

2. **Ch. clavellosa** (Turn.) Grev.

Thallus 2—30 cm hoch, stielrund oder zusammengedrückt· 0·5—3 mm, in den Aestchen letzter Ordnung 650—200 μ, bisweilen nur 100 μ dick, wiederholt seitlich, fast opponirt oder abwechselnd reich verzweigt: die kleineren Formen meist rasig, die verlängerten oft pyramidal. Zweige anfänglich zweizeilig, später allseitig entspringend, alle aufrecht oder abstehend. Hauptäste und Aeste an der Basis etwas dünner, gegen die stumpfe Spitze allmälig verdünnt. Aeste, häufig auch das Stämmchen und die Hauptäste, mit meist 2—10 mm langen Aestchen besetzt. Aestchen lanzettlich oder linear-lanzettlich mit stumpfer Spitze. Cystocarpien an den Aestchen zerstreut, anfänglich eiförmig, später krugförmig. Tetrasporangien in Häufchen an mehr oder weniger stark verdickten Stellen der Aestchen. — Rosenroth. Gallertartig-zarthäutig.

Fucus clavellosus Turn. in Lin. Trans. VI. p. 133. Tab. 9.

Ch. clavellosa Grev. J. Ag. Spec. Alg. II. p. 366; III. p. 297.

Chondrothamnion clavellosum Kütz. Spec. Alg. p. 856. — Id. Tab. phyc. XV. Tab. 81.

Chondrothamnion confertum De Not. — Kütz. l. c.

Chrysymenia clavellosa Harv. Phyc. brit. pl. 114.

In der Nordsee und im adriatischen Meere. Die adriatischen Formen meist klein.

3. **Ch. mediterranea** (Kütz.) Zanard. Fig. 64.

Bildet 5—10 cm hohe, oft etwas verworrene Rasen. Thallus zusammengedrückt oder stielrund, 1—2 mm dick, in den Aestchen etwas dünner, allseitig, zuletzt fast zweizeilig, opponirt oder abwechselnd verzweigt. Alle Zweige steif, gerade, selten gebogen, aufrecht oder abstehend, häufig stellenweise an einander gewachsen. Aeste gegen das spitze oder stumpfe obere Ende kaum oder allmälig verdünnt, fast zweizeilig mit abwechselnden oder opponirten, selten stellenweise mit einseitigen, abnehmenden Aestchen besetzt. Die sterilen und Cystocarpien-tragenden Aestchen nicht oder beiderends verdünnt und dann spitz oder stumpf, die Tetrasporangien-tragenden

Fig. 64.

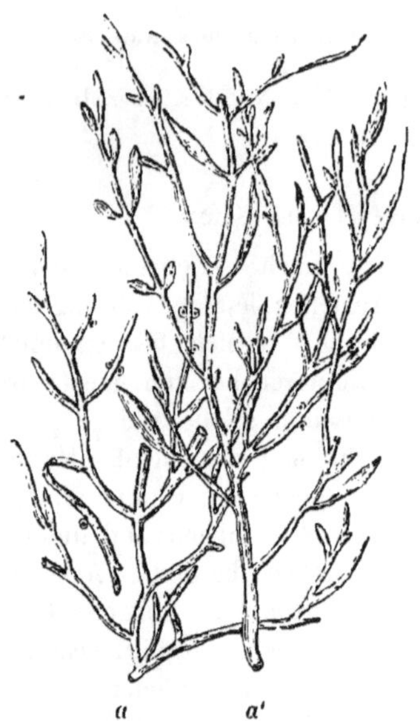

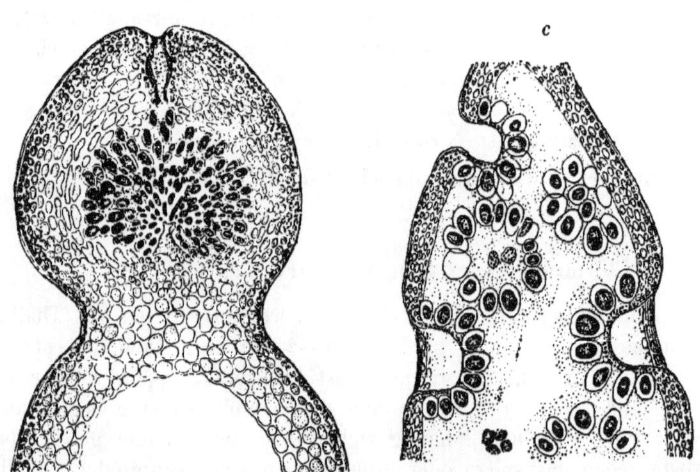

Chylocladia mediterranea *(Kütz.) Zanard.*
a Ast der Alge mit Cystocarpien. *a'* Ast der Tetrasporangien-tragenden Alge. Beide Figuren in natürlicher Grösse. *b* Medianer Längsschnitt durch das Cystocarp. Vergr. ca. 100. *c* Längsschnitt durch die Spitze eines Aestchens mit Tetrasporangien. Vergr. ca. 100. (Nach Kützing.)

an den fruktificirenden Stellen stark verdickt, spindelförmig, bisweilen fast keulenförmig. Cystocarpien kugelig-eiförmig, zerstreut, meist sehr zahlreich, stellenweise in Gruppen beisammen. — Dunkelroth bis braunroth, bisweilen grünlich. Fleischig-häutig.

Chondrosiphon mediterraneus Kütz. Phyc. gen. p. 438. Tab. 53. Fig. III. — Id. Spec. Alg. p. 860. — Id. Tab. phyc. XV. Tab. 78.
Ch. mediterranea Zanard. Icon. phyc. adr. II. p. 13. Tab. 64.
Ch. firma J. Ag. Spec. Alg. II. p. 363; III. p. 299. — Zanard. l. c. III. p. 123. Tav. 110. B.
Chondrothamnion rigidum De Not. Prosp. Fl. Lig. (fide spec. auth.)
Chondrothamnion robustum De Not. l. c. (fide spec. auth.)
Ch. robusta J. Ag. Spec. Alg. III. p. 299.
Chondrosiphon compressus Kütz. Spec. Alg. p. 861. — Id. Tab. phyc. XV. Tab. 79.
Chondrosiphon radicans Kütz. Spec. Alg. l. c. — Tab. phyc. l. c. Tab. 80.
Ch. polycarpa Zanard. l. c. III. p. 121. Tav. 110. A.
Ch. acicularis J. Ag. ? (Spec. Alg. II. p. 363; III. p. 298.)

Im adriatischen Meere.

4. **Ch. articulata** (Huds.) Grev.

Thallus 4—15 cm hoch, an der Basis mit einer Wurzelschwiele anhaftend, häufig Rasen bildend, stielrund, 1—2 mm, unterhalb oft bis 3 mm dick, regelmässig gliederartig stark eingeschnürt (häufig septirt), dichotom oder fast trichotom an den Einschnürungen verzweigt, am oberen Ende der meisten Glieder noch mit opponirt, häufiger aber wirtelig entspringenden, einfachen oder wieder verzweigten Aestchen besetzt. Zweige meist abstehend. Glieder länglich oder oval, die unteren meist 3—6 mal, die oberen 2—3 mal länger als der Durchmesser. Endglieder stumpf oder spitz. Cystocarpien einzeln oder bis zu dreien (nicht in einer Querreihe geordnet) an den oberen Zweigen. Tetrasporangien in den Aestchen zu rundlichen, ungeordneten Häufchen vereinigt. — Rosen- bis karminroth. Häutig.

Ulva articulata Huds. Fl. Angl. p. 569.
Ch. articulata Grev. in Hook. Brit. Fl. II. p. 298. — Harv. Phyc. Brit. pl. 283. — J. Ag. Spec. Alg. III. p. 301.
Lomentaria articulata Lyngb. — J. Ag. Spec. Alg. II. p. 727; III. 301. — Kütz. Spec. Alg. p. 863. — Id. Tab. phyc. XV. Tab. 85.

In der Nordsee (Helgoland).

β. **linearis.**

Thallus meist etwas verworrene Rasen bildend, nicht selten auch an den Seiten und Spitzen einzelner Zweige dem Substrat angewachsen, regelmässig gliederartig mehr weniger eingeschnürt (häufig septirt), dichotom, hin und wieder trichotom, an den meisten Einschnürungen verzweigt, am oberen Ende der Glieder stellenweise mit einzelnen, oder opponirt entspringenden, meist eingliedrigen Aestchen besetzt. Glieder cylindrisch, etwas zusammengedrückt, beiderends mehr weniger verdünnt, oder länglich, meist 4—6 mal länger als der Durchmesser. Cystocarpien einzeln oder bis zu dreien in einer Querreihe geordnet. Tetrasporangien zu rundlichen, in einer Querreihe geordneten, öfters zusammenfliessenden Häufchen vereinigt. Rosen- oder dunkelroth.

Wird von Zanardini und J. Agardh als eigene Art betrachtet, ist aber mit Ch. articulata durch vielfache Uebergänge verbunden.

Lomentaria articulata β. linearis Zanard. Syn. p. 97.
Ch. articulata β. linearis Hauck, mspt.
Lomentaria linearis Zanard. Icon. phyc. adr. II. p. 161. Tav. 79. Kütz. Spec. Alg. p. 863. — Id. Tab. phyc. XV. Tab. 85.
Lomentaria phalligera J. Ag. Alg. med. p. 110. Id. Spec. Alg. II. p. 727 (nec Kütz.)
Ch. phalligera J. Ag. Spec. Alg. III. p. 300.

Im adriatischen Meere.

5. **Ch. parvula** (Ag.) Hook.

Bildet häufig fast kugelige, dicht verworrene und etwas verwachsene, 3—6 cm hohe Rasen. Thallus stielrund, 0·5—1·5 mm dick, in den letzten Verzweigungen etwas dünner, gliederartig leicht eingezogen, septirt, fast rispenartig verzweigt. Zweige allseitig abwechselnd, hin und wieder opponirt oder wirtelig entspringend, abstehend oder fast gespreizt. Spitzen stumpf. Glieder mehr weniger tonnenförmig, meist eben so lang bis $1^1/_2$ mal länger (mitunter kürzer) als der Durchmesser, in den Hauptästen oft kaum deutlich erkennbar, fast cylindrisch. Cystocarpien an den Zweigen zerstreut. Tetrasporangien meist in der Mitte der Zweige letzter und vorletzter Ordnung zerstreut. — Dunkelroth, ins Wachsgelbe oder Grünliche übergehend.

Chondria parvula Ag. Syst. p. 207.
Ch. parvula Hook. Brit. Fl. II. p. 298. — Harv. Phyc. brit. pl. 210.
Lomentaria parvula Gaill. — J. Ag. Spec. Alg. II. p. 729. — Kütz. Spec. Alg. p. 861. — Id. Tab. phyc. XV. Tab. 87.
Champia parvula Harv. — J. Ag. Spec. Alg. III. p. 303.

Im adriatischen Meere.

LIII. Gattung. Chrysymenia J. Ag.

Thallus fast stielrund oder zusammengedrückt, röhrig-aufgetrieben, verzweigt, oder solid-stengelig und mit blasenförmigen Aestchen besetzt, häutig und saftig, Stengel knorpelig; die inneren Zellen rundlich-polyëdrisch, gross, gegen die Oberfläche kleiner, die Rindenzellen klein; Tubus bisweilen von wenigen Fäden durch-

Fig. 65.

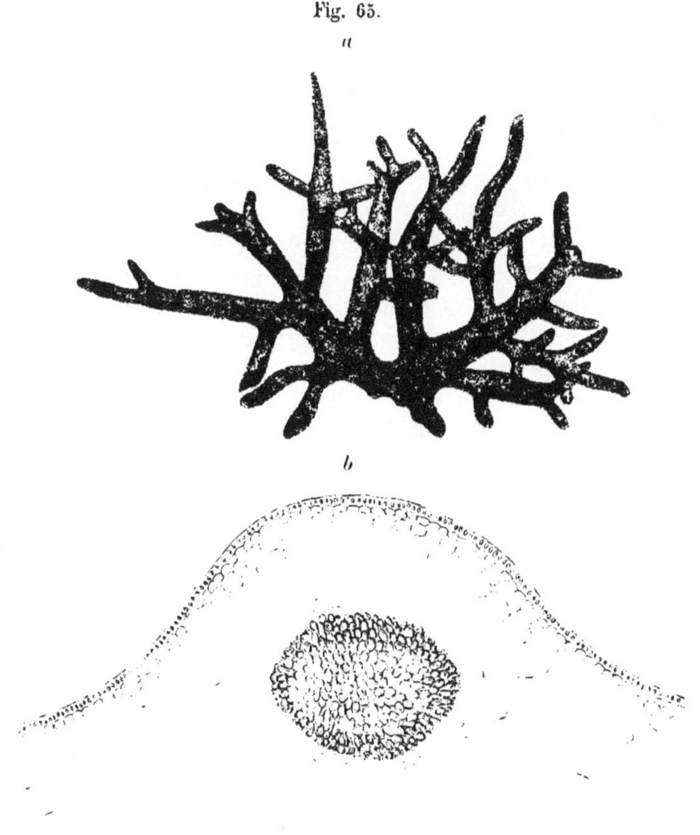

Chrysymenia ventricosa (*Lamour.*) *J. Ag.*
a Alge in natürlicher Grösse. *b* Stück eines Querschnittes durch den Thallus und ein Cystocarp. Vergr. 150. (Nach Zanardini.)

zogen. Cystocarpien auf dem Thallus zerstreut, halbkugelig hervorragend, mit zelligem, am Scheitel geöffnetem Pericarp, dessen Zellen nach aussen strahlig, nach innen concentrisch angeordnet sind; Pericarp einen rundlichen, an der Basis befestigten Kern einschliessend, der aus mehreren radialen, verwachsenen Lappen zusammengesetzt ist. Tetrasporangien im Thallus zerstreut, aus den Rindenzellen entstehend, kugelig, kreuzförmig getheilt.

1. **Chr. ventricosa** (Lamour.) J. Ag. Fig. 65.

Thallus 5—15 cm hoch, stielrund-zusammengedrückt, röhrig aufgetrieben, an der Basis keilförmig in einen kurzen Stiel verdünnt, 3—15 mm, gegen die Spitze, sowie die Zweige letzter Ordnung meist ungefähr halb bis ein viertel so dick, oder (die dünneren Formen) durchaus nahezu gleich dick, mehr weniger unregelmässig zwei- bis dreifach fiederartig verzweigt. Zweige bald gedrängter, bald entfernter entspringend, opponirt oder abwechselnd, abstehend bis fast gespreizt. Zweige letzter Ordnung gegen die Spitze nicht oder wenig dünner, die jüngsten oft an der Basis etwas verdünnt. Spitzen stumpf oder abgerundet. Cystocarpien halbkugelig, mit Ausnahme der Basis, fast über den ganzen Thallus, oder nur am oberen Theile desselben zerstreut. Tetrasporangien im Thallus zerstreut, undeutlich kreuzförmig getheilt. — Rosenroth, häufig etwas bräunlich. Gallertartig-zarthäutig, saftig.

Bildet anfänglich bis ca. 1—1·5 cm lange, längliche, kurz gestielte Blasen.

Dumontia ventricosa Lamour. Ess. p. 45. Pl. 10. Fig. 6.
Chr. ventricosa J. Ag. Alg. med. p. 106. Id. Spec. Alg. II. p. 213; III. p. 323.
Chr. pinnulata (Ag.) J. Ag. Spec. Alg. II. p. 105; III. p. 323. — Zanard. Icon. phyc. adr. I. p. 151. Tav. 36. A.
Halymenia ventricosa Kütz. Tab. phyc. XVI. Tab. 86.
Halymenia pinnulata. Kütz. l. c.
Gastroclonium Chiajeanum (Menegh.) Kütz. Spec. Alg. p. 866. — Id. Tab. phyc. XV. Tab. 99.
Chr. Chiajeana Menegh. — Zanard. l. c. p. 155. Tav. 36. B.
Halarachnion ventricosum Kütz. Spec. Alg. p. 721.
Halarachnion pinnulatum Kütz. l. c.

F. (?) digitata.

Thallus handförmig und fast dreigabelig verzweigt.

Chr. digitata Zanard. Icon. phyc. adr. I. p. 119. Tav. 28.

Im adriatischen Meere.

Chrysymenia uvaria (*Wulf.*) *J. Ag.*
Alge in natürlicher Grösse.

2. **Chr. uvaria** (Wulf.) J. Ag. Fig. 66.

Thallus (im Gebiete) 3 bis 8 cm hoch, stengelig. Stengel stielrund, solid, knorpelig ca. 1 mm, unterhalb oft ca. 2 mm dick, abwechselnd oder unregelmässig dichotom verzweigt. Zweige der Länge nach allseitig dicht mit verkehrt eiförmigen oder birnförmigen, sehr kurz gestielten, 3—6 mm langen, blasenförmigen Aestchen besetzt. Stämmchen und Hauptäste des Stengels älterer Individuen meist nackt. Cystocarpien an den blasenförmigen Aestchen, einzeln oder bis zu dreien, niedergedrückt halbkugelig. Tetrasporangien nicht genügend bekannt. Die blasigen Aestchen häutig, saftig; die peripherische Schichte derselben innen aus einer Lage grösserer, dann 1—3 Lagen kleinerer Zellen und einer Lage kleiner dicht stehender Rindenzellen bestehend. — Dunkelroth.

Fucus uvarius Wulf. Crypt. aquat. N. 3.
Chr. uvaria J. Ag. Alg. med. p. 106. — Id. Spec. Alg. II. p. 214; III. p. 324. — Harv. Ner. bor. amer. pl. 20. B.
Gastroclonium Uvaria Kütz. Spec. Alg. p. 865. — Id. Tab. phyc. XV. Tab. 97.

Im adriatischen Meere.

3. **Chr.** (?) **microphysa** Hauck.

Thallus verkehrt eiförmige oder birnförmige, bis 2—6 mm lange, gestielte Blasen bildend, welche zu mehreren aus einer gemeinschaftlichen Wurzelschwiele entspringen. Stiel drehrund, ca. 0·5 mm dick und 2—6 mm lang, einfach, seltener gabelig. Blase sehr dünnhäutig, aus einer Lage grösserer rundlicher Zellen bestehend, deren Zwischenräume an der Oberfläche von viel kleineren Zellen netzartig ausgefüllt sind. Fructification unbekannt. — Dunkelroth.

Ist den Jugendformen von Chr. uvaria zum Verwechseln ähnlich, aber durch die Struktur sofort zu unterscheiden.

Chr. (?) microphysa Hauck, mspt.

Im adriatischen Meere in grösseren Tiefen.

LIV. Gattung. **Rhodymenia** Grev.

Thallus blattartig flach, dichotom oder handförmig getheilt, an der Basis in einen Stiel verdünnt, häufig poliferirend, häutig, zellig: die inneren Zellen länglich- oder rundlich-polyëdrisch, gross, gegen die Oberfläche kleiner; die Rindenzellen klein, rundlich, häufig in kurze, zur Oberfläche senkrechte Reihen geordnet. Cystocarpien auf dem Thallus zerstreut, halbkugelig, mit dickem, zelligem, am Scheitel geöffnetem Pericarp, dessen Zellen nach aussen strahlig, nach innen concentrisch angeordnet sind; Pericarp einen rundlichen, einfachen oder etwas gelappten, an der Basis befestigten Kern einschliessend. Tetrasporangien zu Gruppen vereinigt, zwischen den Rindenzellen gelagert, rundlich, kreuzförmig getheilt.

Fig. 67.

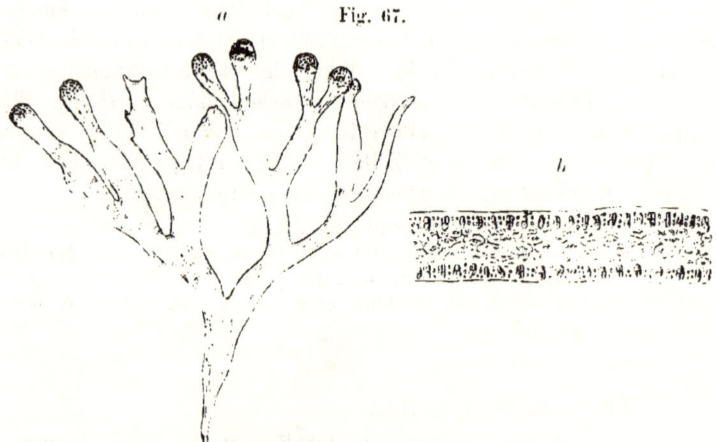

Rhodymenia Palmetta (*Esper*) *Grev.*

a Tetrasporangien-tragende Alge in natürlicher Grösse. *b* Schnitt durch die Spitze der Alge mit Tetrasporangien. Vergr. ca. 100. (Nach Kützing.)

1. **Rh. Palmetta** (Esper) Grev. Fig. 67.

Thallus 4–8 cm hoch, meist gesellig aus gemeinschaftlicher Wurzelschwiele entspringend, bisweilen etwas in einander verworren. Stiel bald sehr kurz, bald bis über 2 cm lang, 0·5—1 mm dick (nicht selten an der Basis verzweigt), spitzwinkelig in einen einfachen, linear-keilförmigen oder gabelig oder dichotom-fächerförmig (mehr weniger regelmässig) getheilten Blattkörper verbreitert. Segmente meistens linear, bald kürzer, bald länger, 2—6 mm breit, alle ziemlich gleich breit oder die letzten schmäler, aufrecht bis fast gespreizt; Endsegmente abgerundet, fast abgestutzt oder ausgerandet, einzelne bisweilen spatelig verbreitert; Achseln spitz bis gerundet; Rand nackt oder stellenweise mit wimperförmigen oder blattartigen, keilförmigen oder linear-länglichen, in einen sehr kurzen Stiel verdünnten Prolificationen besetzt. Cystocarpien halbkugelig aus dem Rande oder der Fläche hervorbrechend. Tetrasporangiengruppen rundlich, einzeln unter der Spitze der Endsegmente (und Prolificationen). — Dünnhäutig aber steif. Dunkel- oder schmutzigroth, leicht verbleichend.

Die einfachen Formen ähneln im Habitus und in der Struktur der Phyllophora palmettoides.

Fucus Palmetta Esper. Icon. Fuc. Tab. 40.
Rh. Palmetta Grev. Alg. Brit. p. 88. Tab. XII. — Harv. Phyc. brit. pl. 134. — J. Ag. Spec. Alg. II. p. 378; III, p. 330.
Sphaerococcus Palmetta Ag. Spec. Alg. p. 782. — Id. Tab. phyc. XVIII. Tab. 97, 98 (excl. fig. *d* und *e*) und 99.
Rh. coralliicola Ardiss. Florid. ital. Vol. II. fasc. I. p. 55. Tav. 9. (nec Gracilaria corallicola Zanard.)

Im adriatischen Meere.

2. **Rh. ligulata** Zanard.

Thallus 1—2 dm lang, sehr kurz gestielt. Stiel spitzwinkelig in einen regelmässig dichotom getheilten Blattkörper verbreitert. Segmente verlängert, linear, 4—10 mm breit, alle nahezu gleich breit oder die oberen fast halb so schmal als die unteren; Endsegmente gewöhnlich keilförmig; Achseln spitz; Rand meist stellenweise mit wimperförmigen und blattartigen, keilförmigen oder länglichen, in einen sehr kurzen Stiel verdünnten Prolificationen besetzt. Thallus bisweilen gedreht. Tetrasporangiengruppen rundlich, einzeln unter der Spitze der Endsegmente (und Prolificationen). — Schmutzig-dunkelroth, leicht ins Grünliche verbleichend.

Rh. ligulata Zanard. Sagg. p. 46.
Sphaerococcus ligulatus Kütz. Spec. Alg. p. 782. — Id. Tab. phyc. XVIII. Tab. 96.
Sphaerococcus Meneghinii Kütz. Spec. Alg. p. 783.

Im adriatischen Meere in grösseren Tiefen.

3. **Rh. palmata** (L.) Grev.

Thallus 1—3 dm hoch, sehr kurz gestielt. Stiel spitzwinkelig in einen keilförmigen Blattkörper verbreitert. Blattkörper einfach oder gabelig (dichotom) oder handförmig gespalten. Segmente fast linear oder keilförmig, gewöhnlich 5 mm bis 5 cm, mitunter bis 10 cm breit (bisweilen schmäler); Rand nackt, oder mit dem Thallus gleich gestalteten, anfänglich länglich-keilförmigen oder lanzettlichen, in einen kurzen Stiel verdünnten Prolificationen besetzt. Enden stumpf oder abgerundet (selten zugespitzt). Achseln gewöhnlich spitz. Cystocarpien unbekannt. Tetrasporangiengruppen unregelmässig geformte, auf der ganzen Blattfläche zerstreute, oft zusammenfliessende Flecken bildend. — Dunkelroth. Häutig, zuletzt derb und lederartig.

Fucus palmatus L. Spec. Pl. II. p. 1630.
Rh. palmata Grev. Alg. Brit. p. 93. — Harv. Phyc. brit. pl. 217. — J. Ag. Spec. Alg. II. p. 376; III. p. 329.
Sphaerococcus palmatus Kütz. Spec. Alg. p. 781. — Id. Tab. phyc. XVIII. Tab. 89 und 90.
Halymenia palmata Ag.

In der Nordsee (Helgoland).

LV. Gattung. **Plocamium** Lamour.

Thallus flach-zusammengedrückt, wiederholt gefiedert (Fiederchen in Serien zu zweien bis mehreren abwechselnd), fast knorpelig-häutig, innen aus länglichen, grossen, gegen die Oberfläche kleiner werdenden, an derselben aus kleinen, rundlich-polygonen Zellen bestehend. Cystocarpien auf dem Thallus zerstreut, fast kugelig, sitzend oder gestielt, mit dickem, zelligem, am Scheitel geöffnetem Pericarp, dessen Zellen nach aussen strahlig, nach innen concentrisch angeordnet sind; Pericarp einen einfachen, rundlichen oder gelappten, an der Basis befestigten Kern einschliessend. Tetrasporangien in besonderen Fruchtästchen eingesenkt, in zwei Längsreihen geordnet, länglich, zonenförmig getheilt.

1. **Pl. coccineum** (Huds.) Lyngb. Fig. 68.

Thallus rasig, 5—30 cm hoch, mittelst faseriger Wurzel dem Substrat anhaftend, zusammengedrückt oder fast flach, fast linear, unterhalb 1—2 mm breit, oberhalb verschmälert, wiederholt gefiedert. Fiedern mit den Fiederchen in Serien zu zweien bis fünfen abwechselnd entspringend: das unterste Fiederchen jeder Serie einfach, die oberen wieder innenseitig zart gefiedert. Fiederchen 0·5—4 mm lang, an der Basis 150—400 μ breit, zugespitzt, meist

Fig. 68.

Plocamium coccineum *(Huds.) Lyngb.*
a Stück der Alge mit Cystocarpien in natürlicher Grösse. *b* Fieder mit einem Cystocarp. Vergr. ca. 30. *c* Stück der Tetrasporangien-tragenden Alge in natürlicher Grösse. *d* Fieder mit Fruchtästchen. Vergr. ca. 30. *e* Zweig eines Fruchtästchens mit eingeschlossenen Tetrasporangien. Vergr. ca. 100. *f* Ein freies Tetrasporangium. Vergr. ca. 100. (Nach Kützing.)

leicht eingekrümmt; Mittelrippen häufig leicht hin- und hergebogen. Alle Verzweigungen abstehend. Cystocarpien zerstreut, am Rande sitzend, ziemlich gross. Fruchtästchen aus den Fiederchen entwickelt, gestielt, lanzettlich, einfach oder gespreizt (sternförmig) verzweigt. — Karminroth.

Fucus coccineus Huds. Fl. Angl. p. 586.
Pl. coccineum Lyngb. Hydr. Dan. p. 39. Tab. 9. — J. Ag. Spec. Alg. II. p. 395; III. p. 339. — Harv. Phyc. brit. pl. 44. — Kütz. Spec. Alg. p. 883. — Id. Tab. phyc. XVI. Tab. 44.

In der Nordsee.

F. Binderiana.

Fruchtästchen sehr ästig, verlängert, stark zurückgekrümmt, unter einander gewirrt und dicht geknäult.

Pl. Binderianum Kütz. Phyc. gener. p. 450. — Id. Spec. Alg. p. 885. — Id. Tab. phyc. XVI. Tab. 46.

In der Nordsee (Helgoland).

β. **uncinatum.**

Bildet 3—8 cm hohe, häufig etwas verworrene Rasen. Thallus flach, unterhalb 250—500 μ, die Fiederchen an der Basis 100 bis 300 μ dick. Aeste meist hin und her gebogen, mit abstehenden oder gespreizten, theils geraden, dornförmigen, theils etwas eingebogenen oder zurückgekrümmten Fiederchen besetzt, die in Serien zu 2—5 abwechselnd, nicht selten aber auch — namentlich oberhalb — in Serien bis zu 10—15 (und mehr) einseitig entspringen. Fruchtästchen einfach oder verzweigt.

Pl. coccineum δ. uncinata Ag. Spec. Alg. I. p. 181. — J. Ag. Spec. Alg. II. p. 396; III. p. 339. — Kütz. Spec. Alg. p. 884. — Id. Tab. phyc. XVI. Tab. 41.
Pl. fenestratum Kütz. Spec. Alg. l. c. — Id. Tab. phyc. l. c. Tab. 43.
Pl. subtile Kütz. Tab. phyc. l. c. p. 15. Tab. 42.

Im adriatischen Meere.

LVI. Gattung. **Rhodophyllis** Kütz.

Thallus blattartig flach, dünnhäutig, dichotom getheilt, öfters aus dem Rande proliferirend, aus wenigen Lagen rundlich-polyëdrischer Zellen zusammengesetzt. Cystocarpien meist nahe dem Rande, fast kugelig, mit dickem, zelligem Pericarp, dessen Zellen strahlig, oder nach aussen strahlig und nach innen concentrisch angeordnet sind; Pericarp mehrere rundliche, um eine centrale placentare Zelle gelagerte und durch sterile Fäden von einander getrennte Tochterkerne einschliessend. Tetrasporangien dem Thallus eingesenkt, länglich, zonenförmig getheilt.

1. **Rh. bifida** (Good. et Woodw.) Kütz. Fig. 69.

Bildet 2—5 cm hohe, häufig fast kugelige Büschel. Thallus vielgestaltig, meist von fächer- oder nierenförmigem Umfang, an der Basis stielförmig verdünnt und mittelst einer kleinen Wurzelschwiele dem Substrate anhaftend, dichotom getheilt, bisweilen unterhalb breit keilförmig, fast ungetheilt. Segmente linear oder etwas keilförmig, häufig an den Rändern stellenweise an einander gewachsen, von 1—10 mm breit; Endsegmente spitz, stumpf, abgerundet, fast abgestutzt, ausgerandet, zweispaltig oder stumpf

Fig. 69.

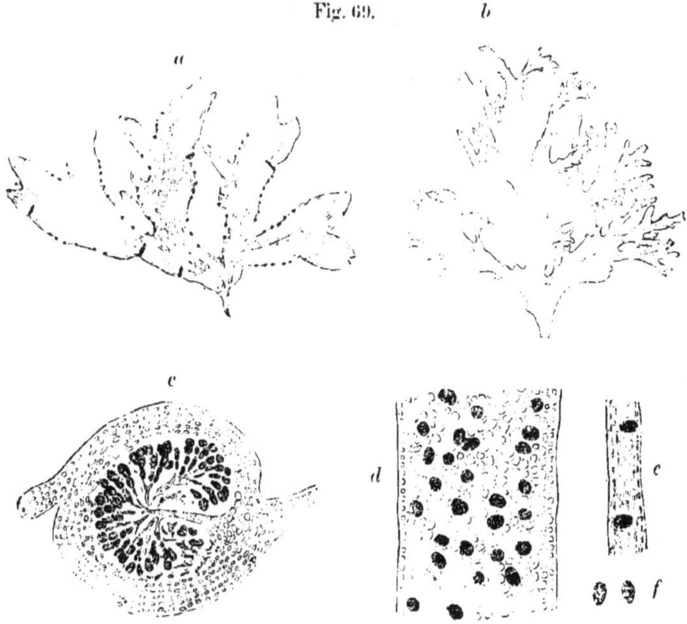

Rhodophyllis bifida (*Good. et Woodw.*) *Kütz.*
a Alge mit Cystocarpien in natürlicher Grösse. *b* Alge mit Tetrasporangien in natürlicher Grösse. *c* Schnitt durch ein Cystocarp. *d* Stück eines Segmentes mit Tetrasporangien: Flächenansicht. *e* Querschnitt mit Tetrasporangien. *f* Freie Tetrasporangien. Vergr. von *b*—*f* ca. 100. (Nach Kützing.)

zwei- bis mehrzählnig, bisweilen spatelig. Rand glatt oder etwas gezähnt, nackt oder proliferirend. Prolificationen fast senkrecht abstehend, anfänglich wimperförmig, später zungenförmig, spatelig oder keilförmig, bisweilen am Grunde stielförmig verdünnt. Cystocarpien randständig oder ganz nahe am Rande, seltener auch weiter von demselben entfernt im Blattkörper entwickelt, beiderseits (auf einer Seite jedoch mehr als auf der andern) hervorragend. Tetrasporangien in den oberen Segmenten und in den Prolificationen mehr weniger dicht ausgesäet. — Rosen- oder dunkelroth. Zarthäutig.

Variirt mit breitem bis sehr schmalem Thallus.

Fucus bifidus Good. et Woodw. Lin. Trans. p. 159. Tab. 17. fig. 1.
Rh. bifida Kütz. Bot. Zeit. 1847. p. 23. — Id. Spec. Alg. p. 786. — Id. Tab. phyc. XIX. Tab. 50. — J. Ag. Spec. Alg. II. p. 388; III. p. 361. — Harv. Phyc. brit. pl. 32.
Rh. appendiculata J. Ag. Spec. Alg. II. p. 389; III. p. 362.
Inochorion dichotomum Kütz. Spec. Alg. p. 873. — Id. Tab. phyc. XVI. Tab. 22.
Inochorion cervicorne Kütz. Spec. Alg. et Tab. phyc. l. c.
Rh. Strafforellii Ardiss. Florid. Ital. II. p. 58. Tav. 10. fig. 1—9 Tav. 11 und 12.

Im adriatischen Meere.

LVII. Gattung. **Hydrolapathum** Rupr.

Thallus blattartig, zarthäutig, mit fiederartig verzweigter Mittelrippe, welche sich unterhalb in einen knorpeligen Stiel fortsetzt und später zu einem ästigen Stengel entwickelt. Zellen der Oberfläche rundlich-polygon; Blattkörper aus einer Zellenlage. Stiel und Mittelrippe innen aus verlängerten, gegen die Oberfläche kürzeren Zellen bestehend. Fortpflanzungsorgane in kleinen Blättchen, welche aus der entblössten Mittelrippe proliferiren. Cystocarpien dünn gestielt, kugelig, mit dickem, zelligem Pericarp, dessen Zellen nach aussen strahlig, nach innen concentrisch angeordnet sind: Kern aus mehreren strahlig aus der centralen Placenta entspringenden verkehrt eiförmigen Tochterkernen zusammengesetzt, die durch sterile Fäden von einander getrennt sind. Tetrasporangien in verkehrt eirunden oder länglichen, gestielten (aus mehreren Zellenlagen zusammengesetzten) Fruchtblättchen dicht gruppirt, kugelig, tetraëdrisch getheilt.

Fig. 70.

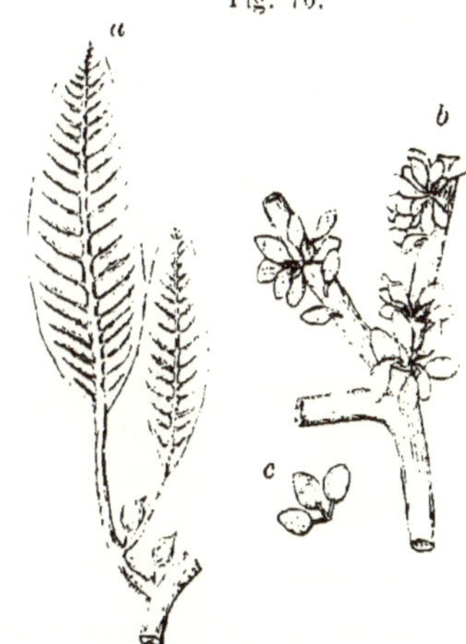

Hydrolapathum sanguineum *(L.) Stackh.*
a Stück des Stengels mit jungen Blättchen und zwei Cystocarpien. *b* Stück des Stengels mit Fruchtblättchen. *c* Fruchtblättchen. Alle Figuren in natürlicher Grösse. (Nach Kützing.)

1. **H. sanguineum** (L.) Stackh. Fig. 70.

Thallus anfänglich aus einem einfachen, gestielten Blattkörper bestehend, später stengelig und beblättert. Stengel einfach oder verzweigt, 1—3 mm dick. Blattkörper lanzettlich (linear- bis länglich-lanzettlich), oder länglich und an der Basis verschmälert, mit wellig-faltigem Rande, dicker Mittelrippe und abstehenden, opponirten, parallelen Seitennerven, 1—6—10 cm breit und 5—15 cm lang. Aus dem Stengel proliferirend. Fruchtblättchen dicht gedrängt entspringend. Cystocarpien ca. 1—2 mm im Durchmesser, auf einen 1—3 mm langen Stiel. Die Tetrasporangien-tragenden Fruchtblättchen 3—5 mm lang. — Rosenroth.

Fucus sanguineus L. Mant. p. 136.
H. sanguineum Stackh. — J. Ag. Spec. Alg. III. p. 370.
Delesseria sanguinea Lamour. — Kütz. Phyc. gener. Tab. 67. — Id. Spec. Alg. p. 878. — Id. Tab. phyc. XVI. Tab. 17. *d, e.*
Wormskioldia sanguinea Spr. — J. Ag. Spec. Alg. II. p. 408.

In der Nordsee. Perennirend.

F. lanceolata.

Stiel und Stengel fadenförmig verlängert, sehr dünn, ca. 0·5 mm dick. Blattkörper verlängert, linear-lanzettlich (fast bandartig), meist nur 2—6 mm breit.

Delesseria sanguinea β. lanceolata Ag. Spec. Alg. I. p. 173.
D. sanguinea β. ligulata Kütz. Spec. Alg. p. 878. — Id. Tab. phyc. XVI. Tab. 17. fig. *f.*

In der Ostsee. Perennirend.

XII. Familie. Delesseriaceae.

Thallus blattartig, zarthäutig, zellig, mit oder ohne Mittelrippe. Cystocarpien äusserlich, flach warzenförmig erhaben, mit zelligem, später am Scheitel geöffnetem Pericarp und grosser niedergedrückter, basal ausgebreiteter placentarer Zelle, aus welcher aufwärts die unterhalb fast büschelig verzweigten, oberhalb fast einfachen und unter sich freien, sporigenen Fäden im Kreise ausstrahlen, deren Endglieder, oder auch einige vorhergehende, in meist verkehrt eiförmige bis längliche Carposporen umgewandelt sind. Tetrasporangien gruppenweise an bestimmten Stellen im Thallus entwickelt, tetraëdrisch getheilt.

LVIII. Gattung. Nitophyllum Grev.

Thallus blattartig, zarthäutig, verschieden getheilt, ungeadert oder von feinen Adern durchzogen, sitzend oder gestielt: Stiel in den Blattkörper aderig verlaufend. Blattkörper (bei allen im Gebiete vorkommenden Arten) aus einer Zellenlage bestehend, (welche sich an den fruchtbildenden Stellen verdoppelt oder vervielfacht); Zellen von der Oberfläche betrachtet rundlich-polygon, die der Adern verlängert. Cystocarpien am Thallus flach warzenförmige Anschwellungen bildend; Zellen des Pericarps strahlig angeordnet. Tetrasporangien in begrenzten Gruppen, welche am Thallus zerstreut oder an bestimmten Stellen desselben vorkommen, kugelig, tetraëdrisch getheilt. Antheridien an analoger Stelle wie die Tetrasporangiengruppen, heller gefärbte Flecken auf beiden Seiten des Thallus bildend.

1. **N. punctatum** (Stackh.) Harv. Fig. 71.

Thallus 5—10 cm hohe, fast halbkugelige, oft verwachsene Büschel bildend, ungeadert, von fächer- bis nierenförmigem Umfang, dichotom getheilt, mit linearen, meist 2—5 mm (bisweilen oberhalb nur ca. 1 mm) breiten Segmenten: Endsegmente abgestutzt, ausgerandet oder gabelig, seltener spitz oder abgerundet. Manche Formen unterhalb ungetheilt, oberhalb dichotom-handförmig getheilt, mit keilförmig verbreiterten, über einander greifenden Segmenten. Achseln spitz bis gerundet. Rand glatt, seltener stellenweise gezähnt. Cystocarpien am Thallus zerstreut. Tetrasporangiengruppen rundlich oder länglich, in der Mitte des Thallus zerstreut. — Im Leben bräunlich-rosenroth.

Die im Gebiete vorkommende Form entspricht N. punctatum, Var. ocellatum J. Ag.

Ulva punctata. Stackh. in Lin. Trans. III. p. 236.
N. punctatum Harv. Man. p. 57. — Id. Phyc. brit pl. 202.
Fucus ocellatus Lamour. Dis. Tab. 32.
N. ocellatum Grev. Alg. Brit. p. 78.
N. punctatum, α. ocellatum J. Ag. Spec. Alg. II. p. 659; III. p. 448.
Aglaophyllum ocellatum Kütz. Spec. Alg. p. 867. — Id. Tab. phyc. XVI. Tab. 35.
Aglaophyllum delicatulum Kütz. Spec. Alg. p. 868. — Id. Tab. phyc. l. c.

Im adriatischen Meere.

Fig. 71.

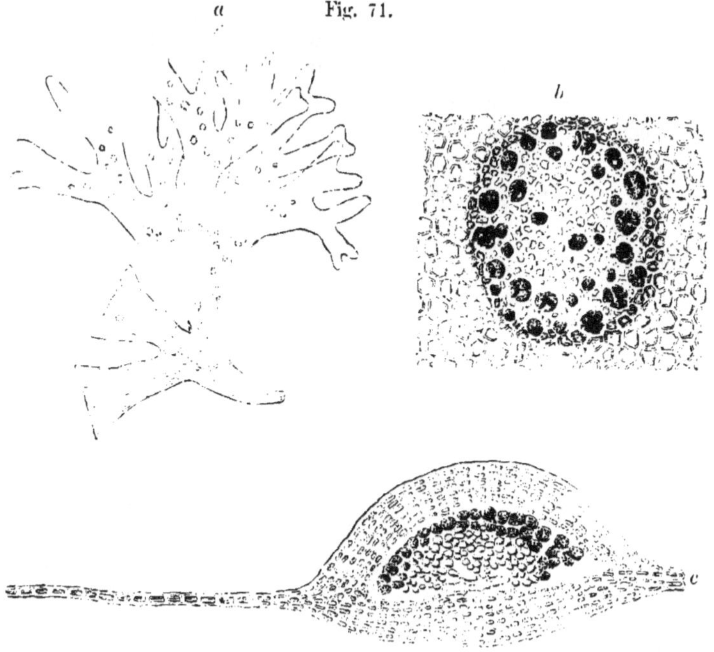

Nitophyllum punctatum *(Stackh.) Harv.*
a Alge mit Tetrasporangien in natürlicher Grösse. *b* Stück der Thallusfläche mit einer Tetrasporangiengruppe. Vergr. ca. 100. *c* Schnitt durch den Blattkörper und ein Cystocarp. Vergr. ca. 100. (Nach Kützing.)

2. **N. Vidovichii** (Menegh.) Hauck.

Bildet fast halbkugelige, 1—6 cm hohe Büschel. Thallus ungeadert, fächerförmig, vielfach dichotom in immer schmälere, lineare Segmente zerschlitzt. Die Endsegmente sehr schmal, häufig fransig,

0·2—0·5, selten 1 mm breit, stumpf, abgestutzt oder gabelig. Manche Formen sehr breitlaubig, polychotom zerschlitzt, mit meist keilförmig verbreiterten, an den Spitzen gezähnelten Segmenten. Die Cystocarpien, sowie die kleinen, meist länglichen Tetrasporangiengruppen einzeln unter den Achseln, bisweilen fast in der Mitte der Segmente. - - Rosenroth.

Aglaophyllum Vidovichii Menegh. Giorn. bot. 1844. p. 299. — Kütz. Tab. phyc. XVI. Tab. 33.
N. Vidovichii Hauck, Verz. p. 317.

Im adriatischen Meere.

β. **confervaceum** Fig. 72.

Bildet 3—10 cm hohe, äusserst zarte, schlaffe, blass rosenrothe, pinselige Büschel. Thallus dichotom getheilt. Segmente linear, sehr schmal; die oberen kaum 50 μ breit, bis in die Spitze nur aus zwei Zellenreihen bestehend. Tetrasporangiengruppen unter den Achseln, häufig nur zwei Tetrasporangien enthaltend.

N. confervaceum Menegh. in Atti III. Congr. ital. Sunto p. 9. — Zanard. Icon. phyc. adr. I. p. 87. Tav. 21.
Aglaophyllum confervaceum Kütz. Spec. Alg. p. 867. — Id. Tab. phyc. XVI. Tab. 33.
Arachnophyllum confervaceum Zanard. — J. Ag. Spec. Alg. II. p. 650; III. p. 415.

Im adriatischen Meere in grösseren Tiefen.

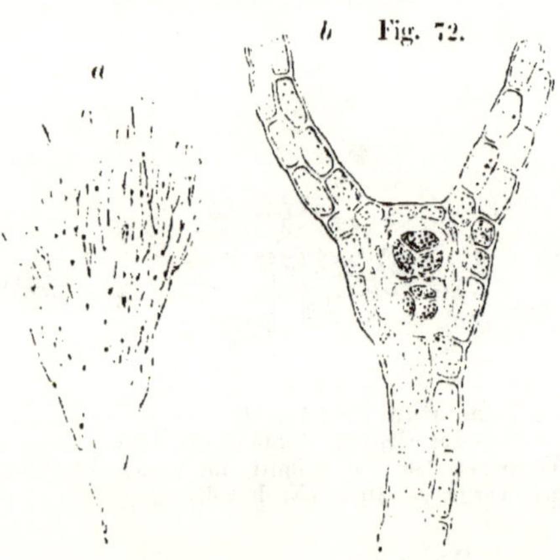

Fig. 72.

N. Vidovichii (*Menegh.*) *β.* **confervaceum.** *a* Alge mit Tetrasporangien in natürlicher Grösse. *b* Stück des Thallus mit Tetrasporangien. Flächenansicht. Vergr. ca. 100. (Nach Kützing.)

3. **N. uncinatum** (Turn.) J. Ag.

Thallus 3—6 cm hoch, der Länge nach unregelmässig dichotom mikroskopisch geadert, von der Basis an unregelmässig di-trichotom und etwas fiederartig getheilt. Segmente 2—4 mm breit (bei manchen Formen hin und wieder schmäler), fast linear; Endsegmente zugespitzt, einzelne hakig gekrümmt. Rand nackt oder mit stumpfen, bisweilen spitzen oder hakigen Lappen besetzt, glatt oder undeutlich gezähnt. Tetrasporangiengruppen rundlich, einzeln unter der Spitze kurzer Segmente und Lappen. — Dunkelroth.

Fucus laceratus, var. uncinatus Turn. Hist. Tab. 68, fig. *e*, *d*.
N. uncinatum J. Ag. Spec. Alg. II. p. 654; III. p. 465.
Cryptopleura lacerata Kütz. Tab. phyc. XVI. Tab. 25, fig. *e*.

Im adriatischen Meere.

4. **N. venulosum** Zanard.

Bildet 2—4 cm hohe, fast halbkugelige, meist etwas verwachsene Büschel. Thallus mikroskopisch netzartig geadert, unregelmässig dichotom getheilt; Segmente 2—4 mm breit, linear oder keilförmig verbreitert; Endsegmente stumpf, ausgerandet, ungleich buchtig oder grobzähnig; Rand häufig mit zahnähnlichen Hafttaserbündeln besetzt. Cystocarpien am Rande oder auf der Blattfläche nahe an demselben. Tetrasporangiengruppen gross, rundlich, einzeln unter der Spitze der Endsegmente. — Rosenroth.

N. venulosum Zanard. Icon. phyc. adr. II. p. 81. Tab. 19. A.
Acrosorion Aglaophylloides Zanard. in Kütz. Tab. phyc. XIX. p. 4. Tab. 10.

Im adriatischen Meere.

Fig. 73.

Nitophyllum Sandrianum *Zanard.* Sterile Alge in natürlicher Grösse. (Nach Kützing.)

5. **N. Sandrianum** Zanard. Fig. 73.

Bildet 2—5 cm hohe, oft verwachsene Büschel. Thallus kurz gestielt und verschwindend gerippt, unregelmässig fiederartig getheilt; Segmente gewöhnlich 2—4 mm breit (die letzten mitunter viel schmäler), meist beiderends verschmälert, fast lanzettlich; Enden spitz; Rand mehr weniger mit kürzern oder längern, schmalen, spitzen oder zugespitzten Zähnen besetzt. Mittelrippe als Fortsetzung des Stieles nur am untern Theile des Thallus deutlich wahrnehmbar, oberhalb in eine einfache, nur bei den Haupttheilungen verzweigte, mikroskopische Ader verlaufend. Tetrasporangiengruppen rundlich, klein, in einer Längsreihe nahe am Rande grösserer Segmente. — Rosenroth.

Delesseria Sandriana Zanard. Sagg. p. 45.
N. Sandrianum Zanard. Icon. phyc. adr. II. p. 37. Tav. 49. B. — J. Ag. Spec. Alg. III. p. 468.
Aglaophyllum Sandrianum Kütz. Spec. Alg. 886. — Id. Tab. phyc. XVI Tab. 36.

Im adriatischen Meere.

LIX. Gattung. **Delesseria** Grev.

Thallus entweder blattartig, zarthäutig, mit deutlicher oft fiederartig verzweigter Mittelrippe, welche sich unterhalb später zu einem knorpeligen Stiel oder ästigen Stengel entwickelt, verschieden ge-

Fig. 74.

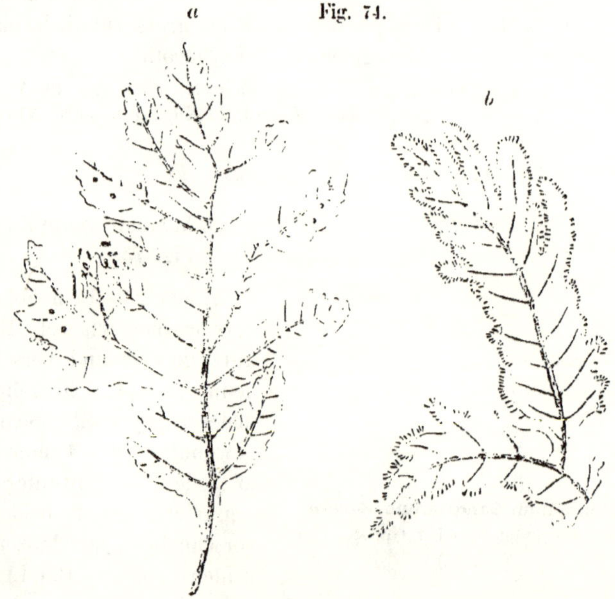

Delesseria sinuosa (*Good. et Woodw.*) *Lamour.*
a Stück der Alge mit Cystocarpien. *b* Stück der Alge mit Tetrasporangien. Beide Figuren in natürlicher Grösse. (Nach Kützing.)

theilt, häufig aus der Mittelrippe proliferirend, oder fast fadenförmig, zweischneidig, dichotom-fiederig getheilt, eigentlich nur aus der verzweigten Mittelrippe allein bestehend. Die Zellen der Oberfläche rundlich-polygon. Blattkörper (bei den folgenden Arten) aus einer Zellenlage, Stiel und Rippen innen aus einem Gewebe verlängerter Zellen bestehend. Cystocarpien auf der Mittelrippe oder den Seitennerven oder auf kleinen Blättchen flach warzenförmige Anschwellungen bildend. Pericarp dünn, dessen Zellen concentrisch angeordnet. Tetrasporangien meist in rundlichen oder länglichen Gruppen, entweder zu beiden Seiten der Mittelrippe einander gegenüberstehend, bisweilen über dieselbe zusammenfliessend, oder in kleinen Blättchen entwickelt, die aus der Mittelrippe oder am Blattrande aus einem Seitennerv proliferiren, kugelig, tetraëdrisch getheilt.

Rosen- bis karminrothe Algen.

1. **D. Hypoglossum** (Woodw.) Lamour.

Thallus blattartig, zarthäutig, gestielt oder stengelig; Blattkörper linear-lanzettlich, mit deutlicher, oberhalb meist zarter Mittelrippe, ohne Queradern, durch gleichgestaltete Prolificationen, die aus der Mittelrippe einzeln oder zu mehreren aus einem Punkte entspringen, opponirt fiederig mehr weniger verzweigt. Rand glatt, selten stellenweise fein gezähnt. Cystocarpien in der Mittelrippe, meist einzeln. Tetrasporangien in schmalen, linearen (strichförmigen), opponirten Gruppen zu beiden Seiten der Mittelrippe, oder bisweilen über dieselbe zusammenfliessend.

Fucus Hypoglossum Woodw. in Lin. Trans. II. p. 30.
D. Hypoglossum Lamour. Ess. p. 36. — Harv. Phyc. brit. pl. 2. — J. Ag. Spec. Alg. II. p. 693; III. p. 489.

α. **Woodwardi** Fig. 75.

Thallus 4—8 cm hoch. Blattkörper gestielt, bisweilen gestengelt, 2—5 mm breit, selten stellenweise eingezogen. Rand glatt, an älteren Theilen ausgenagt. Die paarigen Tetrasporangiengruppen linear.

Hypoglossum Woodwardi Kütz. Phyc. gener. Tab. 65. — Id. Spec. Alg. p. 875. — Id. Tab. phyc. XVI. Tab. 11.
H. concatenatum Kütz. Spec. Alg. p. 877.
Delesseria lomentacea Zanard. Icon phyc. adr. I. p. 147. Tav. 35.

Im adriatischen Meere.

β. **angustifolia.**

Thallus 3—8 cm hoch. Blattkörper gestielt oder verzweigt-stengelig, 1—2 mm breit, bisweilen etwas schmäler. Rand glatt oder gegen die Spitze mikroskopisch gezähnt. Die paarigen Tetrasporangiengruppen linear, meist verkürzt, oft zusammenfliessend, häufig in der Mitte jüngerer Blättchen.

Hypoglossum Woodwardi β. angustifolium Kütz. Phyc. germ. p. 334.
Hypoglossum minutum Kütz. Spec. Alg. p. 875. — Id. Tab. phyc. XVI. Tab. 14.

Im adriatischen Meere.

Fig. 75.

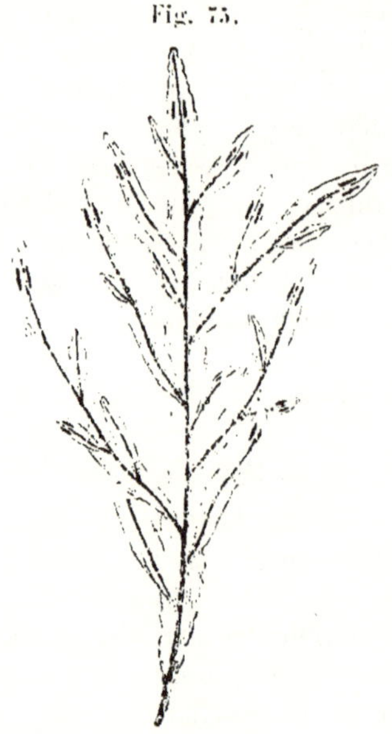

D. Hypoglossum (*Woodw.*) *Lamour.* α **Woodwardi.** Alge mit Tetrasporangien in natürlicher Grösse.

F. crispa.

Thallus 3—5 cm hoch. Blattkörper (oft spiralig gedreht) mit mehr oder weniger stark faltigem und gekräuseltem Rande. Stengel meist sehr verzweigt und oberhalb ausgenagt-geflügelt. Die jungen proliferirenden Blättchen lanzettlich oder verkehrt eirund. Die paarigen Tetrasporangiengruppen klein, nicht selten zusammenfliessend, rundlich, häufig in den kleinen verkehrt eirunden Blättchen.

D. crispa Zanard. Icon. phyc. adr. III. p. 17. Tav. 81.
Hypoglossum crispum Kütz. Spec. Alg. p. 876. — Id. Tab. phyc. XVI. Tab. 13.

Im adriatischen Meere.

γ. **penicillata.**

Thallus 5—10 cm hoch. Blattkörper stengelig: Stengel sehr verlängert und fiederartig verzweigt, unterhalb fast stielrunde, 0·5—3 mm dicke Stämmchen bildend, oberhalb sehr verdünnt, geflügelt, in zahlreiche (meist regelmässig) wiederholt opponirt-fiederig proliferirende, äusserst zarte, schlaffe, pinselig gedrängte Blättchen ausgehend. Blättchen verlängert, linear-lanzettlich (allmälig zugespitzt), meist ca. 0·5 mm breit, seltener breiter, die letzten oft nur 200—100 μ breit.

D. penicillata Zanard. Icon. phyc. adr. I. p. 51. Tav. 13.
Hypoglossum confervaceum Kütz. Tab. phyc. XVI. p. 5. Tab. 13.

Im adriatischen Meere in grösseren Tiefen.

2. **D. ruscifolia** (Turn.) Lamour.

Bildet 2—6 cm hohe Büschel. Thallus blattartig, zarthäutig. Blattkörper kurz gestielt, linear-länglich, 2—6 mm breit, mit deutlicher Mittelrippe und mikroskopischen, durchscheinenden, parallelen, abstehenden, etwas verzweigten und anastomosirenden Queradern, durch Prolificationen, die aus der Mittelrippe entspringen, sich fiederig verzweigend: Prolificationen sehr kurz gestielt, anfänglich verkehrt eirund, bald linear-länglich. Rand glatt. Cystocarpien einzeln oder zu mehreren hinter einander auf der Mittelrippe. Tetrasporangien in schmalen, linearen Gruppen, zu beiden Seiten der Mittelrippe einander gegenüberstehend.

Fucus ruscifolius Turn. in Lin. Trans. VI. p. 127.
D. ruscifolia Lamour. Ess. p. 36. — Harv. Phyc. brit. pl. 26. — J. Ag. Spec. Alg. II. p. 695; III. p. 193.
Hypoglossum ruscifolium Kütz. Spec. Alg. p. 875. — Id. Tab. phyc. XVI. Tab. 12.

Im adriatischen Meere und in der Nordsee (Helgoland).

3. **D. alata** (Huds.) Lamour.

Thallus 5—15 cm hoch, blattartig, zarthäutig, vielfach dichotom und abwechselnd fiedertheilig: Segmente fast linear, 1—6 mm breit, mit breiter, an den gerundeten Achseln vom Blattkörper fast entblösster Mittelrippe und sehr zarten, oft mikroskopischen, opponirten, parallelen, abstehenden Querrippen. Endsegmente zweilappig; Lappen ungleich gross, abgestumpft oder abgerundet. Thallus bisweilen aus der fast durchaus entblössten Mittelrippe allein bestehend, jedoch mit breit geflügelten Fruchtblättchen. Cystocarpien meist einzeln in der Mittelrippe der Endsegmente und eigener, kleiner, achselständiger Fruchtblättchen. Tetrasporangien ohne Ordnung zu beiden Seiten längs der Mittelrippe der Endsegmente und achselständiger Fruchtblättchen gruppirt.

Fucus alatus Huds. Fl. Angl. p. 578.
D. alata Lamour. Ess. p. 36. — Harv. Phyc. brit. pl. 247. — J. Ag. Spec. Alg. II. p. 683; III. p. 183.

Hypoglossum alatum Kütz. Phyc. gener. Tab. 66. — Id. Spec. Alg. p. 877. Id. Tab. phyc. XVI. Tab. 16.
H. carpophyllum Kütz. Tab. phyc. XVI. p. 7. Tab. 17.

In der Nordsee (Helgoland).

β. **angustissima.**

Thallus sehr schmal, fadenförmig, nur aus der Mittelrippe bestehend, linear, unterhalb zusammengedrückt, 500—800 μ breit, oberhalb zweischneidig, bis zu 400—200 μ verschmälert, wiederholt dichotom getheilt und mit zugespitzten Aestchen abwechselnd fiederig besetzt. Zweige abstehend. In Uebergangsformen mit markirteren zusammengedrückten Hauptästen und allmälig flach-zweischneidigen, fast linearen, mitunter stellenweise geflügelten, dichotom-fiederigen Verzweigungen; Aestchen einfach, spitz, häufig lanzettlich oder gabelig. Fortpflanzungsorgane in end- und achselständigen (ca. 2 mm langen) Fruchtästchen. Cystocarpien in der Mitte fast pfriemiger Fruchtästchen Anschwellungen bildend. Tetrasporangien in linear-lanzettlichen, häufig an der Spitze gabeligen oder etwas gefiederten Fruchtästchen.

Wird von einigen Autoren als selbständige Art angesehen; ist aber durch zahlreiche Uebergänge mit D. alata verbunden.

Fucus alatus γ. angustissimus Turn. Syn. Fuc. I. p. 145.
D. alata γ. angustissima Ag. Spec. Alg. I. p. 179.
D. angustissima Griff. — Harv. Phyc. brit. pl. 83. — J. Ag. Spec. Alg. II. p. 686; III. p. 182.
Hypoglossum angustissimum Kütz. Spec. Alg. p. 877. — Id. Tab. phyc. XVI. Tab. 16.

In der Ostsee (bei Travemünde).

4. D. sinuosa (Good. et Woodw.) Lamour. Fig. 74.

Thallus 10—30 cm hoch, blattartig, mit fiederästigem, unterhalb ca. 1 mm dickem Stengel. Blattkörper zarthäutig, von länglich-eirundem Umfang, unregelmässig tief buchtig oder fiederlappig, oft zerschlitzt, mit dicker Mittelrippe und parallelen, opponirten, abstehenden, oft wieder gefiederten Querrippen. Lappen linear-länglich, unregelmässig gezähnt, unter allmäliger Trennung in neue Blattkörper auswachsend. Blattkörper von sehr verschiedener Breite, meist 1—4, seltener bis 8 cm breit. Cystocarpien im Blattkörper an den Querrippen nahe am Rande, oder in kleinen, 1—2 mm langen, spatelförmigen, aus der Mittelrippe oder am Rande des Blattkörpers entspringenden Blättchen. Tetrasporangiengruppen in den Randzähnen an den Enden der Querrippen, oder ebenfalls in kleinen, spatelförmigen, cilienartig am Rande oder aus der Mittelrippe entspringenden Blättchen.

Fucus sinuatus Good. et Woodw. Lin. Trans. III. p. 111.
D. sinuosa Lamour. Ess. p. 124. — Harv. Phyc. brit. pl. 259. — J. Ag. Spec. Alg. II. p. 691; III. p. 186.
Phycodrys sinuosa Kütz. Phyc. gener. Tab. 68. fig. II. — Id. Spec. Alg. p. 874. — Id. Tab. phyc. XVI. Tab. 20. fig. *a—d*.

In der Nordsee (Helgoland). Perennirend.

β. **lingulata.**

Thallus dünnstengelig, mit schmalem, 2—5 mm breitem, lanzettlich- oder linear-länglichem, fast glattrandigem oder hin und wieder gezähntem Blattkörper, aus dessem Rande lang gestielte, lanzettliche oder zungenförmige Prolificationen entspringen.

D. sinuosa *γ*. Lingulata Ag. Spec. Alg. I. p. 175.
Phycodrys sinuosa, forma angustifolia prolifera Kütz. Tab. phyc. XVI. Tab. 20. fig. *e, f*.

In der Ostsee. Perennirend.

XIII. Familie. Sphaerococcaceae.

Thallus stielrund, zusammengedrückt oder flach, meist knorpelig-fleischig, zellig; die Markschichte bisweilen aus längs verlaufenden Fäden gebildet. Cystocarpien äusserlich, meist halbkugelig, mit dickem, zelligem, an der oft vorgezogenen Spitze geöffnetem Pericarp und meist zelliger, vom Grunde desselben sich mehr oder weniger erhebender Placenta, aus deren Oberfläche zahlreiche einfache oder büschelig verzweigte, unter sich (wenigstens oberhalb) freie sporigene Fäden strahlig entspringen, die auf ihrer Spitze je eine einfache oder quergetheilte Carpospore tragen, oder deren obere Glieder in perlschnurförmig gereihte Carposporen umgewandelt sind. Tetrasporangien in der Rindenschichte entwickelt, kreuz- oder zonenförmig getheilt.

LX. Gattung. **Sphaerococcus** Stackh.

Thallus unterhalb zusammengedrückt, oberhalb verflacht-zweischneidig, linear, mit verlaufendem Mittelnerv, verzweigt, knorpelig, aus drei Schichten zusammengesetzt: die (den Mittelnerv bildende) Markschichte besteht aus einer gegliederten Fadenachse, welche von dicht verworrenen, längs verlaufenden Fäden umgeben ist, die

Mittelschichte aus ziemlich grossen, nach aussen kleiner werdenden, rundlichen Zellen, welche senkrecht zur Oberfläche in kurze, perlschnurförmige Fäden ausgehen, die zusammen fest verbunden die äussere Schichte bilden. Cystocarpien fast kugelig, einzeln unter der Spitze dornförmiger Aestchen, mit zelligem, an der etwas vorgezogenen Spitze geöffnetem Pericarp, welches aus den zusammen fest verbundenen Endzweigen dichotomer, strahlig aus der Placenta entspringender, steriler Fäden gebildet wird; Placenta grundständig, erhaben (anscheinend central), zellig, aus der Spitze und seitlich büschelige, unter sich freie, keulenförmige sporigene Fäden entsendend, welche je eine ungetheilte oder quer-zweitheilige, verkehrt eiförmige Carpospore auf ihrer Spitze tragen; Carposporen anfänglich durch die sterilen Fäden gesonderte, später vereinigte Häufchen bildend. Tetrasporangien (nach Kützing) „in der Rindenschichte zerstreut, zonenförmig getheilt“.

Fig. 76.

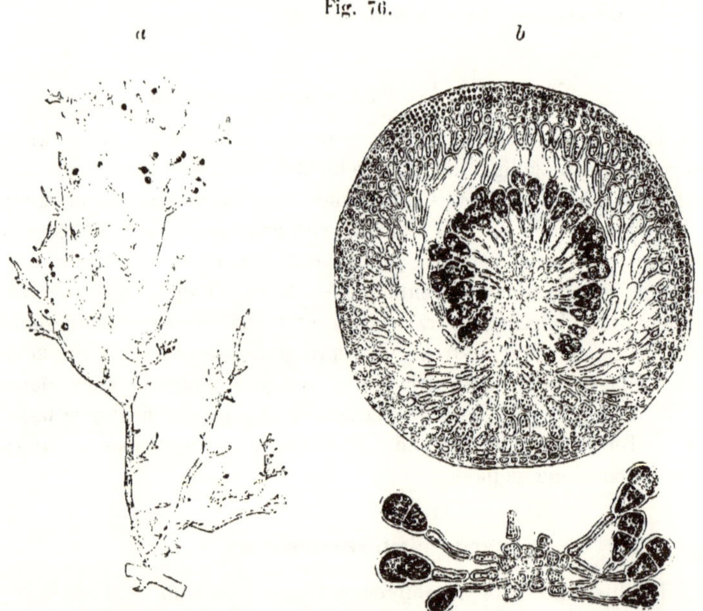

Sphaerococcus coronopifolius (*Good. et Woodw.*) *Stackh.*
a Stück der Alge mit Cystocarpien in natürlicher Grösse. *b* Schnitt durch ein Cystocarp. Vergr. ca. 300. *c* Sporigene Fäden des Cystocarps. Vergr. ca. 420 (Nach Kützing.)

1. **Sph. coronopifolius** (Good. et Woodw.) Stackh. Fig. 76.

Thallus strauchartig, 10 - 20 cm hoch, unterhalb 1—3 mm dick, oberhalb verschmälert, reich dichotom getheilt und mit dornförmigen, 400--250 μ dicken Aestchen am Rande fiederartig besetzt. Zweige abstehend; Hauptäste gespreizt. Dornästchen bei der sterilen Pflanze spärlich, bis 4 mm lang, bei der Cystocarpientragenden mehr weniger zahlreich, kürzer, 1—2 mm lang, einfach oder gabelig. Cystocarpien verhältnissmässig klein (ca. 500 μ im Durchmesser), unmittelbar unter der Spitze, seltener in der Mitte der Dornästchen. — Dunkelroth.

Fucus coronopifolius Good. et Woodw. in Lin. Trans. III. p. 185.

Sph. coronopifolius Stackh. — Harv. Phyc. brit. pl. 61. — J. Ag. Spec. Alg. II. p. 644; III. p. 442.

Rhynchococcus coronopifolius Kütz. phyc. gener. p. 408. Tab. 61. I. — Id. Spec. Alg. p. 754. — Id. Tab. phyc. XVIII. Tab. 10.

Im adriatischen Meere.

XLI. Gattung. **Gracilaria** Grev.

Thallus stielrund oder zusammengedrückt, knorpelig-fleischig, oder flach und fleischig-häutig, verzweigt, aus zwei Schichten zusammengesetzt, wovon die innere aus grossen, gegen die Oberfläche allmälig kleiner werdenden rundlich-polyedrischen, die äussere aus kleinen (bisweilen senkrecht zur Oberfläche gereihten) Zellen besteht. Cystocarpien halbkugelig oder fast kugelig, mit dickem, zelligem, später an der oft vorgezogenen Spitze geöffnetem Pericarp (dessen Zellen strahlig angeordnet sind) und grundständiger, mehr weniger erhabener und unregelmässig gelappter zelliger Placenta, aus deren Oberfläche zahlreiche, kurze, büschelige, unter sich freie sporigene Fäden entspringen, deren obere Glieder in rundliche (meist verkehrt eiförmige), perlschnurförmig gereihte Carposporen umgewandelt sind. Tetrasporangien im Thallus zerstreut, aus den Rindenzellen entstehend, kugelig oder oval, kreuzförmig getheilt. Antheridien aus den Rindenzellen sich entwickelnd, theils in kleinen Höhlungen unter der Oberfläche, theils auf derselben kleine oder ausgebreitete Flecken bildend.

Fig. 77.

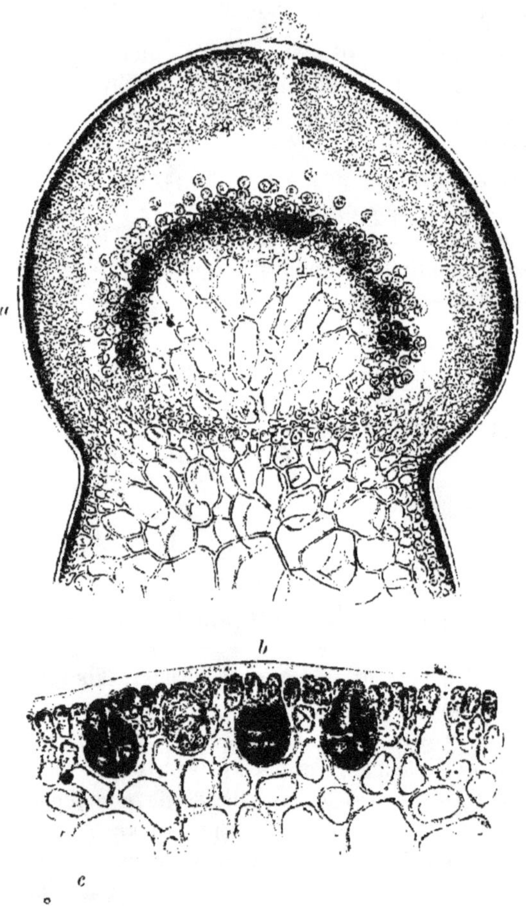

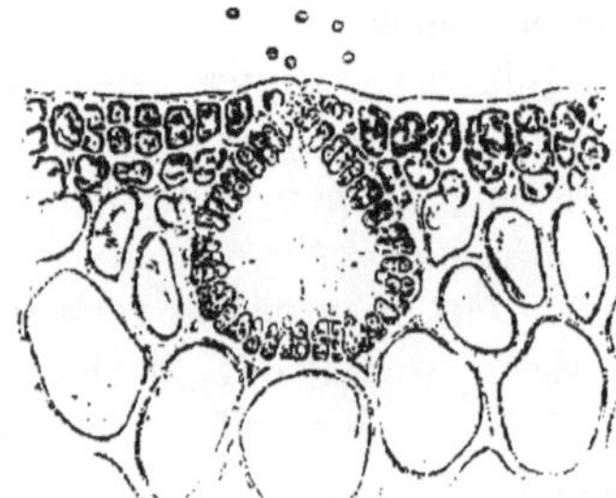

Gracilaria confervoides *(L.) Grev.* *a* Vertikalschnitt durch ein Cystocarp. Vergr. 75. *b* Querschnitt durch ein Stück der Rindenschichte des Thallus mit Tetrasporangien. Vergr. 250. *c* Schnitt durch eine unter der Oberfläche befindliche Höhlung mit Antheridien. Vergr. 250. (Nach Thuret.)

1. **Gr. confervoides** (L.) Grev. Fig. 77.

Thallus aus einer Wurzelschwiele entspringend, aufrecht oder niederliegend und dann aufsteigend, stielrund, fadenförmig verlängert, seitlich verzweigt, sehr veränderlich in der Grösse, Dicke und Verzweigung, 5—60 cm lang und gewöhnlich unter bis über 1 mm dick. Aeste meistens ruthen- oder geiselförmig, gegen die Spitze allmälig verdünnt, an den sehr verlängerten gleich gestalteten Hauptästen allseitig abwechselnd oder etwas einseitig entspringend, theils nackt, theils mehr weniger mit beiderends verdünnten borstendicken Aestchen, nicht selten etwas einseitig besetzt Zweige aufrecht oder abstehend, bisweilen stellenweise mit seitlichen, lappig- oder klauenartig-verzweigten Haftwurzeln. Cystocarpien halbkugelig, zahlreich an den Aesten. Tetrasporangien in etwas verdickten Aestchen. Antheridien in kleinen ei- oder birnförmigen Höhlungen unter der Oberfläche. — Bräunlich-dunkelroth. Knorpelig-fleischig.

Fucus confervoides L. Spec. Pl. 2. p. 1629.
Gr. confervoides Grev. Alg. Brit. p. 123. — Harv. Phyc. brit. pl. 65. — J. Ag. Spec. Alg. II. p. 587; III. p. 413. — Thur. et Born. Etud. phyc. p. 80. pl. 40.
Sphaerococcus confervoides Ag. — Kütz. Spec. Alg. p. 772. Id. Tab. phyc. XVIII. Tab. 72.
Sph. divergens Kütz. Tab. phyc. l. c. Tab. 74.
Mychodea coerulescens Kütz. Tab. phyc. XVI. p. 30. Tab. 83.
Chrysymenia flagelliformis Ardiss. Florid. Ital. II. 1. p. 68. Tav. 14.

In der Nordsee und im adriatischen Meere.

2. **Gr. armata** (Ag.) J. Ag.

Thallus strauchartig, aus einer breiten Wurzelschwiele entspringend, 10—25 cm hoch, stielrund, unterhalb ca. 2 mm, oberhalb ca. 1 mm dick und etwas zusammengedrückt, reich verzweigt, mit fast dichotomen Hauptästen und allseitig oder etwas zweizeilig entspringenden, oberhalb dichteren, abstehenden Aesten, die mit zahlreichen, kürzeren und längeren (1—5 mm langen), abstehenden, dornförmigen, einfachen oder 2—3 spitzigen oder geweihförmigen Aestchen zum Theil etwas zweizeilig besetzt sind. Cystocarpien halbkugelig, meist sehr zahlreich an den oberen Aesten und Aestchen. Antheridien die Oberfläche der oberen Aeste fast ganz bedeckend. Tetrasporangien in pfriemigen Aestchen. — Schwärzlich-grün oder bräunlich-dunkelroth. Fleischig-knorpelig.

Sphaerococcus armatus Ag. Aufz. p. 73. — Kütz. Spec. Alg. p. 774. — Id. Tab. phyc. XVIII. Tab. 77.
Gr. armata J. Ag. Alg. Liebm. p. 15. — Id. Spec. Alg. II. p. 591; III p. 414.

Im adriatischen Meere.

3. **Gr. compressa** (Ag.) Grev. Fig. 78.

Thallus büschelig, aus einer schildförmigen Wurzel entspringend, bis 20 cm hoch, stielrund, (trocken zusammengedrückt), 2 bis 4 mm dick, dichotom und seitlich verästelt; Aeste aufrecht, allmälig zugespitzt, nackt oder mit wenigen pfriemigen Aestchen besetzt. Cystocarpien zahlreich an den Aesten. Antheridien an der Oberfläche des Thallus kleine, dichtstehende Flecken bildend. Tetrasporangien in etwas verdickten Aesten, fast kugelig. — Grünlich-gelb bis bräunlich-dunkelroth. Knorpeligfleischig, steif und brüchig.

Sphaerococcus compressus Ag. Spec. Alg. I. p. 308. — Kütz. Tab. phyc. XVIII. Tab. 78.
Gr. compressa Grev. Alg. Brit. p. 123. — Harv. Phyc. brit. pl. 205. — J. Ag. Spec. Alg. II. p. 593; III. p. 417.
Sph. vagus Kütz. Tab. phyc. XVIII. Tab. 76.

Im adriatischen Meere.

Fig. 78.

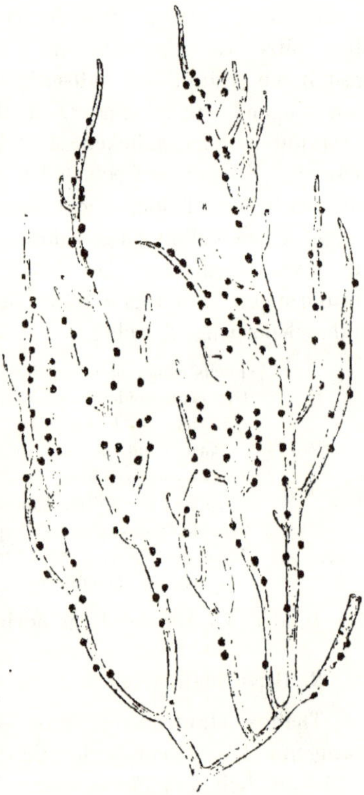

Gracilaria compressa *(Ag.) Grev.*
Stück der Alge mit Cystocarpien.

4. **Gr. dura** (Ag.) J. Ag.

Thallus aus einer fadenförmigen, verzweigten Wurzel entspringend, 10—15 cm hohe, oft etwas verworrene Rasen bildend, stielrund, ca. 1 mm dick und darüber, in den letzten Verzweigungen etwas dünner, unregelmässig dichotom (hin und wieder fast trichotom) und etwas seitlich, ziemlich gleich hoch verzweigt; Aeste aufrechtabstehend, verlängert, nackt oder mit wenigen abstehenden

Aestchen meist einseitig besetzt. Spitzen etwas verdünnt. — Bräunlich-dunkelroth. Knorpelig, zäh.

Sphaerococcus durus Ag. Spec. Alg. p. 310. — Kütz. Spec. Alg. p. 775. — Id. Tab. phyc. XVIII. Tab. 78.
Gr. dura J. Ag. Spec. Alg. II. p. 589; III. p. 420.
Sph. Sonderi Kütz. Spec. Alg. p. 773. — Id. Tab. phyc. XVIII. Tab. 76.

Im adriatischen Meere.

5. **Gr. corallicola** Zanard.

Thallus 5—10 cm hoch, flach, blattartig, gestielt: Stiel einfach oder verzweigt. Blattkörper (ca. 0·5 mm dick) ein- oder mehrmal gabelig oder dichotom-fächerförmig oder unregelmässig handförmig getheilt, nicht selten am Rande proliferirend. Segmente 5—10 mm breit, an der Basis verschmälert; Spitzen stumpf oder abgerundet. Cystocarpien halbkugelig, auf der Blattfläche oder am Rande der oberen Segmente. Tetrasporangien im Blattkörper zerstreut, kugelig. — Corallenroth. Häutig.

Ist vielleicht nur eine Form von Gr. multipartita (Clem.) Harv.

Gr. corallicola Zanard. Icon. phyc. adr. II. p. 127. Tav. 71.

Im adriatischen Meere.

LXII. Gattung. **Chondrymenia** Zanard.

Thallus flach, blattartig, knorpelig-fleischig, aus drei Schichten zusammengesetzt, wovon die Markschichte aus längs verlaufenden, dünnen, verzweigten, dicht verworrenen Fäden besteht, welche in der Mittelschichte ein netzförmig-anastomosirendes, lockeres Gewebe bilden und gegen die Oberfläche senkrecht abstehende, perlschnurförmige, gabelige Aeste absenden, die zusammen verbunden die äussere Schichte bilden. Cystocarpien mit halbkugeligem, aus der äusseren Schichte des Thallus gebildetem Pericarp und basaler, fädiger Placenta, aus welcher oberhalb ein Bündel einfacher, fast paralleler, unter sich freier sporigener Fäden entspringt, deren obere Glieder in rundliche, perlschnurförmig gereihte Carposporen umgewandelt sind. Tetrasporangien unbekannt.

1. **Ch. lobata** (Menegh.) Zanard. Fig. 79.

Thallus an der Basis mit einer kleinen Wurzelscheibe am Substrat befestigt, 4—8 cm im Durchmesser und 0·3—0·5 mm dick, unregelmässig gelappt und nicht selten durchlöchert; Lappen gerundet, oft über einander greifend; Rand selten glatt, meist gezähnt oder gekerbt und proliferirend. Prolificationen von rundlichem oder nierenförmigem Umfange, mit stielförmig verschmälerter Basis. Cystocarpien auf beiden Seiten zerstreut. Dunkelpurpurroth, trocken braun. Trocken fast hornartig.

Halymenia lobata Menegh. Att. Congr. Firenze 1841. p. 11.
Ch. lobata Zanard. Icon. phyc. adr. I. p. 21. Tav. 6.

Im adriatischen Meere.

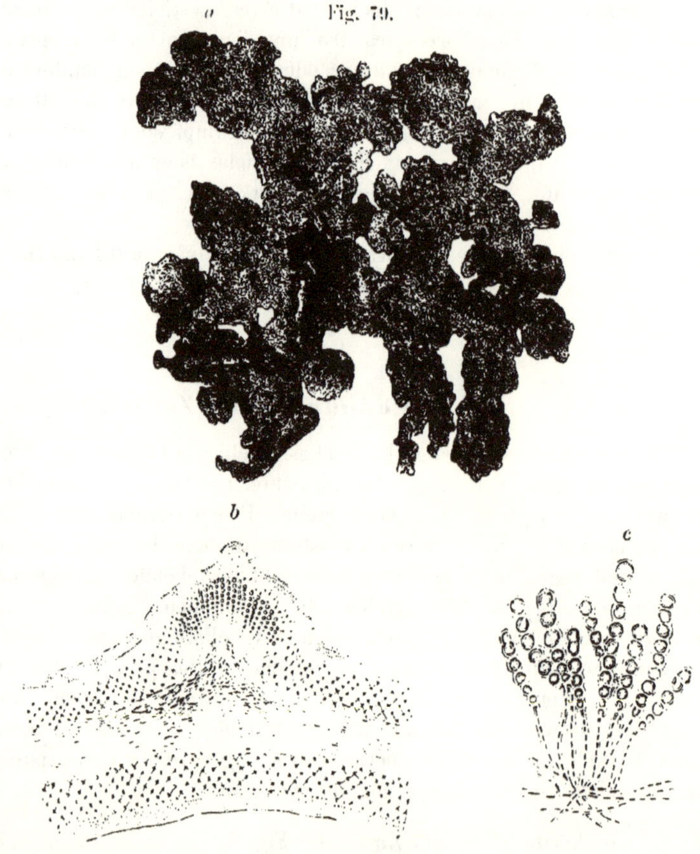

Chondrymenia lobata *(Menegh.) Zanard.*
a Alge in natürlicher Grösse. *b* Querschnitt eines Thallusstückes mit einem Cystocarp. Vergr. 100. *c* Sporigene Fäden des Cystocarps. Vergr. 380. (Nach Zanardini.)

XIV. Familie. **Solieriaceae.**

Thallus stielrund, zusammengedrückt oder flach, solid oder hohl, innen aus einem Gewebe längs verlaufender Fäden bestehend, welches von einer Schichte Zellen oder senkrecht abstehender Fäden umgeben ist. Cystocarpien in Anschwellungen oder Auswüchsen des Thallus, mit einem aus der äusseren Schichte gebildeten, am Scheitel meist geöffneten Pericarp, innerhalb dessen ein fast kugeliger, häufig von einem Fadengeflechte umgebener Kern gelagert ist, der aus einer centralen, grossen placentaren Zelle oder zelligen Placenta besteht, aus deren Oberfläche zahlreiche, kurze, unter sich freie sporigene Fäden büschelig ausstrahlen, deren Endglieder in keulen- oder birnförmige Carposporen umgewandelt sind. Placenta mit der fädigen Hülle des Kernes häufig durch sterile Fäden verbunden. Tetrasporangien dem Thallus eingesenkt, kreuz- oder zonenförmig getheilt.

LXIII. Gattung. **Catenella** Grev.

Thallus stielrund oder zusammengedrückt, gliederartig eingeschnürt, di-trichotom verzweigt, häutig, fast hohl, innen aus einem sehr lockeren Netzwerke längs verlaufender, anastomosirender Fäden bestehend, welche gegen die Oberfläche senkrechte, perlschnurförmige, dichotome Zweige absenden, die zur äusseren Schichte verbunden sind. (Cystocarpien bei C. Opuntia nicht genügend bekannt.) Tetrasporangien zwischen den perlschnurförmigen Fäden der äusseren Schichte gelagert, länglich, zonenförmig getheilt.

1. **C. Opuntia** (Good. et Woodw.) Grev. Fig. 80.

Bildet 1—3 cm hohe, polsterförmige, etwas verworrene Räschen. Thallus an der Basis fadenförmig, kriechend und wurzelnd, aufrechte Aeste entsendend: Aeste stielrund oder zusammengedrückt, meist ungleich dick, 0·5 bis über 1 mm, nicht selten stellenweise nur 200—60 μ dick, gliederartig, mehr weniger stark eingeschnürt, di-trichotom verzweigt und häufig mit kleinen Aestchen besetzt. Zweige gewöhnlich an den Einschnürungen entspringend, abstehend bis gespreizt, häufig etwas hin- und hergebogen: die dünneren Zweige fadenförmig, kaum deutlich eingeschnürt. Enden spitz oder zugespitzt. Glieder länglich, verkehrt eiförmig, keulenförmig oder zusammengedrückt spindelig, 2—10 mal länger als dick. Tetrasporangien zahlreich in verdickten (meist spindelig angeschwollenen) Gliedern kurzer Aestchen. — Schwärzlich-violett bis rothbräunlich.

Fucus Opuntia Good. et Woodw. in Lin. Trans. III. p. 219.
C. Opuntia Grev. Alg. Brit. p. 166. Tab. 17. — Harv. Phyc. brit. pl. 88. — Kütz. Spec. Alg. p. 724. — Id. Tab. phyc. XVI. Tab. 71. — J. Ag. Spec. Alg. II. p. 352; III. p. 588.

Im adriatischen Meere an der Fluthgrenze.

Fig. 80.

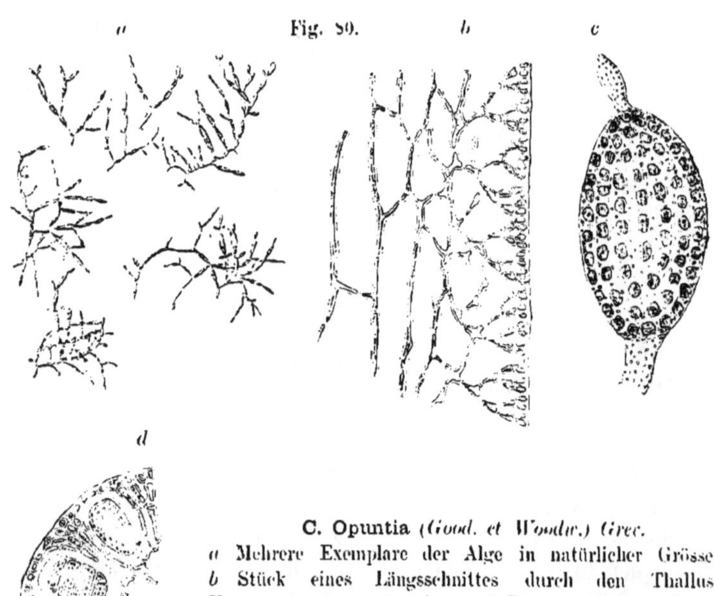

C. Opuntia *(Good. et Woodw.) Grev.*
a Mehrere Exemplare der Alge in natürlicher Grösse. *b* Stück eines Längsschnittes durch den Thallus. Vergr. ca. 200. *c* Aestchen mit Tetrasporangien. Vergr. ca. 80. *d* Stück eines Querschnittes durch ein Aestchen mit Tetrasporangien. Vergr. ca. 200. (Nach Kützing.)

XV. Familie. **Hypnaeaceae.**

Thallus (häufig) fadenförmig, zellig. Cystocarpien dem Thallus eingesenkt, oder äusserlich, mit halbkugeligem oder fast kugeligem, zelligem, später am Scheitel geöffnetem Pericarp, welches ein netzartig gefächertes placentares Fadengewebe einschliesst, in welchem viele kleine Büschel von kurz gestielten, birnförmigen Carposporen zerstreut sind. Tetrasporangien dem Thallus eingesenkt, zonenförmig getheilt.

LXIV. Gattung. **Hypnaea** Lamour.

Thallus fadenförmig, ruthenförmig oder verworren verzweigt, fleischig-knorpelig, aus zwei Schichten zusammengesetzt, wovon die innere, anfänglich von einer gegliederten Fadenachse durchzogene Schichte aus grossen, länglich-polyedrischen, gegen die Oberfläche schmäler werdenden Zellen, die äussere aus fast einer Lage kleiner Rindenzellen besteht. Cystocarpien halbkugelig, an kurzen Aestchen. Tetrasporangien in nematheciennartigen Anschwellungen der Aestchen, länglich, zonenförmig getheilt.

Fig. 81.

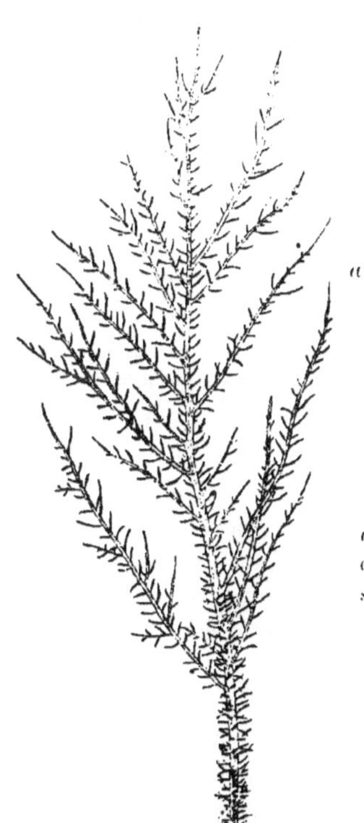

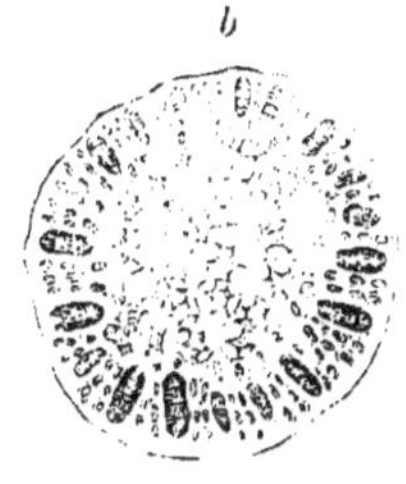

Hypnaea musciformis (*Wulf.*) *Lamour.* *a* Stück der Alge mit Tetrasporangien-tragenden Aestchen in natürlicher Grösse. *b* Querschnitt durch ein Aestchen mit Tetrasporangien. Vergr. ca. 100. (Nach Kützing.)

1. **H. musciformis** (Wulf.) Lamour. Fig. 81.

Bildet locker verworrene, 10—30 cm hohe Rasen. Thallus aus rankigen, kriechenden Wurzelfasern entspringend, unterhalb 1—2 mm dick, oberhalb sehr verdünnt, verlängert, allseitig abwechselnd verzweigt. Hauptäste und Aeste ruthenförmig verlängert, abstehend, gerade oder an der Spitze hakenförmig eingekrümmt, durchaus mit kurzen, meist 1—4 mm langen und 150—300 μ dicken, meist einfachen, abstehenden oder gespreizten dornförmigen Aestchen besetzt, die bei der fruktificirenden Pflanze gedrängt stehen. Spitzen der Aeste bisweilen nackt. Cystocarpien an geweihförmig verzweigten Aestchen. Tetrasporangien in einfachen, oberhalb der Basis oder in der Mitte angeschwollener Aestchen. — Schwärzlich- oder gelblich-grün oder braunroth. Fast knorpelig, ziemlich steif und brüchig.

Fucus musciformis Wulf. in Jacqu. Coll. III. p. 154.
Hypnaea musciformis Lamour. Ess. p. 43 (?) — J. Ag. Spec. Alg. II. p. 442; III. p. 561 (? — Kütz. Spec. Alg. p. 758. — Id. Tab. phyc. XVIII. Tab. 19.
H. Rissoana J. Ag. Spec. Alg. II. p. 448; III. p. 563. — Kütz. Spec. Alg. et Tab. phyc. l. c.

Im adriatischen Meere.

XVI. Familie. Gelidiaceae.

Thallus stielrund, zusammengedrückt oder flach, knorpelig, meist aus fest verbundenen Zellen und Fäden zusammengesetzt und von einer, oft aber nur in den jüngsten Theilen erkennbaren, gegliederten Fadenachse durchzogen. Cystocarpien mit dickem, aus der äusseren Thallusschichte gebildetem, später nach aussen geöffnetem Pericarp, welches am Thallus eine halbkugelige, fast kugelige oder unregelmässige Auschwellung bildet und die zellige, an der gegliederten Fadenachse entwickelte Placenta bedeckt, aus deren Oberfläche zahlreiche, freie, einfache oder zu kurzen Schnüren gereihte, meist verkehrt eiförmige Carposporen entspringen. Tetrasporangien in der äusseren Thallusschichte entwickelt, kreuz- oder zonenförmig getheilt.

LXV. Gattung. **Gelidium** Lamour.

Thallus fadenförmig, stielrund, zusammengedrückt oder flach, häufig fiederartig verzweigt, hornartig-knorpelig, aus zwei Schichten zusammengesetzt, wovon die von einer, nur in den jungen Theilen deutlich erkennbaren, gegliederten Fadenachse durchzogene Markschichte aus längs gereihten, länglichen oder lang gestreckten, sehr zarte Fasern nach abwärts entsendenden Zellen, die äussere Schichte dagegen aus rundlichen Zellen besteht, welche von innen nach aussen an Grösse ab- und an Zahl zunehmen, und gegen die Oberfläche senkrechte, sehr kurze perlschnurförmige Reihen bilden. Cystocarpien entweder ein- oder zweifächerig. Die einfächerigen Cystocarpien mit beinahe halbkugeligem Pericarp, welches die fast eben ausgebreitete, basale Placenta überwölbt, mit derselben durch locker stehende Fäden verbunden ist und aus welcher theils einfache, verkehrt eiförmige oder längliche, theils zu kurzen, wenig gliedrigen Schnüren gereihte Cystocarpien gedrängt entspringen. Die zweifächerigen Cystocarpien fast kugelig, auf beiden Seiten des Thallus gleichförmig vorragend, eigentlich aus zwei mit der Basis an einander stossenden, einfächerigen Cystocarpien bestehend, deren Scheidewand zu beiden Seiten die zellige Placenta trägt. Tetrasporangien zwischen den Zellen der Rindenschichte gelagert, fast kugelig, kreuzförmig getheilt. Antheridien aus den Rindenzellen entwickelt, am Thallus heller gefärbte Flecken bildend.

1. **G. capillaceum** (Gmel.) Kütz. Fig. 82, *a—e*.

Thallus mit faseriger Wurzel dem Substrat anhaftend, 5 bis 15 cm hoch, flach, etwas zweischneidig, linear, 1—2 mm, in den letzten Verzweigungen meist 600—130 μ dick, regelmässig (bis 3—4 fach) abnehmend gefiedert; Mittelrippen beiderends verschmälert; Fiedern und Fiederchen opponirt oder abwechselnd entspringend, abstehend; die sterilen Fiederchen fast linear oder gegen die Basis etwas verschmälert; Enden spitz, stumpf oder abgerundet. Cystocarpien einfächerig, halbkugelige Anschwellungen auf der Fläche, unter der Spitze oder in der Mitte zugespitzter oder lanzettlicher Fiederchen bildend; Carposporen zu 3—4 gliedrigen Schnüren gereiht. Tetrasporangien in abgestutzten oder fast spateligen Fiederchen. Antheridien auf länglichen, etwas spitzen Fiederchen deutlich begrenzte Flecken bildend. Braunroth.

Fucus capillaceus Gmel. Hist. p. 146. Tab. 15. fig. 1.
G. capillaceum Kütz. Tab. phyc. XVIII. p. 18. Tab. 53.
G. corneum Auct.
G. corneum var. *α*. pro parte. J. Ag. Spec. Alg. II. p. 470.
G. corneum var. pinnatum Grev. — Kütz. Spec. Alg. p. 764. — Id. Tab. phyc. l. c. Tab. 50. fig. *d—f*. — Harv. phyc. brit. pl. 53. fig. 1.

G. proliferum Kütz. Tab. phyc. l. c. p. 19. Tab. 55.
Pterocladia capillacea Born. et Thur. Not. algol. p. 57. pl. 20. fig. 1—7.

Im adriatischen Meere.

F. crinita.

Thallus verschmälert. Fiederchen fadenförmig, sehr verlängert, ungefähr borstendick, sehr unregelmässig entspringend, bisweilen hin- und hergebogen und in einander verworren.

G. capillaceum, F. crinita Hauck. Herb.

Im adriatischen Meere. Perennirend.

Fig. 82.

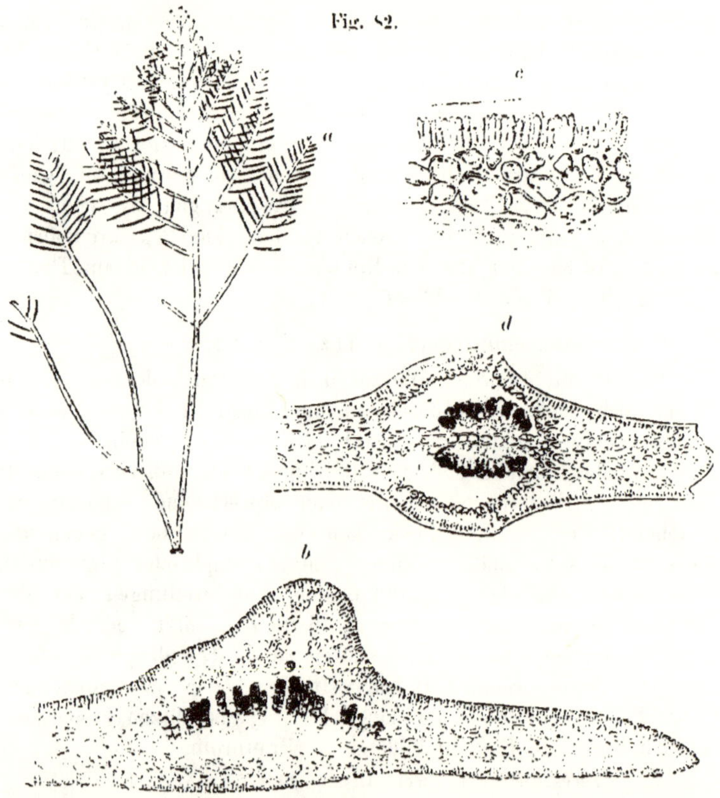

a—c **Gelidium capillaceum** *(Gmel.) Kütz.* *d* **Gelidium latifolium** *Born.* Alge in natürlicher Grösse. *b* Längsschnitt durch ein Fiederchen und ein einfächeriges Cystocarp. Vergr. 75. *c* Stück eines Längsschnittes durch ein Fiederchen mit Antheridien. Vergr. 400. *d* Längsschnitt durch ein Fiederchen und ein zweifächeriges Cystocarp. Vergr. 75. (Fig. *b—d* nach Bornet.)

2. G. latifolium Born. Fig. 82, *d.*

Thallus mit faseriger Wurzel dem Substrat anhaftend. 5–10 cm hoch, zusammengedrückt-flach, etwas zweischneidig, linear, 0·5 bis 2 mm, in den letzten Verzweigungen meist 160—600 μ dick, wiederholt gefiedert. Fiederchen genähert, opponirt, abnehmend, abstehend bis gespreizt, borstenförmig oder linear bis fast keulen- oder spatelförmig verbreitert. Fortpflanzungsorgane in keulen- oder spatelförmig verbreiterten Fiederchen. Cystocarpien kugelig, zweifächerig. — Braunroth.

G. latifolium Born. et Thur. Not. algol. p. 58. pl. 20. fig. 8—10.
G. corneum β. pristoides J. Ag. Spec. Alg. II. p. 470.
G. corneum ζ. capillaceum Grev. — Harv. Phyc. brit. pl. 53. fig. 3.
G. corneum Linnaei Kütz. Tab. phyc. XVIII. p. 17. Tab. 50.
G. corneum hypnoides Kütz. l. c.

Im adriatischen Meere. Perennirend.

β. **Hystrix.** Fig. 83.

Thallus flach-zusammengedrückt, häufig unterhalb, seltener durchaus fast stielrund, mit meist wenigen, verlängerten Aesten, die theils mit zweizeilig, theils mit allseitig entspringenden, allmälig abnehmenden, fast gespreizten Aestchen meist gedrängt besetzt sind.

G. corneum γ. Hystrix J. Ag. Spec. Alg. II. p. 470.
Echinocaulon hispidum Kütz. Phyc. gener. p. 406. — Id. Spec. Alg. p. 762. — Id. Tab. phyc. XVIII. p. 38.
E. strigosum Kütz. Tab. phyc. XVIII. p. 14. Tab. 39.

Im adriatischen Meere, meist an Cystosirenstämmen. Perennirend.

Fig. 83.

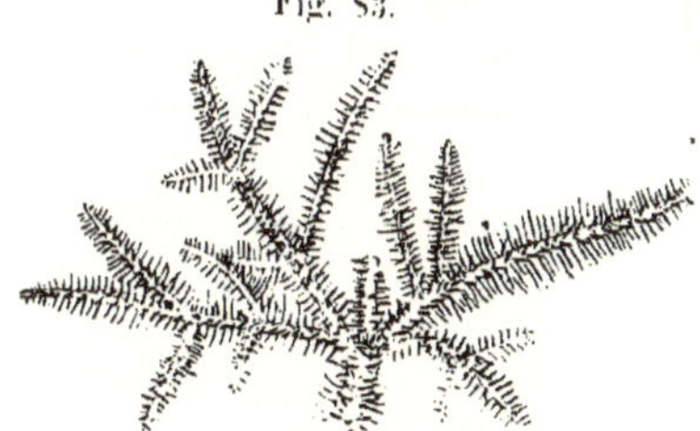

G. latifolium *Born.* β. Hystrix. Alge in natürlicher Grösse. (Nach Kützing.)

3. G. crinale (Turn.) J. Ag.

Bildet ausgebreitete, braunrothe Rasen. Thallus an der Basis kriechend, wurzelnd, stielrund-zusammengedrückt, borstendick oder verflacht und bis ca. 500 μ breit, zerstreut oder fiederartig verzweigt.

Tetrasporangien in verdickten Spitzen der Aeste und Aestchen ohne Ordnung gehäuft.

Fucus crinalis Turn. Hist. Tab. 198.
G. crinale J. Ag. Spec. Alg. III. p. 546.
G. corneum var. crinale Auct.

α. **genuinum.**

Rasen 4—7 cm hoch, bisweilen verworren. Thallus fadenförmig, stielrund-zusammengedrückt, 150—450 μ dick, nahezu durchaus gleich dick, mehr weniger unregelmässig seitlich verästelt. Aeste hin und wieder mit kurzen Aestchen besetzt. Zweige häufig hin- und hergebogen, abstehend oder gespreizt; die sterilen Enden spitz oder stumpf. Tetrasporangien in lanzettlichen oder spatelig verdickten Spitzen der Aeste oder in eben so geformten kurzen, an den Astenden häufig kreuzförmig stehenden Aestchen.

G. crinale *α.* genuinum Hauck, Herb.
G. corneum var. crinale Auct.
G. crinale Thur. mspt.!
Acrocarpus spinescens Kütz. Spec. Alg. p. 761. — Id. Tab. phyc. XVIII. Tab. 33.

Im adriatischen Meere. Perennirend.

β. **lubricum.**

Rasen 2—3 cm hoch. Thallus fadenförmig, fast stielrund oder zusammengedrückt, oft verflacht, 100—300 μ dick, durchaus beinahe gleich dick, zerstreut verzweigt; Aeste aufrecht-abstehend, verlängert, einfach oder hin und wieder mit kurzen Aestchen besetzt. Enden der sterilen Zweige etwas verdünnt, spitz. Cystocarpien zweifächerig, unter den Spitzen oder in der Mitte der Aestchen ovale Anschwellungen bildend. Tetrasporangien und Antheridien in spatelförmig oder breit lanzettförmig angeschwollenen Spitzen der Zweige.

Acrocarpus lubricus Kütz. Spec. Alg. p. 761. — Id. Tab. phyc. XVIII. Tab. 32.
Gelidium lubricum Thur. Herb.!

Im adriatischen Meere. Perennirend.

γ. **spathulatum.** Fig. 84.

Bildet 2—5 cm hohe, dichte Rasen. Thallus zusammengedrückt bis flach, stellenweise verschmälert oder verbreitert, 200—500 μ breit, mehr weniger regelmässig abwechselnd, seltener opponirt, einfach oder doppelt gefiedert; Fiederchen lanzettlich.

borstenförmig-pfriemig, spatelig, zungenförmig oder länglich-linear und an der Basis verschmälert. Cystocarpien zweifächerig, unter der Spitze oder in der Mitte flacher Fiederchen auf beiden Flächen halbkugelig hervorragend. Tetrasporangien in verdickten Spitzen der Fiederchen.

Acrocarpus spathulatus Kütz. Tab. phyc. XVIII. p. 36. Tab. 36.
Acrocarpus corymbosus Kütz. l. c.

Im adriatischen Meere. Perennirend.

Fig. 84.

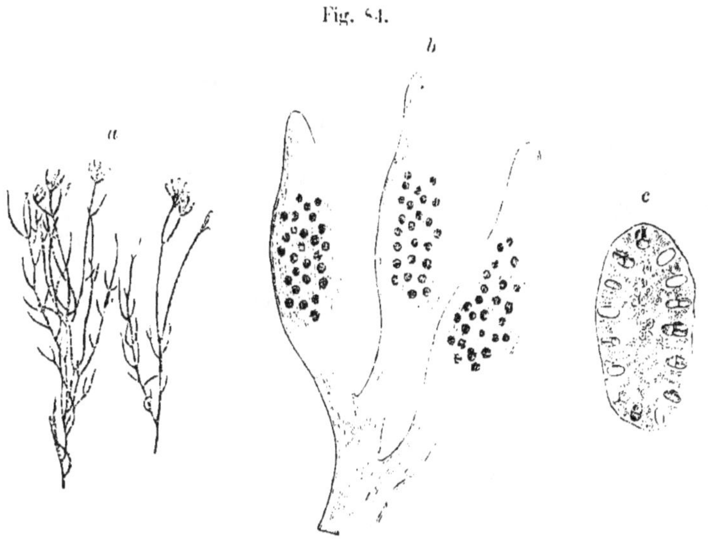

G. crinale (*Turn.*) *J. Ag.* γ. **spathulatum.**
a Zwei Exemplare der Alge mit Tetrasporangien-tragenden Aestchen in natürlicher Grösse. *b* Aestchen mit Tetrasporangien. Vergr. ca. 40. *c* Querschnitt durch ein Aestchen mit Tetrasporangien. Vergr. ca. 100. Nach Kützing.)

δ. **polycladum.**

Bildet 1—2 cm hohe, dichte, verworrene Rasen. Thallus fadenförmig, 200—300 μ dick, unterhalb zusammengedrückt-flach, oberhalb zusammengedrückt-stielrund, unregelmässig fiederartig verzweigt. Aeste gekrümmt, verworren, mit zahlreichen, dornförmigen, gespreizten Aestchen besetzt.

Gelidium polycladum Kütz. Tab. phyc. XVIII. p. 19. Tab. 55.

Im adriatischen Meere. Perennirend.

4. **G. secundatum** Zanard.

Bildet 2—3 cm hohe, verworrene Rasen. Thallus fadenförmig, stielrund oder zusammengedrückt, 80—150 μ dick, durchaus annähernd gleich dick, unregelmässig fiederartig verzweigt. Aeste verlängert, oft gebogen, mehr weniger mit fast gespreizten, kürzeren und längeren Aestchen, stellenweise einseitig, besetzt. Enden spitz. Fruktification unbekannt.

G. secundatum Zanard. in Kütz. Tab. phyc. XIX. p. 9. Tab. 25.

Im adriatischen Meere.

5. **G. pusillum** (Stackh.) Le Jol.

Bildet 5—15 mm hohe, ausgebreitete, verworrene, braunrothe Räschen. Thallus 50—150 μ dick, stielrund, stellenweise bis 300—500 μ verbreitert und flach, verworren ästig; Aeste fast gespreizt, hin- und hergebogen, entweder pfriemig oder gegen die Spitze lanzettlich oder spatelig verbreitert. Aestchen klein, meist blattartig, verkehrt eirund ode. zungen- oder spatelförmig, bisweilen mit mikroskopisch gezähntem Rande. Tetrasporangien in verdickten Spitzen der Aeste und Aestchen ohne Ordnung gehäuft.

Fucus pusillus Stackh. Ner. Tab. 6.
G. pusillum Le Jol. Alg. mar. Cherb. p. 139.
G. clavatum Lamour.
G. corneum var. clavatum Harv. Phyc. brit. pl. 53. fig. 6.
G. corneum var. caespitosum J. Ag. Spec. Alg. II. p. 740.
Acrocarpus pusillus Kütz. Spec. Alg. p. 762. — Id. Tab. phyc. XVIII. Tab. 36.

Im adriatischen Meere. Perennirend.

6. **G. (?) miniatum** (Lamour.) Kütz.

Bildet dichte, verworrene, 1—2 cm hohe Rasen. Thallus fadenförmig, stielrund oder etwas zusammengedrückt, 80—200 μ dick, kriechend und wurzelnd, mit aufrechten, zerstreut verzweigten, meist hin- und hergebogenen, stellenweise an einander gewachsenen und in einander verworrenen Aesten; Aestchen kurz, abstehend oder gespreizt, spitz. — Rothbraun.

Fruktification unbekannt.

Gigartina miniata Lamour. — Zanard. Syn. p. 102.
G. miniatum Kütz. Spec. Alg. p. 767. — Id. Tab. phyc. XVIII. Tab. 58.
Helmintochorton miniatum Zanard. Sagg. p. 48.

Im adriatischen Meere.

LXVI. Gattung. **Caulacanthus** Kütz.

Thallus fadenförmig, verzweigt, fleischig-knorpelig, anfänglich etwas röhrig, bald aber solid, von einer gegliederten Fadenachse durchzogen, aus deren Gliedern mehrere Aeste entspringen, welche sich im spitzen Winkel zur Achse erheben und gegen die Oberfläche in di-polychotome Fäden ausgehen, die, sich dicht an einander legend, die äussere Schichte bilden. (Glieder der peripherischen

Fig. 85.

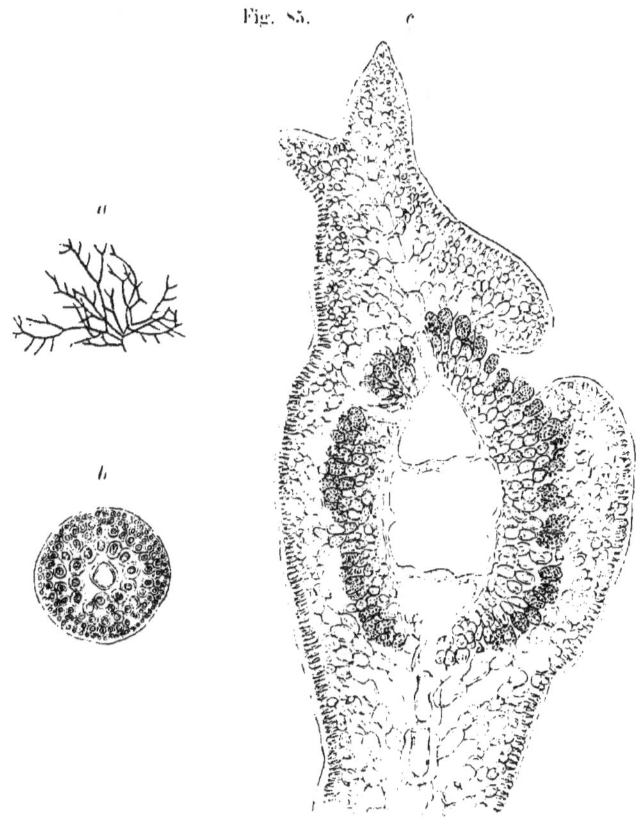

Caulacanthus ustulatus (*Mert.*) *Kütz.*

a Alge in natürlicher Grösse. *b* Querschnitt durch den Thallus. Vergr. ca. 100. (Nach Kützing.) *c* Längsschnitt durch die Spitze eines Aestchens und ein Cystocarp. Vergr. 90. (Nach Bornet.)

Fäden allmälig oval, Endzellen kleiner, länglich.) Cystocarpien an den Aestchen bilden deutliche Anschwellungen, mit seitlich geöffnetem Pericarp. Die einfachen, verkehrt eiförmigen oder länglichen Carposporen entspringen gedrängt aus der Placenta, welche eine fast zellige Hülle rings um die stark angeschwollenen Glieder der Fadenachse des fruktificirenden Thallusstückes bildet. Tetrasporangien in leichten Anschwellungen der Aestchen zwischen den peripherischen Fäden gelagert, länglich, zonenförmig getheilt.

1. **C. ustulatus** (Mert.) Kütz. Fig. 85.

Bildet 1—3 cm hohe, halbkugelige Polster oder ausgebreitete, verworrene Räschen. Thallus 200—400 μ dick, verworren-ästig; Aeste aufrecht-abstehend, mit pfriemigen und dornförmigen, fast gespreizten Aestchen besetzt. Braunroth oder olivenbraun. Trocken schwarz.

Fucus ustulatus Mert. mspt.
C. ustulatus Kütz. Phyc. gener. p. 395. — Id. Spec. Alg. p. 753. Id. Tab. phyc. XVIII. Tab. 8. — J. Ag. Spec. Alg. II. p. 433; III. p. 580. — Born. et Thur. Not. algol. p. 55. pl. 19.

Im adriatischen Meere, meistens an Cystosirenstämmen.

XVII. Familie. **Spongiocarpeae.**

Thallus stielrund, knorpelig; die innere Schichte aus längs verlaufenden Fäden, die äussere aus senkrecht-radial zur Oberfläche gereihten Zellen zusammengesetzt. Cystocarpien zahlreich in warzenförmigen Nemathecien eingesenkt; Kern einfach, kugelig oder oval, in eine farblose, gallertartige Membran eingehüllt, aus grossen, verkehrt konischen oder keulenförmigen Carposporen zusammengesetzt, die dicht gedrängt, allseitig strahlig aus der centralen, kleinzelligen, gestielten Placenta entspringen. Tetrasporangien dem Thallus eingesenkt, kreuzförmig getheilt.

LXVII. Gattung. **Polyides** Ag.

Thallus stielrund, dichotom und gleich hoch verzweigt, knorpelig, aus zwei Schichten zusammengesetzt, wovon die innere aus längs verlaufenden, verzweigten und verworrenen Fäden, die äussere Schichte aus grösseren, zur Oberfläche senkrecht-radial und dichotom gereihten, (in dieser Richtung) länglichen, nach aussen allmälig und

Fig. 86.

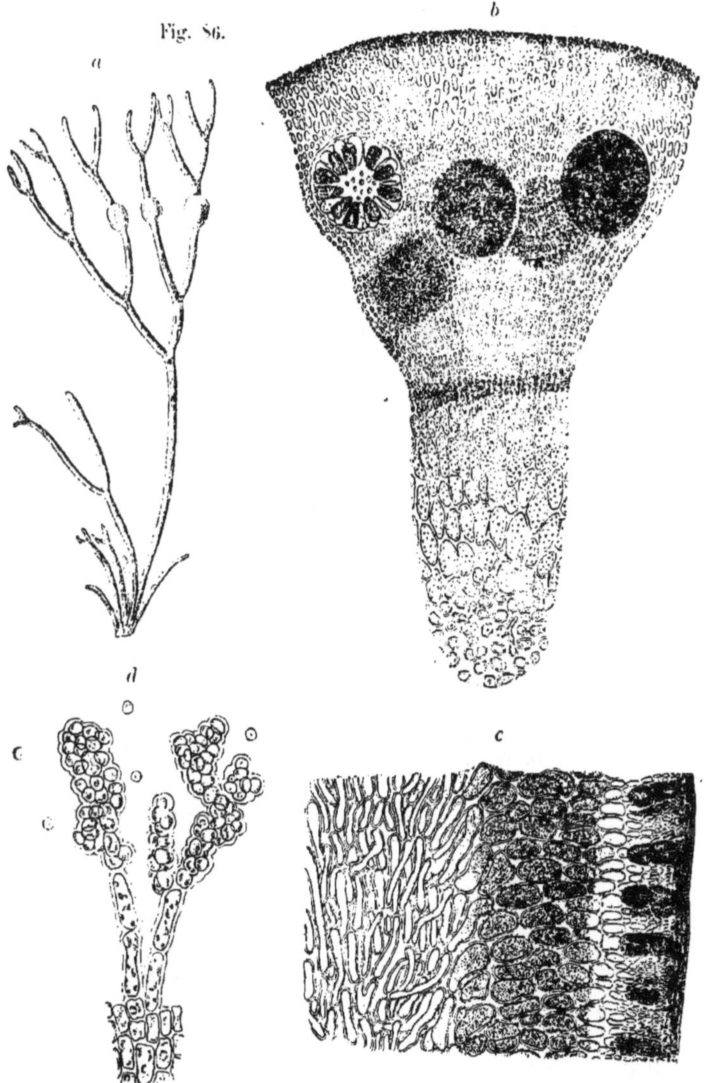

Polyides lumbricalis *(Gmel.) Grev.*

a Alge mit Cystocarpien-tragenden Nemathecien in natürlicher Grösse. *b* Stück eines Querschnittes durch den Thallus und ein Nemathecium mit Cystocarpien. Vergr. 75. *c* Stück eines Längsschnittes durch den Tetrasporangien-tragenden Theil des Thallus. Vergr. 75. *d* Antheridienhäufchen auf zwei Nematheciumfäden. Vergr. 250. (*b*—*d* nach Thuret.)

bedeutend kleiner werdenden Zellen besteht. Zellen beider Schichten reich an Amylonkörnern. Cystocarpien in Nematheeien, welche an den oberen Zweigen verlängerte Warzen formiren und aus dicht gedrängten, parallelen, etwas verzweigten Fäden zusammengesetzt sind. Tetrasporangien in den oberen, etwas angeschwollenen Zweigen, zwischen den Zellen der äusseren Schichte, etwas unter der Oberfläche gelagert, zahlreich, gross, länglich, mehr weniger unregelmässig kreuzförmig getheilt. Antheridien in Nematheeien, welche an den oberen Zweigen verlängerte, jedoch wenig erhabene Wärzchen bilden, und aus parallelen, verzweigten Fäden bestehen, an deren oberem Theil die Antheridien unregelmässig traubig entspringen.

P. lumbricalis (Gmel.) Grev. Fig. 86.

Thallus gesellig aus einer scheibenförmigen Wurzel entspringend, 8—15 cm hoch und 1—2 mm dick, unterhalb einfach, oberhalb mehrmal gabelig. Achseln spitz oder gerundet. Enden stumpf oder spitz. — Schwärzlich-roth.

Habitus und Struktur der sterilen Pflanze von Fastigiaria furcellata.

Fucus rotundus Gmel. Hist. Fuc. p. 110. Tab. 6. fig. 3.
P. rotundus Grev. Alg. Brit. p. 70. Tab. 2. — Harv. phyc. brit. pl. 95. — J. Ag. Spec. Alg. II. p. 721; III. p. 629. — Thur. et Born. Etud. phyc. p. 73. Pl. 37—39.
Furcellaria lumbricalis Kütz. Spec. Alg. p. 748. — Id. Tab. phyc. XVII. Tab. 100.

In der Nord- und Ostsee. Perennirend.

XVIII. Familie. **Lomentariaceae.**

Thallus stielrund, hohl, meist gliederartig eingeschnürt, häutig, oder die Aeste hohl und der Stamm solid. Wandschichte zellig. Cystocarpien äusserlich, fast kugelig, mit zelligem, geschlossenem Pericarp, welches einen fast kugeligen, von einem Netzwerke sternförmiger, anastomosirender Zellen umgebenen Kern einschliesst, der aus grossen, verkehrt konischen oder keulenförmigen Carposporen gebildet wird, welche dicht gedrängt, allseitig strahlig aus der centralen Placenta entspringen. Tetrasporangien dem Thallus eingesenkt, tetraëdrisch getheilt.

LXVIII. Gattung. **Lomentaria** Gaill.

Thallus stielrund, röhrig, gliederartig eingeschnürt, verzweigt, oder solid-stengelig, mit blasenförmigen oder stielrunden, röhrigen, gliederartig eingeschnürten Aesten besetzt, häutig; Wandschichte aus wenigen (meist 2—3) Lagen rundlich-polyedrischer Zellen gebildet, von welchen die inneren kleiner als die äusseren sind; Tubus an den Einschnürungen durch zellige Diaphragmen unterbrochen (septirt), welche unter einander durch wenige, meist wandständige, längs verlaufende Fäden verbunden sind. Stengel knorpelig, fast parenchymatisch. Cystocarpien am Thallus zerstreut. Tetrasporangien eingesenkt, anfänglich zerstreut, später gehäuft, aus den inneren Zellen der Wandschichte entwickelt, kugelig, tetraëdrisch getheilt.

Fig. 87.

Lomentaria kaliformis *(Good. et Woodw.) Gaill.* Stück der Alge in natürl. Grösse.

1. **L. kaliformis** (Good. et Wood.) Gaill. Fig. 87.

Thallus 5—30 cm hoch, stielrund, röhrig, septirt, äusserlich mehr weniger deutlich gliederartig eingezogen, in den Stämmchen und Aesten 1—6 mm, in den Aestchen 1 mm bis 200 μ dick, pyramidal rispenartig, dicht oder locker verzweigt. Zweige opponirt und wirtelig, hin und wieder abwechselnd entspringend, abstehend bis gespreizt, beiderends mehr weniger verdünnt. Stämmchen und Aeste später häufig mit allseitig proliferirenden, gespreizten Aestchen besetzt. Glieder mehr weniger tonnenförmig, häufig in den Hauptästen, bisweilen aber auch durchaus fast cylindrisch; die unteren Glieder meist vielmal, die oberen 8—1½ mal länger als der Durchmesser. Cystocarpien an den

Zweigen zerstreut oder stellenweise zu mehreren einander genähert. Tetrasporangien in den Aestchen zerstreut oder gehäuft. — Blassroth bis bräunlich-dunkelroth, oder wachsgelb bis grünlich, im Leben irisirend. Gallertartig-häutig, im Alter derber.

Fucus kaliformis Good. et Woodw. in Lin. Trans. III. p. 206. Tab. 18.
L. kaliformis Gaill. Res. Thalass. — J. Ag. Spec. Alg. II. p. 731; III. p. 633. — Kütz. Spec. Alg. p. 862. — Id. Tab. phyc. XV. Tab. 86.
Chylocladia kaliformis Hook. — Harv. Phyc. brit. pl. 145 et 358.
L. patens Kütz. Spec. Alg. p. 863. — Id. Tab. phyc. l. c. Tab. 89.
L. dasyclada Kütz. Tab. phyc. l. c. p. 33. Tab. 93.

Im adriatischen Meere.

β. squarrosa.

Thallus meist nur 3—10 cm hoch, rasig, häufig verworren, unterhalb 1—2 mm, oberhalb 1 mm bis 200 μ dick, oder durchaus annähernd gleich dick, entweder regelmässig pyramidal-rispenartig oder etwas unregelmässig verzweigt.

L. squarrosa Kütz. Spec. Alg. p. 863. — Id. Tab. phyc. XV. Tab. 90.
L. fasciata (Menegh.) Kütz. Spec. Alg. p. 862. — Id. Tab. phyc. l. c. Tab. 88.
L. phalligera Kütz. Spec. Alg. p. 863. — Id. Tab. phyc. l. c. Tab. 91. (nec J. Agardh.)
L. ambigua Kütz. Tab. phyc. l. c. p. 33. Tab. 94.
L. filiformis Kütz. l. c.

Im adriatischen Meere, meist an grösseren Algen.

2. L. reflexa Chauv.

Bildet 2—5 cm hohe, verworrene Rasen. Thallus aus einer kleinen Wurzelschwiele entspringend, stielrund, röhrig, septirt, mehr weniger deutlich gliederartig eingeschnürt, 0·5—1·5 mm dick, allseitig abwechselnd und einseitig verzweigt. Zweige grösstentheils zurückgebogen, stellenweise an das Substrat oder unter einander angewachsen, beiderends verdünnt. Die unteren Glieder cylindrisch, 3—5 mal länger, die oberen allmälig mehr weniger tonnenförmig angeschwollen, 3—2 mal länger als der Durchmesser. Cystocarpien an den Zweigen zerstreut oder stellenweise zu mehreren beisammen. Tetrasporangien in den Aestchen zerstreut oder gehäuft. — Bräunlich-dunkelroth oder grünlich. Häutig.

L. reflexa Chauv. Alg. Norm. N. 113. — J. Ag. Spec. Alg. II. p. 733; III. p. 632.
Chylocladia reflexa Lenorm. — Harv. Phyc. brit. pl. 42.
Gastroclonium reflexum Kütz. Spec. Alg. p. 866. — Id. Tab. phyc. XV. Tab. 100.

Im adriatischen Meere.

3. **L. ovalis** (Huds.) Endl.

Bildet 8—15 cm hohe Rasen. Thallus stengelig. Stengel stielrund, 1—2 mm dick, verlängert, dichotom oder allseitig abwechselnd verzweigt, unterhalb nackt, oberhalb der Länge nach mit blasigen, sehr kurz gestielten, 3—10—20 mm langen und 1—3 mm dicken Aestchen dicht — fast traubig — besetzt. Aestchen verkehrt eiförmig, oval oder länglich bis fast spindelig und ungegliedert, oder verlängert, septirt und gliederartig schwach eingezogen (jedoch wenig gliederig), einfach, seltener an den Gelenken wieder mit zerstreuten oder wirteligen, kleineren Aestchen besetzt. Glieder der Aestchen mehr weniger tonnenförmig, das unterste Glied meist mehrmal länger, die übrigen fast eben so lang als der Durchmesser. Cystocarpien an den Aestchen zerstreut. Tetrasporangien ebenfalls in den Aestchen zerstreut. — Dunkelroth, blassroth oder grünlich.

Fucus ovalis Huds. Fl. Angl. p. 573.
L. ovalis Endl. Suppl. III. p. 43. — J. Ag. Spec. Alg. II. p. 736; III. p. 634.
Chylocladia ovalis Hook. — Harv. Phyc. brit. pl. 18.
Gastroclonium ovale Kütz. Tab. phyc. XV. Tab. 98.
G. umbellatum Kütz. l. c. Tab. 97.
G. subarticulatum Kütz. l. c. Tab. 98.

In der Nordsee (Helgoland).

4. **L. clavata** (Roth) J. Ag.

Bildet 4—8 cm hohe Rasen. Thallus stengelig. Stengel stielrund, 0·5—2 mm dick, meist 1—3 cm lang, einfach oder dichotom verzweigt, oberhalb mit allseitig abwechselnd, an der Spitze fast büschelig entspringenden Aesten besetzt. Aeste stielrund, röhrig, septirt, gliederartig schwach eingeschnürt, anfänglich einfach, an der Basis stielförmig und gegen die stumpfe Spitze allmälig verdünnt, 1—3 mm dick, 5—20 mm lang, später (bis 3—5 cm) verlängert und oberhalb (an den Gelenken) mit kurzen, fast spindelförmigen, opponirt und wirtelig entspringenden, fast gespreizten Aestchen besetzt. Glieder meist eben so lang bis 3 mal länger als der Durchmesser, leicht tonnenförmig angeschwollen. Cystocarpien meist sehr zahlreich an den oberen Aesten und Aestchen, stellenweise zu mehreren beisammen. Tetrasporangien in den oberen Aesten und Aestchen, meist dicht ausgesät. — Oliven- oder gelbgrün, im Leben irisirend.

Conferva clavata Roth. Catal. I. p. 160. Tab. 1. fig. 2.
L. clavata J. Ag. Spec. Alg. II. p. 735; III. p. 634.

Gastroclonium Salicornia Kütz. Spec. Alg. p. 866. — Id. Tab. phyc. XV. Tab. 100.
Chylocladia mediterranea J. Ag. Spec. Alg. med. p. 112.

Im adriatischen Meere.

XIX. Familie. Rhodomelaceae.

Thallus sehr verschieden gestaltet: fadenförmig (polysiphon gegliedert oder ungegliedert, bisweilen monosiphon gegliedert) oder stielrund, zusammengedrückt, flach oder blasenförmig; von verschiedener Struktur. Cystocarpien äusserlich, mit meist eiförmigem, kugeligem oder krugförmigem, selten halbkugeligem, zelligem, am Scheitel geöffnetem Pericarp, aus dessen grundständiger Placenta kurze, unter sich freie sporigene Fäden entspringen, deren Endglieder in verkehrt eiförmige oder birnförmige Carposporen umgewandelt sind. Tetrasporangien dem Thallus eingesenkt, bisweilen in besonders umgestalteten, als Stichidien bezeichneten Aestchen, meist tetraëdrisch, selten kreuzförmig getheilt.

LXIX. Gattung. **Ricardia** Derb. et Sol.

Thallus epiphytisch, blasenförmig, gestielt, an der Spitze mit äusserst zarten, einfachen, farblosen Gliederfäden besetzt, häutig, innen aus grösseren, gegen die Oberfläche kleineren, an derselben aus kleinen, rundlich-eckigen Zellen bestehend. Cystocarpien am Thallus kleine Wärzchen bildend, fast halbkugelig, mit dünnem, später am Scheitel geöffnetem Pericarp. Tetrasporangien im obersten Theile des Thallus dicht ausgesät, kugelig, kreuzförmig getheilt. Antheridien zwischen den endständigen Gliederfäden zerstreut, eiförmig-längliche (kätzchenförmige), kurz gestielte Zellenkörper bildend.

1. **R. Montagnei** Derb. et Sol. Fig. 88.

Bildet verkehrt eiförmige, birnförmige, seltener kugelige oder keulenförmige, einfache, selten gelappte, sehr kurz und zart gestielte, 3—10 mm lange Blasen. Cystocarpien meist zu mehreren einander genähert. — Dunkelroth.

R. Montagnei Derb. et Sol. in Ann. sc. nat. 1856, Tom. V. p. 209. pl. 1. — Zanard. Icon. phyc. adr. II. p. 83. Tav. 61. — J. Ag. Spec. Alg. III. p. 637.

Im adriatischen Meere. Epiphytisch an den Zweigen von Laurencia obtusa.

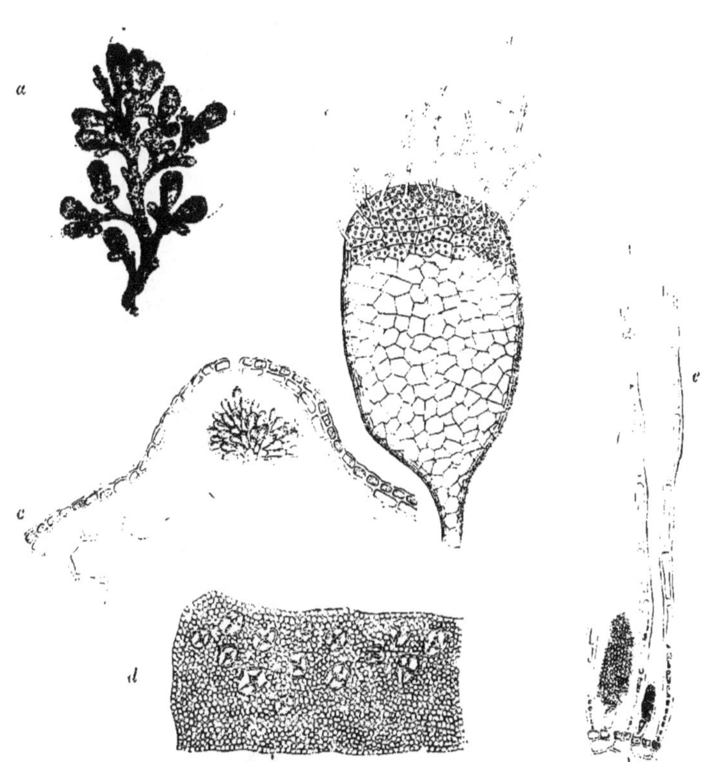

Fig. 88.

Ricardia Montagnei *Derb. et Sol.*
a Ein Ast von **Laurencia obtusa** mit mehreren Individuen der Alge in natürlicher Grösse. *b* Tetrasporangien-tragende Pflanze. Vergr. 23. *c* Durchschnitt durch das Cystocarp und ein Stück des Thallus. Vergr. 130. *d* Stück der Oberfläche des Thallus mit Tetrasporangien (Flächenansicht). Vergr. 130. *e* Antheridien und scheitelständige Haare des Thallus. Vergr. 130. (Nach Zanardini.)

LXX. Gattung. **Laurencia** Lamour.

Thallus stielrund (meist fadenförmig) oder zusammengedrückt, häufig pyramidal rispenartig verzweigt, fleischig oder knorpelig, aus zwei Schichten zusammengesetzt, wovon die innere aus länglich-polyedrischen, in der Achse längeren, gegen die Oberfläche kleineren, die Rindenschichte aus meist nur einer Lage rundlich-polyedrischer Zellen besteht. Zweigspitzen meist stumpf, mit vertieftem Scheitel und einem Büschel sehr zarter, dichotomer, farbloser Gliederfäden (Haarzweige). Cystocarpien an den Zweigen sitzend, kugelig-eiförmig, mit dickem Pericarp. Tetrasporangien unter der Spitze der Aestchen gehäuft (aus den Unterrindenzellen entstehend), rundlich, tetraëdrisch getheilt. Antheridien kätzchenförmige Zellenkörper bildend, zahlreich innerhalb schüsselförmiger, end- oder seitenständiger Conceptakeln entwickelt.

Fig. 89.

L. paniculata (*Ag.*) *Kütz.* **F. patentiramea.**
a Alge in natürlicher Grösse. *b* Astende mit Tetrasporangien-tragenden Aestchen. Vergr. ca. 40. (Nach Kützing.)

1. **L. obtusa** (Huds.) Lamour.

Bildet 8—15 cm hohe, bisweilen etwas verworrene Rasen. Thallus stielrund, über 0·5—1·5 mm dick, meist pyramidal rispenartig verzweigt. Aeste und Aestchen abwechselnd oder opponirt, hin und wieder zu dreien fast wirtelig entspringend, abstehend bis fast gespreizt. Aestchen cylindrisch oder keulenförmig, abgestutzt oder fast abgerundet, einfach oder die längeren wieder, namentlich unterhalb ihrer Spitze, etwas verzweigt. 1—10 mm lang und 300 bis 900 μ dick. Tetrasporangien in den wenig verdickten Spitzen der Aestchen.

Fucus obtusus Huds. Flor. Angl. p. 586.
L. obtusa Lamour. Ess. p. 42. — J. Ag. Spec. Alg. II. p. 750; III. p. 653. — Harv. Phyc. brit. pl. 148.

α. **genuina.**

Aeste und Aestchen vorwiegend abwechselnd, hin und wieder opponirt oder wirtelig entspringend, abstehend. — Blass-rosenroth bis fleischroth oder wachsgelb.

Kommt sowohl in grossen robusten, als auch in kleinen, zarten Formen (F. gracilis) vor.

L. obtusa Kütz. Spec. Alg. p. 851. — Id. Tab. phyc. XV. Tab. 51.
L. obtusa gracilis Kütz. Tab. phyc. XV. p. 20. Tab. 54.
L. obtusa racemosa l. c. Tab. 55.

Im adriatischen Meere.

β. **crucifera.**

Aeste und Aestchen opponirt, hin und wieder wirtelig entspringend, abstehend oder gespreizt. — Meist olivengrün bis blassfleischroth oder fast wachsgelb.

L. obtusa crucifera Kütz. Tab. phyc. XV. p. 20. Tab. 55.
L. patentissima Kütz. l. c. Tab. 56.
L. oophora Kütz. l. c. Tab. 57.
L. cyanosperma Kütz. Spec. Alg. p. 855 — Id. Tab. phyc. l. c. Tab. 58.
L. laxa Kütz. Spec. Alg. p. 852. — Id. Tab. phyc. l. c. Tab. 60.

Im adriatischen Meere.

2. **L. paniculata** (Ag.) Kütz.

Thallus 5—15 cm hoch, stielrund, 1—1·5 mm dick, die letzten Verzweigungen dünner bis halb so dick, pyramidal rispenartig verzweigt. Aeste abstehend, opponirt und abwechselnd, hin und wieder zu dreien fast wirtelig entspringend, in gleicher Weise mit kurzen, cylindrischen oder fast keulenförmigen, abgestutzten, einfachen oder etwas verzweigten, gegen die Spitze abnehmenden, aufrechten bis gespreizten Aestchen besetzt. Die Tetrasporangientragenden Aestchen an den Spitzen papillös. — Wachsgelb, blass- bis dunkelroth. Fleischig-knorpelig.

L. obtusa var. δ. paniculata Kütz. Spec. Alg. p. 343.
L. paniculata Kütz. Spec. Alg. p. 855. — J. Ag. Spec. Alg. II. p. 755; III. p. 651.

F. genuina.

Thallus mehr weniger regelmässig pyramidal rispenartig ziemlich dicht verzweigt. — Dunkelroth.

L. paniculata Kütz. Tab. phyc. XV. Tab. 63.

F. patentiramea. Fig. 89.

Thallus locker verzweigt. Aeste verlängert, mit kurzen papillösen Aestchen besetzt. — Meist wachsgelb oder blassroth.

L. patentiramea Kütz. Spec. Alg. p. 854. — Id. Tab. phyc. l. c. Tab. 59.
L. glandulifera Kütz. Spec. Alg. p. 855. — Id. Tab. phyc. l. c.

Beide Formen im adriatischen Meere.

3. **L. papillosa** (Forsk.) Grev.

Thallus rasig, 5—15 cm hoch, stielrund, meist 1—2 mm dick, rispenartig, häufig pyramidal verzweigt. Aeste abwechselnd, hin und wieder fast opponirt entspringend, abstehend, der Länge nach mehr weniger dicht mit abstehenden oder gespreizten, bald sehr kurzen, bald etwas längeren, meist 0·5—3 mm langen und 0·5 bis 1 mm dicken, cylindrischen oder etwas keulenförmigen, abgestutzten, einfachen oder verzweigten, häufig traubig- oder geknäult-verzweigten, stark papillösen Aestchen allseitig besetzt. Tetrasporangien in den Papillen. Cystocarpien zahlreich an den Aestchen. — Schwärzlichgrün, olivengrün, wachsgelb oder braunröthlich. Knorpelig, steif.

Fucus papillosus Forskal, Fl. Aeg. p. 190.
L. papillosa Grev. — J. Ag. Spec. Alg. II. p. 756; III. p. 652. — Kütz. Spec. Alg. p. 855. — Id. Tab. phyc. XV. Tab. 62.
L. thyrsoides Bory, Morée. N. 1476. — Kütz. Spec. Alg. p. 855.
L. cyanosperma Lamour. Ess. p. 42 (non Kütz.).

Im adriatischen Meere.

4. **L. radicans** Kütz.

Thallus stielrund, 0·5—1·5 mm dick, unregelmässig verworrenästig. Aeste zum Theil zurückgebogen oder kriechend und wurzelnd, mehr weniger mit 2—10 mm langen, keulenförmigen, abgestutzten, theils einzeln, theils zu mehreren büschelig entspringenden, fast senkrecht abstehenden Aestchen meist einseitig besetzt. — Olivengrün.

Fruktification unbekannt.

Chondria radicans Kütz. Phyc. gener. p. 436.
L. radicans Kütz. Spec. Alg. p. 853. — Id. Tab. phyc. XV. Tab. 59.

Im adriatischen Meere bei Daila in Istrien.

5. **L. pinnatifida** (Gmel.) Lamour.

Thallus 5—15 cm hoch, an der Basis fast stielrund, oberhalb mehr weniger zusammengedrückt, 1—4 mm, in den letzten Verzweigungen 0·5—1 mm breit, 2—4fach zweizeilig abwechselnd verzweigt. Aeste fast linear, häufig gegen die Basis verschmälert; Spitze der Aeste abgerundet oder gelappt. Aestchen einfach, keulenförmig-linear, abgestutzt oder gegen die Spitze verbreitert, lappig-vieltheilig. Verzweigungen abstehend. Tetrasporangien in den Spitzen kaum veränderter Aestchen gehäuft. — Dunkelroth bis gelblich-grün. Fleischig.

Fucus pinnatifidus Gmel. Syst. Nat. II. p. 1385.
L. pinnatifida Lamour. Ess. p. 42. — Harv. Phyc. brit. pl. 60. — J. Ag. Spec. Alg. II. p. 764; III. p. 656. — Kütz. Spec. Alg. p. 856. — Id. Tab. phyc. XV. Tab. 66.

Im adriatischen Meere und in der Nordsee (Helgoland).

LXXI. Gattung. **Bonnemaisonia** Ag.

Thallus fadenförmig, und zwar stielrund oder zusammengedrückt, gefiedert, häutig, röhrig. Tubus von einer dünnen, monosiphon gegliederten, verzweigten Fadenachse durchzogen, deren seitliche, sich verdünnende Zweige zwischen den inneren Zellen der Wandungsschichte anastomosirend verlaufen. Die Wandungsschichte aus fast einer Lage grösserer rundlicher Zellen und einer Lage kleiner Rindenzellen bestehend. Cystocarpien die Stelle von Fiederchen einnehmend, kugelig-eiförmig, gestielt. Antheridien ovale, gestielte, kätzchenförmige Zellenkörper bildend, an analoger Stelle wie die Cystocarpien. Tetrasporangien unbekannt.

Fig. 90.

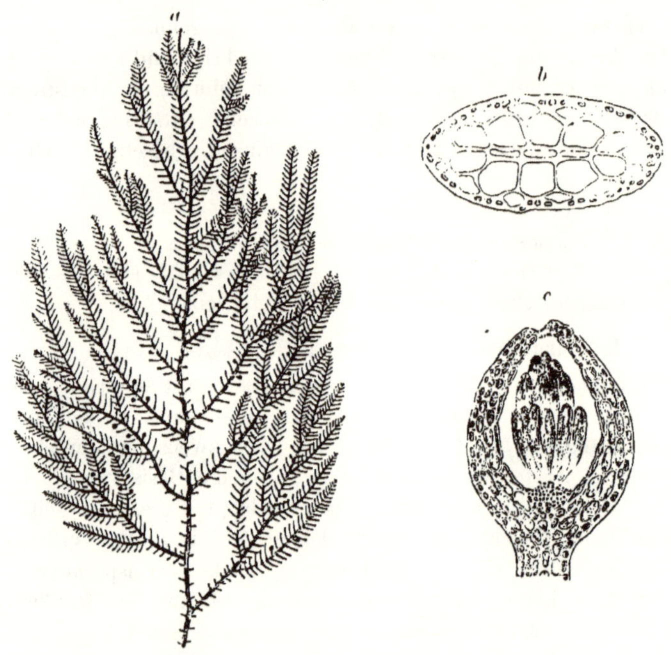

Bonnemaisonia asparagoides (*Woodw.*) *Ag.*
a Alge mit Cystocarpien in natürlicher Grösse. *b* Querschnitt durch das Stämmchen. Vergr. ca. 100. *c* Längsschnitt durch ein Cystocarp. Vergr. ca. 100. (Nach Kützing.)

1. **B. asparagoides** (Woodw.) Ag. Fig. 90.

Thallus 5—15 cm hoch, meist 3—4fach gefiedert, unterhalb 0·5—1 mm dick, oberhalb sehr verdünnt: Hauptäste mit abwechselnden, verdünnten Aesten, welche in gleichen, sehr kurzen Abständen mit opponirten, 1—4 mm langen und 240—80 μ dicken, pfriemigen, einfachen, abstehenden, an der Spitze plötzlich kürzer werdenden Fiederchen besetzt sind. Längere Fiederchen mit Cystocarpien oder Antheridien (häufig auch mit kurzen Fiederchen) abwechselnd. Monöcisch. — Purpurroth. Gallertartig-häutig.

Fucus asparagoides Woodw. in Lin. Trans. II. p. 29. Tab. 6.
B. asparagoides Ag. Spec. Alg. p. 197. — J. Ag. Spec. Alg. II. p. 779; III. p. 669. — Harv. Phyc. brit. pl. 51. — Kütz. Spec.

Alg. p. 848. — Id. Tab. phyc. XV. Tab. 32. — Zanard. Icon. phyc. adr. III. p. 125 Tab. 111.
B. adriatica Zanard. Cell. p. 20.

Im adriatischen Meere.

LXXII. Gattung. **Chondria** Ag.

Thallus stielrund, häufig fadenförmig, verzweigt, knorpelig-fleischig, zellig, von einer polysiphon gegliederten Achse durchzogen, welche von wenigen Zellenlagen umgeben ist; Achsenglieder aus einer centralen und 4 — 6 pericentralen Zellen bestehend. Zweigspitzen mit sehr zarten, dichotomen, fast farblosen, abfallenden Gliederfäden (Haarzweigen) besetzt. Cystocarpien eiförmig, sitzend oder fast gestielt. Tetrasporangien in kaum veränderten Aestchen, eingesenkt, rings in den pericentralen Zellen meist zu mehreren in einem Achsengliede entwickelt, kugelig, tetraëdrisch getheilt. Antheridien an den basalen Gliedern der Haarzweige entwickelt, unregelmässig geformte Platten bildend, die aus sehr kleinen, graulichen Zellen bestehen und von grösseren bräunlichen Zellen umrandet sind.

1. **Ch. dasyphylla** (Woodw.) Ag.

Thallus 8 — 15 cm hoch, stielrund, pyramidal rispenartig verzweigt, unterhalb ca. 1 — 2 mm dick, oberhalb mehr weniger verdünnt. Aeste ruthenförmig, an der Spitze abgestutzt, abstehend bis fast gespreizt, allseitig abwechselnd, theils einzeln, theils paarig entspringend, der Länge nach mit 3 — 6 mm, mitunter bis 20 mm langen und 1 — 0·5 mm dicken, abnehmenden Aestchen besetzt. Aestchen einfach, die älteren etwas verzweigt, mehr weniger keulenförmig oder fast cylindrisch, abgestutzt, an ihrer Basis stark verdünnt, allseitig abwechselnd, einzeln, hier und da paarig oder vornehmlich am Grunde der Aeste büschelig entspringend, abstehend oder fast gespreizt; die verlängerten Aestchen häufig beiderends verdünnt und etwas gebogen. Tetrasporangien unter der Spitze oder oberhalb der Mitte keulenförmiger Aestchen gehäuft. Cystocarpien einzeln oder zu mehreren an den Aestchen sitzend. — Meist bräunlich-roth oder wachsgelb.

Fucus dasyphyllus Woodw. in Lin. Trans. II. p. 239.
Ch. dasyphylla Ag. Spec. Alg. p. 350.

Laurencia dasyphylla Grev. — Harv. Phyc. brit. pl. 152. — Kütz. Spec. Alg. p. 853. — Id. Tab. phyc. XV. Tab. 43.
Chondriopsis dasyphylla J. Ag. Spec. Alg. II. p. 809.

Im adriatischen Meere und in der Nordsee (Helgoland.)

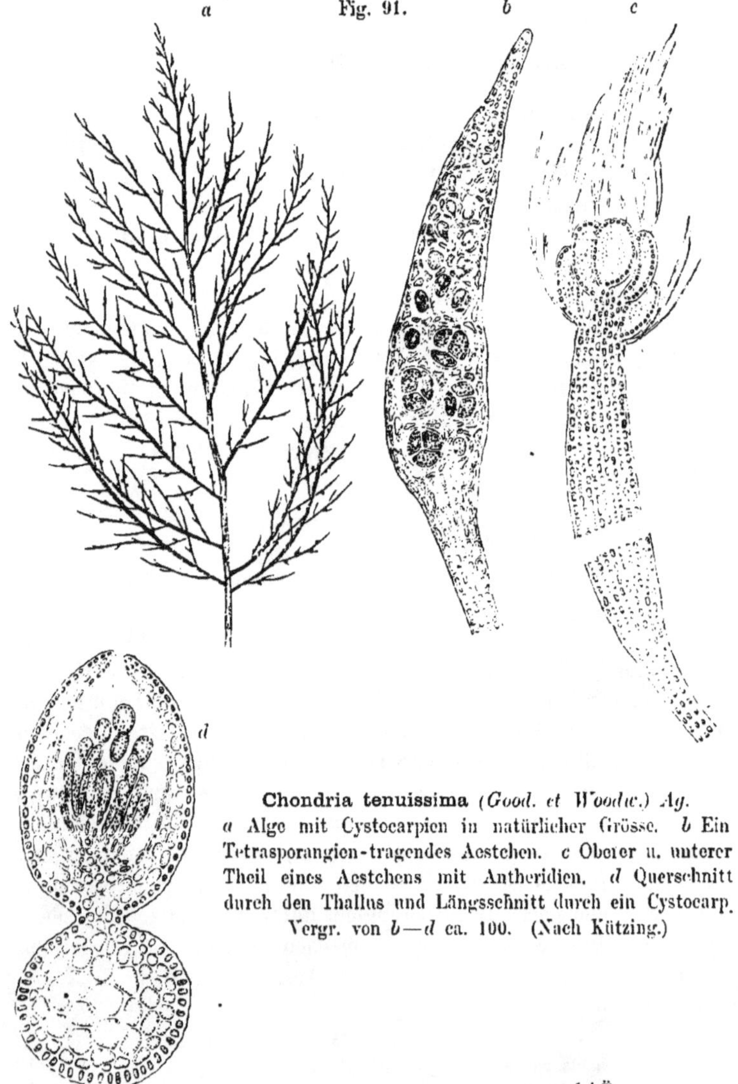

Fig. 91.

Chondria tenuissima (*Good. et Woodw.*) *Ag.* *a* Alge mit Cystocarpien in natürlicher Grösse. *b* Ein Tetrasporangien-tragendes Aestchen. *c* Oberer u. unterer Theil eines Aestchens mit Antheridien. *d* Querschnitt durch den Thallus und Längsschnitt durch ein Cystocarp. Vergr. von *b—d* ca. 100. (Nach Kützing.)

2. **Ch. tenuissima** (Good. et Woodw.) Ag. Fig. 91.

Thallus 5—20 cm hoch, stielrund, pyramidal rispenartig verzweigt, unterhalb 0·5—1 mm dick, oberhalb verdünnt. Aeste ruthenförmig, allseitig abwechselnd entspringend, an der Basis kaum, gegen die Spitze allmälig verdünnt, abstehend bis fast gespreizt, der Länge nach mit 1—10 mm langen und 300—120 μ dicken, beiderends verdünnten, abstehend-gespreizten Aestchen allseitig abwechselnd besetzt. Aestchen einfach, die älteren etwas verzweigt. Die jungen Aestchen an der Spitze mit büscheligen Haarzweigen, dadurch von fast keulenförmigem Ansehen, die Tetrasporangien-tragenden spindelig, nicht selten stellenweise paarig entspringend. Tetrasporangien in kurzen Aestchen durchaus, in längeren im oberen Theil entwickelt. Cystocarpien zahlreich an den Aesten und Aestchen sitzend. — Bräunlich-roth oder wachsgelb.

Fucus tenuissimus Good. et Woodw. Lin. III. p. 215. Tab. 19.
Ch. tenuissima Ag. Spec. Alg. I. p. 352. — Thur. et Born. Etud. phyc. p. 88. pl. 43—48.
Chondriopsis tenuissima J. Ag. Spec. Alg. II. p. 804.
Laurencia tenuissima, Harv. Phyc. brit. pl. 198.
Alsidium tenuissimum Kütz. Spec. Alg. p. 843. — Id. Tab. phyc. XV. Tab. 34.

Im adriatischen Meere.

F. divergens.

Thallus rasig, verworren. Zweige stellenweise an einander gewachsen. Aeste und Aestchen meist gespreizt. — Bräunlich bis schmutzig roth. Steif und brüchig.

Chondriopsis divergens J. Ag. Spec. Alg. II. p. 807 (fide specimen.)

Im adriatischen Meere. In Salinengräben frei schwimmend.

F. subtilis.

Thallus 2—10 cm lang, bisweilen rasig und etwas verworren, in allen Theilen zarter als die Stammform. — Meist blassröthlich. Gallertartig-häutig.

Alsidium subtile Kütz. Spec. Alg. p. 843. — Id. Tab. phyc. XV. Tab. 35.
Ch. striolata Ag. Aufz. N. 70. ?
Chondriopsis striolata J. Ag. Spec. Alg. II. p. 806. ?

Im adriatischen Meere, auf Zostera.

LXXIII. Gattung. **Alsidium** Ag.

Thallus stielrund oder fadenförmig, verzweigt, fleischig-knorpelig, aus einer polysiphon gegliederten Achse bestehend, welche mit einer allmälig dicker werdenden zelligen Schichte bedeckt ist. Achsenglieder mit einer centralen und 4—8 pericentralen Zellen. Zweige an der Spitze mit mikroskopischen, verzweigten, farblosen, abfallenden Gliederfäden (Haarzweigen) besetzt. Tetrasporangien in höckerigen Aestchen, einzeln in je einem Achsengliede entwickelt, kugelig, tetraëdrisch getheilt. Cystocarpien bei den folgenden Arten unbekannt.

Fig. 92.

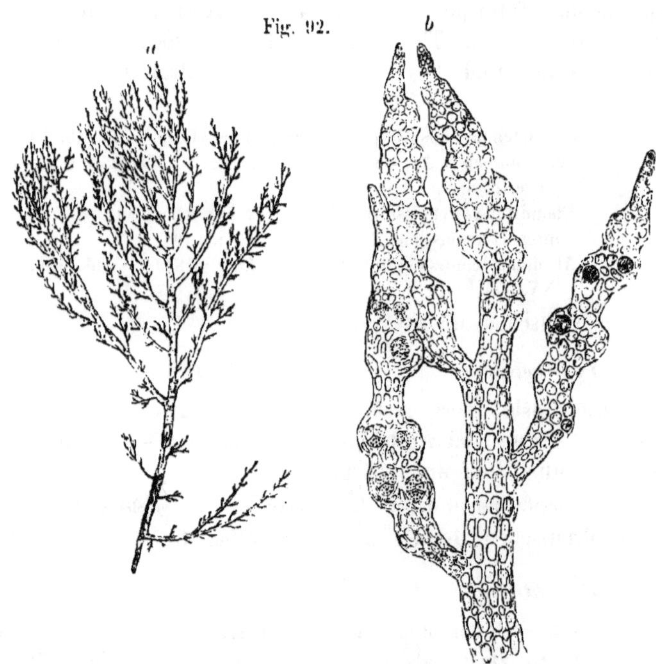

Alsidium corallinum *Ag.*
a Stück der Alge in natürlicher Grösse. *b* Fruchtzweig mit Tetrasporangien. Vergr. ca. 100. (Nach Kützing.)

1. **A. corallinum** Ag. Fig. 92.

Thallus rasig, 8—15 cm hoch, stielrund. Stämmchen zu mehreren aus einer gemeinschaftlichen, krustenartigen, 1—2 cm breiten

Wurzelscheibe entspringend, unterhalb 1—2 mm dick, oberhalb verdünnt, allseitig abwechselnd (in den Hauptästen etwas dichotom), unterhalb spärlich, oberhalb dichter und annähernd gleich hoch verzweigt. Aeste abstehend, allmälig zugespitzt, ruthenförmig, die jüngsten fast dornartig, alle mit allseitig abwechselnden, abstehenden, meist 1—6 mm langen und 100—400 μ dicken Aestchen besetzt. Aestchen anfänglich fast cylindrisch, gegen die stumpfe Spitze wenig verdünnt, bald spindelförmig verdickt, einfach; die älteren verlängert und wieder mit Aestchen fast büschelig besetzt. — Dunkelroth. Fleischig, ziemlich steif, später knorpelig.

A. corallinum Ag. Aufz. N. 61. — J. Ag. Spec. Alg. II. p. 811. — Kütz. Spec. Alg. p. 843. — Id. Tab. phyc. XV. Tab. 33.
A. lanciferum Kütz. Tab. phyc. l. c. p. 13. Tab. 33.

Im adriatischen Meere.

2. **A. Helminthochortos** (Latour) Kütz.

Bildet 2—5 cm hohe, ausgebreitete Rasen. Thallus fadenförmig, mit 0·5—1 mm dicken, verworren verzweigten, kriechenden und wurzelnden, stellenweise höckerigen Hauptästen, aus welchen zahlreiche, aufrechte, parallele und fast gleich hohe Aeste entspringen. Aeste 150—800 μ dick, allmälig zugespitzt, einfach oder etwas dichotom und seitlich verzweigt, oberhalb mit meist wenigen zerstreuten, kurzen, abstehenden Aestchen besetzt. Tetrasporangien in höckerig verdickten Spitzen der Aeste und Aestchen entwickelt. Dunkelroth bis blass-bräunlich. Knorpelig, steif.

Fucus Helminthochortos Latour, in Journ. Phys. 1782. Sept. cum icone.
A. Helminthochorton Kütz. Phyc. gener. p. 435. Tab. 45. II. — Id. Spec. Alg. p. 844. — Id. Tab. phyc. XV. Tab. 35. — J. Ag. Spec. Alg. II. p. 840.
Sphaerococcus Helminthochortos Ag. Spec. Alg. I. p. 315.

Im adriatischen Meere.

LXXIV. Gattung. **Digenea** Ag.

Thallus aus einem stielrunden, verzweigten Stengel bestehend, welcher überall sehr dicht mit steifen, haardünnen, meist einfachen Aestchen besetzt ist. Stengel knorpelig, zellig; Aestchen aus einer polysiphon gegliederten Achse bestehend, die mit einer zelligen Rindenschichte bedeckt ist, deren Zellen in Längsreihen geordnet sind. Cystocarpien unbekannt. Tetrasporangien in höckerig verdickten Enden etwas verkürzter Aestchen, kugelig, tetraëdrisch getheilt. Antheridien auf der Spitze der Aestchen entwickelt, rundliche, plattgedrückte Zellenkörper bildend.

Fig. 93.

Digenea simplex (*Wulf.*) *Ag.* *a* Alge in natürlicher Grösse. *b* Oberer Theil eines Aestchens. Vergr. ca. 100. (Nach Kützing.)

1. **D. simplex** (Wulf.) Ag. Fig. 93.

Thallus 5—20 cm hoch. Wurzel eine krustenartige Scheibe bildend. Stengel 2—3 mm dick, aufwärts wenig verdünnt, mehrmal unregelmässig gabelig verzweigt, an der Basis meist nackt. Aestchen abstehend-gespreizt, 5—10 mm, seltener bis 20 mm lang und 80—150 μ dick, einfach oder hin und wieder etwas verzweigt. — Braunroth.

Conferva simplex Wulf. Crypt. aquat. p. 17.
D. simplex Ag. Spec. Alg. I. p. 388. — J. Ag. Spec. Alg. II. p. 845.
D. Wulfeni Kütz. Phyc. gener. Tab. 50. II. — Id. Spec. Alg. p. 841. — Id. Tab. phyc. XV. Tab. 28.
Cladostephus Lycopodium Ag. Spec. Alg. II. p. 14.

Im adriatischen Meere.

LXXV. Gattung. **Rhodomela** Ag.

Thallus fadenförmig, verzweigt, zellig, aus einer monosiphon gegliederten Achse bestehend, welche von mehreren Reihen bald sehr ungleich langer pericentraler Zellen umgeben ist, auf welche eine allmälig dicker werdende zellige Schichte folgt, deren Zellen gegen die Peripherie kleiner werden. Zweigspitzen in der Jugend mit sehr zarten, dichotomen, fast farblosen Gliederfäden (Haarzweigen) besetzt (pinselig). Cystocarpien eiförmig-kugelig, sitzend oder gestielt. Tetrasporangien in etwas höckerig angeschwollenen Aestchen (normal) in zwei Längsreihen entwickelt, einander gegenüberstehend, kugelig, tetraëdrisch getheilt.

Fig. 94.

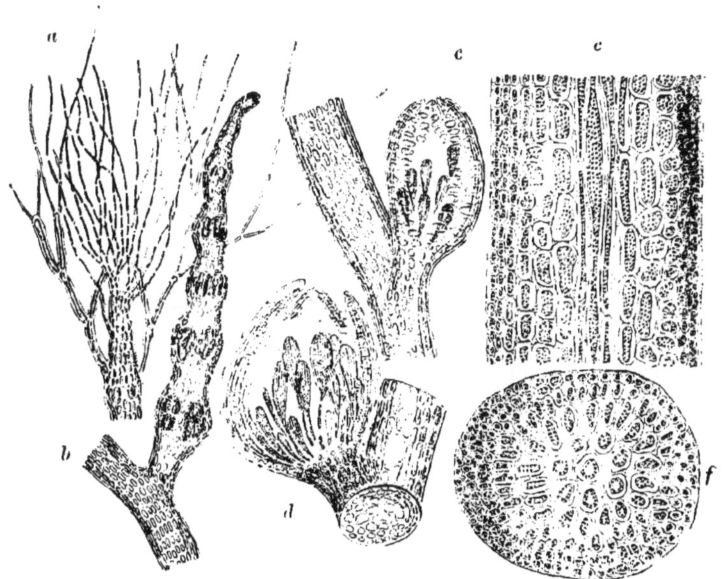

Rhodomela subfusca (*Woodw.*) *Ag.*
a Zweigspitze. *b* Aestchen mit Tetrasporangien. *c* Junges Cystocarp, der Länge nach halbirt. *d* Reifes Cystocarp, der Länge nach halbirt. *e* Stück eines medianen Längsschnittes durch den Thallus. *f* Querschnitt durch den Thallus. Vergrösserung aller Figuren ca. 100. (Nach Kützing.)

1. **Rh. subfusca** (Woodw.) Ag. Fig. 94.

Habitus nach dem Alter der Pflanze sehr veränderlich. Thallus 1—2 dm hoch, wiederholt allseitig abwechselnd verzweigt, unterhalb 0·5—1 mm dick, in den Aestchen letzter Ordnung bis zu 400—60 μ verdünnt. Aeste ruthenförmig, abstehend, an der Basis fast nackt, oberhalb mehr weniger dicht mit meist 2—10 mm langen, pfriemigen Aestchen besetzt. Aestchen bei der jungen und Tetrasporangien-tragenden Pflanze an den Astenden büschelig-corymbos gedrängt; die unteren Aestchen und sämmtliche bei alten strauchartigen Individuen robuster, ziemlich steif und abstehend. Cystocarpien gestielt, zahlreich, an den Aestchen. Tetrasporangien in mehr weniger höckerigen, corymbos oder büschelig gedrängten Aestchen. Perennirend: jedoch nur die stärkeren Aeste bleibend, aus welchen dann neue Triebe sprossen. — Braunroth, die jungen Triebe purpurroth.

Habitus einer Polysiphonia. Thallusachse mit sechs Reihen pericentraler Zellen.

Fucus subfuscus Woodw. in Lin. Trans. I. p. 131.
Rh. subfusca Ag. Spec. Alg. I. p. 378. — Harv. Phyc. brit. pl. 264. — J. Ag. Spec. Alg. II. p. 883.

F. firmior.

Thallus robust, die Tetrasporangien-tragenden Aestchen häufig büschelig, wenig höckerig.

Rh. subfusca Harv. Phyc. brit. l. c. — Ner. Bor. Am. p. 26.
Lophura cymosa Kütz. Spec. Alg. p. 850. — Id. Tab. phyc. XV. Tab. 36.

F. gracilior.

Thallus zart, die Tetrasporangien-tragenden Aestchen deutlich höckerig.

Rh. gracilis Harv. Ner. Bor. Am. p. 26. pl. 13, C.
Lophura gracilis Kütz. Spec. Alg. et Tab. phyc. l. c.

In der Nord- und Ostsee.

2. **Rh. lycopodioides** (L.) Ag.

Thallus 1—3 (aber auch bis 6) dm hoch. Stämmchen gesellig aus gemeinschaftlicher Wurzelschwiele entspringend, einfach, verlängert, ruthenförmig, oder nahe der Basis in mehrere gleich gestaltete Hauptäste getheilt, unterhalb 1—2 mm dick, oberhalb verdünnt, bei der Winterpflanze der Länge nach sehr dicht mit 5—20 mm langen und 400—200 μ dicken, beiderends (gegen die Basis weniger) verdünnten, aufrechten und fast angedrückten steifen Aestchen besetzt. Aestchen einfach, mit etwas verzweigten gemischt, welche bei der Sommerpflanze in 2—5 cm lange, dünne, allseitig-abwechselnd verzweigte Aeste auswachsen, deren Zweige fast aufrecht, an den Enden meist fast büschelig-corymbos gedrängt sind. Cystocarpien zahlreich an den Aestchen der Sommerpflanze, eiförmig-kugelig, kurz gestielt. Tetrasporangien in büschelig-corymbos verzweigten (in der Jugend eingekrümmten, bei der Reife etwas höckerigen), fast spindeligen Aestchen der Winterpflanze. — Dunkelroth, trocken schwarz. Thallusachse mit 6—7 Reihen pericentraler Zellen.

Fucus lycopodioides L. Syst. Nat. Ed. II. p. 717.

Rh. lycopodioides Ag. Spec. Alg. I. p. 377. — J. Ag. Spec. Alg. II. p. 885. — Harv. Phyc. brit. pl. 50.

Lophura lycopodioides Kütz. Spec. Alg. p. 850. — Id. Tab. phyc. XV. Tab. 38.

In der Nordsee (Helgoland).

LXXVI. Gattung. **Polysiphonia** Grev.

Thallus fadenförmig, verschieden verzweigt, aus einem polysiphonen Gliederfaden bestehend, welcher entweder unberindet, oder unterhalb, bisweilen durchaus mit einer allmälig dicker werdenden zelligen Schichte bedeckt ist. Glieder mit einer centralen und 4—25 pericentralen Zellen. Zweigspitzen (fast immer zu einer gewissen Periode) mit sehr zarten, dichotomen, fast farblosen, früher oder später abfallenden, Gliederfäden (Haarzweigen) besetzt (pinselig). Cystocarpien eiförmig-kugelig oder krugförmig, sitzend oder gestielt. Tetrasporangien in kaum veränderten oder höckerigen Aestchen letzter, auch vorletzter Ordnung, in einer mehr weniger deutlichen Spirallinie gereiht oder zerstreut, einzeln in je einem (polysiphonen) Gliede entwickelt, kugelig, tetraëdrisch getheilt. Antheridien an den Basalgliedern der Haarzweige entwickelt, kätzchenförmige, spindelige oder cylindrische und beiderends abgerundete Zellenkörper bildend.

A. Thallus mit 4 pericentralen Zellen . . . . 1—21.
B. Thallus mit 5—25 pericentralen Zellen . . . . 22—45.

A. Thallus mit 4 pericentralen Zellen.

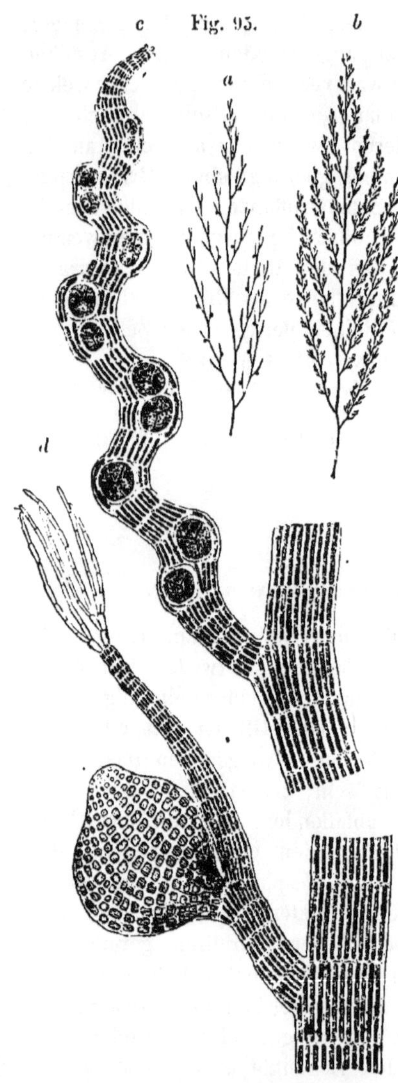

Polysiphonia opaca *(Ag.) Zanard.* *a* Stück der Alge mit Cystocarpien in natürlicher Grösse. *b* Stück der Alge mit Tetrasporangien-tragenden Aestchen in natürlicher Grösse. *c* Zweig mit Tetrasporangien. Vergr. ca. 100. *d* Zweig mit einem Cystocarp. Vergr. ca. 100. (Nach Kützing.)

1. **P. pulvinata** Kütz.

Bildet dichte, 1—3 cm hohe Räschen. Thallus 4 röhrig, unberindet, unterhalb 120—200 μ, in den Aestchen letzter Ordnung 60—40 μ dick, ziemlich regelmässig dichotom und gleich hoch verzweigt. Gabelzweige abstehend, 4—12 gliedrig. Glieder meist $1^1/_2$—2 mal länger, die untersten und obersten meist eben so lang als der Durchmesser. Tetrasporangien in den letzten, etwas höckerigen Gabelzweigen. — Braun.

P. pulvinata Kütz. Tab. phyc. XIII. Tab. 36 (fide icon., non Spec. Alg. nec P. pulvinata J. Ag.).

Im adriatischen Meere (Rovigno).

2. **P. sertularioides** (Grat.) J. Ag.

Bildet sehr dichte, fast halbkugelige, 2—8 cm hohe Rasen. Thallus 4 röhrig, unberindet, unterhalb 60—90 μ, in den Aestchen letzter Ordnung 50—35 μ dick, unregelmässig dichotom und allseitig abwechselnd reich verzweigt. Aeste verlängert, meist abstehend, mehr weniger mit meist 1—5 mm langen, einfachen oder mehr weniger verzweigten, abstehenden bis fast gespreizten Aestchen besetzt, die unregelmässig allseitig, stellenweise einseitig entspringen und häufig etwas gebogen sind. Fäden im Rasen unterhalb nicht selten zu Strängen leicht zusammengedreht. Länge der Glieder verschieden, die unteren meist 2—5 mal, die oberen 1—2 mal länger als der Durchmesser. Tetrasporangien in mehr weniger gewundenen Aestchen gereiht. Cystocarpien gestielt, krugförmig. — Braun oder dunkelroth, trocken meist braun. Sehr schlaff.

Ceramium sertularioides Grat. Decr. aliquor. Ceramior. fig. IV. in appendice Diss. Observ. sur la Const. l'été de 1806. Montp. 1806.
P. sertularioides J. Ag. Spec. Alg. II. p. 93.
P. grisea Kütz. Spec. Alg. p. 818. — Id. Tab. phyc. XIII. Tab. 71.
P. badia Kütz. Spec. Alg. p. 821. — Id. Tab. phyc. l. c. Tab. 82.
P. funicularis Menegh. mspt.

Im adriatischen Meere.

β. **tenerrima.** Fig. 96.

Bildet dunkel-purpurrothe, 1—10 mm hohe Räschen. Fäden zarter, die aufrechten aus niederliegenden wurzelnden entspringend, mehr weniger allseitig abwechselnd verzweigt. Glieder fast eben so lang, gegen die Spitzen kürzer als der Durchmesser. Antheridien bisweilen an der Spitze Tetrasporangien-tragender Aestchen.

Hutchinsia tenerrima Kütz. Actien 1835.
P. tenerrima Kütz. phyc. gener. p. 417. — Id. Spec. Alg. p. 804. — Id. Tab. phyc. XIII. Tab. 28.
P. Nemalionis Zanard. Sagg. p. 54.
P. floccosa Zanard.

Im adriatischen Meere (häufig auf Nemalion lubricum).

3. **P. deusta** (Roth) J. Ag.

Bildet 5—10 cm hohe, dichte, häufig sehr verworrene Rasen. Thallus 4röhrig, unberindet (höchstens ganz an der Basis etwas berindet) unterhalb 150—280 μ, in den Aestchen letzter Ordnung 40—25 μ dick, allseitig abwechselnd reich verzweigt. Aeste fast gerade oder häufig etwas hin- und hergebogen, abstehend bis gespreizt, bald abwechselnd, bald mehr unregelmässig, stellenweise etwas einseitig mit abstehenden bis gespreizten, geraden oder etwas gebogenen, gegen die Spitze allmälig verdünnten, 1—10 mm langen, meist einfachen, hin und wieder etwas verzweigten Aestchen besetzt. Die unteren Glieder 1—3 mal, die obersten meist 2 mal, die übrigen 4—10 mal länger als der Durchmesser, die unteren und oft auch die mittleren Gelenke mehr weniger knotig. Wurzelfäden nicht

Fig. 96.

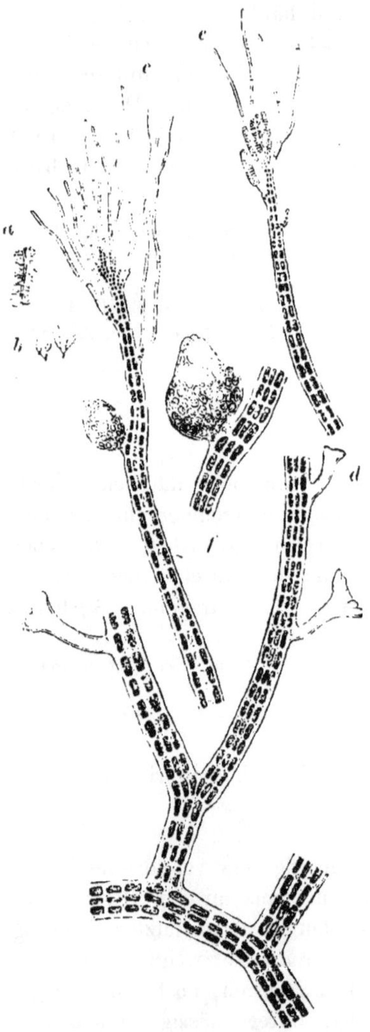

Polysiphonia sertularioides (*Grat.*) *J. Ag.*, β. **tenerrima.**
a Ein Rasen in natürlicher Grösse.
b Zwei Exemplare der Alge in natürlicher Grösse. *c* Zweig mit einem halbentwickelten Cystocarp. *d* Basales Thallusstück. *e* Zweigspitze mit Antheridien. *f* Zweig mit einem reifen Cystocarp. Fig. *c*—*f* Vergr. ca. 100. (Nach Kützing.)

selten an den Zweigen aller Ordnungen zerstreut entspringend. Tetrasporangien in leicht gewundenen, etwas höckerigen Aestchen zerstreut oder etwas gereiht. — Braun. Fäden verhältnissmässig ziemlich steif.

Eine ungenügend gekannte Art.

Conferva deusta Roth, Cat. II. p. 235 et III. p. 305 (vix C. deusta Wulf. Crypt. aquat. p. 25).
P. deusta J. Ag. Alg. med. p. 125. — Id. Spec. Alg. II. p. 963.
P. nodulosa J. Ag. Alg. med. p. 126. — Kütz. Spec. Alg. p. 823. — Id. Tab. phyc. l. c. Tab. 86 ?
P. Morisiana J. Ag. Alg. med. p. 128.
P. expansa Zanard. — Kütz. Tab. phyc. l. c.

Im adriatischen Meere.

4. **P. urceolata** (Lightf.) Grev.

Bildet sehr dichte, 5—15 cm hohe Rasen. Thallus 4röhrig, unberindet, unterhalb 120—250 μ, in den Aestchen letzter Ordnung 80—35 μ dick, fast durchaus aufrecht dichotom oder dichotom und allseitig abwechselnd meist gleich hoch verzweigt. Aeste verlängert, mehr weniger mit gleich gestalteten Aestchen abwechselnd, stellenweise etwas einseitig besetzt. Aestchen aufrecht, abstehend oder etwas zurückgebogen, meist 1—10 mm lang, einfach oder fast dichotom oder abwechselnd fiederartig (hin und wieder einseitig) oder etwas corymbos verzweigt. Die Aestchen letzter Ordnung aufrecht oder abstehend. Die unteren und obersten Glieder kurz, die übrigen allmälig 2—4 mal, mitunter bis 10 mal länger als der Durchmesser. Tetrasporangien in höckerigen Aestchen gereiht. Cystocarpien krugförmig, gestielt. — Purpurroth, trocken häufig bräunlich oder schwärzlich.

Conferva urceolata Lightf. mspt.
P. urceolata Grev. Fl. Edin. p. 309. — J. Ag. Spec. Alg. II. p. 970. — Harv. phyc. brit. pl. 167. — Kütz. Spec. Alg. p. 824. — Id. Tab. phyc. XIII. Tab. 92.
P. patens (Dillw.) Kütz. Spec. Alg. p. 824. — Id. Tab. phyc. l. c. Tab. 91.
P. formosa Suhr. — Kütz. Tab. phyc. l. c. Tab. 78.
P. stricta Grev. — Kütz. Spec. Alg. p. 819. — Id. Tab. phyc. XIII. Tab. 78.
P. stricta β. gracilis Kütz. Spec. Alg. p. 820. = P. formosa Kütz. Tab. phyc. l. c. Tab. 78.
P. formosa Harv. Phyc. brit. pl. 168.
P. roseola Aresch. Phyc. scand. p. 59.

In der Nord- und Ostsee; auch im adriatischen Meere, hier aber sehr selten.

5. **P. Kellneri** Zanard.

Rasen 5—8 cm hoch. Thallus 4röhrig, unberindet, unterhalb 150—250 μ, in den letzten Verzweigungen 80—50 μ dick, vielästig. Aeste in Serien abwechselnd entspringend und unregelmässig dichotom gleich hoch verzweigt. Die unteren Zweige entfernt, die oberen allmälig genähert, abstehend. Aestchen gegen die Spitze sehr verdünnt, lang und elegant pinselig. Die mittleren Glieder 8—10 mal länger, die oberen und untersten allmälig eben so lang als der Durchmesser. Gelenke an den älteren Theilen knotig. Tetrasporangien in etwas höckerig verdickten Aestchen, meist vereinzelt reifend. — Bräunlich-dunkelroth.

Eine ungenügend gekannte Art.

P. Kellneri Zanard. Cell. p. 29. — Id. Icon. phyc. adr. I. p. 131. Tav. 31.

Im adriatischen Meere.

6. **P. sanguinea** (Ag.) Zanard.

Bildet 5—15 cm hohe Rasen. Thallus 4röhrig, unberindet (höchstens ganz an der Basis etwas berindet), unterhalb 150—300 μ, in den Aestchen letzter Ordnung 40—25 μ dick, allseitig abwechselnd reich verzweigt. Hauptäste etwas dichotom, sehr verlängert; Aeste ebenfalls verlängert, aufrecht oder abstehend, mit unterhalb verlängerten, verzweigten, oberhalb allmälig einfachen, abnehmenden, aufrechten oder abstehenden Aestchen abwechselnd besetzt. Die untersten Glieder meist so lang als der Durchmesser, die mittleren 4—9 (auch bis 16) mal, die obersten allmälig 2 mal länger als dick. Tetrasporangien in leicht gewundenen, mehr weniger höckerigen Aestchen gereiht. Cystocarpien gestielt, breit-eiförmig bis fast kugelig. — Braun, oder purpurbraun, trocken purpurroth oder braun. Schlaff und schlüpfrig.

Hutchinsia sanguinea Ag. in Bot. Zeit. 1827. p. 638.
P. sanguinea Zanard. Syn. p. 61. — J. Ag. Spec. Alg. II. p. 981. — Kütz. Spec. Alg. p. 826. — Id. Tab. phyc. XIII. Tab. 96.
P. purpurea J. Ag. Spec. Alg. II. p. 982.
P. deusta Kütz. Tab. phyc. XIII. Tab. 77.
P. arachnoidea Kütz. l. c.

Im adriatischen Meere.

7. **P. breviarticulata** (Ag.) Zanard.

Bildet 6—10 cm hohe Rasen. Thallus 4röhrig, unberindet oder ganz an der Basis zart berindet, unterhalb 300—600 μ dick, oberhalb allmälig verdünnt, etwas dichotom und allseitig abwechselnd verzweigt. Aeste ruthenförmig, aufrecht-abstehend, mehr weniger mit 1—5 mm langen und 150—60 μ dicken, einfachen oder etwas verzweigten, aufrechten oder abstehenden (in der Jugend dicht pinseligen) Aestchen besetzt. Alle Glieder kurz, meist halb so lang als der Durchmesser. Die Tetrasporangien-tragenden Aestchen fast spindelig verdickt, etwas höckerig. Cystocarpien breit eiförmig, sitzend. — Braun.

Hutchinsia breviarticulata Ag. Syst. p. 153.
P. breviarticulata Zanard. Syn. p. 61. — J. Ag. Spec. Alg. II. p. 1007. — Kütz. Spec. Alg. p. 815. — Id. Tab. phyc. XIII. Tab. 64.
P. chrysoderma Kütz. Spec. Alg. p. 816. — Id. Tab. phyc. XIII. Tab. 68.
P. physarthra Kütz. Spec. Alg. p. 815. — Id. Tab. phyc. XIII. Tab. 63. (fide J. Ag.)

Im adriatischen Meere.

8. **P. acanthophora** Kütz.

Rasen 5—10 cm hoch. Thallus 4röhrig, unberindet, unterhalb 150—300 μ, in den Aestchen letzter Ordnung 40—25 μ dick, allseitig abwechselnd, fast büschelig und ziemlich gleich hoch reich verzweigt. Aeste ruthenförmig, aufrecht, mit verlängerten, grösstentheils einfachen, ruthenförmigen, fast aufrechten Aestchen besetzt. Die unteren, häufig auch die oberen Glieder eben so lang, die übrigen $1^1/_2$—3 mal länger als der Durchmesser.

Eine ungenügend gekannte Art.

P. acanthophora Kütz. phyc. gener. p. 424. — Id. Spec. Alg. p. 819. — Id. Tab. phyc. XIII. Tab. 76.

Im adriatischen Meere.

9. **P. aculeata** (Ag.) Kütz.

Bildet locker verworrene, 5—10 cm breite Rasen. Thallus 4röhrig, unberindet, unterhalb 150—200 μ, in den Aestchen letzter Ordnung 60—40 μ dick, seitlich verzweigt; Zweige abwechselnd oder in Serien zu 2—3 abwechselnd, bald aus jedem Gliede, bald entfernter entspringend. Aeste meist gespreizt, häufig gebogen, sowie die Hauptäste mit kurzen, gewöhnlich 0·5—1 mm langen, gegen die Spitze etwas verdünnten, fast dornartigen, gespreizten Aestchen besetzt. Glieder der Hauptäste 4—10 mal, der jungen Zweige 2—$1^1/_2$ mal länger, bis fast eben so lang als der Durchmesser. Fruktification unbekannt. — Dunkelroth.

Hutchinsia aculeata Ag. Syn. p. 59. — Id. Spec. Alg II. p. 101.
P. aculeata Kütz. Phyc. gener. p. 422. — Id. Phyc. germ. p. 318. — Id. Spec. Alg. p. 821. — Id. Tab. phyc. XIII. Tab. 83 ?
P. aculeifera Kütz. Spec. Alg. p. 817. — Id. Tab. phyc. XIII. Tab. 71.
Hutchinsia implicata Lyngb. Hydr. Dan. p. 111. Tab. 34.

In der Ostsee.

10. **P. pycnocoma** Kütz.

Thallus 3—12 cm hoch, 4röhrig, unterhalb berindet, 300 μ bis fast 1 mm dick, oberhalb unberindet, in den Aestchen letzter Ordnung bis zu 50—30 μ verdünnt, aus einem Stämmchen bestehend, dessen dichotome und allseitig abwechselnde, oberhalb allmälig gedrängt werdende, fast gleich hohe Verzweigungen sich zu einem beinahe kugeligen Rasen ausbreiten. Hauptzweige abstehend oder divergirend, die oberen Zweige aufrecht. Aeste mehr weniger mit einfachen oder verzweigten Aestchen besetzt. Die untersten (berindeten) und obersten Glieder fast so lang, die übrigen meist 2—5 mal länger als der Durchmesser. Tetrasporangien in etwas höckerigen Aestchen gereiht. Cystocarpien breit eiförmig, gestielt. — Purpurroth. Schlaff.

P. elongella sehr ähnlich, nur zarter, weniger regelmässig dichotom, mehr allseitig abwechselnd verzweigt und langgliedriger.

P. pycnocoma Kütz. phyc. gener. p. 426. — Id. Spec. Alg. p. 826. — Id. Tab. phyc. XIII. Tab. 96.
Hutchinsia arachnoidea Kütz. Actien.

Im adriatischen Meere (Miramar).

11. **P. violacea** (Roth) Grev.

Bildet 1—20 cm hohe Rasen. Thallus 4röhrig, unterhalb (mehr weniger hoch hinauf) berindet, 300 μ bis über 1 mm, in den Aestchen letzter Ordnung 50—40—25 μ dick, allseitig abwechselnd meist pyramidal reich verzweigt. Aeste abstehend, mit mehr weniger verlängerten, gegen die Spitze abnehmenden, wenig verzweigten oder mehr und dicht, fast corymbos oder dem Umfange nach ei-lanzettlich verzweigten, aufrechten bis abstehenden Aestchen besetzt. Die mittleren Glieder 1—5 mal, die unteren und obersten 1—$1\frac{1}{2}$ mal so lang als der Durchmesser oder etwas kürzer. Tetrasporangien in leicht gewundenen, mehr weniger höckerigen Aestchen gereiht. Cystocarpien kugelig-eiförmig, gestielt oder sitzend. Purpurroth oder braun. Schlaff, schlüpfrig.

Ceramium violaceum Roth. Catal. I. p. 150.
P. violacea Grev. — Harv. Man. p. 92.

α. **genuina.** Fig. 97.

Thallus hoch hinauf berindet, Aestchen dem Umfange nach ei-lanzettlich oder fast corymbos verzweigt. Die mittleren Glieder 2—5 mal länger, die unteren und obersten allmälig eben so lang als der Durchmesser.

P. violacea J. Ag. Spec. Alg. II. p. 988. — Harv. Phyc. brit. pl. 209. — Kütz. Spec. Alg. p. 988. — Id. Tab. phyc. XIII. Tab. 97 et 98.
P. angulosa Kütz. Spec. Alg. et Tab. phyc. l. c.

In der Nordsee, Ostsee und im adriatischen Meere.

β. **subulata.**

Thallus nur unterhalb berindet, Aestchen dem Umfange nach ei-lanzettlich oder fast corymbos verzweigt. Die mittleren Glieder 1—2 mal so lang, die obersten eben so lang, die unteren kürzer als der Durchmesser.

P. subulata (Duel.) J. Ag. Spec. Alg. II. p. 985 (nec Kütz.).
P. Perreymondi J. Ag. Alg. med. p. 132. — Kütz. Spec. Alg. p. 825. — Id. Tab. phyc. l. c. Tab. 95.

Fig. 97.

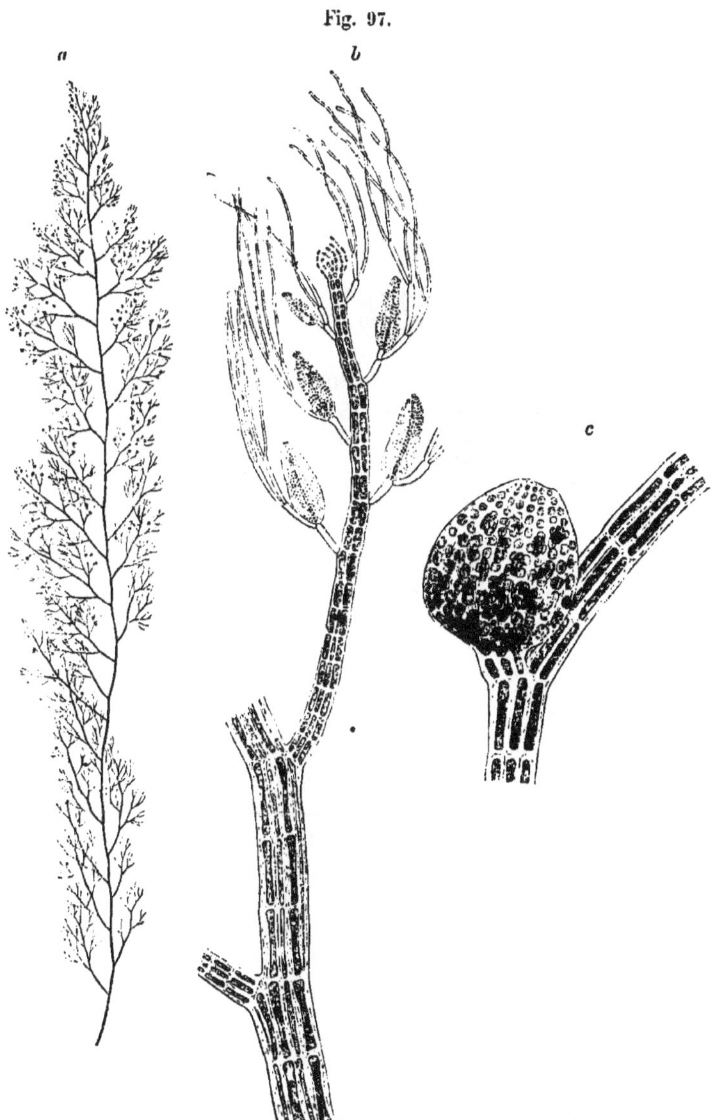

Polysiphonia violacea *(Roth) Grev.* *α.* **genuina.**
a Stück der Alge mit Cystocarpien in natürlicher Grösse. *b* Zweig mit Antheridien. Vergr. ca. 100. *c* Zweig mit einem Cystocarp. Vergr. ca. 100. (Nach Kützing.)

P. Montagnei De Not. — J. Ag. Alg. med. p. 132. — Kütz. Spec. Alg. et Tab. phyc. l. c.
P. vestita Kütz. Tab. phyc. XIV. Tab. 7. (nec J. Ag.)
P. impolita Zanard. — Kütz. Tab. phyc. XIV. Tab. 53.
P. multicapsularis Zanard.. — Kütz. Tab. phyc. XIV. Tab. 54.

Im adriatischen Meere.

γ. **tenuissima.**

Thallus sehr zart und schlaff, unterhalb weniger, bisweilen nur an der Basis berindet. Aeste und Aestchen verlängert, abstehend, letztere beinahe ruthenförmig, einfach oder wieder mit kurzen Aestchen besetzt. Die mittleren Glieder meist 4—8 mal länger als der Durchmesser.

Hat Aehnlichkeit mit P. sanguinea.

P. violacea ε. tenuissima Aresch. Phyc. scand. p. 54.
P. roseola Kütz. Tab. phyc. XIII. Tab. 80 (fide icone).
P. divaricata Kütz. Tab. phyc. l. c. Tab. 81 (fide Specim. ab Kütz. determ.).

In der Ostsee.

12. **P. elongata** (Huds.) Harv.

Thallus Stämmchen bildend, 10—30 cm hoch, 4röhrig, hoch hinauf, meist bis gegen die Spitze der Aeste berindet. Aestchen unberindet, unterhalb 1—2 mm dick und darüber, in den Aestchen letzter Ordnung bis zu 80—40 μ verdünnt, allseitig abwechselnd verzweigt. Stämmchen in etwas dichotome und abwechselnde, verlängerte, ruthenförmige, allmälig verdünnte Aeste getheilt, die unterhalb meist nackt, oberhalb mit gegen die Spitze häufig gedrängteren ruthenförmigen, mehr weniger reich verzweigten, bisweilen gebüschelten, aufrecht-abstehenden Aestchen besetzt sind. Aestchen beiderends verdünnt (fast spindelig), 1 bis 15 mm lang oder mehr, einfach oder verzweigt, aufrecht-abstehend. Aeste an alten Individuen fast nackt oder mit wenigen zarten Aestchen besetzt. Glieder kürzer bis 2 mal länger, in sehr zarten Aestchen mitunter bis 4 mal länger als der Durchmesser, die unteren Glieder dick, die oberen allmälig zarter berindet. Tetrasporangien in höckerigen Aestchen gereiht. Cystocarpien fast kugeligeiförmig, sitzend oder kurz gestielt. — Purpurroth oder braun. Stämmchen knorpelig.

Conferva elongata Huds. Fl. Angl. p. 599.
P. elongata Harv. in Hook Brit. Fl. p. 333. — Id. Phyc. brit. pl. 292 et 293. — J. Ag. Spec. Alg. II. p. 1004. Kütz. Spec. Alg. p. 827. — Id. Tab. phyc. XIV. Tab. 4.

P. Ruchingeri (Ag.) J. Ag. — Kütz. Spec. Alg. p. 829. — Id. Tab. phyc. l. c. Tab. 6.
P. haematites Kütz. Spec. Alg. p. 830. — Id. Tab. phyc. l. c. Tab. 8.
P. commutata Kütz. Spec. Alg. l. c. — Id. Tab. phyc. l. c. Tab. 9.
P. strictoides (Lyngb.) Kütz. = P. Lyngbyei Kütz. Spec. Alg. l. c. — Id. Tab phyc. l. c. Tab. 10.
P. trichodes Kütz. Spec. Alg. et Tab. phyc. l. c.
P. robusta Kütz. Spec. Alg. l. c. — Id. Tab. phyc. l. c. Tab. 11.
P. stenocarpa Kütz. Spec. Alg. et Tab. phyc. l. c.
P. arborescens Kütz. Spec. Alg. p. 831. — Id. Tab. phyc. l. c. Tab. 12.
P. chalarophlaea Kütz. Spec. Alg. et Tab. phyc. l. c.
P. macroclonia Kütz. Spec. Alg. l. c. — Id. Tab. phyc. l. c. Tab. 13.
P. microdendron J. Ag. J. Ag. in Lin. XV. 1. p. 29.
P. delphina De Not.

In der Nord- und Ostsee und im adriatischen Meere.

13. **P. elongella** Harv.

Thallus 6—12 cm hoch, 4röhrig, unterhalb ca. 1 mm dick, in den Aestchen letzter Ordnung bis zu 80—40 μ verdünnt, ziemlich hoch hinauf berindet, oberhalb unberindet, aus einem mehr weniger regelmässig dichotom und etwas allseitig abwechselnd, oberhalb allmälig gedrängter und fast gleich hoch reich verzweigten Stämmchen bestehend, dessen Verzweigungen sich zu einem beinahe kugeligen Rasen ausbreiten. Hauptzweige abstehend oder gespreizt, die oberen Zweige mehr aufrecht. Aeste mehr weniger mit dichotomen Aestchen besetzt. Die unteren (berindeten) Glieder kürzer, die oberen so lang oder etwas länger als der Durchmesser. Tetrasporangien in etwas höckerigen Aestchen gereiht, hin und wieder zweitheilig. Cystocarpien breit-eiförmig, gestielt. Purpurroth, in den Hauptästen dunkler. Hauptzweige steif, die zarteren Zweige schlaff.

P. elongella Harv. in Hook. Brit. Fl. II. p. 334. — Id. phyc. brit. pl. 146. — J. Ag. Spec. Alg. II. p. 1002. — Kütz. Spec. Alg. p. 829. — Id. Tab. phyc. XIV. Tab. 7.

Im adriatischen Meere.

14. **P. ornata** J. Ag.

Bildet fast kugelig ausgebreitete, im Alter verworrene, 6 bis 15 cm hohe Rasen. Thallus 4röhrig, hoch hinauf berindet, unterhalb 800 μ bis über 1 mm, in den letzten Verzweigungen 120—60 μ dick, dichotom und etwas allseitig abwechselnd verzweigt. Aeste abstehend bis fast gespreizt, mehr weniger mit 1—6 mm langen, sehr zarten, einfachen, gespreizt-gabeligen oder fast dichotomen, abstehenden oder gespreizten, häufig gebogenen Aestchen besetzt. Glieder am unteren berindeten Theil kaum zu unterscheiden, oberhalb fast halb so lang, in den letzten Aestchen beinahe eben so lang als der Durchmesser. Tetrasporangien in etwas höckerigen, spindelig verdickten Aestchen gereiht. Cystocarpien beinahe kugelig, verhältnissmässig klein (ungefähr 400 μ im Durchmesser), an den Aestchen fast sitzend oder kurz gestielt. — In der Jugend rosenroth, im Alter purpurroth oder braun.

P. ornata J. Ag. Alg. med. p. 135. — Id. Spec. Alg. II. p. 1003.

Im adriatischen Meere.

15. **P. dysanophora** Kütz.

Thallus 6—12 cm hoch, 4röhrig, von der Basis an bis gegen die Mitte hinauf zart und locker faserig berindet, unterhalb 500 μ bis etwas über 1 mm dick, oberhalb allmälig sehr verdünnt, fast dichotom verzweigt. Aeste ruthenförmig, abstehend, der Länge nach mit sehr kurzen (ca. 300—800 μ langen), 80—40 μ dicken, gegen die Spitze verdünnten, dicht und lang pinseligen, aufrechten oder abstehenden Aestchen, ungefähr an jedem 2.—6. Gliede, abwechselnd besetzt. Die unteren Glieder etwas kürzer, die übrigen fast so lang bis doppelt länger als der Durchmesser.

P. dysanophora Kütz phyc. gener. p. 425. — Id. Spec. Alg. p. 825. — Id. Tab. phyc. XIII. Tab. 94

P. arachnoidea J. Ag. Spec. Alg. II. p. 995 ?

Im adriatischen Meere.

16. **P. biformis** Zanard.

Thallus 8—15 cm hoch, 4röhrig, bis zur Spitze der Aeste berindet, Aestchen jedoch unberindet, unterhalb ca. 1 mm und darüber dick, aufwärts verdünnt, meist 2—3 mal allseitig abwechselnd verzweigt. Zweige abstehend, fast ruthenförmig, durchaus an allen Gelenken mit einem (meist 2—5zähligen) Wirtel von 250 μ bis fast 1 mm langen, verdünnten, an der Basis 80—30 μ dicken, abstehenden bis fast gespreizten, einfachen Aestchen besetzt, die in der Jugend zahlreiche Haarzweige tragen, im Alter fast kahl und dornartig sind. (Hin und wieder entspringen auch gleich gestaltete Aestchen an der Mitte der Astglieder). Glieder der Aeste (durch die Wirtelästchen markirt) meist 1—2 mal, jene der Aestchen 1—1½ mal so lang als der Durchmesser. Tetrasporangien in etwas gewundenen Wirtelästchen, mehr vereinzelt. — Braunroth, trocken braun.

P. biformis Zanard. Sagg. p. 53. — Id. Icon. phyc. adr. I. p. 55. Tav. 14.

Im adriatischen Meere.

17. **P. spinosa** (Ag.) J. Ag.

Bildet 5—15 cm hohe, fast kugelig ausgebreitete, häufig verworrene Rasen. Thallus 4röhrig, mehr weniger hoch hinauf (im Alter mehr, oft bis gegen die Astspitzen) berindet, unterhalb 400 μ bis über 1 mm, in den Aestchen letzter Ordnung an der Basis 80—40—30 μ dick, allseitig abwechselnd reich verzweigt. Aeste in der Jugend zart und schlaff, aufrecht-abstehend, im Alter steif, abstehend bis fast gespreizt, häufig etwas hin- und hergebogen, sowie die Hauptäste mit meist 0·5—2 mm langen, von der Basis gegen die Spitze verdünnten, meist einfachen Aestchen abwechselnd besetzt, die an den meisten Gliedern, an den jüngeren Aesten stellenweise entfernter, entspringen. Aestchen abstehend oder gespreizt, in der Jugend schlaff, im Alter steif und dornartig, zum Theil etwas verzweigt. Glieder 1—3 mal so lang, die der alten Aestchen fast so lang oder kürzer als der Durchmesser. Tetrasporangien in stark höckerigen, etwas gewundenen, meist verzweigten, dornförmigen Aestchen zerstreut. — Dunkelroth oder braun.

Rhodomela spinosa Ag. Syst. p. 200.
P. spinosa J. Ag. Spec. Alg. II. p. 1000. — Kütz. Spec. Alg. p. 833. — Id. Tab. phyc. XIV. Tab. 20.
P. pilosa Zanard. — Kütz. Spec. Alg. et Tab. phyc. l. c.
P. lubrica (Ag.) Zanard. Syn. p. 62.
P. fibrillosa J. Ag. Alg. med. p. 138 (non Dillw.).
P. acanthocarpa Kütz. Spec. Alg. p. 836. — Id. Tab. phyc. l. c. Tab. 26.
P. Ranieriana Zanard. Syn. p. 63.
P. spinulosa Kütz. Tab. phyc. l. c. Tab. 15. — Hauck, Verz. p. 349.
P. Biasolettiana J. Ag. (fide Specim. in Herb. Bias.)

Im adriatischen Meere (in Salinengräben und den Lagunen, später frei schwimmend).

18. **P. hispida** Zanard.

Rasen 5—15 cm hoch. Thallus 4röhrig, unterhalb mehr weniger berindet oder fast ganz unberindet, 400—900 μ, in den Aestchen letzter Ordnung an der Basis 80—40—30 μ dick, allseitig abwechselnd, häufig ziemlich regelmässig abnehmend verzweigt. Aeste ruthenförmig, abstehend. Stämmchen und Aeste mit meist 1—2 mm langen, einfachen oder verzweigten Aestchen besetzt, die an den meisten Gliedern, stellenweise entfernter, entspringen. Aestchen gegen die Spitze verdünnt, im Alter dornartig, abstehend oder fast gespreizt. Glieder 1—3 mal länger, die der Aestchen fast so lang bis $1^1/_2$ mal länger als der Durchmesser. Tetrasporangien in mehr weniger gewundenen, höckerigen Aestchen. Cystocarpien sitzend. — Dunkelroth oder braun.

Wahrscheinlich zum Formenkreise von P. spinulosa Grev. gehörig.

F. genuina.

Thallus unberindet oder nur unterhalb etwas berindet.

P. hispida Zanard. — Kütz. Tab. phyc. XIV. p. 19. Tab. 52.

F. vestita.

Thallus unterhalb, mehr weniger hoch hinauf, berindet.

P. vestita J. Ag. Spec. Alg. II. p. 987 (non Kütz.).

Im adriatischen Meere.

19. **P. flexella** (Ag.) J. Ag.

Thallus 6—10 cm hoch, 4röhrig, bis zur Spitze der Aeste berindet, Aestchen unberindet, unterhalb ca. 1 mm dick und darüber, aufwärts verdünnt, meist 2—3 mal allseitig abwechselnd verzweigt. Aeste abstehend, ruthenförmig, durchaus mit meist 1—3 mm langen oder kürzeren, dornförmigen, an der Basis 160—80 μ dicken, meist einfachen, abstehenden oder fast gespreizten Aestchen an fast jedem 2.—4. Gliede abwechselnd besetzt. Aestchen häufig etwas zickzackförmig gebogen, an jedem 2. oder 3. Gliede mit ziemlich robusten, abwechselnd entspringenden Haarzweigen. Glieder der Aestchen beinahe halb so lang als der Durchmesser. Tetrasporangien in höckerigen Aestchen. Cystocarpien gedrückt-kugelig, fast sitzend. — Dunkelroth oder braun.

Hutchinsia flexella Ag. Spec. Alg. II. p. 63.
P. flexella J. Ag. Alg. med. p. 140. — Id. Spec. Alg. II. p. 1015. — Kütz. Spec. Alg p. 833. — Id. Tab. phyc. XIV. Tab. 19.
P. acanthotricha Kütz. Spec. Alg. p. 833. — Id. Tab. phyc. l. c. Tab. 21.
P. Solieri Kütz. Tab. phyc. l. c. Tab. 89 (nec J. Ag.).

Im adriatischen Meere.

20. **P. Derbesii** Sol.

Rasen 8—15 cm hoch. Thallus 4röhrig, durchaus dicht berindet, unterhalb ca. 1 mm und darüber, in den Aestchen letzter Ordnung 200—100 μ dick, allseitig abwechselnd verzweigt. Aeste ruthenförmig, abstehend, durchaus mit 1—3 mm langen, gegen die Spitze verdünnten, einfachen oder etwas verzweigten Aestchen besetzt, welche in der Jugend dicht pinselig und abstehend, im Alter fast kahl, dornförmig und mehr gespreizt sind. Gliederung nur in den (durch die Rindenschichte vielröhrig erscheinenden) Aestchen erkennbar: Glieder kaum halb so lang als der Durchmesser. Tetrasporangien in einfachen, höckerigen, kahlen Aestchen. Cystocarpien an ebenfalls fast kahlen Aestchen einzeln oder zu zweien oder dreien beisammen, beinahe kugelig, sehr kurz gestielt. — Braunroth, trocken schwärzlich; Haarzweige bräunlich.

P. Derbesii Sol. mspt. — Kütz. Spec. Alg. p. 829. — Id. Tab. phyc. XIV. Tab. 5. — J. Ag. Spec. Alg. II. p. 1011.

Im adriatischen Meere.

21. **P. foeniculacea** (Drap.) J. Ag.

Rasen dicht, 8—15 cm hoch. Thallus 4röhrig, durchaus berindet, unterhalb 300—700 μ, in den Aestchen letzter Ordnung 100—50 μ dick, allseitig abwechselnd reich verzweigt. Aeste ruthenförmig, aufrecht oder abstehend, durchaus mehr oder weniger mit 1—3 mm langen, einfachen oder etwas verzweigten Aestchen besetzt. Glieder nur in den Aestchen mehr weniger deutlich erkennbar, fast so lang bis $1\frac{1}{2}$ mal länger als der Durchmesser. Tetrasporangien in leicht gewundenen, etwas höckerigen Aestchen gereiht. — Purpurbraun, trocken braunschwarz.

Conferva foeniculacea Drap. mspt.
P. foeniculacea J. Ag. Alg. med. p. 137. — Id. Spec. Alg. II. p. 1012. — Kütz. Spec. Alg. p. 831. — Id. Tab. phyc. XIV. Tab. 14.

Im adriatischen Meere.

B. Thallus mit 5—25 pericentralen Zellen.

22. **P. rigens** (Schousb.) Zanard. Fig. 98.

Bildet kleine, einige mm, seltener 1 cm hohe, dicht verworrene, beinahe schwammig-filzige Räschen auf grösseren Algen. Thallus 5röhrig, unberindet, steif, unterhalb 60—100 μ, in den Aestchen letzter Ordnung 80—40 μ dick, allseitig abwechselnd verzweigt. Zweige bald aus jedem Gliede, bald entfernter entspringend. Hauptäste, bisweilen auch die fast gespreizten Aeste, niederliegend und wurzelnd oder letztere aufrecht und häufig in einander verworren. Aeste, sowie die Hauptäste der Länge nach mit kürzeren oder längeren (200 μ bis fast 1 mm langen) fast gespreizten, geraden,

Fig. 98.

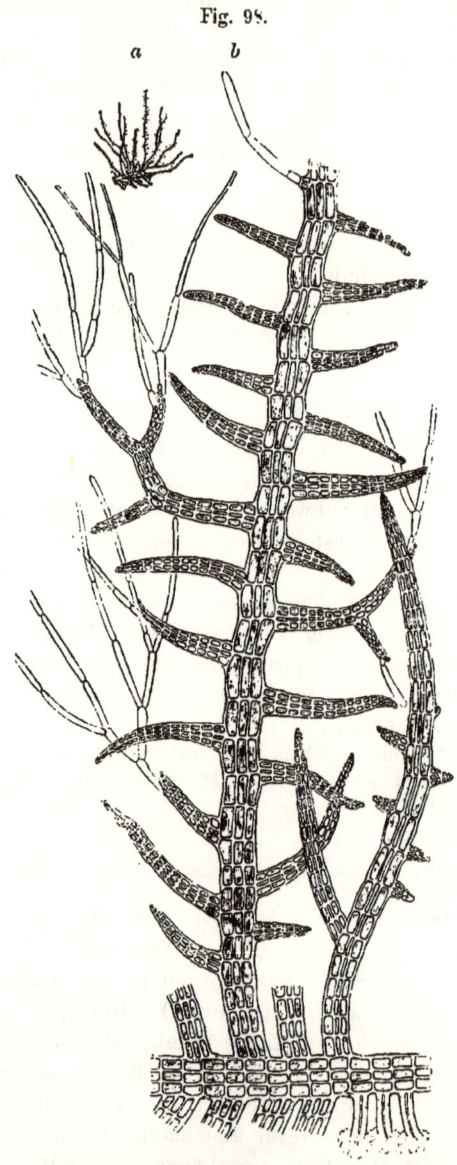

Polysiphonia rigens (*Schoush.*) *Zanard.*
a Alge in natürlicher Grösse. *b* Zweig derselben. Vergr. ca. 100. (Nach Kützing.)

hin und wieder etwas gebogenen, gegen die Spitze verdünnten, fast dornartigen Aestchen besetzt. Die Tetrasporangien-tragenden Aestchen etwas höckerig. Glieder etwas kürzer bis halb so lang als der Durchmesser. — Braun.

Hutchinsia rigens Schousb. mspt.
P. rigens Zanard. Syn. p. 65. — J. Ag. Spec. Alg. II. p. 919. — Kütz. Spec. Alg. p. 807.
P. spinella Ag. — Kütz. Spec. Alg. p. 806. — Id. Tab. phyc. XIII. Tab. 36.

Im adriatischen Meere, auf Cystosiren, Corallina und anderen Algen; vornehmlich aber auf Rytiphlaea pinastroides.

23. **P. Vidovichii** Menegh.

Thallus 6—10 cm hoch, 5röhrig, unberindet, unterhalb 300 bis 600 μ, in den Aestchen letzter Ordnung 40—20 μ dick, regelmässig dichotom und gleich hoch verzweigt. Die unteren Gabelzweige abstehend bis gespreizt, die oberen aufrecht. Spitzen der Aestchen bisweilen etwas eingekrümmt. Glieder kürzer bis 3 mal länger als der Durchmesser, die obersten sehr kurz. Fruktification unbekannt. — Purpurroth. Schlaff.

P. Vidovichii Menegh. — Kütz. Spec. Alg. p. 816. — Id. Tab. phyc. XIII. Tab. 68.

Im adriatischen Meere.

24. **P. collabens** (Ag.) Kütz.

Bildet 4—10 cm hohe Rasen. Thallus 5röhrig, unberindet, unterhalb 300—800 μ, in den Aestchen letzter Ordnung 120—40 μ dick, mehr weniger regelmässig dichotom und ziemlich gleich hoch verzweigt. Gabelzweige abstehend, nackt oder mehr weniger mit seitlich entspringenden, gabeligen oder dichotomen Aestchen besetzt. Spitzen der Aestchen häufig leicht eingekrümmt. Haarzweige meist fehlend. Glieder meist dem Durchmesser gleich, bis kaum zweimal länger, die untersten und obersten häufig kürzer als derselbe. Tetrasporangien in etwas höckerigen Aestchen gereiht. Cystocarpien breit eiförmig, kurz gestielt. — Purpurroth.

Hutchinsia collabens Ag. Syst. p. 153.
P. collabens Kütz. Spec. Alg. p. 822.
P. platyspira Kütz. Spec. Alg. p. 815. — Id. Tab. phyc. XIII. Tab. 63.

Im adriatischen Meere.

25. **P. sericea** Hauck.

Bildet dichte, 4—6 cm hohe Rasen. Thallus 6röhrig, unberindet, unterhalb 70—90 μ, in den Aestchen letzter Ordnung 40—30 μ dick.

dichotom verzweigt. Gabelzweige mehr weniger mit einfachen oder gabeligen Aestchen abwechselnd besetzt. Zweige abstehend. Die oberen und unteren Glieder $1\frac{1}{2}$—3 mal, die übrigen 5—7 mal länger als der Durchmesser. Tetrasporangien in den Aestchen gereiht, perlschnurförmige Anschwellungen bildend. — Dunkelroth oder braun. Sehr schlaff.

P. sericea Hauck, Beitr. 1877, p. 278.

Im adriatischen Meere (Rovigno).

26. **P. subadunca** Kütz.

Bildet 1—2 cm hohe, dichte Räschen. Thallus 6röhrig, unberindet, 60—90 μ, in den Aestchen letzter Ordnung 40—30 μ dick. Die aufrechten Fäden aus einem Geflechte niederliegender und wurzelnder primärer Fäden entspringend, zerstreut ästig; Aeste abstehend, hin und wieder mit kurzen abstehenden oder gespreizten, etwas eingebogenen Aestchen besetzt. Die stärkeren Zweige häufig Wurzelfäden treibend. Glieder fast so lang oder etwas länger als der Durchmesser. Fruktification unbekannt. — Rothbraun.

P. subadunca Kütz. Spec. Alg. p. 805. — Id. Tab. phyc. XIII. Tab. 32.
P. pygmaea Kütz. Spec. Alg. p. 804. — Id. Tab. phyc. XIII. Tab. 29.
P. subtilis Kütz. Phyc. gener. p. 417 (nec De Not.).

Im adriatischen Meere.

F. intricata.

Bildet kleinere oder grössere, verworrene, allseitig ausgebreitete, später frei schwimmende Rasen. Fäden verlängert, hin- und hergebogen, niederliegend, dann aufsteigend; Aeste und Aestchen fast gespreizt, stellenweise etwas einseitig entspringend.

Hutchinsia lepadicola var. intricata Ag. Spec. Alg. II. p. 107.
P. intricata J. Ag. Alg. med. p. 124. — Id. Spec. Alg II. p. 951.
P. uncinata Kütz. Spec. Alg. p. 805. — Id. Tab. phyc. XIII. Tab. 32.

Im adriatischen Meere, in Salinen und Salztümpeln.

27. **P. hemisphaerica** Aresch.

Rasen 2—6 cm hoch, dicht, fast halbkugelig. Thallus 6röhrig, unberindet, 70—120 μ, durchschnittlich ca. 80 μ dick, an der Basis niederliegend und wurzelnd, ein dichtes Geflecht bildend, aus welchem aufrechte, ziemlich steife, anfänglich fast einfache, später zerstreut oder etwas einseitig verästelte Fäden dicht strahlig entspringen. Aeste abstehend. Glieder etwas kürzer bis $1^1/_2$ mal länger als der Durchmesser. Tetrasporangien fast im mittleren Theile der Aestchen gereiht. — Purpurbraun.

P. hemisphaerica Aresch. in Vet. Akad. Förhandl. 1870. p. 936. Not. — Id. Observ. phyc. III. p. 7.
P. pulvinata Aresch. Alg. Scand. exsicc. Ed. I. N. 6. — J. Ag. Spec. Alg. II. p. 957 (pro parte).

In der Nordsee (Helgoland).

28. **P. variegata** (Ag.) Zanard.

Bildet dichte, 10—15 cm hohe Rasen. Thallus 6—8 röhrig (oberhalb bisweilen 5 röhrig), unberindet oder an der Basis stärkerer Stämmchen berindet, unterhalb 300—700 μ dick, in den Aestchen letzter Ordnung bis zu 40—30 μ verdünnt, allseitig abwechselnd (in den Hauptverzweigungen bisweilen anscheinend dichotom) verzweigt. Zweige abstehend, die letzten aufrecht. Aeste verlängert, ruthenförmig, mit mehr weniger verzweigten (bisweilen etwas dichotomen), abnehmenden, schlaffen Aestchen besetzt. Die unteren und obersten Glieder kürzer oder eben so lang, die übrigen 2 bis fast 4 mal länger als der Durchmesser. Tetrasporangien in wenig verdickten und kaum höckerigen Aestchen gereiht. Cystocarpien breit eiförmig, kurz gestielt. — Purpurroth. Die zarteren Zweige schlaff und schlüpfrig.

Hutchinsia variegata Ag. Syst. p. 158.
P. variegata Zanard. Syn. p. 60. — Kütz. Spec. Alg. p. 821. — Id. Tab. phyc. XIII. Tab. 81. — J. Ag. Spec. Alg. p. 1030. — Harv. Phyc. brit. pl. 155.
P. leptura Kütz. Spec. Alg. p. 821. — Id. Tab. phyc. l. c. Tab. 89.
P. denudata (Ag.) Kütz. Spec. Alg. l. c. — Id. Tab. phyc. l. c. Tab. 90.

Im adriatischen Meere.

29. **P. polyspora** (Ag.) J. Ag.

Rasen 8—15 cm hoch. Thallus 6—7 röhrig (oberhalb bisweilen 5 röhrig) hoch hinauf berindet, unterhalb ca. 500 μ bis über 1 mm dick, in den Aestchen letzter Ordnung bis zu 60—40 μ verdünnt, allseitig abwechselnd verzweigt. Hauptäste verlängert, ruthenförmig, etwas dichotom, abstehend, in ihrem unteren Theile fast nackt, oberhalb mit ruthenförmigen, fast aufrechten Aesten, diese wieder mit fast dichotomen, aufrechten Aestchen besetzt. Die unteren Glieder kürzer, die oberen eben so lang oder doppelt länger als der Durchmesser. Tetrasporangien in höckerigen Aestchen gereiht.

Cystocarpien gestielt, breit eiförmig. — Purpurroth. Hauptäste steif, die zarteren Aeste schlaff und schlüpfrig.

Hat Aehnlichkeit mit P. elongata, ist vielleicht nur eine Form von P. variegata, von welcher sie kaum specifisch zu unterscheiden ist.

Hutchinsia polyspora Ag. Syst. p. 158.
P. polyspora J. Ag. Alg. med. p. 133. — Id. Spec. Alg. II. p. 1033.

Im adriatischen Meere.

30. **P. Brodiaei** (Dillw.) Grev.

Rasen meist 10—30 cm hoch. Thallus 6—8 röhrig, berindet, Aestchen jedoch unberindet, unterhalb ca. 0·5 bis etwas über 1 mm, in den Aestchen letzter Ordnung 80—60 μ dick, allseitig abwechselnd verzweigt. Stämmchen sehr verlängert, ruthenförmig, einfach oder in mehrere gleich gestaltete Hauptäste getheilt, der Länge nach mit 5—30 mm langen, dem Umfange nach eirund bis lanzettlich reich verzweigten, büschelig gedrängten, abnehmenden Aesten besetzt. Glieder der Aestchen fast so lang als der Durchmesser. Tetrasporangien in etwas gewundenen, höckerigen Aestchen gereiht. Cystocarpien eiförmig, sehr kurz gestielt. — Purpurbraun.

Conferva Brodiaei Dillw. Brit. Conf. Tab. 107.
P. Brodiaei Grev. — Harv. Phyc. brit. pl. 195. — J. Ag. Spec. Alg. II. p. 993. — Kütz. Spec. Alg. p. 827. — Id. Tab. phyc. XIV. Tab. 1.
P. penicillata (Ag.) Kütz. Spec. Alg. p. 827. — Id. Tab. phyc. l. c.
P. Callitricha Kütz. Spec. Alg. l. c. — Id. Tab. phyc. l. c. Tab. 2.
P. polycarpa Kütz. Spec. Alg. et Tab. phyc. l. c.
P. polychotoma Kütz. Spec. Alg. p. 828.

In der Nordsee.

31. **P. divergens** J. Ag.

Bildet dicht verworrene, allseitig ausgebreitete, meist mehrere cm breite Rasen. Thallus 7 röhrig, unberindet, unterhalb 250 bis 400 μ, in den Aestchen letzter Ordnung 80—40 μ dick, unregelmässig zerstreut ästig, stellenweise Wurzelfäden treibend. Zweige abwechselnd, hin und wieder zu 2—3 einseitig entspringend, gespreizt oder abstehend, die stärkeren mehr weniger hin- und hergebogen. Glieder etwas kürzer bis etwas länger als der Durchmesser. Fruktification unbekannt. — Rothbraun.

Habitus von P. subadunca, f. intricata.

P. divergens J. Ag. Alg. med. p. 127. — Id. Spec. Alg. II. p. 952. (nec. Kütz.)

Im adriatischen Meere.

32. **P. byssoides** (Good. et Woodw.) Grev.

Thallus 10—20 cm hoch. Thallus 7röhrig, unberindet, unterhalb 300 μ bis über 1 mm, in den Aestchen letzter Ordnung 100—60 μ dick, regelmässig allseitig abwechselnd verzweigt. Stämmchen verlängert, einfach oder in mehrere Hauptäste getheilt. Aeste verlängert, gegen die Spitze abnehmend, abstehend, aus allen Gliedern der Hauptäste entspringend, an jedem Gliede mit kurzen, gegen die Spitze verdünnten, fast dornartigen, einfachen oder wieder verzweigten, geraden oder etwas zickzackförmig gebogenen Aestchen besetzt, deren sämmtliche Glieder lange, zarte, rosenroth gefärbte Haarzweige tragen, welche den Aesten ein zottiges Ansehen geben. Glieder sehr verschieden lang, meist 2—6 mal länger, in den Aestchen fast eben so lang oder etwas länger als der Durchmesser. Tetrasporangien in höckerig verdickten Aestchen gereiht. Cystocarpien eiförmig-kugelig, sitzend. — Purpurroth oder purpurbraun.

Habitus einer Dasya.

Fucus byssoides Good. et Woodw. in Lin. Trans. III. p. 229.
P. byssoides Grev. Fl. Edin. p. 309. — Harv. Phyc. brit. pl. 284. — J. Ag. Spec. Alg. II. p. 1042. — Kütz. Spec. Alg. p. 834.
P. Solierii J. Ag. Spec. Alg. II. p. 1042 (nec Kütz.).
P. villifera (Ag.) Kütz. Spec. Alg. p. 835.
P. dasyaeformis Zanard. Icon. phyc. adr. I. p. 95. Tav. 23. — Kütz. Spec. Alg. p. 834. — Id. Tab. phyc. XIV. Tab. 23.
P. Dillwynii Kütz. Spec. Alg. et. Tab. phyc. l. c.
P. byssacea Kütz. Spec. Alg. p. 834. — Id. Tab. phyc. l. c. Tab. 24.
P. vaga Kütz. Spec. Alg. et Tab. phyc. l. c.
P. asperula Kütz. Spec. Alg. p. 835. — Id. Tab. phyc. XIV. Tab. 25.
P. Bangii Kütz. Spec. Alg. et Tab. phyc. l. c.

In der Nordsee und im adriatischen Meere.

33. **P. pennata** (Roth) J. Ag.

Bildet 2—5 cm hohe Rasen. Thallus 8—9röhrig, unberindet. Die aufrechten Fäden gerade, zahlreich aus niederliegenden, verworren verzweigten und wurzelnden Fäden entspringend, unterhalb 150 bis 350 μ dick, aufwärts verdünnt, einfach oder ein- bis zweifach abwechselnd fiederästig und durchaus zweizeilig mit abwechselnd aus jedem zweiten Gliede entspringenden, 0·5 — 2 mm langen und 225 — 80 μ dicken Fiederchen, dem Umfange nach fast linear, besetzt. Fiederchen aus breiter Basis gegen die Spitze verdünnt, abstehend, einfach, einzelne an ihrer Spitze wieder etwas gefiedert. Die jungen Fiederchen etwas eingekrümmt. Glieder $^1/_3$ kürzer bis $1^1/_2$ mal länger als der Durchmesser. Fruktification unbekannt. — Dunkelroth, trocken schwarz.

Ceramium pennatum Roth, Cat. II. p. 111.
P. pennata J. Ag. Alg. med. p. 141. — Id. Spec. Alg. II. p. 929. — Kütz. Spec. Alg. p. 803. — Id. Tab. phyc. XIII. Tab. 23. — Zanard. Icon. phyc. adr. III. p. 113. Tav. 108. A.
P. pinnulata Kütz. Spec. Alg. p. 803. — Id. Tab. phyc. XIII. Tab. 23.

Im adriatischen Meere (Dalmatien).

34. **P. furcellata** (Ag.) Harv.

Dicht rasig, 5—10 cm hoch. Thallus 8—9röhrig, unberindet, unterhalb 250 — 350 μ, in den Aestchen letzter Ordnung 80—50 μ dick, vielfach dichotom verzweigt. Gabelzweige abstehend, mehr weniger ungleich lang, die obersten gedrängter, fast trugdoldig. Endästchen gegen die (bisweilen etwas stumpfe) Spitze verdünnt, meist mehr weniger gegen einander geneigt (zangenförmig). Die unteren Glieder meist 3—4 mal, die folgenden 2 mal länger, die obersten fast eben so lang als der Durchmesser. Tetrasporangien in der Mitte etwas gewundener, beiderends verdünnter Aestchen gereiht. Cystocarpien eiförmig-kugelig, sitzend. — Purpurroth oder braun.

Hutchinsia furcellata Ag. Spec. Alg. II. p. 91.
P. furcellata Harv. in Hook. brit. Fl. II. p. 332. — Id. Phyc. brit. pl. 7. — J. Ag. Spec. Alg. II. p. 1025. — Kütz. Spec. Alg. p. 820. — Id. Tab. phyc. XIII. Tab. 79.
P. forcipata J. Ag. Alg. med. p. 127.
P. laevigata Kütz. Spec. Alg. p. 822. — Id. Tab. phyc. XIII. Tab. 84 et 85.
P. coarctata Kütz. Spec. Alg. p. 807. — Id. Tab. phyc. XIII. Tab. 37.

Im adriatischen Meere.

35. **P. tenella** (Ag.) J. Ag.

Bildet 1 — 2 cm hohe, etwas verworrene, rosenrothe Räschen. Thallus 8 — 10röhrig, unberindet, 30 — 80 μ dick, ziemlich schlaff. Hauptfäden kriechend oder nur an der Basis kriechend, dann aufsteigend, verzweigt, mit eingekrümmten Spitzen, abwärts Wurzelfäden, aufwärts einfache, zweireihig einseitswendige, 1 — 7 mm lange (meist bis 15—30gliedrige) Aestchen entsendend, die einzeln aus fast jedem Gliede entspringen, und in der Jugend gegen die Spitze des Ursprungsastes gekrümmt sind. Glieder der Hauptfäden $1^1/_2$ — 2 mal länger, die der Aestchen so lang oder kürzer als der Durchmesser, mitunter aber auch bis 4 mal länger als dick. Tetrasporangien ungefähr in der Mitte der Aestchen in grösserer Anzahl perlschnurförmig hinter einander gereiht. Cystocarpien unbekannt.

Hutchinsia tenella Ag. Spec. Alg. I. p. 105.
P. tenella J. Ag. Alg. med. p. 123. — Id. Spec. Alg. II. p. 919. — Kütz. Spec. Alg. p. 805. — Id. Tab. phyc. XIII. Tab. 30.

Im adriatischen Meere, meist an grösseren Algen.

36. **P. secunda** (Ag.) Zanard.

Bildet 1—2 cm hohe, verworrene, anfänglich rosenrothe, später dunkelrothe oder braune (trocken dunklere fast schwärzliche) Räschen. Thallus 8—10röhrig, unberindet, 60—120 μ dick, etwas steif. Hauptfäden kriechend oder nur an der Basis kriechend, dann aufsteigend, verzweigt, bisweilen fiederästig, mit eingekrümmten Spitzen, abwärts Wurzelfäden, aufwärts einfache, zweireihig einseitswendige, 1 — 2 mm lange Aestchen entsendend, die einzeln meist aus jedem 3.—5. Gliede entspringen und in der Jugend gegen die Spitze des Ursprungsastes gekrümmt sind. Glieder der Hauptäste $1^1/_2$ — 2 mal länger, die der Aestchen fast eben so lang als der Durchmesser. Tetrasporangien ungefähr in der Mitte der Aestchen in geringer Anzahl (meist zu 3—6) entwickelt. Cystocarpien unbekannt.

P. tenella sehr ähnlich, hauptsächlich durch die Dicke der Fäden, dunklere Farbe und die meist entfernter stehenden Aestchen von jener unterschieden.

Hutchinsia secunda Ag. Syst. p. 145.
P. secunda Zanard. Syn. p. 64. — J. Ag. Spec. Alg. II. p. 921. — Kütz. Spec. Alg. p. 804. — Id. Tab. phyc. XIII. Tab. 30.

Im adriatischen Meere, meist an grösseren Algen.

37. **P. stuposa** Zanard.

Bildet sehr dichte, 3 — 8 cm hohe, meist verworrene Rasen. Thallus 8 — 10röhrig, unberindet, unterhalb 80 — 160 μ, in den Aestchen letzter Ordnung 80 — 30 μ dick. Die aufrechten Fäden aus einem Geflechte niederliegender, wurzelnder Fäden entspringend, allseitig abwechselnd und etwas dichotom verzweigt. Aeste meist ruthenförmig, gerade, abstehend oder fast aufrecht, mehr weniger mit 1—10 mm langen einfachen oder etwas verzweigten, meist ruthenförmigen, abstehenden oder fast aufrechten Aestchen besetzt. Glieder 1—2 (selten 3) mal länger als der Durchmesser. Tetrasporangien in den Aestchen fast perlschnurförmige Anschwellungen bildend. — Dunkelroth oder braun.

P. stuposa Zanard. (fide specim.) — Kütz. Tab. phyc. XIV. p. 18. Tab. 49.

P. foetidissima Cocks, Alg. de l'ouest de la France. fasc. III. N. 29.

Im adriatischen Meere.

38. **P. fruticulosa** (Wulf.) Spreng. Fig. 99.

Bildet fast kugelige, häufig etwas verworrene, 1—12 cm hohe Rasen. Thallus 8—12 röhrig, ganz oder nur mit Ausnahme der Aestchen dicht berindet, unterhalb je nach der Grösse 300—600 μ, die Aestchen dementsprechend 200—100 μ dick, allseitig abwechselnd mehr weniger reich strauchartig verzweigt. Aeste meist ruthenförmig, abstehend bis gespreizt, durchaus in fast gleichen Abständen mit 1—5 mm langen, dornartigen, einfachen oder mehr weniger fiederartig verzweigten, abstehenden oder gespreizten Aestchen abwechselnd besetzt. Aestchen bei der Tetrasporangien-tragenden Pflanze meist reicher verzweigt (bisweilen gebüschelt). Glieder (durchscheinend) kürzer als der Durchmesser, die obersten gewöhnlich $^1/_2$—$^1/_3$ so lang als dick. Tetrasporangien in etwas gewundenen und höckerigen Aestchen. Cystocarpien fast kugelig, an den Aestchen sitzend. — Olivengrün oder braun, trocken schwarz.

Ist P. subulifera, dem Habitus nach, ähnlich.

Fucus fruticulosus Wulf. in Jaqu. Coll. p. 159.

P. fruticulosa Spreng. Syst. Veg. IV. p. 350. — J. Ag. Spec. Alg. II. p. 1028. — Kütz. Spec. Alg. p. 836. — Id. Tab. phyc. XIV. Tab. 28.

Rytiphlaea fruticulosa Harv. Phyc. brit. pl. 220.

P. Wulfenii J. Ag. — Kütz. Spec. Alg. p. 836. — Id. Tab. phyc. l. c. Tab. 28.

P. Martensiana Kütz. Spec. Alg. l. c. — Id. Tab. phyc. l. c. Tab. 29.

P. humilis Kütz. Spec. Alg. p. 837. — Id. Tab. phyc. l. c. Tab. 29.

P. pycnophlaea Kütz. Spec. Alg. p. 837. — Id. Tab. phyc. l. c. Tab. 30.

P. comatula Kütz. Spec. Alg. l. c. — Id. Tab. phyc. l. c. Tab. 31.

Im adriatischen Meere.

39. **P. tripinnata** J. Ag.

Rasen 5—10 cm hoch, etwas verworren. Thallus 12 röhrig, unberindet, unterhalb 400—700 μ, in den Aestchen letzter Ordnung

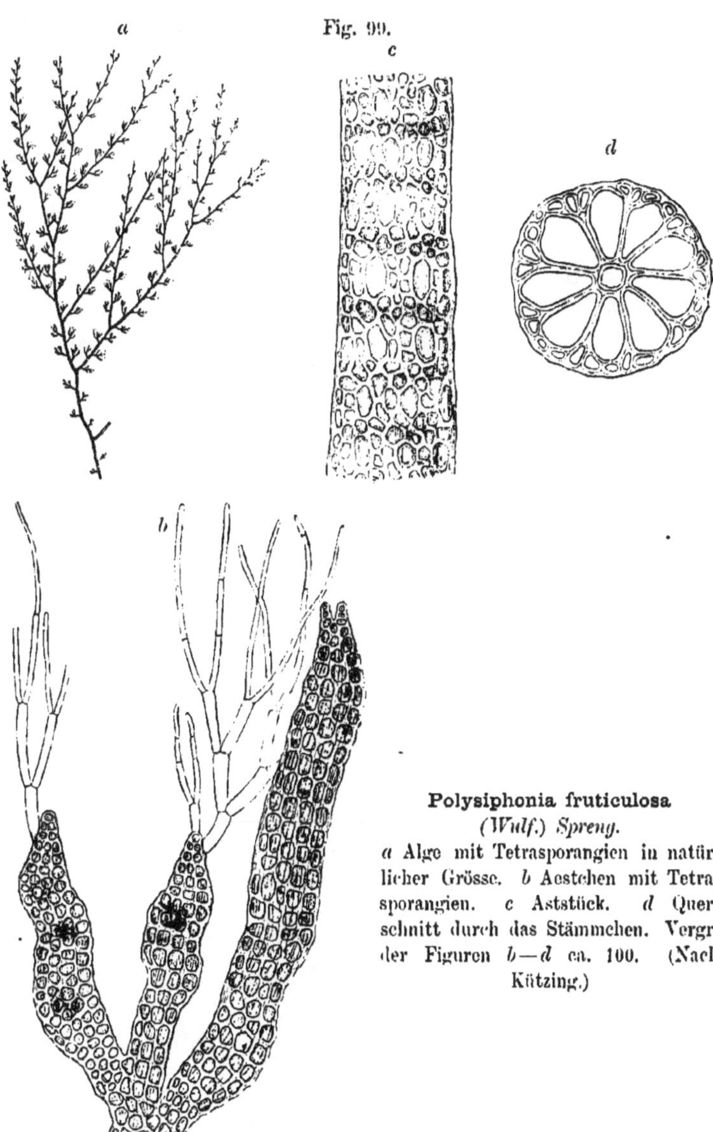

Polysiphonia fruticulosa
(Wulf.) Spreng.
a Alge mit Tetrasporangien in natürlicher Grösse. *b* Aestchen mit Tetrasporangien. *c* Aststück. *d* Querschnitt durch das Stämmchen. Vergr. der Figuren *b—d* ca. 100. (Nach Kützing.)

200—80 μ dick, regelmässig allseitig abwechselnd verzweigt. Zweige häufig aus jedem 4.—5. Gliede entspringend. Aeste abstehend, dem Umfange nach fast eirund-lanzettlich, mit oberhalb und unterhalb kürzeren, in der Mitte ungefähr 2—8 mm langen, abstehenden, mehr weniger verzweigten, stumpflichen Aestchen abwechselnd besetzt, deren Zweige aufrecht-angedrückt sind. Hauptäste und Aeste mehr weniger zickzackförmig gebogen. Die unteren und oberen Glieder kürzer, die mittleren fast so lang als der Durchmesser. Tetrasporangien in etwas gewundenen, höckerigen Aestchen. — Olivengrün bis bräunlich-dunkelroth, trocken schwärzlich.

P. tripinnata J. Ag. Alg. med. p. 142. — Id. Spec. Alg. II. p. 1027. (nec Kütz.)

Im adriatischen Meere (Triest).

40. **P. atro-rubescens** (Dillw.) Grev.

Rasen 10—25 cm hoch, dicht. Thallus 12 (mitunter 8—14) röhrig, unberindet, allseitig abwechselnd verzweigt, unterhalb 300—400 μ, in den Aestchen letzter Ordnung 200—100 μ dick. Stämmchen zahlreich aus einem dichten Wurzelgeflechte entspringend, verlängert. Aeste zerstreut entspringend, ruthenförmig, aufrecht, bei der jungen und Cystocarpien-tragenden Pflanze mit entfernteren, fast einfachen oder doch wenig verzweigten, bei der älteren und Tetrasporangien-tragenden Pflanze mit meist mehr genäherten und gewöhnlich mehr verzweigten, bisweilen etwas gebüschelten, beiderends verdünnten (fast spindeligen), 2—5 mm langen, aufrechten Aestchen besetzt. Die unteren Glieder $1^1/_2$—4, mitunter bis 6 mal länger, die oberen allmälig eben so lang, die der Aestchen meist kürzer als der Durchmesser. Die peripherischen Zellen an älteren Theilen um die centrale Achse leicht spiralig gewunden. Tetrasporangien in spindeligen, kaum veränderten Aestchen gereiht. Cystocarpien breit eiförmig oder fast kugelig, an den Aestchen sitzend (oder sehr kurz gestielt). — Dunkelroth, trocken schwärzlich.

Conferva atro-rubescens Dillw. Brit. Conf. Tab. 70.

P. atro-rubescens Grev. Fl. Edin. p. 308. — Harv. Phyc. brit. pl. 172. — J. Ag. Spec. Alg. II. p. 1035. — Kütz. Spec. Alg. p. 821. — Id. Tab. phyc. XIII. Tab. 82.

P. Agardhiana Grev. — Kütz. Spec. Alg. p. 111. — Id. Tab. phyc. XIII. Tab. 49.

P. discolor (Ag.) Kütz. — Kütz. Spec. Alg. p. 825.

In der Nordsee (Helgoland).

41. **P. subulifera** (Ag.) Harv.

Rasen 5—15 cm hoch, häufig etwas verworren. Thallus 12 bis 13röhrig, unberindet, unterhalb 400—700 μ dick, in den Aestchen letzter Ordnung bis zu 200—120 μ verdünnt, allseitig abwechselnd verzweigt. Aeste ruthenförmig, abstehend, meist an jedem 3. bis 7. Gliede mit je einem 0·5—2 mm langen, einfachen oder etwas verzweigten, dornförmigen, abstehenden oder gespreizten Aestchen abwechselnd besetzt. Die unteren und oberen Glieder kürzer, die mittleren etwas länger bis doppelt so lang als der Durchmesser. Tetrasporangien in verzweigten, höckerig verdickten Aestchen. — Bräunlich bis dunkel-braunroth, trocken braun oder schwärzlich. Aehnelt im Habitus P. fruticulosa.

Hutchinsia subulifera Ag. Bot. Zeit. 1827. p. 628.
P. subulifera Harv. in Hook. Journ. I. p. 301. — Id. Phyc. brit. pl. 227. — Kütz. Spec. Alg. p. 826. — Id. Tab. phyc. XIV. Tab. 27.
P. ramellosa Kütz. Spec. Alg. p. 810. — Id. Tab. phyc. l. c. Tab. 26.
P. armata J. Ag. Alg. med. p. 142. — Kütz. Spec. Alg. p. 810.

Im adriatischen Meere.

42. **P. obscura** (Ag.) J. Ag.

Bildet ausgebreitete, dichte, 1—2 cm hohe Räschen. Thallus 12—18röhrig, unberindet, 60—90 μ dick. Die primären Fäden niederliegend, verworren verzweigt und wurzelnd, nach aufwärts zahlreiche, strikte Aeste entsendend, die einfach oder mit kürzeren oder längeren Aestchen häufig etwas einseitig besetzt sind. Aestchen aufrecht bis abstehend, bisweilen mit etwas eingekrümmter Spitze. Die Tetrasporangien-tragenden Aeste mehr verzweigt. Glieder so lang als der Durchmesser, mitunter etwas kürzer oder länger. Tetrasporangien in etwas höckerig verdickten Zweigspitzen, zahlreich, perlschnurförmig in schwacher Spirale gereiht. — Rothbraun.

Hutchinsia obscura Ag. Spec. Alg. p. 108.
P. obscura J. Ag. Alg. med. p. 123. — Id. Spec. Alg. II. p. 943. — Harv. Phyc. brit. pl. 102 A. — Kütz. Spec. Alg. p. 808. — Id. Tab. phyc. XIII. Tab. 40.
P. reptabunda Suhr. — Kütz. Spec. Alg. p. 806. — Id. Tab. phyc. XIII. Tab. 34.
P. adunca Kütz. Spec. Alg. p. 808. — Id. Tab. phyc. XIII. Tab. 40.

Im adriatischen Meere.

43. **P. nigrescens** (Dillw.) Grev.

Rasen 1—3 dm hoch. Thallus 12—20 (meist 16)röhrig, fast unberindet oder die Stämmchen unterhalb mit einer zarten Rindenschichte bedeckt, unterhalb 250 μ bis 1 mm, in den Aestchen letzter Ordnung 160—40 μ dick, reich allseitig abwechselnd, oft fiederartig verzweigt. Hauptäste und Aeste ruthenförmig; letztere bald regelmässig gefiedert, bald corymbos verzweigt, bald mit zerstreuten Aestchen besetzt. Aestchen gegen die Spitze verdünnt, entweder kurz und einfach oder verlängert und im oberen Theile wieder verzweigt. Hauptäste unterhalb später nackt oder durch kurze Zweigstumpfen fast stumpfdornig. Zweige aufrecht bis abstehend. Die mittleren Glieder fast 1½ oder bis 4 mal länger, die oberen und unteren fast eben so lang als der Durchmesser. Tetrasporangien in etwas höckerigen, häufig leicht gewundenen Aestchen. Cystocarpien breit eiförmig, sehr kurz gestielt. — In den jüngeren Zweigen purpurroth, in den älteren dunkler oder bräunlich, trocken dunkler werdend bis fast schwarz.

Nach Alter und Standort von sehr veränderlichem Habitus.

C. nigrescens Dillw. Brit. Conf. N. 155.

P. nigrescens Grev. — Harv. Phyc. brit. pl. 277. — J. Ag. Spec. Alg. II. p. 1057. — Kütz. Spec. Alg. p. 813. - Id. Tab. phyc. XIII. Tab. 56.

P. violascens Kütz. Spec. Alg. p. 813. — Id. Tab. phyc. l. c. Tab. 54.

P. regularis Kütz. Spec. Alg. p. 812. — Id. Tab. phyc. l. c. Tab. 51.

P. scutosa Kütz. Spec. Alg. p. 812. — Id. Tab. phyc. l. c. Tab. 51.

P. secundata Suhr. — Kütz. Spec. Alg. p. 812. — Id. Tab. phyc. l. c. Tab. 52.

P. lophura Kütz. Spec. Alg. et Tab. phyc. l. c.

P. dichocephala Kütz. Spec. Alg. l. c. — Id. Tab. phyc. l. c. Tab. 53.

In der Nord- und Ostsee.

44. **P. fastigiata** (Roth) Grev.

Bildet dichte, fast kugelige, gleich hohe Rasen von 5—10 cm im Durchmesser. Thallus 16—24 (und mehr) röhrig, unberindet, unterhalb 300—400 μ, in den Aestchen letzter Ordnung 160—80 μ dick, ziemlich regelmässig dicht dichotom und gleich hoch verzweigt. Gabelzweige abstehend. Endästchen gabelig, gegen die Spitze verdünnt, bisweilen etwas gegen einander geneigt. Glieder ungefähr ½—⅓ so lang als der Durchmesser. (Centrale Zelle mit dunkel gefärbtem Plasma). Haarzweige fehlend (rudimentär). Tetrasporangien in verdickten, höckerigen Endästchen. Cystocarpien eiförmig, sitzend, die Stelle eines letzten Gabelästchens einnehmend. Antheridien büschelig an den Zweigspitzen. — Bräunlich bis dunkel-braunroth, trocken schwarz.

Ceramium fastigiatum Roth. Fl. Germ. III. p. 463.
P. fastigiata Grev. Fl. Edin. p. 308. — Harv. Phyc. brit. pl. 299. — J. Ag. Spec. Alg. II. p. 1029. — Kütz. Spec. Alg. p. 809. — Id. Tab. phyc. XIII. Tab. 44.

In der Nordsee an Ascophyllum nodosum.

45. **P. opaca** (Ag.) Zanard. Fig. 95.

Bildet dichte, 1—9 cm hohe Rasen. Thallus 20 und mehr röhrig, unberindet, unterhalb 150—400 μ, in den Aestchen letzter Ordnung 120—80 μ dick. Die aufrechten Fäden aus einem Geflecht niederliegender, wurzelnder Fäden entspringend, allseitig abwechselnd (mitunter pyramidal) verzweigt. Aeste ruthenförmig, abstehend, mit 0·5—4 mm langen Aestchen besetzt. Aestchen bei der sterilen und Cystocarpien-tragenden Pflanze meist einfach, gerade und abstehend, bei der Tetrasporangien-tragenden etwas verzweigt, mehr aufrecht. Glieder so lang bis $1^1/_2$ mal länger (bisweilen kürzer), die obersten und untersten kürzer als der Durchmesser. Tetrasporangien in höckerigen, leicht spiralig gewundenen Aestchen. Cystocarpien an den Aestchen sitzend, eiförmig bis fast kugelig. — Braun.

Hutchinsia opaca Ag. Syst. Alg. p. 148.
P. opaca Zanard. Syn. p. 63. — J. Ag. Spec. Alg. II. p. 1055. — Kütz. Spec. Alg. p. 810. — Id. Tab. phyc. XIII. Tab. 47.
P. ophiocarpa Kütz. l. c.
P. tripinnata Kütz. Tab. phyc. XIII. Tab. 47 (nec J. Ag.).
P. ramulosa (Ag.) Zanard. — Kütz. Spec. Alg. p. 810. — Id. Tab. phyc. XIII. Tab. 46.
P. umbellifera Kütz. Spec. Alg. p. 810. — Id. Tab. phyc. XIII. Tab. 45.
P. fasciculata Kütz. Spec. Alg. l. c. — Id. Tab. phyc. XIII. Tab. 44.
P. erythrocoma Kütz. Spec. Alg. p. 809. — Id. Tab. phyc. XIII. Tab. 43.
P. virens Kütz. Spec. Alg. p. 808. — Id. Tab. phyc. XIII. Tab. 41.
P. condensata Kütz. Tab. phyc. l. c.
P. repens Kütz. Spec. Alg. p. 808. — Id. Tab. phyc. XIII. Tab. 39.
P. stictophlaca Kütz. Spec. Alg. p. 815. — Id. Tab. phyc. XIII. Tab. 61.
P. macrocephala Zanard. — Kütz. Tab. phyc. XIV. p. 19. Tab. 53.
P. spiculifera Zanard. — Kütz. Tab. phyc. XIV. p. 17. Tab. 49.

Im adriatischen Meere.

LXXVII. Gattung. **Rytiphlaea** Ag.

Thallus stielrund oder zusammengedrückt-flach, allseitig oder zweizeilig verzweigt, knorpelig, aus einer polysiphon gegliederten Achse bestehend, welche von einer allmälig dicker werdenden zelligen Schichte umgeben ist. Achsenglieder aus einer centralen und 4—8 (meist 5) pericentralen Zellen bestehend. Cystocarpien kugelig oder krugförmig, sitzend oder gestielt. Tetrasporangien in kaum veränderten Aestchen entwickelt, in zwei Längsreihen einander gegenüber stehend. Antheridien eiförmig-kugelige, kurz gestielte Zellenkörper bildend.

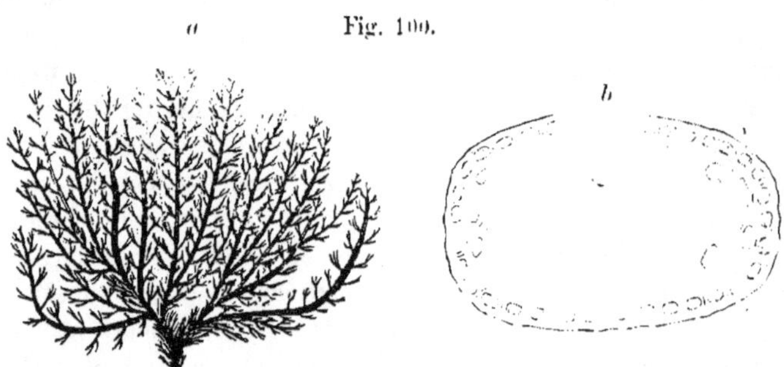

Fig. 100.

Rytiphlaea tinctoria *(Clem.) Ag.*
a Alge (kleine Form) in natürlicher Grösse. *b* Querschnitt durch einen Ast. Vergr. ca. 100. (Nach Kützing.)

1. **R. tinctoria** (Clem.) Ag. Fig. 100.

Bildet meist sehr dichte, 4—12 cm hohe Rasen. Thallus zusammengedrückt-flach, häufig fast rinnenförmig, mehrmal abwechselnd, ziemlich regelmässig gefiedert. Stämmchen und Hauptäste 1—2 mm, Aestchen (Fiederchen) 400—150 μ breit. Zweige fast linear, gegen die Spitze wenig verschmälert, abstehend, Spitzen stumpf, meist eingekrümmt oder eingerollt. Fiedern an der Basis mehr weniger gedreht, ihre Fläche der Mittelrippe, aus der sie entspringen, zuwendend. Tetrasporangien in kaum veränderten Fiederchen entwickelt. Cystocarpien an der äusseren Seite der Fiederchen sitzend, eiförmig-kugelig. Antheridien am Rücken der eingekrümmten Spitzen der Fiederchen entwickelt, oval, gestielt. — Bräunlich, unterhalb häufig purpurbraun, trocken schwarz.

Fiederchen der weiblichen Pflanze (R. semicristata J. Ag.) zum Theil an der äusseren Seite durch die sich in einer Reihe hinter einander entwickelnden jungen Cystocarpien kammig erscheinend.

Fucus tinctorius Clem. Ens. p. 316.
R. tinctoria Ag. Syst. p. 160. — J. Ag. Spec. Alg. II. p. 1094. — Kütz. Spec. Alg. p. 845. — Id. Tab. phyc. XV. Tab. 13.

R. semicristata J. Ag. Spec. Alg. II. p. 1093. — Kütz. Spec. Alg. p. 845.
R. rigidula Kütz. Spec. Alg. p. 845. — Id. Tab. phyc. XV Tab. 18.
R. seminuda Kütz. Tab. phyc. XV. p. 6. Tab. 14.

Im adriatischen Meere.

2. **R. pinastroides** (Gmel.) Ag.

Thallus aus einer krustenartigen Wurzelscheibe entspringend, 1—3 dm hoch, stielrund, wiederholt opponirt-innenseitswendig, oberhalb dicht gebüschelt und gleich hoch verzweigt. Stämmchen unterhalb 2—4 mm dick, aufwärts verdünnt. Aeste fast aufrecht, unterhalb zerstreut, oberhalb dichter, meist opponirt-innenseitswendig, die jungen an der Spitze eingekrümmt. Stämmchen und Aeste mit zahlreichen, 3—20 mm langen und 500—250 μ dicken, beiderends spitz verdünnten oder spindelförmigen, an der Spitze mehr weniger hakig eingekrümmten Aestchen besetzt. Aestchen einzeln oder paarig, in den Achseln oft zu mehreren büschelig entspringend, innenseitswendig, an älteren Theilen allseitig und oft sehr dicht stehend. Cystocarpien kugelig, an kurzen Aestchen, kurz gestielt. Tetrasporangien in kurzen, stark eingekrümmten Aestchen. Antheridien aussenseitig an den Aestchen, fast gereiht, oval, kurz gestielt. — Dunkelroth, trocken schwarz.

Aestchen der weiblichen Pflanze (R. episcopalis [Mont.] Endl.) innenseitig mit entfernt stehenden, sehr kurzen und zarten, fast büschelig entspringenden, eingekrümmten Fruchtästchen besetzt, an deren Aussenseite sich die Cystocarpien in einer Reihe hintereinander entwickeln.

Fucus pinastroides Gmel. Hist. Fuc. p. 127.
R. pinastroides Ag. Syn. p. 25. — J. Ag. Spec. Alg. II. p. 1088. — Harv. Phyc. brit. pl. 85.
Halopithys pinastroides Kütz. Phyc. gener. p. 433. Tab. 52. II. — Id. Spec. Alg. p. 840. — Id. Tab. phyc. XV. Tab. 27.
R. episcopalis (Mont.) Endl. — J. Ag. l. c. p. 1090.
Lophura episcopalis Kütz. Spec. Alg. p. 851. — Id. Tab. phyc. XV. Tab. 40.

Im adriatischen Meere.

LXXVIII. Gattung. **Vidalia** Lamour.

Thallus flach, blattartig, von linearem Umfang, verzweigt, (meist) schraubenförmig gedreht, am Rande sägezähnig, mit eingesenkter Mittelrippe, welche spitzwinkelig zu den Zähnen mikroskopische

Adern absendet und sich unterhalb zu einem Stiel ausbildet; häutig, aus zwei Schichten zusammengesetzt, wovon die innere aus grossen, die äussere aus kleineren polyedrischen Zellen, die Mittelrippe aus verlängerten Zellen besteht; die länglich-sechseckigen Zellen der Markschichte in parallele, von der Mittelrippe und den Seitenadern

Fig. 101.

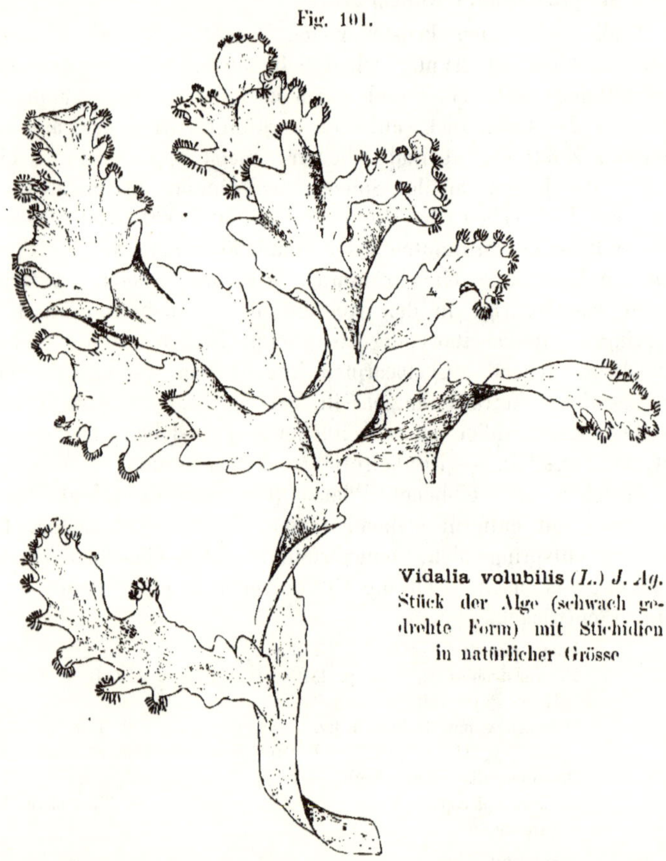

Vidalia volubilis *(L.) J. Ag.* Stück der Alge (schwach gedrehte Form) mit Stichidien in natürlicher Grösse

abstehende Reihen geordnet. Fortpflanzungsorgane an den Randzähnen entwickelt. Cystocarpien fast kugelig, endständig an fiedertheiligen Zähnen. Tetrasporangien in verflachten, länglich-linearen, eingekrümmten, zellig gefächerten Stichidien entwickelt, in zwei Längsreihen einander gegenüber stehend, kugelig, tetraëdrisch getheilt.

1. **V. volubilis** (L.) J. Ag. Fig. 101.

Thallus 1—2 dm hoch, kurz gestielt. Stiel cylindrisch, etwas verzweigt. Blattkörper dicht (selten schwach) gedreht, meist 5 bis 10 mm breit, aus der Mittelrippe proliferirend-verzweigt. Rand gezähnt oder gesägt. Zähne breit dreieckig, die sterilen kaum ein Viertel so lang als die ganze Breite des Blattkörpers, die fertilen meist verlängert und gefiedert. Stichidien büschelig. — Dunkelroth, trocken schwärzlich.

Fucus volubilis L. Syst. nat. Ed. X. p. 1344.
V. volubilis J. Ag. Spec. Alg. II. p. 1121.
Dictyomenia volubilis Grev. — Kütz. Spec. Alg. p. 847. — Id. Tab. phyc. XIV. Tab. 98.
Volubilaria mediterranea Lamour.

Im adriatischen Meere.

LXXIX. Gattung. **Dasya** Ag.

Thallus fadenförmig, stielrund oder flach-zusammengedrückt, allseitig oder fiederartig verzweigt, aus einem polysiphonen Gliederfaden bestehend, der entweder unberindet oder mehr weniger oder ganz mit einer allmälig dicker werdenden zelligen Schichte umgeben ist. Glieder aus einer centralen und häufig 5—8 pericentralen Zellen bestehend. Aestchen jedoch immer, entweder ganz oder in den letzten Verzweigungen monosiphon gegliedert, dichotom verzweigt, häufig auf sehr zarte, schlaffe, mehr weniger gefärbte, später abfallende Haarzweige reducirt, welche auf den Aesten einen zottigen Ueberzug oder an den Astenden Pinsel bilden. Cystocarpien an der Basis der Aestchen entwickelt, ei- oder krugförmig; Kern häufig fast kugelig. Tetrasporangien in verlängert eiförmigen bis zugespitzt-länglichen, zellig gefächerten Stichidien entwickelt, welche die Stelle eines Zweiges der Aestchen einnehmen, kugelig, tetraëdrisch getheilt (in den Stichidien in ringförmigen Zonen geordnet).

1. **D. Wurdemanni** Bail.

Thallus 2—4 cm hoch, fadenförmig, durchaus gegliedert, unterhalb 100—150 μ und mehr, in den letzten Verzweigungen der Aestchen 50—30 μ dick, an der Basis kriechend und hin und wieder wurzelnd, wenig verzweigt; Aeste häufig gebogen, etwas in einander verworren. Stämmchen und Aeste mit 0·5—1 mm langen, dichotomen, gespreizten, ziemlich steifen Aestchen besetzt,

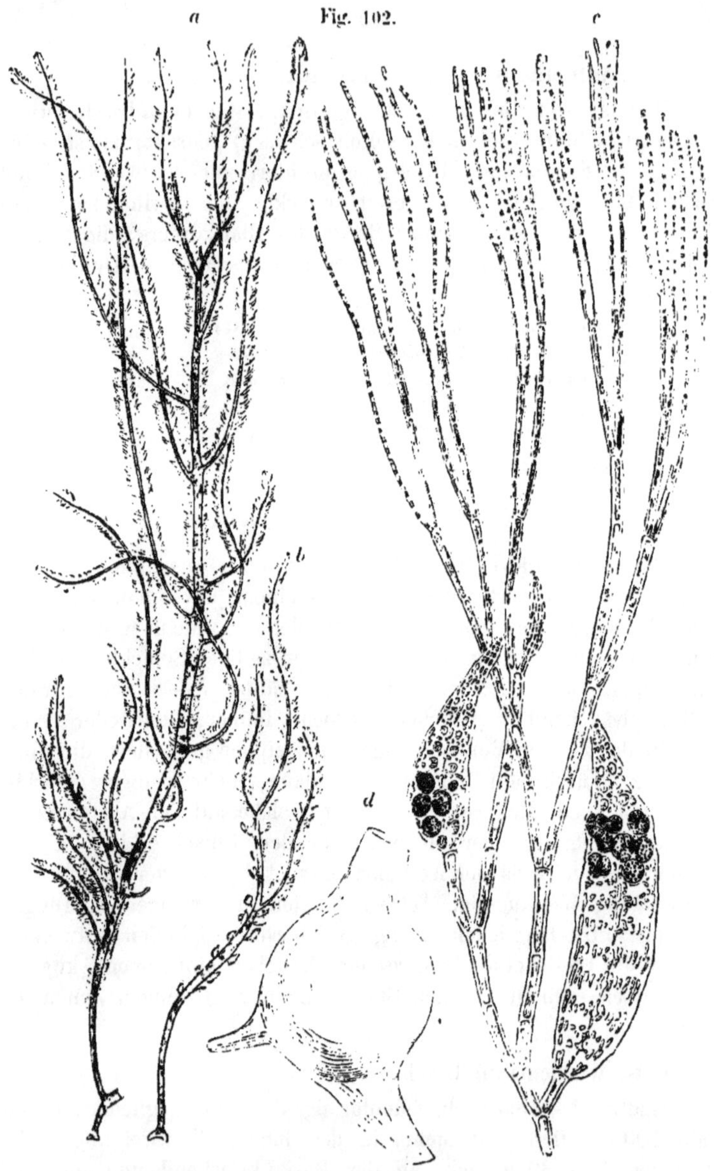

Dasya elegans *(Mart.) Ag.*

a Alge mit Tetrasporangien in natürlicher Grösse. *b* Stück der Alge mit Cystocarpien in natürlicher Grösse. *c* Aestchen mit Stichidien in verschiedenen Entwickelungsstadien. Vergr ca. 100. *d* Ein Cystocarp. Vergr. ca. 25. (Nach Kützing.)

welche abwechselnd aus jedem zweiten Gliede entspringen. Gabelzweige der Aestchen gespreizt, häufig etwas in einander verworren. Glieder der Aeste 6röhrig, fast so lang als der Durchmesser, jene der Aestchen, mit Ausnahme des basalen oder der untersten zwei mehrzelligen Glieder, monosiphon, $1^1/_2$—2 mal länger als dick. — Schmutzig-roth.

D. Wurdemanni Bail. in Harv. Ner. bor. am. p. 64. pl. 15 C. — J. Ag. Spec. Alg. II. p. 1191. — Kütz. Tab. phyc. XIV. p. 29. Taf. 81. — Zanard. Icon. phyc. adr. II. p. 51. Tav. 53 A.
Callithamnion crispellum Ag. Spec. Alg. p. 183.

An grösseren Algen im adriatischen Meere.

2. **D. arbuscula** Ag.

Bildet 1—5 cm hohe, schwammige Räschen. Thallus fadenförmig, fast bis zu den Astspitzen oder nur unterhalb berindet oder fast ganz gegliedert. Stämmchen 300 μ bis 1 mm dick, in den Verzweigungen verdünnt, meist 1—3 mal allseitig abwechselnd und abnehmend, zuweilen auch etwas corymbos verzweigt. Aeste abstehend. Stämmchen und Aeste durchaus mit ca. 1 bis fast 2 mm langen, dichotomen, fast gespreizten, je nach dem Alter mehr weniger steifen Aestchen besetzt, welche allseitig abwechselnd aus jedem Gliede oder dementsprechend aus der Rindenschichte entspringen. Aestchen an den Astspitzen schopfig gedrängt. Stämmchen und der untere Theil älterer Aeste oft fast nackt. Gabelzweige der Aestchen abstehend bis gespreizt, die letzten häufig gekrümmt und etwas in einander verworren, 50—25 μ dick. Glieder der Stämmchen und Aeste 5röhrig, meist fast so lang als der Durchmesser, jene der Aestchen monosiphon, bei den robusteren Formen $1^1/_2$—2 mal, bei den zarteren 2—6—10 mal länger als der Durchmesser. Stichidien zugespitzt-eiförmig oder zugespitzt-länglich, an den unteren Gabelzweigen der Aestchen fast sitzend. Cystocarpien an verkürzten Aesten sitzend, krugförmig. — Schmutzig-roth.

D. arbuscula Ag. Spec. Alg. II. p. 121. — J. Ag. Spec. Alg. II. p. 1221.

α. **genuina.**

Stämmchen und Aeste fast bis zur Spitze berindet.

D. arbuscula Kütz. Tab. phyc. XIV. p. 30. Tab. 83.

β. **villosa.**

Stämmchen und Aeste bei der jungen Pflanze ganz gegliedert, bei der älteren nur unterhalb berindet.

Eupogonium villosum Kütz. Spec. Alg. p. 798. — Id. Tab. phyc. XIV. Tab. 84.
Eupogonium squarrosum Kütz. Spec. Alg. l. c. — Id. Tab. phyc. l. c. Tab. 85. ?
Eupogonium rigidulum Kütz. Spec. Alg. et Tab. phyc. l. c. ?

An grösseren Algen im adriatischen Meere.

3. **D. corymbifera** J. Ag.

Thallus 6—12 cm hoch, fadenförmig, (5röhrig) unterhalb berindet, oberhalb unberindet, unterhalb 0·5— 1 mm, in den Aesten letzter Ordnung 200—50 μ dick. Stämmchen (meist 2—4 mal) allseitig abwechselnd verzweigt. Aeste verlängert, aufrecht, oberhalb etwas corymbos, durchaus (mit Ausnahme des unteren, meist kahlen Theiles der Hauptäste) mit sehr zarten, 2—3 mm langen, an den Astspitzen schopfig gedrängten Haarzweigen besetzt, die aus allen Gliedern, an jüngeren Theilen abwechselnd, an älteren berindeten Theilen wirtelig entspringen. Haarzweige monosiphon gegliedert. Glieder der Aeste 2—4 mal, jene der Haarzweige 4—8 mal länger als der Durchmesser. Cystocarpien ei- bis krugförmig, an basalen, polysiphonen Gliedern der Haarzweige sitzend. Stichidien eiförmig-spindelig oder verlängert eiförmig-konisch, sehr kurz gestielt, an den unteren Gliedern der Haarzweige entwickelt. Antheridien cylindrisch, beiderends abgerundet, kurz gestielt, an analoger Stelle wie die Stichidien. — Rosenroth.

D. corymbifera J. Ag. Symb. Alg. p. 31. — Id. Spec. Alg. II. p. 1219. — Zanard. Icon. phyc. adr. II. p. 75. Tav. 59.

Im adriatischen Meere.

4. **D. elegans** (Mart.) Ag. Fig. 102.

Thallus meist 1—5 dm lang (5röhrig), bis zu den Zweigspitzen dicht berindet, ca. 1—2 mm, unterhalb mitunter bis 4 mm dick, gegen die Spitze allmälig verdünnt, meist 1—4 mal allseitig abwechselnd verzweigt. Aeste sehr verlängert, ruthenförmig, meist einfach. Stämmchen und Aeste durchaus dicht mit sehr zarten, 2—5 mm langen, monosiphon gegliederten, dichotomen Haarzweigen besetzt, die allseitig aus der Rindenschichte entspringen und deren Glieder allmälig 4—10 und mehrmal länger als der Durchmesser sind. Cystocarpien seitlich an der Spitze kurzer Aestchen sitzend, die aus fast kahlen Aesten entspringen, krugförmig, durch die kurze vorragende, abgebogene Aestchenspitze an der Basis gespornt. Stichidien an den unteren Gliedern der Haarzweige, auf einem

1—4gliedrigen Stiele, zugespitzt-länglich. Antheridien von ähnlicher Form und an analoger Stelle wie die Stichidien. — Bräunlich oder rosen- bis purpurroth. Gallertartig-fleischig, schlüpfrig und schlaff.

Rhodonema elegans Martens, Reise nach Venedig II. p. 641. Tab. 8.
D. elegans Ag. Spec. Alg. II. p. 117. — J. Ag. Spec. Alg. II. p. 1218. — Kütz Phyc. gener. Tab. 51. — Id. Spec. Alg. p. 1218. — Id. Tab. phyc. XIV. Tab. 59.
D. Kützingiana Biasoletto. — Kütz. Phyc. gener. Tab. 51. fig. 1—4. — Id. Spec. Alg. p. 796. — Id. Tab. phyc. XIV. Tab. 60.
D. pallescens Kütz. Tab. phyc. XIV. p. 22. Tab. 62.

Im adriatischen Meere.

5. **D. ocellata** (Grat.) Harv.

Bildet gewöhnlich 2—3 cm hohe Räschen. Stämmchen stielrund (4—6 röhrig), bis zur Spitze dicht berindet, unterhalb 250—500 μ dick, aufwärts verdünnt, einfach oder 1—3 mal gabelig, bisweilen auch etwas seitlich verzweigt, durchaus mehr weniger dicht mit sehr zarten, allseitig aus der Rindenschichte entspringenden, an den Spitzen schopfig gedrängten, meist 2—3 mm langen, monosiphon gegliederten Haarzweigen besetzt (ältere Stämmchen an der Basis fast kahl). Haarzweige von nahe der Basis an dichotom; die letzten Gabelzweige sehr verlängert und verdünnt. Glieder der Haarzweige 3—6 mal länger als der Durchmesser. Stichidien an den unteren Gliedern der Harzweige (bisweilen aber auch unmittelbar aus der Rindenschichte) der Aeste entspringend, zugespitzt-eiförmig, kurz gestielt. — Purpurroth.

Ceramium ocellatum Grat. Diss. N. 2. fig. 11.
D. ocellata Harv. in Hook. Brit. Fl. II. p. 335. — Id. Phyc. brit. pl. 40. — J. Ag. Spec. Alg. p. 1207. — Kütz. Spec. Alg. p. 796. — Id. Tab. phyc. XIV. Tab. 61. — Zanard. Icon. phyc. adr. II. p. 5. Tav. 42 A.
D. simpliciuscula Ag. Spec. Alg. II. p. 122.

Im adriatischen Meere.

6. **D. rigescens** Zanard.

Thallus 3—8 cm hoch, stielrund (6 röhrig), bis zur Spitze dicht berindet, unterhalb 0·5 bis über 1 mm dick, aufwärts verdünnt, etwas dichotom und allseitig abwechselnd verzweigt, an der Basis meist kahl, oberhalb allmälig dichter, an den Spitzen schopfig mit zarten, meist 2—3 mm langen, monosiphon gegliederten Haarzweigen besetzt, die allseitig aus der Rindenschichte entspringen. Haarzweige von nahe der Basis an dichotom; die letzten Gabelzweige sehr verlängert. Glieder der Haarzweige 3—6 mal, allmälig bis 10 mal länger als der Durchmesser. Stichidien an den unteren Gliedern der Haarzweige oder aus der Rindenschichte der Aeste unmittelbar entspringend, meist verlängert zugespitzt-eiförmig, kurz gestielt; Spitze in ein gegliedertes Fadenstück ausgehend. — Purpurroth.

Ist wohl von D. ocellata kaum specifisch verschieden.

P. rigescens Zanard. Icon. phyc. adr. II. p. 7. Tav. 42 B.

Im adriatischen Meere.

7. **D. punicea** Menegh.

Thallus 5—10 cm hoch, stielrund (5röhrig), bis zur Spitze der Aeste dicht berindet, unterhalb 1—2 mm dick, oberhalb verdünnt. (meist 2—3 mal) allseitig abwechselnd, annähernd pyramidal, ziemlich gedrängt verzweigt. Stämmchen und Aeste durchaus mit sehr zarten, 2—5 mm langen, monosiphon gegliederten, dichotomen Haarzweigen dicht besetzt, die allseitig (häufig fast wirtelig) aus der Rindenschichte entspringen. Stämmchen an der Basis jedoch meist nackt. Die unteren Glieder der Haarzweige 2 mal, die oberen 3—4 mal länger als der Durchmesser. Stichidien an den unteren Gliedern der Haarzweige entwickelt, verlängert zugespitzt-eiförmig oder eiförmig-spindelig, kurz gestielt. — Karminroth.

D. punicea Menegh. mspt. — Zanard. Syn. p. 66. — Id. Icon. phyc. adr. II. p. 47. Tav. 52. — J. Ag. Spec. Alg. II. p. 1209. — Kütz. Spec. Alg. p. 796. — Id. Tab. phyc. XIV. Tab. 61.

Im adriatischen Meere.

8. **D. plana** Ag.

Thallus 2—5 cm hoch, flach-zusammengedrückt (6—7 röhrig), bis zu den Zweigspitzen dicht berindet, ca. 0·5 bis etwas über 1 mm breit, linear, durchaus nahezu gleich breit, gegen die Spitzen nur wenig verschmälert, fast gabelig oder abwechselnd fiederig getheilt. Stämmchen und Aeste durchaus am Rande mit 1—2 mm langen, an der Basis 100—300 μ breiten, gegen die Spitze verdünnten Aestchen in kurzen, fast gleichen Abständen von ca. 0·5 mm fiederig abwechselnd besetzt. Aestchen abstehend, an der Spitze 1—3mal kurz gabelig, in der Jugend in sehr zarte, monosiphon gegliederte, dichotome (meist 1 mm lange) Haarzweige ausgehend, im Alter kahl, dorn- oder zahnförmig. Stichidien unmittelbar an den Spitzen der Aestchen entwickelt, sitzend, einzeln oder zu mehreren genähert, eiförmig-länglich, mit meist etwas eingekrümmter Spitze. Rindenzellen des Thallus rundlich-eckig. — Dunkelroth. Knorpelig-häutig.

D. plana Ag. in Bot. Zeit. Aufz. 1827. p. 645. — J. Ag. Spec. Alg. II. p. 1202. — Zanard. Icon. phyc. adr. II. p. 79. Tav. 60 A.

Eupogodon planus Kütz. Spec. Alg. p. 801. — Id. Tab. phyc. XIV. Tab. 88.

Dasyopsis plana Zanard. Sagg. p. 52.

Rytiphlaea pumila Zanard. Syn. p. 79.

Im adriatischen Meere.

9. **D. spinella** Ag.

Thallus 5—10 cm hoch, stielrund (7—8röhrig), bis zu den Zweigspitzen dicht berindet, meist 0·5—1·5 mm dick, unterhalb dicker, gegen die Spitze allmälig verdünnt, fast dichotom oder allseitig abwechselnd, spärlich verzweigt; Stämmchen und Aeste durchaus mit 1—2 mm langen, an der Basis 600—200 μ dicken, gegen die Spitze verdünnten Aestchen in fast gleichen Abständen von ca. 1 mm allseitig abwechselnd besetzt. Aestchen fast gespreizt, an der Spitze ein-, selten zweimal gabelig, in der Jugend (an den Astspitzen) in sehr zarte, monosiphon gegliederte, dichotome (2—5 mm lange) Haarzweige ausgehend, im Alter kahl, dornförmig. Stichidien unmittelbar an den Spitzen der Aestchen entwickelt, sitzend, meist zu mehreren büschelig genähert, eiförmig-länglich, mit meist etwas eingekrümmter Spitze. Cystocarpien krugförmig, an den Aestchen sitzend. Antheridien an den Spitzen der Aestchen mehrmal gabeltheilige Zellenkörper bildend. Rindenzellen des Thallus verlängert-linear. — Dunkelroth. Knorpelig.

D. spinella Ag. in Bot. Zeit. 1827. p. 644. — J. Ag. Spec. Alg. II. p. 1204. — Zanard. Icon. phyc. adr. II. p. 81. Tav. 60 B.

Eupogodon spinellus Kütz. Spec. Alg. p. 801. — Id. Tab. phyc. XIV. Tab. 87.

Eupogodon cervicornis Kütz. Spec. Alg. p. 802. — Id. Tab. phyc. XIV. Tab. 87 (nec Dasya cervicornis J. Ag.).

Im adriatischen Meere.

10. **D. penicillata** Zanard.

Thallus 5—15 cm hoch, stielrund (7röhrig), bis zu den Zweigspitzen dicht berindet, unterhalb ca. 1 mm und darüber dick, aufwärts allmälig verdünnt (borstendick), meist 2—4 mal allseitig abwechselnd verzweigt. Aeste in ziemlich gleichen Abständen abwechselnd entspringend (gegen die Spitze abnehmend), abstehend, in gleicher Weise mit 100 μ bis 5 mm langen, nahe der Basis 80—250 μ dicken, anfänglich dornförmigen, später pfriemigen Aestchen besetzt, die, sowie die Astspitzen, in sehr zarte, 3—6 mm lange, monosiphon gegliederte, dichotome Haarzweige ausgehen, deren Glieder bis 10 mal länger als der Durchmesser sind. Stichidien unmittelbar an den Spitzen der Aestchen meist zu 2—5 entwickelt, sitzend, eiförmig-länglich, mehr weniger sichelförmig eingekrümmt. — Bräunlich-roth.

D. penicillata Zanard. Icon. phyc. adr. II. p. 1. Tav. 41.

Im adriatischen Meere (Sebenico, Rovigno).

11. **D. coccinea** (Huds.) Ag.

Thallus 10—30 cm hoch, stielrund, 7—9 röhrig, bis in die Aeste berindet, unterhalb ca. 1—2 mm, in den Aestchen letzter Ordnung 150—100 μ dick, wiederholt abwechselnd fiederig verzweigt. Stämmchen unterhalb durch sehr kurze Aestchen rauhhaarig, einfach oder etwas verzweigt, regelmässig mit zwei- oder dreifach gefiederten, dem Umfange nach lanzettlichen Aesten besetzt. Aeste an jedem 2. oder 3. Gliede entspringend, in gleicher Weise mit 1—3 mm langen Aestchen besetzt. Aestchen von der Basis an ein- oder zweimal gabelig oder vieltheilig bis gefiedert, unterhalb polysiphon, in den Verzweigungen (bezw. den Aestchen letzter Ordnung) monosiphon gegliedert. Endästchen spitz. Alle Verzweigungen abstehend. Glieder so lang als der Durchmesser mitunter kürzer oder länger. Cystocarpien ei- oder krugförmig, gross, an den untern Gliedern der Aestchen entwickelt. Stichidien fast länglich, spitz, kurz gestielt, an den unteren Gliedern der Aestchen. — Hochroth.

Conferva coccinea Huds. Fl. Angl. p. 603.
D. coccinea Ag. Spec. Alg. II. p. 119. — J. Ag. Spec. Alg. II. p. 1185. — Harv. Phyc. brit. pl. 253.
Trichothamnion coccineum Kütz. Spec. Alg. p. 800.
Tr. hirsutum Kütz. Tab. phyc. XIV. Tab. 90.
Tr. gracile Kütz. Spec. Alg. p. 800. — Id. Tab. phyc. l. c.

In der Nordsee (Helgoland).

LXXX. Gattung. **Halodictyon** Zanard.

Thallus schlauchartig, dichotom verzweigt, locker schwammig, ganz aus einem Netzwerk dichotomer, anastomosirender, an der Peripherie frei endigender (monosiphoner) Gliederfäden bestehend.

Fortpflanzungsorgane am oberen Ende der Fadenglieder sitzend. Cystocarpien kugelig bis krugförmig, mit zelligem, monostromatischem Pericarp. Tetrasporangien in länglich-eiförmigen oder spitz-eiförmigen, zellig gefächerten Stichidien entwickelt, in zwei Längsreihen einander gegenüberstehend, kugelig, tetraëdrisch getheilt. Antheridien den Stichidien ähnlich geformte, jedoch viel kleinere Zellenkörper bildend.

Fig. 103.

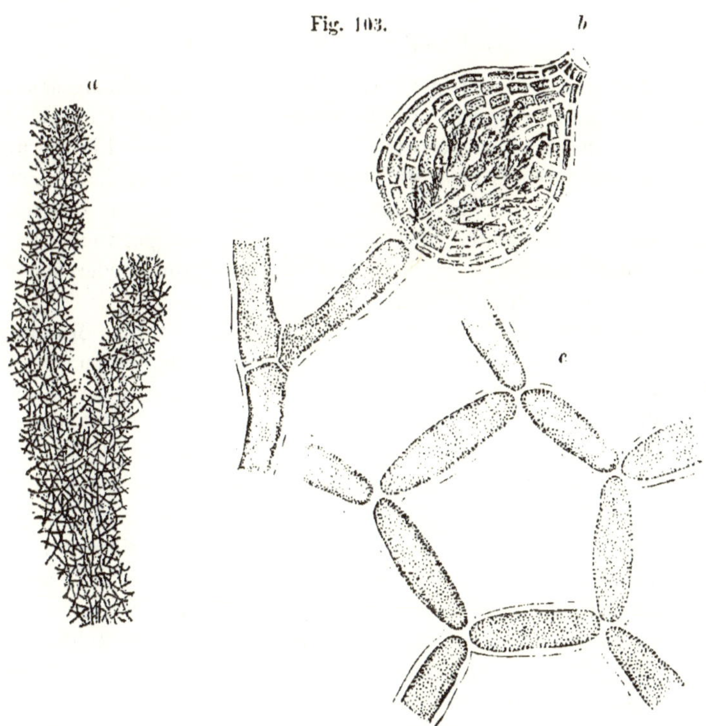

Halodictyon mirabile *Zanard.*
a Stück der Alge, schwach vergrössert. *b* Fadenstück mit einem Cystocarp. Vergr. 100. *c* Faden-Masche. Vergr. 65. (Nach Zanardini.)

1. **H. mirabile** Zanard. Fig. 103.

Thallus 3—8 cm hoch. Die sehr locker schwammigen, leicht zerreissenden Schläuche meist 3—6 mm dick. Fäden schlaff, 40 bis 120 μ dick; Glieder 4—12 mal so lang als der Durchmesser. Maschen unregelmässig 4—5—6 eckig. Stichidien einzeln oder paarig. — Rosenroth.

H. mirabile Zanard. Sagg. p. 52. — Id. Icon. phyc. adr. I. p. 17. Tav. V. — Kütz. Spec. Alg. p. 662. — Id. Tab. phyc. XII. Tab. 36.
Coelodictyon Zanardianum Kütz. phyc. germ. p. 287.
Hanovia mirabile Ardiss. Flor. ital. Vol. II. fasc. III. p. 150.

Im adriatischen Meere.

XX. Familie. Corallinaceae.

Thallus verschieden geformt: stielrund oder zusammengedrückt, gegliedert und verzweigt, oder krustenartig, blattartig oder korallenähnlich, von verschiedener Struktur, durch bedeutende Einlagerung von kohlensaurem Kalke steinartig hart und zerbrechlich. Fortpflanzungsorgane in Conceptakeln, kleine Höhlungen bildenden Behältern, welche unter der Oberfläche des Thallus ganz eingesenkt sind, oder häufiger äusserlich meist wärzchenförmige oder fast eiförmige Anschwellungen bilden.

Die weiblichen Conceptakeln (Cystocarpien) mit einer Mündung am Scheitel; die sehr kurzen sporigenen Fäden, deren oberste Glieder sich in Carposporen umwandeln, entspringen am Grunde der Höhlung des Conceptakels und stehen häufig rings um ein centrales Bündel farbloser Nebenfäden.

Die ungeschlechtlichen Conceptakeln sind entweder den Cystocarpien ähnlich, mit einer Mündung am Scheitel; die Tetrasporangien entspringen am Grunde der Höhlung und stehen rings um ein centrales Bündel farbloser Nebenfäden, oder die Conceptakeln bilden oberhalb siebartig poröse Wärzchen und die Tetrasporangien stehen einzeln unter jedem Porus und sind durch Gewebe-Zellen von einander getrennt. Tetrasporangien oval oder länglich, zonenförmig viertheilig oder quer zweitheilig.

Die männlichen Conceptakeln mit einer Mündung am Scheitel; Grund und Seiten der Höhlung derselben dicht mit Antheridien ausgekleidet. (Spermatozoiden mit einem oder zwei Anhängseln.)

Im Leben meist rosenröth, abgestorben verbleichend, zuletzt kreideweiss. Sporen nicht inkrustirt.

A. Thallus krusten-, blatt- oder korallenartig, ungegliedert. (***Melobesieae.***)

B. Thallus stielrund, fadenförmig, zusammengedrückt oder mehr weniger flach, gegliedert. (***Corallineae.***)

A. Thallus krusten-, blatt- oder korallenartig, ungegliedert. (Melobesieae.)

LXXXI. Gattung. **Melobesia** Lamour.

Thallus mehr weniger verkalkt, krustenartig, horizontal ausgebreitet, mit der ganzen Unterfläche dem Substrat aufgewachsen, seltener am Rande frei, anfänglich meist kreisrund, später nach der Form des Substrates verschieden gestaltet, häufig wellenrandig oder fächerförmig gelappt, später zusammenfliessend, häufig mit übergreifenden Rändern, aus radial dichotomen, seitlich zu einer Fläche zusammen verbundenen (selten theilweise gelöst bleibenden) Zellenreihen gebildet, deren Zellen sich häufig durch horizontale Theilungen in kurze, senkrechte Zellenreihen umwandeln, demnach der Thallus aus einer Zellenlage oder mehreren Lagen zonenartig über einander gesetzten Zellen besteht und centrifugal am Umfange fortwächst. Bisweilen ist der Thallus

a Fig. 104.

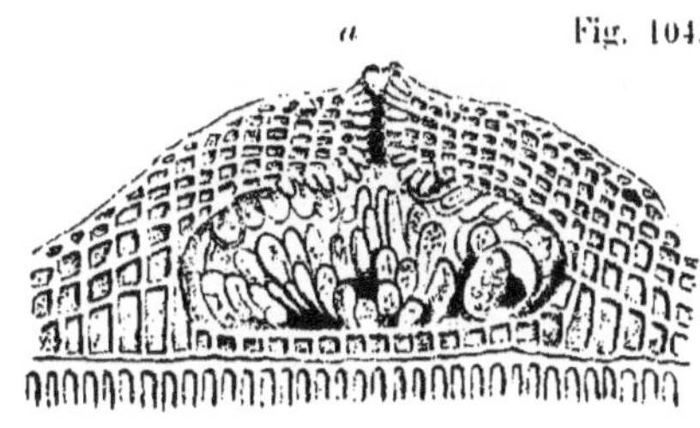

b

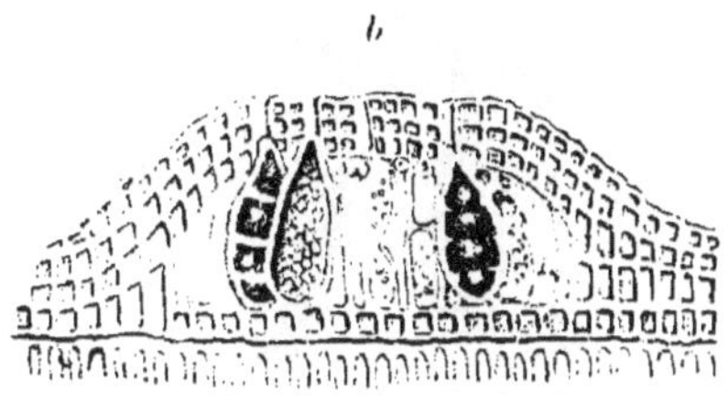

d *c*

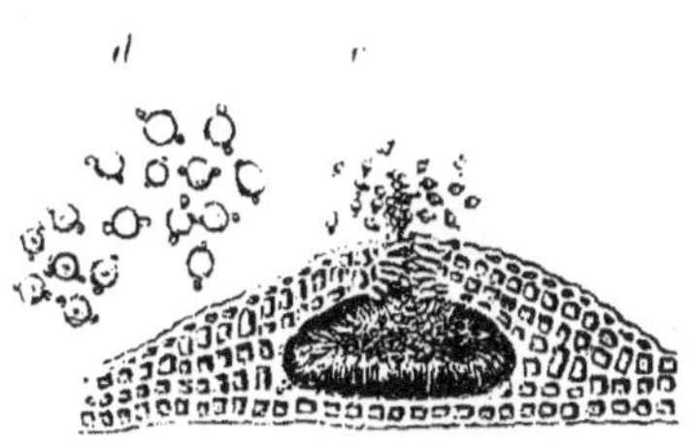

Melobesia membranacea *(Esper) Lamour.*
a Vertikalschnitt durch ein weibliches Conceptakel. Vergr. 350. *b* Vertikalschnitt durch ein Conceptakel mit Tetrasporangien. Vergr. 350. *c* Vertikalschnitt durch ein Conceptakel mit Antheridien. Vergr. 350. *d* Spermatozoiden. Vergr. 1300. (Nach Rosanoff.)

parasitisch und besteht nur aus einem verzweigten (oder einfachen) Gliederfaden, welcher zwischen das Gewebe der Wirthspflanze eindringt und stellenweise an der Oberfläche derselben in ein Conceptakel auswächst. Conceptakeln auf der Oberfläche des Thallus meist mehr weniger halbkugelige Wärzchen bildend. Die männlichen und weiblichen Conceptakeln mit einer Oeffnung an der Spitze; die ungeschlechtlichen diesen gleich gestaltet oder bei einigen Arten oberhalb siebartig porös, so dass jedem Porus je ein darunter befindliches Tetrasporangium entspricht. Tetrasporangien zonenförmig 4- oder 2 theilig.

1. **M. Thureti** Born. Fig. 105.

Thallus parasitisch auf Corallina, aus einem einfachen oder verzweigten Gliederfaden bestehend, welcher zwischen das Gewebe der Wirthspflanze eindringt und stellenweise an der Oberfläche

a Fig. 105.

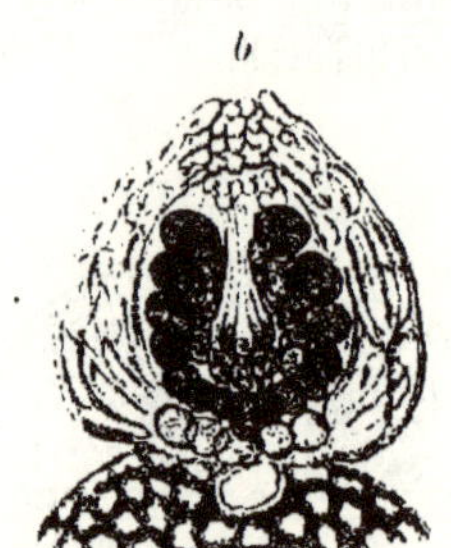

Melobesia Thureti *Born.*
a Zweig von **Corallina rubens** *L.*, dessen oberer Theil mit den Conceptakeln von **M. Thureti** besetzt ist. Vergr. 20.
b Vertikalschnitt durch ein weibliches Conceptakel. Vergr. 250. (Nach Bornet.)

derselben in ein fast kugeliges oder breit eiförmiges, sitzendes, am Scheitel geöffnetes Conceptakel von 120–140 μ im Durchmesser auswächst.

M. Thureti Born. — Thur. et Born. Etud. phyc. p. 96. pl. 50.

Im adriatischen Meere, auf Corallina rubens und virgata.

2. **M. callithamnioides** Falkbg. Fig. 106.

Bildet einen dünnen, weisslichen oder röthlichen, meist von zahlreichen Lücken durchbrochenen Anflug auf Algen etc. Thallus mit der ganzen Unterfläche dem Substrat angewachsen, aus dichotom ausstrahlenden, ca. 10—20 μ dicken Zellenreihen bestehend, welche theils zu einer dem Umfang nach fast fächerförmigen oder rundlichen, häufig gelappten Fläche zusammen verbunden sind, theils gelöst bleiben und sich mehr weniger unregelmässig dichotom, bisweilen anastomosirend verzweigen. Zellen kürzer bis anderthalb mal länger als der Durchmesser, an ihrem oberen vorderen Rande mit je einer sehr kleinen Rindenzelle. Einzelne Zellen des Thallus beträchtlich grösser, sich nicht mehr theilend, mit haarartig emporgewölbtem Scheitel und ohne Rindenzelle (Grenzzellen).

Fig. 106.

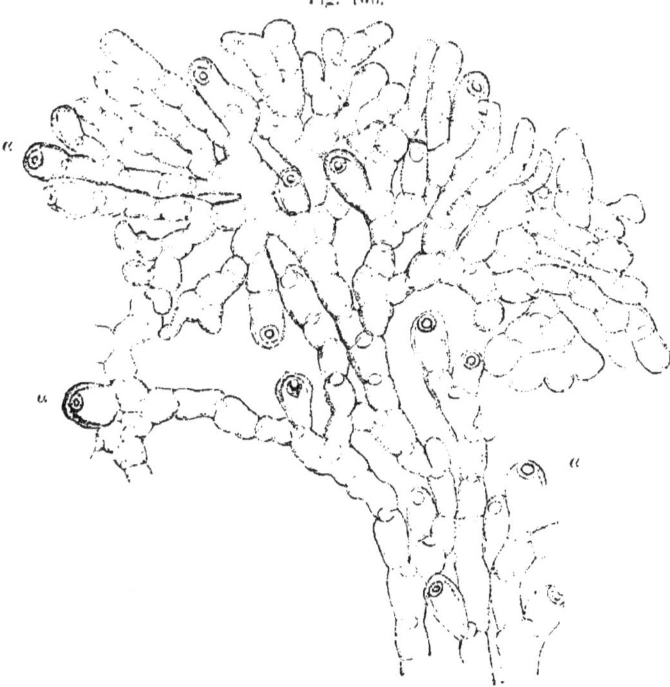

Melobesia callithamnioides *Falkbg.*
Fragment des Thallus (Flächenansicht): bei *a* die Grenzzellen. Vergr. 500.
(Nach Solms.)

Vielleicht eine Form von M. farinosa und wahrscheinlich mit Hapalidium callithamnioides Crouan, in Flor. Finist. p. 149, pl. 20, gen. 131, dessen Abbildung übrigens ganz unrichtig ist, identisch.

M. callithamnioides Falkbg. Alg. Neap. p. 265. — Solms, Corall. p. 11. Taf. 1. fig. 9, 12, 13.

Im adriatischen Meere auf Valonia macrophysa etc.

3. **M. farinosa** Lamour. Fig. 107.

Bildet auf Zostera und den verschiedensten Algen fast kreisrunde oder unregelmässig fächerförmig gelappte, häufig zusammenfliessende, rosenrothe oder weissliche Flecken. Thallus mit der ganzen Unterfläche angewachsen, zart, schülfrig, aus einer, in der Nähe der Conceptakeln aus zwei Zellenlagen bestehend. Zellenreihen ca. 8—12 μ breit; Zellen im horizontalen Sinne ungefähr anderthalb mal länger als dick, die der Oberfläche an ihrem oberen vorderen Rande mit je einer sehr kleinen, halbkreisförmigen oder dreieckigen Rindenzelle. Einzelne Thalluszellen beträchtlich grösser, sich nicht mehr theilend und ohne Rindenzelle (Grenzzellen). Con-

Fig. 107.

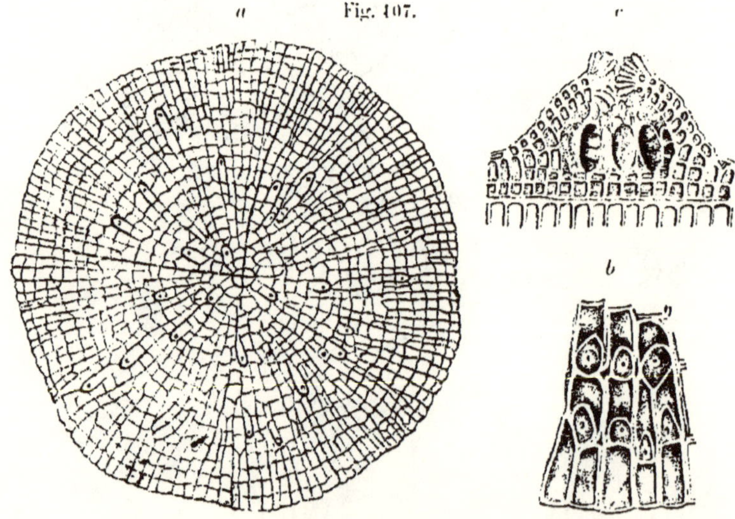

Melobesia farinosa *Lamour.*

a Junger Thallus (Flächenansicht). Vergr. 200. *b* Randpartbie des entkalkten Thallus. Vergr. 600. *c* Vertikalschnitt durch ein Conceptakel mit Tetrasporangien. Vergr. 350. (Nach Rosanoff.)

ceptakeln über dem Thallus dicht ausgesät, denselben oft ganz bedeckend, halbkugelig, ca. 100—200 μ im Durchmesser, die ungeschlechtlichen an ihrer Mündung am Scheitel mit etwas haarförmig verlängerten Randzellen.

M. farinosa Lamour. Polyp. flex. p. 315. pl. 12. fig. 3. — Aresch. in J. Ag. Spec. Alg. II. p. 512. — Rosan. Rech. p. 69. pl. 2. fig 3—5. 10—12; pl. 3. fig. 2—13; pl. 4. fig. 1. — Solms, Corall. p. 11. Taf. 1. fig. 4; Taf. 3. fig. 11.

In der Nordsee, Ostsee und im adriatischen Meere.

4. **M. Lejolisii** Rosan. Fig. 108.

Bildet auf Zostera und Posidonia kleine, rundliche oder unregelmässig fächerförmig gelappte, später zusammenfliessende, rosenrothe oder weissliche Flecken. Thallus mit der ganzen Unterfläche dem Substrat angewachsen, zart, schülfrig, meist aus einer, in der Nähe der Conceptakeln aus 2—3 Zellenlagen bestehend. Zellenreihen meist ca. 6—10 μ breit; Zellen im horizontalen Sinne fast eben so lang (beinahe quadratisch), die der Oberfläche an ihrem oberen vorderen Rande mit je einer sehr kleinen Rindenzelle.

Fig. 108.

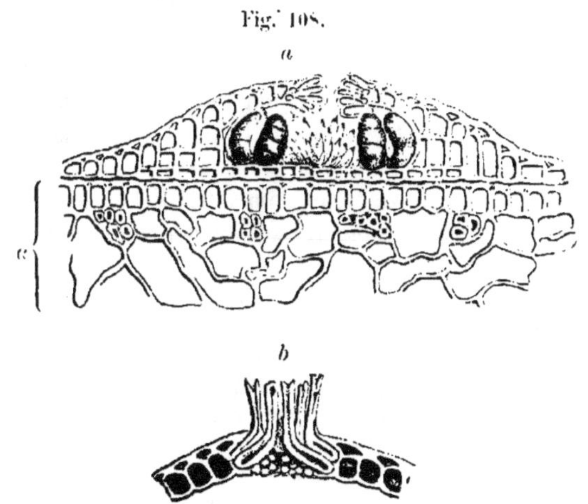

Melobesia Lejolisii *Rosan.*
a Vertikalschnitt durch ein Conceptakel mit Tetrasporangien; die Randzellen der Mündung noch nicht vollständig entwickelt (*α* Stück eines Querschnittes durch das als Substrat dienende Zosterablatt). Vergr. 350. *b* Die haarförmig verlängerten Randzellen der Mündung im entwickelten Zustande. Vergr. 600. (Nach Rosanoff.)

Grenzzellen fehlend. Die ungeschlechtlichen Conceptakeln über den grössten Theil des Thallus dicht ausgesät, niedergedrückte Wärzchen bildend, meist ca. 150—200 μ im Durchmesser, an ihrer Mündung am Scheitel mit haarförmig verlängerten Randzellen kronenartig besetzt.

M. Lejolisii Rosan. Rech. p. 62. pl. I. fig. 1—12. Aresch. Observ. III. p. 3. — Solms, Corall. p. 11.

In der Nordsee und im adriatischen Meere.

5. **M. membranacea** (Esper) Lamour. Fig. 104.

Bildet auf verschiedenen Algen kreisrunde, nierenförmige oder ringförmige, am Rande häufig unregelmässig gekerbte, bisweilen zusammenfliessende Flecken. Thallus äusserst zart, mit der ganzen Unterfläche angewachsen, wenig verkalkt, Farbe des Substrates daher durchscheinend, aus einer, in der Nähe der Conceptakeln aus 4—5 Zellenlagen bestehend. Zellenreihen ca. 4—6 μ breit; Zellen im horizontalen Sinne meist $1^1/_2$—2 mal länger als dick, die der Oberfläche mit je einer kleinen, fast quadratischen Rindenzelle, welche ungefähr die Hälfte oder ein Drittel der darunter befindlichen Thalluszelle bedeckt. Grenzzellen fehlend. Die ungeschlechtlichen Conceptakeln mehr weniger zahlreich, häufig über den grössten Theil des Thallus verbreitet, bisweilen zusammenfliessend, flach wärzchenförmige Erhabenheiten bildend, ca. 200 μ im Durchmesser, oberhalb siebartig porös, entleert weitmündig. Die männlichen und weiblichen Conceptakeln beinahe halbkugelig.

M. corticiformis Kütz., welche im adriatischen Meere häufig auf Gelidium capillaceum vorkommt, scheint von vorstehender Art kaum verschieden zu sein.

Corallina membranacea Esper, Zooph. Taf. 12. fig. 1—4.
M. membranacea Lamour. Polyp. flex. p. 315. — Rosan. Rech. p. 66. pl. 2. fig. 13—16 et pl. 3. fig. 1. — Aresch. in J. Ag. Spec. Alg. II. p. 512. — Id. Observ. III. p. 3. — Solms, Corall. p. 10.
M. corticiformis Kütz. ? (Spec. Alg. p. 696. — Id. Tab. phyc. XIX. Tab. 94. — Rosan. Rech. p. 76. pl. 1. fig. 14—16. — Solms. Corall. p. 11. Taf. 3. fig. 25.).

In der Nordsee, Ostsee und im adriatischen Meere, z. B. auf Gelidium capillaceum, Rytiphlaea pinastroides, Cladophora prolifera etc.

6. **M. pustulata** Lamour. Fig. 109.

Bildet auf verschiedenen Algen dünne, fast kreisrunde oder nierenförmige, häufig wellenrandige Krusten von 2—10 mm im

Durchmesser, die zusammenstossend mit ihren Rändern über einander greifen. Thallus mit der ganzen Unterfläche angewachsen, aus einer oder mehreren Zellenlagen bestehend, deren Zellen im vertikalen Sinne verlängert, meist 2 mal höher als dick und lang sind; Zellen der Oberfläche mit je einer flachen Rindenzelle zum Theil bedeckt. Conceptakeln zahlreich, halbkugelig, ca. 300–500 μ im Durchmesser; die ungeschlechtlichen mit einer Oeffnung am Scheitel und zonenförmig getheilten (oder auch zweitheiligen?) Tetrasporangien. — Rosenroth oder weiss.

M. **pustulata** Lamour Polyp. flex. p. 315. Pl. 12 f. c. B. — Aresch. in J. Ag. Spec. Alg. II. p. 513. — Kütz. Spec. Alg. p. 696. — Id. Tab. phyc. XIX. Tab. 94. — Harv. Phyc brit. pl. 347 D. — Rosan. Rech. p. 72. pl. 4. fig. 2—8. — Solms, Corall. p. 10.
M. macrocarpa Rosan. ? (Rech. p. 74. pl. 4 fig. 2—8. 11—20).

In der Nordsee und im adriatischen Meere: auf Sargassum, Padina pavonia, Fucus virsoides, Phyllophora rubens, β. nervosa, Halimeda Tuna, Zostera etc.

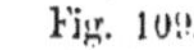

Fig. 109.

Melobesia pustulata *Lamour.*
Vertikalschnitt durch den Thallus. Vergr. 350. (Nach Rosanoff.)

7. **M. Corallinae** Crouan.

Bildet kreisrunde, ovale oder unregelmässig rundliche, schildartig gewölbte, meist 80—400 μ dicke Krusten von 1—5 mm im Durchmesser auf den Gliedern von Corallina officinalis und β. mediterranea. Thallus mit der ganzen Unterfläche angewachsen oder am Rande frei. Conceptakeln leicht gewölbte Wärzchen bildend, ca. 150—200 μ im Durchmesser; die ungeschlechtlichen mit einer Oeffnung am Scheitel. Tetrasporangien zweitheilig. — Grau-lila oder rosenroth.

M. Corallinae Crouan. Flor. Finist. p. 150. pl. 20. gen. 133 bis. fig. 6—11. — Solms, Corall. p. 9. Taf. 2. fig. 25; Taf. 3. fig. 21—24.

Im adriatischen Meere.

8. **M. Cystosirae** Hauck. Taf. III. Fig. 1, 2, 6.

Bildet ausgebreitete, nach der Form des Substrates verschieden gestaltete, 300—600 μ dicke Krusten von 1—5 cm im Durchmesser. Thallus mit der ganzen Unterfläche angewachsen, bisweilen am

Rande fast frei; Rand wellig. Conceptakeln zahlreich, stellenweise in Gruppen dicht beisammen, fast konisch-halbkugelige Wärzchen bildend, 500—700 μ im Durchmesser. Die ungeschlechtlichen Conceptakeln mit einer Oeffnung am Scheitel; Tetrasporangien zweitheilig.

Ist Lithophyllum lichenoides ähnlich, aber durch die viel kleineren Conceptakeln sofort zu unterscheiden. — Rosenroth.

M. Cystosirae Hauck. mspt.

An den Stämmen von Cystosiren, auch auf Peyssonnelia squamaria im adriatischen Meere.

LXXXII. Gattung. **Lithophyllum** Phil.

Thallus Lamellen bildend, die entweder horizontal ausgebreitet, melobesienartig mit der ganzen Unterfläche dem Substrat aufgewachsen oder am Rande frei, oft dachziegelig über einander gelagert sind, oder die vertikal gestellt, in dichten mäandrischen Windungen unter einander verwachsen, korallenartige Lager formiren. Thallus centrifugal am Umfange und gleichzeitig in die Dicke wachsend, aus meist vielen Zellenlagen bestehend, die im radial-vertikalen Durchschnitte Zellenreihen bilden, welche von einem Mittelpunkte ausstrahlend, anfänglich parallel zur Oberfläche verlaufen, dann sich verzweigen und symmetrisch auf- und abwärts krümmen, so dass deren Zellen in zum Rande parallele, bogige Zonen geordnet sind. Conceptakeln fast eingesenkt oder auf der Oberfläche mehr weniger erhabene Wärzchen bildend, von gleicher Struktur wie bei Melobesia.

1. **L. Lenormandi** (Aresch.) Rosan. Fig. 110 u. Taf. III. Fig. 4.

Bildet dünne (ca. 0·1—0·6 mm dicke), melobesienartige Krusten auf Felsen, Steinen, Schneckenhäusern etc. Thallus mit der ganzen Unterfläche angewachsen, unbestimmt ausgebreitet, unregelmässig rundlich, häufig gelappt; Rand meist unregelmässig gekerbt. Conceptakeln häufig fast die ganze Oberfläche des Thallus bedeckende Wärzchen von 250—300 μ im Durchmesser bildend; die ungeschlechtlichen Conceptakeln sehr flach, oberhalb siebartig porös, die geschlechtlichen mehr halbkugelig. — Röthlich-lila.

Melobesia Lenormandi Aresch. in J. Ag. Spec. Alg. II. p. 514.
L. Lenormandi Rosan. Rech. p. 85. pl. 5. fig. 16, 17; pl. 6. fig. 1, 2, 3 et 5. — Solms, Corall. p. 15.

Im adriatischen Meere und in der Nordsee (Helgoland).

Fig. 110.

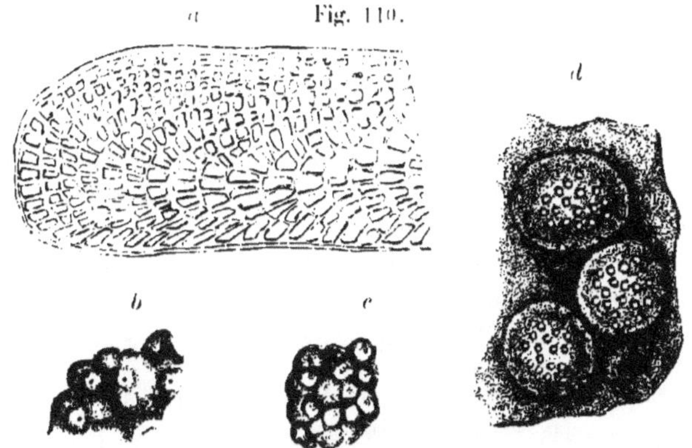

Lithophyllum Lenormandi *(Aresch.) Rosan.*
a Radial-vertikaler Schnitt durch den Thallus. Vergr. 350. *b* Fragment des Thallus mit Cystocarpien (Flächenansicht). Lupenvergrösserung. *c* Fragment des Thallus mit ungeschlechtlichen Conceptakeln (Flächenansicht). Lupenvergrösserung. *d* Fragment des Thallus mit drei ungeschlechtlichen Conceptakeln (Flächenansicht). Vergr. 75. (Nach Rosanoff.)

2. **L. lichenoides** (Ellis et Sol.) Rosan. Taf. III. Fig, 7.

Thallus blattartig, ca. 200—400 μ dick, horizontal ausgebreitet, 1 bis mehrere cm im Durchmesser, an der Unterseite theilweise angewachsen (Rand frei), anfänglich scheiben- oder schildförmig, später verschieden gelappt und proliferirend; Prolificationen fast fächer- oder halbkreisförmig, lose schuppig über einander gelagert, frei abstehend. Oberseite glatt, häufig etwas concentrisch gezeichnet. Conceptakeln zerstreut oder zu Gruppen genähert, abgeplattet halbkugelig, scharf abgegrenzt, 0·8 — 1·3 mm im Durchmesser.

Millepora lichenoides Ellis et Sol. Zooph. p. 131. Taf. 23. fig. 11—12.
L. lichenoides Rosan. Rech. p. 91. pl. 5. fig. 1—6; pl. 6. fig. 4; pl. 7. fig. 1.! — Phil. in Wieg. Arch. p. 389. ?
Melobesia lichenoides Aresch in J. Ag. Spec. Alg. p. 515. — Harv. Phyc. brit. pl. 346.
Mastophora lichenoides Kütz. Spec. Alg. p. 697. — Id. Tab. phyc. VIII. Tab. 99.

Auf Felsen, Steinen, grösseren Algen etc. in der Nordsee (Helgoland).

3. **L. expansum** Phil. Fig. 111 und Taf. IV. Fig. 1.

Thallus horizontal ausgebreitet, am Rande papierdünne, gegen die Mitte 1—2 mm dicke, nur an einem kleinen Theile der Unterseite anwachsene, grosslappige, wellenrandige, unebene (hin und wieder höckerige), blattartige Platten von 5—30 cm im Durchmesser bildend, die bisweilen proliferirend, lose schuppig über einander wachsen. Oberseite mehr weniger glatt, rosenroth oder weisslich; Unterseite concentrisch gestreift, häufig mit schild-, becher- oder trichterförmigen jungen Thallomen besetzt. Conceptakeln kleine, wenig erhabene, am Scheitel deutlich durchbohrte Wärzchen bildend, die mit Ausnahme des Randes stellenweise über einen grossen Theil der Thallusoberfläche dicht ausgesät sind.

L. expansum Phil. in Wieg. Arch. p. 389. Solms, Corall. p. 13. Taf. 2. fig. 31.
Melobesia stictaeformis Aresch. in J. Ag. Spec. Alg. II. p. 517.
L. giganteum Zanard. Sagg. p. 45.

Im adriatischen Meere.

Fig. 111.

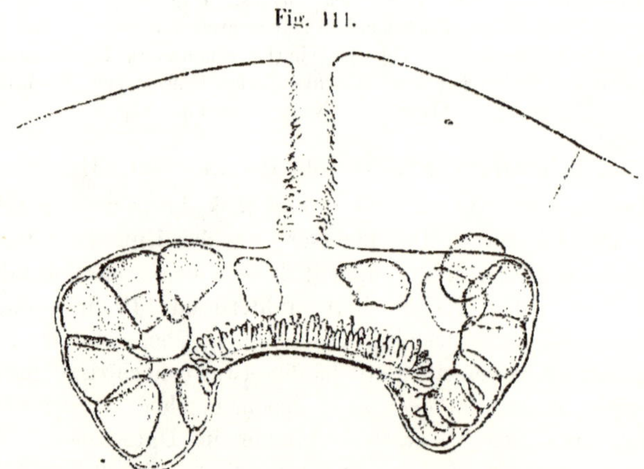

Litophyllum expansum *Phil.*
Medianer Vertikalschnitt durch ein Cystocarp. Vergr. 160. (Nach Solms.)

β. **agariciforme.** Taf. IV. Fig. 2.

Bildet unregelmässig geformte, blättrige, innen hohle, anfänglich angewachsene, später am Meeresgrund frei liegende Körper von 1—3 dm im Durchmesser. Thallus am Rande papierdünn, gegen die Mitte 400 μ bis 1 mm dick, vielfach proliferirend; Prolificationen unregelmässig horizontal bis vertikal, lose schuppig über einander gelagert, fast fächer- oder halbkreisförmig, wellig, frei abstehend.

Millepora agariciformis Pall. Elench. p. 263.
Melobesia agariciformis Aresch. in J. Ag. Spec. Alg. II. p. 516. — Harv. Phyc. brit. pl. 73.

Im adriatischen Meere.

4. **L. crispatum** Hauck. Taf. II. Fig. 3.

Thallus lamellenartig, 0·3—0·5 mm dick, krustenartig verschiedene Körper locker überwallend, am Rande frei, lappig-kraus, vielfach ästige, höckerige, warzige und faltig-blättrige, innen locker lamellose, am Meeresgrund frei liegende Knollen von 3—10 cm im Durchmesser bildend; die hohlen Ausstülpungen des Thallus an der Spitze geschlossen und abgerundet oder offen und dann häufig trichter- oder becherförmig erweitert, mit faltigem oder welligem Rande.

Lithothamnion crispatum Hauck, Beitr. 1878, pag. 289. Taf. 3. fig. 1—4.
L. crispatum Hauck, mspt.

Im adriatischen Meere (Rovigno).

5. **L. decussatum** Solms. Taf. I. Fig. 7.

Thallus lamellenartig, 0·3—0·8 mm dick, mit der ganzen Unterseite angewachsen, bisweilen am Rande frei, verschiedene Körper mit einer lappigen und höckerigen Kruste überwallend, später durch wiederholtes Ueberwallen unregelmässig rundliche bis über faustgrosse, am Meeresgrund frei liegende Knollen bildend. Knollen höckerig und warzig, häufig mit kurzen, knotigen, mehr weniger verwachsenen Auswüchsen; im Bruche unregelmässig locker über einander gewachsene Lamellen zeigend. Die ungeschlechtlichen Conceptakeln abgeflachte Wärzchen von 800 μ bis 1 mm im Durchmesser bildend, oberhalb siebartig porös, stellenweise in dichten Gruppen beisammen. Die geschlechtlichen Conceptakeln gedrängt, kleine, wenig erhabene, am Scheitel durchbohrte Wärzchen formirend.

L. decussatum Solms, Corall. p. 14! — Phil. in Wieg. Arch. p. 389. ?
Melobesia decussata Aresch. in J. Ag. Spec. Alg. II. p. 517. ?
Lithothamnion purpureum Hauck, Beitr. 1878. p. 290 (non Crouan).

Im adriatischen Meere.

6. **L. cristatum** Menegh. Taf. II. Fig. 5, 6 u. Taf. III. Fig. 8, 9.

Thallus an Felsen eine sich ausbreitende, mit der ganzen Unterfläche angewachsene, mässig dicke Kruste bildend, aus deren Oberfläche sich dicht gedrängt stehende, meist 3—10 mm hohe und gleich hohe, hahnenkamm- oder fast geweihförmige oder krausfaltige, gewöhnlich 200—500 μ dicke, in mäandrischen Windungen an einander gewachsene Plättchen (Lamellen) senkrecht erheben, die am Rande bisweilen allmälig horizontal geneigt, lose schuppig über einander gelagert sind. Die Thallome, durch viele Generationen auf einander wachsend, formiren dann an den Felsen mehrere cm dicke, polster- oder gesimsförmige Krusten, die im Bruche schwammartig-porös, zahllose, ganz unregelmässig verwachsene Lamellen zeigen. Oberfläche der Thallusplättchen rauh. Conceptakeln schwach gewölbte Wärzchen von ca. 150 μ im Durchmesser bildend, mit Ausnahme des Randes meist zahlreich auf beiden Seiten der Thallusplättchen verbreitet. — Blass-violettgrau.

L. cristatum Menegh. Lettera al Corinaldi N. 9. — Hauck, Beitr. 1877. p. 292. — Solms, Corall. p. 20.
Spongites cristata Kütz. Spec. Alg. p. 698.

F. genuinea. Taf. II. Fig. 6 und Taf. III. Fig. 8. (Junger Thallus.)

Plättchen der Oberfläche hahnenkamm- oder hirschgeweihförmig.

L. cristatum l. c.

F. crassa. Taf. II. Fig. 5 und Taf. III. Fig. 9.

Plättchen der Oberfläche zu krausen Falten verwachsen.

Melobesia crassa Lloyd, Alg de l'ouest de la France N. 818.
L. crassum Rosan. Rech. p. 93. pl. 7. fig. 5, 7.

Im adriatischen Meere an der Fluthgrenze.

LXXXIII. Gattung. **Lithothamnion** Phil.

Thallus krustenförmig, mit der ganzen Unterfläche dem Substrat angewachsen, aus der oberen Fläche warzen- oder astförmige Auswüchse treibend, häufig höckerig-warzige oder ästige, korallenähnliche, solide, steinige Knollen bildend; aus zwei verschiedenen Zellenschichten bestehend, wovon die dem Substrat anhaftende Schichte die Struktur von Lithophyllum zeigt, die aus der Oberfläche sich erhebende Schichte aus in vertikale und horizontale Reihen geordneten Zellen besteht. Conceptakeln dem Thallus eingesenkt oder mehr weniger erhabene Wärzchen bildend, von gleicher Struktur wie bei Melobesia.

1. **L. polymorphum** (L.) Aresch. Taf. I. Fig. 4, 5.

Thallus anfänglich kreisrunde, bald lappige, unbestimmt ausgebreitete, mit der ganzen Unterseite Felsen, Steinen, Muschelschalen etc. aufgewachsene, wellige, glatte oder höckerige und warzige, oft kurze, astförmige Auswüchse treibende, äusserst vielgestaltige, häufig eine beträchtliche Dicke erreichende Krusten bildend, deren zusammenstossende Ränder an einander wachsend, sich zu krausen oder zackigen Falten erheben. Bisweilen formirt der Thallus durch Ueberwallen frei liegender Körper unregelmässig rundliche, bis über faustgrosse Knollen. Conceptakeln sehr kleine, kaum erhabene Wärzchen bildend, oder ganz eingesenkt und äusserlich nur als punktförmige Vertiefungen (oder sehr feine Poren) markirt, mit Ausnahme des Randes stellenweise über einen grossen Theil der Thallusoberfläche dicht ausgesät. Tetrasporangien zonenförmig getheilt oder zweitheilig.

Fig. 112.

Schematischer Vertikalschnitt durch ein Lithothamnion. Vergr. 200.

Millepora polymorpha L. Syst. Nat. Ed. 12. p. 1285.
L. polymorphum Aresch. in J. Ag. Spec. Alg. II. p. 524. — Rosan. Rech. p. 99.
Melobesia polymorpha Harv. Phyc. brit. pl. 345.
Spongites polymorpha Kütz. Spec. Alg. p. 699.
Sp. confluens Kütz. Spec. Alg. p. 698. — Id. Tab. phyc. XIX. Tab. 97.
Sp. crustacea Kütz. Spec. Alg. et Tab. phyc. l. c.
L. incrustans Phil. in Wieg. Arch. p. 387. — Solms, Corall. p. 16.
Spongites incrustans Kütz. Spec. Alg. p. 698.

Im adriatischen Meere und in der Nordsee.

2. **L. papillosum** Zanard. Taf. II. Fig. 4.

Bildet allmälig beträchtlich dicke, höckerige Krusten, deren Oberfläche dicht mit unregelmässig halbkugeligen, hin und wieder zusammenfliessenden, ca. 1—2 mm dicken, warzenförmigen Auswüchsen bedeckt ist. Conceptakeln wenig erhabene Wärzchen von ca. 400 μ Dicke bildend, zerstreut oder stellenweise in Gruppen beisammen.

L. papillosum Zanard. Sagg. p. 43. (sec. specimem ab auct. determ.)

Im adriatischen Meere (Westküste von Sansego).

3. **L. mamillosum** Hauck. Taf. III. Fig. 3 und Taf. V. Fig. 1.

Bildet allmälig beträchtlich dicke Krusten auf Steinen, oder unregelmässig rundliche, bis über faustgrosse, am Meeresgrund frei liegende Knollen, deren Oberfläche unregelmässig höckerig und warzig oder aus kurzen, astförmigen, knorrigen und warzigen, meist an einander gedrängten, mehr weniger zusammen verwachsenen Auswüchsen besteht. Conceptakeln meist zahlreich auf dem Thallus verbreitet, stellenweise genähert, fast halbkugelig mit (bisweilen lang halsförmig) vorgezogener Spitze, ca. 1 mm und darüber im Durchmesser.

L. mamillosum Hauck, mspt.

Im adriatischen Meere.

4. **L. Sonderi** Hauck. Taf. III. Fig. 5.

Thallus 0·2—2 mm dicke, mit der ganzen Unterfläche Felsen Steinen etc. aufgewachsene, unebene, ungleich und dicht warzige Krusten bildend. Conceptakeln auf dem Thallus zerstreute, stellenweise genäherte Wärzchen von ca. 400—500 μ im Durchmesser bildend, die ungeschlechtlichen sehr flach, oberhalb siebartig porös, die Cystocarpien fast konisch-halbkugelig.

L. Sonderi Hauck, herb.

In der Nordsee (Helgoland).

5. **L. dentatum** (Kütz.) Aresch. Taf. II. Fig. 2 und Taf. V. Fig. 2.

Bildet am Meeresgrunde frei liegende, rundliche, bis über faustgrosse, zackige Knollen, welche von mehr weniger flach zusammengedrückten, meist 2—15 mm breiten, allseitig strahligen, unregelmässig, jedoch gleich hoch verzweigten, zackigen, dicht gedrängten, stellenweise zusammen verwachsenen Aesten gebildet werden, deren Spitzen verbreitert, hahnenkammförmig oder unregelmässig stumpfzackig, oder verdickt und abgestutzt oder vertieft ausgerandet sind.

Spongites dentata Kütz. Polyp. calcif. p. 33. — Id. Phyc. gener. Tab. 78. fig. 4. — Id. Spec. Alg. p. 699.
L. dentatum Aresch. in J. Ag. Spec. Alg. II. p. 525. — Hauck, Beitr. 1877. p. 292.

Im adriatischen Meere (Cherso).

6. **L. crassum** Phil. Taf. I. Fig. 1—3.

Thallus nuss- bis über faustgrosse, rundliche, am Meeresgrunde frei liegende Knollen bildend, die aus strahlig entspringenden, kurzen, meist 2—5 mm dicken, knotigen und höckerigen, gewöhnlich dicht zusammengedrängten (seltener von einander abstehenden), mehr weniger verwachsenen, gleich hoch verzweigten, an der Spitze unregelmässig rundlich verdickten Aesten bestehen. Oberfläche glatt. Conceptakeln sehr wenig erhabene, auf dem Scheitel durchbohrte Wärzchen bildend, an den Spitzen der Aeste in Gruppen beisammen.

L. crassum Phil. in Wieg. Arch. p. 388.
Spongites crassa Kütz. Tab. pyhc. XIX. p. 35. Tab. 99.
L. racemus Aresch. in J. Ag. Spec. Alg. II. p. 521?. — Solms, Corall. p. 17.

Im adriatischen Meere.

7. **L. fasciculatum** (Lamarck) Aresch. Taf. V. Fig. 3.

Thallus meist rundliche, nuss- bis faustgrosse, am Meeresgrunde frei liegende, ästige Knollen bildend, aus strahlig entspringenden, unregelmässig dichotomen oder vieltheiligen, fast gleich hohen, mehr weniger an einander gedrängten, stellenweise an einander gewachsenen Aesten bestehend. Aeste stielrund oder etwas zusammengedrückt, meist 2—3 mm dick, mehr weniger knorrig, gegen die beinahe abgestutzte oder abgerundete Spitze nicht oder wenig verdünnt. Conceptakeln an den Aesten in Gruppen beisammen. Cystocarpien mehr weniger erhabene, auf dem Scheitel durchbohrte Wärzchen bildend. Tetrasporangien in flach-warzenförmigen, oberhalb siebartig porösen Conceptakeln.

Manche Formen sind schwer von L. crassum zu unterscheiden.

Millepora fasciculata Lamarck, Hist. anim. s. vert. 2. p. 203.
L. fasciculatum Aresch. in J. Ag. Spec. Alg. II. p. 522.
Melobesia fasciculata Harv. Phyc. brit. pl. 74.

Im adriatischen Meere; auch in der Nordsee.

β. **fruticulosum.** Taf. III. Fig. 10, 11 und Taf. V. Fig. 4, 5.

Thallus sehr unregelmässig verzweigt. Zweige meist 1—2 mm dick, oft sehr knorrig und warzig, mit nicht selten etwas keulig verdickten Enden, theils von einander frei abstehend, theils gedrängt und zusammen verwachsen.

Spongites fruticulosa Kütz. Polyp. calcif. p. 33. — Id. Spec. Alg. p. 699. — Id. Tab. phyc. XIX. Tab. 99.
L. ramulosum Phil. in Wieg. Arch. 1837. p. 388. — Solms, Corall. p. 19.
L. corallioides Hauck, Verz. Nachtrag 2. p. 50 (Crouan. Flor. Fin. p. 152. pl. 20. fig. 133?).

Im adriatischen Meere.

8. **L. byssoides** (Lamarck) Phil. Taf. II. Fig. 1.

Thallus polsterförmig-halbkugelig ausgebreitet, von 1—2 mm dicken, stielrunden oder etwas zusammengedrückten, gegen die abgerundete Spitze verdünnten, mehr weniger aufrechten, in einander verworrenen, an den Berührungsstellen an einander gewachsenen, gleich hoch verzweigten Aesten gebildet. Conceptakeln wenig erhabene, ca. 250 μ dicke Wärzchen bildend, an den Aesten zerstreut oder stellenweise genähert.

Millepora byssoides Lamarck, Hist. anim. s. vert. 2. p. 203.
L. byssoides Phil. in Wieg. Arch. p. 384. — Aresch. in J. Ag. Spec. Alg. II. p. 522. — Kütz. Tab. phyc. XIX. p. 35. Tab. 99.

Im adriatischen Meere.

B. Thallus stielrund, fadenförmig, zusammengedrückt oder mehr weniger flach, gegliedert. (Corallineae.)

LXXXIV. Gattung. **Amphiroa** Lamour.

Thallus stielrund, fadenförmig, zusammengedrückt oder flach, häufig dichotom verzweigt, durch Unterbrechung der Rindenschichte gegliedert (Gelenke nicht verkalkt), aus zwei Schichten zusammengesetzt, wovon die innere aus einem Bündel dichotomer, paralleler, verwachsener Fäden besteht, deren Zellen verlängert, zonenartig in gleicher Höhe endigen und bogig nach aussen zur Oberfläche senkrechte, kurze, dichotome, kurzgliedrige Fäden absenden, welche zusammen verwachsen, die Rindenschichte bilden. Conceptakeln auf den Gliedern des Thallus mehr weniger erhabene Wärzchen bildend, zerstreut oder gruppenweise genähert.

1. **A. cryptarthrodia** Zanard.

Thallus in Rasen aus einer krustigen Wurzelschwiele entspringend, 1—4 cm hoch, stielrund, unterhalb ca. 0·4—1 mm dick, oberhalb meist $^1/_3$—$^1/_2$ mal dünner, mehr weniger regelmässig dichotom verzweigt. Gabelzweige abstehend, die letzten meist verlängert. Gliederung meist nur unterhalb deutlich; die unteren

Fig. 113.

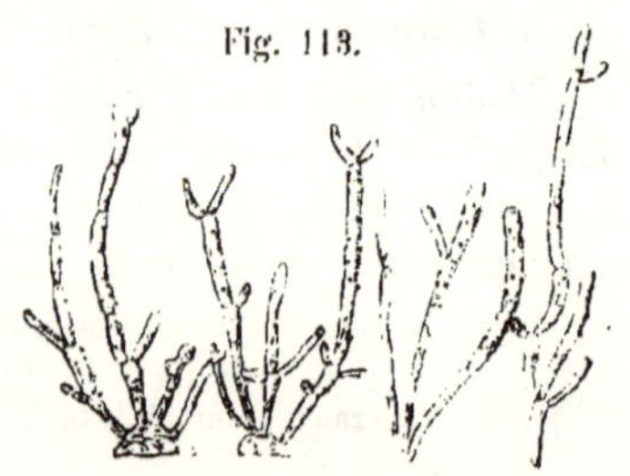

Amphiroa rigida *Lamour.*
Vier Exemplare der Alge in natürlicher Grösse.

Glieder 2—6 mal, die oberen vielmal länger als der Durchmesser. Conceptakeln rundliche oder ovale, mehr weniger erhabene Wärzchen von 300—350 μ Durchmesser bildend, an den oberen Gabelzweigen zahlreich und meist dicht gedrängt. — Rosenroth.

A. cryptarthrodia Zanard. Corall. p. 21. — Id. Icon. phyc. adr. III. p. 77. Tav. 49. A. — Solms, Corall. p. 7.

β. **verruculosa.**

Thallus gewöhnlich etwas zusammengedrückt, fast regelmässig dichotom verzweigt; Verzweigungen, wenigstens die oberen, in einer Ebene liegend, abstehend bis fast gespreizt, die letzten kurz oder doch nicht verlängert.

A. verruculosa Kütz. Phyc. gener. p. 387. Taf. 79. III. — Id. Spec. Alg. p. 700. — Id. Tab. phyc. VIII. Taf. 39. — Solms, Corall. p. 8.

Im adriatischen Meere an Cystosirenstämmen, Lithothamnien etc.

2. **A. rigida** Lamour. Fig. 113.

Thallus in Rasen aus einer krustigen Wurzelschwiele entspringend, 2—5 cm hoch, stielrund, unterhalb ca. 1—1·5 mm dick, oberhalb meist $^1/_3$—$^1/_2$ mal dünner, dichotom und häufig auch seitlich (abwechselnd oder opponirt) verzweigt. Zweige abstehend, die letzten häufig verlängert. Gliederung unterhalb deutlich, oberhalb minder deutlich; Glieder gewöhnlich 6—8 mal, die unteren bisweilen nur 2—4 mal, die oberen oft vielmal länger als der Durchmesser. Conceptakeln rundliche, wenig erhabene Wärzchen von meist 300—350 μ Durchmesser bildend, meist zahlreich und gedrängt an den oberen Zweigen. — Bräunlich-grau und bläulich bereift oder bläulich-grauweiss.

A. rigida Lamour. Polyp. flex. p. 297. Tab. 2. fig. 1. — Aresch in J. Ag. Spec. Alg. II. p. 533. — Zanard. Icon. phyc. adr. III. p. 79. Tav. 99 B. — Kütz. Spec. Alg. p. 701. — Solms, Corall. p. 6.

A. cladoniaeformis Menegh. — Kütz. Spec. Alg. p. 700. — Id. Tab. phyc. VIII. Taf. 42.

A. spina Kütz. Spec. Alg. p. 701. — Id. Tab. phyc. VIII. Tab. 41.

A. irregularis Kütz. l. c.

A. amethystina Zanard. Corall. p. 21.

A. inordinata Zanard. l. c.

Auf Felsen im adriatischen Meere.

LXXXV. Gattung. **Corallina** L.

Thallus stielrund, fadenförmig oder zusammengedrückt, dichotom oder fiederartig verzweigt, durch Unterbrechung der Rindenschichte gegliedert (Gelenke nicht verkalkt, biegsam), aus zwei Schichten zusammengesetzt, wovon die innere aus einem Bündel dichotomer, paralleler, verwachsener Fäden besteht, deren verlängerte Zellen zonenartig in gleicher Höhe endigen und bogig nach aussen zur Oberfläche senkrechte, kurze, dichotome, kurzgliedrige Fäden absenden, welche zusammen verwachsen, die Rindenschichte bilden. Conceptakeln theils eiförmig-kugelig, auf der Spitze kürzerer oder längerer Aestchen oder an unbestimmten Stellen der Glieder sitzend, theils urnenförmig mit mehr weniger vorgezogener Spitze, aus den axillären Gliedern der obersten Gabelzweige entwickelt, welche seitlich an der Spitze der Conceptakeln Insektenfühler-ähnliche Hörnchen bilden.

Fig. 114.

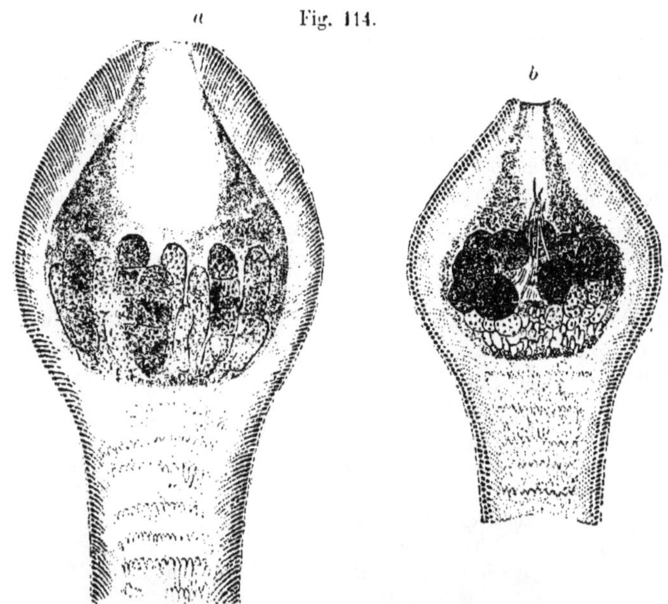

Corallina officinalis *L.* *β.* **mediterranea.**
a Längsschnitt durch ein Conceptakel mit Tetrasporangien. Vergr. 100. *b* Längsschnitt durch ein Cystocarp. Vergr. 100. (Nach Bornet).

1. **C. rubens** L. Fig. 115.

Bildet 2—5 cm hohe, meist sehr dichte, fast kugelige, gleich hohe Rasen. Thallus fadenförmig, 150—250 μ dick, in den letzten Verzweigungen mehr weniger verdünnt (ungefähr halb so dick), regelmässig dichotom und gleich hoch verzweigt. Gabelzweige aufrecht oder abstehend bis fast gespreizt, bisweilen etwas gebogen. Glieder cylindrisch, die zweigtragenden keulenförmig oder keilförmig

Fig. 115.

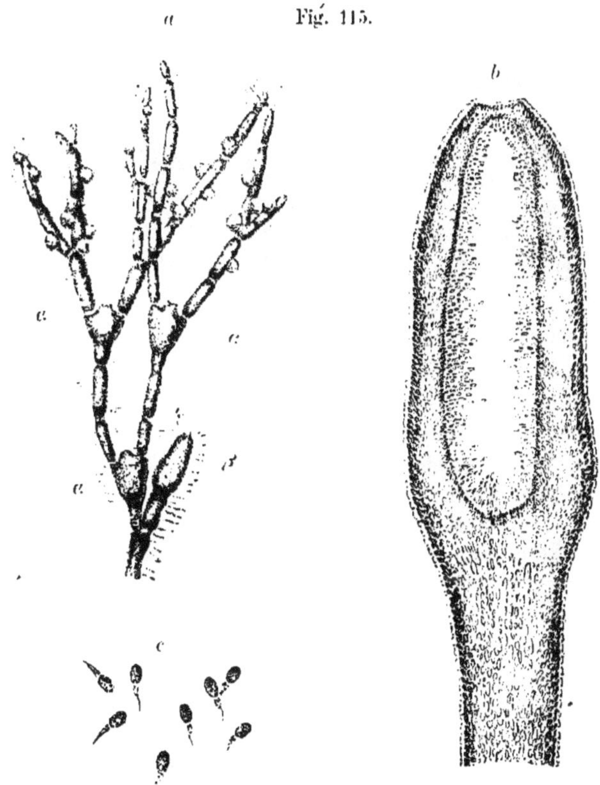

Corallina rubens *L.*
a Zweig der Alge mit drei Cystocarpien (weiblichen Conceptakeln, bei *α*) und einem männlichen Conceptakel (bei *β*). An den oberen Gabelzweigen sitzen mehrere Conceptakeln von **Melobesia Thureti**. Die ganze Pflanze ist mit äusserst zarten, einfachen, farblosen, einzelligen Haaren bekleidet. Vergr. 20. *b* Längsschnitt durch ein vom Kalke befreites männliches Conceptakel. Vergr. 160. *c* Freie Spermatozoiden. Vergr. 400. (Nach Bornet).

verbreitert, einzelne Glieder mitunter fast verkehrt pfeilförmig, mit zu kurzen Aestchen auswachsenden Spitzen. Glieder von verschiedener Länge, meist 3—6 mal länger als der Durchmesser. Die männlichen Conceptakeln länglich eiförmig, an der Spitze eines kürzeren oder längeren Aestchens (ohne Hörnchen); die weiblichen und ungeschlechtlichen urnenförmig mit vorgezogener Spitze, aus den Fussgliedern der obersten Gabelungen entstehend (daher mit zwei, seltner drei Insektenfühler-ähnlichen Hörnchen).

C. rubens L. Syst. Nat. Ed. 12. I. p. 1304. — Solms, Corall. p. 6.
Jania rubens Lamour. Polyp. flex. p. 272. — Aresch. in J. Ag. Spec. Alg. II. p. 557. — Harv. Phyc. brit. pl. 252. — Kütz. Spec. Alg. p. 709. — Id. Tab. phyc. VIII. Tab. 80. — Thur et Born. Etud. phyc. p. 96. pl. 50 et 51.
C. (Jania) cristata Kütz. Tab. phyc. l. c.
C. verrucosa Kütz. l. c.
C. spermophoros Kütz. l. c. Tab. 81.
Jania adhaerens Lamour. — Kütz. l. c. Tab. 83.

In der Nordsee und im adriatischen Meere, meist an grösseren Algen.

β. **corniculata.**

Rasen 1—5 cm hoch. Die unteren, bisweilen auch die oberen Glieder älterer Gabelzweige zusammengedrückt, fast verkehrt pfeilförmig, mit dornförmigen Spitzen, welche häufig zu zarten, meist 1—2 mm langen (mehrgliedrigen), einfachen, bisweilen gabeligen Aestchen gleichförmig auswachsen. Gabelzweige dadurch gefiedert.

C. corniculata L. Syst. Nat. Ed. 12. vol. I. p. 1305.
Jania corniculata Lamour. Polyp. flex. p. 274. — Aresch. in J. Ag. Spec. Alg. II. p. 558. — Harv. Phyc. brit. pl. 234. — Kütz. Spec. Alg. p. 710. — Id. Tab. phyc. VIII. Tab. 82.
C. (Jania) Plumula Zanard. — Kütz. Spec. Alg. p. 711. — Id. Tab. phyc. l. c. Tab. 86.

In der Nordsee und im adriatischen Meere, an grösseren Algen.

2. **C. longifurca** Zanard.

C. rubens ähnlich. Thallus 5 — 8 cm hoch, unterhalb 300—400 μ dick, oberhalb mehr weniger verdünnt, regelmässig dichotom und gleich hoch verzweigt. Gabelzweige aufrecht-abstehend, die unteren meist verlängert. Glieder cylindrisch, von verschiedener Länge, die unteren meist etwas kürzer oder länger, die oberen 3—4 mal länger als der Durchmesser. Conceptakeln wie bei C. rubens.

Als Art fraglich.

Jania longifurca Zanard. Sagg. p. 43.
C. longifurca Zanard. Icon. phyc. adr. II. p. 63. Tav. 56. — Kütz. Spec. Alg. p. 709. — Id. Tab. phyc. VIII. Tab. 78.

Im adriatischen Meere.

3. **C. virgata** Zanard. Fig. 116.

Bildet 2—4 cm hohe, sehr dichte, gleich hohe Rasen. Thallus fadenförmig, 180—350 μ, in den Aestchen letzter Ordnung 160—60 μ dick, opponirt-fiederartig oder fast di-trichotom, ziemlich gleich hoch verzweigt; Stämmchen und Aeste fast an allen Gliedern mit meist opponirten, hin und wieder abwechselnden oder zu 3—4 wirtelig entspringenden Aestchen besetzt. Aestchen einfach oder di-trichotom, später fiederartig verzweigt, abstehend. Glieder fast cylindrisch, die zweigtragenden mehr weniger keilförmig verbreitert, meist 3-4 mal, die der Aestchen letzter Ordnung mitunter 5—6 mal länger als der Durchmesser. Conceptakeln ähnlich wie bei C. rubens.

Fig. 116.

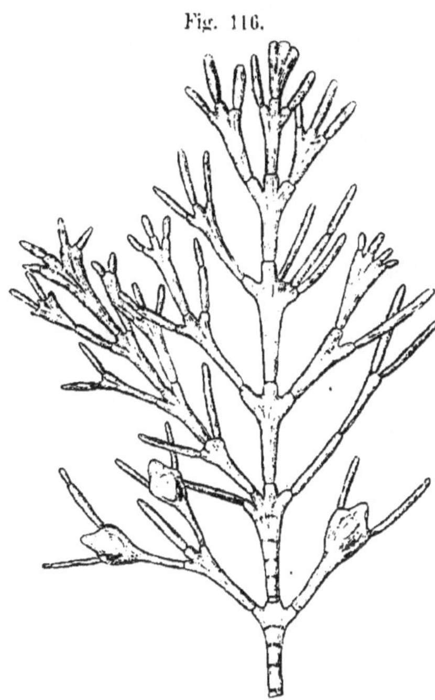

Corallina virgata *Zanard.*
Zweig der Alge mit 3 Conceptakeln. Vergr. ca. 20.

Habitus von C. rubens.

C. virgata Zanard. Sagg. p. 12. — Kütz. Spec. Alg. p. 708. — Id. Tab. phyc. VIII. Tab. 76. — Solms, Corall. p. 6.
C. granifera Aresch. in J. Ag. Spec. Alg. II. p. 569 (Ell. et. Sol. Zooph. p. 120. Tab. 21. fig. c C?).
C. attenuata Kütz. Tab. phyc. VIII. p. 37. Tab. 77.
C. gibbosa Kütz. l. c. p. 39. Tab. 82.

Im adriatischen Meere, meistens an Cystosirenstämmen.

4. C. officinalis L.

Thallus in dichten Rasen aus einer krustenartigen Wurzelscheibe entspringend, meist 2—12 cm hoch, stielrund oder zusammengedrückt, opponirt gefiedert; Stämmchen und Aeste 0·5 bis fast 2 mm, die Aestchen letzter Ordnung (Fiederchen) 160 μ bis 1 mm dick. Fiederchen aus dem oberen Ende aller Glieder der Stämmchen und Aeste (hin und wieder paarig) entspringend, abstehend, ein- oder mehrgliedrig, von verschiedener Form: bald cylindrisch oder keulenförmig, bald zusammengedrückt bis fast zweischneidig-flach und dann keilförmig, spatelig oder gegen die Spitze fächerförmig verbreitert und unregelmässig fingerförmig gespalten. Glieder von rechteckigem, verkehrt trapezischem oder verkehrt dreieckigem oder keilförmigem Umriss, 2—4 mal, die der Fiederchen meist bis 6 und mehrmal länger als der Durchmesser. Die männlichen Conceptakeln eiförmig-kugelig mit schnabelförmig vorgezogener Spitze, kopfförmige Verdickungen auf der Spitze meist eingliedriger Fiederchen bildend. Die weiblichen und ungeschlechtlichen Conceptakeln eiförmig-kugelig, ebenfalls auf der Spitze der Fiederchen, oder auch an unbestimmten Stellen der Glieder sitzend, nackt, einzelne ausnahmsweise mit sehr kurzen Insektenfühler-ähnlichen Hörnchen.

C. officinalis L. Fauna Suec. N. 2234. — Harv. Phyc. brit. pl. 222. — Aresch. in J. Ag. Spec. Alg. II. p. 562. — Kütz. Spec. Alg. p. 705. — Id. Tab. phyc. VIII. Tab. 66—68.

C. densa Kütz. Spec. Alg. p. 705.

C. granifera Kütz. Spec. Alg. p. 708. — Id. Tab. phyc. VIII. Tab. 64.

C. spathulifera Kütz. Spec. Alg. p. 709. — Id. Tab. phyc. VIII. Tab. 65.

C. nana Zanard. Icon. phyc. adr. II. p. 59. Tav. 55. — Kütz. Spec. Alg. p. 709. — Id. Tab. phyc. VIII. Tab. 86. — Aresch. in J. Ag. Spec. Alg. II. p. 564.

In der Nordsee und im adriatischen Meere.

β. mediterranea. Fig. 114.

Die weiblichen und ungeschlechtlichen Conceptakeln zum Theil mit ein- oder mehrgliedrigen Insektenfühler-ähnlichen Hörnchen.

C. mediterranea Aresch. in J. Ag. Spec. Alg. II. p. 568. — Thur. et Born. Etud. phyc. p. 93. pl. 49. — Solms, Corall. p. 4.

Im adriatischen Meere.

II. Reihe. Phaeophyceae.

Olivenbraune Algen, die in dem Plasma ihrer Zellen einen dem Chlorophyll beigemengten und dieses verdeckenden braunen Farbstoff, das Phycophaeïn enthalten.

Das Phycophaeïn wird aus frischen oder rasch getrockneten Algen durch Wasser als braune Lösung ausgeschieden. In Alkohol ist es nicht löslich.

Ausser dem Phycophaeïn kommt in dem Plasma der Phaeophyceen noch ein gelber Farbstoff, das Phycoxanthin vor, welcher sich aus der Pflanze durch 40 % Alkohol (der das Chlorophyll nicht löst) ausziehen lässt. Durch geringe Mengen von Säure wird das Phycoxanthin blaugrün; Alkalien bringen keine erhebliche Wirkung hervor.

II. Ordnung. Fucoideae.

Thallus verschieden gestaltet, olivenbraun, lederartig, parenchymatisch. Fortpflanzung durch Oosporen, welche aus der Befruchtung ruhender Oosphaeren durch schwärmende Spermatozoiden hervorgehen. Die männlichen und weiblichen Fortpflanzungsorgane — die Antheridien und Oogonien — entwickeln sich in Conceptakeln, kleinen, kugeligen Höhlungen unter der Oberfläche des Thallus. Ungeschlechtliche Fortpflanzung nicht vorhanden.

Die Fucoideen bilden eine in sich abgeschlossene Gruppe von nahe einander verwandten Formen; meist ansehnliche, knorpelige lederartige, in den unteren Theilen oft holzartige, olivenbraune (trocken meist schwarze) Algen, die ausschliesslich im Meere leben. Der gewöhnlich stielrunde bis flache, verschieden verzweigte Thallus ist aufrecht wachsend und in der Regel mittelst einer konischen Wurzelschwiele dem Substrate angewachsen. Er besteht aus einem massigen Gewebe, welches fast durchaus parenchymatisch ist, oder an welchem man eine aus langgestreckten, häufig vielfach durch einander gewundenen Zellen zusammengesetzte, oft lockere Markschichte unterscheidet. Die Zellen der äusseren Lagen sind klein und enthalten dunkelbraun gefärbtes Plasma. Häufig weicht das Gewebe an bestimmten Stellen zu grösseren, sich mit Gasen füllenden Hohlräumen — Luftblasen — auseinander, welche diesen Algen zum Schwimmen dienen.

Bei den meisten Fucoideen finden sich auch auf der Oberfläche zerstreut sogenannte Fasergrübchen, kugelige oder ovale Grübchen, welche der Rindenschichte des Thallus eingesenkt sind und aus deren Wandung zahlreiche, sehr zarte, einfache, farblose Gliederfäden — Sprossfäden oder Paraphysen — entspringen, welche gegen die verengte Mündung des Fasergrübchens convergiren und zum Theil aus derselben in Form eines Haarbüschels hervorstehen.

Die Fortpflanzungsorgane entstehen in Conceptakeln, welche mit ihrer Mündung über die Thallusoberfläche warzig vorragen und in ihrer Struktur mit den Fasergrübchen übereinstimmen; nur treten auf der Wand der Höhlung neben den meist kürzeren Sprossfäden noch die Antheridien und Oogonien auf.

Die Conceptakeln concentriren sich häufig auf den fleischig verdickten Spitzen des Thallus, oder aber sie entspringen an bestimmten, durch ihre Gestalt von dem sterilen Theile des Thallus mehr oder weniger verschiedenen Abschnitten desselben, welche dann als Fruchtkörper bezeichnet werden. Seltener sind die Conceptakeln gleichmässig über den ganzen Thallus oder einem grossen Theil desselben verbreitet, finden sich daher bisweilen auch auf den Luftblasen.

Die Antheridien und Oogonien kommen entweder zusammen in demselben Conceptakel vor und dann sind sie entweder regellos zwischen den Sprossfäden vertheilt, oder die Oogonien nehmen den Grund, und die Antheridien den oberen Theil des Conceptakels ein, oder die Entwickelung männlicher und weiblicher Conceptakeln findet gesondert auf verschiedenen Individuen statt. Die Fucoideen sind demnach hermaphroditisch oder diöcisch.

Die Antheridien sitzen in grosser Anzahl an reich verzweigten Sprossfäden; ein jedes Antheridium ist eine länglich-ovale, zartwandige, farblose Zelle, deren Inhalt in zahlreiche, sehr kleine Spermatozoiden zerfällt. Diese sind meist birnförmig, mit einem rothen Pigmentfleck versehen und mittelst zweier, seitlich unter der Spitze inserirter Cilien lebhaft beweglich.

Die Oogonien sind grosse, kugelige oder birnförmige, auf kurzen Stielzellen sitzende Zellen mit dunkelbraun gefärbtem Inhalte, aus welchem sich eine oder durch Theilungen zwei, vier oder acht bewegungs- und membranlose Oosphaeren entwickeln, die aus dem Oogonium und dem Conceptakel austreten, sich abrunden und von den gleichzeitig austretenden Spermatozoiden ausserhalb des Conceptakels befruchtet werden.

Bei der Befruchtung findet wahrscheinlich eine vollständige Verschmelzung der Oosphaere mit den Spermatozoiden statt.

Die so befruchtete Oosphaere — die Oospore — umgibt sich mit einer Membran und entwickelt sich dann sofort, ohne in ein Ruhestadium einzugehen.

Nur eine Familie.

I. Familie. Fucaceae.

Gatttungen:

I. Himanthalia.	**IV. Halidrys.**
II. Ascophyllum.	**V. Cystosira.**
III. Fucus.	**VI. Sargassum.**

I. Familie. **Fucaceae.**

Charakter der Ordnung.

Fig. 117.

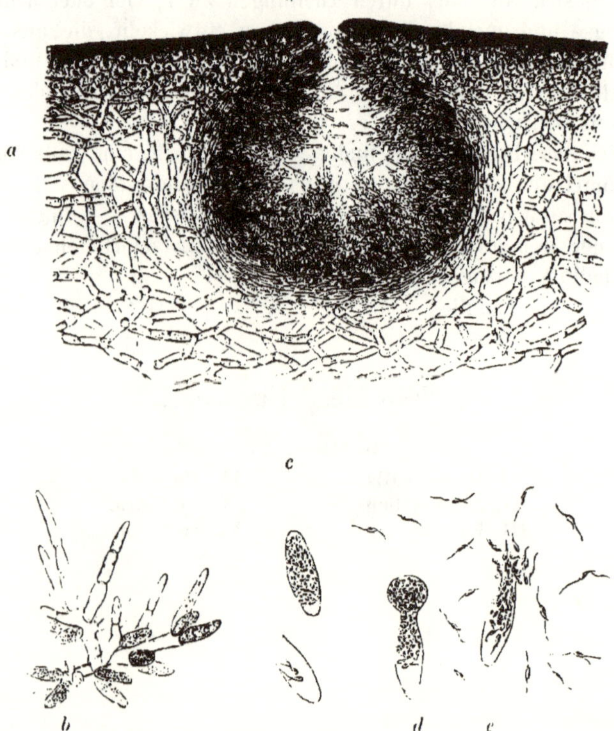

Fucus vesiculosus *L.*

a Durchschnitt durch ein Conceptakel mit Antheridien. Vergr. 50. *b* Verzweigter Sprossfaden von der Wandung desselben mit Antheridien in verschiedenen Entwicklungszuständen. Vergr. 160. *c, d, e* und *f* Antheridien vor, während und nach Entleerung der Spermatozoiden. Vergr. 330. (Nach Thuret.)

Fig. 118.

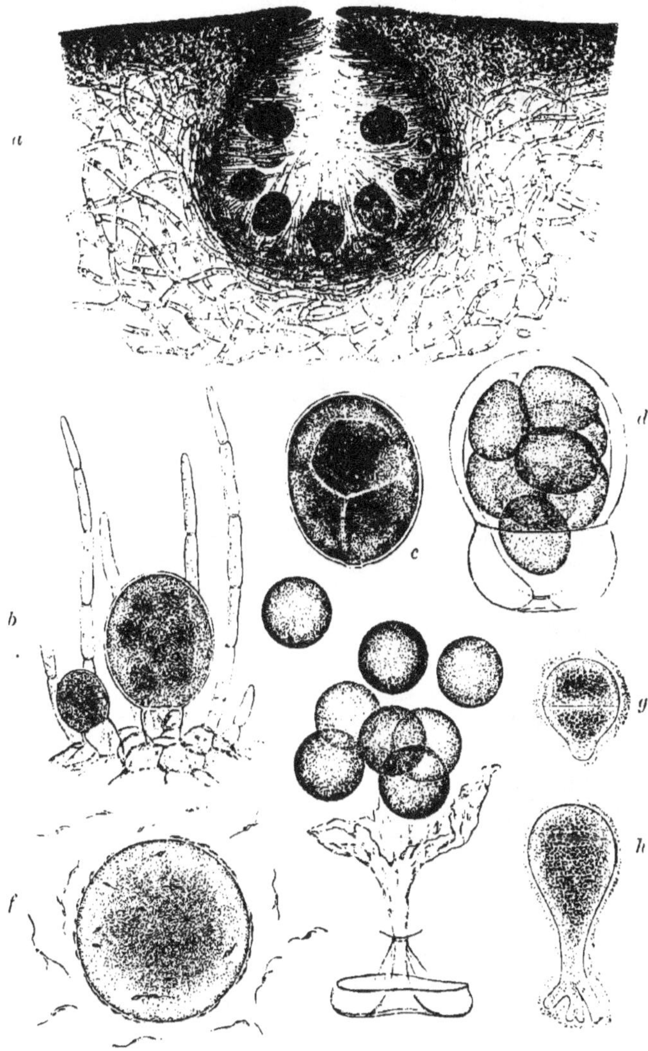

Fucus vesiculosus *L.*

a Durchschnitt durch ein Conceptakel mit Oogonien. Vergr. 50. *b* Zwei junge Oogonien. Vergr. 160. *c* Reifes, aus der äusseren Membran hervorgetretenes Oogonium. Vergr. 160. *d*, *e* Weitere Entwickelung und das Austreten der Oosphaeren. Vergr. 160. *f* Eine von Spermatozoiden umschwärmte Eizelle im Momente der Befruchtung. Vergr. 330. *g*, *h* Zwei junge Keimpflänzchen. Vergr. 160. (Nach Thuret.)

Fig. 119.

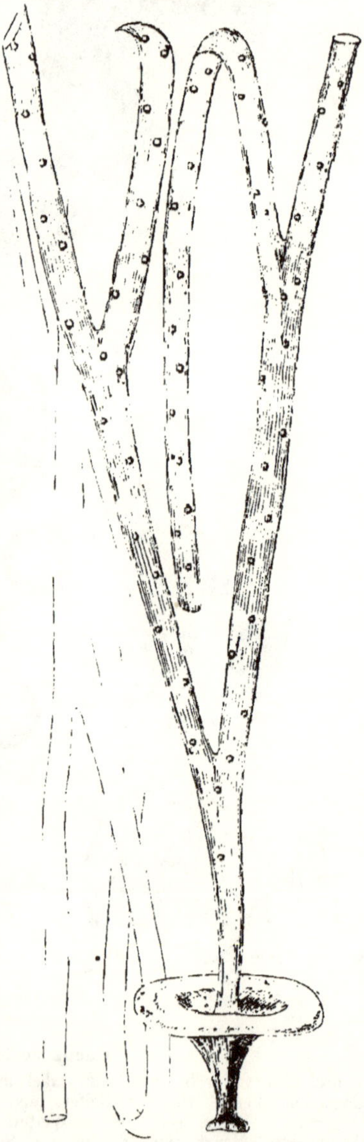

Himanthalia lorea (*L.*) *Lyngb.*
Alge in natürlicher Grösse.

I. Gattung. **Himanthalia** Lyngb.

Thallus napf- oder becherförmig, gestielt, aus der Mitte lange riemenförmige, dichotome (die Hauptmasse der Pflanze bildende) Fruchtkörper treibend; Conceptakeln auf denselben zerstreut. Oosphaeren einzeln in dem Oogonium. Diöcisch.

1. **H. lorea** (L.) Lyngb. Fig. 119.

Gesellig wachsend. Thallus anfänglich birnförmig, hohl, später oberhalb einsinkend, trichterförmig, 3—5 cm im Durchmesser, gestielt. Stiel 1—2 cm lang. Fruchtkörper zu dreien bis vieren entspringend, 1—3 m lang und darüber, zusammengedrückt, 5—10 mm breit, durchaus gleich breit, zwei- bis mehrmal dichotom getheilt; Endsegmente meist sehr lang, allmälig zugespitzt.

Fucus loreus L. Syst. plant. II. p. 716. H. lorea Lyngb. Hydr. Dan. p. 36. Tab. 8. — J. Ag. Spec. Alg. I. p. 196. — Kütz. Spec. Alg. p. 587. — Id. Tab. phyc. X. Tab. 6. — Harv. Phyc. brit. pl. 78. — Thur. et Born. Etud. phyc. p. 48. pl. 24.

In der Nordsee (Helgoland).

a, *b* **Ascophyllum nodosum** *(L.) Le Jol.* *c* **F. scorpioides.** Figuren in natürlicher Grösse.

II. Gattung. **Ascophyllum** Stackh.

Thallus zusammengedrückt, ohne Mittelrippe, fast fiederig verzweigt, stellenweise mit in der Mittellinie liegenden Luftblasen. Fruchtkörper eiförmig, lang gestielt, einzeln oder in Büscheln seitlich entspringend; Conceptakeln dicht gedrängt. Oosphaeren zu vieren in dem Oogonium. Diöcisch.

Perennirend.

1. **A. nodosum** (L.) Le Jolis. Fig. 120 *a*, *b*.

Thallus bis 1 m und darüber lang, meist 5—10 mm breit, dichotom und fiederig verzweigt; Rand weitläufig gezähnt. Seitenäste an der Basis sehr verschmälert. Luftblasen oval oder länglich, breiter als der Thallus. Fruchtkörper eiförmig oder oval, an der Spitze kurzer, schmälerer seitlicher Aestchen entwickelt, welche in den Achseln der Zähne entspringen und später abfallen.

Fucus nododus L. Spec. Plant. II. p. 1628. — Harv. Phyc. brit. pl. 158.

A. nodosum Le Jolis, Nomencl. gener. p. 19. — Thur. et Born. Etud. phyc. p. 42. pl. 18—20.

Fucodium nodosus J. Ag. Spec. Alg. I. p. 206.

Ozothalia vulgaris Decne. et Thur. — Kütz. Spec. Alg. p. 591. — Id. Tab. phyc. X. Taf. 20.

In der Nordsee.

F. scorpioides. Fig. 120 *c*.

Thallus fast stielrund, fiederästig; Aeste verlängert, fadenförmig. Luftblasen fehlend.

Fucus scorpioides Fl. Dan. Tab. 1479.

Fucodium nodosus, var. γ. Scorpioides J. Ag. Spec. Alg. I. p. 207.

Fucus nodosus, var. denudatus Ag. Spec. Alg. p. 86.

Ozothalia vulgaris, scorpioides Kütz. Tab. phyc. X. p. 8. Taf. 20. fig. γ.

In der Ostsee.

III. Gattung. **Fucus** L.

Thallus flach, dichotom getheilt. Segmente linear, mit einer Mittelrippe, die später unterhalb einen Stengel bildet. Oberfläche durch mehr weniger zahlreiche Fasergrübchen drüsig punktirt. Luftblasen bisweilen vorhanden, neben der Mittelrippe meist paarweise einander opponirt oder einzeln unter den Achseln der Segmente. Fruchtkörper aus den fleischig verdickten, oft aufgetriebenen Spitzen der Endsegmente entwickelt. Oosphaeren zu achten in dem Oogonium.

Perennirende Algen.

b Fig. 121. a

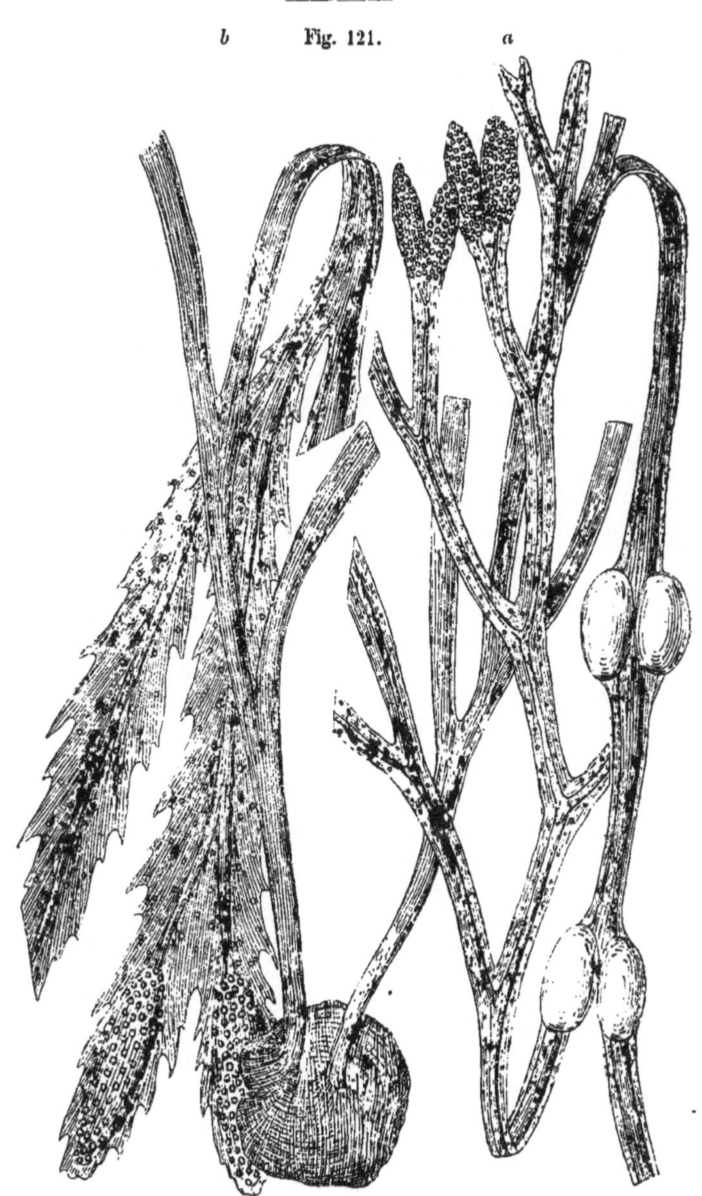

a **Fucus vesiculosus** *L.* *b* **Fucus serratus** *L.* mit ihren Wurzelscheiben zusammengewachsen. Natürliche Grösse. (Nach Kützing.)

1. F. vesiculosus L. Fig. 117, 118 und 121 *a*.

Thallus sehr veränderlich in Grösse und Gestalt. 1 dm bis über 1 m hoch und 4—40 mm breit (bisweilen schmäler), dichotom, gleich hoch oder dichotom und fiedertheilig; Rand glatt. Luftblasen paarig zu beiden Seiten der Mittelrippe, bisweilen einzeln unter den Achseln der Segmente, mitunter (namentlich bei schmalen Formen) fehlend, kugelig oder länglich, beiderseits gleich stark hervortretend. Fruchtkörper meist eirund oder länglich, bisweilen spitz, einfach oder gabelig, zusammengedrückt oder blasig aufgetrieben. Diöcisch.

F. vesiculosus L. Spec. Plant. II. p. 1626. — J. Ag. Spec. Alg. I. p. 210 (partim). — Id. Spetsberg. Alger. II. p. 42. — Harv. Phyc. brit. pl. 204. — Kütz. Spec. Alg. p. 589. — Id. Tab. phyc. X. Taf. 11. — Thur. et Born. Etud. phyc. p. 38. pl. 15.

In der Nord- und Ostsee.

F. baltica.

Thallus rasig, meist 3—6 cm hoch und 1—3 mm breit, mitunter fast fadenförmig, dichotom getheilt; Mittelrippe undeutlich. Fasergrübchen zum Theil randständig. Luftblasen fehlend.

F. balticus Ag. Swensk. Bot. T. 8. Taf. 516. — Kütz. Tab. phyc. X. Taf. 12. — Gobi, Brauntange p. 19. Taf. 2. fig. 19—22.

F. vesiculosus, var. baltica J. Ag. Spec. Alg. I. p. 210.

F. vesiculosus, var. subecostata Ag. Spec. Alg. I. p. 91.

In der Ostsee.

2. F. platycarpus Thur.

F. vesiculosus ähnlich. Thallus meist 2—5 dm hoch und 1—2 cm breit, dichotom und etwas fiedertheilig; die seitlichen Segmente abwechselnd, einfach oder gabelig; Rand glatt. Luftblasen fehlend. Fruchtkörper eirund, stumpf, blasig aufgetrieben, gerandet, meist einzeln. Hermaphroditisch.

F. platycarpus Thur. in Ann. sc. nat. 3e serie 1851, T. XVI. p. 9. pl. 2. — Thur. et Born. Etud. phyc. p. 39. pl. 16 und 17.

F. spiralis L. et. Auct. partim.

In der Nordsee.

3. F. virsoides J. Ag.

Thallus 1—2 dm hoch, 5—10 mm breit, dichotom, gleich hoch; Rand glatt. Luftblasen fehlend. Fruchtkörper eirundlanzettlich, oft blasig aufgetrieben. Hermaphroditisch.

F. virsoides J. Ag. Spetsberg. Alger. II. p. 42.

F. vesiculosus var. Sherardi Auct. — Kütz. Spec. Alg. p. 589. — Id. Tab. phyc. X. Taf. 13.

Im adriatischen Meere.

4. **F. serratus** L. Fig. 121 *b*.

Thallus 3—6 dm und darüber hoch, 1—5 cm breit, dichotom; Rand undeutlich oder spitz gesägt. Luftblasen fehlend. Fruchtkörper flach, gabelig, verlängert, spitz. Diöcisch.

F. serratus L. Spec. Plant. II. p. 1626. — J. Ag. Spec. Alg. I. p. 211. — Harv. Phyc. brit. pl. 47. — Kütz. Spec. Alg. p. 590. — Id. Tab. phyc. X. Taf. 11. — Thur. et Born. Etud. phyc. p. 25. pl. 11—14.

In der Nord- und Ostsee.

5. **F. ceranoides** L.

Thallus 2—3 dm hoch, 0·5—2 cm breit, steril durchaus dichotom, fruktificirend auch fiedertheilig; die seitlichen Segmente abwechselnd, selten fast opponirt, dicht dichotom fächerförmig ausgebreitet; Rand glatt. Eigentliche Luftblasen fehlend, Thallus jedoch bisweilen stellenweise blasig aufgetrieben. Fruchtkörper meist gabelig, fleischig verdickt, zugespitzt. Diöcisch oder hermaphroditisch.

Kommt bisweilen mit schmälerem, 2—3 mm breitem Thallus und stumpfen Fruchtkörpern vor.

F. ceranoides L. Spec. Plant. II. pl. 1626. — J. Ag. Spec. Alg. I. p. 209. — Harv. Phyc. brit. pl. 271. — Kütz. Spec. Alg. p. 590. — Id. Tab. phyc. X. Taf. 14. — Kleen. Nordl. Hafsalger. p. 27. Tafl. II.

In der Nordsee.

IV. Gattung. **Halidrys** Lyngb.

Thallus zusammengedrückt-zweischneidig, wiederholt zweizeilig abwechselnd fiederästig. Die unteren Aeste fast flach, blattartig, die oberen schmäler, wiederholt verzweigt und fast fadenförmig. Luftblasen und Fruchtkörper aus den oberen Aestchen entwickelt. Luftblasen gestielt, schotenförmig, zugespitzt, gliederartig eingeschnürt und septirt. Fruchtkörper aus den Endästchen entwickelt, lanzettlich, zusammengedrückt, gestielt. Hermaphroditisch. Perennirend.

1. **H. siliquosa** (L.) Lyngb. Fig. 122.

Thallus 1—2 m lang, linear, ungefähr 2—5 mm breit, reich verzweigt. Aeste an den Stellen von abgefallenen Aestchen mit zahnartigen Stumpfen. Die unteren Aeste linear mit undeutlicher

Mittelrippe, verlängert, einfach oder mit wenigen kleinen Aestchen oder Luftblasen besetzt, die oberen allmälig ein- bis dreifach gefiedert. Luftblasen linear-länglich oder lanzettlich, gestielt und mit längerer oder kürzerer Spitze. Fruchtkörper meist traubig an den Enden der Aeste.

Variirt: Mit zahlreicheren, verlängerten, blattartigen Aestchen und ohne Luftblasen.

Fucus siliquosus L. Spec. Plant. II. 1829. H. siliquosa Lyngb. Hydr. Dan. p. 37. Tab. 8. — J. Ag. Spec. Alg. I. p. 236. — Harv. Phyc. brit. pl. 66. — Kütz. Spec. Alg. p. 604. — Id. Tab. phyc. X. Taf. 62.

In der Nord- und Ostsee.

Fig. 122.

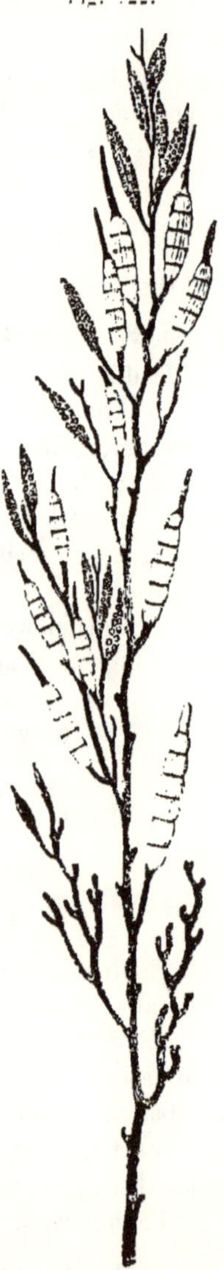

Halidrys siliquosa *(L.) Lyngb.*
Zweig der fruktificirenden Alge in natürlicher Grösse.

V. Gattung. **Cystosira** Ag.

Thallus stielrund oder zusammengedrückt-flach, häufig fadenförmig verlängert, reich verzweigt. Zweige häufig stellenweise zu einzelnen oder kettenförmig gereihten, in der Achse liegenden Luftblasen aufgetrieben. Fasergrübchen als punktförmige Drüsen auf den Zweigen und Luftblasen bei mehreren Arten. Conceptakeln kleine Wärzchen auf den Aestchen bildend: letztere häufig in Fruchtkörper umgewandelt. Oosphaeren einzeln in dem Oogonium. Hermaphroditisch.

Perennirende Algen.

1. **C. Montagnei** J. Ag.

Stamm 1—3 dm hoch, fingerdick, gabelig oder etwas seitlich verzweigt, abgestutzt, unterhalb spärlicher, oberhalb dicht mit höckerigen und dicht bestachelten, fast konischen Knorren besetzt, aus deren Spitzen einzelne oder mehrere, 1—2 dm lange, fast gleich hohe, abwechselnd fiederartig verzweigte Aeste entspringen. Aeste meist 1—2 mm breit, linear, mittelrippig, an der Basis fast stielrund (und häufig etwas stachelig), dann fast dreikantig, oberhalb (die jungen Aeste durchaus) flach, zerstreut drüsig punktirt; Rand sägezähnig; Sägezähne 1—2 mm lang, entfernt oder genähert, stellenweise fehlend, die älteren dornartig. Luftblasen fehlend. Conceptakeln warzenförmige Anschwellungen an den oberen Theil der Aestchen bildend, zerstreut oder genähert.

Fig. 123.

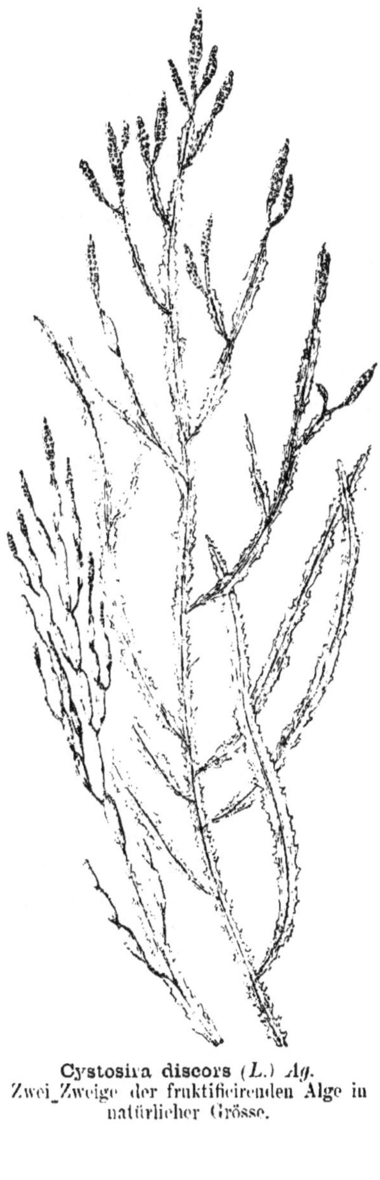

Cystosira discors (*L.*) *Ag.*
Zwei Zweige der fruktificirenden Alge in natürlicher Grösse.

Die Alge erinnert an eine Kopfweide.

C. Montagnei J. Ag. Alg. med. p. 47. — Id. Spec. Alg. I. p. 216.
Phyllacantha Montagnei Kütz. Spec. Alg. p. 597. — Id. Tab. phyc. X. Taf. 31 und 32.
Ph. gracilis Kütz. Spec. Alg. p. 597. — Id. Tab. phyc. X. Taf. 31.
Ph. pinnata Kütz. Spec. Alg. p. 597. — Id. Tab. phyc. X. Taf. 32.
Ph. affinis Kütz. Spec. Alg. p. 597. — Id. Tab. phyc. X. Taf. 33.

Im adriatischen Meere.

β. **moniliformis.**

Aeste unterhalb ca. 1 mm, oberhalb halb so breit, fast corymbos-büschelig, dicht verzweigt. Dornzähne meist klein, spärlich, stellenweise fehlend. Conceptakeln im oberen Theile, bisweilen in der Mitte der Aestchen gereiht.

Phyllacantha moniliformis Kütz. Spec. Alg. p. 597. — Id. Tab. phyc. X. Taf. 32.

Im adriatischen Meere (Insel Pelagosa).

2. **C. amentacea** Bory.

Thallus 1—4 dm hoch. Hauptäste zu mehreren aus einem kurzen Strunk oder aus der Spitze eines kurzen (meist 2—12 cm langen), ca. 5 mm dicken Stammes entspringend, meist 1—2 mm dick, oberhalb verdünnt, allseitig abwechselnd pyramidal verästelt und durchaus mehr weniger dicht mit meist 2—4 mm langen, zusammengedrückten, pfriemigen, einfachen und gabelspaltigen Dornästchen besetzt. Hauptäste unterhalb gewöhnlich astlos, nur mit Aststumpfen oder zerstreuten Dornästchen besetzt. Dornästchen aufrecht oder abstehend, häufig gebogen, hin und wieder drüsig. Luftblasen fehlend oder einzeln unter den Spitzen der Aeste, oval, mit Dornästchen besetzt. Conceptakeln warzige Anschwellungen bildend, aussenseitlich an der Basis der oberen Dornästchen, mitunter in kätzchenförmigen Astspitzen zusammengedrängt. Im Leben irisirend.

Ist kaum specifisch von C. ericoides (L.) J. Ag. verschieden.

C. amentacea Bory, Exped. en Morée. III. 2. p. 319. — Menegh. Alg. ital. p. 47. Tav. II. fig. 2. — J. Ag. Spec. Alg. I. p. 219.
Halerica amentacea Kütz. Spec. Alg. p. 594. — Id. Tab. phyc. X. Taf. 40.
H. lupulina Kütz. Spec. Alg. p. 595. — Id. Tab. phyc. X. Taf. 41.
H. selaginoides Kütz. Spec. Alg. l. c. — Id. Tab. phyc. X. Taf. 42.
H ericoides Kütz. Spec. Alg. p. 594. — Id. Tab. phyc. X. Taf. 38.

Im adriatischen Meere.

3. **C. corniculata** (Wulf.) Zanard.

Bildet 6—15 cm hohe Rasen. Stamm niederliegend, hin- und hergebogen, verzweigt, stachelig-rauh und knorrig, verwachsen, zahlreiche, aufrechte, dicht stehende, fast gleich lange, 1—3 mm dicke, aufwärts verdünnte Hauptäste entsendend, welche oberhalb allseitig abwechselnde, abnehmende Aeste treiben, die, sowie jene, überall dicht mit kurzen (etwas über 1 mm langen), spitzen, konischen oder zusammengedrückten, einfachen und 2—4spaltigen, abstehenden Dornästchen besetzt sind; die untersten Dornästchen kürzer, zarter, gespreizt und meist sehr dicht. Luftblasen fehlend. Conceptakeln knotige Anschwellungen aussenseitlich an der Basis der oberen Dornästchen bildend, oft zusammenfliessend, aber kaum zu einem Fruchtkörper vereinigt.

Fucus corniculatus Wulf. Crypt. aquat. N. 29.
C. corniculata Zanard. Lett. II. p. 35. — Id. Icon. phyc. adr. III. p. 5. Tav. 81. — J. Ag. Spec. Alg. I. p. 220.

C. squarrosa De Not. — J. Ag. Spec. Alg. I. p. 221.
Halerica corniculata Kütz. Spec. Alg. p. 594. — Id. Tab. phyc. X. Taf. 39.
H. aculeata Kütz. Spec. Alg. et Tab. phyc. l. c.
H. squarrosa Kütz. Spec. Alg. p. 595. — Id. Tab. phyc. X. Taf. 43.

Im adriatischen Meere.

4. **G. crinita** (Desfont.) Duby.

Thallus 2—6 dm lang. Stamm verlängert, stielrund, 3—6 mm dick, einfach oder getheilt, häufig an der Spitze abgestutzt, unterhalb meist astlos, glatt oder durch Aststummeln stumpfdornig, oberhalb mit allseitig entspringenden, reich verzweigten, dünneren Hauptästen büschelig besetzt. Hauptäste an der Basis mehr weniger stachelig-rauh, wiederholt allseitig abwechselnd, in den jüngsten Verzweigungen zweizeilig abwechselnd, verzweigt; Zweige 1—0·5 mm dick, anfänglich zusammengedrückt-flach, später fadenförmig, zerstreut drüsig punktirt, hin und wieder mit ca. 1 mm langen pfriemigen Dornästchen besetzt; Enden abgestutzt. Luftblasen fehlend. Fruchtkörper aus den Zweigenden entwickelt, länglich, mit kurzen Dornästchen besetzt, selten dornlos.

Fucus crinitus Desfont. Fl. Atlant. 2. p. 425.
C. crinita Duby, Bot. Gall. p. 936. — J. Ag. Spec. Alg. I. p. 223.
Cryptacantha crinita Kütz. Spec. Alg. p. 601. — Id. Tab. phyc. X. Taf. 53.
Cr. flaccida Kütz. Spec. Alg. et Tab. phyc. l. c.
Cr. squarrosa Kütz. Spec. Alg. l. c. — Id. Tab. phyc. X. Taf. 54.
Cr. robusta Kütz. Spec. Alg. p. 601.

Im adriatischen Meere.

5. **C. barbata** (Good. et Woodw.) Ag. Fig. 124.

Thallus 5—12 dm lang. Stamm 0·5—1 cm dick, stielrund, einfach oder etwas verzweigt, kurz oder verlängert, meist abgestutzt, glatt oder durch Aststumpfen stumpfdornig, der Länge nach allseitig mit fadenförmigen, meist sehr verlängerten, allseitig abwechselnd (unterhalb oft anscheinend dichotom) reich verzweigten, in den Verzweigungen ca. 1 mm dicken Hauptästen besetzt. Zweige oft sehr verlängert, glatt oder mitunter stark drüsig punktirt. Luftblasen länglich oder verlängert, meist sehr zahlreich, kettenförmig gereiht, bisweilen zusammenfliessend, seltener vereinzelt oder fast fehlend. Fruchtkörper aus den Endästchen entwickelt, meist gestielt, spindelig oder fadenförmig verlängert, fein zugespitzt, ohne Dornästchen, einfach.

Fucus barbatus Good. et Woodw. Lin. Trans. III. p. 128.
C. barbata Ag. Spec. Alg. I. p. 57. — J. Ag. Alg. med. p. 50. — Id. Spec. Alg. I. p. 223. — Kütz. Spec. Alg. p. 599. — Id. Tab. phyc. X. Taf. 44. fig. a—h. — Harv. Phyc. brit. pl. 360.
C. Hoppii Ag. — Kütz. Spec. Alg p. 599. — Id. Tab. phyc. X. Taf. 45. a—f.

Im adriatischen Meere.

6. **C. discors** (L.) Ag. Fig. 123.

Thallus 2—6 dm hoch, anfänglich zweizeilig, später allseitig abwechselnd verzweigt. Stamm kurz, warzig oder stachelig-rauh, oberhalb in mehr weniger verlängerte Hauptäste getheilt. Hauptäste der jungen Pflanze flach, mittelrippig, linear, 2—6 mm breit, aufwärts verschmälert, am Rande unregelmässig gezähnt, mit blattartigen, schmallanzettlichen, mittelrippigen, einfachen oder verzweigten Aestchen zweizeilig besetzt. Hauptäste der ausgewachsenen Pflanze stielrund oder zusammengedrückt, stacheligrauh, unterhalb meist nackt, oberhalb fast allseitig abwechselnd reich verästelt; Aeste zweizeilig verzweigt, zusammengedrückt bis flach, schmal, häufig fast fadenförmig; Aestchen ca. 0·5—1 mm breit, fast linear, glatt oder fast lanzettlich verbreitert und am Rande etwas gezähnt. Luftblasen (an fadenförmigen Zweigen) länglich, an kürzeren Zweigen einzeln, an verlängerten kettenförmig gereiht, bisweilen fehlend. Fruchtkörper aus den Spitzen der Aestchen entwickelt, eiförmig oder spindelig.

Fucus discors L. Syst. Nat. p. 717.
C. discors Ag. Spec. Alg. I. p. 62. — J. Ag. Spec. Alg. I. p. 17. — Kütz. Spec. Alg. p. 601. — Id. Tab. phyc. X. Taf. 51.

Fig. 124.

Cystosyra barbata (*Good. et Woodw.*) *Ag.*
a Zweig der fruktificirenden Alge in natürlicher Grösse. *b* Zweigspitze mit einer Luftblase und zwei Fruchtkörpern, schwach vergrössert.

C. foeniculacea Harv. phyc. brit. pl. 122. Kütz. Tab. phyc. X. p. 19. Taf. 51.
C. paniculata Kütz. Spec. Alg. p. 599. — Id. Tab. phyc. X. Taf. 45.

Im adriatischen Meere.

7. C. **abrotanifolia** Ag.

Thallus 1—10 dm hoch, unterhalb 3—6 mm, oberhalb ca. 1 mm dick, keinen eigentlichen Stamm bildend, nahe der Basis in mehrere Hauptäste getheilt, anfänglich zusammengedrückt-flach, undeutlich mittelrippig, fast linear, abwechselnd gefiedert, mit fast stumpf lanzettlichen Fiederchen; später unterhalb zusammengedrückt, oberhalb stielrund, allseitig abwechselnd verzweigt, mit fadenförmigen Zweigen. Hauptäste durchaus glatt, nie stachelig-rauh; Zweige bisweilen dicht drüsig punktirt. Luftblasen an jüngeren, fadenförmigen Zweigen, oval oder verlängert, bisweilen gabelig, einzeln oder gereiht, öfters fehlend. Fruchtkörper aus den Aestchen letzter Ordnung entwickelt, gestielt oder sitzend, spitz-eiförmig oder spindelig, einfach oder gabelig.

C. abrotanifolia Ag. Spec. Alg. I. p. 63. — J. Ag. Spec. Alg. I. p. 225. — Kütz. Spec. Alg. p. 600. — Id. Tab. phyc. X. Taf. 47.
C. patentissima Kütz. Spec. Alg. p. 600.
C. elata Kütz. Spec. Alg. l. c. — Id. Tab. phyc. X. Taf. 47.
C. microcarpa Kütz. Spec. Alg. et Tab. phyc. l. c.
C. divaricata Kütz. Spec. Alg. p. 600. — Id. Tab. phyc. X. Taf. 49.
C. fimbriata Lamour. — Kütz. Spec. Alg. et Tab. phyc. l. c.
C. glomerata Kütz. Spec. Alg. p. 601. — Id. Tab. phyc. X. Taf. 49.
C. squarrosa Kütz. Tab. phyc. X. p. 17. Taf. 48.
C. leptocarpa Kütz. Spec. Alg. p. 46. — Id. Tab. phyc. X. Taf. 46.
C. pumila Mont. — Kütz. Tab. phyc. X. p. 18. Taf. 50.

Im adriatischen Meere.

8. C. **fibrosa** (Huds.) Ag.

Thallus bis 1 m lang und darüber. Stamm zusammengedrückt, 4—6 mm breit, verlängert, oberhalb verdünnt, zweizeilig mit reich verzweigten Hauptästen oder unterhalb mit deren dornartigen Stumpfen besetzt. Hauptäste verlängert, dem Stamme gleich gestaltet, nur dünner, regelmässig wiederholt zweizeilig abwechselnd verzweigt; Aestchen flach, linear, mittelrippig, glatt (nicht drüsig punktirt), verlängert, einfach, selten gabelig, die unteren 1—2 mm breit, die oberen sehr schmal, borstenförmig. Luftblasen verhältnissmässig gross, kugelig-oval, einzeln oder bis zu vieren entfernt gereiht, bisweilen fehlend. Fruchtkörper aus den Aestchen vorletzter

Ordnung entwickelt, verlängert fadenförmig (meist 1—4 cm lang), meist mit dornartigen Aestchenstumpfen besetzt.

Fucus fibrosus Huds. Fl. Angl. p. 575.

C. fibrosa Ag. Spec. Alg. I. p. 65. — J. Ag. Spec. Alg. I. p. 226. — Harv. Phyc. brit. pl. 131. — Thur. et Born. Etud. phyc. p. 51. pl. 26.

Phyllacantha fibrosa Kütz. Spec. Alg. p. 598. — Id. Tab. phyc. X. Taf. 35.

Ph. thesiophylla Kütz. Tab. phyc. X. p. 13. Taf. 35.

In der Nordsee (Norderney, Wangerooge).

VI. Gattung. **Sargassum** Ag.

Thallus stengelig; Stengel verzweigt, beblättert, mit gesonderten Luftblasen und verzweigten Fruchtästchen. Blätter derbhäutig, gestielt, mittelrippig, (meist) horizontal gestellt. Luftblasen kugelig, gestielt, achselständig an den Blattstielen, oder die Stelle von Blättern einnehmend. Fruchtkörper aus den Zweigen fadenförmiger Fruchtästchen entwickelt, die ursprünglich aus den Blattstielen sprossen. Hermaphroditisch. Oosphaeren einzeln in dem Oogonium. Perennirend.

1. **S. linifolium** (Turn.) Ag. Fig. 125.

Thallus 2—10 dm und darüber lang. Stengel zu mehreren aus einem kurzen Strunke entspringend, fadenförmig, fast stielrund (meist 2—3 mm) dick, verlängert, einfach oder allseitig abwechselnd abnehmend verzweigt, durchaus oder nur oberhalb mehr oder weniger stachelig-rauh. Blätter linear-lanzettlich (bald sehr schmal, fast linear und beiderends verschmälert, bald breiter, fast länglich-lanzettlich, einzelne bisweilen, namentlich die unteren, gabel- oder fiederspaltig), schwach drüsig punktirt, fast glattrandig oder fein gezähnt, seltener fast gesägt, in der Grösse sehr verschieden, gewöhnlich 1—8 cm lang und 2—10 mm breit. Luftblasen 2—8 cm im Durchmesser, glatt, seltner mit kurzer Stachelspitze, kurz oder lang gestielt (ausnahmsweise auf der Spitze der Blätter); Stiel meist dünn fadenförmig, seltener flach oder breit geflügelt. Fruchtkörper seitlich und terminal an den Fruchtästchen, entweder kurz, spindelig, meist gabelig, an den Fruchtästchen traubig zusammengedrängt, oder fadenförmig (bis 15 mm verlängert), einfach oder dichotom, an verlängerten Fruchtästchen weitläufig gestellt.

Fig. 125.

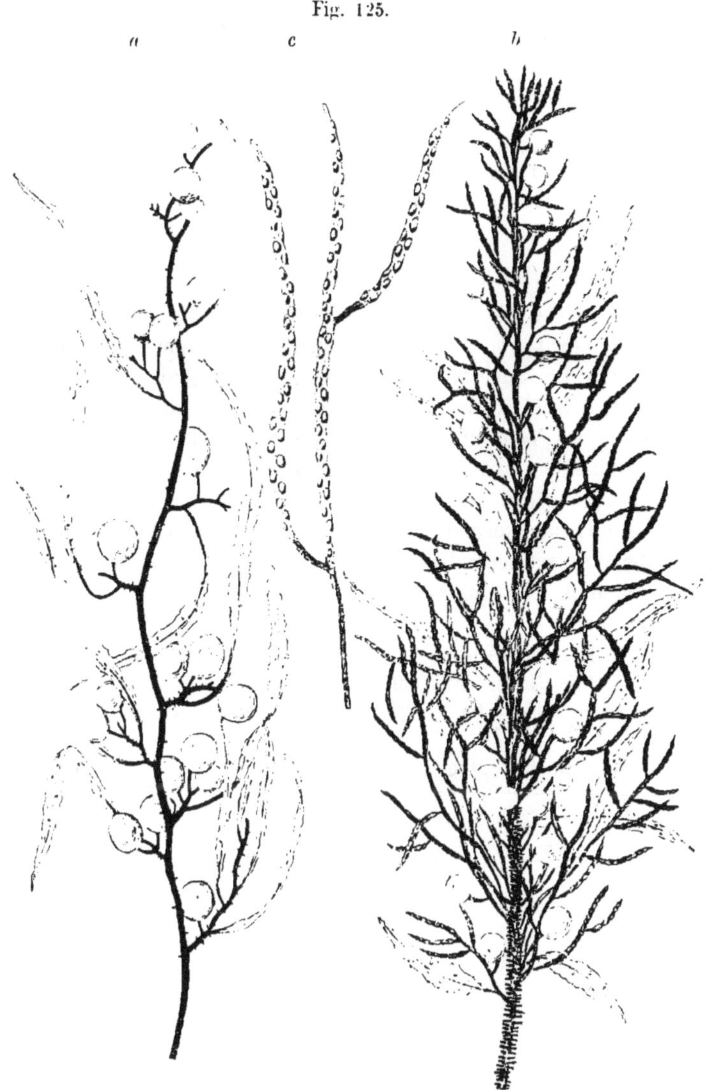

Sargassum linifolium *(Turn.) Ag.*

a Zweig der sterilen, *b* Zweig der fruktificirenden Alge in natürlicher Grösse.
c Ein Fruchtkörper schwach vergrössert.

Fucus linifolius Turn. Hist. T. 168.
S. linifolium Ag. Spec. Alg. 1. p. 18. — J. Ag. Spec. Alg. I. p. 341. — Kütz. Spec. Alg. p. 614. — Id. Tab. phyc. XI. Taf. 24.
S. coarctatum Kütz. Spec. Alg. p. 613. — Id. Tab. phyc. XI. Taf. 22.
S. Boryanum Mont. — Kütz. Spec. Alg. l. c. — Id. Tab. phyc. XI. Taf. 22.
S. obtusatum Bory. — Kütz. Spec. Alg. p. 612. — Id. Tab. phyc. XI. Taf. 20.
S. vulgare Auct. partim.

Im adriatischen Meere.

2. **S. Hornschuchii** Ag.

Thallus 3—6 dm lang. Stengel zu mehreren aus einem kurzen Strunke entspringend, unterhalb zweischneidig (am Rande zackig), dann vierkantig, oberhalb zusammengedrückt fadenförmig, glatt, verlängert, seitlich verzweigt. Blätter länglich- oder linear-lanzettlich, 4—8 cm lang und 6—15 mm breit, nicht drüsig punktirt, wellig, grob oder unregelmässig gezähnt. Luftblasen bis 8 mm im Durchmesser, glatt (selten mit kurzer Stachelspitze); Stiel meist kurz, dünn fadenförmig, bisweilen geflügelt. Fruchtkörper eilanzettlich, zusammengedrückt-dreikantig, bis 10—15 mm lang und 2—4 mm dick, einfach, gestielt, weitläufig traubig an verlängerten Fruchtästchen.

S. Hornschuchii Ag. Spec. Alg. I. p. 10. J. Ag. Spec. Alg. I. p. 320. — Menegh. Alg. ital. p. 9. Taf. 1. fig. 1.
Stichophora Hornschuchii Kütz. Spec. Alg. p. 627. — Id. Tab. phyc. X. Taf. 71.

Im adriatischen Meere.

III. Ordnung. Dictyotaceae.

Thallus flach, olivenbraun, häutig, parenchymatisch. Geschlechtliche (?) Fortpflanzung durch Oosporen, ungeschlechtliche Fortpflanzung durch Tetrasporen. Dreierlei Fortpflanzungsorgane, welche sich aus den Zellen der Thallusoberfläche entwickeln. 1. Oogonien, kugelige oder ovale Organe, aus deren Inhalt sich eine bewegungslose Oospore entwickelt. 2. Antheridien, längliche zu Gruppen vereinigte Zellen, deren Inhalt durch wiederholte Theilung in zahlreiche bewegungslose Spermatozoiden zerfällt. 3. Tetrasporangien, aus deren Inhalt sich meist zwei oder vier bewegungslose Tetrasporen entwickeln.

Die kleine Ordnung der Dictyotaceen umfasst nur Meeresalgen. Der aufrecht wachsende olivenbraune Thallus ist an der Basis dem Substrat meist mittelst eines dichten Filzes von Wurzelhaaren angewachsen; seltener ist der Thallus horizontal ausgebreitet und dann an der ganzen Unterfläche dem Substrate mittelst Wurzelfäden anhaftend.

Der Thallus selbst ist flach, blatt- oder bandartig, meist dünnhäutig, an älteren Theilen jedoch häufig verdickt und derber, und besteht aus mehr oder weniger Lagen fast rechteckiger Zellen, von welchen die der Oberfläche häufig kleiner und in Reihen geordnet sind. Die Zellen der inneren Schichte sind fast farblos, die der äusseren gefärbt.

An bestimmten Stellen der Thallusoberfläche sprossen aus den Rindenzellen einfache, zarte, farblose, später abfallende Gliederfäden mit basalem Wachsthum aus, die in Büschel oder Reihen gruppirt sind und als Sprossfäden oder Paraphysen bezeichnet werden.

Die Fortpflanzungsorgane bilden sich ebenfalls an bestimmten Stellen des Thallus durch Auswachsen und Abgliederung aus den Rindenzellen. Es sind dreierlei Fortpflanzungsorgane bekannt.

Oogonien, welche als die weiblichen, Antheridien, welche als die männlichen, und Tetrasporen, welche als die ungeschlechtlichen Fortpflanzungsorgane angesehen werden.

Die Oogonien sind meist kugelig oder fast oval und stehen häufig in dichten Gruppen beisammen; seltener sind sie am Thallus einzeln zerstreut. Sie enthalten in einer farblosen Membran eine intensiv gefärbte Oospore, welche bei der Reife ausgestossen wird, membran- und bewegungslos ist, sich jedoch bald mit einer Membran umhüllt und keimt.

Die Antheridien sind längliche, zu Gruppen vereinigte Zellen, deren Inhalt unter Verlust seines Farbstoffes durch wiederholte Quer- und Längstheilungen in eine grosse Anzahl kleiner, farb- und bewegungsloser Spermatozoiden von rundlicher oder länglicher Form zerfällt, welche durch Auflösung der Antheridiummembran frei werden.

Die Funktion der Spermatozoiden ist noch unbekannt.

Die Tetrasporangien, welche den gleichnamigen Organen bei den Florideen entsprechen, kommen am Thallus theils zerstreut, theils zu Gruppen vereinigt vor; sie sind den Oogonien ähnlich, aber meist bedeutend grösser und ihr Inhalt zerfällt durch eine kreuzförmige oder tetraëdrische Theilung in vier Tetrasporen. Bisweilen führt jedoch die Theilung nur zu zwei Tetrasporen, oder es entwickelt sich aus dem Tetrasporangium nur eine Tetraspore. Die ausgetretene Tetraspore ist ebenfalls membran- und bewegungslos, umgibt sich in kurzer Zeit mit einer Membran und keimt.

Die Tetrasporangien kommen immer auf besonderen Individuen vor; die Oogonien und Antheridien dagegen finden sich theils beisammen auf derselben Pflanze, theils getrennt auf zweierlei Individuen.

Nur eine Familie.

I. Familie. Dictyoteae.

Gattungen:

I. Dictyota.	**III. Padina.**
II. Taonia.	**IV. Dictyopteris.**

I. Familie. **Dictyoteae.**

Charakter der Ordnung.

I. Gattung. **Dictyota** Lamour.

Thallus flach, ohne Mittelrippe, meist dichotom getheilt, aus zwei Schichten zusammengesetzt, wovon die innere Schichte aus einer Lage grosser, die äussere aus einer Lage kleiner Zellen besteht, welche in Längsreihen geordnet, gegen die mit einer Zelle endigende Spitze convergiren. Sprossfäden zu kurzen Büscheln vereinigt, zerstreut, sowie die Fortpflanzungsorgane über beide Seiten des Thallus (mit Ausnahme eines schmalen Randstreifens) verbreitet. Oogonien verkehrt eiförmig, in scharf abgegrenzten, fleckenartigen, zerstreuten Gruppen. Tetrasporangien kugelig, meist einzeln, zu zweien oder dreien über dem Thallus mehr weniger dicht ausgesäet. Antheridien zerstreute, weissliche Flecken bildend. Oogonien und Antheridien auf verschiedenen Individuen.

1. **D. dichotoma** (Huds.) Lamour. Fig. 126.

Bildet 1—2 dm hohe Rasen. Thallus mittelst einer etwas filzigen Wurzel dem Substrat anhaftend, zarthäutig, dichotom und gleich hoch getheilt. Segmente 2—8 mm breit, alle fast gleich breit oder die oberen allmälig schmäler, linear, aufrecht, fast parallel oder abstehend; Endsegmente stumpf, abgerundet oder zweispaltig. Zellen der inneren Schichte, von der Oberfläche betrachtet, fast quadratisch. Aeltere Individuen nicht selten proliferirend.

Ulva dichotoma Huds. Fl. Angl. p. 476.

D. dichotoma Lamour. in Journ. de Bot. 1809. T. II. — J. Ag. Spec. Alg. I. p. 92. — Kütz. Spec. Alg. p. 554. — Id. Tab. phyc. IX. Taf. 10. — Id. Till. Alg. Syst. p. 92. — Harv. Phyc. brit. pl. 103. — Cohn. Algen von Helgoland in Rabenh. Beitr. II. p. 17.

Taf. 3—5. Thur. et Born. Etud. phyc. p. 53. Taf. 27—30. — Reinke, Dictyotaceen. p. 3. Taf. 1 und 2.
D. vulgaris Kütz. Spec. Alg. p. 553. — Id. Tab. phyc. IX. Taf. 10.
D. attenuata Kütz. Tab. phyc. IX. p. 6. Taf. 11.
D. elongata Kütz. l. c.
D. latifolia Kütz. Tab. phyc IX. p. 6. Taf. 12.

In der Nordsee und im adriatischen Meere.

Fig. 126.

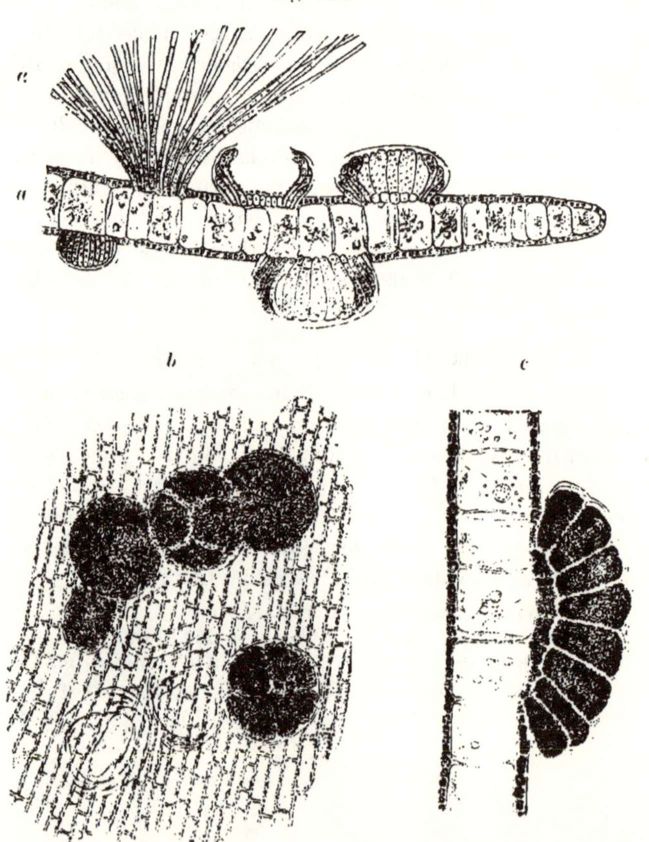

Dictyota dichotoma *(Huds.) Lamour.*

a Querschnitt durch den Thallus mit Antheridien-Gruppen in verschiedenen Entwicklungsstufen: bei *α* Sprossfäden. Vergr. 50. (Die Fächerung der Antheridien ist in der Figur nicht ersichtlich.) *b* Stück der Thallus-Oberfläche mit Tetrasporangien. Vergr. 120. *c* Querschnitt durch den Thallus und eine Oogonien-Gruppe. Vergr. 120. (Nach Bornet.)

F. implexa.

Rasen häufig verworren. Segmente oberhalb allmälig schmäler, oft bis zu ca. 0·5 mm verschmälert, häufig gedreht.

D. implexa Lamour. — Kütz. Spec. Alg. p. 555. — Id. Tab. phyc. IX. Tab. 14.
D. dichotoma, var. implexa J. Ag. Spec. Alg. I. p. 92. — Harv. Phyc. brit. pl. 103.
D. spiralis Kütz. Spec. Alg. p. 554. — Id. Tab. phyc. IX. Tab. 14.
D. intricata Kütz. Spec. Alg. I. c. — Id. Tab. phyc. IX. Tab. 15.
D. ornata Zanard. — Kütz. Tab. phyc. IX. p. 12. Tab. 26.

Im adriatischen Meere.

2. **D. linearis** Ag. Fig. 127.

Rasen verworren, 5—12 cm hoch. Thallus zarthäutig, im Alter derber, dichotom gleich hoch getheilt. Segmente 0·3—1·5 mm breit, alle von fast gleicher Breite, linear, abstehend oder (namentlich die letzten) gespreitzt. Spitzen stumpf. Zellen der inneren Schichte, von der Oberfläche betrachtet, langgestreckt rechteckig.

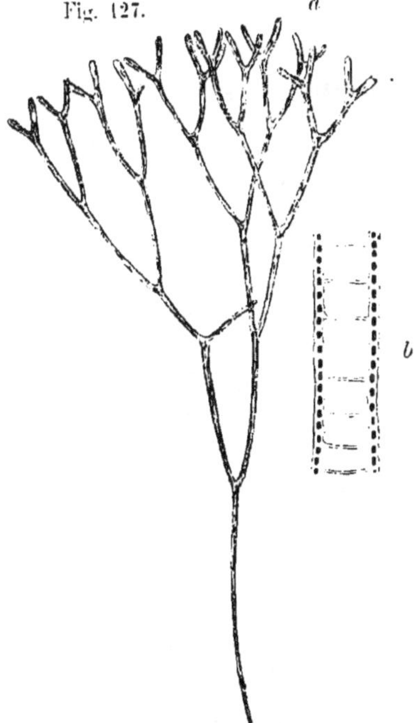

Dictyota linearis *Ag.*
a Stück der Alge in natürlicher Grösse.
b Stück eines Querschnittes durch den Thallus. Vergr. ca. 100.

D. linearis Ag. Spec. Alg. I. p. 131 (excl. syn.). — J. Ag. Spec. Alg. I. p. 90. — Id. Till Alg. Syst. p. 101. — Kütz. Spec. Alg. p. 556. — Id. Tab. phyc. IX. Tab. 21.
D. aequalis Kütz. Spec. Alg. p. 555. — Id. Tab. phyc. IX. Tab. 20.
D. angustissima Kütz. Tab. phyc. IX. p. 10. Tab. 21.
D. divaricata Lamour. — Kütz. Tab. phyc. IX. p. 10. Tab. 23.
D. fibrosa Kütz. Tab. phyc. IX. p. 7. Tab. 15.?

Im adriatischen Meere.

3. **D. fasciola** (Roth) Lamour.

Rasen 5—15 cm hoch. Wurzel fadenförmig, verzweigt.

Thallus etwas derbhäutig, dichotom gleich hoch getheilt. Segmente 1—3 mm, seltener bis 5 mm breit (die oberen meist etwas schmäler als die unteren), linear, bisweilen gedreht, aufrecht oder abstehend. Endsegmente gewöhnlich allmälig verschmälert, spitz.

Fucus fasciola Roth, Cat. I. p. 146.
D. fasciola Lamour. in Journ. de Bot. 1809. T. II. — Menegh. Alg. ital. p. 216. — J. Ag. Spec. Alg. I. p. 89. — Id. Till Alg. Syst. p. 103. — Kütz. Spec. Alg. p. 555. — Id. Tab. phyc. IX. Tab. 22?
D. repens J. Ag. Alg. med. p. 38. — Id. Spec. Alg. I. p. 89. — Menegh. Alg. ital. p. 219. — Kütz. Spec. Alg. p. 551. — Id. Tab. phyc. IX. Tab. 9.
D. simplex Kütz. Tab. phyc. IX. p. 5. Tab. 9.
D. affinis Kütz. Spec. Alg. p. 554. — Id. Tab. phyc. IX. Tab. 12.
D. acuta Kütz. Spec. Alg. p. 555. — Id. Tab. phyc. IX. Tab. 13.
D. striolata Kütz. Spec. Alg. p. 554. — Id. Tab. phyc. IX. Tab. 17
D. trichodes Menegh. in Parl. Giorn. I. p. 299.

Im adriatischen Meere.

II. Gattung. **Taonia** J. Ag.

Thallus flach, ohne Mittelrippe, unregelmässig zerschlitzt, häutig, aus zwei Schichten zusammengesetzt, wovon die innere Schichte aus wenigen Lagen grösserer, die äussere Schichte aus einer Lage kleiner Zellen besteht, welche an den Spitzen der Lappen in parallele oder etwas fächerförmig divergirende Reihen geordnet sind. Sprossfäden und Fortpflanzungsorgane auf beiden Seiten des Thallus entwickelt. Sprossfäden am Thallus transversale, wellenförmige Zonen bildend. Oogonien in kleinen zerstreuten Gruppen. Tetrasporangien in transversalen, wellenförmigen, einander genäherten, bisweilen verschwommenen Bändern ausgesät, einzeln oder zu 2—4 beisammen. Antheridien im Bau mit denen von Dictyota übereinstimmend (Derbès). Oogonien und Antheridien auf verschiedenen Individuen.

1. **T. atomaria** (Woodw.) J. Ag. Fig. 128.

Thallus 1—3 dm hoch, einzeln oder zu mehreren aus einem dichten Filz von Wurzelhaaren entspringend, welche sich eine kurze Strecke aufwärts ziehen, von fächerförmigem Umfang, gegen die Basis allmälig verschmälert, unregelmässig oder di- bis polychotom in fast gleich breite oder oberwärts allmälig schmälere Lappen zerschlitzt. Lappen linear oder keilförmig, 1—5—30 mm breit, am

Fig. 128.

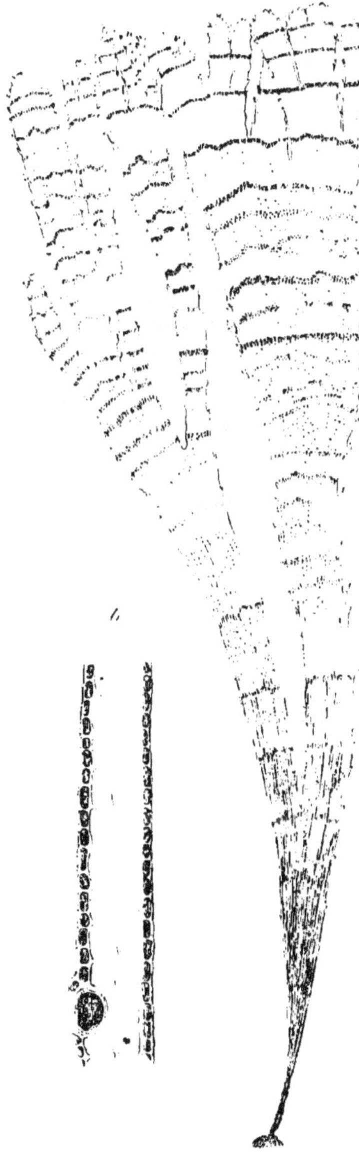

Taonia atomaria (*Woodw.*) *J. Ag.*
a Alge mit Tetrasporangien in natürlicher Grösse. *b* Stück eines Querschnittes durch den Thallus. Vergr. ca. 100. (Nach Kützing).

oberen Rande meist eingerissen; Seitenränder glatt oder mehr weniger mit feinen oder gröberen, kürzeren oder längeren spitzen Zähnen besetzt.

Die adriatischen Formen gewöhnlich dichotom, schmallappig, bisweilen gedreht, vom Habitus einer Dictyota.

Ulva atomaria Woodw. Linn. Trans. III. p. 53. T. atomaria J. Ag. Spec. Alg. I. p. 101. — Harv. Phyc. brit. pl. I. — Kütz. Spec. Alg. p. 563. — Id. Tab. phyc. IX. Tab. 61. — Reinke, Dictyotaceen. p. 26. Taf. 4. fig. 13—20 und Taf. 5.

Im adriatischen Meere.

III. Gattung. **Padina** Adans.

Thallus aufrecht, blattartig, fächerförmig, ohne Mittelrippe, einfach oder zerschlitzt, am oberen Rande zurückgerollt, etwas derbhäutig, aus zwei, unterhalb meist aus 3—6 Zellenlagen bestehend, von welchen die der Oberseite zugekehrte eine kleinzelligere Rinde bildet. Sprossfäden und Fortpflanzungsorgane auf der oberen Seite concentrische Zonen bildend. Oogonien in Doppelzonen, zu Gruppen vereinigt, die durch senkrechte Zellenreihen unterbrochen werden, welche sich zu Antheridien umbilden. Tetrasporangien meist mehrreihige Zonen bildend, birnförmig oder kugelig, in Gruppen vereinigt.

Fig. 129.

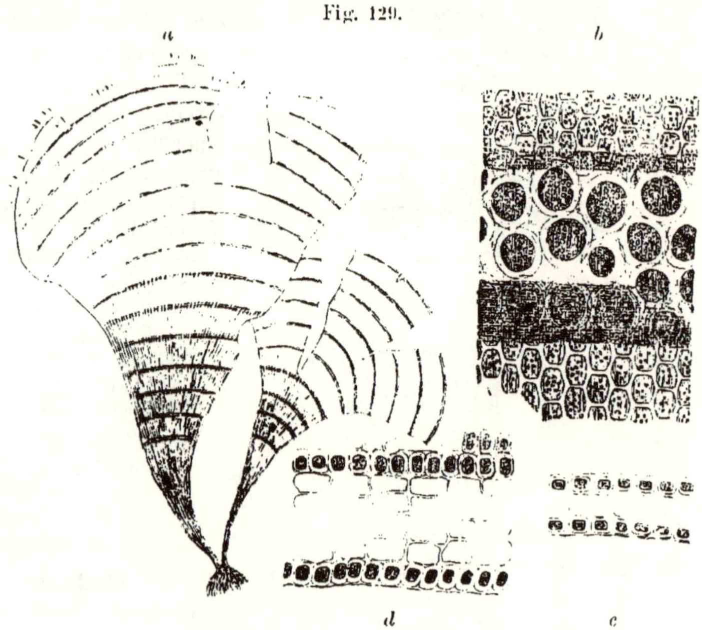

Padina Pavonia *(L.) Gaillon.*
a Alge in natürlicher Grösse. *b* Stück der Oberfläche mit Tetrasporangien *c* Stück eines Querschnittes durch den oberen Theil des Thallus. *d* Stück eines Querschnittes durch den unteren Theil des Thallus. Vergr. von *b—d* ca. 100. (Nach Kützing.)

1. **P. Pavonia** (L.) Gaillon. Fig. 129.

Thallus 5—20 cm hoch, aus einem dicht filzigen, Ausläufer entsendenden Wurzelknoten entspringend, an der Basis keil- bis stielförmig, aufwärts plötzlich in einen breit fächerförmigen Blattkörper mit bogigem, oberem Rande ausgebreitet. Blattkörper von der Basis an mehr weniger hoch hinauf fein filzig, tutenförmig gedreht, meist vielfach radial eingerissen, mit bogig-fächerförmig auswachsenden, über einander greifenden Lappen, olivengrün mit dunkleren und weissen, von Kalkinkrustation gebildeten, concentrischen Zonen. Sprossfäden am oberen Rande äusserst zarte

Wimpern bildend. Tetrasporangiengruppen anfänglich von einer gemeinschaftlichen Cuticula bedeckt, die später zerrissen wird. Thallus ziemlich zerbrechlich, mehr weniger mit Kalk inkrustirt.

Ulva Pavonia L. Syst. Nat. II. p. 719.

P. Pavonia Gaillon, Dict. d'Hist. Nat. LIII. p. 371. — J. Ag. Spec. Alg. I. p. 113. — Id. Till Alg. Syst. p. 119. — Harv. Phyc. brit.

a Fig. 130. *b*

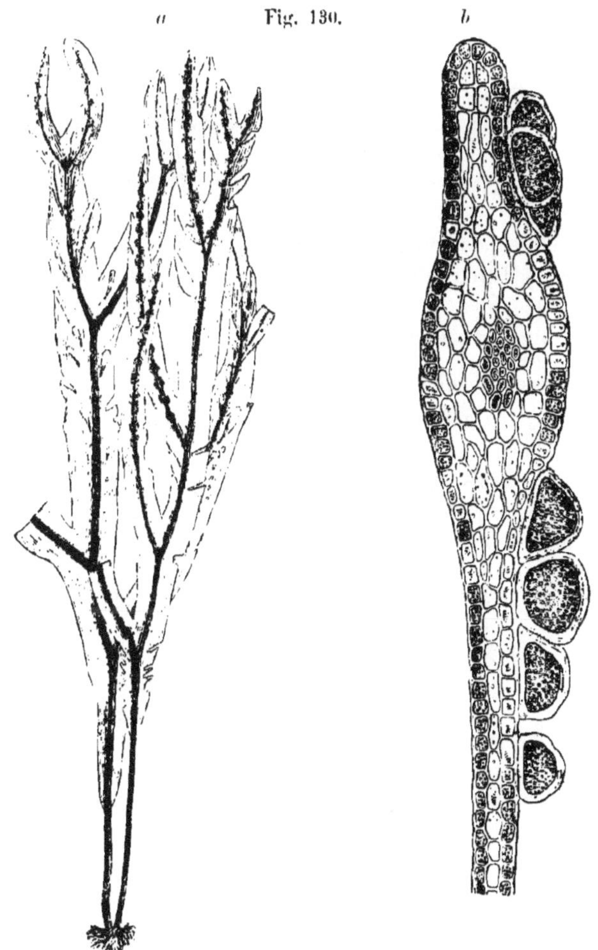

Dictyopteris polypodioides *(Desf.) Lamour.*
a Alge mit Tetrasporangien in natürlicher Grösse. *b* Querschnitt durch den fruktificirenden Theil des Thallus. Vergr. ca. 300. (Nach Kützing.)

pl. 91. — Reinke, Dictyotaceen. p. 15. Taf. 2. fig. 18—22; Taf. 3. und 4. fig. 1—12.

Zonaria Pavonia Kütz. Spec. Alg. p. 565. — Id. Tab. phyc. IX. Tab. 70.

Z. tenuis Kütz. Spec. Alg. l. c. — Id. Tab. phyc. IX. Tab. 71.

Im adriatischen Meere.

IV. Gattung. **Dictyopteris** Lamour.

Thallus flach, blattartig, häutig, dichotom getheilt, mit starker, knorpeliger, unterhalb einen Stengel bildender Mittelrippe. Blattkörper aus 2—3, Mittelrippe aus mehreren Zellenlagen bestehend. Die inneren Zellen mehr verlängert, die der Oberfläche beinahe kubisch, gegen die Thallusspitze fächerförmig divergirend. Sprossfäden und Fortpflanzungsorgane auf beiden Seiten des Blattkörpers (neben der Mittelrippe) entwickelt. Sprossfäden dichte Büschel bildend. Oogonien kugelig oder oval, vereinzelt und zerstreut. Tetrasporangien zu Gruppen vereinigt.

1. **D. polypodioides** (Desf.) Lamour. Fig. 130.

Thallus aus einem dicht filzigen Wurzelknoten entspringend, 1—3 dm hoch. Stengel fadenförmig. Blattkörper (ohne Seitennerven) häutig bis zur Mittelrippe eingerissen oder am Rande corrodirt. Segmente 3—15 mm breit, linear, abstehend; Enden spitz. Sprossfädenbüschel zerstreut. Oogonien ca. 35 μ, Tetrasporangien ca. 100 μ im Durchmesser.

Besitzt einen eigenthümlichen, scharfen Geruch.

Fucus polypodioides Desf. Fl. Atlant. II. p. 421.

D. polypodioides Lamour. in Journ. de Bot. 1809. T. II. p. 130. — Reinke, Dictyotaceen. p. 36. Taf. 6. fig. 12—20 und Taf. 7.

Halyseris polypodioides Ag. — J. Ag. Spec. Alg. I. p. 117. — Harv. Phyc. brit. pl. 19. — Kütz. Phyc. gener. Taf. 23. — Id. Spec. Alg. p. 561. — Id. Tab. phyc. IX. Tab. 53.

Im adriatischen Meere.

IV. Ordnung. Phaeozoosporeae.

Thallus vielzellig, verschieden gestaltet, olivenbraun. Fortpflanzung durch Schwärmsporen (Zoosporen), welche sich in zweierlei Zoosporangien entwickeln. 1. In einfächerigen Zoosporangien, deren Inhalt direkt in eine Anzahl Schwärmsporen zerfällt. 2. In vielfächerigen Zoosporangien, wo sich die Sporangienzelle durch Quer- und Längstheilungen in einen Complex kleiner Zellen verwandelt, deren jede eine Schwärmspore erzeugt. — Antheridien (in welchen sich den Schwärmsporen ähnlich gestaltete, jedoch viel kleinere Spermatozoiden entwickeln) nur bei einigen Arten bekannt.

Die Phaeozoosporeen oder Phaeosporeen sind rein marine Algen. Ihre Farbe ist olivengelb oder olivenbraun bis braunschwarz. Der Thallus ist, sowie in der Grösse auch in der äusseren Gestaltung äusserst verschieden: faden-, stengel-, blatt-, polsterförmig, kugelig oder krustenförmig, solid oder hohl, und besteht bald nur aus freien verzweigten Gliederfäden, bald aus einem mehr oder weniger dichten Gewebe von Fäden, oder ist parenchymatisch. Seiner Substanz nach ist derselbe gallertartig, häutig, knorpelig oder holzig. Die Haftwurzel, mittelst welcher der aufrechte Thallus an der Basis dem Substrat anhaftet, ist faserig, schildförmig oder ästig; der horizontal ausgebreitete Thallus ist dagegen mit seiner Unterseite theils ganz, theils stellenweise angewachsen, theils mittelst Wurzelfäden der Unterlage anhaftend.

Bei den meisten Phaeozoosporeen trägt der Thallus während einer gewissen Entwicklungsperiode, zerstreut oder in Büscheln entspringende, sehr zarte, langgliedrige, meist fast farblose, monosiphone Gliederfäden (Haare, Sprossfäden, Paraphysen) mit basalem

Wachsthum, welche bei zunehmendem Alter der Pflanze in der Regel verschwinden. Diese Haare entspringen gewöhnlich aus den Zellen der Oberfläche oder den die äussere Schichte bildenden Fäden, seltener aus der inneren Schichte oder grübchenartigen Vertiefungen des Thallus. Bei den monosiphon gegliederten Formen gehen häufig die Spitzen der Zweige in ein solches Haar aus.

Die Fortpflanzung findet durch Schwärmsporen (Zoosporen) statt, welche in besonderen, meist bedeutend grösseren und durch intensiv gefärbtes Plasma ausgezeichneten Zellen, den Zoosporangien, erzeugt werden. Die Zoosporangien entwickeln sich theils äusserlich am Thallus, theils sind sie demselben eingesenkt. Im ersteren Falle bilden sie sich bei den aus einem verzweigten Gliederfaden bestehenden Arten aus den Endzellen kurzer Aestchen, bei höher entwickelten aus einem Zellenkörper gebildeten Arten durch Auswachsen aus den Rindenzellen, häufig zwischen besonderen einzelligen oder gegliederten Nebenfäden, die ebenfalls aus den Zellen der Oberfläche entspringen und zusammen zu rundlichen, zerstreuten oder bestimmt angeordneten Fruchthäufchen — den sogenannten Sori — oder zu einer fast den ganzen oder einen grossen Theil der Thallusoberfläche bedeckenden Schichte vereinigt sind; oder die Zoosporangien entspringen an der Basis, seitlich oder terminal an den Nebenfäden, die dann auch an gewissen Stellen des Thallus hervorwachsen und sich zu einer Schichte, zu Sori oder bisweilen auch zu einem bestimmt geformten Fruchtkörper vereinigen.

Die dem Thallus eingesenkten Zoosporangien entwickeln sich unmittelbar aus den vegetativen gleich gestalteten Zellen; bei den aus einem verzweigten Gliederfaden bestehenden Arten aus den Gliederzellen der Aestchen, bei den aus mehreren Zellenlagen gebildeten, aus den Rindenzellen, seltener aus den unmittelbar unter diesen befindlichen Zellen. Die so zu Sporangien umgewandelten Thalluszellen sind in der Regel kugelig angeschwollen, selten in Form und Grösse unverändert.

Bei den meisten Phaeozoosporeen sind zweierlei Zoosporangien bekannt: einfächerige (uniloculare) und vielfächerige (pluriloculare). Die einfächerigen (früher als Trichosporangien bezeichneten) sind gewöhnlich kugelig, oval oder birnförmig, und bestehen aus einer grossen Zelle, deren Inhalt direkt, ohne Bildung von Zellwänden, in eine meist grosse Anzahl Zoosporen zerfällt, welche aus einem Riss des Zoosporangiums, in Gallerte eingebettet, gemeinsam entleert werden.

Die vielfächerigen Zoosporangien (auch Oosporangien genannt) zeigen mehr Verschiedenheiten in der Form: bald sind sie fadenförmig und durch Querwände gliederartig gefächert, bald oval, eilanzettlich oder länglich und durch Quer- und Längswände in eine grössere oder kleinere Anzahl Zellen getheilt (fast quadratisch gefeldert), deren jede eine Zoospore erzeugt, die auch einzeln die ihr zugehörige Mutterzelle verlässt.

Die Zoosporen beiderlei Zoosporangien sind meist einander gleich. Sie sind ei- oder birnförmig, mit farbloser Spitze und braunem Hinterende, in welchem noch ein seitlicher, grosser, rother Pigmentkörper sich befindet; sie besitzen zwei ungleichwerthige Cilien, die seitlich an der Basis der farblosen Spitze inserirt sind: eine lange nach vorn gerichtete, die als Bewegungsorgan dient und eine zweite kürzere, welche nachgeschleppt wird. Nach einer Zeit der Bewegung kommen sie zur Ruhe, umhüllen sich mit einer Membran und entwickeln sich unmittelbar zur neuen Pflanze.

Eine Copulation durch Verschmelzung von meist zweien, der in den vielfächerigen Zoosporangien erzeugten Zoosporen, wurde bei einigen Arten beobachtet. Die beiderlei geschlechtlichen Schwärmsporen selbst sind von gleicher Grösse und Gestalt, auch von den ungeschlechtlichen nicht verschieden, und nur in ihrem Verhalten zeigt sich ein Unterschied. Soweit bekannt, keimen aber auch die geschlechtlichen Schwärmsporen ohne eine Copulation einzugehen.

Die geschlechtlichen Schwärmsporen werden auch, zum Unterschiede von den ungeschlechtlichen (nur als Zoosporen bezeichneten) G a m e t e n, das Sporangium in welchem sie gebildet werden G a m e t a n g i u m und das Produkt der Befruchtung Z y g o t e genannt.

Bei einigen Phaeozoosporeen kommen auch Antheridien vor, die im Allgemeinen den vielfächerigen Zoosporangien ähnlich, jedoch blass gefärbt sind und sowie diese durch Quer- und Längstheilungen in viele Fächer zerfallen, in welchen sich die ebenfalls den Zoosporen ähnlichen, aber bedeutend kleineren, fast farblosen, schwärmenden Spermatozoiden entwickeln. Eine Befruchtung der in den vielfächerigen Zoosporangien gebildeten Zoosporen durch die Spermatozoiden wurde jedoch nur bei Cutleria konstatirt; doch keimen erstere auch ohne befruchtet zu sein.

Einige Arten, welche sich ihrem Habitus nach den Phaeozoosporeen anschliessen, die aber bis jetzt noch nicht im Gebiete gefunden wurden, besitzen Antheridien und Sporangien, welch' letztere aber keine Zoosporen, sondern nur eine bewegungslose Spore ausbilden, die — soweit bekannt — auch ohne vorherige Berührung mit den Spermatozoiden keimt.

Ein- und vielfächerige Zoosporangien und Antheridien kommen entweder auf verschiedenen Individuen vor, oder es finden sich vielfächerige Zoosporangien und Antheridien, oder nur ein- und vielfächerige Zoosporangien auf ein und derselben Pflanze.

Bei einigen Arten der Phaeozoosporeen findet auch eine vegetative Vermehrung durch Sprossung statt.

Uebersicht der Familien der Phaeozoosporeen.

I. Familie. Ectocarpaceae.

Thallus aus freien (nicht zu einem Gewebe verbundenen), monosiphonen oder polysiphonen, bisweilen theilweise berindeten Gliederfäden bestehend. Ein- und vielfächerige Zoosporangien an den Gliederfäden äusserlich, sitzend oder gestielt, oder denselben eingesenkt.

Gatttungen:

I. Myrionema.	**VII. Myriotrichia.**
II. Streblonema.	**VIII. Dichosporangium.**
III. Ectocarpus.	**IX. Pilayella**
IV. Sorocarpus.	**X. Sphacelaria.**
V. Choristocarpus.	**XI. Chaetopteris.**
VI. Giraudia.	**XII. Cladostephus.**

II. Familie. Mesogloeaceae.

Thallus halbkugelig, polsterförmig oder stielrund, solid oder hohl, gallertartig oder knorpelig und schlüpfrig, aus einer Markschichte bestehend, aus welcher zur Oberfläche senkrechte, freie oder zu einer peripherischen Schichte locker oder mehr fest verbundene Fäden entspringen, an welchen sich die ein- und vielfächerigen Zoosporangien entwickeln. Seltener bilden sich die Zellen der peripherischen Fäden direkt in vielfächerige Zoosporangien um. Zoosporangien meist ziemlich gleichmässig über dem Thallus ausgesät.

Gattungen:

XIII. Elachista.	**XVI. Castagnea.**
XIV. Leathesia.	**XVII. Mesogloea.**
XV. Petrospongium.	**XVIII. Nemacystus.**

XIX. Chordaria.

III. Familie. Punctariaceae.

Thallus blatt-, band- oder fadenförmig, zellig (bisweilen hohl). Einfächerige und (soweit bekannt) auch die vielfächerigen Zoosporangien unmittelbar aus den Rinden- oder Unterrindenzellen sich entwickelnd, dem Thallus eingesenkt oder halb oder ganz hervorbrechend, über demselben ziemlich gleichmässig ausgesät oder stellenweise in Gruppen vereinigt; Nebenfäden fehlend.

Gattungen:

XX. Punctaria. **XXII. Stictyosiphon.**
XXI. Dictyosiphon. **XXIII. Striaria.**
XXIV. Desmarestia.

IV. Familie. Arthrocladiaceae.

Thallus aus einem fadenförmigen, zelligen Stämmchen bestehend, welches mit Wirteln kurzer, verzweigter Gliederfäden besetzt ist, an welchen die perlschnurförmigen vielfächerigen Zoosporangien entspringen. Einfächerige Zoosporangien unbekannt.

Gattung:

XXV. Arthrocladia.

V. Familie. Sporochnaceae.

Thallus aufrecht, stielrund oder flach, zellig, solid oder hohl. Einfächerige und (soweit bekannt) auch die vielfächerigen Zoosporangien an, beziehentlich zwischen gegliederten Nebenfäden entwickelt, welche auf der Thallusoberfläche wärzchenförmige Sori bilden oder an den Spitzen der Zweige zu bestimmt gestalteten Fruchtkörpern vereinigt sind.

Gattungen:

XXVI. Sporochnus. **XXVIII. Nereia.**
XXVII. Stilophora. **XXIX. Asperococcus.**

VI. Familie. Scytosiphonaceae.

Thallus stielrund und hohl oder blattartig oder blasenförmig, zellig. Vielfächerige Zoosporangien in grosser Zahl aus den Rindenzellen der Thallusoberfläche auswachsend, bisweilen mit einzelligen, keulenförmigen Nebenfäden untermischt, kleine fleckenförmige Sori oder eine fast den ganzen Thallus bedeckende Schichte bildend. Einfächerige Zoosporangien unbekannt.

Gattungen:

XXX. Scytosiphon. **XXXI. Phyllitis.**
XXXII. Hydroclathrus.

VII. Familie. Laminariaceae.

Thallus stielrund und hohl oder blattartig, zellig. Einfächerige Zoosporangien in grosser Zahl aus den Rindenzellen des Thallus, häufig zwischen einzelligen, keulenförmigen Nebenfäden, auswachsend und zu grossen fleckenförmigen Sori oder einer fast den ganzen Thallus bedeckenden Schichte vereinigt. Vielfächerige Zoosporangien unbekannt.

Gattungen:

XXXIII. Chorda. **XXXIV. Laminaria.**
XXXV. Alaria.

VIII. Familie. Ralfsiaceae.

Thallus krustenartig horizontal ausgebreitet, aus einem parenchymatischen Gewebe aufsteigender Zellenreihen gebildet. Zoosporangien auf der Thallusoberfläche warzenförmige Sori bildend. Einfächerige Zoosporangien zwischen gegliederten Nebenfäden entwickelt. Vielfächerige Zoosporangien durch Auswachsen der vertikalen Zellenreihen des Thallus gebildet, nicht mit Nebenfäden untermischt.

Gattung:

XXXVI. Ralfsia

IX. Familie. Lithodermaceae.

Thallus krustenartig, horizontal ausgebreitet, aus einem parenchymatischen Gewebe vertikaler Zellenreihen gebildet. Zoosporangien auf der Thallusoberfläche in Sori vereinigt. Einfächerige Zoosporangien unmittelbar aus den Zellen der Oberfläche entwickelt. Vielfächerige Zoosporangien an gegliederten Nebenfäden.

Gattung:

XXXVII. Lithoderma.

X. Familie. Cutleriaceae.

Thallus aufrecht oder horizontal ausgebreitet, flach, zellig. Zoosporangien auf der Thallusoberfläche zu Sori vereinigt. Einfächerige Zoosporangien aus den Rindenzellen hervorwachsend, nicht mit Nebenfäden untermischt. Vielfächerige Zoosporangien an gegliederten Nebenfäden. Antheridien den vielfächerigen Zoosporangien analog angeordnet.

Gattungen:

XXXVIII. Cutleria. **XL. Zanardinia.**
XXXX. Aglaozonia.

I. Familie. **Ectocarpaceae.**

Thallus aus freien (nicht zu einem Gewebe verbundenen) monosiphonen oder polysiphonen, bisweilen theilweise berindeten Gliederfäden bestehend. Ein- und vielfächerige Zoosporangien an den Gliederfäden äusserlich, sitzend oder gestielt oder denselben eingesenkt.

A. Thallus meist kreisrunde Flecken bildend, aus einer mit der Unterseite dem Substrat anhaftenden Zellenfläche bestehend, aus welcher sich vertikale, kurze, gleich hohe, zu einer Schichte locker vereinigte Gliederfäden erheben. Zoosporangien aus der Zellenfläche entspringend oder an den vertikalen Fäden entwickelt **(Myrionemeae).**

B. Thallus fadenförmig, verzweigt, monosiphon, mitunter zum Theil polysiphon gegliedert, meist schlaff. Zoosporangien an den Fäden sitzend oder gestielt, oder denselben eingesenkt. **(Ectocarpeae).**

C. Thallus fadenförmig, verzweigt, polysiphon gegliedert, mit grosser Scheitelzelle, mitunter von einer dünnen oder in den Stämmchen dicken, zelligen Berindungsschichte umgeben, ziemlich steif; Zoosporangien äusserlich, entweder an gewöhnlichen Thalluszweigen, oder an besonderen Fruchtästchen, die aus den Rindenzellen der Stämmchen entspringen. **(Sphacelarieae).**

-

A. Thallus meist kreisrunde Flecken bildend, aus einer mit der Unterseite dem Substrat anhaftenden Zellenfläche bestehend, aus welcher sich vertikale, kurze, gleich hohe, zu einer Schichte locker vereinigte Gliederfäden erheben. Zoosporangien aus der Zellenfläche entspringend oder an den vertikalen Fäden entwickelt. **(Myrionemeae).**

I. Gattung. **Myrionema** Grev.

Thallus Flecken bildend, aus einer meist kreisrunden, mit der ganzen Unterfläche angewachsenen Zellenlage bestehend, welche aus zarten, radial sich verzweigenden Gliederfäden gebildet wird, aus deren sämmtlichen Zellen sich aufrechte, parallele, kurze, meist einfache, gleich hohe Aeste dicht gedrängt erheben, die unter einander frei durch Gallerte zu einer Schichte locker verbunden sind. Farblose Haare zwischen den aufrechten Fäden zerstreut. Zoosporangien terminal oder seitlich an den aufrechten Fäden, oder aus der basalen Zellenlage direkt entspringend. Einfächerige Zoosporangien oval oder birnförmig, vielfächerige fadenförmig oder schmal eilanzettlich.

Fig. 131.

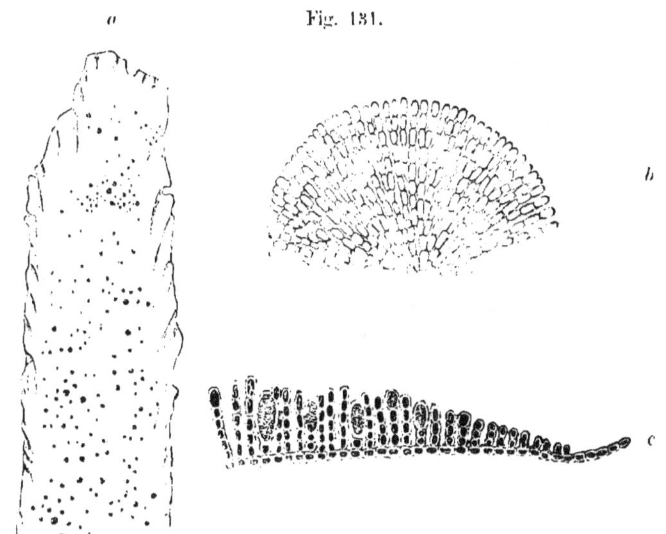

Myrionema vulgare *Thur.*
a Stück von **Ulva** mit der Alge in natürlicher Grösse. *b* Stück des jungen Thallus. Vergr. ca. 200. *c* Vertikalschnitt durch einen Theil des Thallus mit einfächerigen Zoosporangien. Vergr. ca. 200. (Nach Kützing.)

1. **M. vulgare** Thur. Fig. 131.

Epiphytisch auf verschiedenen Algen, namentlich Ulvaceen. Bildet je nach der Form des Substrats punktförmige, kreisrunde, ring- oder gürtelförmige, bis 5 mm breite, olivenbraune, schlüpfrige Flecken. Fäden der basalen Zellenlage 6—8 μ dick; Glieder ebenso lang oder doppelt länger als breit. Die vertikalen Fäden ca. 6 bis 8 μ dick, einfach, gegen die Spitze etwas verdickt, kurz, oft nur aus wenigen Gliedern bestehend; Glieder ebenso lang bis viermal länger als der Durchmesser. Einfächerige Zoosporangien verkehrt eiförmig oder birnförmig, zwischen den vertikalen Fäden zerstreut, am Basalgliede derselben entwickelt oder an deren Stelle entspringend und dann sitzend oder kurz gestielt.

M. vulgare Thur. in Le Jol. Alg. mar. Cherb. p. 82.
M. strangulans Grev. — Harv. Phyc. brit. pl. 280. — J. Ag. Spec. Alg. I. p. 18. — Kütz. Spec. Alg. p. 540. — Id. Tab. phyc. VII. Tab. 93. — Crouan, Flor. Finist. pl. 25, gen. 163.
M. maculiforme Kütz. Spec. Alg. et Tab. phyc. l. c.

In der Nordsee, Ostsee und im adriatischen Meere.

2. **M. orbiculare** J. Ag. Fig. 132.

Bildet kleine, bis 2 mm breite, kreisrunde oder fächerlappige, olivenbraune Flecken, die aus einer Zellenlage bestehen, aus welcher gegliederte, farblose Haare, einzellige, schlauchförmige, dickwandige farblose Fäden und Zoosporangien unter einander gemengt entspringen. Einfächerige Zoosporangien verkehrt eiförmig. Vielfächerige Zoosporangien fadenförmig, 6—8 μ dick, eine Reihe Zoosporen enthaltend.

Die schlauchartigen Fäden von ungleicher Länge (die Zoosporangien weit überragend), bis 150 μ lang und 8—12 μ dick.

M. orbiculare J. Ag. Spec. Alg. I. p. 48. — Crouan, Flor. Finist. pl. 25, gen. 163. — Magnus, Nords. p. 73. — Hauck, Beitr. 1879. p. 243. Taf. 4 Fig. 4—6.

Auf Zostera und grösseren Algen in der Nordsee und im adriatischen Meere.

Fig. 132.

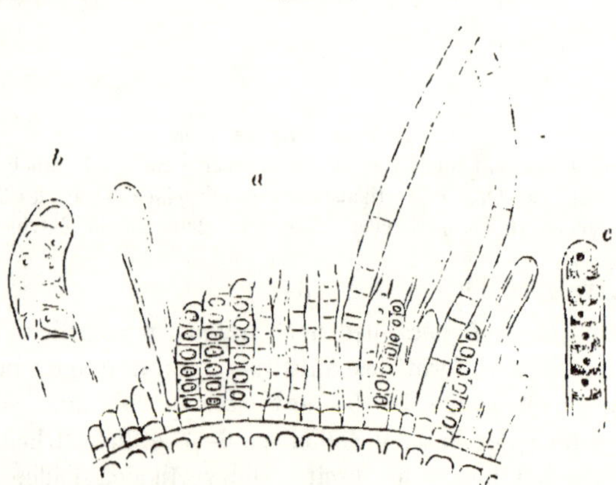

Myrionema orbiculare *J. Ag.*
a Vertikalschnitt durch ein Stück des Thallus mit vielfächerigen Zoosporangien. Vergr. 280. *b* und *c* Vielfächerige Zoosporangien mit reifen Zoosporen Vergr. 480.

3. **M. Liechtensternii** Hauck.

Bildet olivenbraune, rundliche, öfters zusammenfliessende bis 5 mm breite Flecken auf Melobesieen. Fäden der basalen

Zellenlage ziemlich unregelmässig verzweigt. Die aufrechten Fäden bis 150 μ lang und 5—8 μ dick, einfach oder ein- bis zweimal gabelig; Glieder 2—6 mal länger als der Durchmesser. Vielfächerige Zoosporangien an den aufrechten Fäden terminal oder seitlich (aus dem oberen Theile oder einem Zweige desselben entwickelt), fadenförmig (so dick wie die Fäden), eine Reihe Zoosporen enthaltend.

M. Liechtensternii Hauck. Beitr. 1877. p. 185.

Auf Lithophyllum expansum im adriatischen Meere.

4. **M.** (?) **Henschei** Casp.

Bildet auf Steinen anfänglich kreisrunde, kleinere oder grössere Flecken, später unbestimmt ausgebreitete olivenbraune 40—160 μ dicke Ueberzüge. Die vertikalen Fäden, welche dicht gedrängt aus der basalen Zellenlage (später häufig paarig aus den Zellen derselben) entspringen, 8—12 μ dick, einfach, einzelne mitunter gabelig; Glieder derselben ebenso lang bis doppelt länger als der Durchmesser. Einfächerige Zoosporangien länglich-birnförmig, bis ca. 80 μ lang und 30 μ breit, an der Basis etwas keulenförmiger, in ihrem unteren Theile sehr langgliedriger Nebenfäden sitzend, die eine Fortsetzung der vertikalen Thallusfäden bilden und zu unbestimmt begrenzten Sori vereinigt sind. Vielfächerige Zoosporangien unbekannt.

Ist der Struktur nach eine Myrionema, der Fruktifikation nach eine Ralfsia.

M. Henschei Casp. Seealgen v. Neukuhren. Schriften d. phys. ökon. Ges. zu Königsberg. XII 1871. p. 142.

In der Ostsee an Kieseln, Feuersteinen, Thonscherben etc. (Bei Kiel).

B. Thallus fadenförmig, verzweigt, monosiphon, bisweilen zum Theil polysiphon gegliedert, meist schlaff. Zoosporangien an den Fäden sitzend oder gestielt, oder denselben eingesenkt. ***(Ectocarpeae).***

II. Gattung. **Streblonema** Derb. et Sol.

Mikroskopische Algen. Thallus aus einem verzweigten im Rindengewebe grösserer Algen kriechenden Gliederfäden bestehend, aus welchem nach aussen theils gegliederte, farblose Haare, theils Zoosporangien entspringen. Vielfächerige Zoosporangien schotenförmig, einfach oder verzweigt. Einfächerige Zoosporangien kugelig.

Fig. 133.

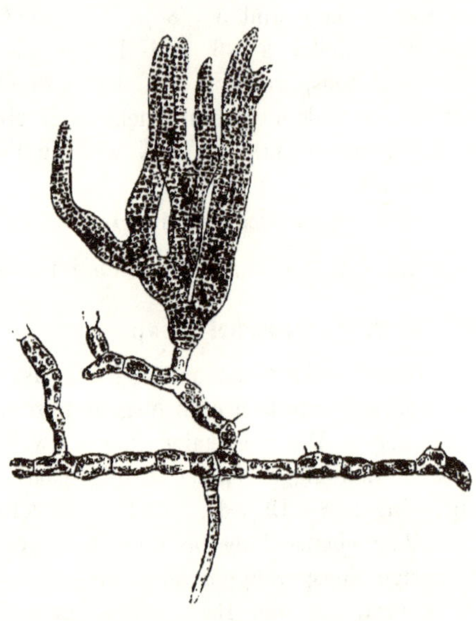

Streblonema fasciculatum *Thur.*
Stück der Alge mit vielfächerigen Zoosporangien. Vergr. 250. (Nach Pringsheim.)

1. **Str. sphaericum** (Derb. et Sol.) Thur.

Fäden 10—15 μ dick, hin und her gebogen, unregelmässig verzweigt. Glieder fast ebenso lang bis zweimal länger als der Durchmesser.

Einfächerige Zoosporangien kugelig, 40 bis 45 μ im Durchmesser, sitzend oder auf einem kurzen, meist eingliedrigen Stiele.

Ectocarpus sphaericus Derb. et Sol. Phys. des Algues, p. 54 Pl. 22 fig. 5—7.
Str. sphaericum Thur. in Le Jolis, Alg. mar. Cherb. p. 73.

Zwischen den Rindenfäden von Mesogloea Leveillei und Nemalion lubricum im adriatischen Meere.

2. **Str. tenuissimum** Hauck.

Fäden 4—8 μ dick, hin und hergebogen, unregelmässig verzweigt, Glieder 2—6 mal länger als der Durchmesser. Vielfächerige Zoosporangien fadenförmig, einfach, 6—8 μ dick, eine Reihe Zoosporen enthaltend.

Str. tenuissimum Hauck, Herb.

Zwischen den Rindenfäden von Nemalion lubricum im adriatischen Meere.

3. **Str. fasciculatum** Thur. Fig. 133.

Fäden 8—12 μ dick, hin und hergebogen, unregelmässig verzweigt, Glieder ebenso lang bis zweimal länger als der Durchmesser. Vielfächerige Zoosporangien mehr weniger, fast büschelig verzweigt.

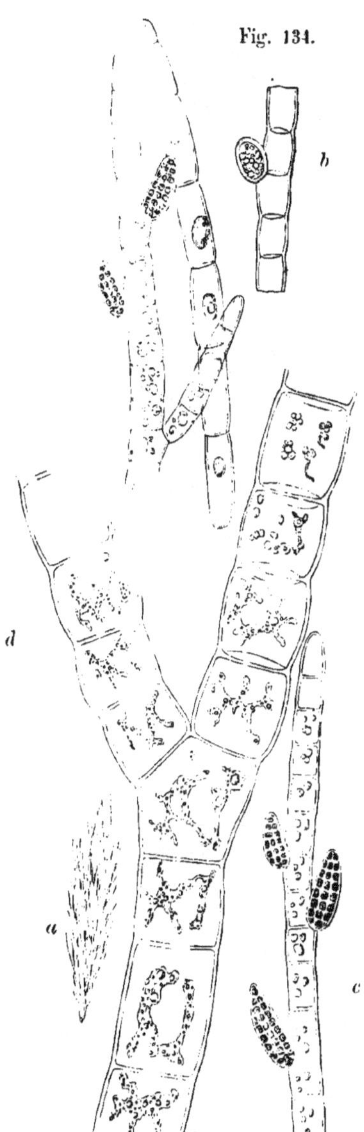

Ectocarpus arctus *Kütz.* *a* Alge in natürlicher Grösse. *b* Fadenstück mit einem einfächerigen Zoosporangium. *c* oberes, *d* unteres Fadenstück mit vielfächerigen Zoosporangien. Vergr. b—d ca. 200. (Nach Kützing.)

Str. fasciculatum Thur. in Le Jolis Alg. mar. Cherb. p. 73. — Str. volubilis Pringsh. (non Thur.) Morph. Meeresalg. p. 13, Taf. 3 fig. B.

Zwischen den Rindenfäden von Mesogloea vermiculata in der Nordsee (Helgoland).

III. Gattung. **Ectocarpus** Lyngb.

Thallus fadenförmig, monosiphon gegliedert. Zweigspitzen bisweilen in ein langgliedriges farbloses Haar auslaufend. Zoosporangien äusserlich, sitzend oder gestielt; die vielfächerigen meist fadenförmig, ei-lanzettlich, länglich oder oval; die einfächerigen meist oval oder kugelig.

a. Kleine, bisweilen mikroskopische Algen, die aus einem primären verzweigten, in der Rindenschichte grösserer Algen oder auf der Oberfläche derselben kriechenden Faden bestehen, aus welchem aufrechte, secundäre Aeste entspringen, an welchen sich die Zoosporangien entwickeln. ***Herponema.***

b. Grössere, büschel- oder rasenbildende Algen, die aus aufrechten, meist reich verzweigten (mehr weniger schlaffen, schlüpfrigen) Gliederfäden bestehen. Hauptfäden unterhalb bisweilen durch herablaufende Fasern berindet. Mittelst Wurzelfasern dem Substrate anhaftend. ***Euectocarpus.***

a. Kleine, bisweilen mikroskopische Algen, die aus einem primären, verzweigten, in der Rindenschichte grösserer Algen oder auf der Oberfläche derselben kriechenden Faden bestehen, aus welchem aufrechte, secundäre Aeste entspringen, an welchen sich die Zoosporangien entwickeln. ***Herponema.***

1. **E. investiens** (Thur.) Hauck. Fig. 135.

Bildet mehr weniger ausgebreitete bräunliche, fleckenartige, mikroskopische Räschen auf Gracilaria compressa. Die im Rindengewebe der Wirthspflanze kriechenden primären Fäden unregelmässig verzweigt; die secundären Fäden 150—250 μ lang und 8—12 μ, unterhalb oft bis 20 μ dick, mehr weniger seitlich verzweigt. Glieder meist 2—3 mal länger als der Durchmesser. Einfächerige Zoosporangien länglich oder oval, 60—80 μ lang und 30—40 μ dick, seitlich, sitzend. Vielfächerige Zoosporangien gestreckt länglich, 8—12 μ dick, terminal.

Streblonema investiens Thur. in Lloyd Alg. de l'Ouest N. 281. — Le Jol. Alg. mar. exsic. Cherb. N. 138. — Hauck, Verz. p. 389.
E. investiens Hauck, Herb.

Im adriatischen Meere.

Fig. 135.

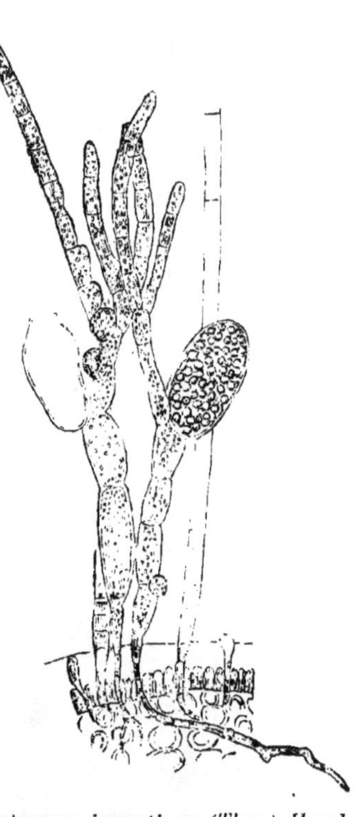

Ectocarp. investiens *(Thur.) Hauck.* Stück eines Querschnittes von Gracilaria compressa mit der epiphytischen Alge. Vergr. 250. (Nach einer Skizze von Bornet.)

2. **E. reptans** Crouan.

Bildet punktförmige, bis 0·5mm hohe Räschen auf verschiedenen Algen. Die primären Fäden auf der Oberfläche des Substrates kriechend, 8—12 μ dick, theils unter einander frei, theils strahlig aus einem Mittelpunkte laufend und fast zu einer Zellenfläche verbunden; die secundären Fäden 6—10 μ dick, einfach. Glieder ebenso lang bis doppelt länger als der Durchmesser. Die vielfächerigen

Zoosporangien länglich oder ei-lanzettlich, 30—80 μ lang und 12—30 μ dick, terminal an meist sehr verkürzten Fäden.

E. reptans Crouan, Flor. Finist. p. 161. pl. 21. gen. 158. fig. 3. 4. — Kjellm. Ectoc. p. 52. Tafl. 2, fig. 8.

Im adriatischen Meere auf Valonia macrophysa etc.

3. **E. terminalis** Kütz.

Mikroskopische, bis 1·5 mm hohe Räschen auf verschiedenen Algen bildend. Die primären Fäden 10—18 μ dick, unregelmässig verlaufend oder fast zu einer Zellenfläche vereinigt; die vertikalen Fäden 8—12 μ dick, einfach oder wenig verzweigt: Glieder 2—4 mal länger als der Durchmesser. Vielfächerige Zoosporangien eiförmig bis länglich oder eilanzettlich, oft etwas gekrümmt, 50—120 μ lang und 15—30 μ dick, terminal oder seitlich und dann meist kurz gestielt. Einfächerige Zoosporangien oval, 40—50 μ lang und 25—30 μ dick, terminal.

E. terminalis Kütz. Phyc. germ. p. 236. — Id. Spec. Alg. p. 458. Id. tab. phyc. V. Taf. 71. — Kjellm. Ectoc. p. 54. Tafl. 2 fig. 7.

In der Nordsee auf Fucus vesiculosus etc. (Helgoland).

4. **E. velutinus** (Grev.) Kütz.

Bildet mehr oder weniger ausgebreitete, zarte, sammetartige Ueberzüge auf den riemenförmigen Fruchtkörpern von Himanthalia lorea. Die primären Fäden in der Rindenschichte der Wirthspflanze kriechend; die vertikalen Fäden 0·5—1·5 mm lang und 15—20 μ dick, einfach, selten hin und wieder verzweigt. Die unteren Glieder ebenso lang, die oberen bis zweimal, bei langen Fäden bis viermal länger als der Durchmesser. Die einfächerigen Zoosporangien oval oder verkehrt eiförmig, 60—80 μ lang und 40—50 μ dick, an dem basalen, aus der Wirthspflanze hervorragenden Theile der vertikalen Fäden sitzend oder gestielt.

Sphacelaria velutina Grev. Crypt. Fl. Tab. 350.
E. velutinus Kütz. Spec. Alg. p. 458. — Id. Tab. phyc. V. Tab. 71.
Elachista velutina Aresch. Pug. I. p. 236. Tab. VIII. fig. 9. — Harv. Phyc. brit. pl. 28, B. — J. Ag. Spec. Alg. I. p. 10.
Streblonema velutinum Thur. in Le Jolis Alg. mar. Cherb. p. 73.
Herponema velutinum J. Ag. Till. Alg. Syst. p. 56.

In der Nordsee (Helgoland).

5. **E. simpliciusculus** Kütz.

Bildet sammetartige Räschen auf Steinen und grösseren Algen. Die primären, auf der Oberfläche des Substrates kriechenden Fäden zu einer Zellenfläche verbunden: die vertikalen Fäden 50—400 μ lang und 6—10 (meist 8) μ dick, einfach oder etwas verzweigt. Glieder $1\frac{1}{2}$—3 mal länger als der Durchmesser. Einfächerige Zoosporangien länglich, verkehrt eiförmig oder oval, bis 70 μ lang und 30 μ breit, terminal oder seitlich und dann sitzend oder gestielt. Vielfächerige Zoosporangien gestreckt länglich oder fadenförmig (oft sehr lang) 8—12 μ dick, terminal.

E. simpliciusculus Kütz. Tab. phyc. V. Tab. 75. (non Ag.)
E. monocarpus Kütz. Tab. phyc. V. Tab. 73? Ag. Bot. Zeitg. 1827 p. 639? — J. Ag. Spec. Alg. I. p. 16.?

Im adriatischen Meere auf Gelidium capillaceum, etc.

b. Grössere, büschel- oder rasenbildende Algen, die aus aufrechten, meist reich verzweigten (mehr weniger schlaffen, schlüpfrigen) Gliederfäden bestehen. Hauptfäden unterhalb bisweilen durch herablaufende Fasern berindet. Mittelst Wurzelfasern dem Substrate anhaftend. ***Euectocarpus.***

*6. **E. caespitulus** J. Ag.

Bildet 5—15 mm hohe pinselförmige oder kugelige Räschen. Fäden 30—60 μ dick, zerstreut, hin und wieder opponirt verzweigt. Aeste verlängert, theils einfach, theils hin und wieder mit kurzen verdünnten oder längeren und wenig verdünnten Aestchen besetzt. Glieder $1\frac{1}{2}$—3 mal länger, stellenweise 2—3 mal kürzer, jene der fast farblosen Spitzen mehrmal länger als der Durchmesser; die zweigtragenden Glieder oft verkürzt. Zoosporangien zerstreut oder zu zweien opponirt an einem Gliede (meist am unteren Theile des Thallus entwickelt): die vielfächerigen eiförmig, oval oder fast länglich, auf einem ein- seltener zweigliedrigen Stiele, die einfächerigen eiförmig oder kugelig-oval, kurz gestielt.

E. caespitulus J. Ag. Alg. med. p. 26 — Id. Spec. Alg. I. p. 18. — Kütz. Spec. Alg. p. 455. — Id. Tab. phyc. V. Tab. 62. — Kjellm. Ectoc. p. 60. Taf. 2. fig. 6, a—d.

Im adriatischen Meere an grösseren Algen: Cystosira, Scytosiphon etc.

7. **E. pusillus** Griff.

Bildet 1—5 cm hohe Rasen. Fäden 20—40, mitunter bis gegen 70 μ dick, wenig verzweigt: Aeste abwechselnd und opponirt entspringend, verlängert, kaum verdünnt, hin und wieder mit kurzen, etwas verdünnten, fast gespreitzten Aestchen besetzt. Glieder ebenso lang bis 4 mal länger als der Durchmesser, stellenweise ungleich lang. Zoosporangien kurz gestielt (einzeln, paarig oder zu dreien auf einem ein- selten zweigliedrigen Stiele), fast rechtwinkelig abstehend, an einem Fadengliede einzeln oder zu zweien opponirt oder zu dreien wirtelig entspringend.

Die vielfächerigen Zoosporangien breit eiförmig oder oval, die einfächerigen kugelig.

E. pussillus Griff. — Harv. Man. p. 41. — Id. Phyc. brit. pl. 153. — J. Ag. Spec. Alg. I. p. 17. — Kütz. Spec. Alg. p. 450. — Id. Tab. phyc. V. Tab. 48.

E. globifer Kütz. Spec. Alg. l. c. — Id. Tab. phyc. V. Tab. 49.

Im adriatischen Meere; meist an grösseren Algen.

8. **E. irregularis** Kütz.

Bildet 5—30 mm hohe Räschen. Fäden 20—30 μ, oberhalb 15—12 μ dick, weitläufig zerstreut verzweigt; Aeste und Aestchen verlängert, abstehend. Die unteren Glieder halb bis ebenso lang, die oberen allmälig vier- bis mehrmal länger als der Durchmesser. Vielfächerige Zoosporangien zerstreut oder stellenweise einander genähert, eiförmig, länglich eiförmig oder ei-lanzettlich, meist 60—80 μ lang, sitzend, sehr selten kurz gestielt. Einfächerige Zoosporangien eiförmig, sitzend.

E. irregularis Kütz. Phyc. gener. p. 234. — Id. Spec. Alg. p. 454. — Id. Tab. phyc. V. Taf. 62.

Im adriatischen Meere auf Fucus virsoides.

9. **E. arctus** Kütz. Fig. 134.

Bildet 1—10 cm hohe Rasen. Fäden unterhalb später mit herablaufenden Fasern bekleidet, 40—80 μ dick, (unterhalb bisweilen stärker) in den letzten Verzweigungen meist 20—15 μ dick, reich verzweigt; Aeste und Aestchen zerstreut entspringend, abstehend. Spitzen meist in ein langgliedriges dünnes Haar auslaufend. Fadenglieder ebenso lang bis doppelt länger als der Durchmesser, bisweilen kürzer oder länger. Zoosporangien zerstreut; die vielfächerigen meist klein, länglich oder länglich eiförmig, sitzend, oder auf einem ein- bis dreigliedrigen Stiele; die einfächerigen klein, eiförmig-kugelig, sitzend oder kurz gestielt.

E. arctus Kütz. Phyc. gener. p. 289. — Id. Spec. Alg. p. 449.

Corticularia arcta Kütz. Tab. phyc. V. Tab. 80.

E. fuscatus Zanard. Icon. phyc. adriat. II. p. 139, Tav. 74, A. — Menegh. Alghe ital. p. 381.

Corticularia fuscata Kütz. Spec. Alg. p. 461. — Id. Tab. phyc. V. Tab. 80.

E. verminosus Kütz. Spec. Alg. p. 449.

Corticularia verminosa Kütz. Tab. phyc. V. Tab. 79.
E. intermedius Kütz. Spec. Alg. p. 449. — Id. Tab. phyc. V. Tab. 46.
E. spinosus Kütz. Spec. Alg. p. 450. — Id. Tab. phyc. V. Tab. 49.
E. polycarpus Zanard. — Kütz. Spec. Alg. p. 451. — Id. Tab. phyc. V. Tab. 51.
E. rufulus Kütz. Spec. Alg. p. 453. — Id. Tab. phyc. V. Tab. 58.
E. rigidus Kütz. Spec. Alg. p. 455. — Id. Tab. phyc. V. Tab. 65.
E. ochroleucus Kütz. Spec. Alg. p. 456. — Id. tab. phyc. V. Tab. 67.

Auf Zostera und verschiedenen grösseren Algen im adriatischen Meere.

10. **E. tomentosus** (Huds.) Lyngb. Fig. 136.

Bildet 5—15 cm hohe Büschel, die aus meist 1—3 mm dicken, schwammigen, theils einfachen, theils vieltheiligen oder fiederig verzweigten Strängen bestehen, welche aus sehr dicht und fest verfilzten, 8—12 μ dicken, unregelmässig verzweigten Fäden gebildet werden, deren Aeste und Aestchen gespreitzt, meist zurückgebogen

Fig. 136.

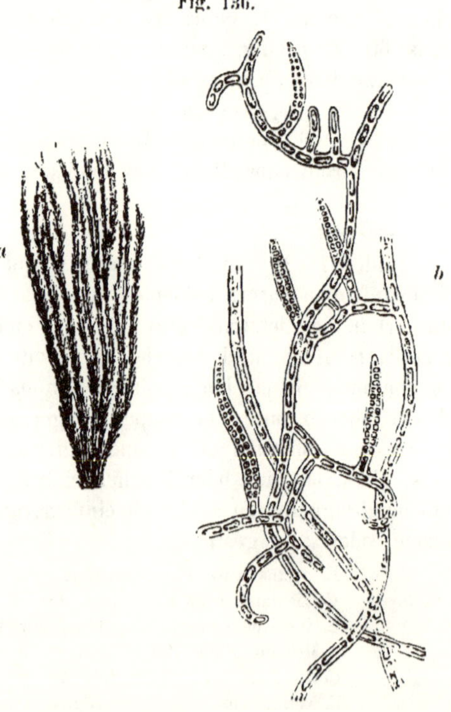

Ectocarpus tomentosus *(Huds.) Lyngb.*
a Alge in natürlicher Grösse.
b Fadenstücke mit vielfächerigen Zoosporangien.
Vergr. ca. 200. (Nach Kütz.)

und an den Spitzen oft zurückgerollt sind. Glieder 2—4 mal länger als der Durchmesser. Vielfächerige Zoosporangien gestreckt länglich, sitzend oder gestielt, oft gebogen, 50—110 μ lang und 11—16 μ dick. Einfächerige Zoosporangien fast eiförmig, kurz gestielt.

Conferva tomentosa Huds. Flor. angl. p. 594.
E. tomentosus Lyngb. Hydr. Dan. p. 132. Tab. 44, A. — J. Ag. Spec. Alg. I. p. 23. — Harv. Phyc. brit. pl. 182. — Kjellm. Ectoc. p. 63.
Spongonema tomentosum Kütz. Spec. Alg. p. 461. — Id. Tab. phyc. V. Tab. 83.

In der Nordsee.

11. **E. crinitus** Carm.

Bildet ausgebreitete Watten oder einige cm bis 3 dm lange verworrene Rasen. Fäden gewöhnlich von 20 μ in den Aestchen bis zu ca. 50 μ in den Hauptästen dick, sehr verlängert, weitläufig verzweigt, streckenweise astlos; Aeste abstehend, mehr weniger mit kurzen, kaum verdünnten Aestchen besetzt, die abwechselnd, selten opponirt, oft paarig aus zwei aufeinander folgenden Gliedern fast gespreitzt entspringen. Glieder $1^1/_2$—6 mal länger als der Durchmesser. Einfächerige Zoosporangien oval, auf einem ein- bisweilen zweigliedrigen Stiele, selten sitzend, rechtwinklig abstehend. Stiel mitunter 2—4 Zoosporangien in verschiedenen Entwicklungsstadien tragend.

E. crinitus Carm. mscr. — Hook. Brit. Fl. II. p. 326. — Harv. Phyc. brit. pl. 330. — Kütz. Spec. Alg. p. 457. — Id. Tab. phyc. V Tab. 70. — Hauck, Beitr. 1878, p. 221.
E. Vidovichii Menegh. — Kütz. Spec. Alg. p. 452. — Id. Tab. phyc. V. Tab. 56.

Im adriatischen Meere.

12. **E. confervoides** (Roth) Le Jol.

Thallus rasig, wenige cm bis 4 dm hoch. Fäden unterhalb später mit herablaufenden Fasern bekleidet, reich verzweigt, in den Hauptästen 40—60 μ dick in den Aestchen sehr verdünnt; Aeste und Aestchen abwechselnd, hin und wieder einseitig entspringend, abstehend; Aestchen häufig in ein Haar auslaufend. Glieder halb so lang bis 3 und mehrmal länger als der Durchmesser. Zoosporangien an den Aestchen zerstreut, hin und wieder fast einseitig; die vielfächerigen meist eilanzettlich oder pfriemig, sitzend oder gestielt; sehr verschieden in der Grösse, die einfächerigen eiförmig oder oval, sitzend.

Ein- und vielfächerige Zoosporangien bisweilen zusammen auf derselben Pflanze vorkommend.

Ceramium confervoides Roth, Catal. I. p. 151.
E. confervoides Le Jol. Alg. mar. Cherb. p. 75. — Kjellm. Ectoc. p. 67.
E. siliculosus Lyngb. (partim) Harv. Phyc. brit pl. 162. — J. Ag. Spec. Alg. I. p. 22.
E. littoralis J. Ag. Spec. Alg. I. p. 18 (partim).

α. **siliculosus.**

Vielfächerige Zoosporangien pfriemig oder ei-lanzettlich: Spitze bisweilen in ein Haar ausgehend.

E. siliculosus Kütz. Spec. Alg. p. 451. — Id. Tab. phyc. V. Taf. 53.
E. ceratoides Kütz. Spec. Alg. p. 452. — Id. Tab. phyc. V. Tab. 55.
E. gracillimus Kütz. Spec. Alg. p. 453. — Id. Tab. phyc. V. Tab. 58.
E. corymbosus Kütz. Spec. Alg. p. 453. — Id. Tab. phyc. V. Tab. 59.
E. flagelliformis Kütz. Spec. Alg. p. 453. — Id. Tab. phyc. V. Tab. 61.
E. flavescens Kütz. Spec. Alg. p. 453.
E. spalatinus Kütz. Spec. Alg. p. 455. — Id. Tab. phyc. V. Tab. 63.
E. venetus Kütz. Spec. Alg. p. 455. — Id. Tab. phyc. V. Tab. 65.
E. patens Kütz. Spec. Alg. p. 456. — Id. Tab. phyc. V. Tab. 67.
E. Kochianus Kütz. Spec. Alg. p. 456. — Id. Tab. phyc. V. Tab. 69.
E. bombycinus Kütz. Spec. Alg. p. 456. — Id. Tab. phyc. V. Tab. 69.
Corticularia (tenella) Naegeliana Kütz. Spec. Alg. p. 460. Id. Tab. phyc. V. Tab. 81.

In der Nordsee, Ostsee und im adriatischen Meere.

β. **subulatus.**

Vielfächerige Zoosporangien verlängert, fadenförmig: Spitze in einen längeren oder kürzeren Faden oder in ein Haar ausgehend.

E. subulatus Kütz. Spec. Alg. p. 451. — Id. Tab. phyc. V. Tab. 61.
E. amphibius Harv. Phyc. brit. pl. 183.
E. draparnaldiaeformis Kütz. Spec. Alg. p. 455. — Id. Tab. phyc. V. Tab. 64.
E. macroceras Kütz. Spec. Alg. et. Tab. phyc. l. c.

In der Ostsee und im adriatischen Meere.

γ. **approximatus.**

Vielfächerige Zoosporangien meist gross und zahlreich, ei-lanzettlich, bisweilen gabelig, häufig mit den einfächerigen zusammen vorkommend.

E. approximatus Kütz. Spec. Alg. p. 452. — Id. Tab. phyc. V. Tab 56.

Im adriatischen Meere.

13. **E. Sandrianus** Zanard.

Rasen 4—12 cm hoch. Fäden 50—100 μ, in den Aestchen letzter Ordnung 20—10 μ dick, reich verzweigt: Aeste einzeln und in Serien abwechselnd entspringend; ein- oder mehrfach einseitig verzweigt. Glieder meist halb bis fast ebenso lang als der Durchmesser. Vielfächerige Zoosporangien länglich, eiförmig oder länglich-eiförmig, sitzend, meist zahlreich, an der inneren Seite der Aestchen gereiht.

E. Sandrianus Zanard. in Kütz. Spec. Alg. p. 451. — Id. Tab. phyc. V. Tab. 52. — Zanard. Icon. phyc. adr. II. p. 143. Tav. 74. B.
E. elegans Thur. — Le Jol. Alg. mar. Cherb. p. 77. pl. 2.

Im adriatischen Meere.

14. **E. fasciculatus** Harv.

Thallus rasig, 2—15 cm hoch, Fäden unterhalb etwas seilartig zusammengedreht, in den Hauptästen 40—60 μ dick, in den Aestchen sehr verdünnt, reich verzweigt. Hauptäste verlängert; Aeste kurz, abwechselnd entspringend, und mit büscheligen, einseitig verzweigten Aestchen abwechselnd besetzt. Aestchen häufig in ein Haar auslaufend, strikte, mitunter zurückgebogen. Glieder fast ebenso lang, bisweilen etwas kürzer, stellenweise zweimal länger als der Durchmesser. Vielfächerige Zoosporangien eilanzettlich oder pfriemig, sitzend oder kurz gestielt, innenseitig an den Aestchen vorletzter Ordnung; sehr verschieden in der Grösse, meist 70—150 μ lang und 18—25 μ breit. Einfächerige Zoosporangien oval, sitzend.

E. fasciculatus Harv. Phyc. brit. pl. 273. — J. Ag. Spec. Alg. I. p. 22.
E. refractus Kütz. Spec. Alg. p. 451. — Id. Tab. phyc. V. Tab. 51.

In der Nordsee.

15. **E. granulosus** (Engl. Bot.) Ag.

Thallus rasig, 5—20 cm hoch. Fäden unterhalb mit herablaufenden Fasern bekleidet, von 20 μ in den Aestchen, bis zu 100 μ in den Hauptästen dick, mehr weniger regelmässig opponirt (und häufig auch abwechselnd) reich verzweigt. Hauptäste verlängert; Aeste kurz, weit abstehend, häufig etwas ein- oder zurückgebogen. Aestchen letzter Ordnung einseitig, etwas gebogen, verdünnt. Glieder halb oder ebenso lang als dick bisweilen etwas länger. Vielfächerige Zoosporangien unsymmetrisch eiförmig oder oval, an den Aestchen letzter und vorletzter Ordnung sitzend, meist gereiht (40—60 μ breit und 60—70 μ lang). Einfächerige Zoosporangien fast kugelig, sitzend.

Conferva granulosa Engl. Bot. Tab. 2351.
E. granulosus Ag. Spec. Alg. II. p. 45. — J. Ag. Spec. I. p. 21. — Harv. Phyc. brit. pl. 200.
E. laetus Ag. Spec. Alg. II. p. 46. — Menegh. Algh. Ital. p. 377.
Corticularia brachiata Kütz. Phyc. germ. p. 237. — Id. Spec. Alg. p. 460. — Id. Tab. phyc. V. Tab. 81. fig. 1.

In der Nordsee und im adriatischen Meere.

Fig. 137.

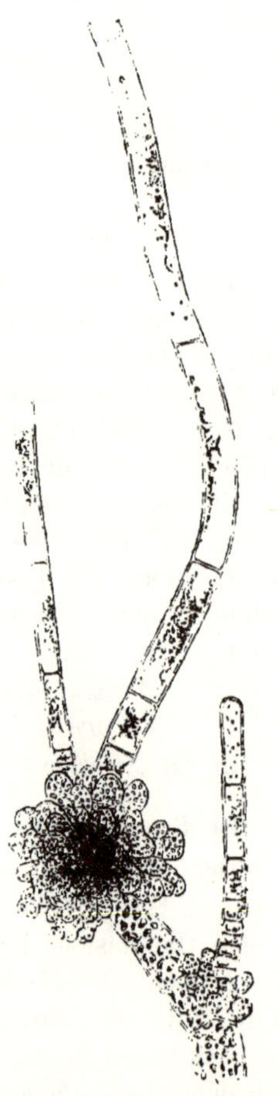

Sorocarpus uvaeformis *Pringsh.* Stück der Alge mit vielfächerigen Zoosporangien. Vergr. 250. (Nach Pringsheim.)

IV. Gattung. **Sorocarpus** Pringsh.

Thallus aus einem reich verzweigten Gliederfaden bestehend, dessen Enden in ein langgliedriges farbloses Haar auslaufen. Vielfächerige Zoosporangien als traubenartige Haufen auf einzelnen Fadengliedern, meist an der Basis der Aestchen sitzend.

1. **S. uvaeformis** Pringsh. Fig. 137.

Bildet bald grössere bald kleinere, Ectocarpus confervoides gleichende Rasen. Fäden unterhalb ca. 50, die der letzten Verzweigungen ca. 20 μ dick. Glieder $1^1/_2$—3 mal länger als der Durchmesser.

S. uvaeformis Pringsh. Morph. p. 12. Taf. 3 fig. 1—8.
Ectocarpus siliculosus β. uvaeformis Lyngb. Hydr. Dan. p. 132. Tab. 43. D.?

Auf grösseren Algen in der Nordsee, Helgoland.

V. Gattung. **Choristocarpus** Zanard.

Thallus aus einem monosiphonen, dichotomen Gliederfaden bestehend. Zweierlei seitlich entspringende Sporangien: 1. kleine, ovale oder verkehrt-eiförmige, sitzende vielfächerige Zoosporangien; 2. grössere verkehrt eiförmige, gestielte, durch eine, seltener zwei Querwände getheilte Sporangien. Beide Sporangien auf verschiedenen Individuen.
Systematische Stellung zweifelhaft.

Fig. 138.

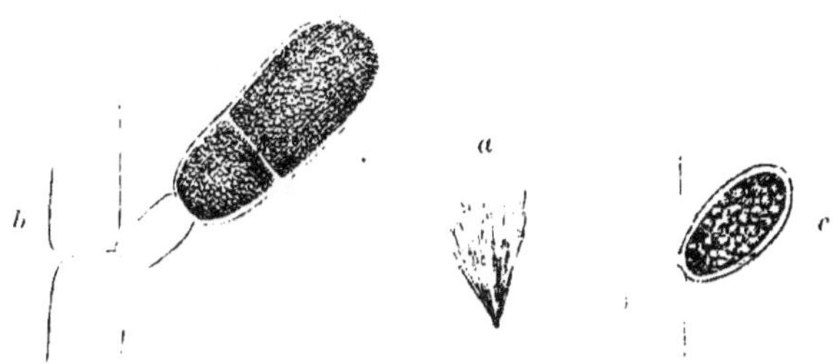

Choristocarpus tenellus *Zanard.*
a Alge in natürlicher Grösse. *b* Fadenstück mit einem quergetheilten Sporangium. *c* Fadenstück mit einem vielfächerigen Zoosporangium. Vergr. 450.

1. **Ch. tenellus** (Kütz.) Zanard. Fig. 138.

Bildet 1—2 cm hohe, schlaffe Räschen. Fäden ca. 25 μ, an den Spitzen ca. 10 μ dick, an der Basis mit herablaufenden zarten Wurzelfasern bekleidet, mehr weniger regelmässig dichotom verzweigt. Glieder (mit Ausnahme der untersten) ca. 8—10 mal länger als der Durchmesser. Die vielfächerigen Zoosporangien bis 35 μ, die quergetheilten Sporangien bis 60 μ lang.

Ectocarpus tenellus Kütz. Spec. Alg. p. 457. — Id. Tab. phyc. V. Tab. 73.
Ch. tenellus Zanard. Icon. phyc. adriat. I. p. 1. Tav. 1.

Im adriatischen Meere an Algen (Lesina, Rovigno, etc. an Dasya elegans).

VI. Gattung. **Giraudia** Derb et Sol.

Thallus aus einem polysiphonen, unterhalb monosiphonen, beiderends verdünnten, an der Basis verzweigten Gliederfaden bestehend, welcher an den Spitzen in ein Büschel gegliederter farbloser Haare ausgeht. Zweierlei Zoosporangien: 1. längliche oder länglich-lanzettliche, einfache oder verzweigte vielfächerige Zoosporangien, welche sich meist büschelig auf einem kurzen Aestchen an der Basis der Fäden entwickeln; 2. gestreckt eiförmige einfächerige (?) Zoosporangien, welche zu dichten, warzenförmigen Gruppen vereinigt, stellenweise an den polysiphonen Gliedern der Fäden sitzen.

Fig. 139.

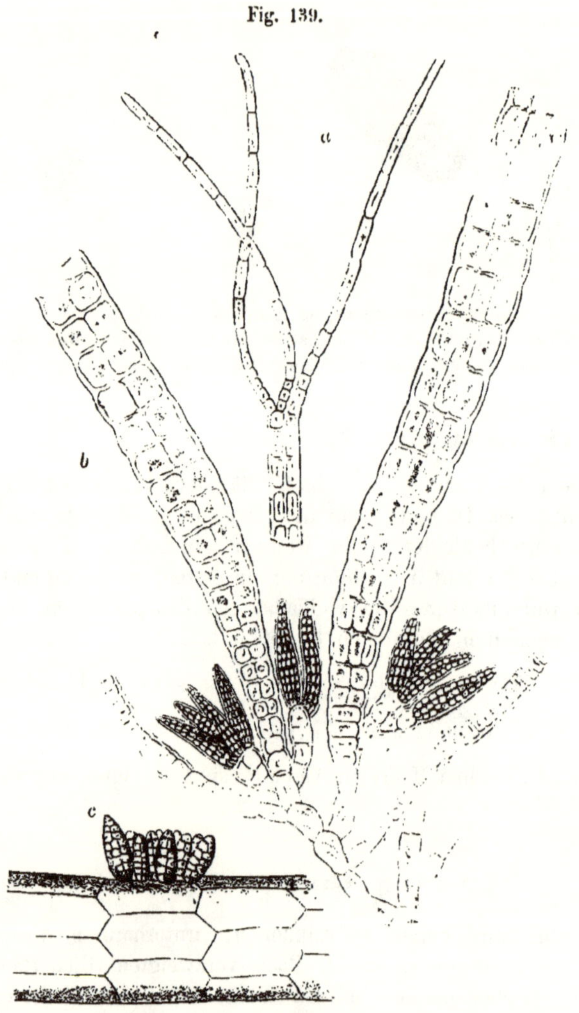

Giraudia sphacelarioides *Derb. et Sol.*
a oberer Theil des Thallus. Vergr. 250. *b* unterer Theil des Thallus mit vielfächerigen Zoosporangien. Vergr. 250. (Nach Areschoug.) *c* Fadenstück mit einfächerigen Zoosporangien. Vergr. 600. (Nach Göbel.)

1. **G. sphacelarioides** Derb. et Sol. Fig. 139.

Bildet 5–15 mm hohe Räschen. Thallus mittelst Wurzelfäden dem Substrate anhaftend. Fäden ziemlich steif, an der Basis büschelig entspringend, einfach, 30—80 μ dick, stellenweise mit farblosen, gegliederten Haaren besetzt. Die polysiphonen Glieder $^1/_3$—$^2/_3$ mal, die monosiphonen bis $^1/_4$ mal so lang als der Durchmesser. Die zu rundlichen oder länglichen Wärzchen vereinigten Zoosporangien 25—40 μ lang, die schotenförmigen vielfächerigen bis 120 μ lang und 10—15 μ dick.

Habitus einer Sphacelaria.

G. sphacelarioides Derb. et Sol. Phys. des Algues. p. 49. Pl. 14 fig. 12—16. — Zanard. Icon. phyc. adr. III. p. 73. Taf. 98. — Aresch. Observ. III. p. 22. Tab. 3 fig. 1 a, b. — Göbel in bot. Zeitg. 1878, p. 195. Taf. 7 fig. 12—14 und 16—29.

An Zostera, Posidonia, Cystosira etc. im adriatischen Meere.

VII. Gattung. **Myriotrichia** Harv.

Thallus aus einem primären kriechenden Gliederfaden bestehend, aus welchem sich einfache, monosiphon gegliederte Aeste erheben, aus deren polysiphon werdenden Gliedern theils kurze, monosiphon gegliederte einfache Aestchen, theils Zoosporangien, theils farblose Haare entspringen. Einfächerige Zoosporangien kugelig, sitzend. Vielfächerige Zoosporangien länglich, sitzend.

Epiphytische Algen.

1. M. **clavaeformis** Harv. Fig 140.

Thallus 5—20 mm hohe schlüpfrige Büschel oder Räschen bildend. Die aufrechten Fäden 20—40 μ dick gegen die Basis verdünnt, unterhalb nackt, monosiphon gegliedert, oberhalb polysiphon gegliedert und dicht mit allseitig hervorbrechenden kurzen Aestchen keulenförmig besetzt. Aeste und Aestchen häufig in ein Haar ausgehend. Fadenglieder kürzer, meist halb so lang als der Durchmesser. Einfächerige Zoosporangien ca. 40 μ im Durchmesser. Vielfächerige Zoosporangien unbekannt.

M. clavaeformis Harv. Algol. Illustr. N. 6. Taf. 138. — Id. Tab. phyc. pl. 101. — J. Ag. Spec. Alg. I. p. 13. — Kütz. Spec. Alg. p. 470. — Id. Tab. phyc. VI. Tab. 3. — Zanard. Icon. phyc. adr. III. p. 101. Tav. 105. — Näg. Neuere Algensyst. p. 147, Taf. 3. fig. 13—20.

Auf Scytosiphon lomentarius im adriatischen Meere; auch in der Nordsee, jedoch im Gebiete der deutschen Küste noch nicht gefunden.

2. M. **adriatica** Hauck.

Bildet lockere, 3—10 mm hohe Räschen. Die aufrechten Fäden ca. 20—30 μ dick (unterhalb verdünnt) monosiphon gegliedert, stellenweise in mehr weniger regelmässigen Entfernungen mit anfänglich opponirten, später wirteligen, an der Spitze gedrängt entspringenden, aufrecht-abstehenden, vielfächerigen Zoosporangien und zarten Haaren besetzt, die beide aus verkürzten polysiphonen Gliedern entspringen. Die vegetativen Fadenglieder $1^1/_2$—4 mal länger als der Durchmesser. Vielfächerige Zoosporangien cylindrisch länglich, ca. 30—40 μ lang und 8—12 μ dick, eine Reihe Zoosporen enthaltend. Einfächerige Zoosporangien unbekannt.

Steht M. canariensis Kütz. (Tab. phyc. VI. p. 2. Tab. 2) sehr nahe; die Fäden sind aber viel länger und langgliedriger.

M. adriatica Hauck, Herb.

Auf Stilophora rhizodes im adriatischen Meere.

VIII. Gattung. **Dichosporangium** Hauck.

Thallus mikroskopisch, monosiphon gegliedert, aus einem verzweigten, im Rindengewebe grösserer Algen kriechenden primären Faden bestehend, aus welchem aufrechte Aeste entspringen, die an der Spitze in ein oder mehrere langgliedrige farblose Haare ausgehen. Einfächerige Zoo-

Fig. 140.

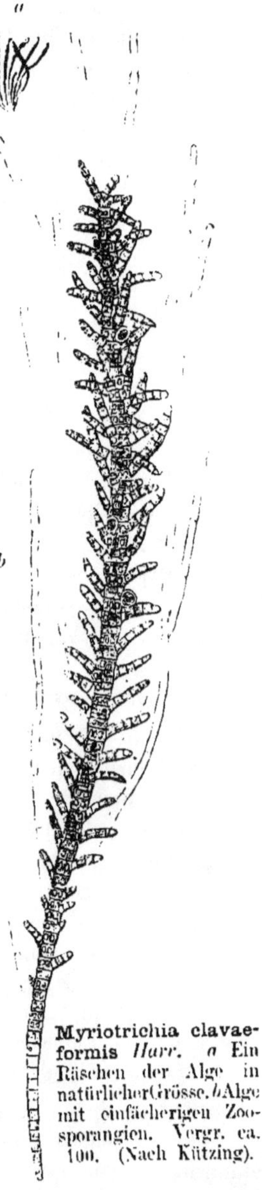

Myriotrichia clavaeformis *Harv.* *a* Ein Räschen der Alge in natürlicher Grösse. *b* Alge mit einfächerigen Zoosporangien. Vergr. ca. 100. (Nach Kützing).

Fig. 141.

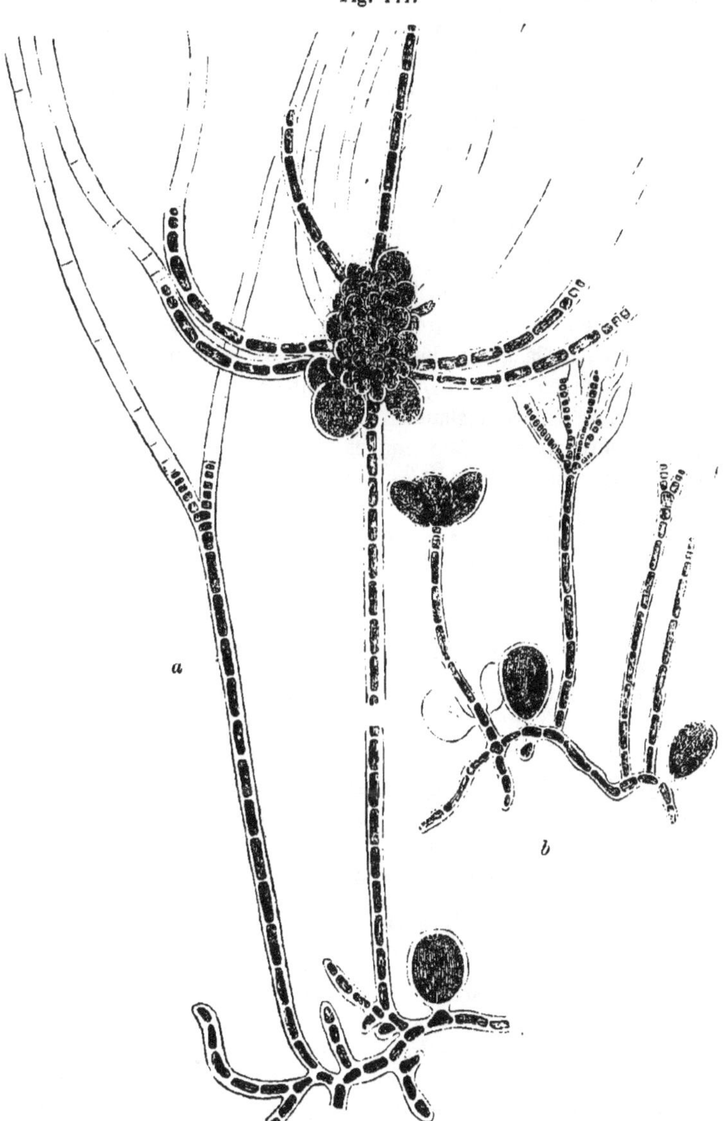

Dichosporangium repens *Hauck.* *a* Alge mit einfächerigen Zoosporangien. Vergr. 140. *b* Alge (kleineres Exemplar) mit ein- und vielfächerigen Zoosporangien. Vergr. 140.

sporangien kugelig oder verkehrt eiförmig, sitzend, sowohl einzeln aus den kriechenden primären Fäden direkt entspringend, als auch an der Spitze der aufrechten Aeste aus den obersten polysiphon werdenden Gliedern derselben entwickelt, und zwar anfänglich paarweise einander opponirt, später gehäuft. Vielfächerige Zoosporangien fadenförmig, an der Spitze der aufrechten Aeste, anfänglich paarig einander opponirt, später büschelig.

1. **D. repens** Hauck. Fig. 141.

Bildet 0·25 — 1 mm hohe Räschen auf Mesogloea Leveillei, Nemacystus ramulosus u. a. Mesogloeaceen. Die primären Fäden hin und hergebogen, unregelmässig verzweigt, 6 — 12 μ dick; Glieder ebenso lang bis doppelt länger als der Durchmesser. Die aufrechten Fäden 12 — 25 μ dick, einfach, an der Spitze in zwei oder mehrere Haare auslaufend; Glieder jener $1^1/_2$ — 4 mal länger als der Durchmesser. Die einfächerigen Zoosporangien 25 — 50 μ im Durchmesser und mehr; die vielfächerigen ca. 8 μ dick, eine Reihe Zoosporen enthaltend.

Myriotrichia (?) repens Hauck, Beitr. 1879. p. 242 Taf. 4 fig. 1 u. 2.
D. repens Hauck, Herb.

Im adriatischen Meere.

IX. Gattung. **Pilayella** Bory.

Thallus monosiphon gegliedert, reich verzweigt. Zoosporangien dem Faden eingesenkt, durch Umwandlung vegetativer Fadenglieder entstehend, meist in Reihen aus mehreren auf einander folgenden Gliedern entwickelt. Einfächerige Zoosporangien kugelig, in der Mitte der Aestchen eine kürzere oder längere perlschnurförmige Reihe bildend. Vielfächerige Zoosporangien mehr weniger cylindrisch, in der Mitte oder am Ende der Aestchen gereiht.

1. **P. littoralis** (L.) Kjellm.

Thallus rasig oder pinselig, wenige cm bis mehrere dm lang, an der Basis mittelst Wurzelfäden dem Substrat anhaftend. Fäden von ca. 20 μ in den Aestchen, bis zu ca. 70 μ in den Hauptästen dick, vielfach und dicht verzweigt, oft verworren; Aeste und Aestchen opponirt, abwechselnd oder zerstreut, meist verdünnt. Glieder gewöhnlich ebenso lang bis doppelt länger als der Durchmesser. Schlüpfrig.

Conferva littoralis L. Spec. Plant. Ed. I. p. 1165 (partim).
P. littoralis Kjellm. Ectoc. p. 99.

Fig. 142.

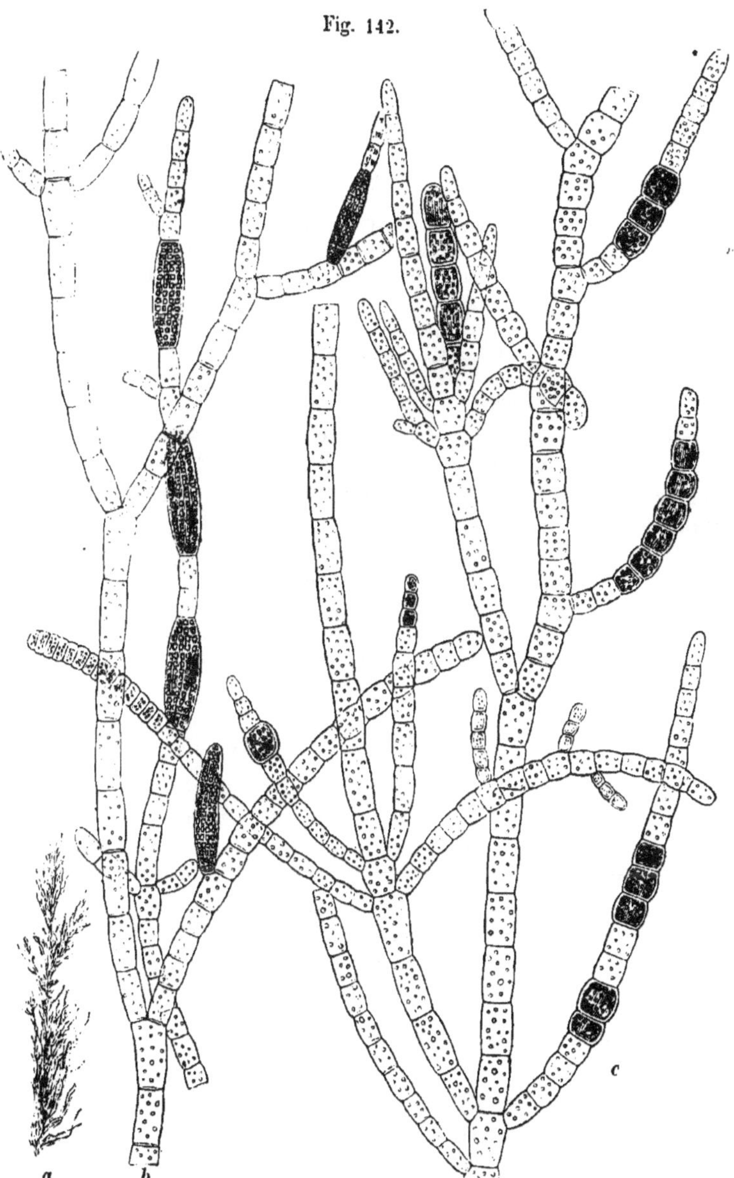

Pilayella littoralis *(L.) Kjellm.* **F. ramellosa.** *a* Alge in natürlicher Grösse. *b* Zweig mit vielfächerigen Zoosporangien. Vergr. ca. 200. *c* Zweig mit einfächerigen Zoosporangien. Vergr. ca. 200.

F. ramellosa. Fig. 142.

Aeste und Aestchen grösstentheils opponirt, abstehend. Vielfächerige Zoosporangien in der Mitte der Aestchen entwickelt.

Ectocarpus ramellosus Kütz. Spec. Alg. p. 459. — Id. Tab. phyc. V. Tab. 78.
E. littoralis Kütz. Spec. Alg. p. 458. — Id. Tab. phyc. V. Tab. 76.
E. subverticillatus Kütz. Spec. Alg. p. 458. — Id. Tab. phyc. V. Tab. 77.
E. ochraceus Kütz. Spec. Alg. p. 453. — Id. Tab. phyc. V. Tab. 60.
E. rutilans Kütz. Spec. Alg. p. 454.
E. littoralis β. brachiatus J. Ag. Spec. Alg. I. p. 18.
P. littoralis f. vernalis Kjellm. Ectoc. p. 100.

F. ferruginea.

Rostbraun. Fäden unterhalb oft seilartig zusammengedreht. Aeste und Aestchen meist opponirt, abstehend. Vielfächerige Zoosporangien länglich oder keulenförmig, meist die Enden der Aestchen einnehmend.

Conferva ferruginea Lyngb. Hydr. Dan. p. 159, Tab. 55 fig. c.
P. littoralis f. ferruginea Kjellm. Ectoc. p. 103.
Ectocarpus ferrugineus J. Ag. Spec. Alg. I. p. 20.
Spongomorpha ferruginea Kütz. Phyc. germ. p. 238.
Spongonema ferrugineum Kütz. Spec. Alg. p. 461. — Id. Tab. phyc. V. Tab. 84.

F. fluviatilis.

Bildet 1—3 dm lange, fluthende Rasen. Fäden verlängert, zerstreut ästig. Aeste und Aestchen gegen die Spitze verdünnt, schlaff. Vielfächerige Zoosporangien an den Enden, bisweilen in der Mitte der Aestchen entwickelt, von fast gleicher Dicke wie die sterilen Fäden.

Ectocarpus fluviatilis Kütz. Phyc. gener. p. 288. — Id. Spec. Alg. p. 456. — Id. Tab. phyc. V. Tab. 66.
E. ramellosus Zanard. Icon. phyc. adr. III. p. 105. Tav. 106 fig. 1—3.

F. firma.

Aeste und Aestchen gegen die Spitze verdünnt, steif aufrecht, grösstentheils abwechselnd entspringend. Vielfächerige Zoosporangien fast spindelige Reihen bildend, in der Mitte der Aestchen entwickelt.

Ectocarpus firmus J. Ag. Spec. Alg. I. p. 23.
P. littoralis f. firma Kjellm. Ectoc. p. 104.

F. compacta.

Mehr weniger filzig, unterhalb oft seilartig zusammengedreht. Aeste und Aestchen zerstreut, nahezu gleich dick, gespreizt oder fast gespreitzt, oft zurückgekrümmt oder geknict. Vielfächerige Zoosporangien in der Mitte oder am Ende der Aestchen entwickelt.

Ceramium compactum Roth. Catal. bot. III. p. 148—149 (partim).
P. littoralis f. compacta, Kjellm. Ectoc. p. 105.
Spongomorpha castanea Kütz. Phyc. germ. p. 288.
Spongonema castaneum Kütz. Spec. Alg. p. 461. — Id. Tab. phyc. V. Tab. 83.
Ectocarpus littoralis γ. compactus J. Ag. Spec. Alg. I. p. 18.
E. compactus Kütz. Spec. Alg. p. 458. — Id. Tab. phyc. V. Tab. 76.

In der Nord- und Ostsee, namentlich auf Fucaceen; die Form fluviatilis im adriatischen Meere (Porto Rossega bei Monfalcone).

C. Thallus fadenförmig, verzweigt, polysiphon gegliedert, mit grosser Scheitelzelle, mitunter von einer dünnen oder in den Stämmchen dicken, zelligen Berindungsschichte umgeben, ziemlich steif, Zoosporangien äusserlich, entweder an gewöhnlichen Thalluszweigen oder an besonderen Fruchtästchen, die aus den Rindenzellen der Stämmchen entspringen. (***Sphacelarieae***).

X. Gattung. **Sphacelaria** Lyngb.

Thallus aus einem verzweigten polysiphonen Gliederfaden bestehend, der entweder durchaus unberindet oder feinzellig berindet und häufig unterhalb mit herablaufenden Wurzelfäden bekleidet ist. Zoosporangien an gewöhnlichen Thalluszweigen entwickelt, kugelig oder oval.

Vermehrung bei einigen Arten auch durch eigenthümliche, gestielte, keulenförmige, dreihörnige oder 2—4 strahlige Brutknospen, die sich aus der Scheitelzelle kurzer Zweige entwickeln.

a. Thallusfäden unberindet, häufig unterhalb mit Wurzelfäden bekleidet. (***Eusphacelaria***).
b. Thallusfäden kleinzellig berindet, unterhalb mit Wurzelfäden bekleidet. (***Stypocaulon***).

a. Thallus unberindet, häufig unterhalb mit Wurzelfäden bekleidet. (***Eusphacelaria***).

1. **Sph. tribuloides** Menegh. Fig. 144.

Bildet dichte, 1—2 cm. hohe Räschen. Fäden aus einer Zellenscheibe entspringend oder mittelst Wurzelfäden befestigt, 30—40 μ dick, unregelmässig seitlich und ziemlich gleich hoch verzweigt; Zweige aufrecht. Glieder so lang oder anderthalb mal länger als der Durchmesser. Vielfächerige Zoosporangien meist einseitig an den Zweigen, oval, auf einem 1—4 gliedrigen Stiel. Brutknospen seitlich an den oberen Zweigen, gegliedert und zellig, anfangs keulenförmig, später blos noch in der Seitenansicht keulenförmig, in der Vorderansicht keilförmig mit drei seitlichen Hörnchen am Ende.

Sph. tribuloides Menegh. Lett. Corin. p. 2 N. 1. — J. Ag. Spec. Alg. I. p. 31. — Kütz. Spec. Alg. p. 464. — Id. Tab. phyc. V. Tab. 89. — Zanard. Icon. phyc. adr. III. p. 43, Tav. 40. B. — Hauck. Beitr. X. Taf. 3 fig. 16.

Sph. rigida Hering. — Kütz. Spec. Alg. p. 465. — Id. Tab. phyc. V. Tab. 90.

An Steinen und grösseren Algen (Cystosira abrotanifolia, Codium Bursa, etc.) im adriatischen Meere.

2. **Sph. radicans** (Dillw.) Ag.

Bildet vereinzelte Büschel oder mehr weniger ausgebreitete 1—2 cm hohe Räschen. Die aufrechten Fäden aus primären niederliegenden, oder aus einer Wurzelscheibe entspringend, 20—40 μ dick, unregelmässig seitlich, bisweilen büschelig verzweigt; Zweige aufrecht, stellenweise mit abwärts gerichteten, meist freistehenden Wurzelfäden. Glieder fast so lang oder kürzer als der Durchmesser.

Fig. 143.

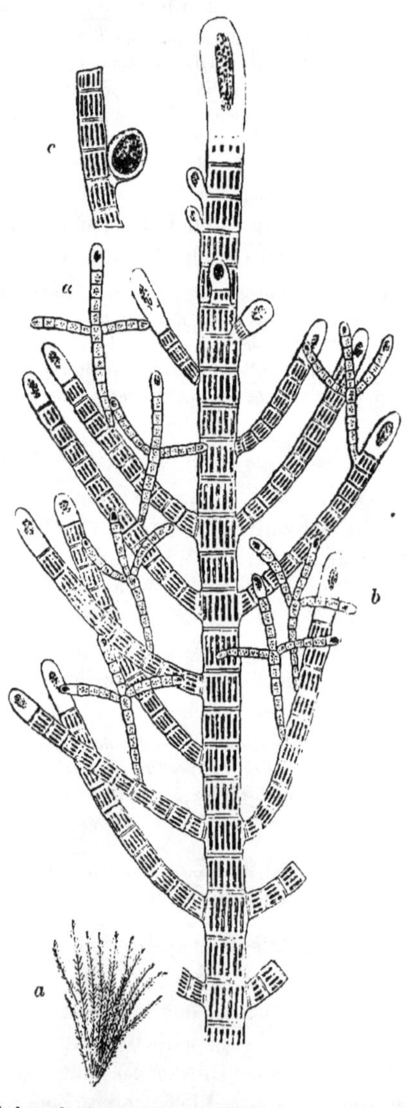

Sphacelaria cirrhosa (*Roth*) *Ag.* *a* **pennata.** *a* Alge in natürlicher Grösse. *b* Zweig mit Brutknospen (bei *a*) Vergr. ca. 100. *c.* Fadenstück mit einem einfächerigen Zoosporangium. Vergr. ca. 100.

Einfächerige Zoosporangien oval, endständig an kurzen Zweigen. Vielfächerige Zoosporangien (?) endständig an längeren Seitenästen. Brutknospen (selten vorhanden) an den Aesten zerstreut, aus 2 (oder 3?) an der Spitze eines kurzen Zweiges strahlig entspringenden, fast gleich langen Aestchen bestehend.

Fig. 144.

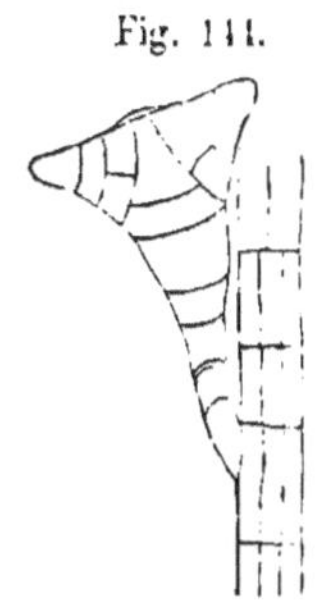

Sphacelaria tribuloides *Menegh.* Fadenstück mit einer Brutknospe. Vergr. 140.

Ausserdem finden sich bei dieser Alge mitunter sehr zahlreiche, an den oberen Zweigen sitzende, kugelige, sporangienähnliche Gebilde; bisweilen auch, sowohl seitlich als auch terminal an den Zweigen, eigenthümliche, traubig gelappte Brutkörperhaufen (?).

Conferva radicans Dillw. Conf. p. 57 Tab. C.

Sph. radicans Ag. Syst. p. 165. — Harv. Phyc. brit. Pl. 189.

Sph. olivacea (Dillw.) Ag. — J. Ag. Spec. Alg. I. p. 30. — Pringsh. Sphac. p. 165. Taf. IX. fig. 1—17, Taf. XI fig. 2—5. — Kütz. Spec. Alg. p. 466. — Id. Tab. phyc. V. Tab. 94.

Sph. olivacea var. radicans J. Ag. Spec. Alg. I. p. 31. — Kütz. Spec. p. 463. — Id. Tab. phyc. V. Tab. 87.

Sph. pusilla Kütz. Phyc. germ. p. 239. — Id. Tab. phyc. V. Tab. 87.

In der Nordsee (Helgoland).

3. **Sph. cirrhosa** (Roth) Ag.

Bildet kleine Büschel oder fast kugelige, meist sehr dichte Räschen von 0·5—3 cm Höhe. Fäden aus einer Zellenscheibe entspringend, bei sehr entwickelten Formen an der Basis mit herablaufenden (mitunter sehr zahlreichen) Wurzelfäden, meist aber nackt; Hauptfäden 15—30 μ dick, abweselnd und opponirt, mehr weniger zweizeilig oder allseitig verzweigt. Aestchen abstehend, bisweilen gespreitzt. Glieder so lang oder etwas länger, bei gedrängten Formen kürzer als der Durchmesser. Brutknospen aus 2—4, an der Spitze eines kurzen Zweiges strahlig entspringenden, fast gleich langen Aestchen bestehend. Zoosporangien auf einem kurzen, gewöhnlich einzelligen Stiel, meist an der Innenseite der Zweige (bisweilen auch an den herablaufenden Wurzelfäden). Die einfächerigen Zoosporangien kugelig, die vielfächerigen nahezu oval.

Conferva cirrhosa Roth, Catal. II. p. 214.

Sph. cirrhosa Ag. Syst. p. 164. — J. Ag. Spec. I. p. 34. — Aresch. Observ. III. p. 21, Tab. II fig. 6, 7.

α. **pennata** Fig. 143.

Ziemlich regelmässig opponirt, hin und wieder abwechselnd gefiedert.

Sph. pennata (Huds.) Lyngb. — Kütz. Spec. Alg. p. 165. — Id. Tab. phyc. V. Tab. 91. — Harv. Phyc. Pl. 178.
Sph. cirrhosa Kütz. Spec. Alg. p. 161. — Id. Tab. phyc. V. Tab. 88.
Sph. rhizophora Kütz. Spec. Alg. p. 163. — Id. Tab. phyc. V. Tab. 89.

β. **irregularis.**

Unregelmässig allseitig verzweigt. Aestchen stellenweise einseitig.

Sph. irregularis Kütz. Spec. Alg. p. 465. — Id. Tab. phyc. V. Tab. 91.
Sph. cervicornis Ag. — J. Ag. Spec. Alg. I. p. 33. — Kütz. Spec. Alg. p. 465. — Zanard. Icon. phyc. adr. III. p. 41 Tav. 40.
Sph. racemosa Reinsch, Contrib. p. 22 Tab. 29.

Im adriatischen Meere und in der Nordsee.

4. **Sph. plumula** Zanard.

Bildet 10—15 mm hohe Büschel. Hauptfaden einfach oder wenig verzweigt. ca. 100 μ dick. opponirt gefiedert; Fiederchen abstehend. parallel. in der Regel aus jedem zweiten Gliede des Hauptfadens entspringend. 3—4 mal dünner als dieser. Glieder der Hauptfäden nahezu halb so lang. die der Fiederchen fast ebenso lang als der Durchmesser. Brutknospen an den Fiederchen zerstreut (ähnlich denen von Sph. tribuloides), gegliedert und zellig, anfänglich keulenförmig, später oberwärts stark verdickt, am Ende abgestutzt, mit drei seitlichen Hörnchen.

Sph. plumula Zanard. Icon. phyc. adr. I. p. 139, Tav. 33.
Sph. plumosa Menegh. Alg. ital. p. 351. (nec. Ag.)
Sph. pseudoplumosa Crouan, Flor. Finist. p. 164, pl. 25. Gen. 161.?

Im adriatischen Meere und in der Nordsee (Helgoland).

5. **Sph. filicina** (Grat.) Ag.

Thallus 2—10 cm hoch. wiederholt regelmässig abwechselnd gefiedert, Stämmchen bildend. Stämmchen aus einem dichten Wurzelfilz entspringend. an der Basis mehr weniger mit einem wergartigen Ueberzug bekleidet. 1—2 mm. die letzten Verzweigungen 15—30 μ dick. Aeste je nach der Entwicklung entweder elegant und sehr zartfederig. dreifach dicht gefiedert (Fiedern von fast lanzettlichem Umfang, die Fiederchen vorzugsweise an der innern Seite). oder mehr weniger büschelig, doppelt und mehr locker gefiedert (Fiederchen verlängert, pfriemig). Fiedern und Fiederchen normal an jedem zweiten Gliede. Glieder halb- bis ebenso lang als der Durch-

Fig. 145.

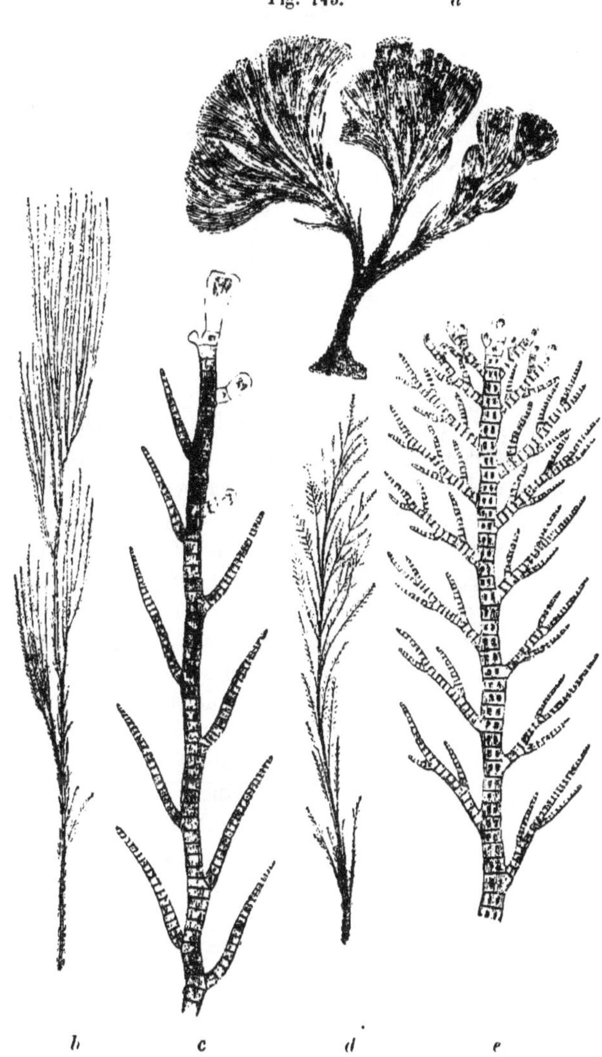

Sphacelaria scoparia *(L.) Lyngb.*

a Ein kleines Exemplar der Sommerform in natürlicher Grösse. *b* Ast der Sommerform in natürlicher Grösse. *c* Zweigspitze derselben Form. Vergr. 25. *d* Ast der Winterform in natürlicher Grösse. *e* Zweigspitze derselben Form. Vergr. 25. (Nach Kützing).

messer. Zoosporangien einzeln in den Achseln der Fiederchen, auf einem sehr kurzen ein- bis dreigliedrigen Stiel; die einfächerigen oval, die vielfächerigen verkehrt eiförmig.

Ceramium filicinum Grat. Journ. de med. IV. p. 33.
Sph. filicina Ag. Spec. Alg. II. p. 22. — J. Ag. Spec. Alg. I. p. 38. — Harv. Phyc. brit. Pl. 142. — Zanard. Icon. phyc. adr. III. p. 87, Tav. 89.
Halopteris filicina Kütz. Spec. Alg. p. 462. — Id. Tab. phyc. V. Tab. 85.
Sph. simpliciuscula Ag. Spec. Alg. II. p. 31.
Sph. tenuis Bonnem. — Kütz. Tab. phyc. V. Tab. 94.

Im adriatischen Meere.

b. Thallus kleinzellig berindet, unterhalb mit Wurzelfäden bekleidet. (Stypocaulon).

6. **Sph. scoparia** (L.) Lyngb. Fig. 145.

Bildet 8—15 cm hohe Büschel. Thallus wiederholt abwechselnd gefiedert, Stämmchen bildend. Stämmchen aus einem dichten Wurzelfilze entspringend, reich verzweigt, bis hoch hinauf in die Verzweigungen mit einem dicken, oberhalb allmälig dünner werdenden, wergartigen Ueberzuge anliegender herablaufender Wurzelfäden bekleidet, an der Basis 1—5 mm, die letzten Verzweigungen 80—40 μ dick. Die Sommerform büschelig; die oberen Fiedern verlängert, zu dichten, fast verkehrt konischen, gleich hohen Büscheln zusammengedrängt; Fiedern der Länge nach mit sehr kurzen, pfriemigen, aufrechten Fiederchen besetzt. Die Winterform federig, deutlich zweizeilig gefiedert, Fiedern abstehend, ein- oder zweifach gefiedert: Fiederchen verlängert, pfriemig, abstehend. Fiedern und Fiederchen gewöhnlich an jedem 2.—4. Gliede. Glieder halb so lang als der Durchmesser. Einfächerige Sporangien oval, dünn gestielt, büschelig gehäuft in den Achseln der obersten Fiederchen.

Conferva scoparia L. Spec. pl. p. 1635.
Sph. scoparia Lyngb. Hydr. dan. p. 104. Tab. 31. — J. Ag. Spec. Alg. I. p. 36. — Menegh. Alg. ital. p. 344. — Harv. Phyc. brit. Pl. 87.
Stypocaulon scoparium Kütz. Spec. Alg. p. 466. — Id. Tab. phyc. V. Tab. 96.

Im adriatischen Meere.

XI. Gattung. **Chaetopteris** Kütz.

Thallus aus einem fadenförmigen, ungegliederten, verzweigten Stämmchen bestehend, dessen Zweige zweizeilig mit opponirten, polysiphon gegliederten Fiederchen besetzt sind. Stämmchen aus einer polysiphon gegliederten Achse gebildet, welche mit einer dicken parenchymatischen Schichte bedeckt ist. Fiederchen aus jedem oder jedem zweiten Gliede der Stämmchenachse entspringend. Zoosporangien kurz gestielt, fiedrig an besonderen Fruchtästchen, die in grosser Anzahl aus den Rindenzellen alter, fast nackter Aeste ringsherum hervorbrechen und auf diesen kurze, sammetartige Räschen bilden.

Fig. 146.

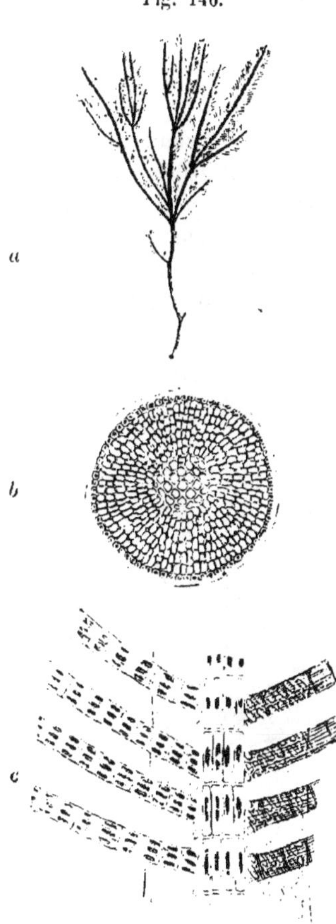

Chaetopteris plumosa (*Lyngb.*) *Kütz.* *a* Stück der Alge in natürlicher Grösse. *b* Querschnitt durch ein Stämmchen. Vergr. ca. 100. *c* Längsschnitt durch ein Stämmchen (die Fiederchen entspringen aus der polysiphon gegliederten Achse). Verg. ca. 100. (Nach Kützing).

1. **Ch. plumosa** (Lyngb.) Kütz. Fig. 146.

Thallus 5—8 cm hoch. Wurzel schildförmig; Stämmchen 0·25—0·5 mm dick, unregelmässig, abweselnd oder etwas büschelig verästelt; die untern Aeste meist nackt, die oberen elegant gefiedert: Fiedern von lanzettlichem Umfange oder fast linear und am Ende stumpfwinkelig abgestutzt. Fiederchen ca. 50 μ dick, einfach, seltener in der oberen Hälfte wieder gefiedert, abstehend. Glieder so lang als der Durchmesser. Fruktificirt im Winter.

Sphacelaria plumosa Lyngb. Hydr. Dan. p. 103, Tab. 30. — Harv. Phyc. brit. Pl. 87.

Ch. plumosa Kütz. Phyc. gener. p. 293. — Id. Spec. Alg. p. 468. — Id. Tab. phyc. VI. Tab. 6. — J. Ag. Spec. Alg. I. p. 41. — Aresch. Observ. III. p. 20, Tab. II. fig. 4, 5. — Kjellm. Spetsb. Thalloph. II. p. 32. Tafl. II. fig. 2, 3.

In der Nord- und Ostsee.

Als Sphacelaria plumigera unterscheidet Holmes (in litt.) eine Chaetopteris plumosa im Habitus und in der Struktur gleichende Alge, bei welcher aber die Fruchtästchen nicht aus der Rindenschichte der Aeste, sondern zweizeilig an den Fiederchen entspringen. Die Fruchtästchen sind einfach oder etwas seitlich verzweigt. Die einfächerigen Zoosporangien oval bis kugelig, terminal. — Fruktificirt im Sommer.

Nordsee (Helgoland).

XII. Gattung. **Cladostephus** Ag.

Thallus aus einem fadenförmigen, ungegliederten, dichotomen, fast holzigen Stämmchen bestehend, welches mit gedrängten Wirteln kurzer, polysiphon gegliederter Aestchen besetzt ist. Stämmchen mit polysiphon gegliederter Achse, welche von einer dicken parenchymatischen Schichte umgeben ist. Wirtelästchen aus den Gliedern der Stämmchenachse entspringend. Zoosporangien fast oval, kurz

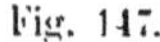

Fig. 147.

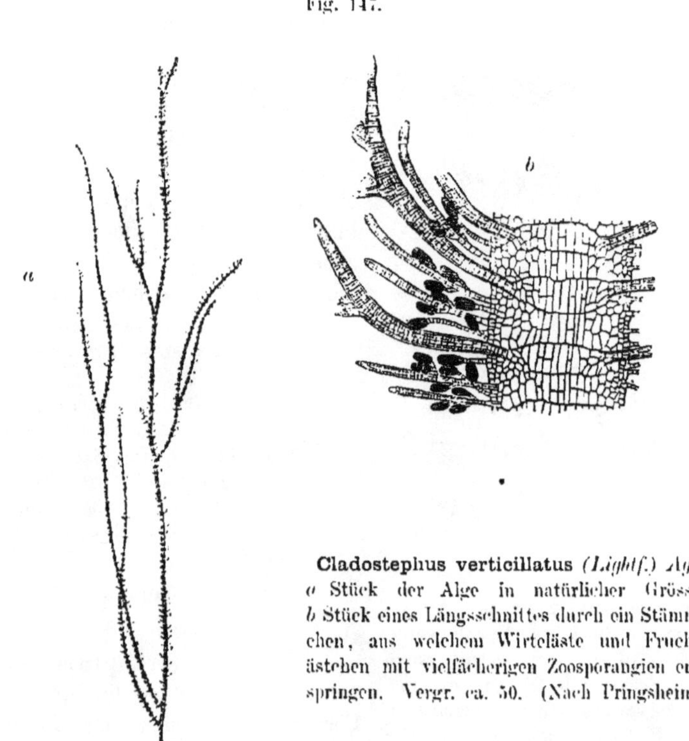

Cladostephus verticillatus (*Lightf.*) *Ag.*
a Stück der Alge in natürlicher Grösse.
b Stück eines Längsschnittes durch ein Stämmchen, aus welchem Wirteläste und Fruchtästchen mit vielfächerigen Zoosporangien entspringen. Vergr. ca. 50. (Nach Pringsheim).

gestielt, fast fiederig (bisweilen terminal) an besonderen Fruchtästchen, die in grosser Anzahl aus den Rindenzellen alter, meist nackter Aeste ringsherum hervorbrechen und auf diesen mehr weniger ausgebreitete, kurze, sammetartige Räschen bilden.

1. **Cl. verticillatus** (Lightf.) Ag. Fig. 147.

Thallus 8—20 cm hoch. Stämmchen ziemlich regelmässig dichotom verzweigt, unterhalb oft nackt, geringelt, oberhalb mit mehr oder weniger genäherten vielzähligen Wirteln besetzt. Wirtel deutlich, Internodien halb so lang bis 4 mal länger als der Durchmesser des Astes. Wirtelästchen 1—2 mm lang, 30—60 μ dick, bisweilen gerade, meist aber sichelförmig eingekrümmt, dornspitzig, an der Basis verdünnt, einfach oder aussenseitlich mit einigen kurzen dornspitzigen Aestchen.

Conferva verticillata Lightf. Fl. Scot. p. 984.
Cl. verticillatus Ag. Synops. Introd. p. XXV. — Harv. Phyc. brit. Pl. 33. — J. Ag. Spec. Alg. I. p. 43. — Pringsh. Sphac. p. 143. Taf. 1—7.
Cl. myriophyllum Ag. — Kütz. Spec. Alg. p. 468. — Id. Tab. phyc. VI. Tab. 9.
Cl. spongiosus Kütz. Tab. phyc. VI. p. 4. Tab. 7.

Im adriatischen Meere und in der Nordsee.

2. **Cl. spongiosus** (Lightf.) Ag.

Thallus 5—10 cm hoch. Stämmchen unregelmässig dichotom, fast büschelig verzweigt, ca. 0·5 mm dick (unterhalb dicker), von der Basis bis zur Spitze mit sehr genäherten vielzähligen Wirteln dicht zottig besetzt. Wirtel fast zusammenfliessend, Internodien viel kürzer als der Durchmesser des Astes. Wirtelästchen 1—3 mm lang, 30—55 μ dick, dornspitzig, an der Basis verdünnt, einfach, bisweilen oberhalb gabelig, oder mit wenigen kurzen seitlichen, dornspitzigen Aestchen besetzt, abstehend, gerade, mitunter ein- oder zurückgekrümmt.

Conferva spongiosa Lightf. Fl. Scot. p. 983.
Cl. spongiosus Ag. Synops. et Spec. Alg. II. p. 12. — Harv. Phyc. brit. Pl. 138. — J. Ag. Spec. Alg. I. p. 43. — Kütz. Spec. Alg. p. 469.
Cl. densus Kütz. Tab. phyc. VI. p. 4 Tab. 7.

In der Nordsee.

11. Familie. **Mesogloeaceae.**

Thallus halbkugelig, polsterförmig oder stielrund, solid oder hohl, gallertartig oder knorpelig und schlüpfrig, aus einer Markschichte bestehend, aus welcher zur Oberfläche senkrechte, freie oder zu einer peripherischen Schichte locker oder mehr fest verbundene Fäden entspringen, an welchen sich die ein- und vielfächerigen Zoosporangien entwickeln. Seltener bilden sich die Zellen der peripherischen Fäden direkt in vielfächerige Zoosporangien um. Zoosporangien meist ziemlich gleichmässig über dem Thallus ausgesät.

XIII. Gattung. **Elachista** Duby.

Thallus büschelige Rasen oder sammetartige Polster auf grösseren Algen bildend, aus einem Büschel monosiphoner Gliederfäden bestehend, die unterhalb verzweigt und zu einem kleineren oder grösseren, fast parenchymatischen, polsterförmigen soliden Lager verwachsen, oberhalb frei und einfach sind, und an deren basalem freien Theile theils Zoosporangien, theils kurze einfache, gegliederte Nebenfäden entspringen, welch letztere selten fehlen, bisweilen in grosser Anzahl vorhanden und dicht gedrängt zu einer Art Rindenschichte des basalen Lagers vereinigt sind. Einfächerige Zoosporangien birnförmig oder verkehrt eiförmig. Vielfächerige Zoosporangien fadenförmig.

1. **E. pulvinata** (Kütz.) Harv.

Bildet auf verschiedenen Cystosiren fast kugelige, knorpelig-gallertartige, schlüpfrige, sammetartige Polster von 1—2 mm im Durchmesser. Das basale Lager mehr weniger entwickelt. Die freien Fäden kurz, 20—35 μ dick, beiderends verdünnt; Glieder etwas kürzer bis etwas länger als der Durchmesser. Nebenfäden fehlend. Farblose, langgliedrige Haare zwischen den Fäden zerstreut entspringend.

Entwickelt sich auf den Fasergrübchen der Cystosiren.

Myriactis pulvinata Kütz. Phyc. gener. p. 330. — Id. Spec. Alg. p. 539. — Id. Tab. phyc. VII. Tab. 92. — Farl. Nev. Engl. Algae. p. 81.

E. pulvinata Harv. Phyc. brit. Syn. p. XVII. — Thur. et Born. Etud. phyc. p. 18. pl. 7.

E. attenuata Harv. Phyc. brit. pl. 28.

E. Rivularia Suhr in Aresch. Pug. I. p. 235 Tab. 8 fig. 8.?

Im adriatischen Meere.

Fig. 148.

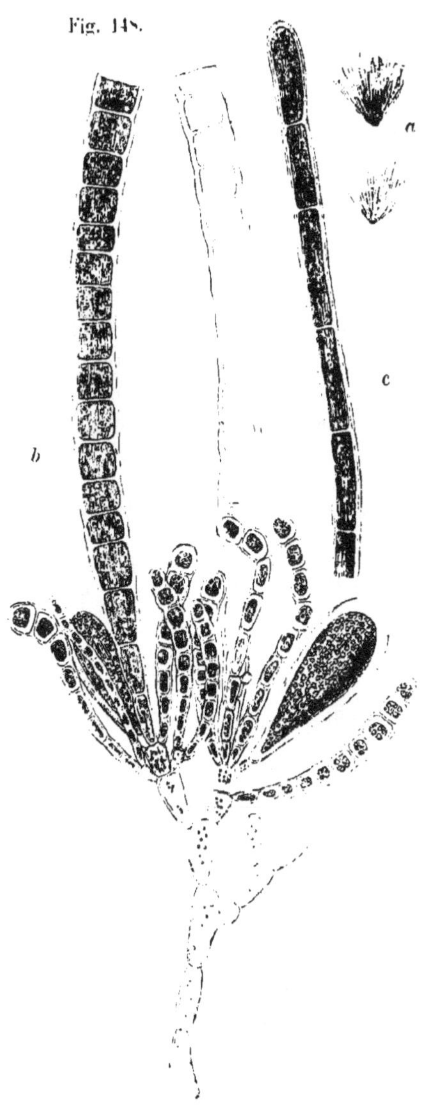

Elachista fucicola (*Velley*) *Fries*. *a* Zwei Exemplare der Alge in natürlicher Grösse. *b* Stück des Untertheiles der Alge mit Nebenfäden und einfächerigen Zoosporangien. Vergr. ca. 200. *c* Spitze eines freien Fadens. Vergr. ca. 200. (Nach Kützing.

2. E. scutulata (Engl. Bot.) Duby.

Bildet olivenbraune, seidenhaarige, 5—15 mm breite, rundliche Polster auf dem Fruchtkörper von Himanthalia lorea. Das basale Lager bedeutend entwickelt. Die freien Fäden mehrere mm lang, 15—30 μ dick, später abfallend. Glieder etwas kürzer bis doppelt länger als der Durchmesser. Nebenfäden sehr zahlreich, zu einer Rindenschichte des basalen Lagers zusammengedrängt. Vielfächerige Zoosporangien nach dem Abfallen der freien Fäden auftretend.

Conferva scutulata Engl. Bot. Taf. 2311.
E. scutulata Duby, Bot. gal. II. p. 972. — J. Ag. Spec. Alg. I. p. 11. — Harv. Phyc. brit. pl. 323. — Kütz. Spec. Alg. p. 540. — Id. Tab. phyc. VII. Tab. 95. — Thur. et Born. Etud. phyc. p. 19. pl. 8.

In der Nordsee.

3. E. stellaris Aresch.

Bildet fast kugelige, gallertartige Räschen von 1—3 mm im Durchmesser auf verschiedenen, meist fadenförmigen Algen. Das basale Lager sehr klein. Die freien Fäden 15—35 μ dick, an der Basis verdünnt; die unteren Glieder fast ebenso lang, die oberen 2—4 mal länger als der Durchmesser. Nebenfäden zart, spärlich.

E. stellaris Aresch. Alg. scand. exsicc. N. 71. — Id. Pug. I. p. 233, Tab. 8, fig. 2, 3. Id. Alg. scand. mar. p. 156, Tab. 9. E. — J. Ag. Spec. Alg. I. p. 9.

Phycophila stellaris Kütz. Spec. Alg. p. 541. — Id. Tab. phyc. VII. Tab. 97.

Auf Polysiphonia, Ceramium u. a. Algen in der Nordsee.

4. **E. flaccida** (Dillw.) Aresch.

Bildet 5—15 mm hohe, dichte, büschelige Rasen. Das basale Lager fast kugelig, einen oder wenige mm im Durchmesser. Die freien Fäden 80—160 μ dick, gegen die Basis sehr verdünnt, die unteren Glieder kürzer, die oberen ebenso lang bis doppelt länger als der Durchmesser. Nebenfäden meist etwas gekrümmt, keulenförmig, die oberen Glieder tonnenförmig.

Conferva flaccida Dillw. Brit. Conf. p. 52 Tab. C.

E. flaccida Aresch. Pug. II. p. 262. — J. Ag. Spec. Alg. I. p. 11. Harv. Phyc. brit. pl. 260.

E. curta Aresch. Pug. I. p. 234. Tab. 8 fig. 4.

E. breviarticulata (Suhr) Aresch. Pug. I. p. 234, Tab. 8, fig. 5.

Phycophila flaccida Kütz. Tab. phyc. VII. Tab. 100?

Ph. curta Kütz. l. c. Tab. 100.

Ph. torulosa Kütz. l. c. Tab. 99.

Ph. breviarticulata Kütz. l. c. Tab. 96.

In der Nordsee auf Cystosira fibrosa und Fucus.

5. **E. fucicola** (Velley) Fries. Fig. 148.

Bildet 5—25 mm hohe, dichte, oft zu rasigen oder filzigen Ueberzügen vereinigte, olivenbraune bis rostfarbene oder gelbliche Büschel auf Fucus. Das basale Lager fast kugelig, je nach der Entwicklung einen oder wenige mm im Durchmesser. Die freien Fäden mehr weniger steif, 20—50 μ dick, an der Basis verdünnt; Glieder meist ebenso lang bis doppelt länger, bisweilen unterhalb etwas kürzer oder oberhalb 3—4 mal länger als der Durchmesser. Nebenfäden etwas gekrümmt, keulenförmig, die oberen Glieder meist tonnenförmig.

Conferva fucicola Velley. Mar. Pl. N. 1.

E. fucicola Fries. Fl. Scand. p. 317. — J. Ag. Spec. Alg. I. p. 12. Harv. Phyc. brit. pl. 240.

Phycophila fucorum (Roth) Kütz. Spec. Alg. p. 541. — Id. Tab. phyc. VI. Tab. 95.

Ph. Agardhii Kütz. Spec. Alg. p. 541. — Id. Tab. phyc. VI. Tab. 96.

Ph. ferruginea (Roth) Kütz. Spec. Alg. p. 541. Id. Tab. phyc. VI. Tab. 97.
Ph. gracilis Kütz. Spec. Alg. p. 542. — Id. Tab. phyc. VI. Tab. 98.
Ph. vulpina Kütz. Spec. Alg. et Tab. phyc. l. c.
Ph. rigida Kütz. Spec. Alg. p. 542. Id. Tab. phyc. VI. Tab. 99.

Auf Fucus vesiculosus und serratus in der Nord- und Ostsee.

6. **E. lumbricalis** (Kütz.) Hauck.

Bildet 5—15 mm hohe, dichte, büschelige Rasen auf Zostera. Das basale Lager klein, die freien Fäden 30—50 μ dick, an der Basis verdünnt; die untersten Glieder halb, die mittleren 1—$1^1/_2$ mal, die obersten 2—3 mal so lang als der Durchmesser. „Fäden an einzelnen Stellen mit einer körnigen, grün gefärbten Substanz von aussen sattelförmig überzogen" (Kützing). Zoosporangien unbekannt. Eine nicht genügend gekannte Art.

Ectocarpus lumbricalis Kütz. Phyc. germ. p. 233. — Id. Spec. Alg. p. 542. Id. Tab. phyc. V. Tab. 55.
Elachista lumbricalis Hauck, Herb.

In der Ostsee (Flensburger Meerbusen).

XIV. Gattung. **Leathesia** Gray.

Thallus fast kugelig, solid oder hohl, aus zwei Schichten zusammengesetzt; die Markschichte besteht aus strahligen, verzweigten, mitunter netzartig anastomosirenden, grosszelligen Fäden, aus deren Endzellen kurze, einfache Gliederfäden strahlig entspringen, die mehr weniger fest zu der äusseren (peripherischen) Schichte vereinigt sind. Zoosporangien aus den Endgliedern der Markfäden, entspringend. Die einfächerigen Zoosporangien birnförmig oder verkehrt eiförmig, die vielfächerigen fadenförmig.

1. **L. umbellata** (Ag.) Menegh. Fig. 149.

Bildet auf den Zweigen verschiedener Cystosiren olivenbraune, knorpelig-gallertartige, schlüpfrige, solide, kugelige Polster von 1—2 mm im Durchmesser. Die solide, fast parenchymatische Markschichte besteht aus grosszelligen, fest verbundenen Fäden, die Rindenschichte aus dünnen (10—15 μ dicken), etwas keulenförmigen, locker vereinigten Fäden, deren Glieder meist tonnenförmig, ebenso lang oder etwas länger als der Durchmesser sind.

Corynephora umbellata Ag. Aufz. N. 25.
L. umbellata Menegh. Alg. ital. p. 307. — J. Ag. Spec. Alg. I. p. 51. Corynophlaea umbellata Kütz. Spec. Alg. p. 543. — Id. Tab. phyc. VIII. Tab. 2. — J. Ag. Till Alg. Syst. II. p. 21 (excl. syn. Corynophlaea flaccida Kütz.).

Im adriatischen Meere; meist auf Cystosira barbata.

2. **L. difformis** (L.) Aresch.

Thallus nach dem Standorte sehr verschieden in der Grösse, von kaum 1 mm. bis 12 mm im Durchmesser, vereinzelt oder gehäuft, anfänglich kugelig und solid, später unregelmässig gelappt

Fig. 149.

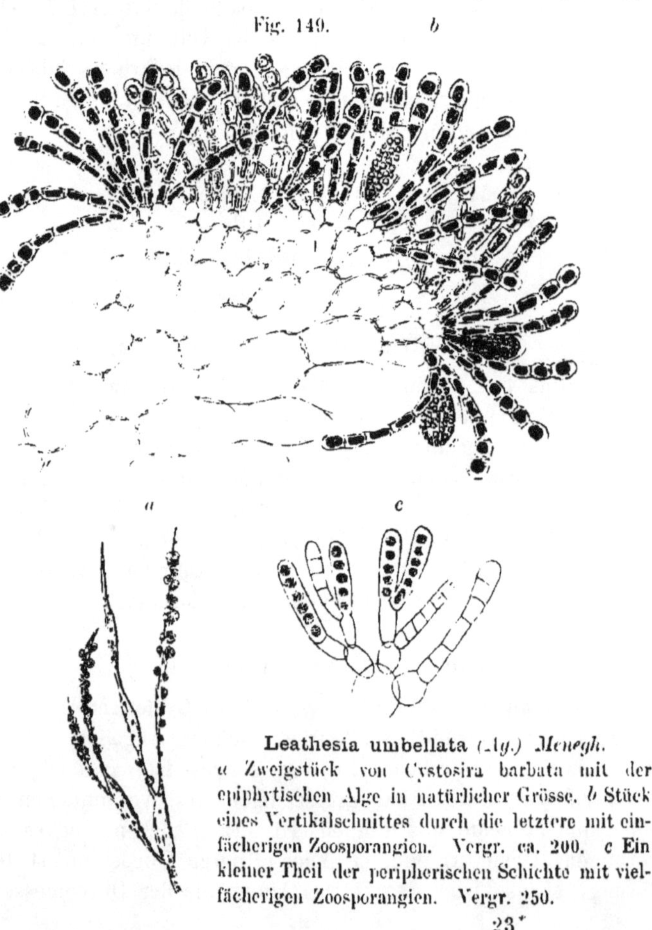

Leathesia umbellata (*Ag.*) *Menegh.*
a Zweigstück von Cystosira barbata mit der epiphytischen Alge in natürlicher Grösse. *b* Stück eines Vertikalschnittes durch die letztere mit einfächerigen Zoosporangien. Vergr. ca. 200. *c* Ein kleiner Theil der peripherischen Schichte mit vielfächerigen Zoosporangien. Vergr. 250.

und hohl. Die Markschichte aus verzweigten, locker netzartig-anastomosirenden, gegen die Peripherie enger an einander schliessenden, grosszelligen Fäden, die hautartige Rindenschichte aus dünnen, keulenförmigen, fest verbundenen, weniggliedrigen Fäden zusammengesetzt, deren Glieder meist tonnenförmig, ebenso lang oder etwas länger als der Durchmesser sind. — Gallertartig-fleischig.

Fig. 150.

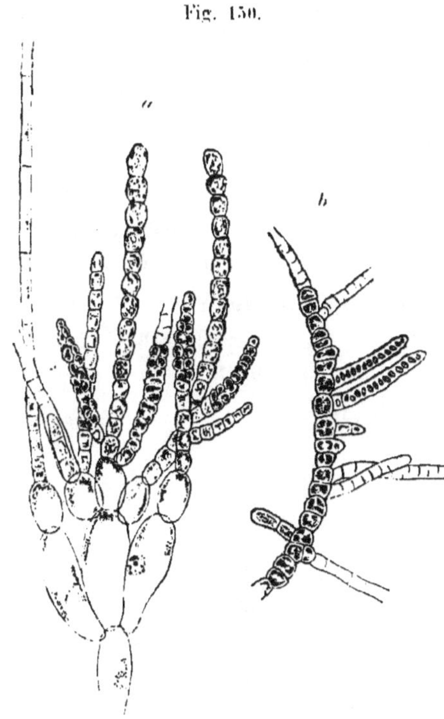

Leathesia (?) Kützingii *Hauck.*
a Ein kleiner Theil der Alge mit vielfächerigen Zoosporangien. Vergr. 280. (Nach der Natur.) *b* Stück eines peripherischen Fadens desselben Exemplares, bei welchem die vielfächerigen Zoosporangien in Form von Aestchen aus den Gliederzellen entspringen. Vergr. 280. (Nach einem Glycerin-Präparat.

Tremella difformis Lin. Syst. nat. II. p. 711.
L. difformis Aresch. Phyc. scand. p. 154. Thur. in Ann. sc. nat. Ser. 3. Vol. XIV. pl. 26. fig. 5—12.
L. marina (Ag.) J. Ag. Spec. Alg. I. p. 52. Kütz. Spec. Alg. p. 543.
Corynephora marina Ag. — Kütz. Tab. phyc. VIII. Tab. 3.
C. (Corynophlaea) baltica Kütz. Spec. Alg. p. 543. — Id. Tab phyc. VIII. Tab. 2.
L. tuberiformis (Engl. Bot.) Gray. — Harv. Phyc. brit. pl. 324.

Auf Felsen und grösseren Algen in der Nord- und Ostsee.

3. **L.** (?) **Kützingii** Hauck. Fig. 150.

Bildet kleine, kaum über 1 mm breite, olivenbraune, gallertartige, schlüpfrige, fast kugelige Polsterchen, auf verschiedenen Algen und Zostera. Markschicht solid. Die peripherischen Fäden locker vereinigt, 8—12 μ dick; Glieder etwas tonnenförmig, fast ebenso lang als der Durchmesser. Die vielfächerigen Zoosporangien fadenförmig, ziemlich lang, etwas dünner als die peripherischen Fäden, aus den Endgliedern der Markfäden entspringend.

Mitunter wandeln sich auch die obersten Glieder der peripherischen Fäden in vielfächerige Zoosporangien um, indem die Zellen sich mehr oder weniger seitlich ausstülpen oder in kurze Aestchen auswachsen und ihren Inhalt durch Quer- und Längstheilungen in eine Anzahl Zoosporen umbilden.

Einfächerige Zoosporangien unbekannt.

L. (?) Kützingii Hauck, Herb.
Corynophlaea flaccida Kütz. Tab. phyc. VIII. Tab. 4! (nec. Ag.)
Mesogloea sp. auf Chaetomorpha reticulata in Kütz. Tab. phyc. III. Tab. 56.

Im adriatischen Meere auf Chaetomorpha u. a. Algen.

XV. Gattung. **Petrospongium** Näg.

Thallus niedergedrückt halbkugelig, schwammig-fleischig, solid, innen aus einem mehr lockeren Gewebe langgliedriger, verzweigter,

Fig. 151.

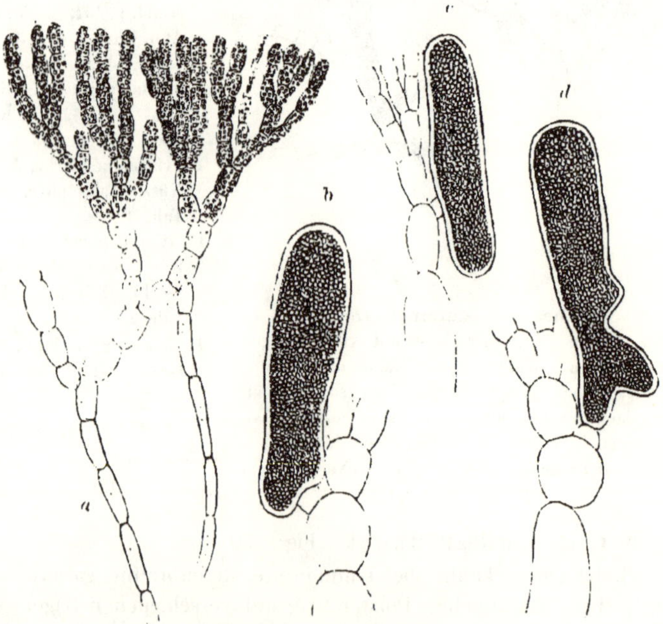

Petrospongium Berkeleyi (*Grev.*) *Näg.*
a Fadengruppe eines Vertikalschnittes durch den Thallus. Vergr. ca. 200.
b, c, d Fadenstücke mit einfächerigen Zoosporangien. Vergr. 320.

anastomosirender Fäden bestehend, welche nach aussen in strahlige, dichotome, büschelige (gleich hohe) Fäden ausgehen, die durch Gallerte zur äusseren Schichte vereinigt sind. Einfächerige Zoosporangien an der Basis der peripherischen Fäden entwickelt, länglich, kurz gestielt. Vielfächerige Zoosporangien unbekannt.

1. **P. Berkeleyi** (Grev.) Näg. Fig. 151.

Thallus Felsen angewachsen, rundlich oder unregelmässig ausgebreitet 5—20 mm, breit. Die peripherischen Fäden 10—15 μ dick; Glieder ebenso lang bis fast doppelt länger als der Durchmesser. Einfächerige Zoosporangien verhältnissmässig gross, cylindrisch-länglich, bisweilen nach abwärts oder seitlich ausgesackt. — Oliven-braun.

Chaetophora Berkeleyi Grev. in Berk. Glean. p. 5. Tab. 1, fig. 2.
P. Berkeleyi Näg. in Kütz. Tab. phyc. VIII. Tab. 3.
Leathesia Berkeleyi J. Ag. Spec. Alg. I. p. 51. — Kütz. Spec. Alg. p. 543. — Harv. Phyc. brit. pl. 176.
Cylindrocarpus Berkeleyi Crouan. Flor. Finist. pl. 25. gen. 159.

In der Norsee (Helgoland).

XVI. Gattung. **Castagnea** Derb. et Sol.

Thallus stielrund, fadenförmig verlängert, fleischig oder knorpelig-gallertartig, schlüpfrig; aus zwei Schichten zusammengesetzt, wovon die solide oder röhrige Markschichte aus mehr weniger fest verbundenen grösseren, cylindrisch-länglichen, nach aussen kleineren Zellen, oder längs verlaufenden dickeren oder dünneren Gliederfäden besteht, aus deren äusseren zur Oberfläche senkrechte, büschelige Gliederfäden entspringen, welche unter einander frei, nur durch Gallerte zur äusseren Schichte vereinigt sind.

Vielfächerige Zoosporangien aus den obersten Gliedern der (verlängerten) peripherischen Fäden sich entwickelnd, indem die Zellen sich mehr weniger seitlich ausstülpen, bisweilen in kurze seitliche Aestchen auswachsen, und ihren Inhalt durch Quer- und Längstheilungen in eine (geringe) Anzahl Zoosporen umbilden. Einfächerige Zoosporangien meist verkehrt eiförmig, am Grunde der peripherischen Fäden oder deren Zweige sitzend.

1. **C. virescens** (Carm.) Thur.

Thallus 1—3 dm lang und ca. 1 mm (seltener bis 2 mm) dick, mehr weniger allseitig abwechselnd verzweigt; Aeste verlängert, fast einfach oder mit zahlreichen ohne Ordnung entspringenden kurzen oder längeren, weit abstehenden stumpfen Aestchen besetzt. Gallertartig. Markschichte solid, aus längs verlaufenden, verzweigten, fast parallelen, dickeren und dazwischen gelagerten dünneren Fäden bestehend, aus deren äusseren dünnen und langgliedrigen Fäden deutlich gestielte Büschel peripherischer Fäden entspringen. Die peripherischen Fäden an der Basis dichotom verzweigt, oberhalb einfach, meist 150—350 μ, seltener bis 500 μ lang, allmälig etwas keulenförmig, gerade oder etwas gekrümmt, an der Spitze 10—20 μ dick; die unteren Glieder meist 2—3 mal länger als der Durchmesser, leicht ausgebaucht, die oberen etwas länger oder ebenso lang als dick, oval bis kugelig. Zellenmembranen zart. — Olivengrün oder gelblich olivengrün.

Mesogloia virescens Carm. in Hook. Brit. Fl. II. p. 387. Harv. Phyc. brit. pl. 82. — Id. Ner. amer. bor. I. p. 126. Tab. 10, B. — J. Ag. Spec. Alg. I. p. 56. — Kütz. Spec. Alg. p. 544. — Id. Tab. phyc. VIII. Tab. 9.

C. virescens Thur. in Le Jol. Alg. mar. Cherb. p. 85. —

Fig. 152.

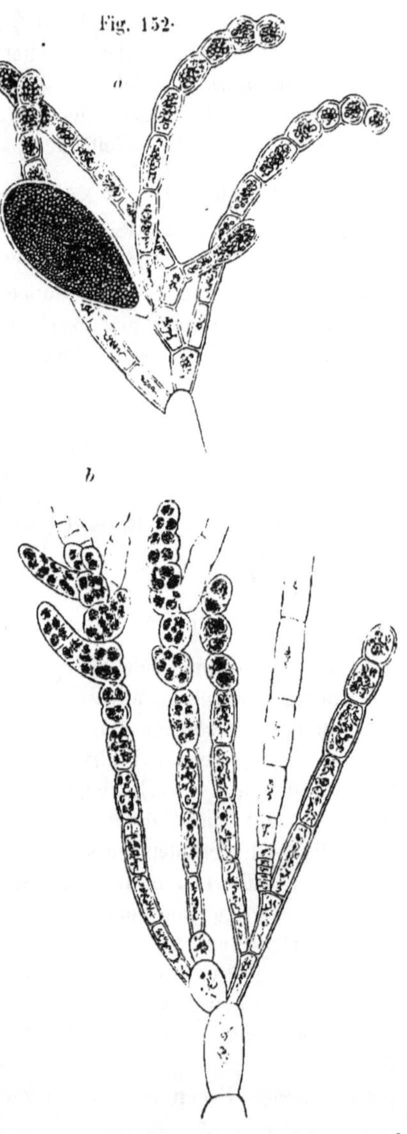

Castagnea fistulosa *Derb. et Sol.* *a* Stück eines peripherischen Fadenbüschels mit einem einfächerigen Zoosporangium. Vergr. ca. 300. *b* Stück eines peripherischen Fadenbüschels mit vielfächerigen Zoosporangien. Vergr. ca. 300.

Id. Zoosp. des Algues. in Ann. sc. nat. ser. 3. T. XIV. p. 237. pl. 27. — Aresch. Observ. III. p. 19.
Eudesme virescens J. Ag. Till Algern. Syst. II. p. 31.
Mesogloea Zostera Harv. Ner. amer. bor. I. p. 127. Tab. 10. A. — Kütz. Tab. phyc. VIII. Tab. 5.
M. baltica Aresch. Alg. scand. exsicc. N. 216.
M. Ekmani Aresch. l. c. N. 215.

In der Nord- und Ostsee auf Zostera etc.

2. C. Griffithsiana (Grev.) J. Ag.

Thallus 1—3 dm lang und ca. 1 mm dick, in den Hauptästen bisweilen dicker, seitlich verästelt; Aeste verlängert, geiselförmig, beiderends verdünnt, einfach, die grösseren wieder verzweigt. Gallertartighäutig. Markschichte bald röhrig, aus längs verlaufenden, verzweigten, ziemlich fest verbundenen parallelen, gegen die Peripherie dünneren Fäden bestehend, deren Glieder innen lang gestreckt, nach aussen kürzer werden. Die peripherischen Fäden 60—120 μ lang, theils einfach, theils an der Basis gabelig oder dichotom-büschelig verzweigt, allmälig etwas keulenförmig, gerade oder leicht gekrümmt; die unteren Glieder doppelt länger, die oberen meist ebenso lang als der Durchmesser und mehr weniger bauchig aufgetrieben; Endglied 12—20 μ dick. Vielfächerige Zoosporangien unbekannt. Olivengrün.

Mesoglea Griffithsiana Grev. — J. Ag. Spec. Alg. I. p. 57. — Kütz. Spec. Alg. p. 545. — Id. Tab. phyc. VIII. Tab. 8. — Harv. Phyc. brit. pl. 318.
C. Griffithsiana J. Ag. Till Algern. Syst. II. p. 38.

In der Nordsee.

3. C. fistulosa (Zanard.) Derb. et Sol. Fig. 152.

Thallus 1—3 dm lang und 1—3 mm dick, beiderends verdünnt, mehr weniger seitlich verzweigt. Aeste verlängert, einfach oder mit ohne Ordnung hervorbrechenden, kürzeren oder längeren gespreizten Aestchen besetzt. Häutig-gallertartig. Markschichte röhrig: Wandung derselben aus wenigen Lagen längs verlaufender Fäden bestehend, deren Glieder anfänglich verlängert, später oval oder unregelmässig ausgebaucht sind und aus welchen später noch dünne, sich verzweigende, nach aussen und innen verlaufende Fäden entspringen. Die peripherischen Fäden 150—320 μ lang und 10—15 μ dick, allmälig etwas keulenförmig verdickt, mehr weniger gekrümmt, am Grunde gabelig oder dichotom-büschelig verzweigt; Glieder ebenso lang bis $1\frac{1}{2}$ mal länger als der Durchmesser, gegen die Spitze allmälig oval bis kugelig oder einseitig ausgebaucht. — Olivenbraun.

Mesogloia fistulosa Zanard. in litt. — Menegh. Alghe ital. p. 292.
C. fistulosa Derb. et Sol. Org. reprod. in Ann. sc. nat. 3. ser. T. XIV. p. 269. pl. 33.
C. polycarpa Derb. et Sol. Phys. alg. p. 56.
Cladosiphon mediterraneus Kütz. Tab. phyc. VIII. Tab. 13? (fide icone.)

Im adriatischen Meere auf grösseren Algen und Zostera.

4. **C. divaricata** (Ag.) J. Ag.

Thallus 1—5 dm lang, fadenförmig, 0·5—2 mm dick, aufwärts und in den Verzweigungen allmälig verdünnt, glatt, dichotom und seitlich verzweigt; die unteren Zweige abstehend, die oberen gespreizt. Knorpelig-gallertartig, anfänglich solid, bald aber röhrig. Markschichte innen aus grösseren, sehr lang gestreckten, nach aussen kleineren, rundlichen, fast parenchymatisch gelagerten Zellen bestehend. Die peripherischen Fäden einfach, zu mehreren aus dem basalen Gliede entspringend, meist wenig gliedrig (4—6 gliedrig), cylindrisch-keulenförmig; die unteren Glieder dünner, fast cylindrisch, doppelt länger als der Durchmesser; Endglied sehr gross, fast kugelig oder eiförmig. Einfächerige Zoosporangien verhältnissmässig gross. Vielfächerige Zoosporangien unbekannt. — Olivenfarben, trocken meist schwärzlich.

Chordaria divaricata Ag. Syn. p. 12. — J. Ag. Spec. Alg. I. p. 65. — Harv. Phyc. brit. pl. 17.
C. divaricata J. Ag. Till Algern. Syst. II. p. 37.
Mesogloea divaricata Kütz. Spec. Alg. p. 545. — Id. Tab. phyc. VIII. Tab. 8.

In der Nordsee (Helgoland).

5. **C. tuberculosa** (Fl. Dan.) J. Ag. Fig. 153.

Thallus 1—2 dm lang, fadenförmig, 0·5—1·5 mm dick, aufwärts und in den Verzweigungen allmälig verdünnt, an älteren Theilen warzig rauh, dichotom und seitlich verzweigt; Zweige abstehend bis gespreizt, häufig mit kurzen Adventivästchen besetzt. Knorpelig-gallertartig, solid, im Alter etwas röhrig. Markschichte innen aus grösseren längs gereihten, in der Achse jedoch dünnen, sehr lang gestreckten, nach aussen länglichen, allmälig kleineren und rundlichen Zellen bestehend. Die peripherischen Fäden wenig gliedrig (die fertilen jedoch länger), unterhalb gabelig

Fig. 153.

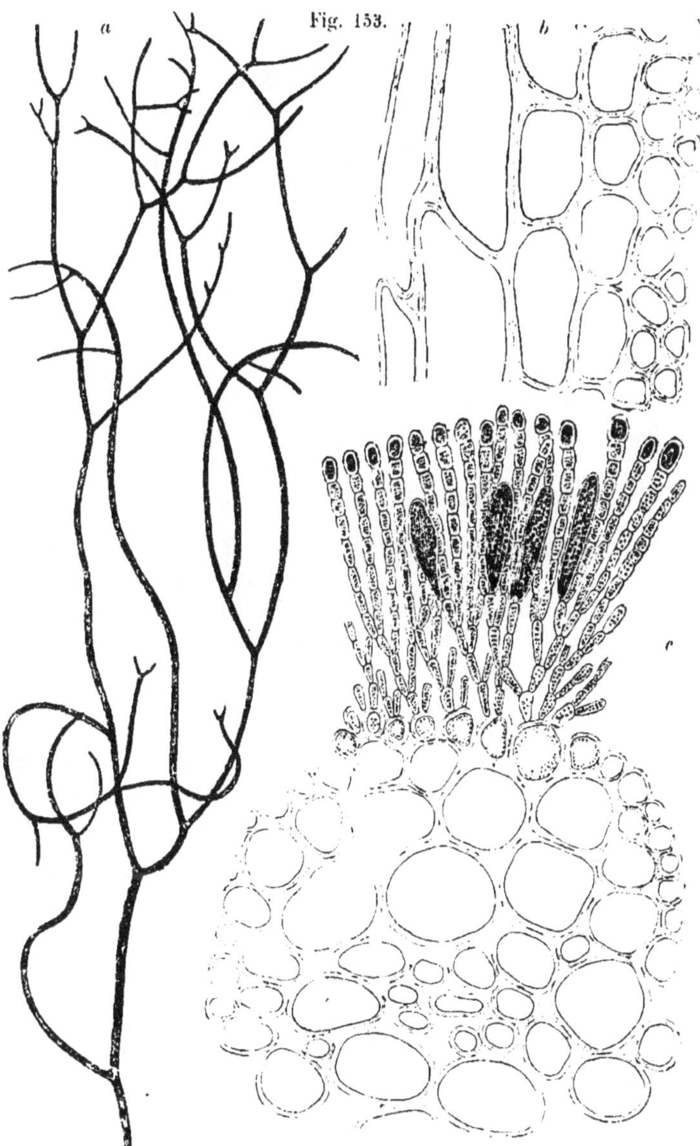

Castagnea tuberculosa (*Fl. Dan.*) *J. Ag.* *a* Stück der Alge in natürlicher Grösse. *b* Stück eines medianen Längsschnittes durch den Thallus, von welchem die peripherischen Fäden entfernt sind. Vergr. ca. 200. *c* Stück eines Querschnittes durch den Thallus. Vergr. ca. 200 (Nach Kützing).

oder dichotom-büschelig verzweigt, allmälig etwas keulenförmig; Glieder fast doppelt so lang als der Durchmesser, die unteren fast cylindrisch, die oberen meist ausgebaucht. Die einfächerigen Zoosporangien verkehrt eiförmig oder keulenförmig zwischen längeren dichotomen Fäden. — Olivenfarben, trocken schwärzlich.

Habitus von C. divaricata.

Ceramium tuberculosum Fl. Dan. Tab. 1546.
C. tuberculosa J. Ag. Till Algern. Syst. II. p. 36.
Chordaria tuberculosa Lyngb. Hydr. Dan. p. 52. — J. Ag. Spec. Alg. I. p. 65.
Halorhiza vaga Kütz. Spec. Alg. p. 551. — Id. Tab. phyc. VIII. Tab. 24.

In der Ostsee (Flensburger Meerbusen).

XVII. Gattung. **Mesogloea** Ag.

Thallus stielrund, fadenförmig verlängert, verzweigt, fleischig-gallertartig, schlüpfrig; aus zwei Schichten zusammengesetzt, wovon die solide Markschichte aus längs verlaufenden, mehr weniger locker verbundenen Gliederfäden besteht, aus deren äusseren zur Oberfläche senkrechte Gliederfäden büschelig entspringen, welche unter sich frei, durch Gallerte zur äusseren Schichte leicht trennbar vereinigt sind. Vielfächerige Zoosporangien (nur bei M. Leveillei bekannt) länglich lanzettlich oder eilanzettlich, gestielt, an den peripherischen Fäden entwickelt. Einfächerige Zoosporangien verkehrt eiförmig oder oval, an der Basis der peripherischen Fäden sitzend.

1. **M. vermiculata** (Engl. Bot.) Le Jol. Fig. 154.

Thallus 1—4 dm lang, 1—5 mm dick, unregelmässig seitlich verzweigt. Aeste häufig verlängert, theils nackt, theils mit kurzen abstehenden Aestchen besetzt. Markschichte aus einem lockeren Gewebe anastomosirender grosszelliger und dazwischen verlaufender dünner Fäden bestehend. Fäden der peripherischen Schichte 120—240 μ lang, zu zweien oder mehreren aus einem fast kugeligen Gliede der Markfäden entspringend, einfach oder an der Basis gabelig oder büschelig verzweigt, gegen die Spitze allmälig verdickt, meist leicht gekrümmt; Glieder so lang als der Durchmesser, die unteren meist etwas länger und tonnenförmig, 8—12 μ dick, die oberen allmälig kugelig, Endglied 20—32 μ dick. Einfächerige Zoosporangien kugelig-oval oder verkehrt eiförmig, 50—70 μ im

Fig. 154.

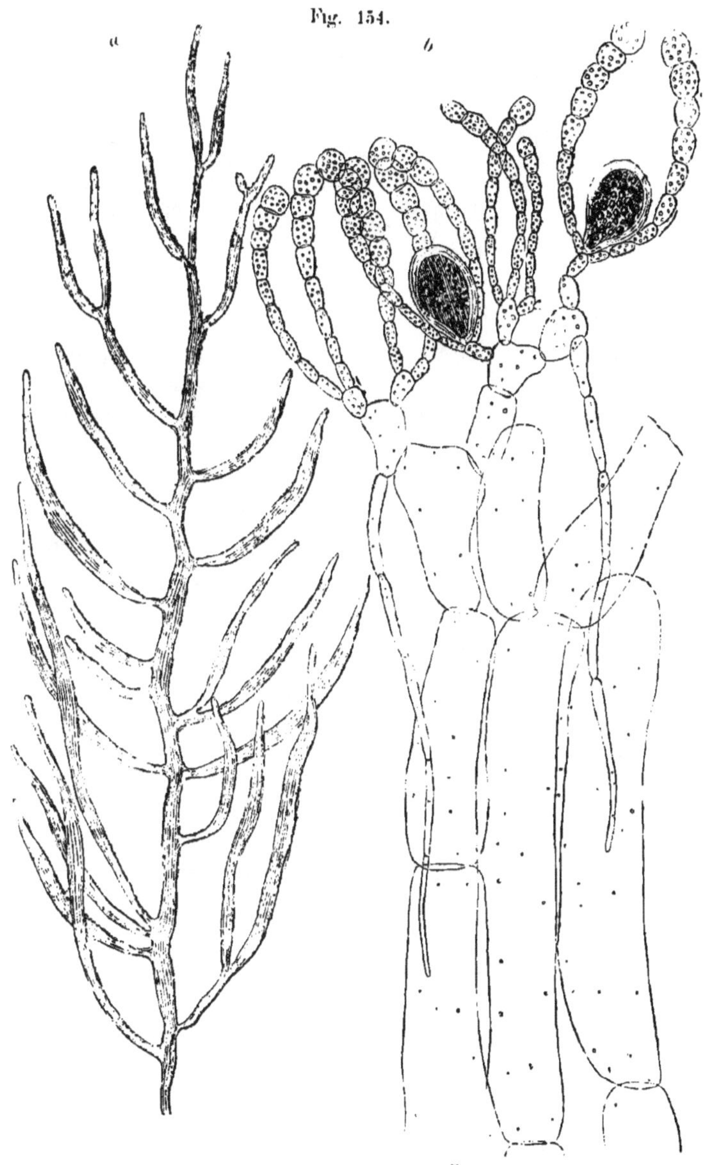

Mesogloea vermiculata (*Engl. Bot.*) *Le Jol.* *a* Stück der Alge in natürlicher Grösse. *b* Fadengruppe eines Längsschnittes durch den Thallus mit vielfächerigen Zoosporangien. Vergr. ca. 200 (Nach Kützing).

Längen-Durchmesser. Vielfächerige Zoosporangien unbekannt. — Olivenbraun.

Rivularia vermiculata Engl. Bot. Tab. 1818.
M. vermiculata Le Jol. Alg. mar. Cherb. p. 87.
M. vermicularis Ag. Syn. p. XXXVII et 126. J. Ag. Spec. Alg. I. p. 58. Harv. Phyc. brit. pl. 31. Kütz. Spec. Alg p. 545. Id. Tab. phyc. VIII. Tab. 6.

In der Nordsee.

2. M. Leveillei (J. Ag.) Menegh. Fig. 155.

M. vermiculata im Habitus und der Struktur sehr ähnlich. Die peripherischen Fäden gewöhnlich kaum länger als 120 μ; Glieder ebenso lang oder etwas länger als der Durchmesser, 8—12 μ dick, fast cylindrisch oder etwas tonnenförmig, das letzte oder die letzten

Fig. 155.

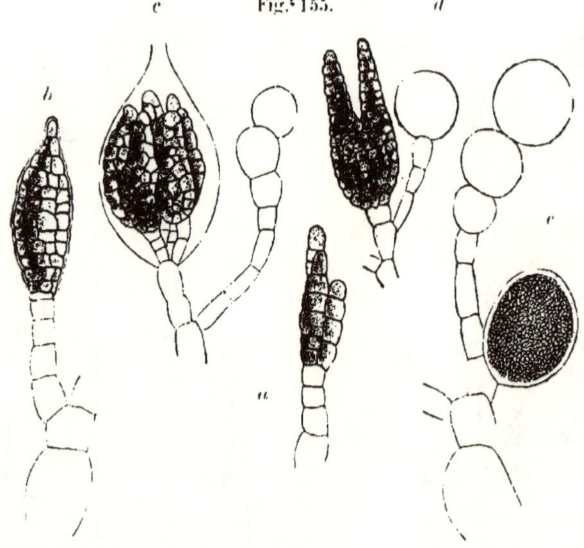

Mesogloea Leveillei (*J. Ag.*) *Menegh.* *a*—*d* Verschiedene Formen und Entwicklungsstufen der vielfächerigen Zoosporangien. Vergr. 300. *e* Peripherischer Faden mit einem einfächerigen Zoosporangium.

2—4 Glieder jedoch plötzlich bedeutend grösser, kugelig. Endglied am grössten 25—40 μ dick. (Die obersten Glieder bisweilen seitlich ausgebaucht, und in ein kurzes, durch eine Scheidewand abgetrenntes Aestchen auswachsend.) Einfächerige Zoosporangien wie bei M. vermiculata, kugelig-oval, bis 80 μ im Längendurchmesser. Vielfächerige Zoosporangien auf einem kürzeren oder längeren Stiel, länglich lanzettlich oder ei-lanzettlich, einfach oder gabelig bis fingerförmig getheilt, sehr verschieden in der Grösse: 40—130 μ lang und 25—80 μ dick. Ein- und vielfächerige Zoosporangien zusammen auf derselben Pflanze oder getrennt auf verschiedenen Individuen vorkommend. — Markgewebe dichter und fester als bei M. vermiculata; Substanz daher mehr knorpelig-fleischig.

Liebmannia Levillei J. Ag. Alg. med. p. 34. — Id. Spec. Alg. I. p. 61. — Derb. et Sol. Phys. Alg. p. 51. pl. 14. fig. 17 et pl. 15. fig. 1—10.

M. Leveillei Menegh. Alghe ital. p. 283, Tav. 5. — Kütz. Tab. phyc. VIII. Tab. 7 (nicht charakteristisch).

Im adriatischen Meere.

XVIII. Gattung. **Nemacystus** Derb. et Sol.

Thallus stielrund, fadenförmig verlängert, verzweigt, knorpelig, schlüpfrig; aus zwei Schichten zusammengesetzt, wovon die anfänglich solide, bald aber röhrige Markschichte aus grösseren langgestreckten, nach aussen kleineren, ziemlich fest zusammen verbundenen Zellen besteht, welche an der Oberfläche der Markschichte herablaufende, verzweigte Gliederfäden absenden, aus welchen senkrechte, anfänglich einfache, später büschelig verzweigte Gliederfäden entspringen, die unter sich frei, durch Gallerte zur äusseren Schichte leicht trennbar vereinigt sind. Vielfächerige Zoosporangien durch Umbildung einzelner peripherischer Fäden oder deren Zweige entstehend, fadenförmig. Einfächerige Zoosporangien verkehrt eiförmig oder birnförmig, an den peripherischen Fäden entwickelt.

1. **N. ramulosus** Derb. et Sol. Fig. 156.

Thallus 5—20 cm lang und 0·5—2 mm dick, allseitig abwechselnd mehr weniger verzweigt; Stämmchen und Zweige beiderends etwas verdünnt. Zweige abstehend. Die peripherischen Fäden 100—180 μ lang und 8—12 μ dick, fast einfach oder wenig verzweigt, meist etwas gebogen; Glieder 1—2 mal so lang als der Durchmesser, etwas ausgebaucht. Die peripherischen Fäden, welche sich zu vielfächerigen Zoosporangien umbilden, etwas dünner als die sterilen, einfach oder am Grunde verzweigt, sowie die vielfächerigen Zoosporangien selbst häufig von einer mehrfachen Membran (der wiederholt durchwachsenen Sporangiumhülle) locker umgeben. Endglieder alter steriler Fäden bisweilen keulenförmig verlängert. Vielfächerige Zoosporangien eine Reihe Zoosporen enthaltend. Einfächerige Zoosporangien an der Basis der peripherischen Fäden entwickelt. — Olivenbraun.

Fig. 156.

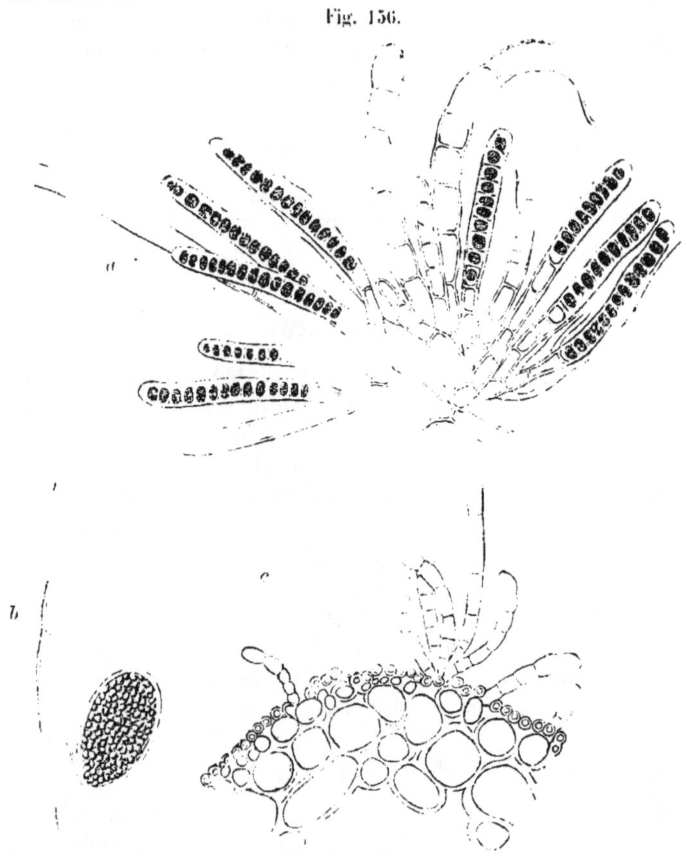

Nemacystus ramulosus *Derb. et Sol.* *a* Ein Büschel peripherischer Fäden mit vielfächerigen Zoosporangien. Vergr. 280. *b* Ein peripherischer Faden mit einem einfächerigen Zoosporangium. Vergr. 280. *c* Stück eines Querschnittes durch einen älteren Thallustheil. Vergr. 140.

Nicht selten bildet sich der grösste Theil der peripherischen Fäden zu vielfächerigen Zoosporangien um, so dass die äussere Thallusschichte nur aus denselben und dazwischen eingesprengten sterilen Fäden besteht.

N. ramulosus Derb. et Sol. Org. reprod. des Algues, in Ann. sc. nat. 3. ser. T. XIV. p. 269. pl. 33, fig. 14—17. Hauck. Beitr. XI. p. 151. Cladosiphon Giraudii J. Ag. ? (Spec. Alg. I. p. 55. Id. Till Algern. Syst. II. p. 42).

Auf Zostera, Posidonia, Cystosiren und anderen Algen im adriatischen Meere.

2. **N. Posidoniae** (Menegh.) Hauck.

Der vorigen Art sehr ähnlich, nur in allen Theilen robuster. Thallus 1—3 dm lang, 2—4 mm dick, beiderends verdünnt, röhrig aufgetrieben, häufig stellenweise etwas eingezogen, einfach oder verzweigt: Zweige meist verlängert, weit abstehend, beiderends verdünnt. Struktur wie bei N. ramulosus, die peripherischen Fäden jedoch mehrfach (fast dichotom) verzweigt. Einfächerige Zoosporangien birnförmig, seitlich oder terminal an den Zweigen der peripherischen Fäden entwickelt.

Liebmannia Posidoniae Menegh. Alghe ital. p. 300. Tav. 5.
N. Posidoniae Hauck, Herb.
Cladosiphon mediterraneus J. Ag. Spec. Alg. I. p. 55. Id. Till Algern. Syst. II. p. 42.

Auf Posidonia im adriatischen Meere.

XIX. Gattung. **Chordaria** Ag.

Thallus stielrund, fadenförmig verlängert, seitlich verzweigt, knorpelig: aus zwei Schichten zusammengesetzt, wovon die solide, ein festes Gewebe bildende Markschichte zu innerst aus grösseren langgestreckten, mit dünnen Fäden untermischten Zellen besteht, welche nach aussen dünner und kürzer, zu äusserst fast rundlich werden und gegen die Oberfläche senkrechte, kurze, einfache, mehr weniger keulenförmige Gliederfäden absenden, die unter sich frei, zur äusseren Schichte dicht vereinigt sind.

Vielfächerige Zoosporangien (bei Ch. flagelliformis jedoch unbekannt) direct aus den unteren Gliedern verlängerter peripherischer Fäden sich entwickelnd, indem das Plasma der Zellen durch Quer- und Längstheilungen in eine geringe Anzahl Zoosporen zerfällt. Einfächerige Zoosporangien an der Basis der peripherischen Fäden entwickelt, verkehrt eiförmig.

1. **Ch. flagelliformis** (Fl. Dan.) Ag. Fig. 157.

Thallus 2—6 dm lang, einzeln oder zu mehreren aus einer kleinen schildförmigen Wurzel entspringend, 0·3 bis über 1 mm dick, aus einem verlängerten Stämmchen bestehend, welches der Länge nach mit meist zahlreichen, oft sehr langen geiselförmigen, weit abstehenden, einfachen, seltener wieder etwas verzweigten Aesten besetzt ist. Die peripherischen Fäden 60—100 μ lang; die unteren Glieder fast cylindrisch, länger als dick, die oberen mehr weniger ausgebaucht, ebenso lang wie der Durchmesser, Endglied 10—16 μ dick. Olivenbraun, trocken schwarz. Schlüpfrig.

Fucus flagelliformis Fl. Dan. Tab. 650. Ch. flagelliformis Ag. Spec. Alg. I. p. 166. — Harv. Phyc. brit. pl. 111. — J. Ag. Spec. Alg. I. p. 66, excl. var. β. et γ. — Id. Till Algern. Syst. II. p. 64. — Kütz. Spec. Alg. p. 546. — Id. Tab. phyc. VIII. Tab. 11.

In der Nord- und Ostsee.

Fig. 157.

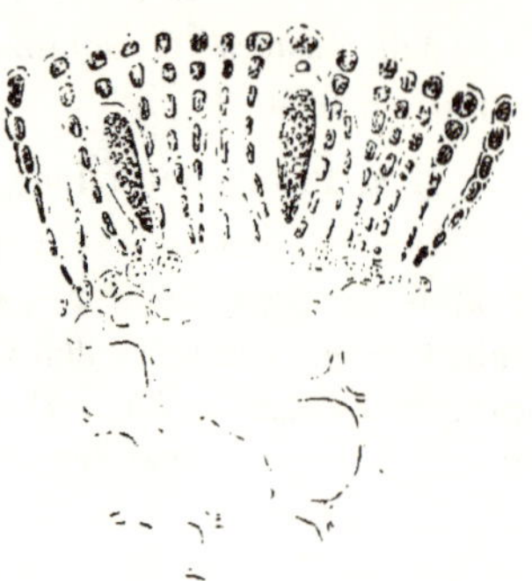

Chordaria flagelliformis (*Fl. Dan.*) *Ag.*
Stück eines Querschnittes durch den Thallus mit einfächerigen Zoosporangien. Vergr. ca. 200. (Nach Kützing.)

III. Familie. **Punctariaceae.**

Thallus blatt-, band- oder fadenförmig, zellig (bisweilen hohl). Einfächerige und (soweit bekannt) auch die vielfächerigen Zoosporangien unmittelbar aus den Rinden- oder Unterrindenzellen sich entwickelnd, dem Thallus eingesenkt oder halb oder ganz hervorbrechend, über demselben ziemlich gleichmässig ausgesäet oder stellenweise in Gruppen vereinigt; Nebenfäden fehlend.

XX. Gattung. **Punctaria** Grev.

Thallus blatt- oder bandförmig, einfach, hautartig, aus einer, oder 2—6 Lagen ziemlich gleich grosser, fast parallelepipedischer Zellen bestehend. Farblose, oder im Alter gefärbtes Plasma führende gegliederte Haare einzeln oder in Büscheln aus den Zellen der Oberfläche entspringend, zerstreut. Zoosporangien am Thallus zerstreut, durch Umwandlung einzelner Zellen der Oberfläche entstehend, einzeln oder zu kleinen punktförmigen Gruppen vereinigt, dem Thallus eingesenkt oder zum Theil hervorbrechend. Die einfächerigen Zoosporangien kugelig, die vielfächerigen fast konisch mit abgerundeter Spitze.

Fig. 158.

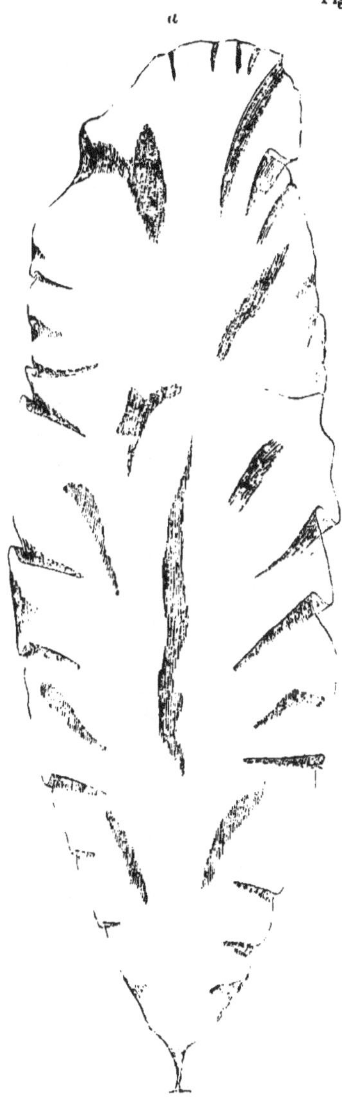

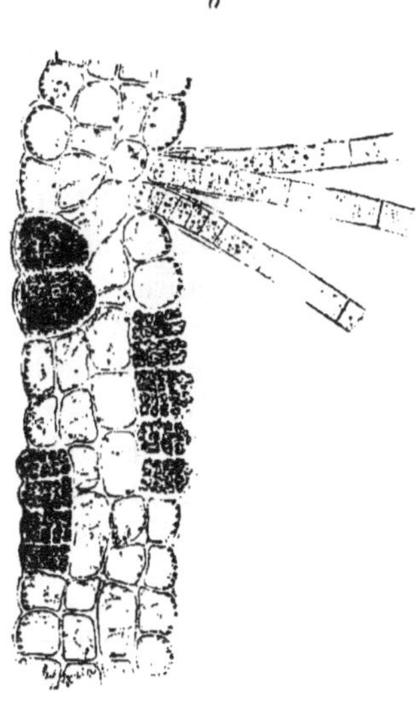

Punctaria latifolia *Grev.*
a Alge in natürlicher Grösse. *b* Stück eines Querschnittes durch den Thallus mit ein- und vielfächerigen Zoosporangien. Vergr. 250. (Nach Bornet.)

1. **P. plantaginea** (Roth) Grev.

Thallus 1—3 dm lang und 1—8 cm breit, lanzettlich, länglich-linear oder verkehrt eirund, gegen die Basis allmälig stielförmig verschmälert (oft gespalten und durchlöchert). Braun, mit mehr weniger markirten dunkleren Punkten besäet, welche aus Büscheln ziemlich dickwandiger Haare bestehen, deren Zellen im Alter braunes Plasma führen. — Etwas derbhäutig.

Ulva plantaginea Roth, Cat. II. p. 243.

P. plantaginea Grev. Alg. brit. p. 53, T. 9. — J. Ag. Spec. Alg. I. p. 73. — Harv. Phyc. brit. pl. 128.

Phycolapathum plantagineum Kütz. Spec. Alg. p. 483. — Id. Tab. phyc. VI. Tab. 48.

Phycolapathum fissum Kütz. Spec. Alg. p. 484. — Id. Tab. phyc. VI. Tab. 48.

In der Nordsee.

2. **P. latifolia** Grev. Fig. 158.

Thallus 1—4 dm lang und 1—10 cm breit, lanzettlich, länglich, eirund, oder queroval, an der keilförmigen, gerundeten oder herzförmigen Basis in einem dünnen, 2—4 mm langen Stiel verdünnt; Rand meist wellig. Blass olivengrün oder bräunlich, fruktificirend mit etwas dunkleren Pünktchen oder kleinen Flecken besäet. Sporangien einzeln oder in Gruppen. Zarte farblose, dem blossen Auge nicht wahrnehmbare Haare in Büscheln entspringend. — Dünnhäutig.

P. latifolia Grev. Alg. brit. p. 52. — J. Ag. Spec. Alg. I. p. 73. — Harv. Phyc. brit. pl. 8. — Kütz. Tab. phyc. VI. Tab. 45. — Thur. et Born. Etud. p. 13. pl. 5.

P. debilis Kütz. Tab. phyc. VI. Tab. 46 et 47. fig. I.

Phycolapathum debile Kütz. Spec. Alg. p. 483 (partim).

Im adriatischen Meere.

3. **P. tenuissima** Grev. Fig. 159.

Thallus (anfänglich aus einer Zellenreihe bestehend) linear, beiderends allmälig verschmälert, 2—20 cm lang und 0·3—5 mm breit, gewöhnlich aus einer oder zwei Zellenlagen gebildet, dünnhäutig, bisweilen wellig oder gedreht, an den Seiten und an der Spitze mit farblosen Haaren besetzt. Vielfächerige Zoosporangien hervorbrechend. — Blass olivengrün.

P. tenuissima Grev. Alg. Brit. (1830) p. 51. — Harv. Phyc. brit. pl. 248.

P. undulata J. Ag. Spec. Alg. I. p. 72.

Diplostromium tenuissimum Kütz. Spec. Alg. p. 483. — Id. Tab. phyc. VI. Tab. 44.

Diplostromium undulatum Kütz. Spec. Alg. p. 483. — Id. Tab. phyc. VI. Tab. 44.
Desmotrichum balticum Kütz. Spec. Alg. p. 470. — Id. Tab. phyc. VI. Tab. 4.

In der Nord- und Ostsee auf Zostera.

Fig. 159.

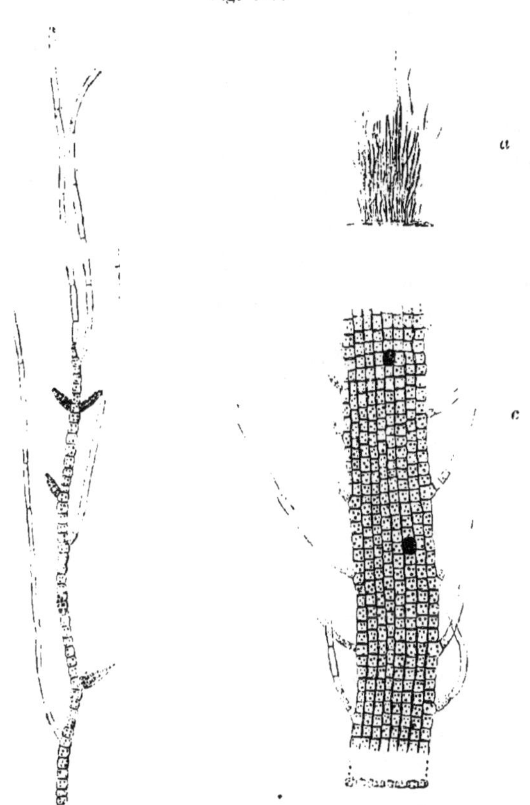

Punctaria tenuissima *Grev.*
a Ein Rasen der jungen Alge in natürlicher Grösse. *b* Stück eines jungen Exemplars mit vielfächerigen Zoosporangien. Vergr. ca. 100. *c* Stück eines älteren Exemplares. Vergr. ca. 100. (Nach Kützing.)

XXI. Gattung. **Dictyosiphon** Grev.

Thallus fadenförmig, vielästig, unterhalb röhrig, oberhalb solid, hautartig; aus zwei Schichten zusammengesetzt, wovon die innere aus grösseren gestreckten, fadenförmig gereihten, die äussere Schichte aus kleineren, von der Fläche betrachtet rundlichen oder eckigen Zellen besteht. Zweigspitzen ungegliedert, berindet. Einfächerige Zoosporangien durch Umwandlung einzelner unter der Rindenschichte gelegener Zellen entstehend und von den Rindenzellen anfänglich ganz, später nur am Rande bedeckt oder unbedeckt, immer eingesenkt, kugelig oder oval, zerstreut. Vielfächerige Zoosporangien unbekannt.

Fig. 160.

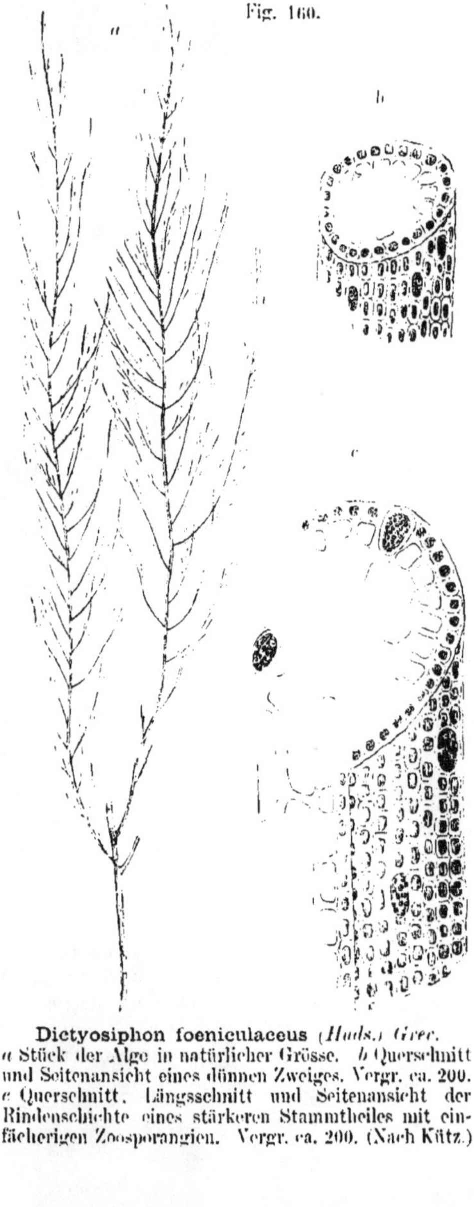

Dictyosiphon foeniculaceus (*Huds.*) *Grev.*
a Stück der Alge in natürlicher Grösse. *b* Querschnitt und Seitenansicht eines dünnen Zweiges. Vergr. ca. 200. *c* Querschnitt, Längsschnitt und Seitenansicht der Rindenschichte eines stärkeren Stammtheiles mit einfächerigen Zoosporangien. Vergr. ca. 200. (Nach Kütz.)

1. D. foeniculaceus (Huds.) Grev. Fig. 160.

Bildet 1—6 dm hohe, verworrene Rasen. Thallus 200—500 μ dick und mehr, aufwärts verdünnt, unterhalb röhrig, oberhalb solid, vielfach abwechselnd oder opponirt verzweigt. Hauptäste verlängert, der Länge nach mit verlängerten Aesten, diese wieder mit zarten abnehmenden Aestchen besetzt. Farblose Haare an den Aestchen in regelmässigen kurzen Abständen beinahe wirtelig entspringend. Gelblich olivengrün: Rindenzellen mit gelblichem Plasma. — Hautartig.

Conferva foeniculacea Huds. Fl. angl. p. 591.
D. foeniculaceus Grev. Alg. brit. p. 56. — J. Ag. Spec. Alg. I. p. 82. Harv. Phyc. brit. pl. 326. — Kütz. Spec. Alg. p. 485. Id. Tab. phyc. VI. Tab. 51. — Aresch. Phyc. scand. mar. p. 118. Tab. 7. Id. Observ. III. p. 30.

In der Nord- und Ostsee auf verschiedenen Algen: Chordaria flagelliformis, Scytosiphon lomentarius, Chorda filum u. a.: jedoch auch auf Steinen wachsend.

2. **D. hippuroides** (Lyngb.) Aresch.

Thallus 1—3 dm lang, 200—500 μ dick und mehr, oberhalb verdünnt, solid oder unterhalb fast röhrig, vielfach abwechselnd, mitunter opponirt verzweigt. Hauptäste verlängert, der Länge nach mit verlängerten Aesten, diese wieder mit mehr weniger zahlreichen, meist kurzen Aestchen besetzt. Thallus in der Jugend mit farblosen Haaren oft dicht bekleidet. Dunkel olivenbraun (trocken, fast schwarz): Rindenzellen (namentlich an älteren Theilen) mit braunem Plasma. Derbhäutig.

Scytosiphon hippuroides Lyngb. Hydr. Dan. p. 63. Tab. 14.
D. hippuroides Aresch. Observ. III. p. 26. — Kütz. Tab. phyc. VI. Tab. 52.
Scytosiphon tomentosus Lyngb. Hydr. Dan. p. 62.
Scytosiphon ramellosus J. Ag. Nov. ex alg. fam. p. 16.
D. foeniculaceus α. Aresch. Phyc. scand. mar. p. 117. Tab. 6 A. et B., Tab. 8 A.
Chordaria flagelliformis var. β. et γ. J. Ag. Spec. Alg. I. p. 66 et 67.

In der Nord- und Ostsee, vorzüglich auf Chordaria flagelliformis, doch auch auf andern Algen und Steinen wachsend.

XXII. Gattung. **Stictyosiphon** Kütz.

Thallus fadenförmig, solid oder hohl, reich verzweigt; aus zwei Schichten zusammengesetzt, wovon die innere aus grösseren langgestreckten oder rundlichen, die äussere aus viel kleineren, von der Fläche betrachtet fast viereckigen Zellen besteht. Zweigspitzen gegliedert, mit einer Zellenreihe endigend, welche in ein farbloses Haar ausgeht. Einfächerige Zoosporangien aus den Rindenzellen entstehend, halb hervorbrechend oder fast eingesenkt, rundlich, einzeln oder zu kleinen Gruppen vereinigt, über dem Thallus unregelmässig ausgesäet.

Fig. 161.

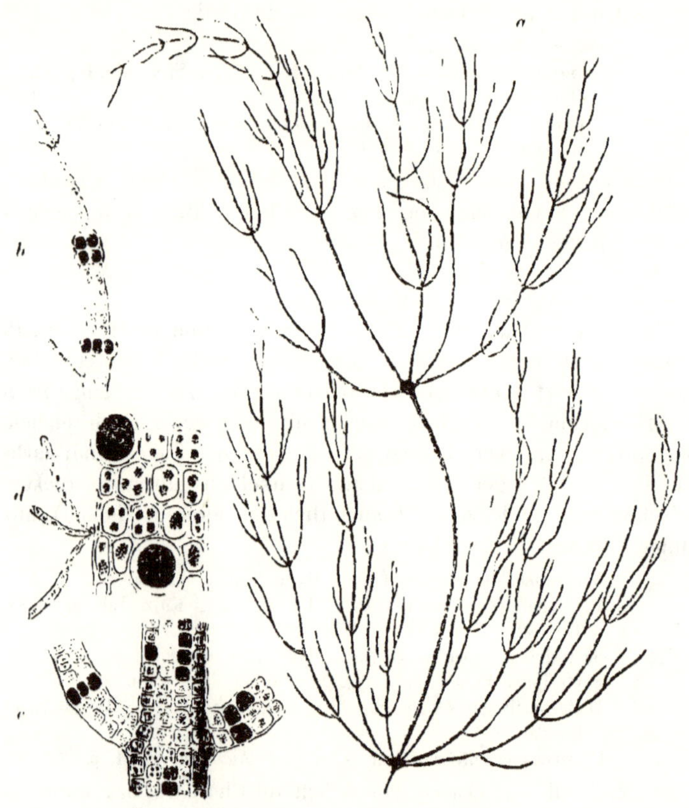

Stictyosiphon adriaticus *Kütz.*
a Stück der Alge in natürlicher Grösse. *b, c* Thallusstücke mit einfächerigen Zoosporangien. Vergr. ca. 100. *d* Thallusstück mit einfächerigen Zoosporangien. Vergr. ca. 200. (Nach Kützing.)

1. **St. subarticulatus** (Aresch.) Hauck.

Habitus von Dictyosiphon foeniculaceus. Thallus rasig, 1—6 dm lang, bisweilen länger, meist 200—500 μ dick, oberhalb verdünnt, reich verzweigt: Aeste und Aestchen geiselförmig verlängert, abwechselnd, seltener opponirt entspringend, abstehend. Einfächerige Zoosporangien halb hervorbrechend, sehr zahlreich über dem ganzen

Thallus ausgesäet, streckenweise dicht neben einander entspringend. — Schmutzig-gelblich oder bräunlich.

Thallus unterhalb hohl, oberhalb solid, aus zwei Schichten zusammengesetzt, wovon die innere aus grösseren langgestreckten, fadenförmig gereihten, die Rindenschichte aus kleinen, fast quadratischen oder rechteckigen Zellen besteht.

Phloeospora subarticulata Aresch. Bot. Not. 1873. p. 132. — Id. Observ. III. p. 25. Tav. 3 fig. 2—5.
St. subarticulatus Hauck, Herb.
Dictyosiphon foeniculaceus β., b. Aresch. Phyc. scand. mar. p. 148. Tab. 5 F.

In der Ostsee (Flensburg).

2. **St. adriaticus** Kütz. Fig. 161.

Habitus von Striaria attenuata, F. crinita. Thallus rasig, 1—5 dm lang, unterhalb 0·3 bis etwas über 1 mm dick, oberhalb und in den Aestchen haardünn, reich verzweigt: Aeste und Aestchen verlängert, abwechselnd und opponirt, stellenweise wirtelig entspringend, abstehend. Einfächerige Zoosporangien halb hervorbrechend oder fast eingesenkt, zahlreich über dem Thallus ausgesäet, meist einzeln oder zu zweien bis fünfen vereinigt. — Blass olivenfarben. Schlaff.

Thallus röhrig, Wandschichte aus zwei oder drei Zellenlagen bestehend, von welchen die inneren viel grösser und rundlich, die äusseren kleiner und fast viereckig sind.

St. adriaticus Kütz. Phyc. gener. p. 301. Tab. 21. III. — Id. Spec. Alg. p. 185. — Id. Tab. phyc. VI. Tab 50.
Striaria attenuata, var. crinita Auct. partim.

Im adriatischen Meere auf grösseren Algen.

XXIII. Gattung. **Striaria** Grev.

Thallus stielrund, fadenförmig verlängert, vielästig, hohl, dünnhäutig; Wandung aus meist nur zwei oder drei Lagen dünnwandiger Zellen bestehend, wovon die inneren rundlich, viel grösser als die fast rechteckigen äusseren sind. Zweigspitzen gegliedert, mit einer Zellenreihe endigend, welche in ein farbloses Haar ausgeht. Einfächerige Zoosporangien aus den Rindenzellen entwickelt, äusserlich, kugelig oder verkehrt eiförmig, zu Gruppen vereinigt, welche am Thallus punktirte Querlinien oder punktförmige dicht ausgesäte Flecken bilden.

1. **Str. attenuata** Grev. Fig. **162**.

Thallus 1—5 dm lang und 1—5 mm dick, in den Spitzen und Aestchen haardünn, reich verzweigt. Aeste und Aestchen verlängert, abwechselnd und opponirt, hin und wieder wirtelig entspringend, gegen die Basis und allmälig gegen die Spitze verdünnt. Zoosporangien in punktförmigen Gruppen, welche am Thallus in ca. 0·25—0·5 mm von einander entfernte Querlinien geordnet sind. — Blass olivenfarben. Schlaff.

Str. attenuata Grev. Crypt. Fl. Syn. p. 44. Tab. 288. — Harv. Phyc. brit pl. 25. — J. Ag. Spec. Alg. I. p. 80. — Kütz. Spec. Alg. p. 533. Id. Tab. phyc. IX. Tab. 3. Asperococcus attenuatus Zan. Icon. phyc. adr. I. p. 112.

F. crinita.

Thallus meist 1—2 dm lang, durchaus äusserst zart, in den Aesten borstendick.

Str. crinita J. Ag. Alg. medit. p. 41.

F. ramosissima.

Thallus 2—5 dm lang, mehr unregelmässig verzweigt; Stämmchen und Hauptäste unterhalb bis zu 1—2 cm ungleich sackförmig aufgetrieben, häufig mit proliferirenden Aesten und Aest-

Striaria attenuata *Grev.* *a* Stück der Alge in natürl. Grösse. *b* kleiner Theil der Oberfläche mit dem Uebergange veget. Rindenz. in einfäch. Zoosporangien. Vergr. ca. 200. *c* Stück eines Querschnittes durch den Thallus mit einfäch. Zoosporangien. Vergr. ca. 200. (Nach Kütz.)

chen besetzt. Zoosporangiengruppen auf den erweiterten Thallusstücken unregelmässig, ziemlich dicht ausgesäet.

Encoelium ramosissimum Kütz. Spec. Alg. p. 551.
Asperococcus ramosissimus Zanard. Icon. phyc. adr. I. p. 107. Tav. 26.

Alle Formen im adriatischen Meere.

XXIV. Gattung. **Desmarestia** Lamour.

Thallus fadenförmig, zusammengedrückt oder flach, fiederartig verzweigt, lederartig-knorpelig oder hautartig, solid, zellig; die innere, von einer gegliederten Fadenachse durchzogene Schichte aus grösseren länglichen und kleineren rundlichen, die Rindenschichte aus kleinen rundlich-eckigen Zellen bestehend. Zweigspitzen in der Jugend in einen sehr zarten, fiedrig verzweigten, oft gebüschelten, später abfallenden, gefärbte Plasma führenden Gliederfaden ausgehend. Einfächerige Zoosporangien (nur bei D. viridis bekannt) aus den Rindenzellen direkt entstehend, welche weder in der Form noch Grösse eine Veränderung erleiden. Vielfächerige Zoosporangien unbekannt.

1. **D. viridis** (Fl. Dan.) Lamour.

Thallus 2—10 dm lang, fadenförmig, unterhalb stielrund, 1—2 mm dick, oberhalb etwas zusammengedrückt, allmälig haardünn, reich regelmässig zweizeilig opponirt verzweigt; Hauptäste abstehend oder fast gespreizt; Aeste und Aestchen mehr aufrecht. Spitzen in einen fiedrig verzweigten Gliederfaden ausgehend. Im Leben orangebraun, an der Luft sofort ins Spangrüne übergehend.

Fucus viridis Fl. Dan. Tab. 886.
D. viridis Lamour. Ess. p. 25. — Harv. Phyc. brit. pl. 312. — Kütz. Spec. Alg. p. 570. — Id. Tab. phyc. IX. Tab. 92.
Dichloria viridis Grev. — J. Ag. Spec. Alg. I. p. 164.

In der Nordsee.

2. **D. aculeata** (L.) Lamour. Fig. 163.

Thallus 5—15 dm lang, unterhalb stielrund, 2—3 mm dick und mehr, oberhalb zusammengedrückt bis flach, allmälig verschmälert, mit zarter Mittelrippe. Stämmchen (oder Hauptäste) sehr verlängert, 2—3 fach fiederästig. Aeste abwechselnd, seltener opponirt entspringend, zahlreich, ruthenförmig, aufrecht, abnehmend, am Rande in der Jugend mit abwechselnden oder opponirten ca. 5 mm langen Haarbüscheln, im Alter an deren Stelle mit pfriemigen Dornästchen besetzt. — In der Jugend blass-, im Alter dunkel-olivenbraun;

Fig. 163.

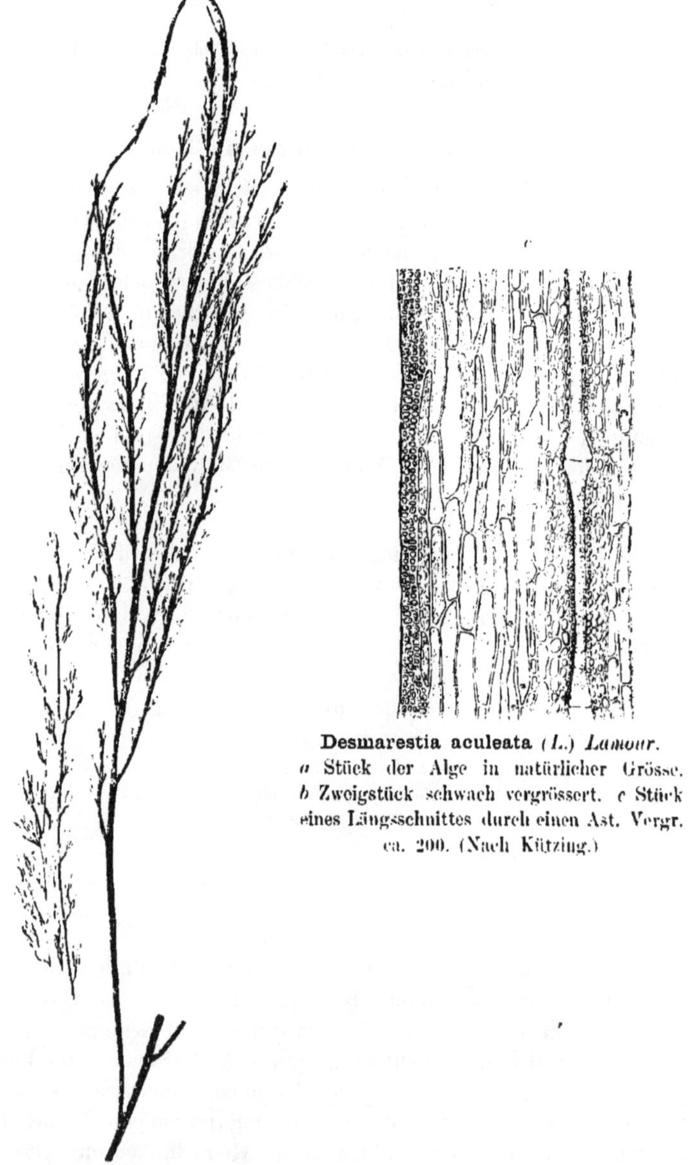

Desmarestia aculeata (*L.*) *Lamour.*
a Stück der Alge in natürlicher Grösse. *b* Zweigstück schwach vergrössert. *c* Stück eines Längsschnittes durch einen Ast. Vergr. ca. 200. (Nach Kützing.)

Fadenbüschel gelbgrün. Lederartig-knorpelig, in der Jugend fast hautartig.

Fucus aculeatus L. Spec. Pl. II. p. 1632.
D. aculeata Lamour. Ess. p. 25. — J. Ag. Spec. Alg. I. p. 167. Kütz. Spec. Alg. p. 571. — Id. Tab. phyc. IX. Tab. 94. — Harv. Phyc. brit. pl. 49.
D. hybrida Kütz. Spec. Alg. p. 571. Id. Tab. phyc. IX. Tab. 93.

In der Nordsee.

3. **D. ligulata** (Lightf.) Lamour.

Thallus 1—2 m lang und mehr, flach, hautartig, linear, gewöhnlich 5—20 mm breit, in den Verzweigungen sich verschmälernd, meist 2—4 fach opponirt gefiedert. Fiedern und Fiederchen genähert. Mittelbänder der Fiedern sowie die Fiederchen beiderends allmälig, gegen die Basis aber fast stielförmig verschmälert, mit zarter, meist undeutlicher Mittelrippe; Rand in der Jugend mit opponirten Fadenbüscheln, im Alter an deren Stelle mit zarten Sägezähnen besetzt. Olivenbraun bis gelblichgrün.

Fucus ligulatus Lightf. Fl. Scot. p. 946. Tab. 29.
D. ligulata Lamour. Ess. p. 25. — J. Ag. Spec. Alg. I. p. 169. — Kütz. Spec. Alg. p. 572. — Id. Tab. phyc. IX. Tab. 99. — Harv. Phyc. brit. pl. 115.

In der Nordsee (Norderney).

IV. Familie. **Arthrocladiaceae.**

Thallus aus einem fadenförmigen, zelligen Stämmchen bestehend, welches mit Wirteln kurzer, verzweigter Gliederfäden besetzt ist, an welchen die perlschnurförmigen vielfächerigen Zoosporangien entspringen. Einfächerige Zoosporangien unbekannt.

XXV. Gattung. **Arthrocladia** Duby.

Thallus aus einem fadenförmigen, fiederästigen Stämmchen bestehend, welches gliederartig mit genäherten, vielzähligen Wirteln kurzer, zarter, wiederholt gefiederter Gliederfäden besetzt ist. Stämmchen (und dessen Aeste) von einer sehr grosszelligen, gegliederten Fadenachse durchzogen, welche von einer parenchymatischen Schichte umgeben ist, die innen aus grösseren, an der Oberfläche aus kleineren Zellen besteht.

Vielfächerige Zoosporangien einseitig an den Wirtelästchen entspringend, gestielt, perlschnurförmig, aus tonnenförmig aufgetriebenen Abschnitten von je zwei übereinander gelagerten Zellen bestehend, deren jede sich einzeln öffnet.

1. **A. villosa** (Huds.) Duby.

Thallus 1—10 dm lang. Stämmchen 0·5—1 mm dick, oberhalb verdünnt, weitläufig 1—3 fach opponirt, selten abwechselnd fiederästig, an den Wirteln etwas knotig. Aeste abstehend. Wirtelästchen 1—4 mm lang, in Entfernungen von ca. 1 mm, gegen die Spitze gedrängter, entspringend. Vielfächerige Zoosporangien von verschiedener Länge, ca. 15 μ dick. Olivengelb.

Conferva villosa Huds. Fl. Angl. Ed. II. p. 603.
A. villosa Duby, Bot. Gall. p. 971 — J. Ag. Spec. Alg. I. p. 163. — Harv. Phyc. brit. pl. 138. — Kütz. Tab. phyc. X. Tab. 1.
A. septentrionalis Kütz. Spec. Alg. p. 573.

In der Nordsee.

F. australis. Fig. 164.
Stämmchen abwechselnd fiederästig.

A. australis Kütz. Phyc. germ. p. 275. — Id. Spec. Alg. p. 573. — Id. Tab. phyc. X. Tab. 1.

Im adriatischen Meere.

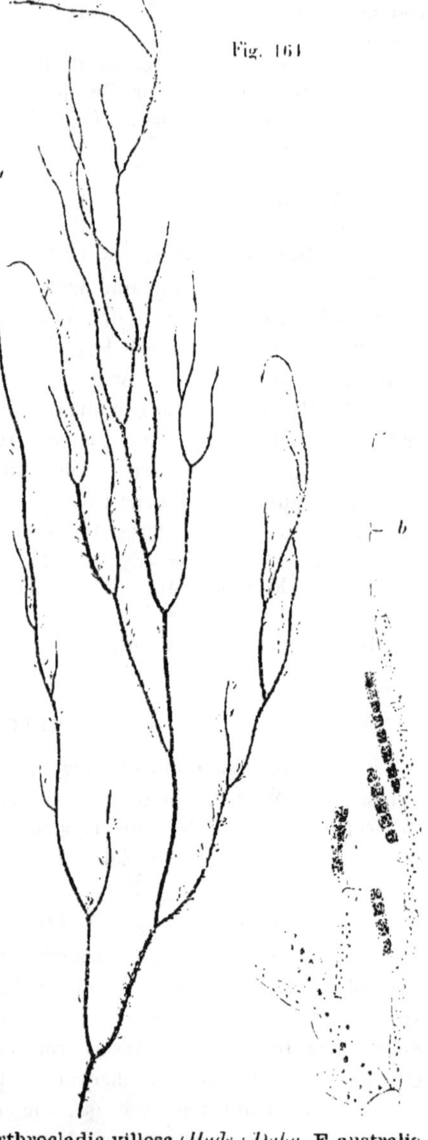

Arthrocladia villosa (*Huds.*) *Duby*. **F. australis.** *a* Stück der Alge in natürlicher Grösse. *b* Stück eines Wirtelästchens mit vielfächerigen Zoosporangien. Vergr. ca. 200. (Nach Kützing.)

V. Familie. **Sporochnaceae.**

Thallus aufrecht, stielrund oder flach, zellig, solid oder hohl. Einfächerige und (soweit bekannt) auch die vielfächerigen Zoosporangien an, oder zwischen gegliederten Nebenfäden entwickelt, welche auf der Thallusoberfläche wärzchenförmige Sori bilden, oder an den Spitzen der Zweige zu bestimmt gestalteten Fruchtkörpern vereinigt sind.

XXVI. Gattung. **Sporochnus** Ag.

Thallus fadenförmig, verzweigt, knorpelig; aus zwei Schichten zusammengesetzt, wovon die innere aus grösseren gestreckten, die

Fig. 165.

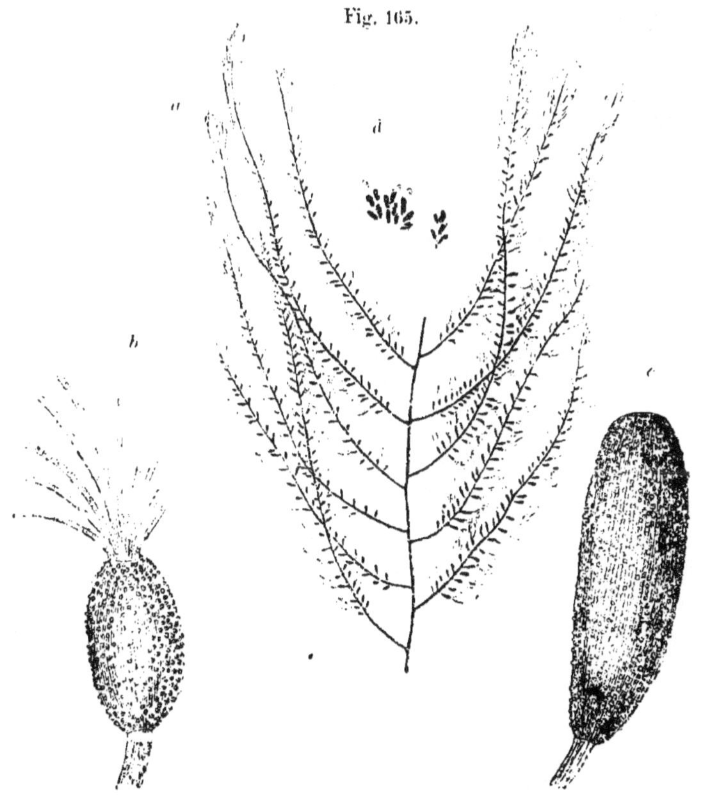

Sporochnus pedunculatus (*Huds.*) *Ag.*
a Stück der Alge in natürlicher Grösse. *b*, *c* Fruchtkörper. Vergr. ca. 100. *d* Nebenfäden mit einfächerigen Zoosporangien. Vergr. ca. 100. (Nach Kützing.)

äussere aus kleineren Zellen besteht, welche in beiden Schichten fadenförmig gereiht sind. Zweigspitzen mit einem Büschel zarter gegliederter, einfacher, später abfallender Haare besetzt. Fortpflanzungsorgane in eigenthümlichen Fruchtkörpern, welche an der Spitze der Aeste oder kurzer Aestchen ovale oder längliche (mit einem Haarbüschel gekrönte) Verdickungen bilden und aus gegliederten, keulenförmigen, verzweigten, wirtelig entspringenden, dicht zusammengedrängten Nebenfäden bestehen, an welchen sich die birnförmigen einfächerigen Zoosporangien als seitliche Aestchen entwickeln. Vielfächerige Zoosporangien unbekannt.

1. **Sp. pedunculatus** (Huds.) Ag. Fig. 165.

Thallus 1—3 dm lang, fadenförmig (stielrund), ca. 0·5 mm dick, oberhalb verdünnt, aus einem einfachen Stämmchen bestehend, welches der Länge nach mit zahlreichen, allseitig (in einer Spirale) entspringenden, verlängerten, ruthenförmigen, weit abstehenden, abnehmenden Aesten besetzt ist, aus welchen in gleicher Weise zahlreiche, 1—3 mm lange Aestchen entspringen, woraus sich die Fruchtkörper entwickeln. Fruchtkörper länglich, keulenförmig oder oval, gestielt. Haarbüschel sehr zart, 1—4 mm lang. — Olivengelb.

Thallus selten aus einem ganz einfachen, mit Fruchtästchen besetzten Stämmchen bestehend.

Fucus pedunculatus Huds. Fl. Angl. p. 587.

Sp. pedunculatus Ag. Spec. Alg. I. p. 149. — J. Ag. Spec. Alg. I. p. 174. — Kütz. Spec. Alg. p. 568. — Id. Tab. phyc. IX. Tab. 82. — Harv. Phyc. brit. pl. 56. — Zanard. Icon. phyc. adr. I. p. 35, Tav. 9.

Sp. dalmaticus Menegh. — Kütz. Tab. phyc. l. c.

In der Nordsee und im adriatischen Meere.

2. **Sp. dichotomus** Zanard.

Thallus 1—2 dm hoch, fadenförmig, ca. 1, oberhalb ca. 0·5 mm dick, unterhalb stielrund, oberhalb zusammengedrückt, dichotom und seitlich verzweigt. Zweige abstehend; Spitzen in ein Haarbüschel auslaufend. Fruchtkörper keulenförmig oder länglich, terminal an den Zweigen, sehr selten seitlich an denselben sitzend.

Sp. dichotomus Zanard. Icon. phyc. adr. I. p. 3. Tav. 10.

Im adriatischen Meere (Dalmatien).

XXVII. Gattung. **Stilophora** J. Ag.

Thallus fadenförmig, verzweigt, knorpelig, solid oder später unvollkommen hohl; aus zwei Schichten zusammengesetzt: die innere in der Achse von sehr verlängerten oder locker vereinigten dünneren

Fig. 166.

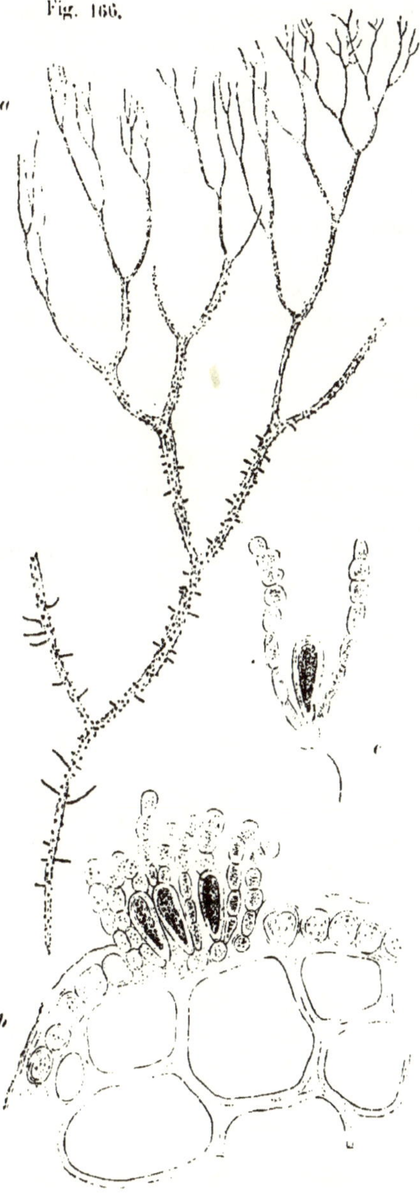

Stilophora rhizodes (*Ehrh.*) *J. Ag.*, **F. papillosa.** *a* Stück der Alge in natürlicher Grösse. *b* Stück eines Querschnittes durch den Thallus mit einem Sorus. Vergr. ca. 200. *c* Nebenfäden mit einem einfächerigen Zoosporangium. Verg. ca. 200. (Nach Kützing).

Fäden durchzogene Schichte aus gestreckten, gegen die Peripherie an Grösse abnehmenden, die Rindenschichte aus einer Lage kleinerer Zellen bestehend. Zweigenden mit wirtelig oder unregelmässig entspringenden, an der Spitze zusammengedrängten, kurzen, torulos gegliederten Nebenfäden besetzt. Fortpflanzungsorgane in kleinen warzenförmigen, zahlreich über die Oberfläche verbreiteten Sori, welche aus einem Bündel einfacher, torulos gegliederter, etwas keulenförmiger, oft gekrümmter, senkrecht aus den Rindenzellen entspringender Nebenfäden bestehen, an deren Basis sich die Zoosporangien entwickeln. Einfächerige Zoosporangien birnförmig oder verkehrt eiförmig, vielfächerige cylindrisch-länglich, eine Reihe Zoosporen enthaltend.

1. **St. rhizodes** (Ehrh.) J. Ag.

Thallus 1—3 dm lang, 0·5—1 mm dick, unterhalb bisweilen dicker, oberhalb mehr weniger verdünnt, vielfach dichotom oder dichotom und seitlich verzweigt. Zweige abstehend; Enden mit dicht (nicht wirtelig) entspringenden, kürzeren oder längeren cylindrischen oder keulenförmigen Nebenfäden besetzt. Sori stark hervortretend, sehr zahlreich, unregelmässig ausgesät. — Olivengelb.

Conferva rhizodes Erh. mspt.
St. rhizodes J. Ag. Symb. I. p. 6. — Id. Spec. Alg. I. p. 85. — Harv. Phyc. brit. Pl. 70.
St. adriatica J. Ag. Alg. med. p. 42.
Sporochnus rhizodes Ag. Spec. Alg. I. p. 156.
Spermatochnus rhizodes Kütz. Spec. Alg. p. 549. — Id. Tab. phyc. VIII. Tab. 17.
Sp. claviceps Kütz. Spec. Alg. l. c. — Id. Tab. phyc. VIII. Tab. 19.
Sp. setaceus Kütz. Spec. Alg. p. 550. — Id. Tab. phyc. VIII. Tab. 19.
Sp. adriaticus Kütz. Spec. Alg. p. 550. — Id. Tab. phyc. VIII. Tab. 20.
Sp. hirsutus Kütz. Spec. Alg. p. 550. — Id. Tab. phyc. VIII. Tab. 21.
Sp. membranaceus Kütz. Spec. Alg. et Tab. phyc. l. c.

In der Nordsee, Ostsee und im adriatischen Meere.

F. papillosa. Fig. 166.

Thallus 1—3 mm dick, oberhalb verdünnt, häufig mit zahlreichen, kurzen, weit abstehenden Adventivästchen besetzt. Sori häufig sehr dicht stehend. — Thallus bisweilen mit Kalk inkrustirt.

St. papillosa J. Ag. Alg. med. p. 42. — Id. Spec. Alg. I. p. 84.
Spermatochnus papillosus Kütz. Spec. Alg. p. 550. — Id. Tab. phyc. VIII. Tab. 22.
St. calcifera Zanard. Icon. phyc. adr. I. p. 5. Tav. 2.

Im adriatischen Meere.

2. **St. Lyngbyei** J. Ag.

Thallus 2—4 dm lang und 1—2 mm dick, gegen die Spitzen allmälig verdünnt, vielfach, mehr weniger regelmässig dichotom und seitlich abwechselnd verzweigt. Zweige abstehend; Enden mit fast regelmässigen, gegen die Spitze allmälig gedrängteren Wirteln etwas keulenförmiger Nebenfäden besetzt. Sori nicht sehr stark hervortretend, an den jüngeren Verzweigungen in kurzen Entfernungen fast wirtelig entspringend, an älteren Theilen unregelmässig ausgesät. — Olivengelb.

St. Lyngbyei J. Ag. Symb. I. p. 6. — Id. Spec. Alg. I. p. 84. — Harv. Phyc. brit. Pl. 237.

Sporochnus rhizodes β. paradoxa Ag. Spec. Alg. I. p. 157.

Chordaria paradoxa Lyngb. Hydr. Dan. p. 53. Tab. 14.

Spermatochnus paradoxus Kütz. Spec. Alg. p. 549. — Id. Tab. phyc. VIII. Tab. 18.

In der Nord- und Ostsee.

XXVIII. Gattung. **Nereia** Zanard.

Thallus fadenförmig, verzweigt, knorpelig, aus zwei Schichten zusammengesetzt, wovon die innere aus einem kompakten Gewebe länglicher Zellen, die äussere aus einer Lage birnförmig-rundlicher, unter sich freier Zellen besteht. Zweigspitzen mit dichten Büscheln zarter, einfacher, gefärbtes Plasma führender, später abfallender Gliederfäden besetzt. Fortpflanzungsorgane in kleinen warzenförmigen, über das Stämmchen und die Zweige zerstreuten Sori, welche aus Nebenfäden und dazwischen stehenden einfächerigen Zoosporangien bestehen und aus den äussersten Zellen der inneren Schichte entspringen. Nebenfäden kurz, 2—3 gliedrig; Endglied birnförmig verdickt, meist seitlich ausgesackt. Einfächerige Zoosporangien an der Basis der Nebenfäden entwickelt, länglich oder verkehrt eiförmig. Vielfächerige Zoosporangien unbekannt.

1. **Nereia filiformis** (J. Ag.) Zanard. Fig. 167.

Thallus 10—25 cm hoch, ca. 1—2 mm dick, bisweilen unterhalb etwas dicker, fast fiederartig, (meist 2—4 fach) abwechselnd verzweigt. Aeste und Aestchen abstehend, wie abgestutzt, seitlich mit abwechselnden, an den Spitzen mit schopfig zusammengedrängten, dichten, 3—15 mm langen, schlüpfrigen Fadenbüscheln besetzt. Die fructificirende Pflanze grösstentheils kahl und warzig. — Olivengelb.

Desmarestia filiformis J. Ag. Alg. med. p. 43.
N. filiformis Zanard. in Diario VII. Congr. ital. 1845, p. 121. — Id. Icon. phyc. adr. I. p. 67. Tav. 17.
Sporochnus filiformis J. Ag. Spec. Alg. I. p. 175.
Cladothele filiformis Kütz. Spec. Alg. p. 568. — Id. Tab. phyc. IX. Tab. 78.

Im adriatischen Meere.

Fig. 167.

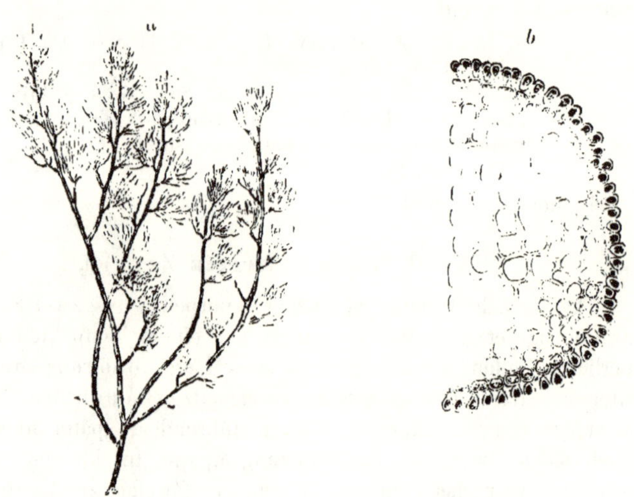

Nereia filiformis (*J. Ag.*) *Zanard.* *a* Alge in natürlicher Grösse. *b* Stück eines Querschnittes durch das Stämmchen. Vergr. ca. 100. (Nach Kützing.)

XXIX. Gattung. **Asperococcus** Lamour.

Thallus stielrund oder flach zusammengedrückt, hohl, an der Basis in einen kurzen Stiel verdünnt, einfach, hautartig; die innere Schichte aus einer oder zwei Lagen grösserer, die Rindenschichte aus einer Lage kleinerer Zellen gebildet. Fortpflanzungsorgane in punkt- oder fleckenförmigen, über die ganze Thallusoberfläche ausgesäten Sori, die aus zahlreichen Nebenfäden und dazwischen stehenden einfächerigen Zoosporangien bestehen, welche beide sich aus den Rindenzellen entwickeln. Nebenfäden kurz, wenig gliedrig, cylindrisch oder etwas keulenförmig; einfächerige Zoosporangien verkehrt eiförmig oder kugelig. Vielfächerige Zoosporangien unbekannt.

1. **A. echinatus** (Mert.) Grev. Fig. 168 b, c.

Gesellig wachsend. Thallus 5—60 cm lang, fadenförmig oder cylindrisch, von der Stärke einer Borste bis 1 cm dick, bisweilen stellenweise etwas verengt oder zusammengezogen, gegen die Basis allmälig verdünnt, gegen das spitze oder stumpfe Ende mehr weniger verjüngt, im Alter durch die zahlreichen Sori rauhwarzig. Sori länglich. — Olivenbraun.

Conferva echinata Mert. in Roth, Cat. III. p. 170.
A. echinatus Grev. Alg. Brit. p. 50. — Harv. Phyc. brit. Pl. 194. — J. Ag. Spec. Alg. I. p. 76.
Encoelium echinatum Ag. Kütz. Spec. Alg. p. 552. — Id. Tab. phyc. IX. Tab. 5.
E. fistulosum Kütz. Tab. phyc. IX. Tab. 6.

In der Nord- und Ostsee.

Fig. 168.

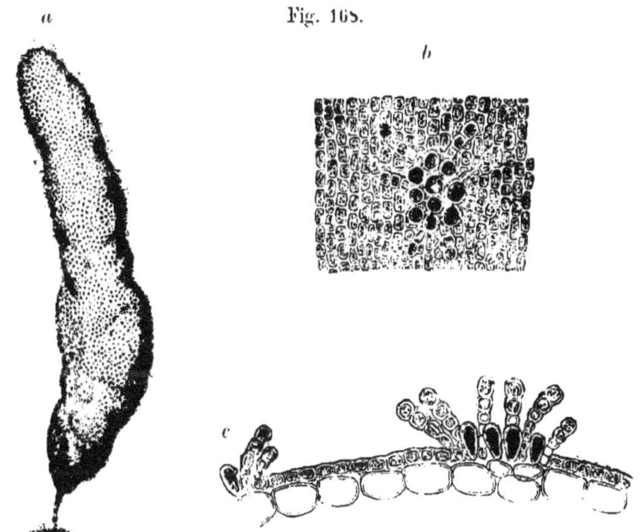

Asperococcus bullosus *Lam.* *a* Ein kleines Exemplar in natürl. Grösse. (Nach Bornet). **Asperococcus echinatus** (*Mert.*) *Grev.* *b* Stück der Oberfläche mit einem Sorus. Vergr. ca. 100. *c* Stück eines Querschnittes durch den Thallus und einen Sorus. Vergr. ca. 100. (Nach Kützing.)

2. **A. bullosus** Lamour. Fig. 168 a.

Thallus 1—5 dm lang, sack- oder darmförmig, oft stellenweise unregelmässig eingezogen, 1—6 cm dick, an der Basis plötzlich in einen kurzen, dünnen Stiel verdünnt. Sori punktförmig, rundlich. – Bräunlich.

A. bullosus Lamour. Ess. p. 62. Tab. 6. fig. 5. – J. Ag. Spec. Alg. I. p. 77. — Zanard. Icon. phyc. adr. I. p. 103, Tav. 25. Thur. et Born. Etud. phyc. p. 16. pl. 6.
A. tenuis Zanard. Syn. alg. adr. p. 128, Tab. 5. fig. 2.
Encoelium bullosum Ag. — Kütz. Spec. Alg. p. 552. Id. Tab. phyc. IX. Tab. 7.

In der Nordsee und im adriatischen Meere.

3. **A. compressus** Griff.

Gesellig wachsend. Thallus 1—4 dm lang, flach zusammengedrückt, linear-lanzettlich, 5–40 mm breit, unvollkommen hohl; Wandungen einander fast berührend, hin und wieder durch dünne, unregelmässig verlaufende Fäden verbunden. Sori kleine, rundliche oder etwas unregelmässige Flecken bildend. — Olivengelb.

A. compressus Griff. in Hook. Brit. Fl. p. 278. — Harv. Phyc. brit. pl. 72. — J. Ag. Spec. Alg. I. p. 77.
Haloglossum Griffithsianum Kütz. Spec. Alg. p. 561. — Id. Tab. phyc. IX. Tab. 52.

Im adriatischen Meere.

VI. Familie. Scytosiphonaceae.

Thallus stielrund und hohl, oder blattartig oder blasenförmig, zellig. Vielfächerige Zoosporangien in grosser Zahl aus den Rindenzellen der Thallusoberfläche auswachsend, bisweilen mit einzelligen, keulenförmigen Nebenfäden untermischt, kleine fleckenförmige Sori oder eine fast den ganzen Thallus bedeckende Schichte bildend. Einfächerige Zoosporangien unbekannt.

XXX. Gattung. Scytosiphon Ag.

Thallus stielrund, fadenförmig verlängert, hohl, einfach, hautartig, aus zwei Schichten zusammengesetzt, wovon die innere aus wenigen Lagen grösserer, verlängerter, gegen die Peripherie kleinerer, die Rindenschichte aus kleinen Zellen besteht. Vielfächerige Zoosporangien zu einer die Thallusoberfläche bedeckenden Schichte vereinigt. Nebenfäden mehr weniger zahlreich oder fehlend, einzellig, verkehrt eiförmig oder birnförmig, zwischen den Zoosporangien zerstreut entspringend.

Fig. 169.

1. **Sc. lomentarius** (Lyngb.) J. Ag. Fig. 169.

Gesellig wachsend. Thallus 1—6 dm lang und 1—10 mm dick, beiderends verdünnt, gleichförmig oder stellenweise gliederartig eingeschnürt. — Olivenbraun.

Habitus von Chorda Filum.

Chorda lomentaria Lyngb. Hydr. Dan. p. 74. Tab. 18. — Harv. phyc. brit. Pl. 285.

Sc. lomentarius J. Ag. Spec. Alg. I. p. 126. — Thuret Rech. sur les Zoosp. in Ann. sc. nat., 3. ser. T. IV. pl. 29 fig. 1, 2.

Sc. filum var. γ. lomentarius Ag. Spec. Alg. I. p. 162.

Chorda filum ζ. lomentaria Kütz. Spec. Alg. p. 548. — Id. Tab. phyc. VIII. Tab. 14 c, e.

Chorda filum ϑ. fistulosa Kütz. Spec. Alg. p. 548. — Id. Tab. phyc. VIII. Tab. 14. d, e; Tab. 15. d, e.

In der Nordsee, Ostsee und im adriatischen Meere.

a

b

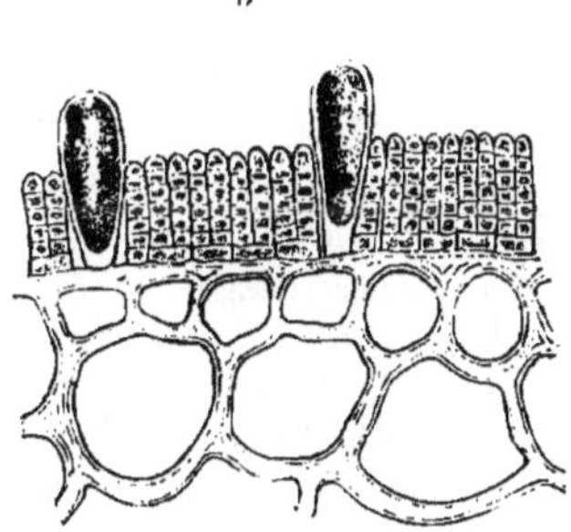

Scytosiphon lomentarius *(Lyngb.) J. Ag.*

a Alge in natürlicher Grösse. *b* Stück eines Querschnittes durch den Thallus mit vielfächerigen Zoosporangien und zwei Nebenfäden. Vergr. 350.

XXXI. Gattung. **Phyllitis** Kütz.

Thallus blatt- oder bandförmig, einfach, hautartig, aus zwei Schichten zusammengesetzt, wovon die innere aus länglichen oder rundlichen, ungleich grossen, in der Mitte meist fadenförmig verlängerten, die Rindenschichte aus sehr kleinen rundlich-eckigen Zellen besteht. Vielfächerige Zoosporangien zu einer die Thallusoberfläche bedeckenden Schichte vereinigt. Nebenfäden fehlend.

1. **Ph. Fascia** (Fl. Dan.) Kütz.

Gesellig wachsend. Thallus sehr verschieden in der Grösse und Form, 5—30 cm hoch und 1 mm—6 cm breit, linear, lanzettlich, länglich oder verkehrt eirund, an der Basis allmälig oder plötzlich in einen flachen, dünnen Stiel verschmälert. Der obere Rand oft corrodirt. — Olivengelb.

Fucus fascia Fl. Dan. T. 768.
Phyllitis Fascia Kütz. Phyc. gener. p. 342. — Id. Spec. Alg. p. 566.
Laminaria fascia Harv. Phyc. brit. Pl. 45.

α. **fascia.**

Thallus 5—15 cm lang und 1—10 mm breit, bandförmig, gegen die Basis allmälig verschmälert. Die schmalen Formen meist gedreht, die breiteren oft wellig.

Laminaria fascia J. Ag. Spec. Alg. I. p. 29.
Phyllitis fascia Le Jol. Alg. mar. Cherb. p. 68.

In der Nordsee.

β. **caespitosa** Fig. 170.

Thallus 5—15 cm lang und 1—5 cm breit, lanzettlich, länglich oder verkehrt eirund (bisweilen sichelförmig gekrümmt), keilförmig in den Stiel verschmälert; Rand wellig.

Laminaria caespitosa J. Ag. Spec. Alg. I. p. 130.
Phycolapathum cuneatum Kütz. Spec. Alg. p. 483. — Id. Tab. phyc. VI. Tab. 49.
Phyllitis caespitosa Le Jol. Alg. mar. Cherb. p. 68. — Thur. et Born. Etud. phyc. p. 10. Pl. 4.

In der Nordsee, Ostsee und im adriatischen Meere.

γ. **debilis.**

Thallus bis 30 cm lang und 3—6 cm breit, länglich oder verkehrt eirund, an der Basis plötzlich in einen 2—3 mm langen Stiel verschmälert.

Laminaria debilis J. Ag. Spec. Alg. I. p. 130.
Petalonia debilis Derb. et Sol. Sur les org. reprod. des alg. in Ann. sc. nat. 3. ser. T. XIV. p. 265.

Im adriatischen Meere.

Fig. 170.

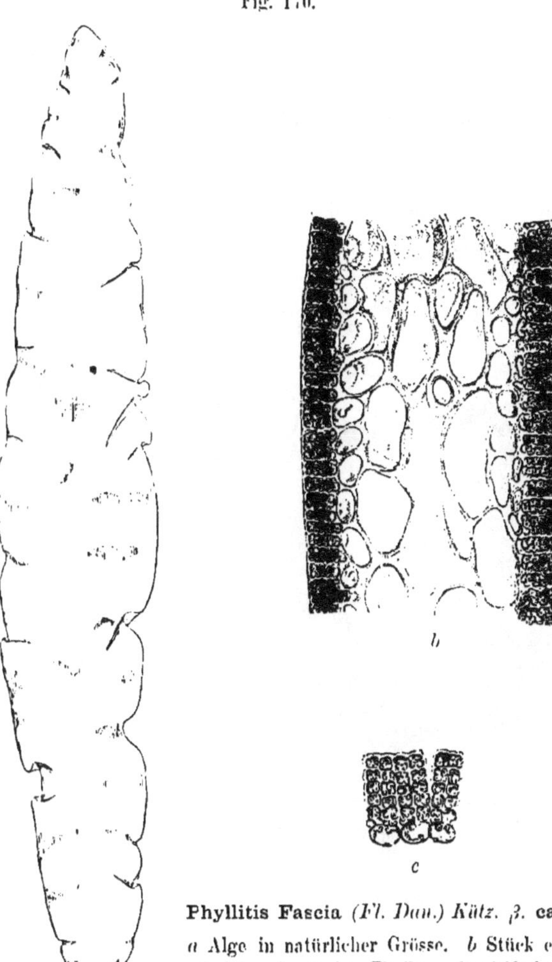

Phyllitis Fascia *(Fl. Dan.) Kütz.* β. **caespitosa.**
a Alge in natürlicher Grösse. *b* Stück eines Querschnittes durch den Thallus mit vielfächerigen Zoosporangien, welche eine gleichförmige Schichte auf der Oberfläche desselben bilden. Vergr. 250. *c* Isolirte vielfächerige Zoosporangien. Vergr. 330. (Nach Bornet.)

XXXII. Gattung. **Hydroclathrus** Bory.

Thallus blasenförmig, sitzend, hautartig, aus zwei Schichten zusammengesetzt, wovon die innere aus wenigen Lagen grosser, gegen die Peripherie bedeutend kleinerer, die Rindenschichte aus einer Lage kleiner, in der Flächenansicht fast quadratischer oder fünfeckiger Zellen besteht. Sori punktförmige, über die Thallusoberfläche ausgesäte Flecken bildend, welche aus cylindrischen vielfächerigen Zoosporangien und zerstreuten, einzelligen, keulenförmigen Nebenfäden bestehen.

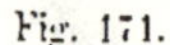

Fig. 171.

Hydroclathrus sinuosus *(Roth) Zanard.*
Mehrere Individuen der Alge in natürlicher Grösse.

1. **H. sinuosus** (Roth) Zanard. Fig. 171.

Bildet vereinzelte oder gehäufte, kugelige oder unregelmässig gelappte, an der Basis abgeflachte, nuss- bis faustgrosse, steife Blasen. Sori über die ganze Oberfläche dicht verbreitet. Olivengelb.

Ulva sinuosa Roth, Cat. III. p. 327, Tab. 12. fig. a
H. sinuosus Zanard. Icon. phyc. adr. I. p. 109.
Colpomenia sinuosa Derb. et Sol. Phys. Alg. p. 11. pl. 22. fig. 18—20.
Asperococcus sinuosus Bory — J. Ag. Spec. Alg. I. p. 75.
Encoelium sinuosum Ag. — Kütz. Spec. Alg. p. 552. — Id. Tab. phyc. IX. Tab. 8.

Im adriatischen Meere.

VII. Familie. **Laminariaceae.**

Thallus stielrund und hohl oder blattartig, zellig. Einfächerige Zoosporangien in grosser Zahl aus den Rindenzellen des Thallus, häufig zwischen einzelligen, keulenförmigen Nebenfäden auswachsend und zu grossen fleckenförmigen Sori oder einer fast den ganzen Thallus bedeckenden Schichte vereinigt. Vielfächerige Zoosporangien unbekannt.

XXXIII. Gattung. **Chorda** Stackh.

Thallus stielrund, fadenförmig verlängert, einfach, hohl, septirt, knorpelig, aus drei Schichten zusammengesetzt, wovon die innerste aus einem Gewebe zarter, längsverlaufender Fäden, die mittlere aus langgestreckten, fadenförmig gereihten, gegen die Peripherie kleineren, die Rindenschichte aus kleinen Zellen besteht. Einfächerige Zoosporangien oval oder länglich, zwischen länglichen oder keulenförmigen, einzelligen Nebenfäden entspringend und zu einer fast den ganzen Thallus bedeckenden Schichte vereinigt.

1. **Ch. Filum** (L.) Stackh. Fig. 172.

Gesellig wachsend. Thallus 2—40 dm lang, 2—6 mm dick, beiderends allmälig verdünnt, nackt oder dicht mit farblosen, bisweilen blass gelblichen Haaren bekleidet, die aus den Rindenzellen entspringen. Nebenfäden keulenförmig, an der Spitze stark verdickt, fahlgelb, bis 50—75 μ lang. Einfächerige Zoosporangien länglich, kürzer als die Nebenfäden. — Olivenbraun. Schlüpfrig.

Habitus von Scytosiphon lomentarius.

Fucus Filum L. Spec. pl. II. p. 1631.
Ch. Filum Stackh. Ner. brit. Introd. p. XXIV. Harv. Phyc. brit. Pl. 107. — Kütz. Spec. Alg. p. 518 (α. genuina). — Id. Tab. phyc. VIII. Tab. 14. a. — J. Ag. Spec. Alg I. p. 126. — Aresch. Observ. III. pag. 13.

In der Nord- und Ostsee.

β. **tomentosa.**

Thallus 2—10 dm lang, 2—4 mm dick, unterhalb sehr verdünnt, mit Ausnahme der Basis, der ganzen Länge nach mit bis 6 mm langen und ca. 20 μ dicken, fahlgelben (trocken olivengrünen) schleimigen Haaren sehr dicht bekleidet, deren Glieder 3—4 mal länger als der Durchmesser sind. Nebenfäden fadenförmig, an der Basis etwas verdünnt, fast farblos, bis 100 μ lang. Einfächerige Zoosporangien gestreckt länglich, etwas länger als die Nebenfäden.

Fig. 172.

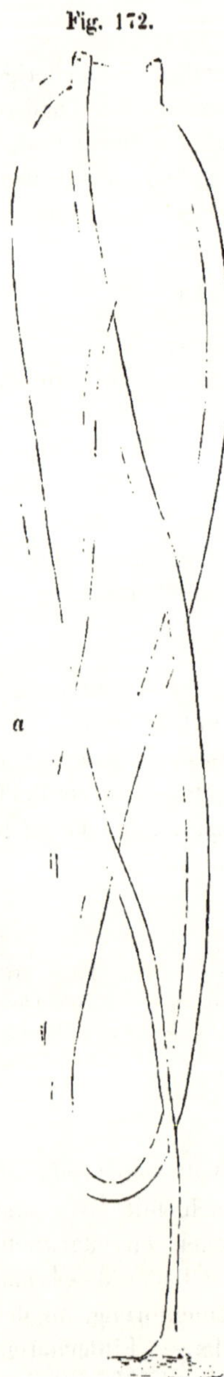

Ch. tomentosa Lyngb. Hydr. Dan. p. 74. Tab. 19. — Aresch. Observ. III. p. 14.
Ch. Filum, ε. tomentosa Kütz. Spec. Alg. p. 548. — Id. Tab. phyc. VIII. Tab. 14?
Scytosiphon tomentosum J. Ag. Spec. Alg. I. p. 127.

In der Nordsee.

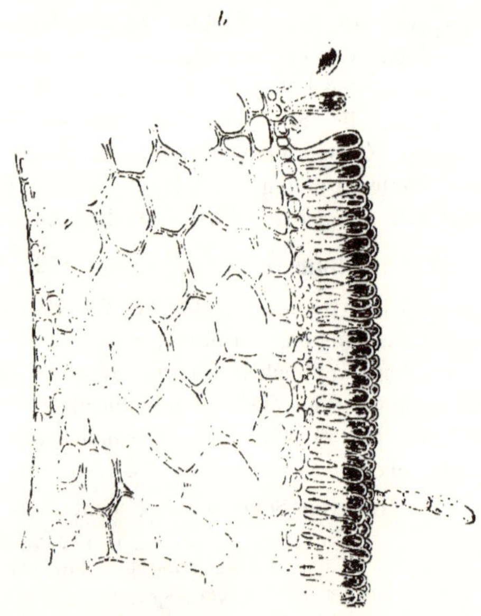

Chorda Filum *(L.) Stackh.*
a Oberer und unterer Theil der Alge in natürlicher Grösse. *b* Stück eines Querschnittes durch einen alten Thallus mit Nebenfäden, welche auf der Oberfläche desselben eine gleichförmige Schichte bilden. Vergr. ca. 200.

XXXIV. Gattung. **Laminaria** Lamour.

Thallus gross, blattartig, gestielt. Stiel drehrund oder zusammengedrückt, solid (oder hohl). Blattkörper ohne Mittelrippe, ungetheilt oder handförmig gespalten. Stiel knorpelig oder holzig. Blattkörper häutig oder lederartig. Einfächerige Zoosporangien oval, in grosser Zahl zwischen einzelligen keulen- oder keilförmigen Nebenfäden entspringend und gleichförmig beiderseits in der Mitte des Blattkörpers grosse, unbestimmt begrenzte, etwas erhabene, fleckenförmige Sori bildend. Rinden- und Mittelschichte des Thallus parenchymatisch. Markschichte verworren faserig. Rindenschichte älterer Pflanzen häufig mit Schleimkanälen.

Fig. 173.

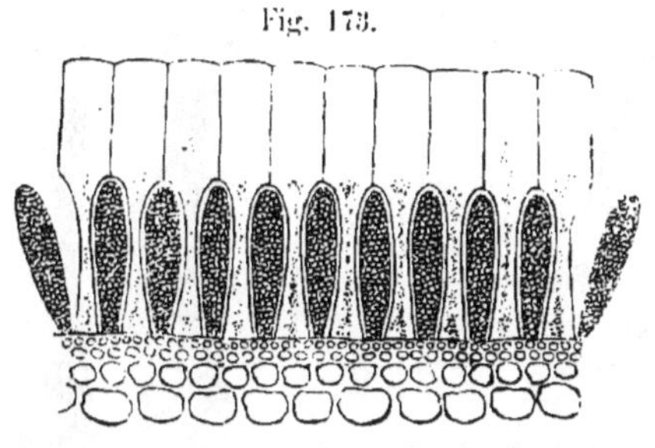

Schematischer Vertikalschnitt durch einen Sorus von Laminaria. Vergr. 400. (Nach Farlow).

Wurzel ästig. — Stiel perennirend.

1. **L. digitata** (L.) Lamour.

Wurzel aus zahlreichen, nach der Basis des Stieles konisch zusammenlaufenden, kurzen, verzweigten Aesten gebildet. Stiel solid, 0·3—2 m lang, an der Basis bis zu 4 cm dick, mehr weniger drehrund, oberhalb zusammengedrückt; Blattkörper lederartig, anfänglich ungetheilt, oval oder lanzettlich, später handförmig bis nahe zur Basis in eine unbestimmte Zahl linearer Lappen gespalten, 0·3 -2 m lang und 0·3— 1 m breit. Sori zerstreute Flecken auf den Lappen bildend.

Fucus digitatus L. Mant. p. 134.
L. digitata Lamour. Ess. p. 22. — J. Ag. Spec. Alg. I. p. 134.

α. **flexicaulis** Fig. 174 a, b.

Wurzelästchen unregelmässig angeordnet; Stiel biegsam, drehrund oder fast zusammengedrückt, glatt, beinahe durchaus gleich dick, oberhalb verflacht, allmälig in den mehr schmalen Blattkörper übergehend. Blattkörper gewöhnlich viel länger als der Stiel, weniger lederartig. Schleimkanäle im Blattkörper zahlreich, klein, im Stiele fehlend. Stiel braun, Blattkörper olivengrün.

Sehr veränderlich in der Form des Blattkörpers.

Fig. 174.

L. digitata *(L.) Lam.* α **flexicaulis.** *a, b,* 2 Exempl. verkleinert. — β. **Cloustoni.** *c* Junges Exempl. in natürlicher Grösse. *d, e,* 2 Formen verkleinert; *e* perennirendes Exemplar, den oberen (dunkler gezeichneten) Theil des vorjährigen Blattkörpers abstossend. (Nach Luerssen.)

L. flexicaulis Le Jol. Lamin. p. 57.
L. digitata Auct. partim.
L. digitata var. stenophylla Harv. Phyc. brit. Pl. 338.
Hafgygia digitata var. cordata et stenophylla Kütz. Spec. Alg. p. 577.
L. ensifolia Kütz. Spec. Alg. p. 575.

In der Nord- und Ostsee.

β. **Cloustoni** Fig. 174 c—e.

Wurzelästchen wirtelig und strahlig angeordnet: Stiel aufrecht, steif, drehrund, runzelig, an der Basis sehr verdickt, gegen die Spitze allmälig verdünnt, plötzlich in den vielfach gespaltenen breiten Blattkörper übergehend. Blattkörper gewöhnlich etwas kürzer als der Stiel. Stiel später holzig; Blattkörper lederartig, dick. Schleimkanäle ziemlich gross, im Stiel- und Blattkörper vorhanden. — Kastanienbraun.

L. Cloustoni Edm. Fl. Shetl. p. 54. Le Jol. Lamin. p. 56.
L. digitata Auct. partim. — Harv. Phyc. brit. Pl. 223.
Hafgygia digitata Kütz. Phyc. gener. Tab. 30—31 (excl. var.).

In der Nordsee.

2. **L. saccharina** (L.) Lamour.

Wurzel aus zahlreichen, verzweigten, nach der Basis des Stieles konisch zusammenlaufenden Aestchen gebildet. Stiel solid, drehrund, von mehreren cm bis mehrere dm lang und von einigen mm bis über 1 cm dick; Blattkörper häutig oder lederartig, verlängert, meist länglich oder linear-lanzettlich, bisweilen gedreht, häufig am Rande wellig oder kraus und faltig, mitunter unregelmässig blasig aufgetrieben, 0·5—3 m lang und 3—30 cm breit. Stiel meist etwas länger als die Breite des Blattkörpers. Sori längs der Mitte des Blattkörpers unregelmässig gestaltete, verschieden grosse Flecken oder ein ununterbrochenes Band bildend.

Fucus saccharinus L. Spec. Pl. II. p. 1630.
L. saccharina Lamour. Ess. p. 22. — J. Ag. Spec. Alg. I. p. 132. — Kütz. Spec. Alg. p. 574. Harv. Phyc. brit. pl. 289.
L. crispata Kütz. Spec. Alg. p. 574.
L. latifolia Ag. — Kütz. Spec. Alg. p. 575.

In der Nord- und Ostsee.

F. Phyllitis.

Stiel 1—5 cm lang, zart, unterhalb drehrund, oberhalb zusammengedrückt, allmälig in den bis 1 m langen und bis 15 cm breiten.

linear-lanzettlichen, wellenrandigen, dünnhäutigen Blattkörper übergehend. Stiel kaum so lang als die Breite des Blattkörpers.

Bisweilen epiphytisch.

Fucus Phyllitis Stackh. Ner. p. 33. Tab. 9.
L. Phyllitis Lamour. Ess. p. 22. — J. Ag. Spec. Alg. I. p. 131. — Kütz. Spec. Alg. p. 575. — Harv. Phyc. brit. pl. 289.
L. saccharina var. Phyllitis Le Jol. Alg. mar. Cherb. p. 91.

In der Nordsee.

XXXV. Gattung. **Alaria.**

Thallus gross, blattartig, gestielt; Blattkörper mit starker, von der Fortsetzung des Stieles gebildeter Mittelrippe. Stiel und Mittelrippe knorpelig; Blattkörper häutig, parenchymatisch. Punktförmige Haarbüschel über beide Seiten des Blattkörpers zerstreut. Sori wie bei Laminaria, jedoch auf besonderen schmalen, rippenlosen Fruchtblättchen entwickelt, welche aus dem Stiele unter der Basis des Blattkörpers entspringen. Wurzel ästig.

A. esculenta (L.) Grev. Fig. 175.

Stiel drehrund, oberhalb zusammengedrückt, 1—3 dm lang und 3—25 mm dick; Blattkörper linear oder schwertförmig, allmälig gegen den Stiel verschmälert, wellenrandig, häufig quer gegen die (solide) Mittelrippe eingerissen, 5—40 dm lang auch mehr und 5—30 cm breit. Fruchtblättchen zahlreich, kurz gestielt, länglich, gegen die Basis verschmälert oder verlängert keilförmig, 1—2 dm lang und 1—5 cm breit. Sori gleichförmig auf beiden Seiten der Fruchtblättchen entwickelt, je einen länglichen Flecken bildend.

Perennirend.

Fucus esculentus L. Mant. p. 135.
A. esculenta Grev. Alg. Brit. p. 25. Tab. 4. — Harv. Phyc. brit. Pl. 79. — J. Ag. Spec. Alg. I. p. 143. — Kütz. Spec. Alg. p. 579.

In der Nordsee.

VIII. Familie. **Ralfsiaceae.**

Thallus krustenartig horizontal ausgebreitet, aus einem parenchymatischen Gewebe aufsteigender Zellenreihen gebildet. Zoosporangien auf der Thallusoberfläche warzenförmige Sori bildend. Einfächerige Zoosporangien zwischen gegliederten Nebenfäden entwickelt. Vielfächerige Zoosporangien durch Auswachen der vertikalen Zellenreihen des Thallus gebildet, nicht mit Nebenfäden untermischt.

Fig. 175.

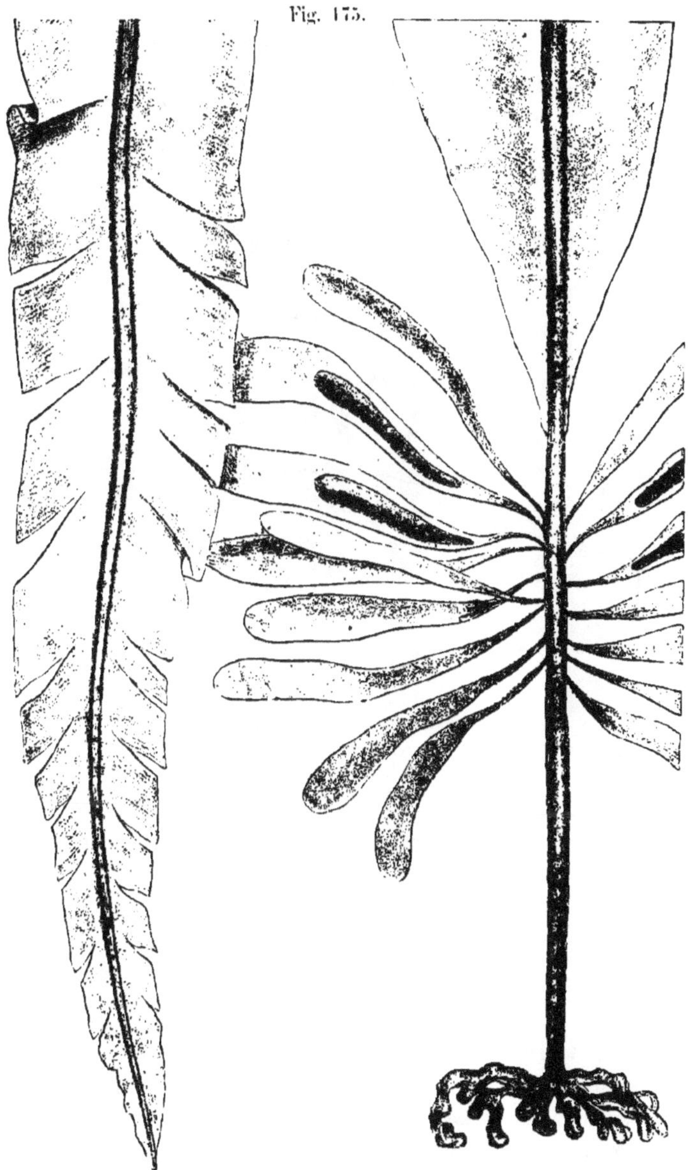

Alaria esculenta *(L.) Grev.* Oberer und unterer Theil eines kleinen Exemplares in natürlicher Grösse.

XXXVI. Gattung. **Ralfsia** Berk.

Thallus krustenartig horizontal ausgebreitet, mit der Unterseite dem Substrat anhaftend, haut- bis lederartig, aus einer horizontalen, an der Peripherie fortwachsenden Zellenlage bestehend, aus welcher vertikale, an ihrer Basis gabelig verzweigte Fäden bogig aufsteigen, die zu einem parenchymatischen Gewebe verwachsen sind. Einfächerige Zoosporangien birnförmig, an der Basis einfacher, gegliederter,

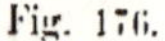

Fig. 176.

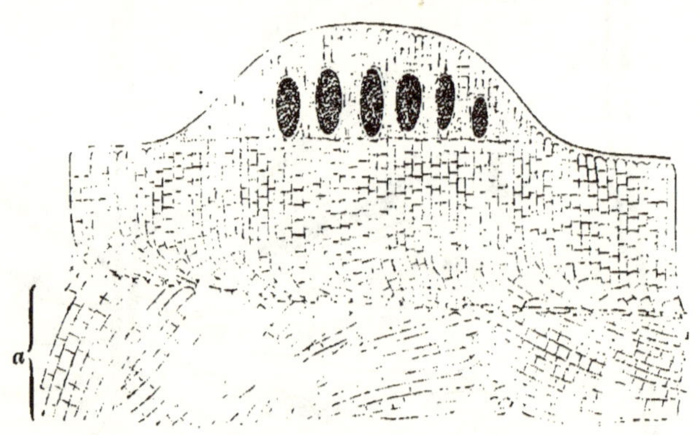

Ralfsia verrucosa (*Aresch.*) *J. Ag.*
Stück eines Vertikalschnittes durch den Thallus und einen Sorus mit einfächerigen Zoosporangien; bei *a* älterer Thallus, welcher von der Alge überwachsen wird. Vergr. ca. 200. (Schematisch. — Nach Farlow.)

keulenförmiger Nebenfäden sitzend, die in grosser Zahl aus der Oberfläche des Thallus entspringen und zu flach warzenförmigen Sori locker vereinigt sind. Vielfächerige Zoosporangien fadenförmig, eine Reihe Zoosporen enthaltend, in grosser Zahl aus der Oberfläche des Thallus auswachsend und zu flach warzenförmigen Sori locker vereinigt. Sori zerstreut.

1. **R. verrucosa** (Aresch.) J. Ag. Fig. 176.

Bildet auf Steinen und Holzwerk dünne, durch Uebereinanderwachsen allmälig dicker werdende, bis ca. 1 mm dicke, oliven- oder schwarzbraune, anfänglich kreisrunde, später unbestimmt, oft weit ausgebreitete, auf der Oberfläche anfänglich etwas gezonte, später mehr weniger unregelmässig kleinwarzige Krusten, die dem Substrat mit der ganzen Unterfläche fest anhaften, nach dem Trocknen in ihren dickeren Partien leicht abspringen und an der Unterseite häufig rostroth gefärbt sind. Farblose gegliederte Haare in Büscheln aus grübchenartigen Vertiefungen des Thallus entspringend.

Die Sori der vielfächerigen Zoosporangien (die aber als solche noch zweifelhaft sind) bestehen aus fast weisslichen, an den Spitzen bräunlichen, parallelen, ca. 8 μ dicken Zellenreihen.

Cruoria verrucosa Aresch. in Linnaea 1843, p. 264, Tab. 9, fig. 5, 6.
R. verrucosa J. Ag. Spec. Alg. I. p. 62. — Kütz. Tab. phyc. IX. p. 31, Tab. 77.
R. deusta Berk. in Harv. Phyc. brit. pl. 98 (non R. deusta J. Ag.).

In der Nord- und Ostsee und im adriatischen Meere.

IX. Familie. **Lithodermaceae.**

Thallus krustenartig, horizontal ausgebreitet, aus einem parenchymatischen Gewebe vertikaler Zellenreihen gebildet. Zoosporangien auf der Thallusoberfläche in Sori vereinigt. Einfächerige Zoosporangien unmittelbar aus den Zellen der Oberfläche entwickelt. Vielfächerige Zoosporangien an gegliederten Nebenfäden.

XXXVII. Gattung. **Lithoderma** Aresch.

Thallus krustenartig horizontal ausgebreitet, mit der ganzen Unterfläche dem Substrat fest anhaftend, lederartig, aus vertikalen, einfachen, zu einem parenchymatischen Gewebe verwachsenen Zellenreihen bestehend, welche einer horizontalen, an der Peripherie fortwachsenden Zellenlage entspringen. Sori unbestimmt begrenzt. Einfächerige Zoosporangien durch Umwandlung der Oberflächenzellen entstehend, länglich oder oval. Vielfächerige Zoosporangien länglich, seitlich an keulenförmigen gegliederten, einfachen oder etwas verzweigten Nebenfäden, die aus den Zellen der Oberfläche auswachsen.

1. **L. fatiscens** Aresch. Fig. 177.

Bildet auf Steinen anfänglich rundliche oder fächerlappige, später unregelmässig ausgebreitete dünne, schwärzlich olivenbraune, glatte (nach dem Trocknen meist rissige und sich abblätternde) Krusten von wenigen cm bis mehreren dm im Durchmesser. Vertikale Zellenreihen 8–17 μ dick, meist nur aus 8—12

Zellen bestehend, die ebenso lang oder 2—3 mal kürzer als breit sind. Zellen der Oberfläche polygon, gegen den Rand zu fast rechteckig und in fächerförmig ausstrahlende Reihen geordnet.

Ein- und vielfächerige Zoosporangien auf verschiedenen Individuen.

L. fatiscens Aresch. Observ. III. p. 23.

In der Nordsee (Helgoland).

Fig. 177.

Lithoderma fatiscens *Aresch.*
a Stück eines Vertikalschnittes durch den Thallus mit einfächerigen Zoosporangien. Vergr. 320. *b* Stück eines Vertikalschnittes durch den Thallus mit vielfächerigen Zoosporangien. Vergr. 320.

2. L. adriaticum Hauck.

Der vorigen Art sehr ähnlich; Krusten jedoch dicker und fast schwarz. Die vertikalen Zellenreihen 8—20 μ dick, deren Zellen fast ebenso lang oder wenig kürzer als breit. Einfächerige Zoosporangien wie bei L. fatiscens; die vielfächerigen unbekannt.

Ist kaum von L. fatiscens specifisch verschieden.

L. fatiscens Hauck, Beitr. 1879, p. 152.

Auf Steinen, Muschelschalen und Schneckenhäusern im adriatischen Meere.

X. Familie. **Cutleriaceae.**

Thallus aufrecht oder horizontal ausgebreitet, flach, zellig. Zoosporangien auf der Thallusoberfläche zu Sori vereinigt. Einfächerige Zoosporangien aus den Rindenzellen hervorwachsend, nicht mit Nebenfäden untermischt. Vielfächerige Zoosporangien an gegliederten Nebenfäden. Antheridien den vielfächerigen Zoosporangien analog angeordnet.

XXXVIII. Gattung. **Cutleria** Grev.

Thallus aufrecht, flach, fächerförmig, ganzrandig oder eingeschlitzt, oder fast dichotom gespalten, häutig; aus zwei Schichten zusammengesetzt, wovon die innere aus grösseren, die äussere aus kleineren, längs der Wachsthumsrichtung in Reihen geordneten Zellen besteht, welche sich am Thallusrande in freie, zarte Gliederfäden auflösen. Sori auf beiden Seiten des Thallus entwickelt. Vielfächerige Zoosporangien und Antheridien seitlich und terminal an einfachen oder verzweigten Nebenfäden, die zu büschelförmigen Sori vereinigt sind. Vielfächerige Zoosporangien walzenförmig, stockwerkartig gross gefächert; Antheridien denselben ähnlich, jedoch bedeutend kleiner, zahlreicher und kleiner gefächert. Einfächerige Zoosporangien unbekannt. — Vielfächerige Zoosporangien und Antheridien auf getrennten Individuen. – Wurzel filzig.

1. C. **multifida** (Engl. Bot.) Grev. Fig. 178 und 179.

Thallus 1—4 dm hoch, hautartig, etwas fleischig, von fächerförmigem Umfang, an der Basis etwas filzig, di-polychotom in immer schmälere oder durchaus in nahezu gleich breite Segmente

Fig. 178.

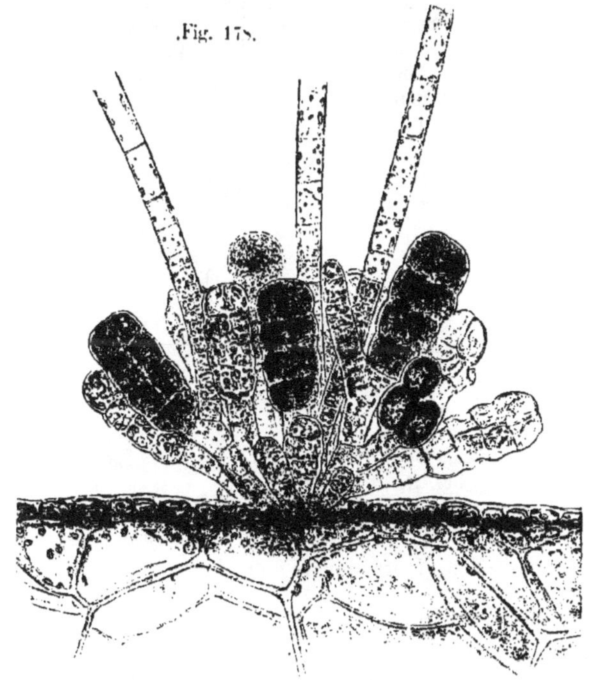

Cutleria multifida *(Engl. Bot.) Grev.*
Stück eines Querschnittes durch den Thallus mit einem Sorus vielfächeriger Zoosporangien in verschiedenen Entwicklungsstadien. Vergr. 330. (Nach Bornet.)

gespalten; Segmente meist 1–10 mm breit; Spitzen bei der jungen Pflanze in Haare aufgelöst. Sori über dem Thallus ausgesät, punktförmige Flecken bildend. Fortpflanzungsorgane einseitig an längeren, bisweilen terminal an kürzeren, zu Büscheln gruppirten Nebenfäden. Olivenbräunlich, die männliche Pflanze etwas roströthlich.

Ulva multifida Engl. Bot. Taf. 1913.
C. multifida Grev. Alg. Brit. p. 60, Tab. 10. — Harv. Phyc. brit. pl. 75. — Kütz. Spec. Alg. p. 558. — Id. Tab. phyc. IX. Tab. 45. — Reinke, Cutleriaceen, p. 1, Taf. 1 und 2, fig. 1—6. — Thur. et Born. Etud. phyc. p. 21, pl. 9 und 10.
C. dichotoma Kütz. Spec. Alg. p. 559. — Id. Tab. phyc. IX. Tab. 43.
C. fibrosa Kütz. Spec. Alg. l. c. — Id. Tab. phyc. IX. Tab. 42.
C. penicillata Kütz. Spec. Alg et Tab. phyc. l. c.
C. dalmatica Zanard. — Kütz. Tab. phyc. IX. p. 18, Tab. 44.
C. intricata Zanard. — Kütz. Spec. Alg. et Tab. phyc. l. c.

Fig. 179.

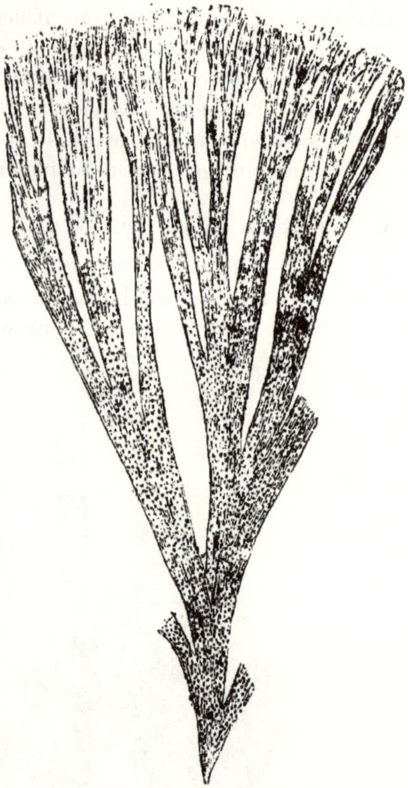

Cutleria multifida (*Engl. Bot.*) *Grev.*
Stück der Alge in natürlicher Grösse.

Im adriatischen Meere und in der Nordsee.

2. C. adspersa (Roth) De Not.

Thallus 3–10 cm hoch, fächer- oder fast nierenförmig, anfänglich ganzrandig, später unregelmässig geschlitzt; in der Jugend olivenbräunlich, dünnhäutig, mit langen Haaren am Rande; im Alter derbhäutig, mehr kupferbraun, kahl. Sori auf dem Thallus unregelmässige, zusammenfliessende, mehr weniger deutlich transversal concentrisch gereihte Flecken bildend. Fortpflanzungsorgane an etwas keulenförmigen, zu Büscheln gruppirten Nebenfäden meist einseitig sitzend, seltener terminal.

Ulva adspersa Roth. Catal. III. p. 324, Taf. 11, fig. B.
C. adspersa De Not. Alg. lig. p. 10. — J. Ag. Spec. Alg. I. p. 105. — Kütz. Spec. Alg. p. 558. — Id. Tab. phyc. IX. Tab. 45. — Zanard. Icon. phyc. adr. II. p. 67, Tav. 57. — Janczewski. Etudes Algol. p. 1, pl. 13, 14.
C. pardalis De Not. Alg. lig. p. 9. — Kütz. Spec. Alg. p. 558.
Zonaria collaris Harv. Phyc. brit. pl. 359 (fide Crouan).

Im adriatischen Meere.

XXXIX. Gattung. **Zanardinia** Nardo.

Thallus horizontal ausgebreitet, flach, rundlich, an der Unterseite dem Substrat mittelst zahlreicher Wurzelfäden anhaftend, haut- oder lederartig, aus mehreren Zellenlagen zusammengesetzt, von welchen die inneren aus grösseren, die äusseren aus kleineren Zellen bestehen, welche jedoch nur auf der freien Oberseite eine eigentliche Rindenschichte bilden, deren Zellen kleiner als die der Unterseite sind. Zellen der Oberfläche in radiale Reihen geordnet, die sich am Thallusrande in freie zarte Gliederfäden auflösen. Sori auf der Oberseite des Thallus entwickelt. Einfächerige Zoosporangien aus den Rindenzellen hervorwachsend, länglich, zu unbestimmt begrenzten Sori vereinigt. Vielfächerige Zoosporangien und Antheridien ähnlich denen von Cutleria, jedoch terminal auf einfachen Nebenfäden, die mehr weniger ausgebreitete fleckenförmige Sori bilden.

1. **Z. collaris** (Ag.) Crouan. Fig. 180.

Thallus 4—20 cm im Durchmesser: in der Jugend hautartig, olivenbräunlich, kreisrund oder fast nierenförmig, schildförmig genabelt, ganzrandig oder radial eingerissen, am Rande mit langen schlüpfrigen Haaren: im Alter lederartig, schwarzbraun, unregelmässig lappig eingerissen, mit corrodirtem, kahlem Rande. Oberseite glatt, Unterseite dicht filzig. Alte Thallome aus ihrer Oberseite proliferirend. Vielfächerige Zoosporangien und Antheridien unter einander gemischt in demselben Sorus, erstere stehen terminal auf längeren einfachen, letztere häufig gabelig an kurzen, bisweilen etwas verzweigten Nebenfäden. Einfächerige Zoosporangien auf

Fig. 180.

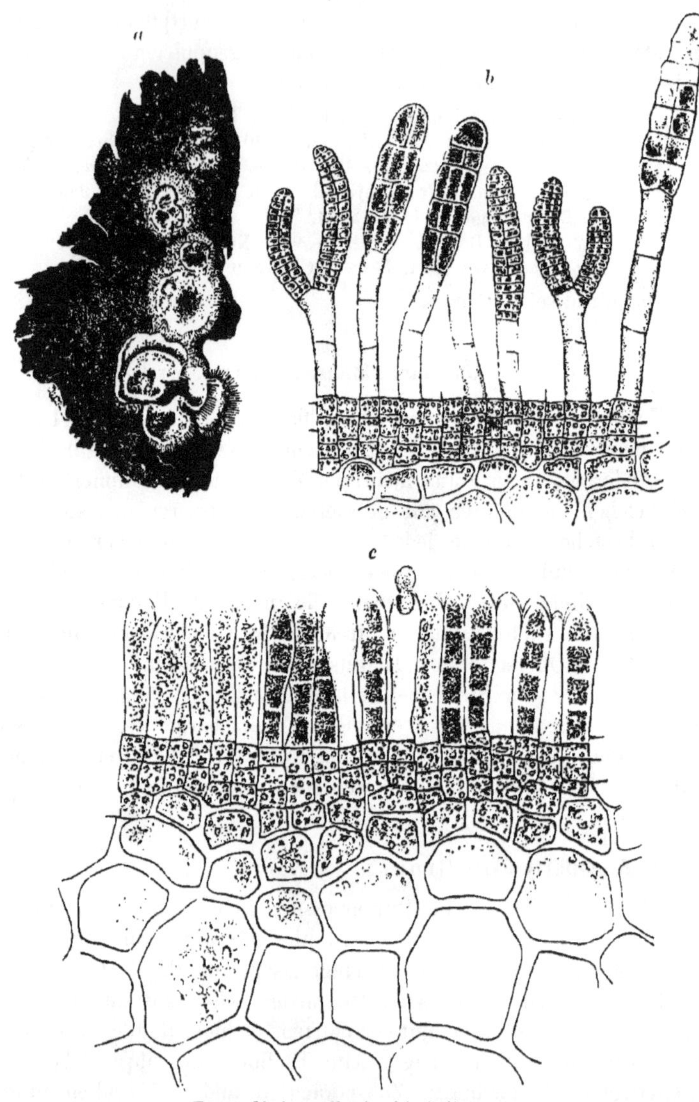

Zanardinia collaris *(Ag.) Crouan.*
a Stück eines alten proliferirenden Thalloms in natürlicher Grösse. *b* Schnitt durch einen Sorus vielfächeriger Zoosporangien und Antheridien. Vergr. 400. *c* Schnitt durch einen Sorus einfächeriger Zoosporangien. Vergr. 400. (Nach Reinke.)

besonderen Individuen, oft einen beträchtlichen Theil der Oberfläche eines alten Thallus bedeckend, je 4—6 über einander gereihte Zoosporen enthaltend.

Zonaria collaris Ag. Spec. Alg. I. p. 127. — J. Ag. Spec. Alg. I. p. 107. — Kütz. Spec. Alg. p. 565 (nec Tab. phyc. IX. Tab. 76!).

Z. collaris Crouan, in Bull. soc. France 1857 p. 24. — Reinke, Cutleriaceen, p. 13, Taf. 2, Fig. 9—14; Taf. 3, Fig. 1—22 und Taf. 4, fig 1—5.

Cutleria collaris Zanard. Icon. phyc. adr. II. p. 71. Tav. 58.

Zanardinia prototypus Nardo, in Atti dei nat. in Torino p. 189.

Spatoglossum Spanneri Menegh. — Kütz. Spec. Alg. p. 560. — Id. Tab. phyc. IX. Tab. 47.

Spatoglossum flabelliforme Kütz. Spec. Alg. p. 560. — Id. Tab. phyc. IX. Tab. 47.

Padina collaris Grev. — Menegh. Alghe ital. p. 245.

Peyssonnelia umbilicata Kütz. Tab. phyc. XIX. p. 32, Tab. 89.

Auf Steinen, Lithothamnien etc. im adriatischen Meere.

XL. Gattung. **Aglaozonia** Zanard.

Thallus horizontal ausgebreitet, flach, gelappt, an der Unterseite mittelst Wurzelfäden dem Substrat anhaftend, zarthäutig; aus wenigen Zellenlagen zusammengesetzt, von welchen die inneren aus grösseren, die äusseren aus kleineren Zellen bestehen, welche jedoch nur auf der freien Oberseite eine eigentliche Rindenschichte bilden, deren Zellen kleiner als die der Unterseite und längs der Wachsthumsrichtung in Reihen geordnet sind. Thallusrand nicht in Gliederfäden aufgelöst. Einfächerige Zoosporangien aus den Rindenzellen der Oberseite hervorwachsend, länglich, zu grösseren oder kleineren, zerstreuten, fleckenförmigen Sori vereinigt. Vielfächerige Zoosporangien und Antheridien unbekannt.

Selbständigkeit der Gattung fraglich.

1. **A. reptans** (Crouan) Kütz. Fig. 181.

Thallus bis zu mehreren cm ausgebreitet, unregelmässig gelappt und ausgebuchtet, an älteren Theilen aus 5—9 Zellenlagen bestehend. Oberfläche glatt. — Olivenbräunlich.

Padina reptans Crouan, in Arch. bot. II. 1833, p. 398.

A. reptans Kütz. Spec. Alg. p. 360. — Crouan, Flor. Finist. p. 169, pl. 29, gen. 182. — Reinke, Cutleriaceen, p. 25, Taf. 4, Fig. 13—27.

A. parvula Zanard. Icon phyc. adr. II. p. 103. Tav. 66.

Zonaria parvula Harv. Phyc. brit. pl. 341 (nec Grev.).

Auf Steinen und verschiedenen Meereskörpern im adriatischen Meere und in der Nordsee.

Fig. 181.

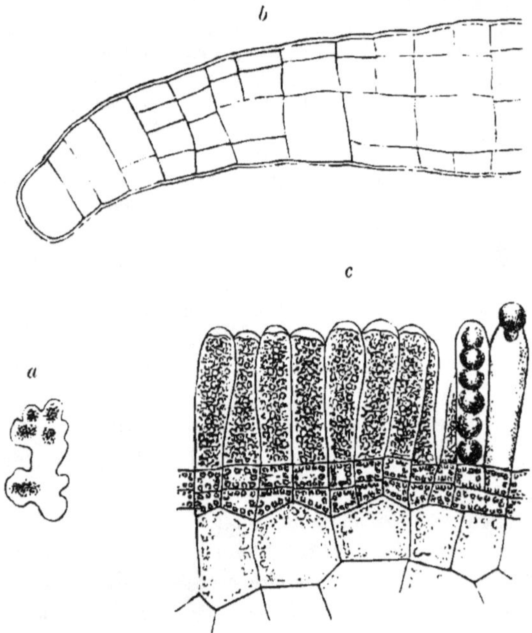

Aglaozonia reptans *(Crouan) Kütz.*

a Thallus mit Sori in natürlicher Grösse. *b* Stück eines Vertikalschnittes vom Thallusrande. Vergr. 290. *c* Schnitt durch einen Sorus einfächeriger Zoosporangien. Vergr. 400. (Nach Reinke.)

III. Reihe. Chlorophyceae.

Chlorophyllgrüne Algen, die in dem Plasma ihrer Zellen reines Chlorophyll enthalten.

V. Ordnung. Oosporeae.

Thallus ein- oder vielzellig, chlorophyllgrün. Geschlechtliche Fortpflanzung durch bewegungslose Oosporen, welche sich meist einzeln in einer Mutterzelle — dem Oogonium — in Folge der Befruchtung durch in Antheridien erzeugte Spermatozoiden entwickeln. Ungeschlechtliche Fortpflanzung durch bewegliche oder bewegungslose Sporen.

Die Oosporeen sind eigentliche Süsswasseralgen und nur eine Familie, die der Vaucheriaceen (mit einer Gattung), ist zum Theile auch im Meere vertreten, daher hier auch nur diese in Betracht kommt.

Die Vaucheriaceen wachsen an feuchten Orten auf der Erde oder in süssem oder salzigem Wasser meistens auf Schlamm und bilden dunkelgrüne Rasen. Der Thallus ist ein einzelliger, fadenförmiger, verzweigter Schlauch, dessen unteres wurzelndes Ende farblos ist und dessen oberer in der Luft oder im Wasser wachsender Theil Chlorophyll entwickelt. Das Plasma bildet hier einen dünnen Wandbeleg, in welchem eine gleichmässige Schichte von Chlorophyllkörnern und Oeltröpfchen eingebettet liegt.

Die Oogonien entstehen als terminale oder seitliche, mit grünem Plasma und Oeltröpfchen sich füllende bauchige, in einen Schnabel verlängerte Anschwellungen, die sich durch eine Querwand vom Thallus abgliedern.

Die Antheridien sind verschieden gestaltete, meist hornartig gekrümmte, dünne farblose Zellen, die sich seitlich oder an der Spitze des Thallus entwickeln und von demselben einfach abgegliedert oder durch eine leere, nicht chlorophyllhaltige Zelle abgegrenzt sind.

Bisweilen gliedert sich auch das Antheridien-tragende Aststück von dem Thallus ab und schwillt blasenartig an; in diesem Falle wird dasselbe als „Androphor" bezeichnet. — In ihrem Innern bilden die Antheridien eine grosse Anzahl Spermatozoiden, sehr kleine, längliche, farblose, mit zwei ungleich langen, in entgegengesetzten Richtungen stehenden Cilien versehene, lebhaft bewegliche Zellen, welche aus einer oder mehreren Befruchtungsöffnungen austreten, deren Lage vor der Reife des Antheridiums durch papillenartige Ausstülpungen gekennzeichnet wird.

Zur Zeit der Reife öffnet sich das Oogonium an der Spitze und der Inhalt zieht sich zu einer grünen Befruchtungskugel — Oosphäre — zusammen, deren an der Mündung liegender Theil farblos ist. Gleichzeitig öffnet sich das Antheridium und entlässt die Spermatozoiden, welche die Oosphäre befruchten.

Die so entstandene kugelige oder linsenförmige Oospore ist mit mehreren Häuten umgeben und wächst nach einer Ruheperiode zu einem neuen Thallus aus.

Oogonien und Antheridien kommen entweder nahe bei einander auf demselben Faden oder getrennt auf verschiedenen Individuen vor.

Die ungeschlechtliche Fortpflanzung findet in verschiedener Weise statt: Entweder durch Brutzellen, indem das Ende keuliger Aeste unter Ansammlung von Inhaltsmassen bedeutend anschwillt, sich an der Basis abschnürt und ohne Weiteres keimt; oder das angeschwollene Ende eines Zweiges gliedert sich vom Thallus ab, und aus dem Plasma bildet sich eine grosse ruhende Spore, die sich mit Membran umhüllt, aus dem geöffneten Sporangium ausgestossen oder durch Zersetzung der Wand der Mutterzelle frei wird, oder sammt dieser abfällt und einige Zeit nach ihrer Bildung keimt. Bisweilen bildet sich aber in einer so gestalteten Mutterzelle der Inhalt zu einer grossen, ovalen Schwärmspore (Zoospore) um, welche auf ihrer ganzen Oberfläche mit dicht gedrängten, kurzen, zarten Cilien besetzt, oder an ihrem hinteren Ende nackt oder schwach bewimpert ist, und aus einem Riss an der Spitze des Sporangiums austritt. Nach kurzer Schwärmzeit kommt die Zoospore zur Ruhe, umgibt sich mit einer Membran und keimt.

I. Familie. **Vaucheriaceae.**

Thallus aus einer fadenförmigen, meist dichotom-ähnlich verzweigten Zelle bestehend.

Oogonien seitlich oder terminal, vom Thallus einfach abgegliedert, meist kugelig oder birnförmig, eine grosse kugelige oder linsenförmige Oospore enthaltend. Oosporen bewegungslos.

Antheridien seitlich oder terminal, vom Thallus einfach abgegliedert oder durch eine leere (nicht chlorophyllhaltige) Zelle abgegrenzt, verschieden gestaltet, mit einer oder mehreren Befruchtungsöffnungen. Spermatozoiden sehr klein, länglich, mit zwei Cilien versehen, lebhaft beweglich.

Monöcisch oder diöcisch.

Ungeschlechtliche Fortpflanzung entweder durch grosse, bewegungslose oder bewegliche Sporen, welche sich einzeln in keulig anschwellenden, sich abgliedernden Enden der Zweige entwickeln; oder durch Brutzellen, indem die so gestalteten Enden der Zweige einfach abfallen und keimen.

I. Gattung. **Vaucheria** DC.

Charakter der Familie. — Dunkelgrüne Rasen bildend.

1. **V. dichotoma** (L.) Ag. ***F. marina.*** Fig. 182.

Rasen mehrere cm hoch. Fäden meist 50—160 μ dick. Antheridien seitlich an den Fäden sitzend, vom Thallus einfach abgegliedert, fast rechtwinkelig abstehend, eiförmig-lanzettlich oder citronenförmig, mit einer apicalen Oeffnung. Oogonien fast kugelig, 200—280 μ im Durchmesser, seitlich an den Fäden sitzend, fast senkrecht abstehend. Diöcisch.

Conferva dichotoma L. Spec. Pl. p. 1635.
V. dichotoma Ag. Syn. p. 47.
V. dichotoma submarina Lyngb. Hydr. Dan. p. 76. Tab. 20.
V. Pilus Martens, Reise nach Venedig. II. p. 639. — Hauck, Beitr. 1878, p. 77, Taf. 1, fig. 5—7.

In der Nordsee, Ostsee und im adriatischen Meere.

2. V. Thuretii Woron.

Der vorigen Art sehr ähnlich. Fäden meist 30—120 μ dick. Antheridien seitlich an den Fäden sitzend, vom Thallus einfach abgegliedert, abstehend oder fast rechtwinkelig abstehend, länglich-eiförmig oder citronenförmig, mit einer apicalen Oeffnung. Oogonien verkehrt eiförmig oder birnförmig, kurz gestielt (selten sitzend), 180—300 μ dick, seitlich an den Fäden, abstehend (geneigt). Oosporen kugelig, den oberen runden Theil des Oogoniums ausfüllend. Monöcisch.

V. Thuretii Woronin, Beitr. zur Kenntniss der Vaucherien, in Bot. Zeitg. 1869, p. 157, Taf. 2, fig. 30—32. — Nordst. Algol. småsaker. in Bot. Notiser. 1876, p. 176. — Farl. New Engl. Algae p. 104
V. velutina Ag. Syst. addend. p. 312 (sec Nordst.).

Im adriatischen Meere.

Fig. 182. Fig. 183.

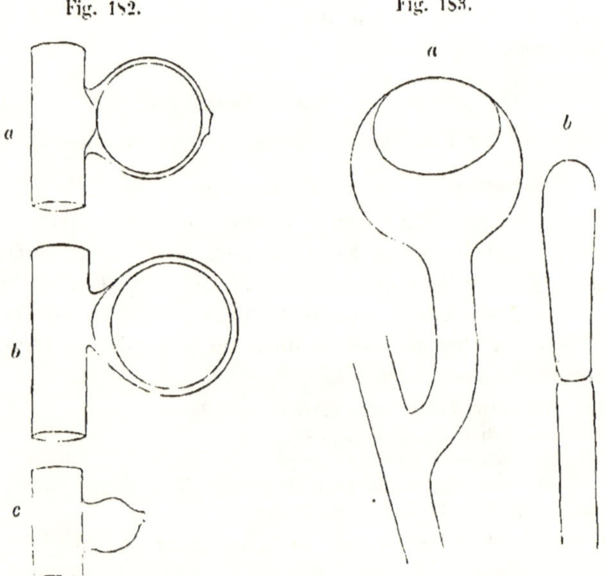

Fig. 182. **Vaucheria dichotoma** *(L.) Ag.* F. marina. *a, b* Fadenstücke mit Oogonien. *c* Fadenstück mit einem Antheridium. Vergr. 70.

Fig. 183. **Vaucheria piloboloides** *Thur.* *a* Fadenstück mit einem Oogonium. *b* Zweigspitze eine Zoospore bildend. Vergr. 90. (Nach Thuret.)

3. V. piloboloides Thur. Fig. 183.

Rasen mehrere cm hoch. Fäden meist 40—100 μ dick. Antheridien am Ende kurzer Zweige, gerade, lang cylindrisch, mit einem oder einigen seitlichen und einem apicalen, kurzen konischen Befruchtungstubus, von dem Thallus durch eine kurze leere (nicht chlorophyllhaltige) Zelle abgegrenzt. Oogonien meist unterhalb eines Antheridiums, fast kugelig, ca. 200 μ dick, mit lang ausgezogenem, cylindrischem Basalstücke, im oberen kugelig-blasigen Theile eine grosse, dick linsenförmige Oospore enthaltend. Monöcisch. — Ungeschlechtliche Sporen bewegungslos.

V. piloboloides Thur. in Mém. soc. sc. nat. Cherb. Vol. II. p. 389. — Id. in Le Jol. Alg. mar. Cherb. p. 65, pl. 1, fig. 4, 5.
V. fuscescens Kütz. Tab. phyc. VI. p. 20, Tab. 55.

Im adriatischen Meere.

Fig. 184.

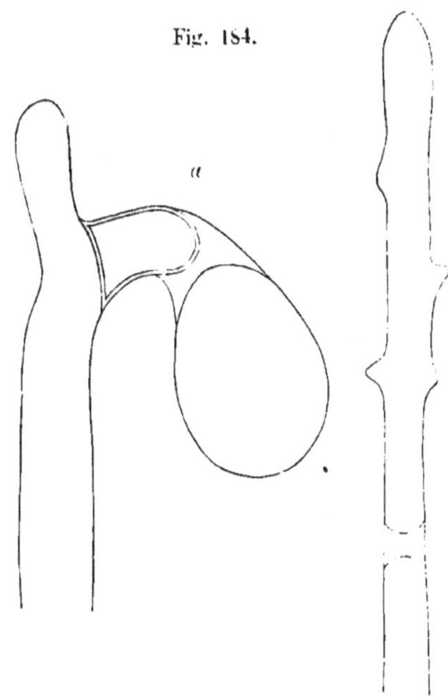

Vaucheria littorea *Hoffm.-Bang.* *a* Zweigstück mit einem Oogonium. *b* Zweigspitze mit einem Antheridium. Vergr. 110. (Nach Nordstedt.)

4. **V. littorea** Hofm.-Bang. Fig. 184.

Der vorigen Art sehr ähnlich; das Oogonium jedoch an der Spitze eines hakenförmigen Zweiges, in seinem unteren Theile eine chlorophyllhaltige Zelle einschliessend. Diöcisch.

V. littorea Hofm.-Bang. — Ag. Spec. Alg. I. p. 463. — Nordst. Algol. smasaker, in Bot. Notiser. 1879, p. 180 und 186, Taf. 2, fig. 1—6.
V. clavata Lyngb. Hydr. Dan. p. 78, Tab. 21.

In der Nord- und Ostsee und im adriatischen Meere.

5. **V. sphaerospora** Nordst. Fig. 185.

Rasen mehrere cm hoch. Fäden 25—60 μ dick. Antheridien an der Spitze längerer, selten kürzerer Aeste, meist gekrümmt, zugespitzt, unter der Spitze mit zwei fast opponirten, divergirenden (seltener vier) nach innen gerichteten konischen Befruchtungstuben, dem Oogonium seitlich aufsitzend und von diesem durch eine leere (nicht chlorophyllhaltige) Zelle abgetrennt. Oogonien fast kugelig, 100—140 μ dick, mit lang ausgezogenem cylindrischen Basaltheile und kugeliger, im oberen runden Theile entwickelter Oospore.

V. sphaerospora Nordst. Algol. Småsaker in Bot. Notiser. 1879, p. 177, Taf. 2.

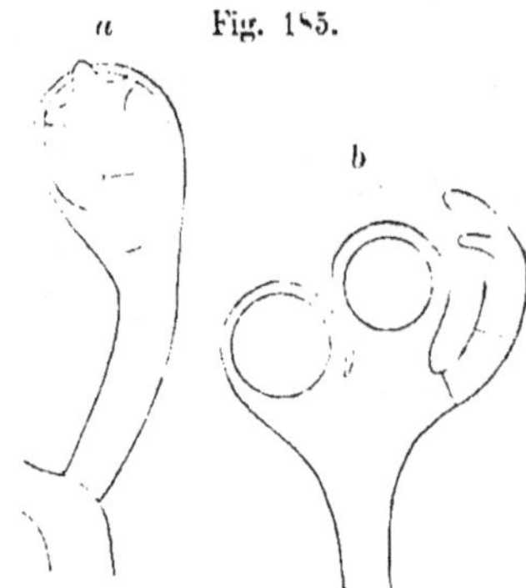

Fig. 185.

Vaucheria sphaerospora *Nordst.*
a, *b* Zweigstücke mit Oogonien und Antheridien. Vergr. 100. (Nach Nordst.)

F. dioica.

Diöcisch. Antheridien einzeln oder zu zweien, kurz gestielt, gerade oder seltener gekrümmt. Oogonien birnförmig, kurz gestielt.

V. sphaerospora v. dioica Kolderup Rosenvinge in Bot. Notiser. 1879, p. 190.

In der Nord- und Ostsee.

6. **V. synandra** Woron. Fig. 186.

Rasen mehrere cm hoch. Fäden 50—100 (meist 88) μ dick. Antheridien hornförmig, zu 2—7 auf einer gemeinschaftlichen

Fig. 186.

Vaucheria synandra *Woron.*
Zweigstück mit einem Oogonium und Antheridien auf einem Androphor. Vergr. 160. (Nach Woronin.)

blasenförmigen, chlorophyllhaltigen Zelle (Androphor), die von dem Thallus durch eine kleine, inhaltsleere Zelle getrennt wird. Oogonien seitlich auf dem Thallus sitzend, einfach abgegliedert, fast kugelig, 100—110 μ dick, an der einen, den Antheridien zugekehrten Seite mit einem schnabelförmigen, nach unten hakig eingekrümmten Befruchtungstubus. Oospore kugelig, ausser dem Schnabel, fast den ganzen Innenraum des Oogoniums einnehmend. Monöcisch. — Ungeschlechtliche Sporen auf ihrer ganzen Oberfläche dicht bewimpert.

V. synandra Woron. Beitr. zur Kenntniss der Vaucherien. in Bot. Zeitg. 1869, p. 17. Taf. 1.

In der Ostsee.

VI. Ordnung. Chlorozoosporeae.

Thallus ein- oder vielzellig, verschieden gestaltet, chlorophyllgrün. Geschlechtliche Fortpflanzung durch Zygoten, das Produkt copulirender geschlechtlicher Schwärmsporen (Gameten). Ungeschlechtliche Fortpflanzung durch neutrale Schwärmsporen (Zoosporen). Geschlechtliche und neutrale Schwärmsporen aus dem Inhalte vegetativer Thalluszellen oder in besonderen von denselben abweichend geformten Sporangien sich entwickelnd.

Die Chlorozoosporeen kommen im süssen Wasser und im Meere vor, in letzterem aber in überwiegender Anzahl und grösserer Verschiedenheit der Formen.

Der Thallus ist entweder ein- oder vielzellig. Unter den einzelligen Chlorozoosporeen lassen sich zwei Typen unterscheiden. Erstens solche Algen, deren Thallus von mikroskopischer Kleinheit ist, und die entweder isolirt oder familienweise vereinigt leben; zweitens solche Algenformen, bei welchen die Thalluszelle makroskopische Dimensionen besitzt und häufig einen langen, mehr weniger verzweigten Schlauch bildet, durch dessen Verzweigung verschiedenartig gestaltete Formen zustande kommen. Der Thallus der vielzelligen Chlorozoosporeen besteht aus einfachen oder verzweigten Zellenreihen, oder aus Zellenflächen.

Als Haftorgane fungiren häufig verlängerte, wurzelartig sich ausbreitende Zellen oder Zellencomplexe.

Die Fortpflanzung geschieht durch Schwärmsporen, die sich aus dem Inhalte vegetativer Thalluszellen, oder in besonderen von den vegetativen abweichend geformten Zellen — den eigentlichen Zoosporangien — entwickeln. Bei den niederen Formen werden gewöhnlich alle Zellen der vegetativen Alge zur Schwärmsporenbildung fähig, oder es sind eine oder mehrere ebenfalls unveränderte Zellen dazu vorwiegend bestimmt.

Die Schwärmsporen sind im Allgemeinen rundlich, oval, birnförmig oder spindelig, membranlos, grün und meist an ihrem vorderen farblosen Ende mit 2 oder 4 Cilien oder einem Kranze solcher als Bewegungsorganen versehen; ein rother Pigmentkörper ist meistens vorhanden. Sie entwickeln sich zu 2, 4, 8, 16, 32 oder in weit grösserer Anzahl, selten einzeln, in einer Mutterzelle und treten durch eine an der Spitze oder seitlich sich bildende Oeffnung aus, oder sie werden frei, indem die Membran der Mutterzelle gallertartig aufquillt und sich auflöst.

Ihr Verhalten ist verschieden; sie kommen entweder nach einiger Zeit des Umherschwärmens zur Ruhe, ziehen die Cilien ein oder werfen sie ab, scheiden eine Membran aus und keimen: oder sie copuliren, indem sie sich in der Regel paarweise meist mit der Spitze neben oder gegen einander legen, und zu einer bald zur Ruhe kommenden einzelligen Zygote verschmelzen, die sich mit einer Membran umkleidet und nach einer Ruheperiode, in welcher sie bisweilen an Grösse zunimmt, entweder direkt zur neuen Pflanze auswächst, oder erst aus ihrem Inhalte Zoosporen erzeugt, welche sich dann zu jungen Pflänzchen entwickeln. In seltenen Fällen keimt die Zygote sofort nach ihrer Entstehung.

Die copulirenden Schwärmsporen werden als geschlechtliche oder Gameten (und die Mutterzelle, das Sporangium, in welchem sie sich entwickeln auch Gametangium) genannt, während die nicht copulirenden Schwärmsporen als geschlechtslose — neutrale — oder einfach als Zoosporen bezeichnet werden. Die geschlechtlichen und neutralen Schwärmsporen sind äusserlich in vielen Fällen von einander nicht verschieden, so dass nur die beobachtete Copulation über ihre Natur Aufschluss gibt. Bei vielen Chlorozoosporeen sind übrigens zweierlei verschiedene Schwärmsporen bekannt, nämlich grössere mit meist 4 Cilien und kleinere mit meist 2 Cilien. Erstere (auch Macrozoosporen genannt) keimen immer direkt aus, sind also ungeschlechtlich, während die letzteren (Microzoosporen) sich paaren, also Gameten sind, aber auch unter Umständen sich ganz so wie die ersteren (die Macrozoosporen) verhalten können. Ein äusserlicher Unterschied ist zwischen den männlichen und weiblichen Gameten nicht vorhanden, während ein innerer Unterschied zwischen ihnen häufig besteht, denn es gibt Chlorozoosporeen, bei welchen die in demselben Sporangium erzeugten Gameten unter einander nicht copuliren, wohl aber, wenn sie mit Gameten in Berührung kommen, welche verschiedenen Sporangien derselben Pflanze oder verschiedener Individuen entstammen, in welch letzterem Falle oft die Gameten von Individuen von ganz bestimmt verschiedenem Charakter herrühren müssen, damit die Copulation erfolgen könne.

Bei vielen einzeiligen mikroskopischen Chlorozoosporeen findet ausser der Fortpflanzung durch Zoosporen eine Zellenvermehrung durch vegetative Theilung statt.

Eine eigenthümliche, durch besondere Vegetationsbedingungen eintretende Vermehrungsweise wird bei zahlreichen Confervaceen, Ulvaceen u. a. durch die Bildung sogenannter Protococcus- oder Palmella-Zustände bewirkt. Der Thallus zerfällt nämlich unter Vergallertung der Membran in seine einzelnen, sich abrundenden Zellen, oder es gehen zahlreiche Zelltheilungen vorher, und die aus jeder Zelle hervorgehenden Häufchen von Tochterzellen werden durch die Auflösung der Membran der Mutterzelle frei. Diese isolirten Zellen entwickeln sich entweder direkt zum normalen Thallus, oder sie erzeugen Zoosporen, die zu neuen Individuen auswachsen.

Bei den Valoniaceen und verwandten Chlorozoosporeen kommt es auch vor, dass sich das Plasma derselben zu grösseren oder kleineren Kugeln zusammenballt, die sich dann mit einer Membran umgeben und nach dem Freiwerden zu neuen Pflanzen auskeimen oder auch direkt Zoosporen entwickeln.

Von besonderer Wichtigkeit für die Systematik der Chlorozoosporeen ist die Struktur des Zellinhaltes; leider ist dieselbe bei den marinen Arten noch zu ungenügend erforscht, um schon jetzt bei der Begrenzung der Arten, Gattungen und Familien benutzt werden zu können.

Uebersicht der Familien der Chlorozoosporeen.

I. Familie. Ulvaceae.

Thallus aus einer einfachen oder doppelten Lage parenchymatischer Zellen gebildet, fadenförmig, hautartig, blasenförmig oder röhrig. Zoosporen aus dem Inhalte der Zellen sich entwickelnd.

Gattungen:

I. Monostroma. **II. Enteromorpha.**
III. Ulva.

II. Familie. Confervaceae.

Thallus aus einem einfachen oder verzweigten Gliederfaden bestehend. Zoosporen aus dem Inhalte der Gliederzellen sich entwickelnd.

Gattungen:

IV. Chaetomorpha. **VIII. Entocladia.**
V. Ulothrix. **IX. Phaeophila.**
VI. Rhizoclonium. **X. Bolbocoleon.**
VII. Cladophora. **XI. Acrochaete.**

III. Familie. Anadyomenaceae.

Thallus blattartig oder netzförmig, aus verzweigten, zu einer lückenlosen Zellenfläche oder einem Netze verwachsenen Gliederfäden gebildet. Zoosporen aus dem Inhalte der Gliederzellen sich entwickelnd.

Gattungen:

XII. Microdictyon. **XIII. Anadyomene.**

IV. Familie. Valoniaceae.

Thallus aus einer blasen- oder fadenförmigen, bisweilen sich gliedernden, einfachen oder verzweigten Zelle bestehend, aus deren Inhalte sich die Zoosporen entwickeln.

Gattungen:

XIV. Valonia. **XV. Siphonocladus.**
XVI. ? Codiolum.

V. Familie. Bryopsideae.

Thallus einzellig, fadenförmig, verzweigt. Zoosporen aus dem Inhalte sich abgliedernder Aestchen entwickelnd.

Gattung:

XVII. Bryopsis.

VI. Familie. Derbesiaceae.

Thallus einzellig, fadenförmig, einfach oder verzweigt. Zoosporen in besonderen seitlichen Zoosporangien sich entwickelnd.

Gattung:

XVIII. Derbesia.

VII. Familie. Codiaceae.

Thallus verschieden gestaltet (bisweilen mit Kalk inkrustirt) aus einer fadenförmigen (ungegliederten) vielfach verzweigten Zelle bestehend, deren Zweige so an einander schliessen oder durch einander gefilzt sind, dass sie scheinbar einen parenchymatischen Zellenkörper bilden. Zoosporen in besonderen Zoosporangien sich entwickelnd.

Gattungen:

XIX. Codium. **XX. Udotea.**
XXI. Halimeda.

VIII. Familie. Dasycladaceae.

Thallus aus einer axilen, fadenförmigen Zelle bestehend, welche mit Wirteln gegliederter, verzweigter Aestchen besetzt ist. Zoosporen in besonderen Zoosporangien, die sich an den Wirtelästchen entwickeln.

Gattung:

XXII. Dasycladus.

IX. Familie. Acetabulariaceae.

Thallus schirmförmig, gestielt, mit Kalk inkrustirt. Stiel aus einer fadenförmigen Zelle bestehend, welche am oberen Ende in radiale Strahlen sich verzweigt, die zusammen zu einer kreisförmigen Scheibe verbunden sind. Zoosporen in Zoosporangien sich entwickelnd, die frei in den Strahlen der Scheibe gelagert sind.

Gattung:

XXIII. Acetabularia.

X. Familie. Palmellaceae.

Thallus einzellig, mikroskopisch. Die einzelnen Zellen entweder frei für sich lebend oder häufiger durch Vergallertung ihrer Membranen, Bildung von Stielchen etc. mit einander zu grösseren oder kleineren, meist schleimigen oder gallertartigen, formlosen oder bestimmt geformten Lagern familienweise vereinigt bleibend. Vermehrung durch vegetative Theilung der Zellen. Fortpflanzung durch Zoosporen.

Gattung:

XXIV. Palmophyllum.

I. Familie. **Ulvaceae.**

Thallus aus einer einfachen oder doppelten Lage parenchymatischer Zellen gebildet, fadenförmig, hautartig, blasenförmig oder röhrig. Zoosporen aus dem Inhalte der Zellen sich entwickelnd.

I. Gattung. **Monostroma** Thur.

Thallus zarthäutig, an der Basis angewachsen, anfänglich häufig (vielleicht immer) sackförmig, bald zerreissend und in unregelmässige blattartige Lappen auswachsend, später oft frei schwimmend oder stellenweise andern Körpern anhaftend: aus einer Zellenlage bestehend. Zellen in der Flächenansicht rundlich oder rundlich-eckig, die des basalen Theiles etwas grösser, häufig nach unten schwänzchenförmig verlängert. (Zellen nie in rectanguläre oder quadratische Felder geordnet.)

1. **M. quaternarium** (Kütz.) Desmaz.

Thallus zarthäutig, von unregelmässigem Umfang, 1—5 dm im Durchmesser, mittelst einer kleinen Wurzelschwiele angewachsen, später frei schwimmend, faltig und zerfetzt, sehr schlaff, hellgrün, im oberen Theile 20—24 μ dick. Zellen in der Flächenansicht rundlich, ziemlich dicht zu 2 und 2, 3 und 3 oder 4 und 4 genähert, im Querschnitt oval oder halbkreisförmig, meist zu zweien einander zugekehrt, 15—17 μ hoch.

Ulva quaternaria Kütz. Tab. phyc. p. 6, Tab. 13.
M. quaternarium Desmaz. Pl. crypt. Fr. (nouv. sér.) No. 603. — Wittr. Monostr. p. 37, Tafl. 1, fig. 5.

Im Süss- und Brackwasser an der Küste des adriatischen Meeres.

2. **M. Wittrockii** Born. Fig. 187.

Thallus hellgrün, anfänglich sehr kleine längliche, an der Basis angewachsene Säckchen bildend, später in unregelmässige, zarthäutige Lappen auswachsend. Lappen frei, stellenweise andern Körpern anhaftend, 3–8 cm im Durchmesser, 16—18 μ dick. Zellen in der Flächenansicht rundlich-eckig, mehr weniger deutlich zu zweien und vieren geordnet, im Querschnitt rundlich oder fast halbkreisförmig zu zweien einander zugekehrt, ca. 10 μ hoch.

Wahrscheinlich nur eine marine Form von M. quaternarium.

M. Wittrockii Born. Notes algol. II. p. 176. pl. 45.

In der Nord- und Ostsee (Flensburger Meerbusen).

Fig. 187.

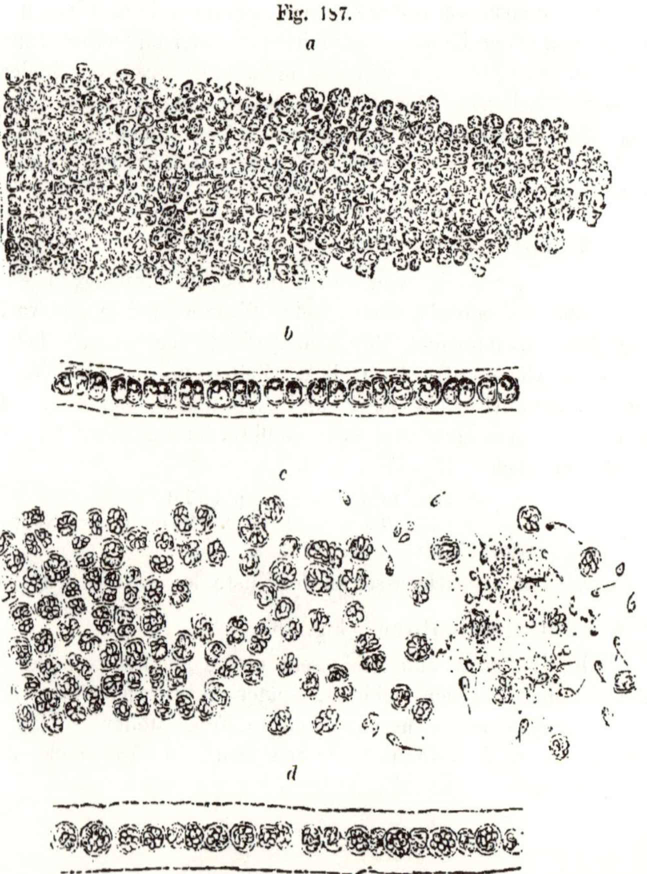

Monostroma Wittrockii *Born.*

a Stück vom Rande des vegetativen Thallus in der Flächenansicht. *b* Querschnitt durch dasselbe. *c* Stück des Thallus, in welchem sich der Inhalt der Zellen in Zoosporen umgebildet hat, in der Flächenansicht. *d* im Querschnitt. Vergr. aller Figuren 250. (Nach Bornet.)

3. **M. latissimum** (Kütz.) Wittr.

Thallus zarthäutig, von unregelmässigem Umfang, 1—3 dm im Durchmesser, sehr faltig, mit ebenem oder welligem Rande, schlaff, hellgrün, im oberen Theil 20—26 μ dick; Zellen in der Flächenansicht ohne Ordnung ziemlich dicht gedrängt, unregelmässig 4 bis 6eckig, mit fast abgerundeten Ecken, im Querschnitt oval oder nahezu kreisrund, 14—18 μ hoch.

Ulva latissima Kütz. Phyc. gener. p. 296, Tab. 20, fig. 4. — Id. Spec. Alg. p. 474. — Id. Tab. phyc. VI. Tab. 4.
M. latissimum Wittr. Monostr. p. 33, Tafl. 1, fig. 4.

In der Ostsee und im adriatischen Meere.

β. **oxycoccum.**

Thallus blassgrün, im oberen Theil 30—33 μ dick. Zellen im Querschnitt 17—18 μ hoch.

Ulva oxycocca Kütz. Phyc. germ. p. 244. — Id. Spec. Alg. p. 474. — Id. Tab. phyc. VI. Tab. 13.
M. oxycoccum Thur. Note sur Syn. Ulv. p. 29. — Wittr. Monostr. p. 32, Tafl. 1, fig. 3.
Ulva oxysperma Kütz. Phyc. gener. p. 296.

In der Ostsee.

4. **M. balticum** (Aresch.) Wittr.

Thallus zarthäutig, etwas steif, von unregelmässigem Umfang, 1—2 dm im Durchmesser, wellig, hellgrün (trocken blassgrün). Zellen in der Flächenansicht unregelmässig 5—7eckig, ohne Ordnung dicht gedrängt. Zellen im Querschnitt fast rechteckig, 25 bis 33 μ hoch und 8—16 μ breit, der nach aussen gekehrte Theil der Zellenmembranen sehr verdickt, 8—10 μ dick, Zellenlumen fast quadratisch bis rechteckig, 9—12 μ hoch und 7—15 μ breit.

Wahrscheinlich in den Formenkreis von M. latissimum gehörig

Ulva baltica Aresch Alg. scand. exs. Ser. nov. No. 27.
M. balticum Wittr. Monostr. p. 48, Tafl. 3, fig. 10.

In der Ostsee.

5. **M. Grevillei** (Thur.) Wittr.

Thallus 1—2 dm lang, hellgrün, anfänglich sackartig, verkehrt eiförmig, fast kugelig oder birnförmig, später fast ganz in ziemlich breite, flache Lappen zerschlitzt. Lappen zarthäutig, im oberen Theile 15—18 μ dick; Zellen in der Flächenansicht ohne Ordnung dicht gedrängt, unregelmässig 4—5eckig, mit abgerundeten Ecken, im Querschnitte queroval, 12—14 μ hoch.

Enteromorpha Grevillei Thur. Note sur Syn. Ulv. p. 25.
M. Grevillei Wittr. Monostr. p. 57, Tafl. 4, fig. 14. — J. Ag. Till Algern. Syst. VI. p. 101.
Ulva Grevillei Le Jolis Alg. mar. Cherb. p. 37.
Ulva Lactuca Kütz. Spec. Alg. p. 474. — Id. Tab. phyc. VI. Taf. 12. — Harv. Phyc. brit. pl. 243.

In der Nord- und Ostsee.

β. **Lactuca.**

Thallus 1—3 dm lang, anfänglich sackartig, verkehrt konisch später in zahlreiche, fast lineare Lappen zerschlitzt. Lappen zarthäutig, häufig wellenfaltig oder gedreht, später am Rande gekräuselt, im oberen Theile 20—28 μ dick. Zellen in der Flächenansicht unregelmässig 3—4—5eckig, mit abgerundeten Ecken, fast ebenso lang oder hin und wieder zweimal so lang als breit, häufig zu 2 und 2, hin und wieder zu dreien und vieren genähert: im Querschnitt oval, ca. 16 μ hoch.

Ulva Lactuca Ag. Spec. Alg. I. p. 409.
M. Lactuca J. Ag. Till Algern. Syst. IV. p. 102, Tab. III, fig. 90.

In der Nord- und Ostsee.

6. **M. fuscum** (Post. et Rupr.) Wittr.

Thallus zarthäutig, anfänglich mittelst eines kurzen hohlen Stieles angewachsen, später frei, zart und schlaff, schmutzig- oder bräunlich-grün, von unregelmässigem Umfang, 1—3 dm im Durchmesser, häufig zerschlitzt, mit welligem Rande, im oberen Theile 20—25 μ dick; Zellen in der Flächenansicht unregelmässig 4 bis 6eckig, ohne Ordnung dicht an einander gedrängt, im Querschnitt quer-rechteckig oder fast quadratisch, 16—21 μ hoch.

Ulva fusca Post. et Rupr. Illustr. p. 21, Tab. 37.
M. fuscum Wittr. Monostr. p. 53, Taf. 4, fig. 13.
Ulva sordida Aresch. Phyc. scand. p. 187, Tab. I. H.

In der Ostsee.

II. Gattung. **Enteromorpha** Link.

Thallus fadenförmig, eingeweideförmig oder blattartig, an der Basis mittelst einer kleinen Wurzelscheibe angewachsen, einfach oder verzweigt, mehr weniger röhrig, stielrund oder zusammengedrückt, aus einer Zellenlage bestehend. Zellen in der Flächenansicht ordnungslos oder in Längsreihen geordnet, rundlich oder rundlich-eckig, die basalen häufig nach innen schwänzchenförmig verlängert.

1. **E. intestinalis** (L.) Link.

Thallus in Grösse und Form sehr verschieden, röhrig, stielrund oder mehr weniger zusammengedrückt, gegen die Basis sehr verdünnt, einfach oder unterhalb in mehrere gleich gestaltete Aeste getheilt, oberhalb entweder fast durchaus gleich dick oder gegen die Spitze allmälig, oft bedeutend erweitert, gleichförmig oder faltig und blasig-kraus. Später häufig frei schwimmend, eingeweideförmig. 1—20 dm lang und 1 mm bis 10 cm breit.

Ulva intestinalis L. Fl. Suec. Ed. 2, p. 432.

E. intestinalis Link, Epist. in Hor. phys. berolin, p. 5. — Harv. Phyc. brit. pl. 154. — Kütz. Spec. Alg. p. 478. — Id. Tab. phyc. VI. Tab. 31. — Ahln. Enterom. p. 15, fig. 1. — Rabenh. Flora europ. alg. p. 312. — J. Ag. Till Algern. Syst. VI. p. 131.

Ulva enteromorpha γ. intestinalis Le Jol. Alg. mar. Cherb. p. 46.

E. spermatoidea Kütz. Tab. phyc. VI. Tab. 32.

Fig. 188.

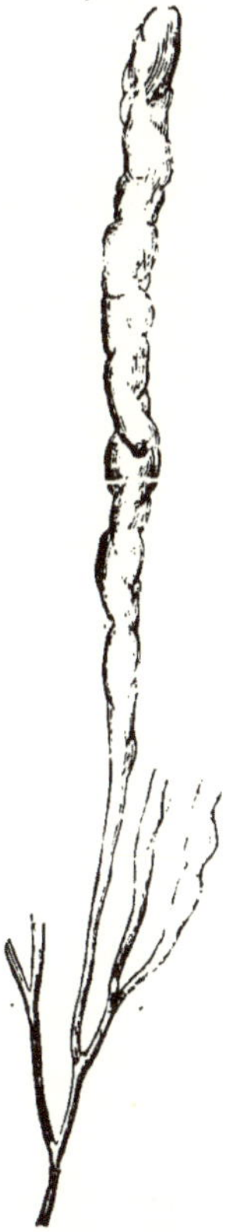

E. intestinalis *(L.) Link.* F. genuina. Stück der Alge in natürl. Grösse.

F. genuina. Fig. 188.

Thallus oberhalb des Stieles allmälig keulenförmig verbreitert, mehr weniger blasig-faltig oder kraus, häufig stellenweise eingeschnürt, stielrund oder zusammengedrückt. 1—20 dm lang und oberhalb 5 mm bis 10 cm breit und mehr, bisweilen unregelmässig geformte, faltig-krause Ulven-artige Ausbreitungen bildend.

E. intestinalis β. clavata J. Ag. Till Algern. Syst. VI. p. 131.

Im Meere, Brack- und Süsswasser an den Küsten des Gebietes.

F. cylindracea.

Thallus verlängert, oberhalb des Stieles fast gleichförmig cylindrisch, meist 3—10 mm dick.

E. intestinalis α. cylindracea J. Ag. Till Algern. Syst. VI. p. 131.

Im Meere und Brackwasser an den Küsten des Gebietes.

F. Cornucopiae.

Thallus 1—6 cm lang, keulenförmig, häufig gekrümmt, meist zusammengedrückt, an der Spitze offen.

Scytosiphon intestinalis β. Cornucopiae Lyngb. Hydr. Dan. p. 67.
E. intestinalis c. Cornucopiae Ahln. Enterom. p. 21.
Ulva enteromorpha, β. compressa c. Cornucopiae Le Jol. Alg. mar. Cherb. p. 45.
E. intestinalis ζ. Cornucopiae Kütz. Spec. Alg. p. 478 (non Kütz. Tab. phyc. VI. Tab. 30; nec E. Cornucopiae Carm. in Harv. Phyc. brit. pl. 304).

In der Nordsee, Ostsee und im adriatischen Meere.

F. bullosa.

Thallus frei schwimmend, blasenförmig, kraus, eingeweideartig verworren.

Ulva Enteromorpha γ. intestinalis, c. bullosa, Le Jol. Alg. mar. Cherb. p. 47.

Im Süss- und Brackwasser.

F. prolifera.

Thallus verlängert, röhrig, cylindrisch, gleichförmig oder gekrümmt, blasig-kraus, haardünn, bis 5 mm, mitunter bis über 1 cm dick, fast einfach oder mehr weniger mit proliferirenden einfachen oder etwas verzweigten Aestchen besetzt. Zellen rundlich-eckig, ordnungslos, in den jüngeren Theilen fast quadratisch und in Längsreihen geordnet.

Ulva prolifera Fl. dan. Tab. 763, fig. 1.
E. prolifera J. Ag. Till Algern. Syst. VI. p. 129.
E. pilifera Kütz. Tab. phyc. VI. Tab. 30.
E. tubulosa Kütz. Tab. phyc. VI. Tab. 32. — Ahln. Enterom. p. 49.
E. intestinalis α. capillaris Kg. Spec. Alg. p. 478.

Im Brack- und Süsswasser.

2. E. Linza (L.) J. Ag.

Thallus flach, schmal- oder breit-lanzettlich oder linear-lanzettlich, gegen die Basis allmälig in einen kürzeren oder längeren Stiel verdünnt, einfach oder bisweilen an der Basis in mehrere gleich gestaltete Aeste getheilt. Oberhalb aus zwei mehr weniger verwachsenen, jedoch leicht trennbaren Zellenlagen bestehend, oder hohl und flach zusammengedrückt, unterhalb mehr weniger röhrig. Rand meist wellenfaltig oder kraus. 1—5 dm lang und 1—10 cm breit.

Ulva Linza L. Spec. Pl. p. 1633.
E. Linza J. Ag., Till Algern. Syst. p. 134.
Ulva Linza Ag. Spec. Alg. p. 412. — Harv. phyc. brit. pl. 39.
Ulva Enteromorpha α. lanceolata Le Jol. Alg. mar. Cherb. p. 43.
Ulva Bertoloni Ag. Spec. Alg. p. 417.
Phycoseris lanceolata Kütz. Spec. Alg. p. 475. — Id. Tab. phyc. VI. Tab. 17.
Phycoseris crispata Kütz. Spec. Alg. p. 476. — Id. Tab. phyc.. VI. Tab. 17.
Phycoseris smaragdina Kütz. Spec. Alg. p. 476. — Id. Tab. phyc. VI. Tab. 19.
Phycoseris olivacea Kütz. Spec. Alg. p. 476. — Id. Tab. phyc. VI. Tab. 19.
Phycoseris planifolia Kütz. Spec. Alg. p. 476. — Id. Tab. phyc. VI. Tab. 18.

In der Nordsee, Ostsee und im adriatischen Meere.

3. **E. compressa** (L.) Grev.

Thallus wenige cm bis 3 dm hoch, röhrig, collabirend, oberhalb des Stieles allmälig verbreitert, linear oder keilförmig-linear, stumpf, 2—20 mm breit, bisweilen stellenweise eingezogen, fast einfach oder unterhalb (häufig an den Einschnürungsstellen) mit dem Thallus gleich gestalteten Aesten besetzt. Zellen unregelmässig rundlich 4—5—6eckig, ordnungslos.

Ulva compressa L. Spec. Plant. II. p. 1163.
E. compressa Grev. Alg. Brit. p. 180, Tab. 18. — Harv. Phyc. brit. pl. 335. — J. Ag. Till Algern. Syst. p. 137. — Kütz. Tab. phyc. VI. Tab. 38.
E. complanata Kütz. Tab. phyc. VI. Tab. 39.
Ulva enteromorpha β. compressa Le Jol. Alg. mar. Cherb. p. 44.

In der Nordsee, Ostsee und im adriatischen Meere.

β. **lingulata.**

Bildet wenige cm bis 3 dm hohe Rasen. Thallus röhrig (stielrund), haardünn bis 1—10 mm breit, beiderends allmälig verdünnt (Spitze meist zerstört), unterhalb seitlich dicht verzweigt. Aeste aufsteigend, dem Thallus gleich gestaltet, sehr verlängert, von der Basis an mehr weniger verbreitert, beinahe einfach, meist nur unterhalb mit dünnen Aestchen besetzt, oberhalb nackt; Aestchen anfänglich abstehend bis gespreizt, häufig gebogen. Zellen unregelmässig rundlich 4—5—6eckig, in den älteren Theilen fast ordnungslos, in den jüngeren in Längsreihen geordnet.

E. lingulata J. Ag. Till Algern. Syst. VI. p. 143.
Ulva compressa Ag. Spec. Alg. p. 420 (partim).

E. compressa Auct. (partim).
E. plumosa Ahln. in Wittr. et Nordst. Alg. exsicc. No. 325.
E. fucicola (Menegh.) Kütz. Tab. phyc. VI. p. 12, Tab. 34. — J. Ag. Till Algern. Syst. VI. p. 150.
Ulva clathrata *α*. Agardhiana a. nudiuscula et b. abbreviata Le Jol. Alg. mar. Cherb. p. 49.

In der Nordsee, Ostsee und im adriatischen Meere (häufig auf Fucus).

4. **E. clathrata** (Roth) J. Ag.

Bildet 1—4 dm hohe Rasen. Thallus fadenförmig, bald röhrig, collabirend, allseitig abwechselnd verzweigt, 0·5—2 mm dick, in den letzten Verzweigungen kaum haardünn. Hauptäste und Aeste sehr verlängert, aufrecht, mit mehr weniger zahlreichen verlängerten, aufrechten, ruthenförmigen Aestchen besetzt. Zellen beinahe rechteckig, in mehr oder weniger deutliche Längsreihen (aber nicht auch in Querreihen) geordnet.

Conferva clathrata Roth, Cat. Bot. III. p. 175.
E. clathrata J. Ag. Till Algern. Syst. VI. p. 153. — Wittr. et Nordst. Alg. exsicc. No. 130 et 324.

In der Nordsee, Ostsee und im adriatischen Meere.

β. **procera**.

Thallus verlängert, mit durchlaufenden, beiderends verdünnten, 0·5—3 mm dicken Stämmchen, welches der Länge nach mit dünnen, gleich gestalteten, verlängerten, zerstreuten, aufrechten Aesten besetzt ist, die entweder fast nackt sind oder aus welchen in gleicher Weise haardünne, ruthenförmige Aestchen entspringen. Zellen des Stämmchens fast ordnungslos, jene der Aestchen in mehr weniger deutliche Längsreihen geordnet.

E. procera Ahln. Enterom. p. 40.
E. clathrata F. longissima et validior. Aresch. Alg. scand. exsicc. No. 225.

In der Ostsee.

γ. **crinita**.

Thallus sehr verlängert, 0·5—2·5 mm dick, in den letzten Verzweigungen kaum haardünn; Aeste und Aestchen verlängert, ruthenförmig, aufrecht. Zellen ziemlich gross, fast durchaus in deutliche Längsreihen geordnet. Zweigspitzen monosiphon gegliedert; die jungen Aestchen äusserst zart, ganz aus einer Zellenreihe bestehend.

Conferva crinita Roth, Cat. Bot. I. p. 162, Tab. 1, fig. 3.

Fig. 189.

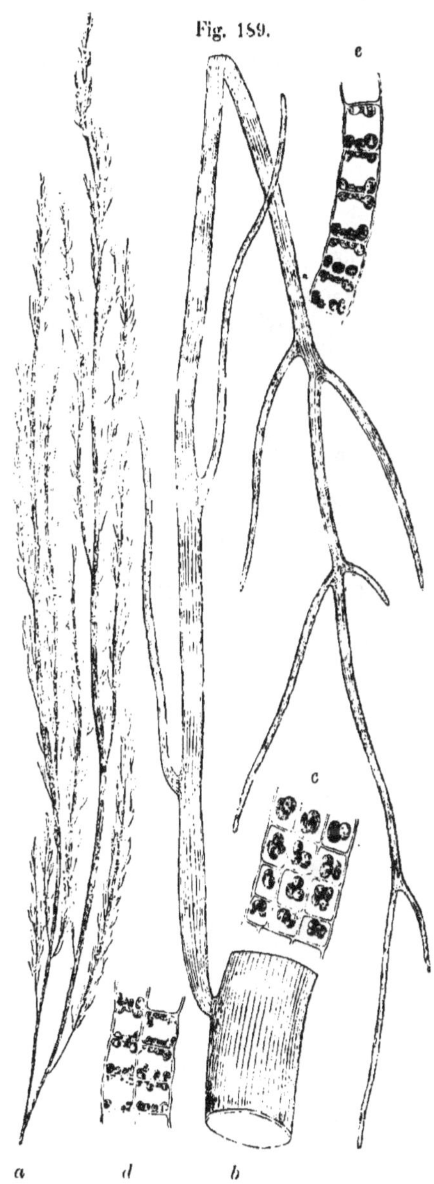

Enteromorpha plumosa *Kütz.* *a* Stück der Alge in natürl. Grösse. *b* Ein Zweig 40mal vergr. *c*, *d*, *e* Verschiedene Stücke d. Aestchen. Vergr. ca. 200. (Nach Kütz.)

E. crinita J. Ag. Till Algern. Syst. VI. p. 144. — Kütz. Tab. phyc. VI. Tab. 39? E. clathrata Aresch. Alg. scand. exsicc. No. 328.

In der Nord- und Ostsee.

5. **E. plumosa** Kütz. Fig. 189.

Bildet 1—3 dm hohe wolkige Rasen vom Habitus einer zarten Cladophora. Thallus fadenförmig, später röhrig, sehr schlaff, reich verzweigt, fast borstendick, seltener bis 1 mm dick, in den Verzweigungen haardünn und dünner. Aeste und Aestchen abwechselnd und opponirt entspringend, abstehend, an den Spitzen in eine längere Zellenreihe ausgehend. Die jungen Aestchen ganz monosiphon gegliedert. Zellen in den Aesten und Hauptästen fast rechteckig, in Längsreihen geordnet.

E. plumosa Kütz. Phyc. gener. p. 300, Tab. 20, I. (nec Ahlner). E. paradoxa Kütz. Spec. Alg. p. 479. — Id. Tab. phyc. VI. Tab. 35.

E. clathrata δ? erecta Le Jol. Alg. mar. Cherb. p. 52.
E. Hopkirkii M'Calla. — Harv. Phyc. brit pl. 263. — J. Ag. Till Algern. Syst. VI. p. 151.
Desmotrichum plumosum Kütz. Spec. Alg. p. 470. — Id. Tab. phyc VI. Tab. 5.

In der Nordsee und im adriatischen Meere.

6. **E. erecta** (Lyngb.) J. Ag.

Thallus 1—2 dm hoch, fadenförmig, später röhrig, sehr schlaff, seitlich reich verzweigt, borstendick und darüber, in den Verzweigungen haardünn. Aeste und Aestchen abwechselnd, aufrecht, hin und wieder opponirt entspringend, an den Spitzen beinahe polysiphon gegliedert. Zellen fast rechteckig, ziemlich gross, in den älteren Theilen der Länge nach und fast auch quer gereiht, in den Aestchen und Astspitzen gliederförmig neben und hinter einander geordnet.

Scytosiphon erectus Lyngb. Hydr. Dan. p. 65, Tab. 15 C.
E. erecta J. Ag. Till Algern. Syst. VI. p. 152.
E. clathrata Kütz. Tab. phyc. VI. Tab. 33.

In der Nordsee, Ostsee und im adriatischen Meere.

7. **E. ramulosa** (Engl. Bot.) Hook.

Thallus 1—3 dm hohe, meist verworrene Rasen bildend, fadenförmig, später röhrig, allseitig reich verzweigt, haardünn bis borstendick, in den Hauptästen jedoch mitunter bis 1 mm dick und mehr. Hauptäste sehr verlängert, mit kürzeren und verlängerten, abstehenden Aesten, welche sowie die Hauptäste mit mehr weniger zahlreichen, kurzen dornförmigen und längeren zugespitzten, oft gekrümmten, abstehenden und gespreizten Aestchen besetzt sind. Die oberen Aeste bisweilen fast nackt. Zellen rundlich-eckig, ordnungslos, nur in den jüngeren Theilen annähernd in Längsreihen geordnet.

Ulva ramulosa Engl. Bot. Tab. 2137.
E. ramulosa Hook. Brit. Fl. II. p. 319. — Harv. phyc. brit. pl. 245. — Kütz. Spec. Alg. p. 479. — Id. Tab. phyc. VI. Tab. 33. — J. Ag. Till Algern. Syst. VI. p. 154.
Ulva clathrata γ. uncinata Le Jol. Alg. mar. Cherb. p. 51.
E. spinescens Kütz. Tab. phyc. VI. p. 12. Tab. 33.

F. tenuis.

Thallus schlaff, fast durchaus haardünn.

In der Nordsee, Ostsee und im adriatischen Meere.

F. robusta.

Thallus ziemlich steif, borstendick, in den Hauptästen bis 1 mm dick und mehr. Dunkelgrün.

Im adriatischen Meere.

8. **E. minima** Näg.

Thallus gesellig wachsend, 0·5—3 cm hoch, verlängert keulenförmig, röhrig, stielrund oder etwas zusammengedrückt, 0·5—2 mm dick, gleichförmig oder blasig-kraus, einfach, seltener an der Spitze etwas ästig. Zellen unregelmässig rundlich 4—5 eckig, sehr klein (5—7 μ im Durchmesser), ordnungslos. Zellenlage im Querschnitt 8—10 μ dick.

E. minima Näg. in Kütz. Spec. Alg. p. 482. — Id. Tab. phyc. VI. Tab. 43. — Ahln. Enterom. p. 48, Fig. 8. — J. Ag. Till Algern. Syst. VI. p. 135.

In der Nordsee und im adriatischen Meere.

9. **E. micrococca** Kütz.

Thallus gesellig wachsend, 1—4 cm hoch, verlängert keulenförmig, röhrig, zusammengedrückt, 1—3 mm dick, gleichförmig oder gekrümmt-blasig, einfach oder unterhalb etwas verzweigt. Zellen rundlich- oder länglich-polyëdrisch, sehr klein (4—5 μ im Durchmesser), ordnungslos. Zellenlage im Querschnitt 18—20 μ dick.

Wahrscheinlich nur eine Form der vorigen Art und von dieser eigentlich nur durch die dickere Cuticula des Thallus unterschieden.

E. micrococca Kütz. Tab. phyc. VI. p. 11, Tab. 30. — Ahln. Enterom. p. 46, fig. 7 a et b. — J. Ag. Till. Algern. Syst. VI. p. 123.

Im adriatischen Meere (Muggia).

10. **E. marginata** J. Ag.

Thallus Conferva-artig, 2—3 cm hohe Räschen bildend. Fäden kaum haardünn, von verschiedener Dicke (ca. 12—100 μ dick), röhrig, flach zusammengedrückt (?), beiderends etwas verdünnt, hin und her gebogen, einfach, selten etwas verzweigt. Zellen rundlich- oder länglich-4—5eckig, 4—8 μ im Durchmesser, in Längsreihen geordnet.

E. marginata J. Ag. Alg. med. p. 16. — Id. Till Algern. Syst. VI. p. 142. — Kütz. Spec. Alg. p. 480. — Id. Tab. phyc. VI. Tab. 41. fig. 1.

Im adriatischen Meere (Capodistria).

11. **E. Jürgensii** Kütz.

Thallus Conferva-artig, verworrene Rasen oder Watten bildend; Fäden haardünn, von verschiedener Dicke (ca. 20—200 μ dick), hin- und hergebogen, stielrund, röhrig, beiderends etwas verdünnt, einfach oder bisweilen hin und wieder mit einzelnen kurzen, dünnen Aestchen besetzt. Zellen in Längsreihen geordnet, fast rechteckig, ebenso lang bis doppelt länger, bisweilen kürzer als breit, ca. 8—14 μ breit, an älteren Fäden unregelmässig 4—5 eckig, kaum deutlich gereiht.

E. Jürgensii Kütz. Spec. Alg. p. 481. — Id. Tab. phyc. VI. Tab. 42.
E. fulvescens Kütz. Spec. Alg. p. 481. — Id. Tab. phyc. VI. Tab. 42. (nec Ag.)

In der Nordsee, Ostsee und im adriatischen Meere.

12. **E. salina** Kütz.

Thallus Conferva-artig, verworrene Räschen bildend; Fäden später röhrig, ca. 20—60 μ dick, hin- und hergebogen, einfach oder verzweigt, aus mehreren, im Kreise gestellten parallelen Zellenreihen, die jüngsten Aestchen aus einer Zellenreihe bestehend. Zellen fast rechteckig, 8—12 μ breit und halb so lang bis doppelt länger, meist aber ebenso lang als breit.

E. salina Kütz. Phyc. germ. p. 347. — Id. Spec. Alg. p. 479. — Id. Tab. phyc. VI. Tab. 36. — Rabenh. Fl. europ. alg. III. p. 314.

In Salztümpeln etc. (Teuditz bei Leipzig).

13. **E. percursa** (Ag.) J. Ag.

Thallus Conferva-artig, verworrene Watten bildend. Fäden haardünn, einfach, hin- und hergebogen, nicht selten stellenweise etwas verbreitert oder knotig, anfänglich aus einer einfachen, bald doppelten Zellenreihe, die älteren Thallome bisweilen aus drei oder vier um die Achse gestellten Zellenreihen bestehend. Zellen meist 10—16 μ dick, ebenso lang bis doppelt länger.

Ulva percursa Ag. Spec. Alg. I. p. 424. — Le Jol. Alg. mar. Cherb. p. 55.
E. percursa J. Ag. Alg. med. p. 15. — Id. Till Algern. Syst. p. 146.
Tetranema percursum Aresch. Phyc. scand. mar. p. 192, Tab. 2, A.
Schizogonium percursum Kütz. Spec. Alg. p. 351. — Id. Tab. phyc. II. Tab. 99.
Schizogonium nodosum Kütz. Tab. phyc II. Tab. 99.
Schizogonium pallidum Kütz. Tab. phyc. II. Tab. 99.
Schizogonium virescens Kütz. Tab. phyc. II. Tab. 99.

In Brackwasser an den Küsten der Nordsee, Ostsee und des adriatischen Meeres; auch in den Salztümpeln von Teuditz b. Leipzig.

14. **E. Ralfsii** Harv.

Thallus Conferva-artig, verworrene Rasen oder Watten bildend; Fäden haardünn, von verschiedener Dicke (ca. 30—55 μ dick), hin- und hergebogen, anfänglich solid, später fast röhrig, einfach oder hin und wieder mit kurzen gespreizten Aestchen besetzt, aus 3—6 im Kreise gestellten Reihen grosser, (von der Oberfläche gesehen) fast rechteckiger, in ungleicher Höhe endigender Zellen bestehend. Zellenreihen ca. 12—16 μ breit.

E. Ralfsii Harv. Phyc. brit. pl. 282. — J. Ag. Till Algern. Syst. VI. p. 149.

In der Nordsee.

Fig. 190.

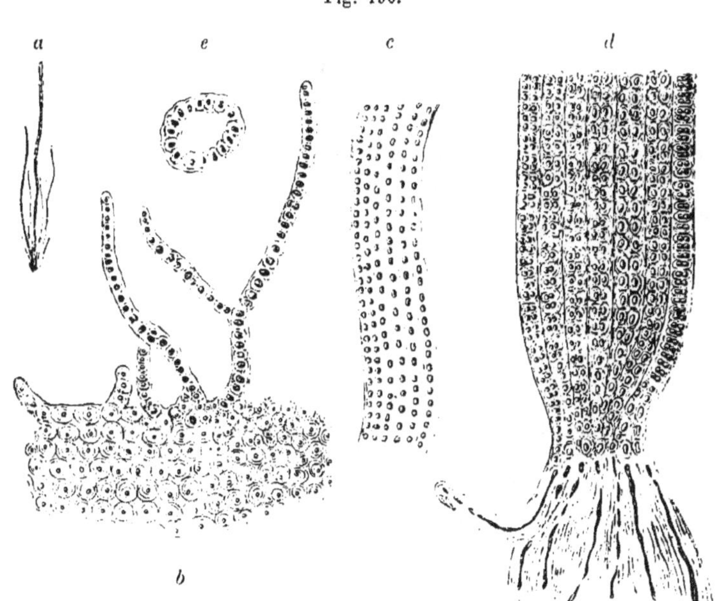

Enteromorpha aureola (*Ag.*) *Kütz.*
a Alge in natürlicher Grösse. *b, c, d* Verschiedene Thallusstücke. Vergr. ca. 200. *e* Querschnitt durch den Thallus. Vergr. ca. 200.

15. **E. aureola** (Ag.) Kütz. Fig. 190.

Bildet 1—5 (mitunter bis 8) cm hohe Rasen. Thallus fadenförmig, später röhrig, stielrund oder etwas zusammengedrückt, kaum haardünn bis ca. 1 mm (seltener bis 2 mm) dick, bisweilen stellenweise verbreitert oder verschmälert, einfach, im Alter proliferirend; Zellen fast rundlich oder oval, Gloeocapsa-artig mit dicken Membranen, 4—5 μ im Durchmesser, in Längsreihen geordnet, einzeln oder zu zwei oder vier kleineren genähert. — Grün oder bräunlich.

Ulva aureola Ag. Icon. Alg. europ. Tab. 29.
E. aureola Kütz. Spec. Alg. p. 481. — Id. Tab. phyc. VI. Tab. 40.
Ulva fulvescens Ag. Spec. Alg. p. 420 (nec Enteromorpha fulvescens Kütz.)
Ilea fulvescens J. Ag. Till Algern. Syst. VI. p. 115.
E. quaternaria Ahln. in Wittr. et. Nordst. Alg. exsicc. No. 138 et 139.

In der Ostsee und im adriatischen Meere.

III. Gattung. **Ulva** L.

Thallus blattartig, häutig, fast sitzend oder kurz gestielt, mittelst einer kleinen Wurzelschwiele angewachsen, von verschiedenem Umfang; aus zwei fest verwachsenen Zellenlagen bestehend. Zellen in der Flächenansicht rundlich-eckig, dicht gedrängt, im Querschnitte oval oder länglich, jene des etwas dickeren basalen Theiles zum Theil nach innen schwänzchenförmig verlängert.

1. **U. Lactuca** (L.) Le Jol.

Thallus 1—6 dm lang und mehr, von verschiedenem Umfang: rundlich, oval, länglich, queroval, nierenförmig oder lanzettlich, ungetheilt oder unregelmässig gelappt, bisweilen durchlöchert, mehr weniger wellenfaltig, oft gedreht, an der häufig derberen Basis herz- oder keilförmig, kurz gestielt oder fast sitzend; Rand glatt, selten gekräuselt oder unregelmässig gezähnt.

U. Lactuca L. Spec. Pl. II. p. 1163 (partim). — Le Jol. Alg. mar. Cherb. p. 38. — Thur. et Born. Etud. phyc. p. 5, pl. 2 et 3.

F. genuina. Fig. 191.

Thallus breitblätterig, von verschiedenem Umfang, ungetheilt oder mehr weniger tief buchtig gelappt, wellenfaltig, häufig gedreht, bisweilen durchlöchert; an der Basis keil- oder herzförmig, deutlich oder kurz gestielt, oder fast sitzend. Rand glatt, seltener kraus.

Erreicht an geschützten Orten oft bedeutende Dimensionen. (U. latissima Auctorum.)

Fig. 191.

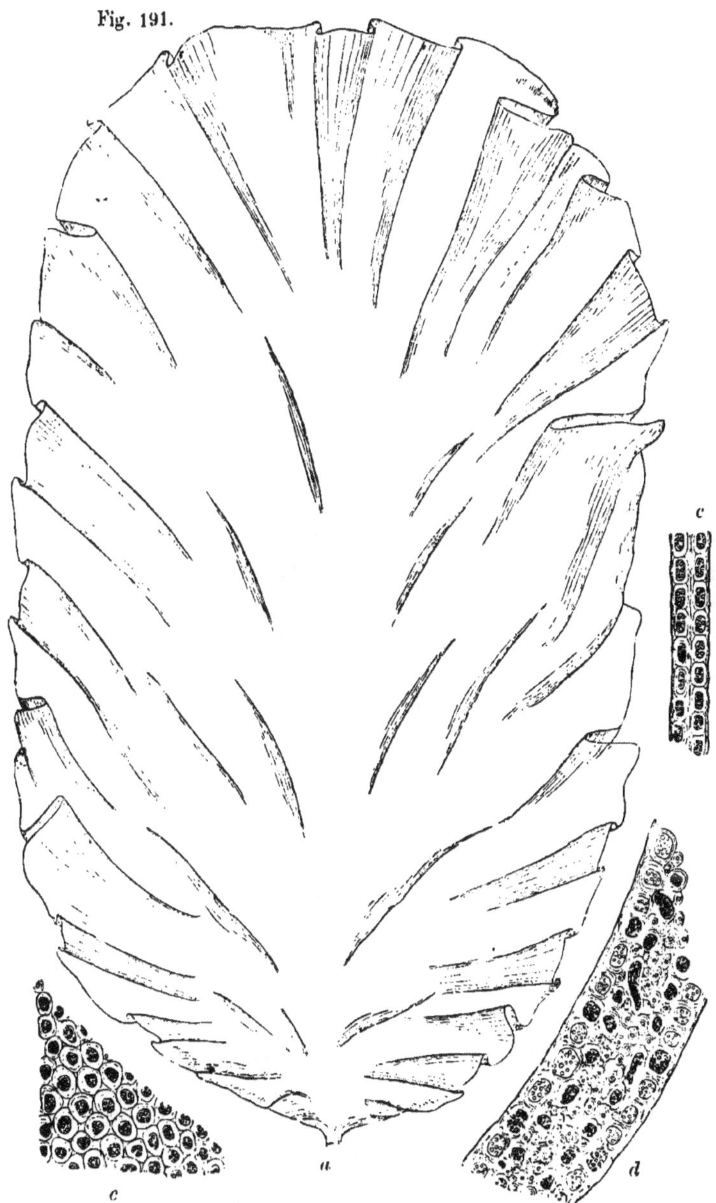

Ulva Lactuca *(L.) Le Jol.* F. genuina. *a* Alge in natürl. Grösse. *b* Flächenansicht. *c* Querschnitt durch den oberen, *d* Querschnitt durch den basalen Theil des Thallus. Vergr. von *b—d* ca. 200. (Nach Kützing.)

Ulva rigida Ag. Spec. Alg. I. p. 410. — J. Ag. Till Algern. Syst. VI. p. 168, Tab. 4, fig. 119—122.
U. latissima Auct. — Harv. Phyc. brit. pl. 171. — J. Ag. Till Algern. Syst. VI. p. 164.
U. myriotrema Desmaz. — Zanard. Icon. phyc. adr. I. p. 173, Tav. 40.
Phycoseris rigida Kütz. Spec. Alg. p. 477. — Id. Tab. phyc. VI. Tab. 25.
Ph. australis Kütz. Spec. Alg. p. 477. — Id. Tab. phyc. VI. Tab. 24.
Ph. gigantea Kütz. Spec. Alg. p. 476. — Id. Tab. phyc. VI. Tab. 22.
Ph. Myriotrema Kütz. Spec. Alg. p. 477. — Id. Tab. phyc. VI. Tab. 23.

In der Nordsee, Ostsee und im adriatischen Meere.

F. lacinulata.

Der vorigen Form ähnlich, jedoch am Rande unregelmässig fein gezähnt.

Phycoseris lacinulata Kütz. Spec. Alg. p. 476. — Id. Tab. phyc. VI. Tab. 21.

Im adriatischen Meere.

F. lapathifolia.

Thallus schmalblätterig, länglich-lanzettlich oder verlängert bandförmig, einfach oder getheilt, häufig gedreht; Rand glatt, wellenfaltig.

U. lapathifolia Aresch. Alg. scand. exsicc. No. 25 (109).
Phycoseris Linza Kütz. Spec. Alg. p. 475. — Id. Tab. phyc. VI. Tab. 16.
Ph. lapathifolia Kütz.? Spec. Alg. p. 477. — Id. Tab. phyc. VI. Tab. 24).
Phycoseris curvata Kütz.? (Spec. Alg. p. 476. — Id. Tab. phyc. VI. Tab. 20.)

In der Nordsee, Ostsee und im adriatischen Meere.

II. Familie. **Confervaceae.**

Thallus aus einem einfachen oder verzweigten Gliederfaden bestehend. Zoosporen aus dem Inhalte der Gliederzellen sich entwickelnd.

IV. Gattung. **Chaetomorpha** Kütz.

Thallus aus einem einfachen, an der Basis (wenigstens ursprünglich) angewachsenen rigiden (nicht schlüpfrigen) Gliederfaden bestehend, dessen Zellen meist länger als der Durchmesser sind.

1. **Ch. Melagonium** (Web. et Mohr) Kütz.

Fäden angewachsen, aufrecht, 1—3 dm lang, ca. 300—700 μ dick, der Länge nach fast durchaus nahezu gleich dick, sehr steif und

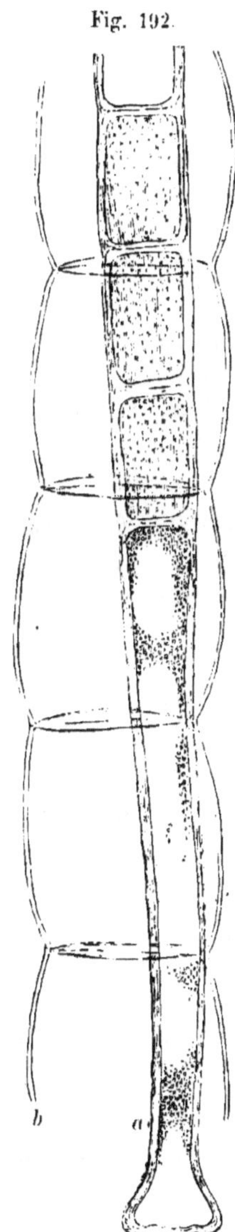

Fig. 192.

Chaetomorpha aerea (*Dillw.*) *Kütz.* *a* Basalstück, *b* Gipfelstück. Vergr. ca. 100. (Nach Kützing.)

gerade, in schmalen lockeren Rasen, seltener vereinzelt wachsend. Glieder $1^{1}/_{2}$—3 (meist 2) mal so lang als der Durchmesser, cylindrisch oder etwas ausgebaucht. — Dunkelgrün.

Conferva Melagonium Web. et Mohr, Reise nach Schweden, p. 194, T. 3, fig. 2. — Harv. Phyc. brit., pl. 99 A.

Ch. Melagonium Kütz. Phyc. germ. p. 204. — Id. Spec. Alg. p. 379. — Id. Tab. phyc. III. Tab. 61.

In der Nord- und Ostsee, auf Steinen und Felsen; auch epiphytisch.

2. **Ch. aerea** (Dillw.) Kütz. Fig. 192.

Fäden angewachsen, aufrecht, 1—3 dm lang, je nach der Entwicklung ca. 150 bis 500 μ (und mehr) dick, gegen die Basis allmälig verdünnt, steif und gerade, meistens in mehr weniger dichten Rasen, seltener vereinzelt wachsend. Glieder 1—2 mal so lang oder etwas kürzer als der Durchmesser, cylindrisch. Zoosporen in den obersten Gliederzellen sich entwickelnd, welche tonnenförmig oder fast kugelig, mitunter bis zu 600—700 μ Dicke anschwellen. — Meist hellgrün.

Zu dieser Art gehören wahrscheinlich als Formen: Ch. Linum und crassa.

Conferva aerea Dillw. Brit. Conf. Tab. 80. — Harv. Phyc. brit. pl. 99 B.

Ch. aerea Kütz. Spec. Alg. p. 379. — Id. Tab. phyc. III. Tab. 59.

Ch. princeps Kütz. Spec. Alg. p. 379. — Id. Tab. phyc. III. Tab. 59.

Ch. vasta Kütz. Spec. Alg. p. 378. — Id. Tab. phyc. III. Tab. 56.

Ch. variabilis Kütz. Spec. Alg. p. 378. — Id. Tab. phyc. III. Tab. 55.

Ch. urbica (Zanard.) Kütz. Spec. Alg. p. 377. — Id. Tab. phyc. III. Tab. 54. — Zanard. Icon. phyc. adr. III. p. 35, Tav. 88 B.

Ch. gallica Kütz. Spec. Alg. p. 378. — Id. Tab. phyc. III. Tab. 57.

In der Nordsee, Ostsee und im adriatischen Meere auf Steinen, selten epiphytisch.

3. **Ch. Linum** (Fl. Dan.) Kütz.

Fäden frei schwimmend, sehr lang, ca. 200—300 μ dick, steif, vielfach hin- und hergebogen und in einander verworren, bisweilen kraus. Glieder 1—2—4 mal so lang, mitunter stellenweise kürzer als der Durchmesser, cylindrisch. — Hell- oder dunkelgrün.

Conferva Linum Fl. Dan. Tab. 771. fig. 2.
Ch. Linum Kütz. Phyc. germ. p. 204.
Ch. setacea Kütz. Spec. Alg. p. 377. — Id. Tab. phyc. III. Tab. 54.
Ch. brachyarthra Kütz. Spec. Alg. p. 377. — Id. Tab. phyc. III. Tab. 53.
Ch. dalmatica Kütz. Spec. Alg. p. 378. — Id. Tab. phyc. III. Tab. 55.
Conferva sutoria Berk. — Harv. Phyc. brit. pl. 150 B.

In der Nordsee, Ostsee und im adriatischen Meere, namentlich in brackischen Oertlichkeiten.

4. **Ch. crassa** (Ag.) Kütz.

Fäden frei schwimmend, sehr lang, ca. 300—700 μ dick, sehr steif, vielfach hin- und hergebogen und in einander verworren. Glieder fast ebenso lang als der Durchmesser, stellenweise halb so lang, cylindrisch. — Hellgrün.

Conferva crassa Ag. Syst. p. 99.
Ch. crassa Kütz. Phyc. germ. p. 204. — Id. Tab. phyc. III. Tab. 59.
Ch. torulosa Kütz. Spec. Alg. p. 204. — Id. Tab. phyc. III. Tab. 61. — Zanard. Icon. phyc. adr. III. p. 33, Tav. 88 A.
Conferva Linum Harv. Phyc. brit. pl. 150?

An der Küste des adriatischen Meeres in ruhigen brackischen Oertlichkeiten.

5. **Ch. chlorotica** Kütz.

Fäden frei schwimmend, sehr lang, etwas steif, ca. 100—200 μ dick, hin- und hergebogen, in einander verworren. Glieder 1 bis 2—4 mal so lang, einzelne 5 mal länger als der Durchmesser.

Ch. chlorotica Kütz. Spec. Alg. p. 377. — Id. Tab. phyc. III. Tab. 5.
Conferva cannabina Aresch.? (Phyc. scand. mar. p. 207, Tab. 9 F. — Id. Alg. scand. exsicc. No. 14.)
Rhizoclonium Linum Thur. Herb.?

Im adriatischen Meere in brackischen Oertlichkeiten; auch in der Ostsee.

6. **Ch. tortuosa** (J. Ag.) Kütz.

Fäden verschiedenen Algen anhaftend, lang, etwas steif, kraus, dicht in einander verworren, 40—80 μ oder 50—100 μ dick. Glieder 1—2 mal so lang, hier und da kürzer als der Durchmesser.

Conferva tortuosa J. Ag. Alg. med. p. 12.
Ch. tortuosa Kütz. Spec. Alg. p. 376. — Id. Tab. phyc. III. Tab. 51.
Ch. Callithrix Kütz. Spec. Alg. et Tab. phyc. l. c.
Spongopsis mediterranea Kütz. Spec. Alg. p. 381. — Id. Tab. phyc. III. Tab. 50.

Im adriatischen Meere.

7. **Ch. ? breviarticulata** Hauck.

Fäden lang, etwas steif, hin- und hergebogen, oft etwas kraus, zu Watten verworren, 40—60 μ dick. Glieder $^1/_2$—1 mal, selten hier und da fast 2 mal so lang als der Durchmesser.

Fäden sehr selten mit vereinzelten kurzen, gegliederten Aestchen.

Ch. ? breviarticulata Hauck, Herb.
Ch. implexa Kütz.? (Spec. Alg. p. 376. – Id. Tab. phyc. III. Tab. 51.)

An der Küste des adriatischen Meeres in brackischen Oertlichkeiten (Salinen bei Zaule, Pirano etc.).

8. **Ch. gracilis** Kütz.

Fäden sehr lang, schlaff, hin- und hergebogen, zu Watten verworren, 32—48 μ dick. Glieder $1^1/_2$—4—5 mal so lang als der Durchmesser.

Ch. gracilis Kütz. Phyc. germ. p. 203. — Id. Spec. Alg. p. 376. — Id. Tab. phyc. III. Tab. 52.

β. ? **longiarticulata.**

Fäden etwas schlüpfrig, 24—32 μ dick. Glieder $1^1/_2$—7 (meist 4—7) mal länger als der Durchmesser.

An der Küste des adriatischen Meeres in brackischen Orten (Salinen, Lagunen etc.).

V. Gattung. **Ulothrix** Kütz.

Thallus aus einem einfachen, an der Basis (wenigstens anfänglich) angewachsenen, schlaffen (und schlüpfrigen) Gliederfaden bestehend, dessen Zellen meist kürzer als der Durchmesser sind.

Durch unregelmässige Theilungen, Aufquellen und Auseinanderweichen der Zellenwände entstehen unter Umständen bei einigen Arten Palmella- oder Protococcus-ähnliche Zellenkolonien.

1. **U. implexa** Kütz. Fig. 193.

Bildet 5—30 mm hohe, gelbgrüne Rasen oder frei schwimmende Watten. Fäden 10—14 μ dick. Glieder mit einem Chlorophyllring, halb so lang bis etwas länger, meist fast ebenso lang als der Durchmesser.

Hormidium implexum Kütz. Bot. Zeitg. 1847, p. 147.
U. implexa Kütz. Spec. Alg. p. 349. — Id. Tab. phyc. II. Tab. 94.
U. submarina Kütz. Spec. Alg. et Tab. phyc. l. c.
U. flacca Hauck, Beitr. 1877, p. 298. — Dodel, Illustr. Pflanzenleben, p. 148, fig. 28.
Lyngbya (Hormotrichum) Cutleriae Harv. Phyc. brit. pl. 336?

Auf Steinen an der Fluthgrenze und in brackischen Orten an den Küsten der Nordsee, Ostsee und des adriatischen Meeres.

Fig. 193.

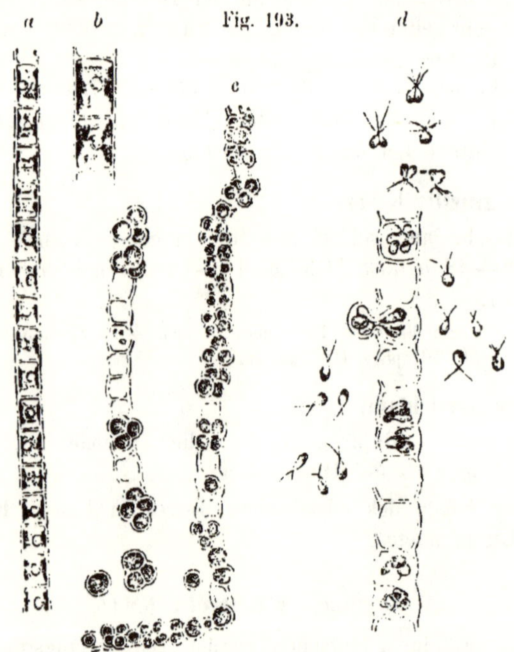

Ulothrix implexa *Kütz.* *a* Vegetatives Fadenstück. Vergr. 480. *b* Zwei Zellen desselben stärker vergrössert. *c* Zwei Fadenfragmente mit gefangen gebliebenen Zoosporen, die sich abrundeten, mit einer Membran bekleideten und nun langsam wachsen, während die Mutterzellen-Membranen sich auflösen. Links unten frei gewordene Palmella-artige Zellen, die aus gefangen gebliebenen Zoosporen hervorgingen. Vergr. 480. *d* Mikrozoosporen-bildender Faden, dessen Zellen zum Theil entleert sind; seitlich davon isolirte Mikrozoosporen: oberhalb Copulation der Mikrozoosporen. Vergr. 800. (Nach Dodel-Port.)

2. **U. flacca** (Dillw.) Thur.

Bildet gelblich- bis dunkelgrüne, 1—8 cm hohe Rasen oder verworrene Watten. Fäden 10—40 μ dick; Glieder 2—3—5 mal kürzer bis fast ebenso lang als der Durchmesser.

Fäden bisweilen paarig zusammengewachsen, ausnahmsweise auch mit vereinzelten, kurzen, gegliederten, weit abstehenden Aestchen.

Conferva flacca Dillw. Brit. Conf. Tab. 49.
U. flacca Thur. in Le Jol. Alg. mar. Cherb. p. 57. — Farlow, New Engl. Algae p. 45.
Lyngbya ? flacca Harv. Phyc. brit. pl. 300.
Hormotrichum flaccum Kütz. Spec. Alg. p. 381. — Id. Tab. phyc. III. Tab. 63.
Hormotrichum didymum Kütz. Spec. Alg. et Tab. phyc. l. c.
Hormotrichum fasciculare Kütz. Spec. Alg. p. 382. — Id Tab. phyc. III. Tab. 64.
Hormotrichum Carmichaelii Kütz. Spec. Alg. et Tab. phyc. l. c.
Lyngbya Carmichaelii Harv. Phyc. brit. pl. 185 A.
Schizogonium laete virens Kütz.? (Spec. Alg. p. 351 — Id. Tab. phyc. II. Tab. 100.)
Schizogonium crispatum Kütz.? (Spec. Alg. et Tab. phyc. l. c.)

Auf Steinen, Holzwerk und grösseren Algen in der Nord- und Ostsee.

3. **U. isogona** (Engl. Bot.) Thur.

Bildet gelblich- oder dunkelgrüne, 1—8 cm hohe Rasen oder verworrene Watten. Fäden 20—70 μ dick; Glieder 2—3—4 mal kürzer bis 1½, mitunter bis 2 mal länger als der Durchmesser; die längeren Glieder häufig tonnenförmig.

Areschoug (Obs. II.) vereinigt diese Art mit U: flacca unter Urospora penicilliformis.

Conferva isogona Engl. Bot. Tab. 1930.
U. isogona Thur. in Le Jol. Alg. mar. Cherb. p. 57. — Farlow, New Engl. Algae p. 45.
Hormotrichum isogonum Kütz. Spec. Alg. p. 382. — Id. Tab. phyc. III. Tab. 65.
Conferva Youngana Dillw. — Harv. Phyc. brit. pl. 328.
Hormotrichum Younganum Kütz. Spec. Alg. p. 382. — Id. Tab. phyc. III. Tab. 65.
Hormotrichum penicilliforme Kütz. Spec. Alg. p. 382. — Id. Tab. phyc. III. Tab. 64.
Hormotrichum vermiculare Kütz. Spec. Alg. et Tab. phyc. l. c.
Urospora penicilliformis Aresch. Obs. II. p. 4 (partim).
Lyngbya speciosa Carm. — Harv. Phyc. brit. pl. 186 B.

Auf Steinen und Holzwerk in der Nord- und Ostsee.

4. **U. collabens** (Ag.) Thur.

Bildet 5—15 cm hohe, dichte, schön tiefgrüne Rasen. Fäden von sehr verschiedener Dicke in demselben Rasen, 50—180 μ dick, gegen die Basis allmälig verdünnt. Glieder meist 1—1½, mitunter bis 2—3 mal so lang als der Durchmesser; die dickeren Fäden an den Gelenken häufig etwas eingezogen.

Conferva collabens Ag. Syst. p. 102. — Harv. phyc. brit. pl. 327.
U. collabens Thur. in Le Jol. Alg. mar. Cherb. p. 57.
Hormotrichum collabens Kütz. Spec. Alg. p. 383. — Id. Tab. phyc. III. Tab. 66.

In der Nordsee.

VI. Gattung. **Rhizoclonium** Kütz.

Thallus aus einem einfachen, kriechenden Gliederfaden bestehend, an welchem hin und wieder kurze, meist ungegliederte Wurzelästchen entspringen.

1. **Rh. tortuosum** Kütz.

Fäden etwas steif, kraus, in einander verworren, 25—40 μ dick; Wurzelästchen kurz, vereinzelt, oft fehlend.

Rh. tortuosum Kütz. Phyc. germ. p. 205. — Id. Spec. Alg. p. 384. — Id. Tab. phyc. III. Tab. 68.
Conferva implexa Harv. Phyc. brit. pl. 54 A.

In der Nordsee, meist Algen anhaftend.

Fig. 194.

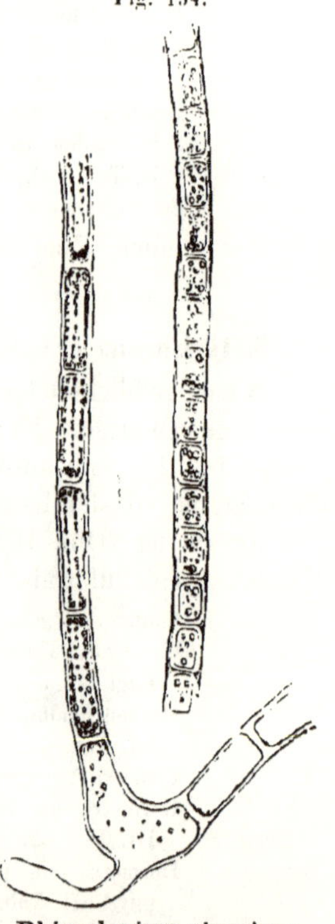

Rhizoclonium riparium *(Roth) Harv.* Zwei Fadenstücke. Vergr. ca. 200.

2. **Rh. riparium** (Roth) Harv. Fig. 194.

Bildet gelbgrüne bis schmutzig dunkelgrüne Watten. Fäden schlaff, sehr lang, verworren, 16—28 μ dick, mit wenigen oder zahlreichen, kurzen; ungegliederten, Wurzelästchen und bisweilen auch vereinzelten kurzen, gegliederten Aestchen; Glieder 1—2, mitunter 4 mal so lang als der Durchmesser.

Conferva riparia Roth, Catal. III. p. 216.
Rh. riparium Harv. Phyc. brit. pl. 238.
Rh. salinum Kütz. Spec. Alg. p. 384. — Id. Tab. phyc. III. Tab. 73.
Rh. interruptum Kütz. Spec. Alg. p. 384. — Id. Tab. phyc. III. Tab. 69.
Rh. obtusangulum Kütz. Spec. Alg. p. 385. — Id. Tab. phyc. III. Tab. 71.
Rh. littoreum Kütz. Spec. Alg. p. 386. — Id. Tab. phyc. III. Tab. 73.
Rh. Jürgensii Kütz. Spec. Alg. et Tab. phyc. l. c.
Rh. pannosum (Aresch.) Kütz. Spec. Alg. p. 384. — Id. Tab. phyc. III. Tab. 70.

In der Nordsee, Ostsee und im adriatischen Meere am Strande und in brackischen Orten.

3. **Rh. Kochianum** Kütz.

Bildet hell- oder schöngrüne Watten. Fäden schlaff, sehr lang, verworren, 8—13 μ dick; Glieder 1—2, mitunter bis 4 oder 5 mal so lang als der Durchmesser. Wurzelästchen selten, oft fehlend.

Rh. Kochianum Kütz. Phyc. germ. p. 206. — Id. Spec. Alg. p. 387. — Id. Tab. phyc. III. Tab. 75.

In Brackwasser an den Küsten der Nordsee, Ostsee und des adriatischen Meeres.

VII. Gattung. **Cladophora** Kütz.

Thallus aus einem freien, an der Basis (oder auch stellenweise mittelst Wurzelfäden) angewachsenen, wiederholt verzweigten Gliederfaden bestehend.

a. Thallus durchaus oder unterhalb durch verfilzte Aeste und Wurzelfäden schwammig ***(Spongomorpha).***
b. Thallus mehr weniger dichte, polsterförmige Rasen oder rundliche Ballen bildend ***(Aegagropila).***
c. Thallus Rasen- oder Watten-artig, nicht durch Wurzelfäden verfilzt ***(Eucladophora).***

a. Thallus durchaus oder unterhalb durch verfilzte Aeste und Wurzelfäden schwammig ***(Spongomorpha).***

1. **Cl. Sonderi** Kütz.

Bildet dichte, dunkelgrüne, 5—8 cm hohe Rasen. Fäden ziemlich steif, strahlig angeordnet, gerade, frei, nur an der Bais durch zahlreiche Wurzelfäden ballig verfilzt, 80—150 μ dick, reich und ziemlich gleich hoch verzweigt. Aeste und Aestchen abwechselnd, hin und wieder einseitig, oberhalb etwas gedrängter entspringend, meist verlängert, gerade, aufrecht. Glieder 1 bis 2 mal so lang als der Durchmesser; Endglieder von gleicher Länge wie die übrigen Glieder, oder weit länger.

Cl. Sonderi Kütz. Phyc. germ. p. 208. — Id. Spec. Alg. p. 419. — Id. Tab. phyc. IV. Tab. 79.

In der Nordsee (Helgoland).

2. **Cl. arcta** (Dillw.) Kütz. Bildet halb- oder fast kugelige, 3—8 cm hohe, in der Jugend schöngrüne, schlüpfrige, im Alter mehr rigide, verfilzte, oft in handförmige Lappen getheilte Rasen. Fäden strahlig angeordnet, unterhalb zahlreiche Wurzelfäden entsendend, 40—90 μ dick, frei und gerade, im Alter etwas verfilzt, mehr weniger reich und gleich hoch verzweigt. Aeste und Aestchen gerade, aufrecht, zerstreut, hin und wieder einseitig entspringend, die meisten, (namentlich bei der jungen Pflanze) ein kurzes Stück unter dem Scheitel der Gliederzelle entspringend und einzelne bisweilen nicht am Grunde, sondern erst nach einer längeren oder kürzeren Strecke sich gliedernd. Länge der Glieder nach dem Alter der Pflanze sehr verschieden. Glieder der alten

Fig. 195.

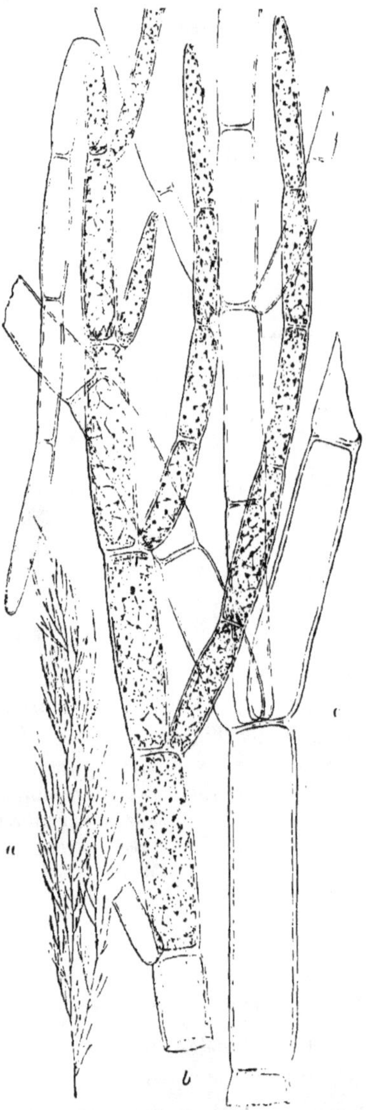

Cladophora gracilis (*Griff.*) *Kütz.*
a Stück der Alge in natürl. Grösse. *b* Gipfelstück. *c* Unteres Stück. Vergr. ca. 200.

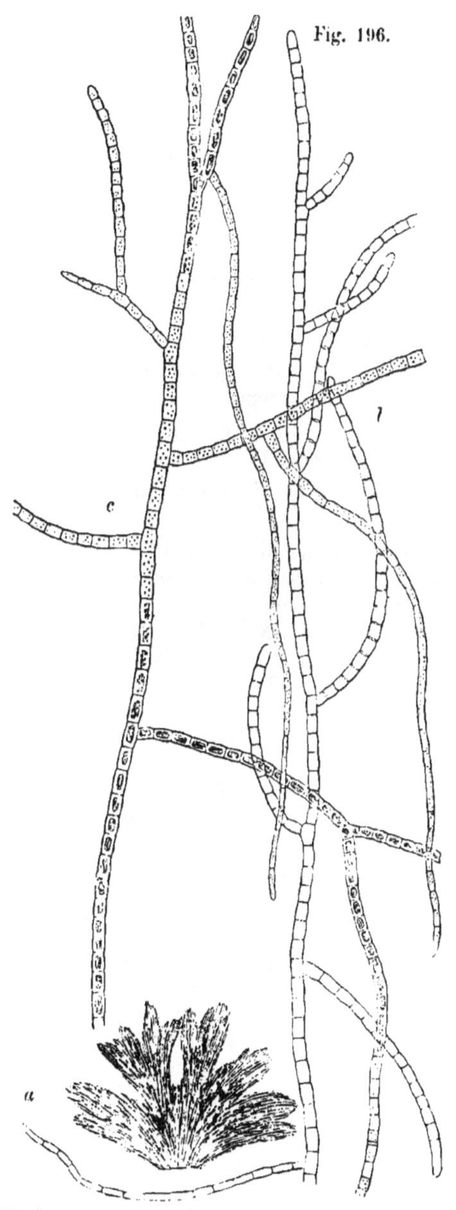

Cladophora lanosa (*Roth) Kütz.* F. uncialis. *a* Stück der Alge in natürl. Grösse. *b* Oberstück. *c* Unterstück. Vergr. ca. 100.

Pflanze oder älterer Theile 1—2 mal, jene der jungen Theile 8 bis 12 mal so lang als der Durchmesser. Endglieder junger Theile lang und etwas keulenförmig; Endzweige alter Individuen oder älterer Theile mehr weniger zugespitzt.

Conferva arcta Dillw. Brit. Conf. Suppl. p. 67.
Cl. Spongomorpha arcta Kütz. Phyc. gener. p. 263. — Id. Spec. Alg. p. 417. — Id. Tab. phyc. IV. Tab. 74. — Harv. Phyc. brit. pl. 135.
Cl. Sp. cymosa Kütz. Spec. Alg. p. 417. — Id. Tab. phyc. IV. T. 74.
Cl. Sp. Binderi Kütz. Spec. Alg. p. 419. — Id. Tab. phyc. IV. T. 78.
Cl. Sp. centralis Kütz. Spec. Alg. p. 419. — Id. Tab. phyc. IV. Tab. 80.
Cl. Sp. radians Kütz. Spec. Alg. p. 418. — Id. Tab. phyc. IV. Tab. 77.
Cl. Sp. arctiuscula Kütz. Spec. Alg. p. 418. — Id. Tab. phyc. IV. Tab. 75.
Cl. Sp. spinescens Kütz. Spec. Alg. p. 418. — Id. Tab. phyc. IV. Tab. 75.
Cl. vaucheriaeformis (Ag.) Kütz. Spec. Alg. p. 389. — Id. Tab. phyc. III. Tab. 78.

Cl. comosa Kütz. Spec. Alg. p. 389. — Id. Tab. phyc. III. Tab. 79.
Cl. Comatula Kütz. Spec. Alg. p. 389. — Id. Tab. phyc. III. Tab. 79.
Cl. leucocoma Kütz. Spec. Alg. p. 389. — Id. Tab. phyc. III. Tab. 80?
Cl. stricta Kütz. Spec. Alg. p. 389. — Id. Tab. phyc. III. Tab. 80.

In der Nord- und Ostee.

3. **Cl. lanosa** (Roth) Kütz.

Bildet anfänglich dichte Büschel, später halb- oder fast kugelige, schwammige, 1—4 cm hohe Rasen. Fäden schlaff, strahlig angeordnet, unterhalb zahlreiche Wurzelfäden entsendend, 16—30 μ dick, anfänglich fast frei, später wollig verworren, zerstreut und gleich hoch verzweigt. Aeste und Aestchen verlängert, aufrecht bis gespreizt, die meisten ein kurzes Stück unter dem Scheitel oder an der Mitte der Gliederzellen entspringend. Glieder entweder durchaus 1—3 mal so lang oder die oberen bis 6—8 mal länger als der Durchmesser. — Blass- oder schöngrün.

Conferva lanosa Roth. Catal. III. p. 291, Tab. 9.
Cl. lanosa Kütz. Phyc. gener. p. 269. — Id. Spec Alg. p. 420. — Id. Tab. phyc. IV. Tab. 83. — Harv. Phyc. brit. pl. 6.
Cl. Spongomorpha villosa Kütz. Spec. Alg. et Tab. phyc. l. c.
Cl. Sp. senescens Kütz. Spec. Alg. p. 420. — Id. Tab. phyc. IV. Tab. 84.
Cl. Sp. congregata Kütz. Spec. Alg. 420. — Id. Tab. phyc. IV. Tab. 81.

F. uncialis. Fig. 196.

Fäden zu zahlreichen strahligen, oft verzweigten, dicht verfilzten Strängen zusammengedreht oder verschieden getheilte, filzige Rasen bildend.

Conferva uncialis Fl. Dan. Tab. 771, fig. 1.
Cl. Sp. uncialis Kütz. Spec. Alg. p. 420. — Id. Tab. phyc. IV. Tab. 80 und 82. — Harv. Phyc. brit. pl. 207.
Cl. lanosa var. uncialis Thur. in Le Jol. Alg. mar. Cherb. p. 63.
Cl. Sp. ramosa Kütz. Spec. Alg. p. 420. — Id. Tab. phyc. IV. Tab. 81.
Cl. Sp. multifida Kütz. Tab. phyc. IV. p. 18. Tab. 84.

In der Nord- und Ostsee auf Felsen oder häufiger auf grösseren Algen; die Form uncialis auf Felsen.

*b. Thallus mehr weniger dichte, polsterförmige Rasen oder rundliche Ballen bildend (**Aegagropila**).*

4. **Cl. coelothrix** Kütz.

Bildet dichte, dunkelgrüne (trocken bräunlich dunkelgrüne), schwammige, 1—3 cm hohe polsterförmige Rasen. Fäden ziemlich steif, 200—300 μ dick, verworren, locker verzweigt. Aeste und

Aestchen ohne Ordnung entspringend, abstehend. Glieder 2—4 mal, stellenweise bis 6 mal länger als der Durchmesser.

Cl. coelothrix Kütz. phyc. gener. p. 272. — Id. Spec. Alg. p. 416. — Id. Tab. phyc. IV. Tab. 70.

Im adriatischen Meere.

5. **Cl. cornea** Kütz.

Bildet lockere, verworrene, 1—3 cm hohe, bräunlich dunkelgrüne Räschen oder rundliche Ballen. Fäden steif, hin- und hergebogen, 150—300 μ dick, unregelmässig und dicht verzweigt; Aeste und Aestchen abwechselnd, opponirt oder zu dreien wirtelig entspringend, abstehend bis gespreizt, häufig gebogen. Glieder 6 bis 10 mal länger als der Durchmesser.

Cl. Aegagropila cornea Kütz. Phyc. gener. p. 272. — Id. Spec. Alg. p. 414. — Id. Tab. phyc. IV. Tab. 63.

Im adriatischen Meere.

6. **Cl. trichotoma** Kütz.

Bildet 2—5 cm hohe Rasen oder rundliche Ballen. Fäden steif, 120—300 μ dick, unregelmässig zerstreut verzweigt. Aeste verlängert, mehr weniger mit abwechselnden, hin und wieder einseitigen, kurzen oder längeren Aestchen besetzt. Alle Verzweigungen abstehend. Glieder 4—8 mal länger als der Durchmesser.

Cl. Aegagropila trichotoma Kütz. Spec. Alg. p. 414. — Id. Tab. phyc. IV. Tab. 64.

Im adriatischen Meere.

7. **Cl. Echinus** (Bias.) Kütz. Fig. 197.

Bildet rundliche, ziemlich dichte, fast stachelige Ballen von 1—3 cm im Durchmesser. Fäden steif, 80—250 μ dick, unregelmässig und dicht verzweigt. Zweige abwechselnd, opponirt und zu dreien oder mehreren wirtelig, die jüngsten Aestchen abwechselnd entspringend; alle Verzweigungen fast gespreizt. Glieder meist 4—8 mal länger als der Durchmesser, zum Theil keulenförmig oder beiderends verdickt.

Conferva Echinus Bias. Viaggio di S. M. Federico Augusto, p. 202. Tav. 3.

Cl. Echinus Kütz. Spec. Alg. p. 414. — Id. Tab. phyc. IV. Tab. 62.

Im adriatischen Meere.

Fig. 197.

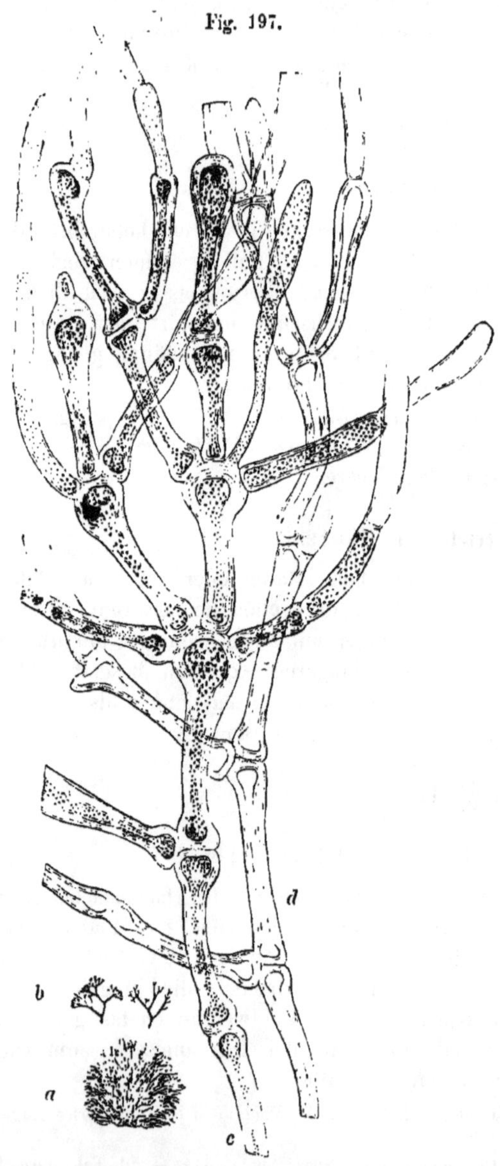

Cladophora Echinus *(Bias.) Kütz.* *a* Alge in natürl. Grösse. *b* Einzelne Fadenstücke in natürl. Grösse. *c*, *d* Zwei Fadenstücke, 40 mal vergr. (Nach Kützing.)

8. **Cl. repens** (J. Ag.) Harv.

Bildet dichte, dunkelgrüne (trocken bräunlich dunkelgrüne), schwammige, 1—3 cm hohe Polster oder rundliche Ballen. Fäden steif, 80—200 μ dick, verworren, zerstreut verzweigt, stellenweise lang gliederige, gewundene Wurzelfäden absendend; Zweige etwas gebogen, abstehend bis gespreizt. Glieder von verschiedener Länge, meist 6—8 mal, mitunter bis 10—20 mal länger als der Durchmesser. Einzelne Zweige bisweilen ein Stück über der Basis abgegliedert.

Conferva repens J. Ag. Alg. medit. p. 13.

Cl. repens Harv. Phyc. brit. pl. 236. — Kütz. Spec. Alg. p. 416. — Id. Tab. phyc. IV. Tab. 70.

Im adriatischen Meere.

F. Meneghiniana.

Schmutzig dunkelgrün. Fäden weniger steif. Glieder meist 4—8 mal länger als der Durchmesser.

Aegagropila Meneghiniana Kütz. Phyc. gener. pag. 200.

Cl. Meneghiniana Kütz. Spec. Alg. p. 417. — Id. Tab. phyc. IV. Tab. 73.

Im adriatischen Meere.

c. *Thallus rasen- oder wattenartig, nicht durch Wurzelfäden verfilzt* ***(Eucladophora).***

Robustere Formen: Aestchen 50—300 μ dick . . . . 9—20.

Zartere Formen: Aestchen 15—50 μ dick . . . . 21—31.

9. **Cl. prolifera** (Roth) Kütz.

Bildet 2—30 cm hohe, dunkelgrüne (trocken dunkelbraungrüne), büschelige Rasen. Fäden an der Basis dem Substrat mittelst langer, ungegliederter Wurzelfäden anhaftend, steif und gerade, in den Hauptverzweigungen 300—400 μ, in den Aestchen 130—250 (bei kleinen Formen auch bis 320) μ dick, di-, tri- und polychotom büschelig und ziemlich gleich hoch verzweigt; Zweige paarig oder wirtelig, selten einzeln, an jedem Gliede entspringend, aufrecht. Glieder 6—16 mal länger als der Durchmesser.

Conferva prolifera Roth, Cat. I. Tab. 3. fig. 2.

Cl. prolifera Kütz. Phyc. germ. p. 207. — Id. Spec. Alg. p. 390. — Id. Tab. phyc. III. Tab. 82.

Cl. catenata Kütz. Spec. Alg. p. 389. — Id. Tab. phyc. l. c. (nec Conferva catenata Ag.)

Cl. scoparia Kütz. Spec. Alg. p. 390. — Id. Tab. phyc. l. c.

Im adriatischen Meere.

10. **Cl. scoparioides** Hauck.

Bildet 1—4 (selten bis 8) cm hohe, dunkelgrüne (trocken meist dunkel braungrüne), dicht büschelige Rasen. Fäden ziemlich steif, an der Basis mittelst langer, ungegliederter Wurzelfäden dem Substrat anhaftend, in den Hauptverzweigungen 80—240, in den Aestchen 45—100 μ dick, reich, fast di-, trichotom (hier und da polychotom), zuletzt einseitig, ziemlich gleich hoch verzweigt. Zweige aufrecht oder abstehend, unterhalb entfernter, oberhalb dichter und häufig büschelig gedrängt. Glieder 4—10 mal länger als der Durchmesser.

Cl. scoparioides Hauck, Verz. p. 55.

Im adriatischen Meere an Cystosirenstämmen.

11. **Cl. pellucida** (Huds.) Kütz.

Rasen 4—15 cm hoch. Fäden steif und gerade, in den Hauptverzweigungen 350—500 μ, in den Aestchen 150—250 μ dick, ziemlich regelmässig di-trichotom (hin und wieder polychotom) an jedem Gliede verzweigt, oder die Hauptäste di-trichotom, mit zu zweien oder mehreren an einem Gliede entspringenden, in gleicher Weise verzweigten Aesten besetzt. Die jüngsten Aestchen einseitig. Die Hauptverzweigungen abstehend (oder weit abstehend), die jüngeren mehr aufrecht, an den Enden häufig büschelig gedrängt. Die oberen Glieder 6—8 mal, die unteren bis 16 (und mehr) mal länger als der Durchmesser. Das in verzweigte Wurzelfäden ausgehende Basalglied sehr verlängert.

Conferva pellucida Huds. Fl. angl. p. 601.

Cl. pellucida Kütz. Phyc. germ. p. 208. — Id. Spec. Alg. p. 390. — Id. Tab. phyc. III. Tab. 83. — Harv. Phyc. brit. pl. 174.

Acrocladus mediterraneus Näg. — Kütz. Spec. Alg. p. 509. — Id. Tab. phyc. VI. Tab. 92.

F. nana.

Thallus 1—3 cm hoch, in den Hauptverzweigungen 80—160 μ, in den Aestchen 60—80 μ dick.

Im adriatischen Meere.

12. **Cl. catenata** (Ag.) Hauck.

Bildet 4—8 cm hohe, dunkelgrüne, dichte, büschelige, ziemlich gleich hohe Rasen. Fäden steif, gerade, in den Hauptverzweigungen 150—250 μ, in den Aestchen meist 80—200 μ dick, reich verzweigt; Aeste und Aestchen mehr weniger büschelig gedrängt, abwechselnd und hier und da opponirt entspringend, aufrecht Glieder 2—4 mal, mitunter bis 5—8 mal länger als der Durchmesser.

Conferva catenata Ag. Syst. p. 119. — J. Ag. Alg. medit. p. 13 (fide specimen).
Cl. catenata Hauck, Verz. p. 55 (nec Kütz.).
Cl. fruticulosa Kütz. ? (Spec. Alg. p. 391. — Id. Tab. phyc. III. Tab. 84).

Im adriatischen Meere.

13. **Cl. Neesiorum** Kütz.

Bildet 2—6 cm hohe, dicht büschelige, dunkelgrüne Rasen. Fäden steif, gerade oder gebogen, in den Hauptverzweigungen meist 150—200 μ, in den Aestchen 80—150 μ dick, reich und dicht verzweigt: Zweige aufrecht, büschelig gedrängt. Aeste und Aestchen abwechselnd, opponirt und auch zu dreien oder vieren wirtelig entspringend. Glieder 1—3 mal, die untersten auch bis 4 mal länger als der Durchmesser.

Cl. Neesiorum Kütz. Spec. Alg. p. 396. — Id. Tab. phyc. IV. Tab. 5. (nec Conferva Neesiorum Ag.)
Cl. humilis Kütz. Spec. Alg. p. 396. — Id. Tab. phyc. IV. Tab. 4.
Cl. ramosissima Kütz. Spec. Alg. p. 396. — Id. Tab. phyc. IV. Tab. 4.

Im adriatischen Meere.

14. **Cl. rupestris** (L.) Kütz.

Bildet 5—20 cm hohe, dunkelgrüne, dichte, büschelige, ziemlich gleich hohe Rasen. Fäden steif, in den Hauptverzweigungen 90 bis 150 μ, in den Aestchen 60—80 μ dick, reich verzweigt. Hauptäste der Länge nach mit abwechselnden oder stellenweise opponirt oder zu dreien bis vieren wirtelig entspringenden, oberhalb häufig mehr gedrängteren, in gleicher Weise verzweigten Aesten und einfachen Aestchen besetzt. Aestchen meist verlängert. Aeste und Aestchen angedrückt-aufrecht. Die grösseren Aeste fast an jedem zweiten oder dritten Gliede entspringend, an ihrer Basis meist ein kurzes Stück zusammengewachsen. Glieder 3—6—10 mal länger als der Durchmesser. Glieder der oberen Zweige bei der fructificirenden Pflanze tonnenförmig, 2—3 mal länger als dick.

Conferva rupestris L. Syst. nat. 2. p. 721.
Cl. rupestris Kütz. Phyc. gener. p. 270. — Id. Spec. Alg. p. 396. — Id. Tab. phyc. IV. Taf. 3. — Harv. Phyc. brit. pl. 180.
Cl. Lyngbyana Kütz. Spec. Alg. p. 396.

In der Nord- und Ostsee.

15. **Cl. mediterranea** Hauck.

Bildet 5—15 cm hohe, dunkelgrüne, büschelige, ziemlich gleich hohe Rasen. Fäden ziemlich steif und gerade, in den Hauptverzweigungen 100—160 μ, in den Aestchen 40—80 μ dick, reich und dicht, oberhalb meist gedrängter, ziemlich gleich hoch verzweigt. Aeste abwechselnd und einseitig, hin und wieder paarig entspringend, mit einseitigen und abwechselnden kürzeren oder längeren Aestchen besetzt. Alle Verzweigungen aufrecht. Glieder 2—7 mal so lang als der Durchmesser.

Cl. mediterranea Hauck, Herb.
Cl. rupestris γ. mediterranea Kütz. ? (Spec. Alg. p. 396. — Id. Tab. phyc. IV. Tab. 3.)

Im adriatischen Meere.

16. **Cl. Hutchinsiae** Kütz.

Rasen 1—2 dm hoch, dunkelgrün. Fäden ziemlich steif, in den Hauptverzweigungen 250—400 μ, in den Aestchen 160—240 μ dick, reich verzweigt. Hauptäste sehr verlängert, mit abwechselnden und einseitigen verlängerten Aesten, die, sowie die Hauptäste, mehr weniger mit in Serien einseitig und hin und wieder einzeln abwechselnd entspringenden, kürzeren oder längeren, einfachen oder einseitig verzweigten Aestchen besetzt sind. Alle Verzweigungen abstehend. Glieder 1—2—4 mal länger als der Durchmesser.

Cl. Hutchinsiae Kütz. Spec. Alg. p. 391. — Id. Tab. phyc. III. Tab. 87. — Harv. Phyc. brit. pl. 124.
Cl. alyssoidea Menegh. — Kütz. Spec. Alg. p. 391. — Id. Tab. phyc. III. Tab. 87.
Cl. hormocladia Kütz. Spec. Alg. p. 391. — Id. Tab. phyc. III. Tab. 87.
Cl. diffusa Harv. Phyc. brit. pl. 130 (fide Thur.).
Conferva Rissoana Mont. Herb.!

Im adriatischen Meere.

β. **distans.**

Fäden in den Hauptverzweigungen 280—400 μ, in den Aestchen meist 200—250 μ dick. Aeste meist entfernt entspringend, sehr verlängert, nackt oder mit zerstreuten, hin und wieder einseitigen kurzen und verlängerten Aestchen besetzt. Verzweigungen aufrecht. Glieder meist 1—2 mal, hier und da bis 3 mal länger als der Durchmesser.

Cl. Hutchinsiae β. distans Kütz. Spec. Alg. p. 392 (excl. synon.).
Cl. diffusa Kütz. Tab. phyc. III. Tab. 88.

Im adriatischen Meere.

17. **Cl. utriculosa** Kütz.

Bildet 2—25 cm hohe, schön- oder schmutzig-grüne Rasen. Fäden ziemlich steif, in den Hauptverzweigungen 100—250 μ, in den Aestchen 70—100—160 μ dick, reich, dicht oder locker verzweigt, im Alter weitläufig verästelt und verworren. Hauptäste verlängert (häufig unterhalb entfernter, oberhalb gedrängter) mit abwechselnden, einseitigen, hier und da opponirt oder paarig oder zu dreien und vieren wirtelig entspringenden kürzeren oder längeren Aesten und einfachen oder wenig (meist einseitig) verzweigten Aestchen besetzt. Aeste in gleicher Weise wiederholt, zuletzt einseitig verzweigt, oder abwechselnd und einseitig mit ein- oder zweifach einseitig (bisweilen auch etwas abwechselnd) verzweigten geraden oder gebogenen Aestchen besetzt. Aestchen letzter Ordnung kurz oder verlängert, einzeln oder paarig entspringend. Endverzweigungen häufig gebüschelt. Verzweigungen abstehend, die jüngeren häufig aufrecht. Glieder 2—4—10 mal länger als der Durchmesser.

Cl. utriculosa Kütz. Phyc. gener. p. 269. — Id. Spec. Alg. p. 393.

α. **genuina.**

Hauptäste mit abwechselnd und einseitig entspringenden, meist einseitig (hin und wieder abwechselnd) verzweigten, kürzeren oder längeren Aesten und einfachen oder einseitig verzweigten Aestchen besetzt.

Cl. utriculosa Kütz. Tab, phyc. III. Tab. 94.
Cl. longiarticulata Kütz. Tab. phyc. l. c.
Cl. Rissoana Kütz. Spec. Alg. p. 392. — Id. Tab. phyc. III. Tab. 88.
Cl. laxa Kütz. Spec. Alg. p. 394. — Id. Tab. phyc. III. Tab. 96.

Im adriatischen Meere und in der Nordsee.

β. **diffusa.**

Fäden verworren verzweigt. Aeste meist abwechselnd entspringend, mit abwechselnd und einseitig verzweigten Aestchen besetzt.

Cl. diffusa Thur. Herb.

F. virgata.

Hauptäste und Aeste sehr verlängert, mit zerstreuten, abwechselnd und einseitig verzweigten Aestchen besetzt, zum Theil nackt.

Cl. utriculosa γ. virgata Kütz. Spec. Alg. p. 393. — Id. Tab. phyc. III. Tab. 95.

In der Nordsee und im adriatischen Meere.

γ. **ramulosa.**

Hauptäste mit abwechselnd und opponirt, hin und wieder einseitig entspringenden, meist einseitig und etwas opponirt verzweigten Aesten und einfachen oder einseitig verzweigten Aestchen besetzt.

Cl. ramulosa Menegh. — Kütz. Spec. Alg. p. 391. — Id. Tab. phyc. III. Tab. 85. — Zanard. Icon. phyc. adr. I. p. 99, Tav. 24 A.

Im adriatischen Meere.

δ. **laetevirens.**

Aeste abwechselnd, opponirt, paarig und zu dreien oder vieren entspringend, mit abwechselnd, paarig oder zu dreien bis vieren entspringenden, meist einseitig verzweigten Aestchen besetzt.

Cl. laetevirens Harv. Phyc. brit. pl. 190. (nec Kütz.)

In der Nordsee.

F. Lehmanniana.

Aestchen meist abwechselnd und paarig entspringend, einseitig verzweigt, gebüschelt.

Cl. Lehmanniana Kütz. Spec. Alg. p. 392. — Id. Tab. phyc. III. Tab. 90.

In der Nordsee (Helgoland).

18. **Cl. rectangularis** (Griff.) Harv.

Bildet 5—30 cm hohe, häufig verworrene, dunkelgrüne Rasen. Fäden ziemlich steif, in den Hauptverzweigungen 200—300 μ, in den Aestchen 150—200 μ dick, wiederholt opponirt (hier und da abwechselnd) verästelt. Aeste dicht oder mehr weniger entfernt entspringend, fast rechtwinkelig abstehend, so wie die Hauptäste fast an jedem (oder jedem 3—4) Gliede mit opponirt (hin und wieder zu dreien wirtelig, selten einzeln) entspringenden, weit abstehenden Aestchen besetzt. Die älteren Hauptäste und Aeste häufig stellenweise nackt. Aestchen durchaus ein- oder wenig gliedrig, bisweilen zum Theil verlängert. Glieder $1^1/_2$—3 mal länger als der Durchmesser.

Conferva rectangularis Griff. in Wyatt, Alg. Danm. No. 145.
Cl. rectangularis Harv. Phyc. brit. pl. 12. — Kütz. Spec. Alg. p. 395. — Id. Tab. phyc. III. Tab. 100.
Cl. Crouani (Chauv.) Kütz. Tab. phyc. l. c.

Im adriatischen Meere (Dalmatien).

19. **Cl. hirta** Kütz.

Rasen 5—30 cm lang, dunkelgrün. Fäden ziemlich steif, in den Hauptverzweigungen 100—240 μ, in den Aestchen 50—100 μ dick, verlängert, hin- und hergebogen, abwechselnd, bald gedrängter, bald entfernter verästelt. Aeste verlängert, aufrecht, hin- und hergebogen, so wie die Haupttäste nackt oder zum Theil mit oft an jedem Gliede entspringenden, meist einseitigen, kurzen, angedrückt-aufrechten (seltener abstehenden) Aestchen besetzt. Aeste an ihrer Basis ein kurzes Stück zusammengewachsen. Glieder 1—4 mal, seltener bis 6 mal länger als der Durchmesser.

Cl. hirta Kütz. Phyc. germ. p. 208. — Id. Spec. Alg. p. 395. — Id. Tab. phyc. IV. Tab. 1.
Conferva flexuosa Dillw. Brit. Conf. pl. 10. — Jürg. Alg. Dec. No. 10.
Cl. flexuosa Kütz. Phyc. germ. p. 208. (nec Harv.)

In der Nord- und Ostsee.

20. **Cl. flexuosa** (Griff.) Harv.

Rasen 5—15 cm hoch, dunkelgrün. Fäden ziemlich schlaff, in den Hauptverzweigungen 80—160 μ, in den Aestchen 40—70 μ dick, reich, bald mehr locker, bald dicht verzweigt. Hauptäste und Aeste verlängert, häufig hin- und hergebogen; Aeste abwechselnd und einseitig (hin und wieder opponirt oder zu dreien) entspringend und mehr weniger mit in einseitigen Serien und einzeln abwechselnd (hier und da paarig) entspringenden, kurzen oder verlängerten einfachen, oder zum Theil einseitig verzweigten Aestchen besetzt. Verzweigungen fast abstehend. Glieder meist $1^1/_2$—4 mal, mitunter bis 6 mal länger als der Durchmesser.

Conferva flexuosa Griff. in Wyatt, Alg. Danm. No. 227.
Cl. flexuosa Harv. Phyc. brit. pl. 353.
Cl. sirocladia Kütz. Spec. Alg. p. 392. — Id. Tab. phyc. III. Tab. 89.

In der Nordsee.

21. **Cl. hamosa** Kütz.

Bildet dunkelgrüne, meist 3—12 cm hohe Rasen. Fäden etwas steif, in den Hauptverzweigungen 80—100 μ, in den Aestchen 30—50 μ dick, reich verzweigt. Hauptäste fast di-trichotom, durchaus (meist unterhalb spärlich und oberhalb dicht) mit einseitig, abwechselnd, opponirt, häufig paarig bis zu vieren wirtelig entspringenden, meist kurzen, abstehenden und gebogenen, in gleicher Weise oder häufig elegant wiederholt einseitig verzweigten Aesten und einfachen oder einseitig verzweigten Aestchen besetzt. Hauptäste an ihrer Basis ein kurzes Stück zusammengewachsen. Glieder $1\frac{1}{2}$—3 mal, seltener bis 5 mal länger als der Durchmesser. Die fructificirenden Endglieder tonnenförmig bis fast kugelig.

Cl. hamosa Kütz. Phyc. gener. p. 267. — Id. Spec. Alg. p. 397. — Id. Tab. phyc. IV. Tab. 7.

Cl. Bertolonii Kütz. Spec. Alg. p. 397. — Id. Tab. phyc. IV. Tab. 7.

Cl. corymbifera Kütz. Spec. Alg. p. 397. — Id. Tab. phyc. IV. Tab. 8.

Im adriatischen Meere.

F. refracta.

Rasen schmutzig grün. Fäden dicht verzweigt, in den Hauptverzweigungen 60—80 μ, in den Aestchen 25—40 μ dick. Glieder 2—3 mal länger als der Durchmesser.

Cl. refracta Aresch. Alg. scand. exsicc. No. 338. — Farlow, New Engl. Algae p. 52. (non Harv., nec Kütz.)

In der Ostsee.

22. Cl. **Rudolphiana** (Ag.) Harv.

Rasen hell- oder schöngrün, 5—40 cm hoch. Fäden sehr schlaff, etwas schlüpfrig, in den Hauptverzweigungen 70—140 μ, in den Aestchen 25—40 μ dick, reich, fast di-trichotom, zuletzt einseitig und abwechselnd verzweigt; Aestchen verlängert. Verzweigungen abstehend. Glieder 4—12 mal länger als der Durchmesser, nicht selten stellenweise in der Mitte oder am Ende angeschwollen.

Conferva Rudolphiana Ag. Aufz. No. 46.

Cl. Rudolphiana Harv. Phyc. brit. pl. 86. — Kütz. Spec. Alg. p. 404. — Id. Tab. phyc. IV. Tab. 26.

Cl. Plumula Kütz. Spec. Alg. p. 404. — Id. Tab. phyc. IV. Tab. 27.

Cl. lubrica Kütz. ? (Spec. Alg. p. 404. — Id. Tab. phyc. IV. Tab. 30.)

In der Nordsee und im adriatischen Meere.

23. Cl. **gracilis** (Griff.) Kütz. Fig. 195.

Rasen hellgrün, 1—3 dm hoch. Fäden schlaff, in den Hauptverzweigungen 100—140 μ, in den Aestchen 30—50 μ dick, reich verzweigt. Hauptäste verlängert, meist hin- und hergebogen, abwechselnd und einseitig (hin und wieder opponirt) verästelt; Aeste abstehend, häufig gebogen, elegant mit in einseitigen Serien, hier und da einzeln abwechselnd (oder opponirt) entspringenden einfachen oder in gleicher Weise wieder verzweigten, meist verlängerten und gebogenen, abstehenden Aestchen besetzt. Glieder 3—6 mal länger als der Durchmesser.

Conferva gracilis Griff. in Wyatt, Alg. Danm. No. 97.
Cl. gracilis Kütz. Phyc. germ p. 215. — Id. Spec. Alg. p. 403. — Id. Tab. phyc. IV. Tab. 23. — Harv. Phyc. brit. pl. 18. — Zanard. Icon. phyc. adr. I. p. 101. Tav. 24, B.
Cl. vadorum Kütz. Spec. Alg. p. 402. — Id. Tab. phyc. IV. Tab. 20.
Cl. Thoreana Kütz. ? (Spec. Alg. p. 402. — Id. Tab. phyc. IV. Tab. 20.)
Conferva Sandri Zanard. Sagg. p. 60.

In der Nordsee, Ostsee und im adriatischen Meere.

24. **Cl. albida** (Huds.) Kütz.

Rasen 1—40 cm hoch, blass- oder schöngrün, häufig wattenartig verworren und schwammig. Fäden sehr schlaff, in den Hauptverzweigungen 40—60 μ, in den Aestchen 16—30 μ dick, reich und dicht verzweigt. Aeste abstehend, gerade oder etwas winkelig gebogen, abwechselnd, einseitig und zu zweien und dreien entspringend. Aestchen vorletzter Ordnung abstehend oder gespreizt, bisweilen gebogen, fast an jedem Gelenke mit abwechselnden, häufiger einseitigen, meist weit abstehenden kürzeren und längeren Aestchen besetzt. Die grösseren Aeste an ihrer Basis ein kurzes oder längeres Stück zusammengewachsen. Glieder 2—5mal (seltener $1^1/_2$—7 mal) länger als der Durchmesser.

Variirt: Fäden entfernter verzweigt; Aeste und Aestchen mehr aufrecht-abstehend, verlängert; Glieder $1^1/_2$—4 mal länger als der Durchmesser.

Conferva albida Huds. Fl. Angl. p. 595.
Cl. albida Kütz. Phyc. germ. p. 240. — Id. Spec. Alg. p. 400. — Id. Tab. phyc. IV. Tab. 15. — Harv. Phyc. brit. pl. 275.
Cl. reticulata Kütz. Spec. Alg. p. 400. — Id. Tab. phyc. IV. Tab. 16.
Cl. ramellosa Kütz. Spec. Alg. p. 400. — Id. Tab. phyc. IV. Tab. 16.
Cl. gracillima Kütz. Spec. Alg. p. 400. — Id. Tab. phyc. IV. Tab. 17.
Cl. refracta (Roth) Kütz. Spec. Alg. p. 398. — Id. Tab. phyc. IV. Tab. 10. — Harv. Phyc. brit. pl. 24.
Cl. tenuis Kütz. Spec. Alg. p. 398. — Id. Tab. phyc. IV. Tab. 9.
Cl. chlorothrix Kütz. Spec. Alg. et Tab. phyc. l. c.
Cl. pumila Kütz. Spec. Alg. p. 401. — Id. Tab. phyc. IV. Tab. 17.
Conferva Neesiorum Ag. Aufz. No. 49 (fide specim. authent.).

In der Nordsee und im adriatischen Meere.

25. **Cl. laetevirens** Kg.

Rasen 10—20 cm hoch, dunkelgrün. Fäden schlaff, in den Hauptverzweigungen 40—80 μ, in den Aestchen 25—40 μ dick, reich verzweigt. Aeste abwechselnd, opponirt oder zu dreien entspringend, verlängert, der Länge nach bald dichter, bald entfernter mit abwechselnd, opponirt (paarig) oder zu dreien, hin und wieder einseitig entspringenden, meist kurzen Aestchen besetzt, die theils in gleicher Weise oder einseitig verzweigt, theils einfach sind. Verzweigungen abstehend, häufig gebogen. Glieder $1^1/_2$ bis 4 mal länger als der Durchmesser.

Cl. lactevirens Kütz. Spec. Alg. p. 400. — Id. Tab. phyc. IV. Tab. 15 (fide icone).

Im adriatischen Meere.

26. **Cl. glomerata** (L.) Kütz. ***F. marina.***

Bildet 3—30 cm hohe, schöngrüne Rasen. Fäden schlaff, in den Hauptverzweigungen 60—120 μ, in den Aestchen 25—50 μ dick, mehr weniger reich verzweigt. Hauptfäden verlängert, bisweilen etwas hin- und hergebogen, mit unterhalb oft sehr entfernt und spärlich, oberhalb gedrängter, abwechselnd, einseitig, paarig oder zu 3—4 wirtelig entspringenden, abstehenden Aesten besetzt, die in gleicher Weise, zuletzt mehr einseitig verzweigt sind. Die jüngeren Aeste häufig etwas gebogen. Die Endverzweigungen büschelig gedrängt. Die grösseren Aeste an ihrer Basis ein kurzes Stück zusammengewachsen. Einzelne Zweige ausnahmsweise hier und da an der Mitte der Gliederzellen entspringend. Glieder 3 bis 7 mal länger als der Durchmesser.

Cl. glomerata γ. marina Kütz. Phyc. germ. p. 213.
Cl. conglomerata Kütz. Tab. phyc. III. p. 26, Tab. 92.
Cl. Suhriana Kütz. Spec. Alg. p. 303. — Id. Tab. phyc. III. Tab. 91.

F. flavescens.

Endverzweigungen meist dicht büschelig gedrängt. Aestchen letzter Ordnung einseitig, hin und wieder abwechselnd entspringend. Glieder meist 6—16 mal länger als der Durchmesser.

Cl. flavescens Kütz. Phyc. germ. p. 214. — Id. Spec. Alg. p. 402. — Id. Tab. phyc. IV. Tab. 22. (nec Cl. flavescens Harv.)
Cl. lutescens Kütz. Spec. Alg. p. 403. — Id. Tab. phyc. IV. Tab. 23.

In der Nordsee, Ostsee und im adriatischen Meere in brackischen Oertlichkeiten.

27. **Cl. crystallina** (Roth) Kütz.

Bildet dichte, 2—30 cm hohe, blass- oder schöngrüne Rasen. Fäden schlaff, in den Hauptverzweigungen 80—140 μ, in den

Aestchen 25—40 μ dick, mehr weniger reich verzweigt. Hauptäste verlängert, mit unterhalb mehr weniger entfernt, oberhalb gedrängt, abwechselnd, einseitig und häufig paarig entspringenden, kurzen und verlängerten Aesten besetzt, die in gleicher Weise, zuletzt meist mehrfach einseitig verzweigt sind. Aestchen letzter Ordnung einzeln, hin und wieder paarig aus jedem oder jedem zweiten Gliede entspringend. Hauptverzweigungen häufig winkelig hin und her gebogen, anscheinend fast dichotom. Endverzweigungen bisweilen pinselig gedrängt. Verzweigungen abstehend: Aestchen vorletzter Ordnung zurückgebogen. Die grösseren Aeste an ihrer Basis ein kurzes Stück zusammengewachsen. Einzelne Zweige ausnahmsweise hier und da an der Mitte der Gliederzellen entspringend. Glieder meist 4—12 mal länger als der Durchmesser.

Variirt mit mehr aufrechten, verlängerten, durchaus spärlicher verzweigten Aesten.

Manche Formen sind kaum von Cl. glomerata zu unterscheiden.

Conferva crystallina Roth, Cat. I. p. 196.
Cl. crystallina Kütz. Phyc. germ. p. 213. — Id. Spec. Alg. p. 401. — Id. Tab. phyc. IV. Tab. 19.
Cl. sericea Kütz. Spec. Alg. p. 401. — Id. Tab. phyc. IV. Tab. 18.
Cl. nitidissima Menegh. — Kütz. Spec. Alg. p. 399. — Id. Tab. phyc. IV. Tab. 13.
Cl. tenerrima Kütz. Spec. Alg. p. 401. — Id. Tab. phyc. IV. Tab. 18.
Cl. mutila Kütz. Spec. Alg. p. 402. — Id. Tab. phyc. IV. Tab. 21. (Alte Pflanze.)
Cl. ceratina Kütz. Spec. Alg. p. 402. — Id. Tab. phyc. IV. Tab. 21.

In der Nordsee, Ostsee und im adriatischen Meere.

28. Cl. glaucescens (Griff.) Harv.

Rasen 5—30 cm hoch. Fäden schlaff, in den Hauptverzweigungen 60—100 μ, in den Aestchen letzter Ordnung 25—40 μ dick, reich und dicht verzweigt. Hauptäste mit abwechselnden und einseitigen, hin und wieder opponirt (paarig) oder zu dreien entspringenden, abwechselnd und einseitig, hier und da opponirt verzweigten Aesten besetzt. Zweige aufrecht bis abstehend, an den Enden häufig pinselig gedrängt. Glieder 6—12 mal, die der Aestchen meist 4—8 mal länger als der Durchmesser.

Conferva glaucescens Griff. in Wyatt, Alg. Danm. No. 195.
Cl. glaucescens Harv. Phyc. brit. pl. 196. — Kütz. Tab. phyc. IV. Tab. 24.
Cl. plumosa Kütz. Tab. phyc. IV. Tab. 26?

Cl. Bruzelii Kütz. Tab. phyc. IV. Tab. 25?
Cl. cristata Kütz. Tab. phyc. IV. Tab. 25?

In der Nordsee.

29. **Cl. trichocoma** Kütz.

Bildet 10—30 cm hohe, hell- oder schöngrüne Rasen. Fäden schlaff, in den Hauptverzweigungen 70—150 μ, in den Aestchen 25—50 μ dick, reich, jedoch mehr locker verzweigt. Aeste und Aestchen abwechselnd und einseitig, hier und da opponirt (paarig) entspringend, ruthenförmig verlängert, aufrecht oder abstehend. Die jüngeren Aeste nackt oder mit einseitigen Aestchen besetzt. Glieder 3—8—12 mal länger als der Durchmesser.

Cl. trichocoma Kütz. Bot. Zeitg. 1847. p. 166. — Id. Spec. Alg. p. 405. — Id. Tab. phyc. IV. Tab. 29.
Cl. nitida Kütz. Spec. Alg. p. 404. — Id Tab. phyc. IV. Tab. 28.
Cl. Ruchingeri Kütz. Spec. Alg. p. 404. — Id. Tab. phyc. IV. Tab. 28.
Cl. longicoma Kütz.? (Spec. Alg. p. 404. — Id. Tab. phyc. IV. Tab. 29).
Cl. viridula Kütz.? (Spec. Alg. p. 403. — Id. Tab. phyc. IV. Tab. 24).

In der Nordsee, Ostsee und im adriatischen Meere.

30. **Cl. fracta** (Fl. Dan.) Kütz. ***F. marina.***

Bildet anfänglich angewachsene, mehrere cm hohe, verworrene Rasen, später frei schwimmende, gelblich- bis dunkelgrüne Watten. Fäden etwas steif oder schlaff, in den Hauptverzweigungen 120 bis 280 μ, in den Aestchen 30—60 μ dick, unregelmässig, bald spärlich, bald reich und dicht verzweigt. Aeste abwechselnd, einseitig und hier und da zu zweien oder dreien entspringend, häufig winkelig hin- und hergebogen, abstehend bis gespreizt, in gleicher Weise mit einfachen und einseitig oder abwechselnd oder dichotom einseitig verzweigten, abstehenden oder gespreizten, mitunter geknieten Aestchen besetzt. Die grösseren Aeste an ihrer Basis ein kurzes Stück zusammengewachsen. Einzelne Zweige bisweilen ausnahmsweise an der Mitte der Gliederzellen entspringend. Glieder theils cylindrisch, theils etwas keulenförmig, von sehr ungleicher Länge, meist 4—15 mal, einzelne Zwischenglieder 1—3 mal so lang als der Durchmesser. — Die fructificirenden Fadenstücke mit fast ovalen Gliedern perlschnurförmig.

Variirt: Fäden und deren Verzweigungen sehr verlängert, langgliederig; in den Hauptverzweigungen 50—100 μ, in den Aestchen 25—40 μ dick.

Conferva fracta Fl. Dan. Tab. 946.
Cl. fracta Kütz. Phyc. gener. p. 263. — Id. Spec. Alg. p. 410. — Id. Tab. phyc. IV. Tab. 50. — Harv. Phyc. brit. pl. 294.
Conferva heteronema Ag. Syst. p. 114.
Cl. heteronema Kütz. Phyc. germ. p. 210.
Cl. flavescens Harv. Phyc. brit. pl. 248.
Conferva Vadorum Aresch. Alg. scand. exsicc. No. 180.
Conferva patens Ag. Syst. Alg. p. 110 (fide specim. authent.).
Cl. flaccida Kütz.? (Spec. Alg. p. 393. — Id. Tab. phyc. III. Tab. 93).
Cl. fuscescens Kütz.? (Spec. Alg. p. 394. — Id. Tab. phyc. III. Tab. 93).
Cl. patens Kütz.? (Spec. Alg. p. 394. — Id. Tab. phyc. III. Tab. 98).

In brackischen Oertlichkeiten der Nordsee, Ostsee und des adriatischen Meeres.

31. **Cl. expansa** (Mert.) Kütz.

Bildet 1—2 dm hohe, hellgrüne Rasen oder ausgebreitete verworrene Watten. Fäden schlaff, reich aber locker verzweigt, in den Hauptverzweigungen 80—120 μ, in den Aestchen letzter Ordnung 20—30—40 μ dick. Aeste verlängert, abwechselnd, opponirt und wirtelig (zu dreien und vieren) entspringend, in gleicher Weise mit einfachen und abwechselnd, opponirt (hier und da etwas einseitig) verzweigten Aestchen besetzt. Alle Verzweigungen abstehend. Glieder 4—6—12 mal länger als der Durchmesser.

Conferva expansa Mertens, in Jürg. Alg. Dec. No. 8,
Cl. expansa Kütz. Tab. phyc. IV. p. 27. Tab. 99.

In der Nordsee.

VIII. Gattung. **Entocladia** Reinke.

Thallus mikroskopisch, aus einem kriechenden, unregelmässig verzweigten, in der Zellwand verschiedener Algen vegetirenden und dieselbe später auftreibenden Gliederfaden bestehend, dessen Verzweigungen bisweilen zu einer lückenlosen Zellenlage oder auch zu einem Zellenkörper verwachsen. Zoosporen in einzelnen mehr weniger erweiterten Zellen.

1. **E. viridis** Reinke. Fig. 198.

Fäden fast dendritisch verästelt. Gliederzellen 3—6—8 μ dick, von verschiedener Länge (meist 1—6 mal so lang als der Durchmesser), fast cylindrisch, häufig gewunden oder unregelmässig ausgebaucht.

E. viridis Reinke, in Bot. Ztg. 1879, p. 476, Taf. 6, fig. 6—9.

An Derbesia Lamourouxii, Nitophyllum und vielen anderen Algen im adriatischen Meere.

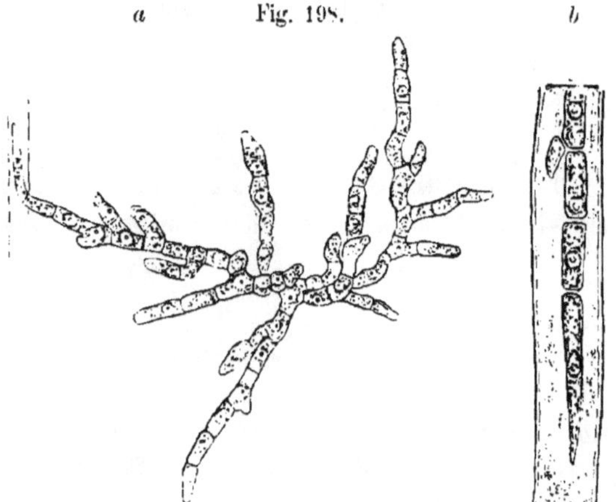

Fig. 198. **Entocladia viridis** *Reinke*.
a Flächenansicht der Alge: links ein Stück der Zellwand von **Derbesia Lamourouxii** mit einem Aste der **Entocladia** im optischen Durchschnitt. Vergr. 280. *b* Optischer Durchschnitt durch die Zellwand von **Derbesia**, mit einem sich vertikal nach innen verzweigenden Aste der **Entocladia**. Vergr. 900. (Nach Reinke.)

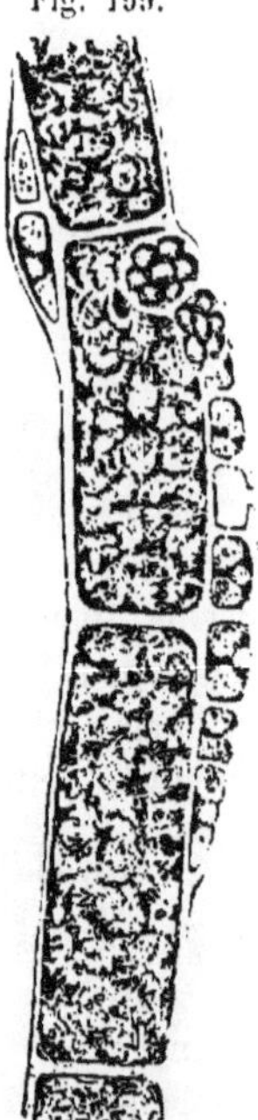

Fig. 199. **Ectocladia Wittrockii** *Wille*.
Fadenstück von **Ectocarpus** mit der parasitischen Alge. Vergr. 480. (Nach Wille.)

2. **E. Wittrockii** Wille. Fig. 199.

Der vorigen Art sehr ähnlich; Gliederzellen ca. 9 μ dick und 7—15 μ lang; Endzelle ca. 6 μ dick und 26 μ lang.

E. Wittrockii Wille, Om en ny endoph. Alge. p. 3, Tab. 1,

An verschiedenen Ectocarpeen in der Nord- und Ostsee.

IX. Gattung. **Phaeophila** Hauck.

Thallus mikroskopisch, epiphytisch, aus kriechenden, verzweigten Gliederfäden bestehend, deren Zellen auf dem Rücken eine, manchmal zwei, sehr lange, zarte, farblose, röhrige Borsten tragen. Zoosporen zahlreich in den Zellen sich entwickelnd.

Fig. 200.

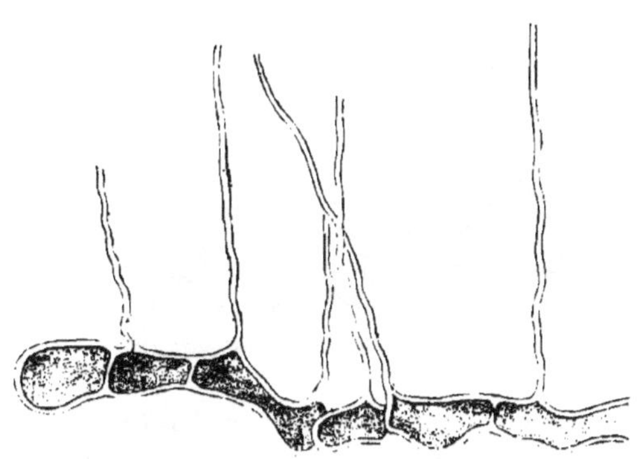

Phaeophila Floridearum *Hauck.* Stück der frei herauspräparirten Alge. Vergr. 280.

1. **Ph. Floridearum** Hauck. Fig. 200.

Fäden ganz unregelmässig verzweigt, zwischen den Rindenzellen grösserer Algen, oder auf der Oberfläche derselben kriechend, seltener eine lückenlos verwachsene Zellfläche bildend. Zellen meist lang gestreckt, gewunden, mitunter ausgebaucht, 12 bis 40 μ dick.

Ph. Floridearum Hauck, Verz. p. 57.
Ochlochaete Phaeophila Falk. Alg. Neap. p. 233.

Auf verschiedenen Algen und Zostera im adriatischen Meere.

X. Gattung. **Bolbocoleon** Pringsh.

Thallus mikroskopisch, epiphytisch, aus kriechenden, verästelten Gliederfäden bestehend, deren meiste Zellen auf dem Rücken oder über der Scheidewand eine oder zwei abgegliederte, an ihrer Basis stark knollenartig angeschwollene, farblose Borstenzellen tragen, die nach oben in eine offene Röhre auslaufen, aus welcher ein langes biegsames Haar hervorsteht. Zoosporen zahlreich in einzelnen nach oben sackartig auswachsenden Zellen entstehend.

Fig. 201.

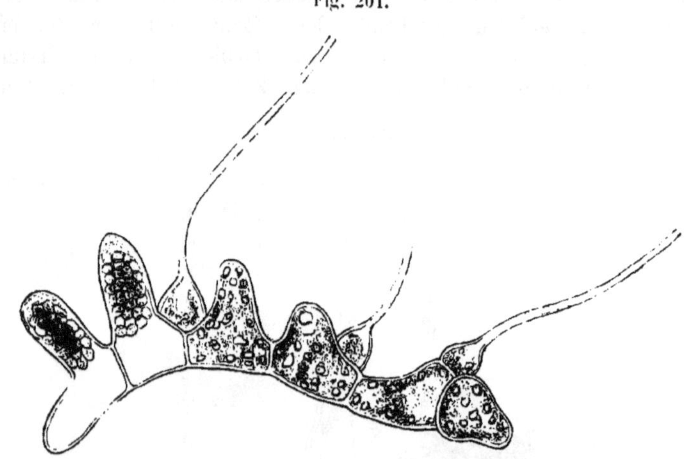

Bolbocoleon piliferum *Pringsh.* Stück der Alge. (Die aus den Borsten hervortretenden Haare sind in der Figur nicht ersichtlich.) Vergr. 240. (Nach Pringsh.)

1. **B. piliferum** Pringsh. Fig. 201.

Die vegetativen Gliederzellen 12—16 μ dick und 2—4 mal so lang.

B. piliferum Pringsh. Morph. p. 2, Taf. 1.

In der Rindenschichte von Leathesia marina, Chorda filum, Chordaria flagelliformis, Mesogloea vermiculata etc. in der Nord- und Ostsee.

XI. Gattung. **Acrochaete** Pringsh.

Thallus mikroskopisch, epiphytisch, aus kriechenden, verästelten Gliederfäden bestehend, aus welchen kurze, wenig und unregelmässig verästelte, aufrechte Seitenzweige entspringen, deren vegetative Endzellen an ihrer Spitze in eine nach oben offene, farblose, röhrige Borste auswachsen, aus welcher ein langes biegsames Haar hervorsteht. Zoosporen zahlreich in nach oben auswachsenden Zellen der kriechenden, häufiger aber in den Endzellen der aufrechten Zweige sich entwickelnd.

1. **A. repens** Pringsh. Fig. 202.

Die vegetativen Gliederzellen 7—9 μ dick und 2—6 mal so lang.

A. repens Pringsh. Morph. p. 2, Taf. 2.

In der Rindenschichte von Chorda filum. Leathesia marina etc. in der Nordsee.

Fig. 202.

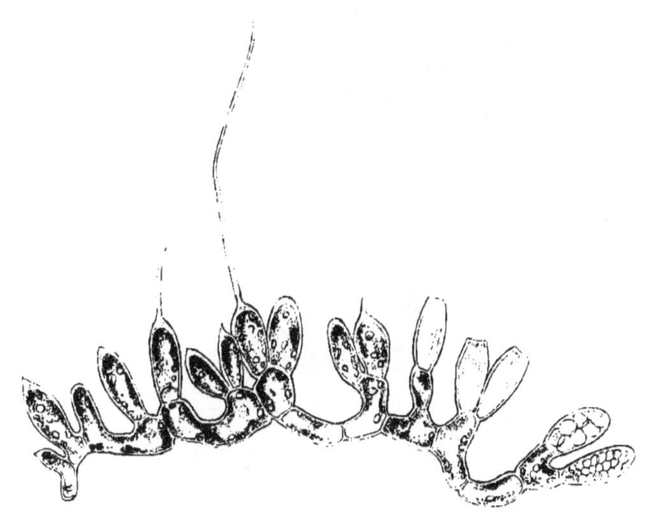

Achrochaete repens *Pringsh.* Stück der Alge. Vergr. 420. (Nach Pringsheim.)

III. Familie. **Anadyomenaceae.**

Thallus blattartig oder netzförmig, aus verzweigten, zu einer lückenlosen Zellenfläche oder einem Netze verwachsenen Gliederfäden gebildet. Zoosporen aus dem Inhalte der Gliederzellen sich entwickelnd.

XII. Gattung. **Microdictyon** Decne.

Thallus netzförmig, aus an jedem Gliede verzweigten, netzförmig anastomosirenden Gliederfäden bestehend, deren Hauptverzweigungen mehr weniger deutliche Adern bilden.

1. **M. umbilicatum** (Velley) Zanard. Fig. 203.

Thallus flach, anfänglich blatt- bis fächerförmig, an der Basis wurzelnd, später unregelmässig horizontal ausgebreitet, bis zu mehreren cm im Durchmesser, und stellenweise mittelst wurzelnder Aestchen am Substrat befestigt. Gliederfäden je nach der Entwickelung 60—140—200 μ dick, opponirt verzweigt; die jüngsten Aestchen abwechselnd und einseitig entspringend. Maschen meist unregelmässsig 4—5 eckig. Glieder 2—4 mal länger als der Durchmesser.

Conferva umbilicata Velley, in Linn. Trans. 5, p. 169, Tab. 7.

M. umbilicatum Zanard. Icon. phyc. adr. I. p. 79, Tav. 19. (excl. syn. M. Calodictyon Decne.)

M. Velleyanum Decne. Pl. arab. p. 115.

M. Agardhianum Decne. l. c.

Im adriatischen Meere (Dalmatien).

Fig. 203.

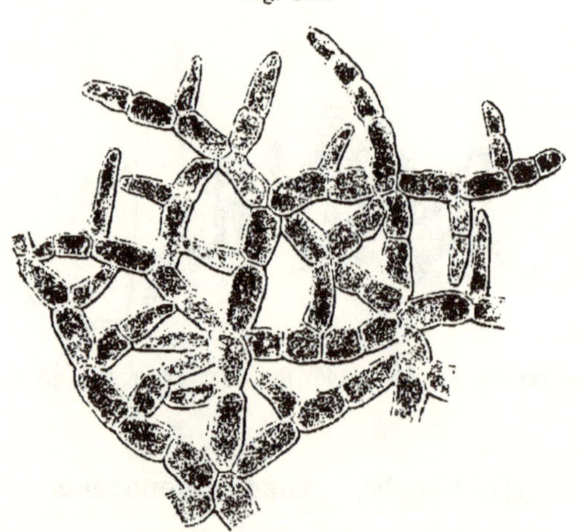

Microdictyon umbilicatum *(Velley) Zanard.*
Stück aus dem freien, wachsenden Rande des Thallus. Vergr. ca. 100. (Nach Reinke.)

XIII. Gattung. **Anadyomene** Lamour.

Thallus blattartig, kurz gestielt, dünnhäutig; Blattkörper aus einer wiederholt polychotom geaderten Zellenfläche bestehend, welche aus einer Lage bedeutend grösserer, wiederholt handförmigstrahlig geordneter, etwas keulenförmiger Zellen (oder Zellenreihen) gebildet wird, deren keilförmige Zwischenräume mit einer doppelten Lage kleinerer, fiederartig aus den Strahlen entspringender Zellen querbalkenartig ausgefüllt sind.

1. **A. stellata** (Wulf.) Ag. Fig. 204.

Thallus 2—6 cm hoch, meist zu mehreren aus einer gemeinschaftlichen faserigen Wurzel entspringend. Stiel sehr kurz, keilförmig in den fächerförmigen, meist unregelmässig buchtig oder wellig gelappten, etwas faltigen, ziemlich steifen Blattkörper übergehend. Schöngrün oder bräunlich.

Ulva stellata Wulf. in Jaqu. Coll. Vol. I. p. 351. — Id. Crypt aqu. p. 6.

A. stellata Ag. Spec. Alg. I. p. 400.

A. flabellata Lamour. Polyp. flex. p. 365, Tab. 14, fig. 3. — Kütz. Spec. Alg. p. 511. — Id. Tab. phyc. VII. Tab. 24. — Harv. Ner. bor. amer. III. p. 49, Tab. 44 A.

Im adriatischen Meere an Felsen und Cystosirenstämmen.

Fig. 204.

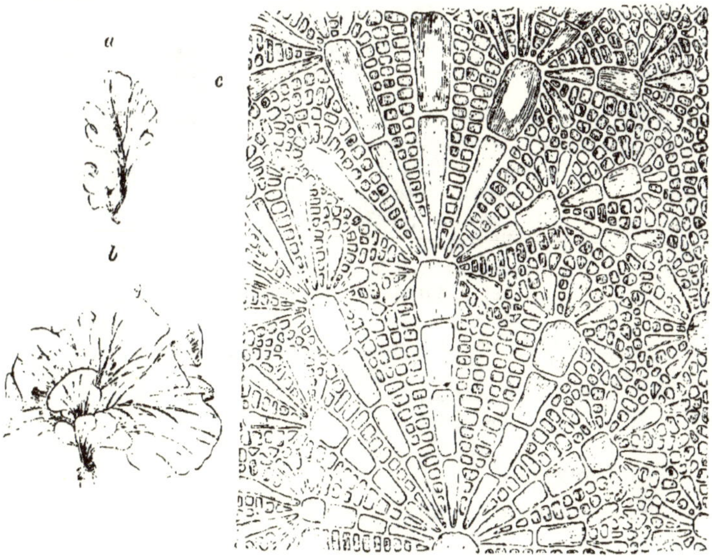

a

b

c

Anadyomene stellata *(Wulf.) Ag.*

a, *b* Zwei Exemplare der Alge in natürlicher Grösse. *c* Stück des Blattkörpers in der Flächenansicht. Vergr. ca. 100. (Nach Kützing.)

IV. Familie. **Valoniaceae.**

Thallus aus einer blasen- oder fadenförmigen, bisweilen sich gliedernden, einfachen oder verzweigten Zelle bestehend, aus deren Inhalte sich die Zoosporen entwickeln.

XIV. Gattung. **Valonia** Ginanni.

Thallus aus einer grossen, schlauch- oder blasenförmigen Zelle bestehend, die an der Basis mittelst kurzer Wurzelästchen angewachsen ist. Thallus anfänglich einfach, später häufig oberhalb an verschiedenen Stellen mit gleich gestalteten Astzellen besetzt, welche sich durch Auswachsen kleiner, bisweilen wabenartig gruppirter Randzellen entwickeln, die innerhalb der Stammzelle durch uhrglasförmige Scheidewände abgeschnitten werden.

1. V. utricularis (Roth) Ag.

Bildet 1—4 cm hohe, compakte Rasen, deren einzelne Thallome aus 1—5 mm dicken, anfangs keulenförmigen, später schlauchförmigen, verzweigten, häufig gewundenen Zellen bestehen, die lückenlos an einander gedrängt und in einander verschlungen sind.

Fig. 205.

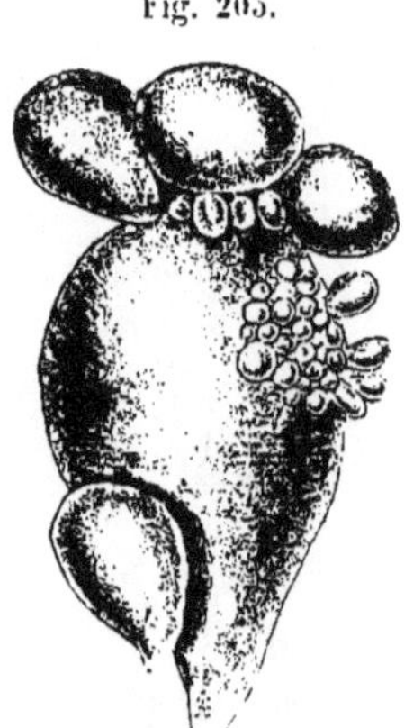

Valonia macrophysa *Kütz.* Ein grosses Exemplar der Alge in natürl. Grösse.

Conferva utricularis Roth, Catal. I p. 160, Tab. 1, fig. 1.
V. utricularis Ag. Spec. Alg. I. p. 431. — Kütz. Spec. Alg. p. 507. — Id. Tab phyc. VI. Tab. 86.
V. syphunculus Bertoloni. — Kütz. Spec. Alg. p. 507. — Id. Tab. phyc. VI. Tab. 86.
V. incrustans Kütz. Spec. Alg. p. 507. — Id. Tab. phyc. VI. Tab. 86.
V. caespitula Zanard. Icon. phyc. adr. I. p. 59, Tav. 15 A. — Kütz. Spec. Alg. p. 507.

F. Aegagropila.

Bildet rundliche, 3—10 cm dicke Ballen, in welchen die Thallome radial angeordnet sind.

V. Aegagropila Ag. — Kütz. Spec. Alg. p. 507. — Id. Tab. phyc. VI. Tab. 86.

Im adriatischen Meere auf Felsen, Cystosirenstämmen etc.: die Form Aegagropila auf sandigem Meeresboden frei liegend.

2. **V. macrophysa** Kütz. Fig. 205.

Thallus birnförmig, verkehrt eiförmig bis kugelig, bis 2—4 cm lang und 1—3 cm dick, vereinzelt oder in kompakten Rasen wachsend.

V. macrophysa Kütz. Phyc. gener. p. 307. — Id. Spec. Alg. p. 507. — Id. Tab. phyc. VI. Tab. 87. — Hauck, Beitr. 1878, p. 222.
V. Uvaria Kütz. Spec. Alg. et Tab. phyc. l. c.
Dictyosphaeria valonioides Zanard. Icon. phyc. adr. I. p. 73, Tav. 8.

Im adriatischen Meere in grösseren Tiefen.

XV. Gattung. **Siphonocladus** Schmitz.

Thallus schlauch- oder fadenförmig, verzweigt; aus einer anfänglich ungegliederten, später sich gliedernden Schlauchzelle bestehend, aus deren Gliedern gleich gestaltete (jedoch nie an der Basis abgegliederte) Aeste entspringen.

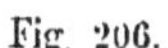

Fig. 206.

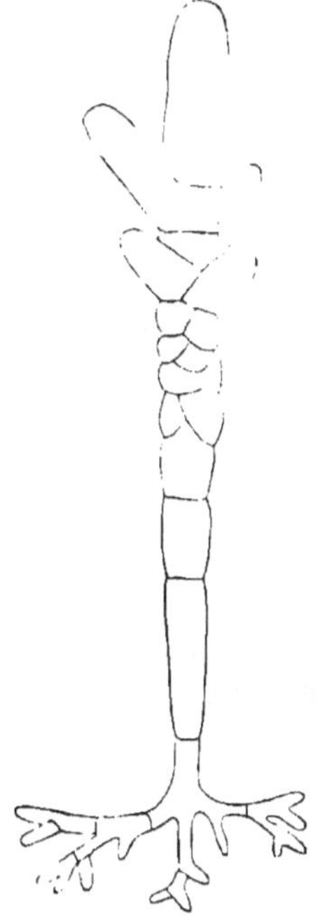

Siphonocladus pusillus *(Kütz.) Hauck.* Alge 4 mal vergrössert. (Nach Schmitz.)

1. **S. pusillus** (Kütz.) Hauck. Fig. 206.

Thallus vereinzelt oder in Rasen wachsend, anfänglich eine einfache, an der Basis mittelst Wurzelfasern angewachsene Valonia-artige, 1—3 cm lange und ca. 1 mm dicke, etwas keulenförmige Zelle bildend, die sich später durch eine grössere oder geringere Anzahl meist horizontaler, hin und wieder schiefer Querwände gliedert, aus deren Gliedern meist einzellige, kurze, bisweilen einzelne längere Aeste entspringen.

Valonia pusilla Kütz. Tab. phyc. VI. Tab. 85.
S. pusillus Hauck, Herb.
S. Wilbergi Schmitz, Ueber grüne Algen aus dem Golfe von Athen (Sitzungsber. d. naturf. Gesellsch. zu Halle, 30. Nov. 1878). — Ders. Beob. üb. vielkern. Zellen d. Siphonocladien, Taf. 12, fig. 1.

Im adriatischen Meere auf Steinen und Cystosirenstämmen.

XVI. Gattung. **Codiolum** A. Br.

Thallus aus einer anfänglich verkehrt eiförmigen, später cylindrisch keulenförmigen, an der Basis in einen soliden, sich verdünnenden, farblosen Stiel verlängerten Zelle bestehend, deren Inhalt sich in Zoosporen umwandelt.

Systematische Stellung zweifelhaft.

1. **C. gregarium** A. Br. Fig. 207.

Wächst in kleinen Rasen auf Holzwerk und Steinen häufig zwischen niederen Algen. Zelle mit dem Stiel ca. 350 μ bis fast 1 mm lang und im oberen Theile 20—120 μ dick.

C. gregarium A. Br. Alg. unicell. p. 20. Tab. 1. — Farlow. New Engl. Algae. p. 58.

In der Nord- und Ostsee.

Fig. 207.

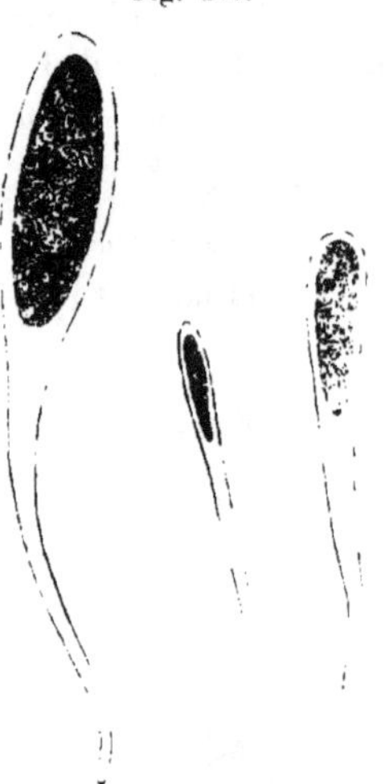

Codiolum gregarium *A. Br.* Drei Exemplare der Alge. Vergr. 70.

V. Familie. **Bryopsideae.**

Thallus einzellig, fadenförmig, verzweigt; Zoosporen aus dem Inhalte sich abgliedernder Aestchen entwickelnd.

XVII. Gattung. **Bryopsis** Lamour.

Charakter der Familie.

Aestchen bei den meisten Arten nach der Entleerung der Zoosporen (welche an der Spitze mit zwei Cilien begabt sind) abfallend und Narben zurücklassend.

1. **Br. plumosa** (Huds.) Ag. Fig. 208.

Thallus 3—12 cm hoch, in Rasen wachsend, Stämmchen bildend. Stämmchen ca. 0·5 — 1·5 mm dick, aufwärts verdünnt, anfänglich einfach, im oberen Theile fast zweizeilig abwechselnd gefiedert, später mit zweizeilig oder allseitig entspringenden, dem Stämmchen gleich gestalteten dünneren, einfachen oder in gleicher Weise

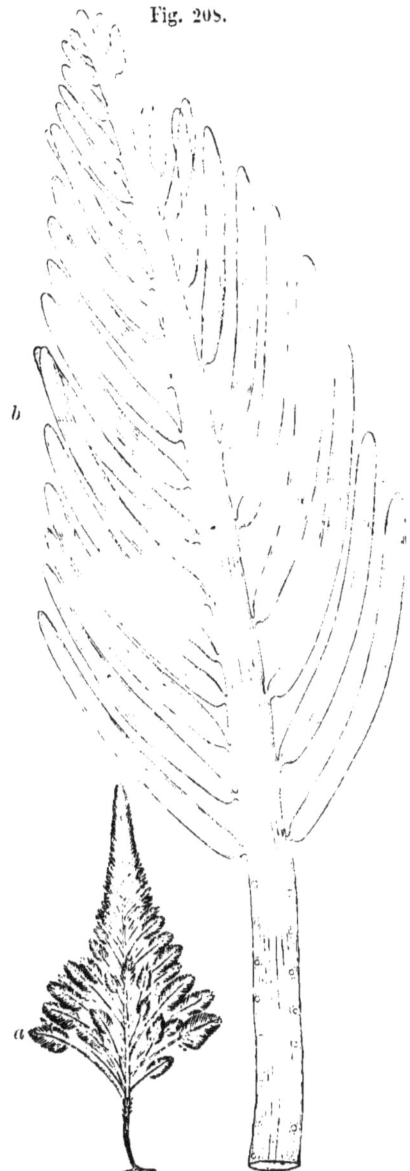

Bryopsis plumosa *(Huds.) Ag.* α. genuina. *a* Alge in natürlicher Grösse. *b* Fiederspitze. Vergr. ca. 40. (Nach Kützing.)

mehrfach verzweigten abstehebenden Fiedern pyramidal besetzt. Stämmchen und Fiedern unterhalb (oft weit aufwärts) nackt. Fiedern von fast triangulärem, linear-lanzettlichem oder eirundem Umfang. Fiederchen etwas steif, nicht sehr dicht. meist mehr locker stehend, 1·5 bis 5 mm (die unteren bisweilen bis 10 mm) lang und 60 bis 150—250 μ dick, gegen die Spitze der Aeste abnehmend, einfach (oder die zu Fiedern auswachsenden an der Spitze verzweigt), an der Basis eingeschnürt abstehend. — Tief dunkelgrün oder hellgrün bis rostbräunlich.

Die ganz junge Pflanze bildet dicht büschelige, dunkelgrüne Räschen, welche aus haardünnen, im oberen Theile locker (bisweilen einseitswendig) gefiederten Fäden bestehen.

Ulva plumosa Huds. Fl. Angl. p. 571.
Br. plumosa Ag. Spec. Alg. p. 448. — Harv. Phyc. brit. pl. 3.

α. **genuina.** Fig. 208.

Fiedern und Fiederchen fast regelmässig zweizeilig entspringend.

Br. plumosa, var. α. Plumosa J. Ag. Alg. med. p. 21.

Br. plumosa Kütz. Spec. Alg. p. 493. — Id. Tab. phyc. VI. Tab. 83.
Br. abietina Kütz. Spec. Alg. p. 492. — Id. Tab. phyc. VI. Tab. 80.

In der Nordsee, Ostsee und im adriatischen Meere.

β. **adriatica.**

Fiedern und Fiederchen allseitig entspringend.

Br. adriatica Menegh. — Kütz. Tab. phyc. VI. p. 28. Tab. 79.
Br. cupressoides Kütz. Tab. phyc. VI. Tab. 79.
Br. plumosa Var. β. Arbuscula J. Ag. Alg. med. p. 21.

Im adriatischen Meere.

2. **Br. implexa** De Not.

Thallus 2—10 cm hoch, in Rasen wachsend, Stämmchen bildend. Stämmchen ca. 0·5—1·5 mm dick, aufwärts verdünnt, an der Basis nackt, oberhalb mit allseitig abwechselnd entspringenden, zarten, verlängerten, abwechselnd (bisweilen etwas corymbos) verzweigten Aestchen, später mit dem Stämmchen gleich gestalteten, jedoch weit dünneren und in gleicher Weise wiederholt verzweigten Aestchen fast pyramidal besetzt. Aestchen verlängert, schlaff, an der Basis eingeschnürt, meist aufrecht, die der letzten Ordnung 25—40—60 μ dick. Verzweigungen an den Stämmchen und Aesten häufig weit herabgehend. — Hellgrün. Habitus von Br. plumosa.

Br. implexa De Not. Prosp. Fl. Lig. p. 73.
Br. cupressoides Var. ? adriatica J. Ag. Alg. med. p. 20.
Br. flagellata Kütz. Tab. phyc. VI. Tab. 80.
Br. Arbuscula Kütz. Tab. phyc. VI. Tab. 84.

Im adriatischen Meere.

β. **elegans.**

Aestchen sehr verlängert und locker verzweigt, an den Enden fast büschelig-corymbos, sehr zart und schlaff, die der letzten Ordnung ca. 15—25 μ dick.

Br. elegans Menegh. — Zanard. Icon. phyc. adr. II. p. 133, Tav. 72 B.

Im adriatischen Meere in grösseren Tiefen.

3. **Br. fastigiata** Kütz.

Bildet dichte, 1—3 cm hohe, gleich hohe, dunkelgrüne Räschen. Fäden in den Hauptverzweigungen 120—200 μ, in den Aestchen letzter Ordnung 50—80 μ dick, wiederholt allseitig abwechselnd (hier und da etwas zweizeilig oder einseitig) und corymbos verzweigt. Zweige abstehend-aufrecht, an der Basis eingeschnürt.

Br. fastigiata Kütz. Phyc. germ. p. 251. — Id. Spec. Alg. p. 491. — Id. Tab. phyc. VI. Tab. 73.

Im adriatischen Meere.

4. **Br. disticha** J. Ag.

Bildet 3—12 cm hohe, dichte, mehr weniger verworrene dunkelgrüne Rasen, welche je nach dem Alter der Pflanze aus 120 bis 280—400 μ dicken, durchaus annähernd gleich dicken, gegen die Spitze wenig verdünnten Fäden bestehen, welche unregelmässig weitläufig verästelt und stellenweise mit oft hakig gekrümmten, wurzelnden Aestchen am Substrat befestigt sind. Fäden theils nackt, theils an der Spitze oder Mitte eine kürzere oder längere Strecke zweizeilig mit abwechselnden oder fast opponirten Fiederchen linear lanzettlich besetzt. Fiederchen ca. 1—2 mm lang und 60 bis 100 μ dick, an der Basis eingeschnürt, meist abstehend.

Br. Balbisiana disticha J. Ag. Alg. med. p. 18. — Kütz. Spec. Alg. p. 491. — Id. Tab. phyc. VI. Tab. 76.
Br. duplex De Not. — Kütz. Spec. Alg. p. 630.
Br. caudata Kütz. Tab. phyc. VI. p. 27, Tab. 77.

Im adriatischen Meere.

5. **Br. muscosa** Lamour.

Thallus 3—10 cm hoch, in Rasen wachsend, Stämmchen bildend. Stämmchen ca. 0·3 bis fast 1 mm dick, aufwärts verdünnt, gerade, einfach oder seltener ein- oder zweimal gabelig, unterhalb nackt, oberhalb der Länge nach mit allseitig, gegen die Spitze allmälig sehr dicht entspringenden, ca. 1—2 mm langen und 80—120 μ dicken einfachen Aestchen besetzt. Aestchen etwas steif, an der Basis eingeschnürt, aufrecht. — Dunkelgrün.

Br. muscosa Lamour, Jour. Bot. II. p. 135. fig. 4. — J. Ag. Alg. med. p. 19. — Kütz. Spec. Alg. p. 493. — Id. Tab. phyc. VI. Tab. 82.

Im adriatischen Meere.

6. **Br. ? myura** J. Ag.

Thallus 3—10 cm hoch, in Rasen wachsend, Stämmchen bildend. Stämmchen ca. 0·3 bis fast 1 mm dick, aufwärts verdünnt, gerade, einfach oder seltener ein- oder zweimal gabelig, an der Basis nackt, oberhalb der Länge nach mit allseitig und sehr dicht entspringenden, ca. 2-3 mm langen und 16—35 μ dicken einfachen Aestchen besetzt. Aestchen schlaff, an der Basis eingeschnürt, aufrecht. — Schöngrün.

Nach Berthold (Vertheil. d. Algen im Golfe von Neapel, p. 498) besitzt Br. myura an der Basis ihrer Fiederchen besondere seitliche Sporangien, welche denen von Codium nahe stehen.

Br. myura J. Ag. Alg. med. p. 20. — Kütz. Spec. Alg. p. 493. — Id. Tab. phyc. VI. Tab. 82. — Zanard. Icon. phyc. adr. I. p. 137, Tav. 32 B.

Br. Panizzei De Not. Prosp. Fl. Lig. p. 73.

Br. Petteri Menegh. — Kütz. Phyc. germ. p. 252.

Im adriatischen Meere.

7. **Br. ? furcellata** Zanard.

Bildet dichte, 1—3 cm hohe, fast gleich hohe, dunkelgrüne Rasen. Fäden 60—120 μ dick, der Länge nach fast gleich dick, unregelmässig dichotom verzweigt und häufig mit seitlichen Aestchen besetzt. Verzweigungen abstehend bis gespreizt.

Br. furcellata Zanard. Saggio, p. 60. — Id. Icon. phyc. adr. I. p. 135, Tav. 32 A. — Kütz. Tab. phyc. VI. p. 26, Tab. 71.

Im adriatischen Meere auf Steinen und grösseren Algen.

8. **Br. ? Penicillum** Menegh.

Bildet 5—10 mm hohe, blassgrüne Räschen. Fäden unterhalb 100—140 μ dick, ungetheilt, oberhalb regelmässig dichotom gleich hoch und aufrecht verzweigt, in den Verzweigungen allmälig bis zu 8—12 μ verdünnt.

Br. Penicillum Menegh. in Giorn. bot. ital. T. II. p. 357. — Zanard. Icon. phyc. adr. II. p. 31, Tav. 48 B.

Auf verschiedenen Algen (Laurencia obtusa u. a.) im adriatischen Meere.

VI. Familie. **Derbesiaceae.**

Thallus einzellig, fadenförmig, einfach oder verzweigt. Zoosporen in besonderen seitlichen Zoosporangien sich entwickelnd.

XVIII. Gattung. **Derbesia** Sol.

Charakter der Familie. Zoosporangien kugelig oder birnförmig, abgegliedert. Zoosporen gross, mit farblosem Vorderende, an dessen Basis ein Kranz von Cilien entspringt.

1. **D. Lamourouxii** (J. Ag.) Sol. Fig. 209 a.

Bildet 3—12 cm hohe büschelige Rasen, welche aus fast einfachen oder mehr weniger mit abstehenden Aesten und (oft hakigen) Aestchen unregelmässig besetzten, an der Basis wurzelnden, ziemlich steifen Fäden bestehen. Fäden je nach der Entwickelung ca. 100—700 μ dick, gegen die stumpfe Spitze wenig verdünnt, bisweilen mit büschelig proliferirenden Aestchen besetzt. Zoosporangien kugelig, ca. 300—550 μ im Durchmesser, am obersten Theile der Fäden fast sitzend oder sehr kurz und dünn gestielt, vereinzelt oder zu mehreren genähert, etwas einseitig. — Dunkelgrün.

Bryopsis Balbisiana Lamourouxii J. Ag. Alg. med. p. 18.
D. Lamourouxii Sol. in Ann. sc. nat. 3e serie. Vol. III. p. 162, pl. 9.
Bryopsis Balbisiana Kütz. Spec. Alg. p. 490. — Id. Tab. phyc. VI. Tab. 74.
Bryopsis dalmatica Kütz. (Br. adriatica) Tab. phyc. VI. p. 26, Tab. 74.
Bryopsis incompta Menegh. Herb. (e specim. authent.). — Zanard. Icon. phyc. adr. II. p. 29, Tav. 48 A.
Bryopsis simplex Menegh.
Bryopsis interrupta Menegh.

Im adriatischen Meere.

Fig. 209.

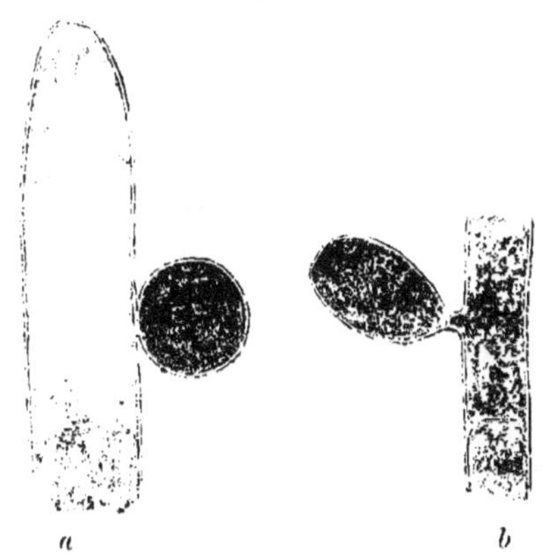

Fig. 209.

a **Derbesia Lamourouxii** *(J. Ag.) Sol.* Zweigspitze mit einem Zoosporangium. Vergr. 40.

b **Derbesia tenuissima** *(De Not.) Crouan.* Zweigstück mit einem Zoosporangium. Vergr. 90.

2. **D. tenuissima** (De Not.) Crouan. Fig. 209 b.

Bildet dichte, 1—5 cm hohe, gleich hohe Rasen. Fäden an der Basis wurzelnd, schlaff, 30—70 μ dick (selten hier und da gegliedert), dichotom verzweigt; Gabelzweige meist etwas ungleich lang. Zoosporangien birnförmig oder verkehrt eiförmig, kurz gestielt, meist 160—300 μ lang und 80—130 μ dick. — Dunkelgrün.

Bryopsis tenuissima De Not. Fl. Capr. p. 203. — Kütz. Spec. Alg. p. 490. — Id. Tab. phyc. VI. Tab. 71.
D. tenuissima Crouan. Flor. Finist. p. 133.
D. marina Sol. in Ann. sc. nat. 3e série. Vol. VII. p. 158. pl. 9. fig. 1—17.

Im adriatischen Meere auf Steinen und Algen.

3. **D. neglecta** Berth.

Aehnlich der vorigen Art. Bildet meist 5—10 mm hohe Räschen. Fäden schlaff, 12—24 μ dick, unregelmässig dichotom und seitlich verzweigt; Zweige häufig gebogen, abstehend bis gespreizt. Zoosporangien dünn gestielt, birnförmig, ca. 100—130 μ lang und 50—70 μ dick. — Dunkelgrün.

D. neglecta Berth. Zur Kenntniss der Siphoneen und Bangiaceen. in Mitth. aus d. zool. Station zu Neapel, II. Bd. p. 77.

Im adriatischen Meere.

VII. Familie. Codiaceae.

Thallus verschieden gestaltet (bisweilen mit Kalk inkrustirt), aus einer fadenförmigen (ungegliederten) vielfach verzweigten Zelle bestehend, deren Zweige so an einander schliessen oder durch einander gefilzt sind, dass sie scheinbar einen parenchymatischen Zellenkörper bilden. Zoosporen in besonderen Zoosporangien sich entwickelnd.

XIX. Gattung. Codium Stackh.

Thallus stielrund oder zusammengedrückt, verzweigt, oder kugelig, oder krustenförmig, Spongien-artig, hart elastisch, innen aus einem lockeren Geflechte ungegliederter verzweigter Fäden bestehend, welche nach aussen kurze keulenförmige, zur Oberfläche senkrechte Zweige entsenden, die pallisadenartig gedrängt, die äussere Schichte bilden, und an welchen seitlich farblose, ungegliederte Haare und Zoosporangien entspringen. Zoosporangien verhältnissmässig klein, länglich eiförmig, abgegliedert, zwischen den keulenförmigen Zweigen verborgen.

Fig. 210.

Codium tomentosum *(Huds.) Stackh.* *a* Stück der Alge in natürlicher Grösse. *b*, *c* Kleine Exemplare in natürl. Grösse. *d* Fadengeflecht der äusseren Schichte; die keulenförmigen Zweige mit Zoosporangien. Vergr. 40. (Nach Kützing.)

1. **C. tomentosum** (Huds.) Stackh. Fig. 210.

Thallus aus einem krustenförmig ausgebreiteten Fussstücke entspringend, stielrund, 1—5 dm hoch und meist 3—8 mm dick (unterhalb bisweilen dicker), mehr weniger regelmässig dichotom und gleich hoch verzweigt: Oberfläche mit zarten Haaren bekleidet, schlüpfrig. — Dunkelgrün.

Fucus tomentosus Huds. Fl. Angl. p. 514.
C. tomentosum Stackh. Ner. Tab. 7 et 12. — Harv. Phyc. brit. pl. 43. — Kütz. Spec. Alg. p. 500. — Id. Tab. phyc. VI. Tab. 94. — Derb. et Sol. Phys. Alg. p. 42, pl. 22, fig. 11—14.

Im adriatischen Meere.

2. **C. adhaerens** (Cabrera) Ag.

Thallus krustenförmig-polsterartig, unregelmässig lappig und buchtig, mehrere cm breit und 1—2 cm dick, an der Unterseite mittelst Byssus-artiger Fäden dem Substrat fest anhaftend; Oberfläche mit zarten Haaren bekleidet, schlüpfrig. — Dunkelgrün.

Agardhia adhaerens Cabrera in Phys. Sällsk. Arsber.
C. adherens Ag. Spec. Alg. I. p. 457. — J. Ag. Alg. med. p. 22. — Harv. phyc. brit. pl. 35. A. — Kütz. Spec. Alg. p. 502. — Id. Tab. phyc. VI. Tab. 100.
C. difforme Kütz. Tab. phyc. VI. p. 35, Tab. 99.

Im adriatischen Meere.

3. **C. Bursa** (L.) Ag.

Thallus kugelig, etwas niedergedrückt, bis 1—2 dm im Durchmesser, an der Basis mittelst Byssus-artiger Fäden dem Substrat fest anhaftend, innen in allen Richtungen von weitläufig straff gespannten Fäden durchzogen und mit einer dem Zellensafte ähnlichen Flüssigkeit gefüllt, zuletzt hohl. — Dunkelgrün.

Alcyonium Bursa L. Syst. Nat. I. p. 1295.
C. Bursa Ag. Spec. Alg. I. p. 457. — J. Ag. Alg. med. p. 22. — Harv. Phyc. brit pl. 240. — Kütz. Spec. Alg. p. 502. — Id. Tab. phyc. VI. Tab. 99.

Im adriatischen Meere.

XX. Gattung. **Udotea** Lamour.

Thallus blattartig, gestielt, aus einer sehr lockeren Markschichte und einer die ganze Oberfläche meist bis auf den oberen Rand bedeckenden zarten Rindenschichte zusammengesetzt, welche aus

Fig. 211.

b

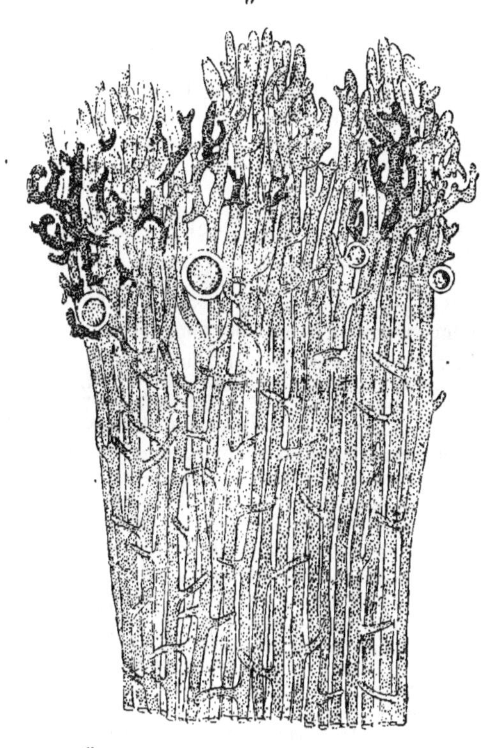

a

c

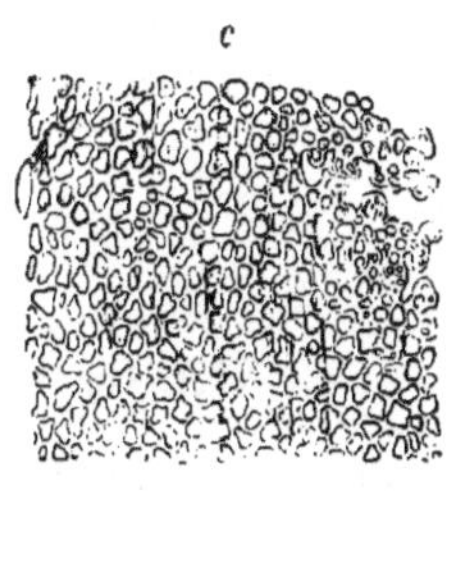

Udotea Desfontainii *(Lamour) Decne.* *a* Alge in natürlicher Grösse. *b* Stück der Thallusspitze (mit Zoosporangien?). Vergr. ca. 100. *c* Die zellige Rinde des Stieles. Vergr. ca. 300. (Nach Kützing.)

einem Gewebe ungegliederter, vielfach verzweigter Fäden gebildet werden. Die Markschichte besteht aus parallelen, sehr lockeren, im Stiele bündelig, im Blattkörper neben einander längs verlaufenden und sich in der Fläche dichotom theilenden Fäden, welche senkrecht gegen die Oberfläche zahlreiche kurze Aestchen entsenden, deren lappenförmige Verzweigungen sich eng an einander legen und die Rindenschichte bilden. Zoosporangien nicht genügend bekannt.

1. **U. Desfontainii** (Lamour.) Decne. Fig. 211.

Thallome meist zu mehreren aus einem filzigen, ausgebreiteten oder verzweigten Wurzelfasergeflecht entspringend. Stiel drehrund oder zusammengedrückt, einfach, selten gabelig, 1—5 cm lang und 1—3 mm dick, keilförmig in den fächerförmigen, etwas schlaffhäutigen Blattkörper verbreitert. Blattkörper 2—8 cm lang und fast ebenso breit, 90—120 μ dick, meist unregelmässig buchtig-gelappt oder eingerissen, und mehr weniger deutlich concentrisch gezont: der obere Rand häufig gezähnelt oder in lange, allmälig freie Wimpern (Markfäden) aufgelöst. Proliferirt bisweilen aus dem oberen Rande — Schmutzig dunkelgrün.

Flabellaria Desfontainii Lamour. Ess. p. 58, Tab. 6, fig. 4.
U. Desfontainii, Decne in Nov. Ann. sc. nat. XVIII. p. 106. — Kütz. Spec. Alg. p. 502. — Id. Tab. phyc. VII. Tab. 19.
U. ciliata Kütz. Tab. phyc. VII. p. 7, Tab. 19.
U. lacinulata Kütz. Spec. Alg. p. 503.
Rhipozonium lacinulatum Kütz. Phyc. gener. p. 309, Tab. 42, III.
Rhipozonium Desfontainii Kütz. Phyc. gener. p. 309.
Flabellaria Zanichelii Zanard. Synops. p. 125, Tav. 5, fig. 1.
Codium flabelliforme Ag. Spec. Alg. I. p. 455.
U. cyathiformis Decne. — Näg. Neuere Algensyst. p. 177, Taf. 2, Fig. 25—30.

Im adriatischen Meere auf Schwämmen, Muscheln, Cystosirenstämmen etc.

XXI. Gattung. **Halimeda** Lamour.

Thallus stielrund bis zusammengedrückt oder verflacht, mehr weniger mit Kalk inkrustirt, gegliedert, di-tri-polychotom in einer Ebene verzweigt, aus einer Mark- und Rindenschichte zusammengesetzt, welche aus einem Gewebe ungegliederter, vielfach verzweigter, gegen die Basis aller Verzweigungen verdünnt-eingezogener

Fäden gebildet werden. Die Markschichte besteht aus einem sehr lockeren Gewebe längs verlaufender, paralleler, dichotomer Fäden, welche senkrecht gegen die Oberfläche zahlreiche kurze, di-polychotom doldige Aeste entsenden, deren Enden zur Rindenschichte verwachsen sind. Zoosporangien birnförmig oder kugelig, terminal oder traubig an gabeligen Fäden (jedoch nicht besonders abgegliedert), welche am oberen Rande, oder seltener aus der Fläche der Thallusglieder bündelig entspringen.

a Fig. 212. *b*

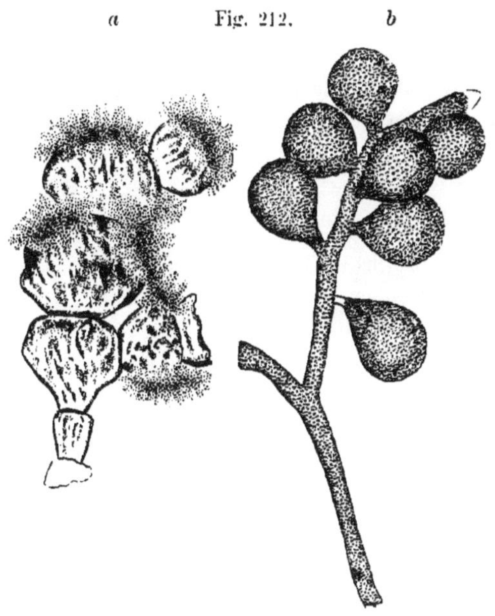

Halimeda Tuna (*Ellis et Sol.*) *Lamour.*
a Stück der Alge mit Zoosporangienständen in natürlicher Grösse. *b* Zweig eines Zoosporangienstandes. Vergr. 52. (Nach Derbès et Solier.)

1. **H. Tuna** (Ellis et Sol.) Lamour. Fig. 212.

Thallus aus einer dicht filzigen, später äusserlich inkrustirten Wurzel entspringend, 5—15 cm hoch, Opuntien-artig gegliedert, di-trichotom verzweigt. Glieder verflacht, 5—20 mm breit und ca. 0·5 bis über 1 mm dick, meist nierenförmig oder rundlich, die unteren oft etwas keilförmig. Zoosporangien traubig. — Gelbgrün oder fast weiss. Lederartig, brüchig, an den aus einem Bündel Markfäden bestehenden Gelenken biegsam.

Corallina Tuna Elis et Sol. Zooph. p. 111, Tab. 20 f. A.
H. Tuna Lamour. Exposit. method. p. 27. — Id. Polyp. flex. p. 309, pl. 11. fig. 8 a, b. — Kütz. Spec. Alg. p. 504. — Id. Tab. phyc. VII. Tab. 21. — Zanard. Icon. phyc. adr. III. p. 129, Tav. 112. — Derb. et Sol. Phys. Alg. p. 46, pl. 11. fig. 18—22 und pl. 12. fig. 1—5.

Im adriatischen Meere.

VIII. Familie. **Dasycladaceae.**

Thallus aus einer axilen fadenförmigen Zelle bestehend, welche mit Wirteln gegliederter, verzweigter Aestchen besetzt ist. Zoosporen in besonderen Zoosporangien, die sich an den Wirtelästchen entwickeln.

XXII. Gattung. **Dasycladus** Ag.

Thallus cylindrisch-keulenförmig, schwammig, aus einer dickwandigen, fadenförmigen, an der Basis in eine lappige Wurzelscheibe ausgehenden, axilen Schlauchzelle bestehend, welche mit dicht an einander gedrängten Wirteln polychotom-doldiger, monosiphoner, an den Verzweigungen abgegliederter Aestchen besetzt ist. Zoosporangien kugelig, gestielt oder sitzend, auf der Spitze der primären Zelle (zwischen den Gabelzweigen) der Wirtelästchen entwickelt.

Fig. 213.

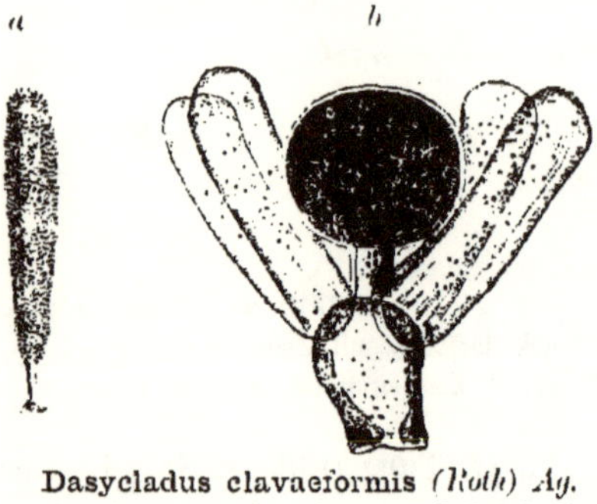

a b

Dasycladus clavaeformis *(Roth) Ag.*
a Alge in natürlicher Grösse. *b* Stück eines Wirtelästchens mit einem Zoosporangium. Vergr. 52. (Fig. *b* nach Derb. et Sol.)

1. **D. clavaeformis** (Roth) Ag. Fig. 213.

Thallus in Rasen wachsend, 2—5 cm lang und 3 bis 6 mm dick. Wirtelästchen (2—6-tom) meist trichotom verzweigt; Endzweige spitz oder stachelspitzig. — Dunkelgrün.

Conferva clavaeformis Roth, Catal. III. p. 315.
D. clavaeformis Ag. Spec. Alg. II. p. 16. — Kütz. Phyc. gener. Tab. 10, fig. 1. — Id. Spec. Alg. p. 508. — Id. Tab. phyc. VI.

Tab. 91. — Näg. Neuere Algensyst. p. 162. Taf. 4, Fig. 1—19. — Derb. et Sol. Phys. Alg. p. 44. pl. 12 et 13.

Im adriatischen Meere.

IX. Familie. Acetabulariaceae.

Thallus schirmförmig, gestielt, mit Kalk inkrustirt. Stiel aus einer fadenförmigen Zelle bestehend, welche am oberen Ende in radiale Strahlen sich verzweigt, die zusammen zu einer kreisförmigen Scheibe verbunden sind. Zoosporen in Zoosporangien sich entwickelnd, die frei in den Strahlen der Scheibe gelagert sind.

XXIII. Gattung. Acetabularia.

Charakter der Familie.

1. **A. mediterranea** Lamour. Fig. 214.

Thallome vereinzelt oder in Rasen wachsend. Stiel einfach. 4—10 cm lang und ca. 300 μ dick, aus einer fadenförmigen Zelle bestehend, die an der Basis in eine kleine, lappig verzweigte Blase endigt, über welcher ein Wirtel verzweigter Wurzelfasern entspringt, und am oberen Ende einen kreisrunden, flachen,

Fig. 214.

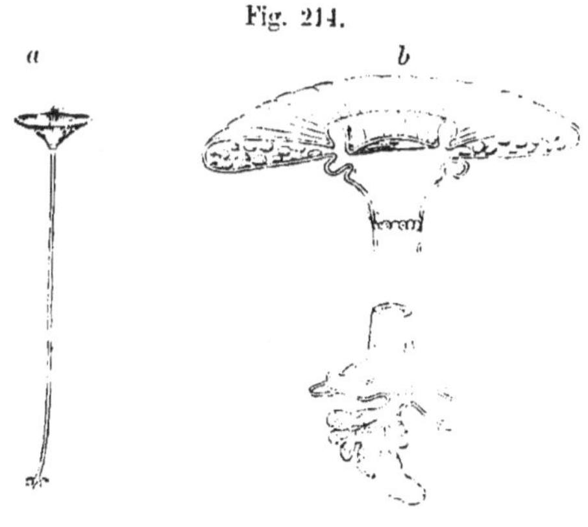

Acetabularia mediterranea *Lamour.*
a Alge in natürlicher Grösse. *b* Schirm nach Fortnahme der vorderen Hälfte (halb schematisch). Vergr. 4. *c* Basalstück. Vergr. 20. (Fig. *b* nach Falkenberg, *c* nach De Bary und Strasburger.)

genabelten, in viele radiale Fächer getheilten Schirm trägt, deren Fächer mit der Höhlung des Stieles in Verbindung stehen. Schirm 5—12 mm im Durchmesser, glattrandig, häufig etwas trichterförmig; Nabel convex, glatt, von einem schmalen ringförmigen, radial gekerbten Wulst umgeben, dem auf der Unterseite zwei ähnliche concentrische Ringwülste entsprechen, welche das obere Stielende umschliessen. Am oberen Wulst des Schirmes, und in 1—6 mehr weniger entfernt stehenden, vielzähligen Wirteln am Stiele, entspringen sehr zarte, fast farblose, polychotomdoldige, an den Verzweigungsstellen abgegliederte, bald abfallende Haare. Zoosporangien oval, zahlreich in den Fächern des Schirmes gelagert. — Farbe je nach dem Grade der Inkrustation hellgrün oder weiss. — Basalstück perennirend.

Sehr selten sind Exemplare mit einem zweiten durchwachsenen Schirm, oder mit gabeligem Stiele, dessen Zweige je einen Schirm tragen.

A. mediterranea Lamour. Polyp. flex. p. 249. — Kütz. phyc. gener. p. 311, Tab. 41. — Id. Spec. Alg. p. 510. — Id. Tab. phyc. VI. Tab. 52. — Näg. Neuere Algensyst. p. 158, Taf. 3, Fig. 1—12. — Woronin, Rech. sur l. alg. mar. Acetabularia et Espera, in Ann. sc. nat. 4e sér. T. XVI. — De Bary und Strasburger, in Botan. Zeitg. 1877, p. 713.
Olivia Androsace Bertoloni. — Zanard. Nuovi studii sopra l'Androsace etc. in Saggio. p. 19.

Im adriatischen Meere.

X. Familie. **Palmellaceae.**

Thallus einzellig, mikroskopisch. Die einzelnen Zellen entweder frei für sich lebend, oder häufiger durch Vergallertung ihrer Membranen, Bildung von Stielchen etc. mit einander zu grösseren oder kleineren, meist schleimigen oder gallertartigen, formlosen oder bestimmt geformten Lagern familienweise vereinigt bleibend. Vermehrung durch vegetative Theilung der Zellen. Fortpflanzung durch Zoosporen.

XXIV. Gattung. **Palmophyllum** Kütz.

Lager horizontal ausgebreitet, blattartig, gallertartig-knorpelig, olivenfarbig, aus kleinen, rundlichen bis ovalen Zellen bestehend, welche in eine farblose, fast homogene Gallerte eingebettet sind.

1. P. crassum (Náccari) Rabenh. Fig. 215.

Lager bis 1—5 cm ausgebreitet und ca. 1 mm dick und mehr, gelappt; Lappen gerundet bis fächerförmig, oberflächlich etwas gezont. Zellen ca. 3—5 μ dick und 5—8 μ lang, weitläufig gelagert, gegen die Oberfläche dichter.

Palmella crassa Naccari, Flor. Venet. VI. p. 41, No. 1134. — Kütz. Tab. phyc. I. Tab. 12.
P. crassum Rabenh. Fl. europ. alg. III. p. 49.
P. flabellatum Kütz. Spec. Alg. p. 231. — Id. Tab. phyc. I. Tab. 32.
Coccochloris crassa Menegh. Nostoch. p. 65.

Im adriatischen Meere auf Steinen, Melobesieen etc.

Fig. 215.

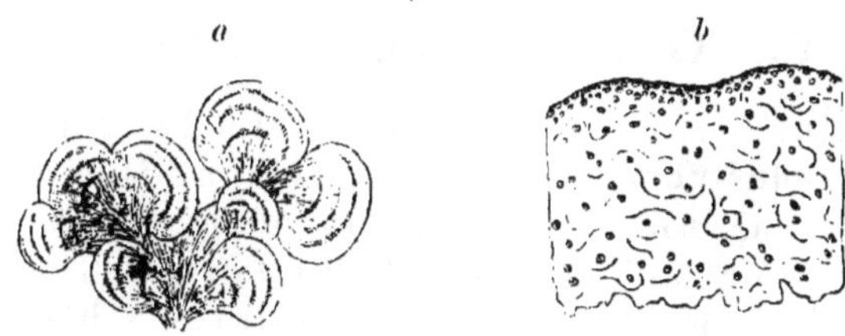

Palmophyllum crassum *(Naccari) Rabenh.*
a Alge in natürlicher Grösse. *b* Stück eines Durchschnittes durch das Lager. Vergr. ca. 200. (Nach Kützing.)

IV. Reihe. Cyanophyceae.

Bläulichgrüne Algen, die in dem Plasma ihrer Zellen einen dem Chlorophyll beigemengten und dieses verdeckenden blaugrünen oder indigoblauen Farbstoff, das Phycocyan (Phycochrom) enthalten.

Das Phycocyan gibt, aus getödteten Algen mit Wasser ausgezogen, eine im durchfallenden Lichte schönblaue Lösung mit rother Fluorescenz; in Alkohol ist das Phycocyan unlöslich, durch Alkalien wird es gelblich, bräunlich oder gelbgrün, durch Chlorwasserstoffsäure orange bis ziegelroth.

VII. Ordnung. Schizophyceae.

Thallus ein- oder mehrzellig; im letzteren Falle einfache oder verzweigte Zellenreihen bildend. Zellinhalt blaugrün, mitunter purpurn, violett oder bräunlich. Vermehrung durch vegetative Zelltheilung. Ungeschlechtliche Fortpflanzung durch Schizosporen oder Keimfäden (Hormogonien) oder Dauersporen. Geschlechtliche Fortpflanzung fehlend.

Die Schizophyceen oder Spaltalgen sind vorzugsweise Bewohner des süssen und brackischen Wassers oder feuchter Orte, und nur verhältnissmässig wenige Arten kommen im Meere und dann meist nur in geringer Tiefe vor.

Alle sind charakterisirt durch ihr eigenthümliches, meist gleichmässig tingirtes Plasma, welches (durch Modificationen des Phycocyans wahrscheinlich in Verbindung mit dem gelben Phycoxanthin) in der Farbe grosse Mannigfaltigkeit zeigt: gelb bis braun, purpurroth, oliven- bis spangrün, stahlblau, violett oder blauschwarz. Auch die häufig ziemlich dicke Zellmembran zeigt in vielen Fällen eine Färbung von gelb bis goldbraun (durch Scytonemin) oder roth, violett bis schwärzlich (durch Gloeocapsin).

Die Schizophyceen zerfallen in zwei Familen: die der Chroococcaceen und der Nostocaceen.

Bei den Chroococcaceen besteht der Thallus aus einer einfachen, meist kugeligen oder länglichen Zelle mit dünner oder häufiger dicker, geschichteter, bisweilen leicht vergallertender Membran. Sie vermehren sich meist nur vegetativ durch wiederholte Zweitheilung, wobei die Tochterzellen die Form und Grösse der Mutterzellen annehmen und dann wieder in Theilung übergehen. Die Theilung geschieht in einer, zwei oder allen drei Richtungen des Raumes in den auf einander folgenden Generationen. Die so entstandenen Individuen trennen sich zu selbständiger Existenz, leben aber selten frei und vereinzelt, sondern bleiben mit einander durch die gallertartig aufquellenden Membranen familienweise verbunden; es entstehen so durch viele Generationen bestimmt oder unbestimmt geformte, gallertartige Lager (Colonien), in welchen die Zellen oder Zellenfamilien eingebettet erscheinen. Selbst bei der Theilung in einer Richtung verschieben sich häufig die Zellen in der Gallerte so, dass sie sich ohne Ordnung häufen.

Bei einigen Gattungen findet auch, oder ausschliesslich nur eine Fortpflanzung durch Schizosporen (Gonidien) statt. Der Inhalt der ausgewachsenen Zelle zerfällt nämlich in mehr weniger zahlreiche rundliche, bewegungslose Sporen (Schizosporen), welche nach Auflösung oder Sprengung der Mutterzellmembran frei werden und zu neuen Individuen auswachsen.

Wenige Chroococcaceen bilden Dauersporen, indem sämmtliche Zellen einer Familie sich an Stelle der gallertartig aufquellenden Membran mit einer derben, auf der Aussenseite rauhen Membran umhüllen. Bei der Keimung durch succesive Zweitheilung geht dann wieder eine normale vegetative Familie hervor.

Bei der Familie der Nostocaceen besteht der Thallus aus einem einfachen oder seitlich verzweigten Gliederfaden, der entweder nackt oder von Gallerte umgeben, oder in eine Scheide eingeschlossen ist. Die vegetativen Zellen des Fadens haben entweder der Länge nach nahezu den gleichen Durchmesser oder das eine Ende des Fadens läuft allmälig in eine langgliederige farblose Haarspitze aus.

Bei vielen Nostocaceen kommen an der Basis oder in der Continuität des Fadens besonders beschaffene Zellen vor, welche als Grenzzellen oder Heterocysten bezeichnet werden. Sie entstehen durch Umwandlung einzelner vegetativer Zellen, sind theilungsunfähig und von denselben durch glasartiges Aussehen, farblose, gelbliche oder bräunliche Farbe, etwas grösseren Durchmesser und dickere Membranen verschieden und nie mit der Scheide des Fadens verschmolzen.

Die Verzweigung der bescheideten Nostocaceen-Fäden ist seltener eine wahre, durch veränderte Richtung der Zelltheilungen bedingte, häufiger eine falsche, durch behinderte Verlängerung eines dann seitlich hervortretenden Fadenstückes hervorgebrachte, wie bei Rivularia und Verwandten, wo die Verzweigungen durch seitliches Hervorwachsen des älteren Fadenstückes unter den Grenzzellen entstehen.

Die Fortpflanzung der Nostocaceen geschieht durch Keimfäden (Hormogonien), bei mehreren Gattungen auch durch Dauersporen.

Die Keimfäden sind fadenförmige, aus einer grösseren oder geringeren Anzahl Gliederzellen bestehende Stücke, in welche der Faden zerfällt, nachdem reichliche Zelltheilungen in ihm stattgefunden haben. Diese Keimfäden, welche bewegungsfähig sind, wachsen unmittelbar zum neuen Thallus aus, wobei sie ihre Bewegungsfähigkeit verlieren; nur bei Oscillaria und Spirulina bleibt sie auch dem ausgewachsenen Thallus erhalten.

Die Dauersporen der Nostocaceen gehen durch Umwandlung aus den vegetativen Zellen hervor und unterscheiden sich von denselben durch die veränderte Farbe, bedeutendere Grösse und Verdickung ihrer Membranen. Nach einer längeren Ruhezeit erfolgt die Keimung der Spore, wobei die Membran gesprengt wird, indem die ersten Zelltheilungen schon in der geschlossenen Spore auftreten.

Als eine Art vegetativer Vermehrung kann auch die sogenannte Fragmentirung betrachtet werden, wobei die Fäden durch Abknicken in kleinere oder grössere Fragmente zerfallen, die unter Umständen wieder zu längeren Fäden heranwachsen können.

Sowie bei den Chroococaceen bleiben häufig auch die Thallome der Nostocaceen durch die leicht vergallertenden Membranen zu Familien vereinigt, die dann bestimmt gestaltete oder gestaltlose Lager formiren.

Uebersicht der Familien der Schizophyceen.

I. Familie. Nostocaceae.

Thallus aus einem einfachen oder verzweigten Gliederfaden bestehend. Grenzzellen häufig vorhanden. Fortpflanzung durch Keimfäden, bisweilen auch durch Dauerzellen.

Gattungen:

I. Calothrix.	**VI. Nodularia.**
II. Rivularia.	**VII. Lyngbya.**
III. Isactis.	**VIII. Symploca.**
IV. Hormactis.	**IX. Oscillaria.**
V. Sphaerozyga.	**X. Microcoleus.**

XI. Spirulina.

II. Familie. Chroococcaceae.

Thallus einzellig, mikroskopisch. Die einzelnen Zellen entweder frei oder häufiger durch Vergallertung ihrer Membranen familienweise verbunden. Vermehrung durch Theilung der Zelle in einer, zwei oder allen drei Richtungen des Raumes in den auf einander folgenden Generationen. Fortpflanzung durch bewegungslose Schizosporen, welche sich meist aus dem Gesammtinhalte der Zelle entwickeln. Dauerzellen in wenigen Fällen beobachtet.

Gattungen:

XII. Gloeocapsa.	**XIV. Oncobyrsa.**
XIII. Entophysalis.	**XV. Pleurocapsa.**

XVI. Dermocarpa.

Gattung zweifelhafter Stellung:

XVII. Goniotrichum.

I. Familie. **Nostocaceae.**

Thallus aus einem einfachen oder verzweigten Gliederfaden bestehend. Grenzzellen häufig vorhanden. Fortpflanzung durch Keimfäden, bisweilen auch durch Dauerzellen.

A. Fäden einfach oder verästelt, in eine haarförmige, langgliederige, farblose Spitze auslaufend und mit einer an der Spitze offenen Scheide umgeben. Grenzzellen meistens vorhanden, theils an der Basis der Fäden (und Aeste), theils zwischen den vegetativen Zellen. Dauerzellen bisweilen vorhanden. **(Calotricheae.)**

B. Fäden einfach, nie in eine haarförmige Spitze auslaufend, mit oder ohne Scheiden. Grenzzellen vorhanden. Dauerzellen bei vielen Gattungen. **(Nostoceae.)**

C. Fäden einfach, mit oder ohne Scheide, nie in eine Haarspitze auslaufend. Grenzzellen und Dauerzellen fehlend. **(Lyngbyae.)**

A. Fäden einfach oder verästelt, in eine haarförmige, langgliederige, farblose Spitze auslaufend und mit einer an der Spitze offenen Scheide umgeben. Grenzzellen meistens vorhanden, theils an der Basis der Fäden (und Aeste), theils zwischen den vegetativen Zellen. Dauerzellen bisweilen vorhanden. **(Calotricheae.)**

I. Gattung. **Calothrix** Ag.

Fäden einfach oder falsch verzweigt, frei, kleine Büschel oder unbestimmt ausgebreitete Räschen oder krustenartige Ueberzüge bildend. Grenzzellen sowohl an der Basis der Fäden und deren Zweige, als auch häufig in der Continuität des Fadens.

1. **C. crustacea** (Schousb.) Thur. Fig. 216.

Bildet 0·5—2 mm hohe, dunkel blaugrüne oder schwärzlich grüne oder braune, mehr weniger ausgebreitete Räschen auf Felsen, Algen und Zostera. Fäden einfach oder etwas verzweigt, fast gerade oder gekrümmt, bisweilen leicht geschlängelt, ohne Scheide

Fig. 216.

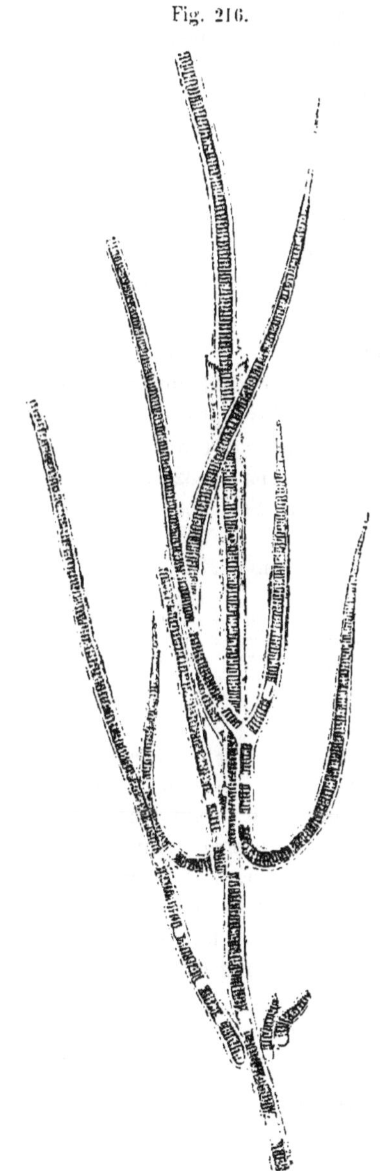

Calothrix crustacea *(Schousb.) Thur.* Fäden 160 mal vergrössert. (Nach Bornet.)

8—18 μ dick, allmälig in eine feine Spitze auslaufend, mit basilaren und mehr weniger zahlreichen intercalaren Grenzzellen. Glieder meist $^1/_5$ bis $^1/_3$ kürzer als der Durchmesser. Scheiden anfänglich farblos, später goldbräunlich und geschichtet, mitunter stellenweise etwas trichterförmig erweitert und zerfasert; Wandung bis 3—6 μ dick.

Oscillatoria crustacea Schousb. Herb.
C. crustacea Thur. Not. algol. I. p. 13, pl. 4.
Schizosiphon lasiopus Kütz. Spec. Alg. p. 328. — Id. Tab. phyc. II. Tab. 49.

Im adriatischen Meere.

2. **C. confervicola** (Dillw.) Ag.

Bildet 0·5—2 mm hohe, bouteillengrüne bis violette oder braune, häufig zu Räschen vereinigte Büschel auf verschiedenen (namentlich fadenförmigen) Algen. Fäden einfach, ohne Scheide 15 bis 20 μ dick, allmälig in eine kürzere oder längere feine Spitze auslaufend, gerade oder etwas geschlängelt, nur mit basilaren Grenzzellen. Glieder meist $^1/_6$—$^1/_4$ kürzer als der Durchmesser. Scheiden farblos bis goldbräunlich, später geschichtet; Wandung 1 bis 6 μ dick.

Conferva confervicola Dillw. Brit. Conf. T. 8.
C. confervicola Ag. Spec. Alg. p. 70. — Harv. Phyc. brit. Pl. 254. Born. et Thur. Not. algol. p. 8, pl. 3.
Leibleinia chalybea Kütz. Spec. Alg. p. 277. Id. Tab. phyc. I. Tab. 81.
Leibleinia purpurea Kütz. Spec. Alg. p. 277. — Id. Tab. phyc. I. Tab. 81.
Schizosiphon flagelliformis Kütz. Spec. Alg. p. 330. — Id. Tab. phyc. II. Tab. 54.
Leibleinia flaccida Kütz. Spec. Alg. p. 277. — Id. Tab. phyc. I. Tab 83.
Leibleinia virescens Kütz. Spec. Alg. et Tab. phyc. l. c.

In der Nordsee, Ostsee und im adriatischen Meere.

3. C. **aeruginea** (Kütz.) Thur.

Der vorigen Art ähnlich. Bildet 0·2—0·5 mm hohe, schön spangrüne Büschel oder Räschen auf verschiedenen (namentlich fadenförmigen) Algen. Fäden einfach, ohne Scheide 6—14 μ dick, allmälig in eine feine Spitze auslaufend, gerade oder etwas geschlängelt, mit basilaren und häufig einzelnen intercalaren Grenzzellen. Glieder meist $^1/_5$—$^1/_3$ kürzer als der Durchmesser. Scheiden farblos; Wandung 1—4 μ dick.

Leibleinia aeruginea Kütz. Phyc. gener. p. 221. — Id. Spec. Alg. p. 276. — Id. Tab. phyc. I. Tab. 83.
C. aeruginea Thur. Classif. Nostoc. p. 381. — Born. et Thur. Not. algol. II. p. 157. pl. 37, fig. 1—6.

In der Nordsee und im adriatischen Meere.

4. C. **parasitica** (Chauv.) Thur.

Fäden spangrün, einzeln oder zu kleinen Büscheln oder Räschen vereinigt, zwischen den Fäden der äusseren Schichte von Nemalion vegetirend, einfach oder etwas verzweigt, meist 80 bis bis 500 μ lang und an der etwas zwiebelförmig verdickten Basis 10—16 μ dick, gegen die in ein sehr langes Haar auslaufende Spitze allmälig verdünnt, nur mit basilaren Grenzzellen. Glieder $^1/_3$—$^1/_5$ kürzer als der Durchmesser. Scheiden farblos oder bräunlich, bisweilen stellenweise etwas trichterförmig erweitert und zerfasert; Wandung 1—4 μ dick.

Rivularia parasitica Chauv. Recherch. p. 41.
C. parasitica Thur. Classif. Nostoc. p. 381. — Born. et Thur. Not. algol. II. p. 157, pl. 37, fig. 7—10.

Auf Nemalion lubricum im adriatischen Meere.

5. C. **scopulorum** (Web. et Mohr) Ag.

Bildet schwärzlichgrüne, 0·2—1 mm hohe, ausgebreitete Räschen oder fast krustenförmige, schlüpfrige Ueberzüge. Fäden einfach oder verzweigt, geschlängelt, häufig verschlungen, ohne Scheide 5—10 μ dick, allmälig in eine feine Spitze auslaufend, nur mit basilaren (ausnahmsweise auch mit intercalaren) Grenzzellen. Glieder meist $^1/_4$—$^1/_2$ mal kürzer als der Durchmesser. Scheiden farblos bis goldbraun, später geschichtet, mitunter stellenweise etwas trichterförmig erweitert; Wandung bis 2—4 μ dick.

Conferva scopulorum Web. et Mohr, Reise, p. 195, Tab. 3, fig. 3, a b.
C. scopulorum Ag. Syst. p. 70. — Harv. Phyc. brit. Pl. 58 B. — Born. et Thur. Not. algol. II. p. 159, pl. 38.
Schizosiphon salinus Kütz. ? (Spec. Alg. p. 327. — Id. Tab. phyc. II. Tab. 47. — Rabenh. Flor. europ. alg. II. p. 237.)
Schizosiphon lutescens Kütz. Spec. Alg. p. 327. — Id. Tab. phyc. II. Tab. 48.

Auf Felsen, Holzwerk, seltener auf Algen in der Nordsee, Ostsee und im adriatischen Meere; auch auf Salzboden.

6. **C. pulvinata** (Mert.) Ag.

Bildet ein dunkelgrünes oder schwärzlich-blaugrünes, sammetartiges, schwammig-poröses, 1—4 mm hohes Lager, welches aus gleich hohen, aufsteigenden, zu Bündeln mehr weniger fest vereinigten Fäden gebildet wird. Fäden einfach oder spärlich verzweigt, geschlängelt, ohne Scheide 4—12 (meist 8—12) μ dick, kurz zugespitzt, mit basilaren und meist spärlichen intercalaren Grenzzellen. Glieder $^1/_5$—$^1/_2$ mal kürzer, die unteren häufig ebenso lang als der Durchmesser. Scheiden farblos oder goldbräunlich, später geschichtet; Wandung bis 3—6 μ dick.

Ceramium pulvinatum Mert. in Jürg. Alg. Dec. IV. No. 5.
C. pulvinata Ag. Syst. p. 71. — Born. et Thur. Not. Algol. II. 161, pl. 39.
Schizosiphon pulvinatus Rabenh. flor. europ. alg. II. p. 242.
Symphyosiphon pulvinatus Kütz. Spec. Alg. p. 322. — Id. Tab. phyc. II. Tab. 41.
Symphyosiphon gallicus Kütz. Spec. Alg. et Tab. phyc. l. c.
C. hydnoides Carm. — Harv. Phyc. brit. pl. 306.
C. pannosa Harv. Phyc. brit. pl. 76 (nec Ag.).

Auf Felsen und Holzwerk in der Nordsee.

7. **C. fasciculata** Ag.

Bildet 1—4 mm hohe, braune oder schwärzlich grüne, ausgebreitete, sammetartige, schlüpfrige Ueberzüge auf Felsen. Fäden ohne Scheide 8—14 μ dick, allmälig in eine feine Spitze auslaufend, aufrecht, etwas geschlängelt, einfach oder häufiger im oberen Theil mit genähert (fast büschelig) entspringenden, aufrecht-angedrückten Zweigen besetzt: Grenzzellen basilar und intercalar, einzeln oder zu 2—4 hinter einander. Glieder meist $^1/_5$—$^1/_2$ mal kürzer als der Durchmesser. Scheiden farblos bis goldbräunlich, später geschichtet: Wandung 2—6 μ dick.

C. fasciculata Ag. Syst. Alg. p 71. — Harv. Phyc. brit. Pl. 58 A. Schizosiphon fasciculatus Kütz. Spec. Alg. p. 330. — Id. Tab. phyc. II. Tab. 53.

In der Nordsee.

II. Gattung. **Rivularia** Roth.

Fäden durch Gallerte zu einem rundlichen, soliden oder blasigen Lager vereinigt, radial angeordnet, falsch verzweigt: Grenzzellen an der Basis der Fäden und deren Zweige. Dauerzellen fehlend. Lager innen durch die in fast gleicher Höhe entspringenden Verzweigungen der Fäden concentrisch gezont: Zonen meist verschieden nüancirt.

1. **R. polyotis** (J. Ag.) Hauck. Fig. 217.

Lager rundlich, anfänglich solid, sehr bald blasig, gelappt und gekröseartig, 1—5 cm im Durchmesser, dunkel blaugrün oder olivengrün, gallertartig-häutig, schlüpfrig, innen gezont. Fäden ziemlich dicht, häufig, namentlich unterhalb, geschlängelt, ohne Scheide 4—12 μ dick, oberhalb allmälig in eine lange feine Spitze auslaufend: die längeren Fäden meist aufwärts etwas verdickt und dann allmälig zugespitzt; Glieder $^1/_4$ mal kürzer bis ebenso lang, bei langen Fäden bis zwei mal länger als der Durchmesser; Scheiden farblos oder bräunlich, etwas geschichtet, mit einander verwachsen, unterhalb deutlich unterscheidbar, oberhalb zusammenfliessend.

In der Jugend R. atra ähnlich.

Diplotrichia polyotis J. Ag. Alg. med. p. 10 (fide specimen).
R. polyotis Hauck, Herb.
Heteractis mesenterica Kütz. Phyc. gener. p. 236. — Id. Spec. Alg. p. 334. — Id. Tab. phyc. II. Tab. 62.
R. mesenterica Thur. Classif. Nostoch. p. 382.
R. bullata J. Ag. Alg. med. p. 9.
R. nitida Hauck, Verz. p. 92.
Physactis pulchra Cramer. — Rabenh. flor. europ. alg. II. p. 209.

Auf Felsen im adriatischen Meere.

Fig. 217.

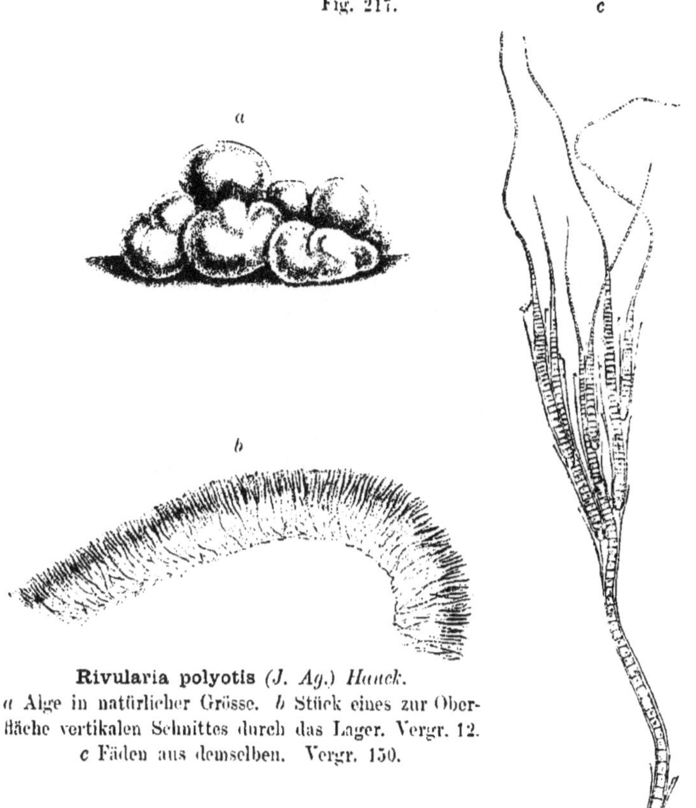

Rivularia polyotis *(J. Ag.) Hauck.*
a Alge in natürlicher Grösse. *b* Stück eines zur Oberfläche vertikalen Schnittes durch das Lager. Vergr. 12. *c* Fäden aus demselben. Vergr. 150.

2. **R. plicata** Carm.

Lager anfänglich solid, später blasig, rundlich, lappig und faltig, bis 1—2 cm im Durchmesser, dunkel blaugrün oder schwärzlichgrün, gallertartig-häutig, schlüpfrig. Fäden ziemlich dicht gedrängt, ohne Scheide 2—4 μ dick, allmälig in eine feine Spitze auslaufend, meist geschlängelt; Glieder meist undeutlich, $^1/_2$—1—2 mal so lang als der Durchmesser; Scheiden farblos oder bräunlich, zusammenfliessend, nur unterhalb unterscheidbar.

R. plicata Carm. — Harv. in Hook. Brit. Fl. II. p. 392. — Id. Phyc. brit. pl. 340. — Rabenh. Flor. europ. alg. II. p. 208.

Physactis plicata Kütz. Spec. Alg. p. 332. Id. Tab. phyc. II. Tab. 59.

Physactis lobata Kütz. Spec. Alg. et Tab. phyc. l. c.

Auf Steinen in der Nord- und Ostsee.

3. **R. hospita** (Kütz.) Thur.

Lager solid, niedergedrückt halbkugelig, 1–3 mm im Durchmesser, häufig zusammenfliessend, schwärzlich grün, knorpelig-gallertartig, schlüpfrig, im Alter innen mehr weniger deutlich gezont. Fäden ziemlich locker gestellt (bei der jungen Pflanze frei), durch Druck ziemlich leicht trennbar, unterhalb ohne Scheide 6–12—15 μ dick, aufwärts eine Strecke weit ziemlich gleich dick bleibend oder häufiger mehr weniger verdickt und dann allmälig in eine feine lange Spitze auslaufend; Glieder $^1/_4$ kürzer bis ebenso lang als der Durchmesser, häufig etwas undeutlich; Scheiden farblos oder bräunlich, dick, merklich trichterförmig erweitert und in einander geschoben.

Euactis hospita Kütz. Phyc. gener. p. 241. — Id. Spec. Alg. p. 341. — Id. Tab. phyc. II. Tab. 76.

R. hospita Thur. Classif. Nostoch. p. 11. — Born. et Thur. Not. algol. II. p. 166, pl. 41.

Euactis prorumpens Kütz. Spec. Alg. p. 341. — Id. Tab. phyc. II. Tab. 75.

Euactis pulchra Cramer, Hedwigia 1863, p. 61.

Euactis pachynema Kütz. ? (Spec. Alg. p. 339. — Id. Tab. phyc. II. Tab. 74.)

Auf Felsen im adriatischen Meere (Dalmatien).

4. **R. atra** Roth.

Lager solid, halbkugelig, bis fast kugelig, 1–3 mm im Durchmesser, oft zusammenfliessend, grün- bis blauschwarz oder bräunlich schwarz, knorpelig, hart, schlüpfrig, innen gezont. Fäden sehr dicht gedrängt, ohne Scheide 2—5—8 (mitunter bis 10) μ dick, allmälig in eine feine Spitze auslaufend; Glieder $^1/_2$—1—2 mal so lang als der Durchmesser; Scheiden farblos oder bräunlich, fest mit einander verwachsen, oberhalb zusammenfliessend, unterhalb mehr weniger deutlich unterscheidbar.

R. atra Roth, Catal. III. p. 340. — Harv. Phyc. brit. pl. 239.

Euactis atra Kütz. Spec. Alg. p. 340. — Id. Tab. phyc. II. Tab. 73.

Euactis amoena Kütz. Spec. Alg. et Tab. phyc. l. c.

Euactis marina Kütz. Spec. Alg. et Tab. phyc. l. c.

Euactis Lenormandiana Kütz. Spec. Alg. p. 340. — Id. Tab. phyc. II. Tab. 75.

Euactis Jürgensii Kütz. Spec. Alg. p. 341. — Id. Tab. phyc. II. Tab. 76.

Euactis confluens Kütz. Spec. Alg. p. 341. — Id. Tab. phyc. II. Tab. 77.

Euactis hemisphaerica Kütz. Spec. Alg. p. 341. — Id. Tab. phyc. II. Tab. 77.

Zonotrichia hemisphaerica J. Ag. Alg. med. p. 5 — Rabenh. flor. europ. alg. II. p. 220.

Zonotrichia atra Rabenh. flor. europ. alg. II. p. 219.

Zonotrichia confluens Rabenh. flor. europ. alg. II. p. 220.

Zonotrichia Lenormandiana Rabenh. flor. europ. alg. II. p. 221.

Zonotrichia amoena Rabenh. l. c.

Zonotrichia Jürgensii Rabenh. l. c.

Auf Felsen und Steinen, bisweilen auch auf Algen in der Nordsee, Ostsee und im adriatischen Meere.

5. **R. Biasolettiana** Menegh.

Lager solid, polsterförmig ausgebreitet oder rundlich, meist 1—4 cm im Durchmesser, oft zusammenfliessend, dunkel blaugrün, olivengrün oder schwärzlichgrün, knorpelig-gallertartig, schlüpfrig. Fäden dicht gedrängt, durch Druck leicht trennbar, ohne Scheide 3—6—8 μ dick, meist mehr weniger geschlängelt, allmälig in eine feine Spitze auslaufend; Glieder $\frac{1}{2}$—1—2 mal so lang als der Durchmesser; Scheiden farblos oder bräunlich, zusammenfliessend, später deutlich unterscheidbar und geschichtet.

R. Biasolettiana Menegh. Monogr. Nostoch. p. 139, Tab. 15, fig. 1.

Dasyactis Biasolettiana Kütz Spec. Alg. p. 339. — Id. Tab. phyc. II. Tab. 72.

Dasyactis salina Kütz. Spec. Alg. p. 338. — Id. Tab. phyc. II. Tab. 71.

Limnactis salina Rabenh. flor. europ. alg. II. p. 212.

Zonotrichia Biasolettiana Rabenh. flor. europ. alg. II. p. 218.

Schizosiphon Warreniae Casp. in Harv. Phyc. brit. pl. 316.

Geocyclus oscillarinus Kütz. Spec. Alg. p. 331. — Id. Tab. phyc. II. Tab. 57.

In Brackwasser, auch auf feuchter Erde an den Ufern des adriatischen Meeres (im Timavo und am Meeresufer bei Monfalcone); auch in der Nordsee.

III. Gattung. **Isactis** Thur.

Fäden durch Gallerte zu einem soliden flachen Lager vereinigt, aufrecht, parallel, einfach oder falsch verzweigt: Grenzzellen an der Basis der Fäden und deren Zweige. Dauerzellen fehlend.

1. **I. plana** (Kütz.) Thur. Fig. 218.

Lager dünn (meist 150 bis 300 μ dick), rundliche oder unbestimmt ausgebreitete, meist dunkelgrüne oder schwärzliche Flecken bildend. Fäden an der Basis durch einander gewunden, dann aufrecht, dicht gedrängt, einfach oder etwas verzweigt, ohne Scheide 6—9 μ dick, allmälig in eine feine Spitze auslaufend; Glieder $^1/_3$—$^1/_2$ mal kürzer bis fast ebenso lang als der Durchmesser. Scheiden farblos oder bräunlich, mehr weniger deutlich unterscheidbar.

Dasyactis plana Kütz. Tab. phyc. II. p. 23, Tab. 73.
I. plana Thur. Classif. Nostoch. p. 382. — Born. et Thur. Not. algol. II. p. 165, pl. 40.
Mastigonema plana Rabenh. Flor. europ. alg. II. p. 226.
Physactis obducens Kütz. Diag. zu neuen Algen, p. 9.
Physactis atropurpurea Kütz. l. c.

Fig. 218.

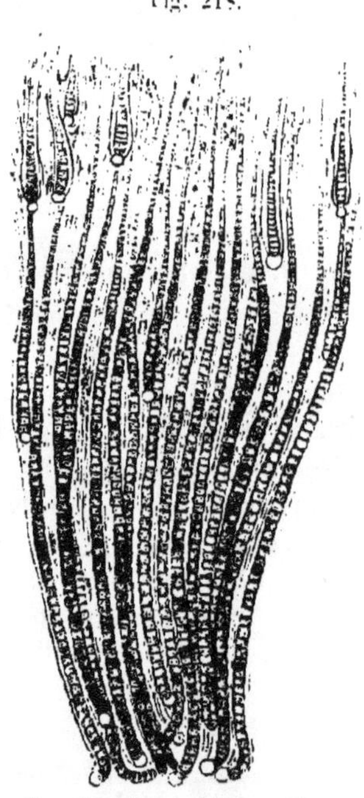

Isactis plana *(Kütz.) Thur.* Fragment eines zur Oberfläche verticalen Schnittes durch das Lager. Vergr. 160. (Nach Bornet.)

Auf Steinen, Holzwerk und verschiedenen grösseren Algen im adriatischen Meere.

IV. Gattung. **Hormactis** Thur.

Fäden durch Gallerte zu einem rundlichen, anfänglich soliden, später blasigen Lager vereinigt, verschiedenartig umgebogen und gewunden, unterhalb verworren, oberhalb aufrecht-strahlig, parallel, in eine feine Spitze endigend, verzweigt; Zweige verkehrt V-förmig, an ihrem unteren Theil aus zwei gesonderten Fäden bestehend, die an der Spitze in eine Zellenreihe ausgehen. Grenzzellen in der Continuität des Fadens, ohne Bezug auf die Zweigbildung vertheilt. Dauerzellen fehlend.

Fig. 219.

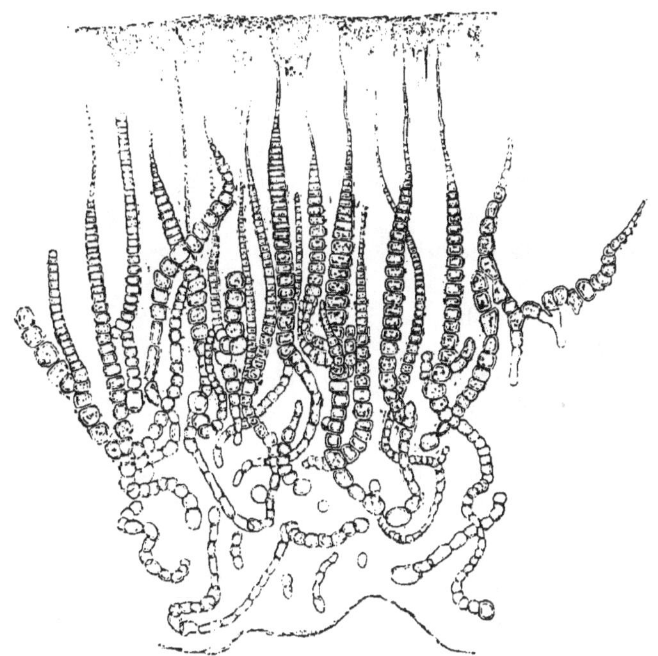

Hormactis Balani *Thur.* Stück eines zur Oberfläche senkrechten Schnittes durch das Lager eines ausgewachsenen Exemplars. Vergr. 330. (Nach Bornet.)

1. **H. Balani** Thur. Fig. 219.

Lager anfänglich krustenförmig, dann rundlich, hohl, unregelmässig runzelig und faltig, bis 4 — 6 mm im Durchmesser, braun oder schwärzlichgrün, gallertartig, lederartig, schlüpfrig. Fäden dicht gedrängt, ungleich dick, meist 3 — 8 μ dick; Glieder verschiedenförmig: cylindrisch, kugelig, zusammengedrückt oder scheibenförmig; Scheiden farblos oder bräunlich, anfänglich unterscheidbar, später zusammenfliessend.

Rivularia Balani Lloyd, Algues de l'Ouest. No. 303.
H. Balani Thur. Classif. Nostoch. p. 382. — Born. et Thur. Not. algol. II. p. 172. pl. 43 et 44.
Physactis Lloydii Crouan. — Kütz. Diagn. zu neuen Algen, p. 9.

Auf Felsen im adriatischen Meere (Dalmatien).

*B. Fäden einfach, nie in eine haarförmige Spitze auslaufend, mit oder ohne Scheiden. Grenzzellen vorhanden. Dauerzellen bei vielen Gattungen. (**Nostoceae.**)*

V. Gattung. **Sphaerozyga** Ag.

Fäden einfach, perlschnurförmig gegliedert, scheidenlos, vereinzelt oder zu einem schleimigen formlosen Lager vereinigt. Grenzellen zwischen den vegetativen Zellen. Dauerzellen zu beiden Seiten der Grenzzellen.

1. **Sph. Carmichaelii** Harv. Fig. 220.

Fig. 220.

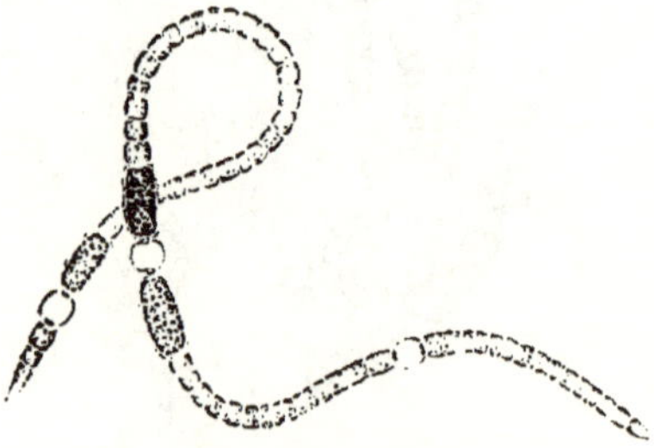

Sphaerozyga Carmichaelii *Harv.* Vergr. 330. (Nach Thuret.)

Lager schleimig-häutig, spangrün. Fäden beiderends etwas verdünnt, 2·5 bis 6·5 μ dick, mehr weniger geschlängelt, verworren; vegetative Zellen tonnenförmig, meist halb bis ebenso lang als der Durchmesser; Endzelle spitzlich; Grenzzellen zahlreich, kugelig, etwas dicker bis doppelt so dick als die vegetativen Zellen. Dauerzellen gewöhnlich einzeln zu beiden Seiten der Grenzzellen, cylindrisch-länglich, ca. 7 μ dick und 17—28 μ lang, mit ziemlich dicker Membran, anfänglich grün, später bräunlich.

Sph. Carmichaelii Harv. Phyc. brit. Pl. 113 A. — Le Jol. Alg. mar. Cherb. p. 29, pl. 1, fig. 3.

Cylindrospermum mesoleptum und Cyl. Carmichaelii Kütz. Tab. phyc. I. Tab. 98 und 99 gehören nicht hierher, sondern sind auf Sphaerozyga Jacobi Ag. zu beziehen, in gleicher Weise auch Sphaeroz. Carmich. Rabenh. in Flor. europ. alg. II. p. 191.

An den Küsten der Nord- und Ostsee.

VI. Gattung. **Nodularia** Mert.

Fäden einfach, kurzgliederig (Glieder scheibenförmig), in eine mehr weniger deutliche Scheide eingeschlossen, vereinzelt oder zu einem schleimigen, formlosen Lager vereinigt. Grenzzellen zwischen den vegetativen Zellen in fast regelmässigen Abständen. Dauerzellen zwischen zwei Grenzzellen entwickelt, meist perlschnurförmig gereiht, und von letzteren häufig durch sich verfärbende vegetative Zellen getrennt.

Fig. 221.

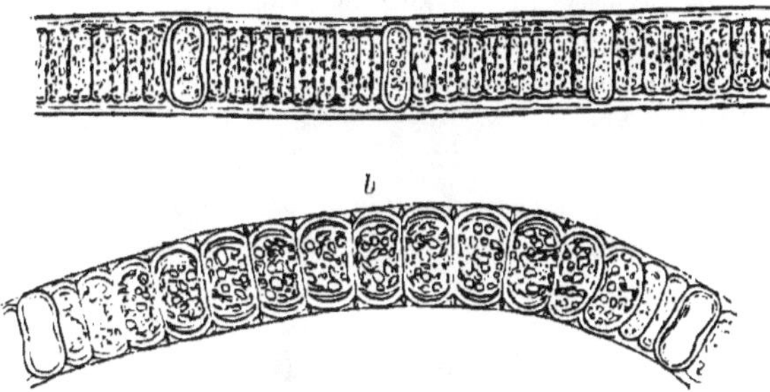

Nodularia litorea *(Kütz.) Thur.*
a Stück eines vegetativen Fadens. Vergr. 50. *b* Stück eines Fadens mit reifen Dauerzellen. Vergr. 650. (Nach Bornet.)

1. **N. litorea** (Kütz.) Thur. Fig. 221.

Lager spangrün. Fäden lang, fast gerade oder etwas geschlängelt, ohne Scheide meist 11—13 μ (nach Rabenhorst 5·4 bis 11 μ) dick; Glieder fast ein Drittel so lang als der Durchmesser; Grenzzellen deutlich, etwas grösser als die vegetativen Zellen, niedergedrückt kugelig (dickwandig und an beiden Polen punktförmig verdickt), gelblich; Scheiden farblos, an jüngeren Fäden deutlich, häufig ziemlich dick, doppelschichtig, an älteren Fäden fehlend. Dauerzellen gedrückt kugelig, etwas dicker als die vegetativen Zellen, zahlreich, perlschnurförmig gereiht, nicht selten bis an die Grenzzellen entwickelt, reif mit röthlich-bräunlichem, körnigem Inhalte.

Spermosira litorea Kütz. Phyc. gener. p. 213. — Id. Spec. Alg. p. 294. — Id. Tab. phyc. I. Tab. 100. — Harv. Phyc. brit. pl. 113. — Rabenh. flor. europ. alg. II. p. 186.

N. litorea Thur. Classif. Nostoch. p. 378. — Born. et Thur. Not. algol. II. p. 121, pl. 29, fig. 1—9.
Spermosira Vrieseana Kütz. Spec. Alg. et Tab. phyc. l. c. — Rabenh. flor. europ. alg. II. p. 185.
Spermosira major Kütz. Spec. Alg. et Tab. phyc. l. c.

An den Küsten der Nord- und Ostsee.

β. **spumigena.**

Fäden meist 10—11 (nach Rabenh. 7·5—9) μ dick. Dauerzellen einzeln oder bis zu dreien in der Mitte des Fadenstückes zwischen zwei Grenzzellen entwickelt.

M. spumigena Mert. in Jürg. Alg. Dec. XV. No. 4. — Born. et Thur. Not. algol. II. p. 122, pl. 29, fig. 10, 11.
M. spumigera Ag. — Kütz. Spec. Alg. p. 295. — Id. Tab. phyc. I. Tab. 100. — Rabenh. flor. europ. alg. II. p. 186.

An den Küsten der Nordsee.

C. Fäden einfach, mit oder ohne Scheide, nie in eine Haarspitze auslaufend. Grenzzellen und Dauerzellen fehlend. ***(Lyngbyae.)***

VII. Gattung. **Lyngbya** Ag.

Fäden je in eine deutliche Scheide eingeschlossen; an der Basis angewachsen, oft Räschen bildend, oder frei und zu einem wattigen oder haut- oder gallertartigen Lager vereinigt.

1. **L. violacea** (Menegh.) Rabenh.

Fig. 222.

Lyngbya aestuarii *(Jürg.) Liebm.*
Vier Fadenstücke. Vergr. ca. 200.

Fäden vereinzelt oder zu Räschen vereinigt, purpurroth oder violett, leicht sich verfärbend, ziemlich steif und gerade, 5—30 mm lang, ohne Scheide meist 24—40 μ dick; Glieder ca. 4—6—8 mal kürzer als der Durchmesser; Zellinhalt etwas körnig; Scheiden farblos, zart und schlaff (Wandung ca. 1 μ dick, meist dünner).

Leibleinia violacea Menegh. Giorn. bot. ital. I. p. 304 (e specimine). — Kütz. Spec. Alg. p. 279.

L. violacea Rabenh. Flor. europ. alg. II. p. 144.
Leibleinia polychroa Menegh. — Kütz. Spec. Alg. p. 278. — Id. Tab. phyc. I. Tab. 85.
Leibleinia capillacea Kütz. Spec. Alg. et Tab. phyc. l. c.
Calothrix variegata Zanard.

Auf verschiedenen Algen im adriatischen Meere.

2. **L. majuscula** (Dillw.) Harv.

Fäden ein schwarzblaues, schwärzlich grünes oder braunes, wattig verworrenes oder rasiges Lager bildend, hin- und hergebogen, bisweilen kraus, ohne Scheide 20—40 μ dick; Glieder 6—10 mal kürzer als der Durchmesser; Zellinhalt feinkörnig, graublau bis stahlgrün oder bräunlich. Scheiden farblos, im Alter geschichtet; Wandung 3—16 μ dick.

Conferva majuscula Dillw. Brit. Conf. Suppl. T. A.
L. majuscula Harv. in Hook. Brit. Fl. II. p. 370. — Id. Phyc. brit. p. 62. — Kütz. Spec. Alg. p. 283. — Id. Tab. phyc. I. Tab. 90. — Rabenh. Flor. europ. alg. II. p. 140.
L. major Kütz. Spec. Alg. p. 284. — Id. Tab. phyc. I. Tab. 90. — Rabenh. Flor. europ. alg. II. p. 140.
L. Brignolii De Not. Prosp. Fl. Lig. p. 68.

Im adriatischen Meere.

3. **L. aestuarii** (Jürg.) Liebm. Fig. 222.

Bildet ein wattiges oder auf feuchter Erde fast hautartiges, spangrünes bis schwarzviolettes oder braunes Lager. Fäden hin- und hergebogen, ohne Scheide 10—22 μ dick; Glieder 3—6 mal kürzer als der Durchmesser; Zellinhalt an den Scheidewänden körnig; Scheiden farblos bis braun, zart oder bis zu 4 μ in der Wandung dick und etwas geschichtet.

Oscillatoria aestuarii Jürg. Alg. Dec. VIII. No. 2.
L. aestuarii Liebm. in Kröyers Tidskrift. — Aresch. Phyc. scand. mar. p. 215. — Born. et Thur. Not. algol. II p. 132, pl. 32.
L. aeruginosa Ag. — Kütz. Spec. Alg. p. 282. — Id. Tab. phyc. I. Tab. 88.
L. glutinosa Kütz. Spec. Alg. p. 282. — Id. Tab. phyc.. I. Tab. 89. (nec Ag. Syst. p. 73)
L. ferruginea Ag. Syst. p. 73. — Harv. Phyc. brit. pl. 311.
L. crispa Ag. Syst. p. 74. — Kütz. Spec. Alg. p. 283. — Id. Tab. phyc. I. Tab. 89.
L. salina Kütz. Spec. Alg. p. 281. — Id. Tab. phyc. I. Tab. 88.
L. interrupta Kütz. Spec. Alg. et Tab. phyc. l. c.
L. stagnina Kütz. Spec. Alg. p. 281. — Id. Tab. phyc. I. Tab. 87.
L. ambigua Kütz. Tab. phyc. I. p. 47, Tab. 87.

L. obscura Kütz. Spec. Alg. p. 281. — Id. Tab. phyc. I. Tab. 88.
Siphoderma lyngbyaceum Kütz. Spec. Alg. p. 273. — Id. Tab. phyc. I. Tab. 78.
Siphoderma curvatum Kütz. Spec. Alg. p. 273. — Id. Tab. phyc. I. Tab.. 78.
Leibleinia Cirrulus Kütz. in Hohenack. Meeralgen. No. 500. — Id. Spec. Alg. p. 278. — Id. Tab. phyc. I. Tab. 85.
Lyngbya luteofusca var. pacifica J. Ag. in Hohenack. Meeralgen, No. 201.

In Brack- und Süsswasser, auch auf feuchter Erde an den Küsten der Nordsee, Ostsee und des adriatischen Meeres.

4. **L. luteo-fusca** (Ag.) J. Ag.

Bildet 1—5 cm hohe, olivengelbe, olivenbraune oder schwärzlichgrüne, schleimige Rasen oder ein verworrenes, schleimig hautartiges Lager. Fäden ohne Scheide 8—14 μ dick; Glieder 3—4—6 mal kürzer als der Durchmesser; Zellinhalt an den Scheidewänden feinkörnig; Scheiden farblos, in der Wandung sehr zart oder bis 1 -2, seltener bis 6 μ dick.

Calothrix luteo-fusca Ag. Aufz. No. 41.
L. luteo-fusca J. Ag. Alg. med. p. 11 (e specim. authent.). — Kütz. Spec. Alg. p. 282. — Id. Tab. phyc. I. Tab. 88.
Leibleinia sordida Kütz. Spec. Alg. p. 278. — Id. Tab. phyc. I. Tab. 84.
Leibleinia semiplena Kütz. Spec. Alg. p. 278. — Id. Tab. phyc. I. Tab. 85.
L. confervoides (Ag.) J. Ag. Alg. med. p. 11. (e specim. authent.)
L. lutescens Liebm. — Aresch. Phyc. scand. mar. p. 217?

Auf Steinen in der Nordsee und im adriatischen Meere.

5. **L. livida** Ardiss.

Bildet purpurviolette oder grauviolette, leicht verbleichende, schlüpfrige, 2—15 mm hohe Büschel auf verschiedenen Algen. Fäden ohne Scheide 5—10 μ dick; Glieder meist 2—4 mal kürzer als der Durchmesser; Zellinhalt hell schmutzigviolett oder röthlich, sehr feinkörnig; Scheiden farblos, sehr zart, bis zu ca. 1 μ in der Wandung dick.

L. livida Ardiss. — Ardiss. e Straff. Alghe Lig p. 73.

Auf Gelidium, Bryopsis etc. im adriatischen Meere.

6. **L. semiplena** (Ag.) J. Ag.

Bildet 1—3 cm hohe, olivengrüne, bräunliche oder schwärzlichgrüne, schleimige Räschen oder ein verworrenes, schleimig hautartiges Lager. Fäden ohne Scheide 5—7 μ dick; Glieder 3 bis 4—6 mal kürzer als der Durchmesser; Zellinhalt gelbgrünlich, an den Scheidewänden feinkörnig. Scheiden farblos, sehr zart, oder in der Wandung bis ca. 2 μ dick.

Calothrix semiplena Ag. Aufz. No. 40.
L. semiplena J. Ag. Alg. med. p. 11.
Leibleinia Meneghiniana Kütz. Spec. Alg. p. 277. — Id. Tab. phyc. I. Tab. 84.
Leibleinia Hofmanni Kütz. ? (Spec. Alg. p. 278. — Id. Tab. phyc. I. Tab. 84.
Oscillaria lutea Ag. Syst. p. 68 ?

In der Nordsee, Ostsee und im adriatischen Meere auf Steinen, Holzwerk und Algen (Fucus virsoides etc.).

7. **L. gracilis** (Menegh.) Rabenh.

Bildet 5—15 mm hohe, purpur-violette, flockige, schlüpfrige Räschen. Fäden ohne Scheide ca. 5 μ dick, hin- und hergebogen; Glieder halb so lang als der Durchmesser; Zellinhalt röthlich, fast homogen; Scheiden äusserst zart, nur an den leeren Stellen deutlich unterscheidbar.

Leibleinia gracilis Menegh. Giorn. bot. ital. 1844, p. 304 (e specimine). — Kütz. Spec. Alg. p. 279.
Lyngbya gracilis Rabenh. Flor. europ. alg. II. p. 145.

Auf schlammigen Algenrasen im adriatischen Meere.

VIII. Gattung. **Symploca** Kütz.

Fäden wie bei Lyngbya, aber zu mehreren in kleine aufrechte Bündel vereinigt, die häufig Rasen bilden.

1. **S. hydnoides** (Carm.) Kütz. Fig. 223.

Lager rasig, bläulich grün, unterhalb oft entfärbt, aus aufrechten, zäpfchenförmigen, 1—3 cm hohen, 1—2 mm dicken, meist pfriemigen, schwammig-häutigen Fadenbündeln gebildet. Fäden ohne Scheide 4—6 μ dick, geschlängelt, locker verworren oder dicht vereinigt; Glieder fast ebenso lang oder etwas länger als der Durchmesser; Zellinhalt hell bläulich grün, sehr feinkörnig; Scheiden farblos, dünn.

Calothrix hydnoides Carm. in Hook. Brit. Fl. II. p. 369. — Harv. Phyc. brit. pl. 306.
S. hydnoides Kütz. Spec. Alg. p. 272. — Id. Tab. phyc. I. Tab. 76. — Rabenh. Flor. europ. alg. II. p. 137.

S. pulchra Kütz. Tab. phyc. I. p. 44, Tab. 76.
S. elegans Kütz. Spec. Alg. p. 272. No. 13. (nec Tab. phyc.)
Blennothrix elegans Menegh. — Kütz. Phyc. germ. p. 181.

Auf grösseren Algen im adriatischen Meere.

2. S. Catenellae Hck.

Lager fast schwammig-hautartig, schmutzig dunkel blaugrün. Fäden geschlängelt, unregelmässig gebündelt, ohne Scheide 8 bis 10 μ dick; Glieder fast ebenso lang oder etwas länger als der Durchmesser; Zellinhalt bläulich grün oder ins Violette ziehend, fast homogen; Scheiden farblos, in der Wandung 0·5 bis 1·5, seltener bis 3 μ dick.

Lyngbya Catenellae Hauck, Beitr. 1878, p. 292, Taf. 3, Fig. 19.
S. Catenellae Hauck, Herb.
S. fasciculata Kütz.? (Spec. Alg. p. 272. — Id. Tab. phyc. I. Tab. 75.)

Fig. 223. a b — Fig. 224.

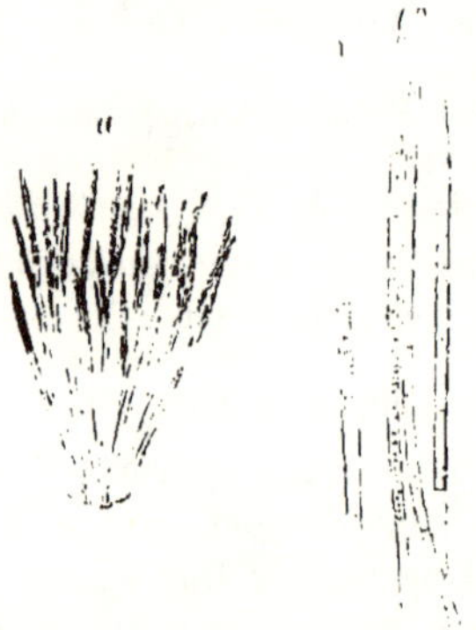

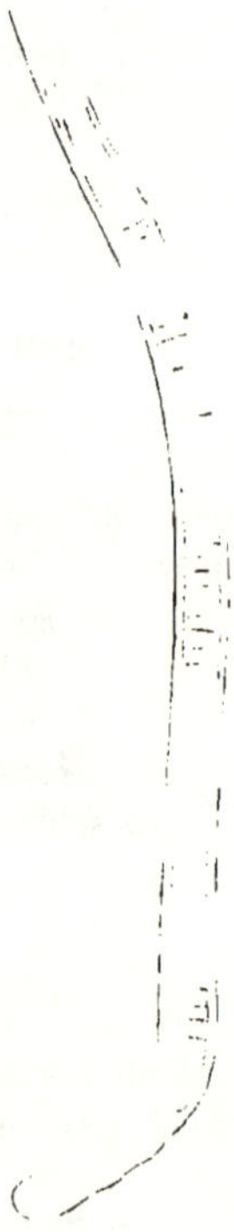

Fig. 223.
Symploca hydnoides (*Carm.*) *Kütz.*
a Alge in natürlicher Grösse.
b Fäden daraus: ca. 200 mal vergrössert.

Fig. 224.
S. violacea *Hauck.*
Ein Faden 280 mal vergrössert.

Auf den Rasen von Catenella Opuntia im adriatischen Meere.

3. S. ? violacea Hauck. Fig. 224.

Bildet ein purpurroth-violettes, sammetartiges Lager, welches von ca. 0·5—1 mm hohen, aufsteigenden, lockeren, etwas gekrümmten Fäden gebildet wird. Fäden mit der Scheide ca. 12 μ, ohne die Scheide ca. 8 μ dick, gegen die abgerundete Spitze mehr weniger verdünnt: Glieder $^1/_2$—$^1/_3$—$^1/_4$ so lang als der Durchmesser; Gelenke stellenweise, namentlich unterhalb etwas eingezogen; Zellinhalt hell-purpurroth; Scheiden farblos.

S. violacea Hauck, Beitr. 1879, p. 241, Taf. 4, Fig. 7.

Auf Fissurella costaria im adriatischen Meere (Golf von Triest).

IX. Gattung. **Oscillaria** Bosc.

Fäden nackt oder mit einer sehr zarten, kaum wahrnehmbaren Scheide umgeben, gerade oder gebogen, mehr weniger lebhaft beweglich, häufig in Gallerte eingebettet und zu einem schlüpfrigen, gestaltlosen Lager vereinigt.

Die Arten dieser Gattung wachsen grösstentheils an schlammigen Orten.

1. **O. miniata** (Zanard.) Hauck.

Bildet schmutzig- oder dunkelrothe, schleimige Flocken auf Schlamm. Fäden blass bräunlich-roth, 16—24 μ dick, gerade, Enden abgerundet; Glieder $^1/_2$—$^1/_4$ so lang als der Durchmesser. Zellinhalt homogen oder etwas körnig.

Lyngbya miniata Zanard. Icon. phyc. adr. I. p. 63, Tav. 16, A.
O. miniata Hauck, Herb.

Im adriatischen Meere.

2. **O. colubrina** Thur.

Lager grünlich- oder bläulich-schwarz. Fäden ca. 16 μ dick, wellenförmig gekrümmt; Enden abgerundet; Glieder viermal kürzer als der Durchmesser; Zellinhalt feinkörnig.

O. colubrina Thur. in Le Jol. Alg. mar. Cherb. p. 26, pl. 1, fig. 2.

Im adriatischen Meere.

3. **O. subsalsa** Ag.

Lager schwarzgrün. Fäden 9—12 μ dick, gerade; Enden kaum verdünnt, gerundet, gerade oder wenig gekrümmt. Glieder meist $^1/_3$—$^1/_2$ so lang als der Durchmesser. Zellinhalt feinkörnig.

O. subsalsa Ag. Syst. p. 66. — Kütz. Spec. Alg. p. 246. — Id. Tab. phyc. I. Tab. 42. — Rabenh. Flor. europ. alg. II. p. 109.

An brackischen Orten im adriatischen Meere, der Nord- und Ostsee.

4. **O. Spongeliae** E. Schulze. Fig. 225.

Lebt im Innern, vorzugsweise in der Rindenschichte von Spongelia pallescens. Fäden vereinzelt, gekrümmt, bräunlich-roth,

7—12 μ dick, bisweilen stellenweise verschmälert oder verdickt; Gelenke stark eingezogen; Glieder fast tonnenförmig, ½ bis ebenso lang als der Durchmesser: Endglied abgerundet: Zellinhalt feinkörnig.

O. Spongeliae E. Schulze in Zeitschr. für wissensch. Zoologie, Band XXXII, p. 147, Taf. 8, Fig. 9, 10. — Hauck, Beitr. 1879, p. 244, Taf. 4, Fig. 2.

Im adriatischen Meere (Golf von Triest).

Fig. 225.

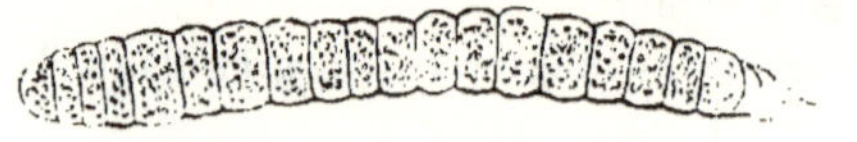

Oscillaria Spongeliae *E. Schulze.*
Stück eines an einem Ende verletzten Fadens. Vergr. 480.

5. **O. neapolitana** Kütz.

Lager spangrün. Fäden gerade, 4—5 μ dick, gegen die abgerundeten, etwas gekrümmten Enden kaum verdünnt; Glieder fast so lang als der Durchmesser, undeutlich; Zellinhalt fast homogen, sehr feinkörnig.

O. neapolitana Kütz. Phyc. gener. p. 185. — Id. Spec. Alg p. 240. — Id. Tab. phyc. I. Tab. 39.

An Hafenmauern im adriatischen Meere.

X. Gattung. **Microcoleus** Desmaz.

Fäden wie bei Oscillaria, aber zu mehreren oder vielen zu einem Bündel vereinigt und in eine gemeinsame Scheide eingeschlossen, die am Ende offen oder geschlossen ist, sich bisweilen auch in dünnere Aeste spaltet.

Vereinzelt oder zu gestaltlosen Lagern vereinigt.

1. **M. lyngbyaceus** (Kütz.) Thur. Fig. 226.

Lager dunkel blaugrün, schleimig. Fäden 12—14 μ dick; Glieder meist 3 mal kürzer als der Durchmesser; Zellinhalt feinkörnig. Fäden einzeln oder zu mehreren in gallertartigen, farblosen, mehr weniger deutlichen, dicken, später geschichteten Scheiden gelagert, die bisweilen zu einer Gallerte zusammenfliessen.

Hydrocoleum lyngbyaceum Kütz. Tab. phyc. I. Tab. 51. — Id. Spec. Alg. p. 259.
M. lyngbyaceus Thur. Classif. Nostoc. p. 379. — Born. et Thur. Not. algol. I. p. 5, pl. 2.

An den Küsten der Nordsee und des adriatischen Meeres.

Fig. 226.

Microcoleus lyngbyaceus *(Kütz.) Thur.* Stück der Scheide mit mehreren Fäden. Vergr. 160. (Nach Bornet.)

2. **M. vermicularis** (Kütz.) Hauck.

M. lyngbyaceus sehr ähnlich; Fäden jedoch 14—20 μ dick.

Calothrix vermicularis Kütz. Action.
M. vermicularis Hauck, Herb.
Blennothrix vermicularis Kütz. Spec. Alg. p. 285. — Id. Tab. phyc. I. Tab. 91 (e specim. authent.).
Lyngbya vermicularis Rabenh. Flor. europ. alg. II. p. 141.
Oscillaria partita Kütz. ? (Spec. Alg. p. 247. — Id. Tab. phyc. I. Tab. 43.)

Auf Steinen an den Küsten des adriatischen Meeres.

3. **M. floccosus** Hauck.

Bildet schwärzlich purpurne, schleimige Flocken auf verschiedenen Algen. Fäden ursprünglich einzeln oder zu mehreren in ziemlich dicken, farblosen Scheiden gelagert, später frei in Gallerte eingebettet, 8—12 μ dick; Glieder $^1/_2$—$^1/_3$—$^1/_4$ kürzer als der Durchmesser; Zellinhalt hell violett-röthlich, feinkörnig.

Oscillaria floccosa Hauck, Verz. p. 93.
M. floccosa Hauck, Herb.

An ruhigen Orten im adriatischen Meere.

4. **M. chthonoplastes** (Fl. Dan.) Thur.

Vereinzelt zwischen Lyngbyeen, oder häutige dunkel blaugrüne Lager bildend. Fäden 3—4 μ dick, spangrün, zu vielen in meist beiderends verdünnte Bündel verflochten, welche in farblose, dünnere oder dickere Scheiden (oder nur in Gallerte) gelagert sind. Glieder der Fäden ebenso lang oder etwas länger oder kürzer als der Durchmesser; Endglied spitzlich.

Conferva chtonoplastes Fl. Dan. T. 1485.
M. chthonoplastes Thur. Classif. Nostoc. p. 378.
Chthonoblastus Lyngbyei Kütz. Spec. Alg. p. 262. — Id. Tab. phyc. I. Tab. 58.
M. anguiformis Harv. Phyc. brit. Pl. 249.
Chthonoblastus anguiformis Kütz. Spec. Alg. p. 262. — Id. Tab. phyc. I. Tab. 57.

An brackischen Orten der Nordsee, Ostsee und des adriatischen Meeres.

XI. Gattung. **Spirulina** Turp.

Fäden ohne Scheide, schraubenförmig gewunden, schraubig vor- und rückwärts beweglich, vereinzelt oder in gestaltlose Lager vereinigt.

Fäden häufig in Gallerte eingebettet.

Gliederung bei den zarten Formen oft kaum erkennbar.

1. **Sp. Zanardinii** Menegh.

Fäden grün, ca. 2 μ dick, undeutlich gegliedert, meist hin- und hergebogen, locker und ungleich schraubig gewunden, 1 Umgang auf meist 5—8 μ. Durchmesser der Schraube ca. 4 μ.

Sp. Zanardinii Menegh. in Kütz. Spec. Alg. p. 236. — Id. Tab. phyc. I. Tab. 37. — Rabenh. Flor. europ. alg. II. p. 93.

Zwischen Oscillarien an schlammigen Orten im adriatischen Meere.

2. **Sp. Thuretii** Crouan. Fig. 227.

Fäden grün, sehr dünn, gerade oder hin- und hergebogen, dicht schraubig; Windungen einander berührend. Durchmesser der Schraube ca. 4 μ.

Sp. Thuretii Crouan, Mem. soc. sc. nat. Cherb. Vol. II. — Kütz. Osterprogr. 1863, p. 86. — Le Jol. Alg. mar. Cherb. pl. 1, fig. 1. — Rabenh. flor. europ. alg. p. 93.

Zwischen niederen Algen im adriatischen Meere.

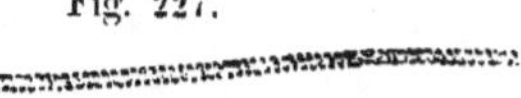

Fig. 227.

Spirulina Thuretii *Crouan.* Vergr. 330. (Nach Thuret.

3. **Sp. tenuissima** Kütz.

Lager dunkel spangrün, fast hautartig, schlüpfrig. Fäden grün, sehr dünn, meist hin- und hergebogen, dicht schraubig gewunden, 1 Umgang auf 2—4 μ; Durchmesser der Schraube 2·5—3·5 μ.

Sp. tenuissima Kütz. Alg. aq. dulc. Dec. XIV. No. 131. — Id. Phyc. gener. p. 183. — Id. Tab. phyc. I. Tab. 36. — Harv. Phyc. brit. pl. 105, fig. 3. — Rabenh. Flor. europ. alg. II. p. 92.

In der Nordsee, Ostsee und im adriatischen Meere auf Schlamm, meist an brackischen Orten.

4. **Sp. versicolor** Cohn.

Schwärzlich-purpurne, schleimige Flocken auf Schlamm oder Algen bildend. Fäden purpur-violett, ca. 1·5 μ dick, dicht schraubig gewunden; Windungen einander berührend. Durchmesser der Schraube ca. 3 μ.

Sp. versicolor Cohn, in Rabenh. Flor. europ. alg. II. p. 292.

Im adriatischen Meere, an Orten mit verunreinigtem Meerwasser.

5. **Sp. ? miniata** Hauck.

Bildet rothe, schleimige Flocken auf Algen oder Schlamm. Fäden röthlich, ca. 1·6 μ dick, gegen die Enden etwas verdünnt, vibrionenartig gewunden.

Sp. miniata Hauck, Beitr. 1878, p. 80, Taf. I. Fig. 16 und 17.

Im adriatischen Meere, an ruhigen Orten.

II. Familie. Chroococcaceae.

Thallus einzellig, mikroskopisch. Die einzelnen Zellen entweder frei oder häufiger durch Vergallertung ihrer Membranen familienweise verbunden. Vermehrung durch Theilung der Zelle in einer, zwei oder allen drei Richtungen des Raumes in den auf einander folgenden Generationen. Fortpflanzung durch bewegungslose Schizosporen, welche sich meist aus dem Gesammtinhalte der Zelle entwickeln. Dauerzellen in wenigen Fällen beobachtet.

XII. Gattung. Gloeocapsa Kütz.

Zellen kugelig oder oval (oder durch gegenseitigen Druck kantig), mit mehr weniger dicken, häufig geschichteten, scharf begrenzten Hüllmembranen, durch Theilung abwechselnd in den drei Richtungen des Raumes sich vermehrend und zu mikroskopischen Familien vereinigt, in welchen die Zellen generationsweise von ineinander geschachtelten Membranen umhüllt sind. — Familien in gallert- oder krustenartigen Lagern ordnungslos vertheilt.

1. **Gl. crepidium** Thur. Fig. 228.

Lager gallertartig, olivenbraun. Zellen kugelig, (im Lumen) 3·5—5 μ im Durchmesser, bläulich-grün, mit ca. 1—1·5 μ dicken, nicht geschichteten, bräunlichgelben Hüllmembranen, hier und da einzeln, meist jedoch zu zwei-, vier- oder mehrzelligen, ca. 12—24 μ dicken, meist semmelförmigen oder ovalen Familien in eine farblose Gallerte regellos (gegen die Oberfläche des Lagers gedrängter) eingebettet.

Fig. 228.

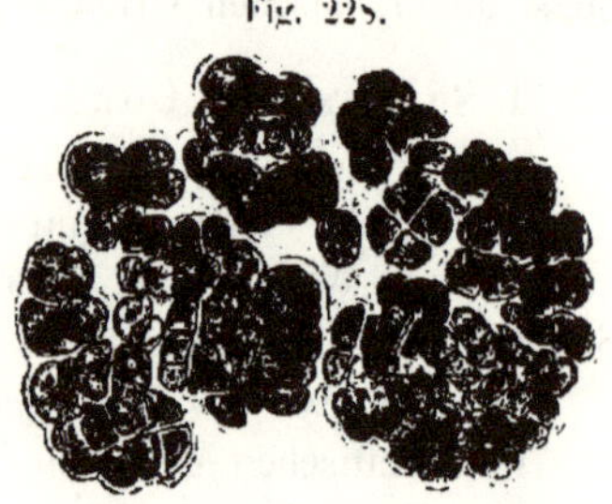

Gloeocapsa crepidium *Thur.* Zellengruppen von der Oberfläche des Lagers. Vergr. 330. (Nach Bornet.)

Protococcus crepidium Thur. in Mem. Soc. natur. Cherb. Vol. II. p. 388. — Le Jol. Alg. mar. Cherb. p. 25.
Gl. crepidium Thur. — Born. et Thur. Not. algol. I. p. 2. pl. 1.
Pleurococcus crepidium Rabenh. Flor. europ. alg. III. p. 25.

Auf Steinen an der Fluthgrenze in der Nordsee.

2. **Gl. deusta** (Menegh.) Kütz.

Lager dünn krustenartig, matt schwärzlich. Zellen oval, (im Lumen) 4—5 μ dick und 6—7 μ lang, spangrün, mit bräunlichen, ca. 1—2 μ dicken, äusserlich dickeren, bei den grösseren Familien äusserlich bis 4 μ dicken, geschichteten und dunkler gefärbten Hüllmembranen; selten einzeln, meist zu zwei-, vier- oder vielzelligen, 10—80 μ dicken Familien in eine farblose Gallerte ordnungslos und ziemlich gedrängt eingebettet. Die kleineren Familien rundlich oder oval, die grösseren unregelmässig rundlich, fast gelappt und häufig etwas eingeschnürt, mit dicht gedrängten, fast ordnungslos gelagerten oder zu 2 und 4 geordneten Zellen.

Microcystis deusta Menegh. Nostoch. p. 81. Tab. 11. Fig. 2. (e specim. authent.)
Gl. deusta Kütz. Spec. Alg. p. 224.

Auf Steinen an der Fluthgrenze im adriatischen Meere.

XIII. Gattung. **Entophysalis** Kütz.

Lager krustenartig, aus kugeligen, Gloeocapsa-artigen Zellen bestehend, welche von mehr weniger dicken, zusammenfliessenden

Hüllmembranen umgeben und zu kurzen, vertikal strahligen, unregelmässig gekrümmten, anscheinend verästelten Reihen gruppirt sind.

1. **E. granulosa** Kütz. Fig. 229.

Kruste bis ca. 1 mm dick, braunschwarz, körnig-warzig, knorpelig-bröckelig. Zellen 2—5 μ, an der Oberfläche des Lagers in einer gewissen Periode bis 8—24 μ dick. Hüllmembranen bräunlich, die dickeren geschichtet.

Corynephora granulosa Kütz. Actien (1835).

E. granulosa Kütz. Phyc. gener. p. 177, Taf. 18, Fig. V. — Id. Spec. alg. p. 225. — Id. Tab. phyc. I. Tab. 32. — Zanard. Icon. phyc. adr. III. p. 93, Tav. 103. — Born. et Thur. Not. algol. I. p. 1, pl. 1, fig. 4 et 5.

Myrionema crustaceum J. Ag. Alg. med. p. 32.

Auf Steinen zwischen Fluth- und Ebbespiegel im adriatischen Meere.

Fig. 229.

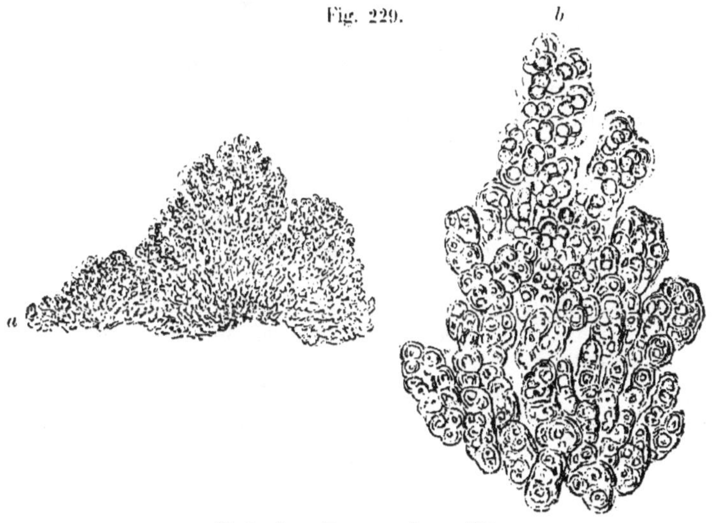

Entophysalis granulosa *Kütz.*
a Stück eines Vertikalschnittes durch das Lager. Vergr. 40. *b* Fragment vom oberen Theil dieses Schnittes. Vergr. 330. (Nach Bornet.)

XIV. Gattung. **Oncobyrsa** Ag.

Lager rundlich, solid oder hohl, gallertartig-knorpelig, aus rundlichen oder länglichen Zellen bestehend, welche von dicken, zusammenfliessenden Hüllmembranen umgeben und ordnungslos gelagert, oder in mehr weniger deutliche radiale Reihen geordnet sind.

1. **O. adriatica** Hauck. Fig. 230.

Bildet rundliche, lappig-faltige, 1—4 mm dicke, solide oder etwas hohle, blaugrünliche bis schmutzig violette Lager auf Algen. Zellen unregelmässig geformt, häufig rundlich, länglich oder fast halbmondförmig, 4 bis 10 μ lang, ordnungslos, weitläufig, gegen die Oberfläche dichter gelagert; Hüllmembranen farblos.

O. adriatica Hauck, Herb.

Auf Gelidium capillaceum im adriatischen Meere (Hafen von Triest).

Fig. 230.

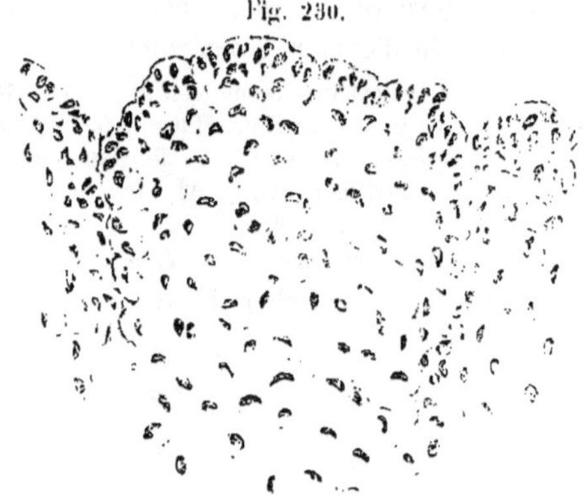

Oncobyrsa adriatica *Hauck*. Fragment eines Vertikalschnittes durch das Lager. (Nach einem aufgeweichten Exemplar.) Vergr. 300.

XV. Gattung. **Pleurocapsa** Thur. (Mscpt.)

Zellen kugelig (durch gegenseitigen Druck kantig), mit dünnen Hüllmembranen, in den drei Richtungen des Raumes sich theilend und zu rundlichen oder unregelmässig traubig lappigen Familien vereinigt. Die sich nicht mehr theilenden Zellen nehmen an Grösse zu, verdicken ihre Membran und ihr Inhalt zerfällt zuletzt in zahlreiche rundliche Schizosporen. Zellen und Familien in krustigen Lagern ordnungslos vertheilt.

1. **Pl. fuliginosa** Hauck. Fig. 231.

Lager dünn krustenartig, matt schwärzlich. Zellen 5—20 μ dick, einzeln und zu 2—4—vielzelligen, bis 50—100 μ dicken Familien vereinigt; Zellinhalt fast homogen gold- oder rothbräunlich bis schmutzig violett. Hüllmembranen farblos.

Pl. fuliginosa Hauck, Herb.

Auf Steinen an der Fluthgrenze im adriatischen Meere, der Ostsee und wohl auch der Nordsee.

Fig. 231.

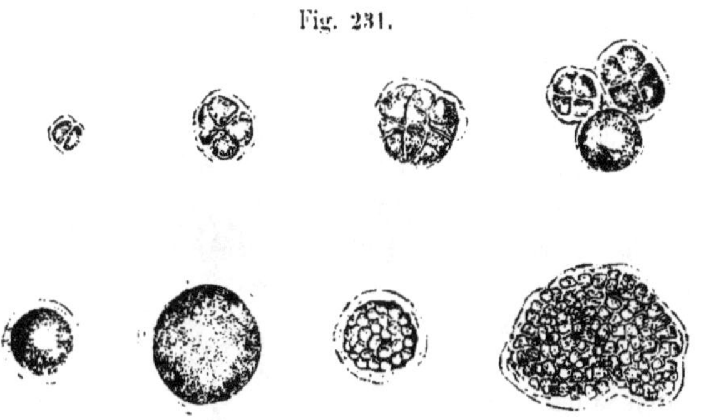

Pleurocapsa fuliginosa *Hauck.* Verschiedene Entwicklungszustände. Vergr. 400.

XVI. Gattung. **Dermocarpa** Crouan.

Zellen rundlich, oval, länglich oder birnförmig, vereinzelt oder zu einem einschichtigen Lager vereinigt; Inhalt meist blaugrün oder röthlich violett. Fortpflanzung durch Schizosporen, welche sich in grösserer oder geringerer Anzahl meist aus dem Gesammtinhalte der Zelle entwickeln und durch Auflösung deren Membran frei werden. — Eine Vermehrung durch vegetative Theilung findet nicht statt.

1. **D. prasina** (Reinsch) Born. Fig. 232.

Zellen cylindrisch-länglich oder keulenförmig, 4—24 μ oberhalb dick und bis 15—30 μ lang, zu einem rundlichen, häufig zusammenfliessenden polsterförmigen Lager seitlich fest mit einander verbunden und durch gegenseitigen Druck meist kantig; Membran dünn; Inhalt homogen, grün-bläulich, oliven-grün oder -bräunlich. Schizosporen aus dem ganzen Inhalte der Zelle sich entwickelnd, in den schmalen cylindrischen Zellen in einer oder zwei Längsreihen, in den grösseren keulenförmigen Zellen mehr unregelmässig gelagert.

Sphaenosiphon prasinus Reinsch. Contrib. I. p. 17.

D. prasina Born. — Born. et Thur. Not. algol. II. p. 73. pl. 26. fig. 6—9.

Auf verschiedenen Algen der Nordsee, Ostsee und des adriatischen Meeres; im adriatischen Meere häufig auf Catenella Opuntia.

2. D. Leibleiniae (Reinsch) Born.

Zellen länglich-oval bis verkehrt-eiförmig oder birnförmig 8—20 μ dick, vereinzelt oder in Gruppen; Membran ziemlich dick, häufig geschichtet; Inhalt sehr feinkörnig, olivengrün, ins Bläuliche oder Bräunliche stechend. Der Inhalt der ausgewachsenen Zelle theilt sich durch eine Querwand in zwei fast gleiche Hälften, deren obere, selten auch die untere, in Schizosporen zerfällt.

Sphaenosiphon Leibleiniae Reinsch, Contrib. I. p. 103. Tab. 12.
D. Leibleiniae Born. - Born. et Thur. Not. algol. II. p. 73. pl. 25. fig. 3—5.

Auf Lyngbya, Calothrix, Chaetomorpha und anderen Algen im adriatischen Meere.

Fig. 232.

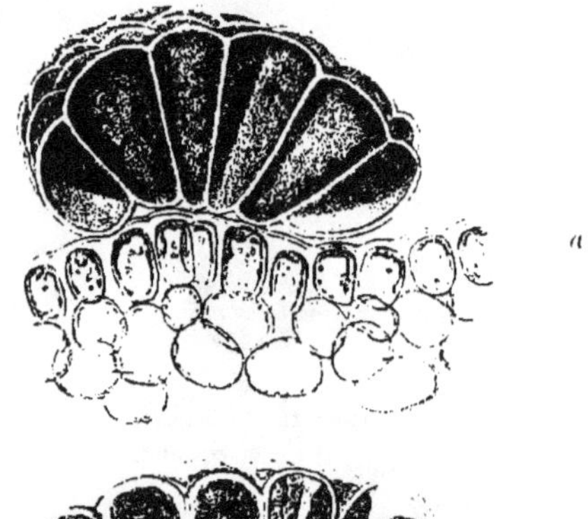

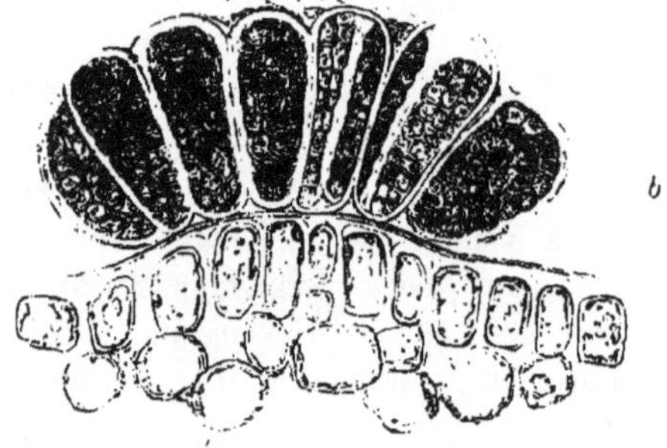

Dermocarpa prasina *(Reinsch) Born.*
a Vertikalschnitt durch das auf dem Thallus von Catenella Opuntia aufsitzende Lager der sterilen Alge. Vergr. 650. *b* Desgleichen; Schnitt durch die fruktificirende Alge. Vergr. 650. (Nach Bornet.)

3. D. violacea Crouan.

Zellen zu einem fleckenförmigen, unbestimmt ausgebreiteten rosenrothen Lager vereinigt, verkehrt-eiförmig bis keulenförmig, 8–28 μ dick; Membran dünn; Zellinhalt rosenroth mit einen Stich ins Violette. Schizosporen aus dem ganzen Inhalt der Zelle sich entwickelnd.

D. violacea Crouan, Ann. sc. nat. 4e ser. T. 9. pl. 3, fig. 2a—d. — Id. Flor Finist. p. 147. pl. 18, gen. 121. — Born. et Thur. Not. algol. II. p. 77.

Im adriatischen Meere (auf Halimeda tuna etc.).

Gattung zweifelhafter Stellung:

XVII. Gattung. **Goniotrichum** Kütz.

Thallus fadenförmig, verzweigt, aus röthlich-violetten oder spangrünen Zellen bestehend, welche in einer dicken, gallertartigen, farblosen Scheide ein- oder mehrreihig über einander gelagert sind, bei der Reife aus der Scheide austreten, sich mit einer gallertartigen Hülle umgeben und zu neuen Fäden auswachsen.

1. **G. elegans** (Chauv.) Le Jol. Fig. 233.

Fäden vereinzelt oder zu rosenrothen Räschen vereinigt, 0·3—6 mm lang und ca. 20 μ dick, häufig unterhalb dicker und oberhalb etwas dünner, selten einfach, meist seitlich oder fast dichotom verzweigt, eine, bisweilen unterhalb zum Theil zwei oder mehr Zellenreihen enthaltend. Zellen rundlich oder scheibenförmig, 7—10 μ dick, röthlich-violett, verblichen grünlich.

Fig. 233.

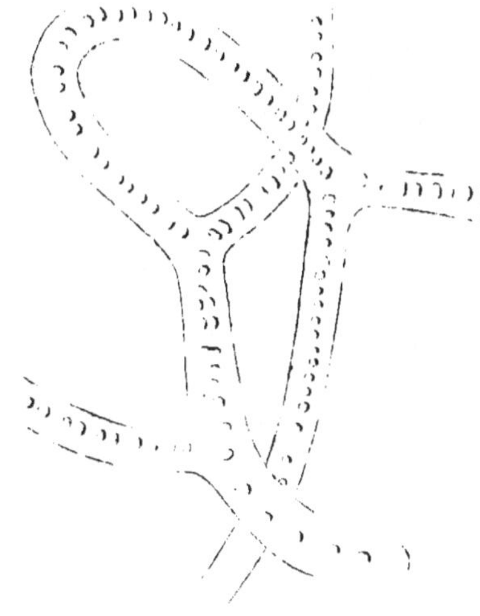

Goniotrichum elegans *(Chauv.) Le Jol.* Stück der Alge ca. 200 mal vergrössert.

Bangia elegans Chauv. Mem. soc. Linn. Norm. VI. p. 13. — Harv. Phyc. brit. pl. 246. — Zanard. Cellul. mar. p. 69.
G. elegans Le Jol. Alg. mar. Cherb. p. 103. — Zanard. Icon. phyc. adr. III. p. 67. Tav. 46 A. fig. 3 e 4. — J. Ag. Till. algern. Syst. VI. p. 13.
G. elegans var. Alsidii Zanard. l. c. p. 65. Tav. 46 A. fig. 1 e 2.
G. dichotomum Kütz. Spec. Alg. p. 65. — Id. Tab. phyc. III. Tab. 27. (nec Berth.)
G. ceramicola Kütz. Tab. phyc. l. c.

Auf verschiedenen Algen und Zostera in der Nordsee und im adriatischen Meere.

2. **G. Cornu Cervi** (Reinsch) Hauck.

Fäden vereinzelt, meist 0·2—1 mm lang, mehr weniger regelmässig dichotom verzweigt, anfänglich aus einer - zwei, bald aus mehreren unregelmässig gekreuzten Reihen, zuletzt ordnungslos gelagerten Zellen bestehend: nach der Zahl der Zellenreihen von 20 μ bis zu ca. 120 μ verdickt. Zellen anfangs cylindrisch, oft doppelt so lang als breit, oder scheibenförmig, an älteren Fadentheilen rundlich polyedrisch, 7—10 μ dick, röthlich violett.

Stylonema Cornu Cervi Reinsch, Contrib. p. 40, Taf. 15.
G. Cornu Cervi Hauck, Herb.
G. dichotomum Berth. Bangiaceen. p. 26.

Auf verschiedenen Algen (Gelidium capillaceum etc.) im adriatischen Meere.

3. **G. ramosum** (Thwait.) Hauck.

Bildet 1 10 mm hohe, spanngrüne Räschen. Fäden 12—20 μ dick, seitlich oder fast dichotom verzweigt, eine Zellenreihe enthaltend. Zellen 5—8 μ dick und 8—20 μ lang, spangrün, cylindrisch-rundlich oder länglich.

Hormospora ramosa Thwait. in Harv. Phyc. brit. pl. 213. (fide specim. in herb. Sonder.) — Rabenh. Flor. europ. alg. III. p. 49.
G. ramosum Hauck, Herb.
G. coerulescens Zanard. Icon. phyc. adr. III. p. 67. Tav. 46 B.

Auf Steinen und Algen in süssem und schwachsalzigem Wasser an den Küsten des adriatischen Meeres, der Nord- und Ostsee.

Nachträge.

Seite 49 ist vor der Gattung **Spondylothamnion** Näg. einzuschalten:

XIIIa. Gattung. **Lejolisia** Born.

Thallus fadenförmig, monosiphon gegliedert, aus niederliegenden, unregelmässig verzweigten, mittelst Wurzelästchen am Substrat befestigten Fäden bestehend, aus welchen aufrechte, einfache oder an der Basis mit kurzen Aestchen besetzte Fäden entspringen. Fortpflanzungsorgane auf der Spitze kurzer aufrechter Fäden oder terminal an den kurzen Aestchen, die meist opponirt aus den basalen Gliedern der längeren aufrechten Fäden entspringen. Monöcisch. Cystocarpien mit eiförmig-rundlichem, später am Scheitel geöffnetem Pericarp, welches von zarten, gegliederten, klauenförmig zusammenschliessenden Hüllästchen gebildet wird, die durch eine Gallerthülle zusammen verbunden sind und den rundlichen Kern einschliessen, der aus birnförmigen Carposporen besteht, die strahlig aus der basal-centralen Placenta entspringen. Antheridien länglich-konisch. Tetrasporangien (auf getrennten Individuen) eiförmig, tetraedrisch getheilt.

1. **L. mediterranea** Born. Fig. 234.

Bildet kaum 1 mm hohe, rosenrothe, einer Chantransia ähnliche Räschen auf Algen. Die aufrechten Fäden ca. 12—20 μ dick.

L. mediterranea Born. in Ann. sc. nat. 1e ser. T. XI. Pl. 1 et 2. — Kütz. Tab. phyc. XI. Tab. 92. — J. Ag. Spec. Alg. III. p. 615.

Im adriatischen Meere.

Fig. 234.

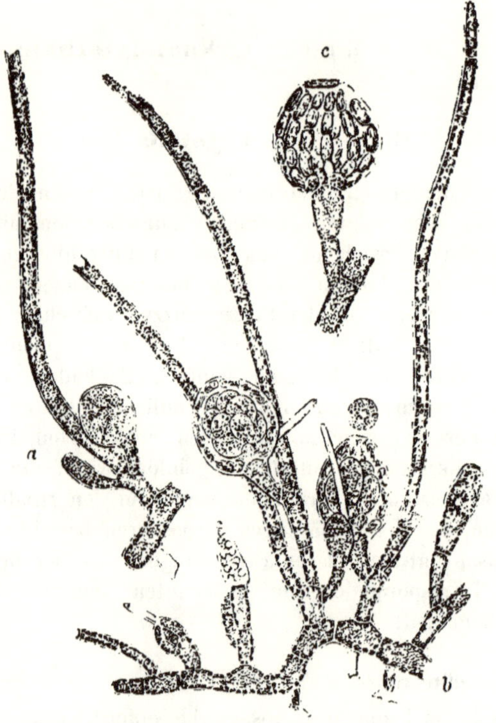

Lejolisia mediterranea *Born.*

a. Fadenstück mit einem Tetrasporangium. *b.* Alge mit Cystocarpien und Antheridien. *c.* Ein entleertes Cystocarp. Vergr. aller Figuren ca. 150. (Nach Bornet.)

Seite 69 ist nach **Rh. Rothii** (Engl. Bot.) Näg. einzuschalten:

1a. **Rh. floridulum** (Dillw.) Näg.

Bildet 1—3 cm hohe, rundlich-halbkugelige, purpurrothe Rasen. Die aufrechten Fäden, welche aus kriechenden, verzweigten entspringen, sind ziemlich strikte, 18—30 μ dick, fast dichotom (oberhalb einseitig) gleich hoch verzweigt. Aeste verlängert, aufrecht-angedrückt, spärlich, gegen die Spitze zahlreicher. Glieder $2^1/_2$ bis 5 mal (meist 4 mal) länger als der Durchmesser. Tetrasporangien einzeln oder zu mehreren (meist 2—5) an sehr kurzen Fruchtästchen, die zahlreich an den oberen Aesten innenseitig gereiht entspringen.

Conferva floridula Dillw. Conf. Syn. p. 73. Tab. Suppl. F.
Rh. floridulum Näg. Ceram. p. 358.
Callithamnion floridulum Ag. Spec. Alg. p. 188. — Harv. Phyc. brit. pl. 120 A. — Kütz. Spec. Alg. p. 640. — Id. Tab. phyc. XI. Tab. 60. — J. Ag. Spec. Alg. II. p. 19; III. p. 13.
Thamnidium floridulum Thur. in Le Jol. alg. mar. Cherb p. 111. Pl. 6.

Auf schlammig-sandigen Felsen in der Nordsee (Helgoland).

Seite 78 ist als Synonym zu **C. hyrtellum** Zanard. einzuschalten:

C. truncatum Menegh. Giorn. bot. 1844 p. 288. — Kütz. Spec. Alg. p. 644.

Seite 78 ist nach **C. hyrtellum** Zanard. einzuschalten:

5a. **C. Vidovichii** Menegh.

Thallus 2—3 cm hoch. Fäden unberindet oder an der Basis etwas berindet, regelmässig wiederholt abwechselnd gefiedert. Fiedern und Fiederchen aus (fast) allen Gliedern der betreffenden Mittelrippen entspringend. Stämmchen ca. 80—120 μ, Fiederchen 15—35 μ dick. Stämmchen von der Basis an verzweigt. Aeste dem Umfange nach meist länglich-oval mit einfach oder doppelt gefiederten Fiedern besetzt. Fiederchen verlängert, abstehend, einfach oder die älteren am basalen Gliede mit einem kleinen innenseitigen Fiederchen. (Das basale Fiederchen aller Fiedern immer innenseitig am ersten Gliede der Fieder entspringend.) Mittelrippe der Hauptfiedern an den Gelenken etwas hin und her gebogen. Glieder der Hauptäste 2—3 mal, der Fiederchen 2—4 mal länger als der Durchmesser. Tetrasporangien an den basalen Gliedern der Fiederchen innenseitig sitzend, bisweilen gereiht.

Steht C. hyrtellum Zanard. sehr nahe.

C. Vidovichii Menegh. Giorn. bot. 1844. p. 287. — J. Ag. Spec. Alg. II. p. 67.
Phlebothamnion Vidovichii Kütz. Spec. Alg. p. 654.

F. divaricata.

Fiedern und Fiederchen meist gespreizt, letztere häufig etwas zurückgebogen. Glieder grösstentheils $1^1/_2$—2 mal länger als der Durchmesser.

Phlebothamnion divaricatum Kütz. Spec. Alg. p. 654. — Id. Tab. phyc. XI. Tab. 100.

Im adriatischen Meere (Dalmatien).

Seite 86 ist nach **C. seirospermum α lanceolatum** einzuschalten:

F. trifaria.

Thallus meist 1—3 cm hoch. Hauptäste mit regelmässig abnehmenden Aesten fast pyramidal besetzt. Glieder durchaus meist 3—4 mal länger als der Durchmesser.

C. trifarium Menegh. Giorn. bot. 1844. p. 286. — Kütz. Spec. Alg. p. 654. — J. Ag. Spec. Alg. II. p. 67.

Im adriatischen Meere.

Seite 143 ist vor **Ph. membranifolia** (Good. et Woodw.) J. Ag. einzuschalten:

2a. **Ph. Heredia** (Clem.) J. Ag.

Thallome zu mehreren aus einer Wurzelschwiele entspringend und 5—15 cm hohe Rasen bildend, stengelig; Stengel fadenförmig, an der Basis fast stielrund, aufwärts bald verflacht, verzweigt; Zweige allmälig keilförmig in den fast fächerförmig ausgebreiteten Blattkörper ausgehend; Blattkörper ohne Mittelrippe, von der Basis an sehr dicht dichotom, in gegen die Spitze immer schmäler werdende Segmente getheilt und proliferirend. Die grösseren Segmente meist 1—3 mm breit, die letzten, sowie die jüngsten Prolifikationen sehr schmal, häufig lang wimperförmig. Cystocarpien mit kurz gestieltem, spitzhöckerigem Pericarp, aus dem Rande oder der Fläche des Blattkörpers entspringend. Antheridien in kleinen, kurz gestielten, länglich-lanzettlichen Prolifikationen, die aus dem Rande des Blattkörpers entspringen. Nematheeien wulstförmig um den sehr kurzen Stiel kleiner, aus der Fläche des Blattkörpers proliferirender Blättchen entwickelt und von diesen fast schildförmig bedeckt. — Dunkelroth.

Fucus Heredia Clem. Ensay. p. 314.
Ph. Heredia J. Ag. Alg. med. p. 94. — Id. Spec. Alg. II. p. 332; III. p. 217.
Sphaerococcus Heredia Ag. Spec. Alg. p. 243.
Acanthotylus Heredia Kütz. Phycol. gener. p. 413. — Id. Spec. Alg. p. 792. — Id. Tab. phyc. XIX, Tab. 77.
Fucus Cypellon Bert. Amoen. ital. p. 292. Tab. 3, Fig. 3.

Im adriatischen Meere (Dalmatien).

Seite 208 ist vor der Gattung **Bonnemaisonia** Ag. einzuschalten:

LXXa. Gattung. **Janczewskia** Solms.

Thallus parasitisch, höckerige Wärzchen bildend, fleischig-gallertartig, aus einem parenchymatischen Gewebe gegen die Oberfläche kleiner werdender Zellen bestehend. Diöcisch. Cystocarpien auf der ganzen Thallusoberfläche gedrängte, rundliche Wärzchen formirend, mit ziemlich dickem, zelligem, auf dem Scheitel geöffnetem Pericarp. Antheridien in kleinen, wulstig umrandeten, über die Thallusoberfläche verbreiteten Grübchen. Tetrasporangien in ge-

Fig. 235.

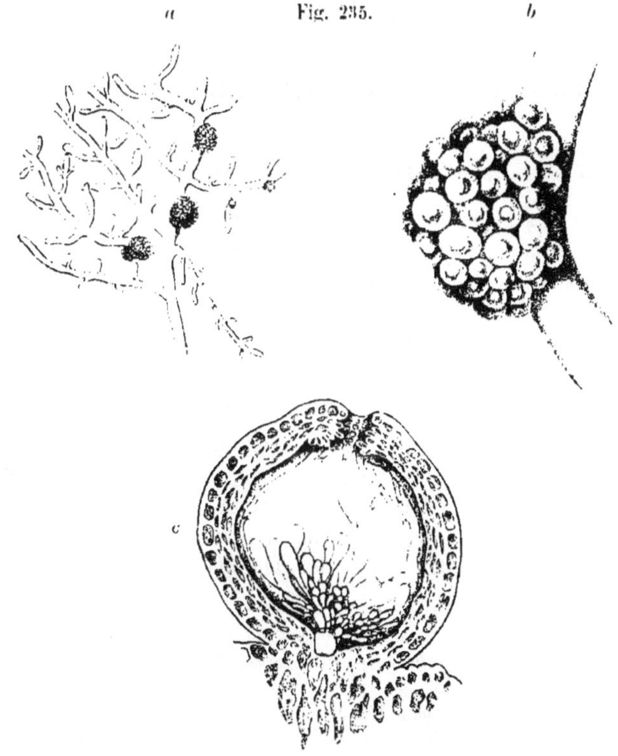

Janczewskia verucaeformis *Solms.* *a* Ein Stück des Thallus von Laurencia obtusa mit mehreren Individuen der Janczewskia. Etwas vergrössert. *b* Weibliche Pflanze, mit reifen Cystocarpien. Stärker vergrössert. *c* Längsschnitt durch ein reifes Cystocarp. Vergr. ca. 80. (Nach Solms.)

trennten, auf der Oberfläche mit zahlreichen kleinen grübchenartigen Vertiefungen versehenen Individuen, unter der Thallusoberfläche gelagert, radial angeordnet, oval, kreuzförmig getheilt.

1. **J. verucaeformis** Solms. Fig. 235.

Bildet auf den Stämmchen und Zweigen von Laurencia obtusa Lamour. 1—3 cm dicke, röthliche, orangefarbige oder braune Wärzchen.

J. verucaeformis Solms. Note sur le Janczewskia. Mem. de la soc. nation. des sciences natur. de Cherbourg. T. XXI. (1877) p. 209, Pl. 3.

Im adriatischen Meere (Parenzo).

Seite 334 ist vor der Gattung **Giraudia** Derb. et Sol. einzuschalten:

Va. Gattung. **Discosporangium** Falkbg.

Thallus aus einem monosiphonen, seitlich verzweigten Gliederfaden bestehend. Vielfächerige Zoosporangien einzeln der Mitte von Gliederzellen aufsitzend, reif eine viereckige, wabenartige Platte bildend, deren Fächer sich einzeln an der Oberfläche öffnen. Einfächerige Zoosporangien unbekannt.

1. **D. mesarthrocarpum** (Menegh.) Hauck. Fig. 236.

Bildet 1—4 cm hohe Ectocarpus-ähnliche Rasen. Fäden ca. 15—30 μ dick, unregelmässig mehr weniger verzweigt; Zweige an der Mitte der Gliederzellen entspringend, abwechselnd, abstehend. Glieder 4—8 mal länger als der Durchmesser. Die halbentwickelten Zoosporangien in der Oberflächenansicht rundlich, verschieden gelappt.

Callithamnion mesarthrocarpum Menegh. Giorn. bot. 1848 p. 288. (e specim. authent.) — Kütz. Spec. Alg. p. 642. — J. Ag. Spec. Alg. II. p. 63.

D. mesarthrocarpum Hauck, Herb.

D. subtile Falkbg. Ueber Discosporangium. Mittheil. aus der zoolog. Station zu Neapel. I. Band. 1. Heft. Taf. 2.

Auf grösseren Algen im adriatischen Meere (Dalmatien.)

Fig. 236.

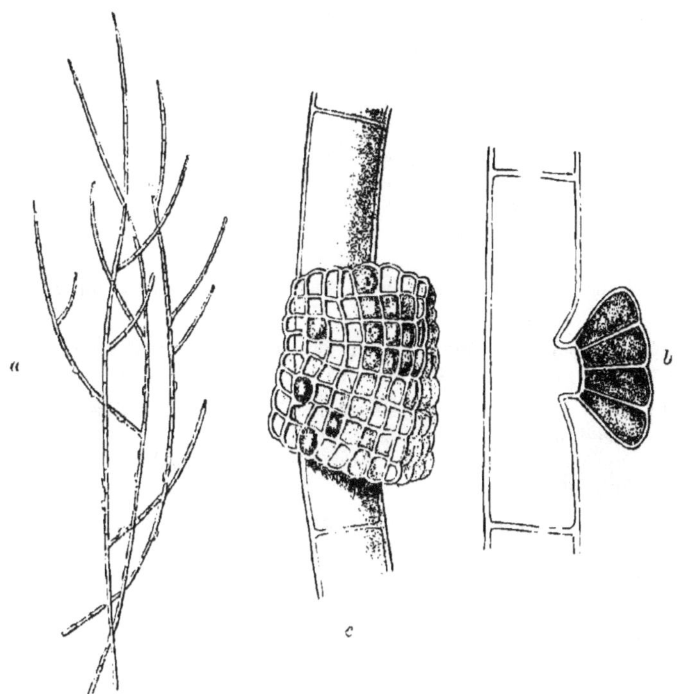

Discosporangium mesarthrocarpum (*Menegh.*) *Hauck.* *a* Oberer Theil des Thallus mit Zoosporangien. Vergr. ca. 50. *b* Ein älteres Zoosporangium im optischen Längsschnitt. Vergr. ca. 500. *c* Ein ausgewachsenes Zoosporangium von oben gesehen. Vergr. ca. 500. (Nach Falkenberg.)

Seite 399, 9. Zeile von oben setze man zu **Alaria** Grev.

Seite 484, 10. Zeile von oben setze man zu **Acetabularia** Lamour.

Hilfschlüssel

zum

leichteren Auffinden der Gattungen.

1 Zellplasma durch Phycoërythrin (S. 8) rothgefärbt. (Florideae. S. 8.) 2
Zellplasma durch Phycophaein (S. 282) braun gefärbt. (Fucoideae, S. 282 — Dictyotaceae. S. 302 — Phaeozoosporeae, S. 312.) 67
Zellplasma rein chlorophyllgrün. (Oosporeae, S. 410 — Chlorozoosporeae, S. 417.) 106
Zellplasma durch Phycocyan (S. 487) blaugrün. selten roth gefärbt (Schizophyceae. S. 487.) 124

2 Thallus mit Kalk inkrustirt (mit Säuren behandelt aufbrausend). 3
Thallus nicht mit Kalk inkrustirt 8

3 Fortpflanzungsorgane in Conceptakeln (S. 259). Thallus hart und brüchig (Corallinaceae. S. 259). 4
Fortpflanzungsorgane nicht in Conceptakeln. Thallus hart und brüchig oder im Leben häutig-zäh 7

4 Thallus krusten-, blatt- oder korallenartig. ungegliedert (Melobesieae. S. 259) 5
Thallus stielrund oder zusammengedrückt, gegliedert (Corallineae. S. 259) 6

5 Thallus dünn. krustenartig, meist epiphytisch. aus einer Zellenlage oder mehreren Lagen übereinander gesetzter Zellen bestehend; selten parasitisch, und dann auf Corallina äusserlich nur wärzchenförmige Conceptakeln bildend.
Melobesia. S. 260, Fig. 104—109 und Taf. III.
Thallus flache oder lamellös-poröse Krusten bildend, oder blattartig: aus vielen Zellenlagen zusammengesetzt; im Vertikalschnitte bilden die Zellen zum Rande parallele, bogige Zonen.
Lithophyllum. S. 267, Fig. 110, 111 und Taf. I—IV.
Thallus krustenförmig, auf der Oberfläche warzige oder ästige (niemals lamellöse) Auswüchse treibend, meist solide steinige Knollen bildend.
Lithothamnion. S. 271, Fig. 112 und Taf. I—V.

6 Thallus fadenförmig, meist dichotom. Conceptakeln auf den Thallusgliedern mehr weniger erhabene Wärzchen bildend. **Amphiroa.** S. 275, Fig. 113.
Thallus fadenförmig, dichotom oder fiederartig verzweigt. Conceptakeln eiförmig-kugelig, auf den Spitzen der Aestchen oder an den Thallusgliedern sitzend, oder urnenförmig aus den axilären Gliedern der obersten Gabelzweige entwickelt. **Corallina.** S. 277, Fig. 114, 115.

7 Thallus horizontal ausgebreitet, krustenartig, brüchig; Fortpflanzungsorgane in oberflächlichen Wärzchen. **Peyssonnelia.** (pro parte.) S. 32, Fig. 7 und Taf. I.
Thallus stielrund, dichotom, röhrig mit Kalk inkrustirt, brüchig. Cystocarpien zerstreut, eingesenkt. **Galaxaura.** S. 66, Fig. 22.
Thallus fadenförmig, dichotom und seitlich verzweigt, im Leben hautartig zäh, bis auf die gallertartigen Spitzen mit Kalk inkrustirt. Cystocarpien zerstreut, fast hervorbrechend. **Liagora.** S. 63, Fig. 21.

8 Thallus horizontal ausgebreitet, krusten- oder blattartig, häutig oder gallertartig. 9
Thallus aufrecht, verschieden gestaltet 12
Thallus parasitisch, auf Laurencia obtusa kleine papillöse Wärzchen bildend. . . . **Janczewskia.** S. 524, Fig. 235.

9 Thallus krusten- oder blattartig, häutig, aus vertikalen oder aufsteigenden Zellenreihen zusammengesetzt, die zu einem parenchymatischen Gewebe fest verbunden sind. Tetrasporangien in oberflächlichen Wärzchen. 10
Thallus krustenförmig, gallertartig, aus vertikalen, durch Gallerte leicht trennbar vereinigten Fäden zusammengesetzt. Tetrasporangien dem Thallus eingesenkt, zerstreut, aus den Gliedern der Fäden, oder seitlich oder terminal an denselben entwickelt. 11
Thallus dünn, krustenförmig, häutig, parenchymatisch, rosen- oder blutrothe Flecken auf Steinen bildend. Cystocarpien und Tetrasporangien in kleinen (äusserlich durch punktförmige Poren markirte) Höhlungen unter der Thallusoberfläche. . . . . . . **Hildenbrandtia.** S. 38, Fig. 9.

10 Die Tetrasporangien-Wärzchen bestehen nur aus ovalen, unregelmässig kreuzförmig getheilten Tetrasporangien, welche sich aus den Zellen der Thallusoberfläche entwickeln. Thallus dünne, häutig-fleischige Krusten auf Cystosira-Stämmen etc. bildend. . . **Contarinia.** S. 31. Fig. 6.
Die Tetrasporangien-Wärzchen bestehen nur aus länglichen, zonenförmig getheilten Tetrasporangien. Thallus hautartig, dichotom-fiederig getheilt, epiphytisch auf Peyssonnelia squamaria und rubra. . . **Rhizophyllis.** S. 36, Fig. 8.
Die Tetrasporangien-Wärzchen bestehen aus vertikalen Fäden,

10 zwischen welchen die ovalen, kreuzförmig getheilten Tetrasporangien gelagert sind. Thallus krusten- oder blattartig. **Peyssonnelia.** (pro parte.) S. 32, Fig. 7.

Tetrasporangien aus einzelnen oder mehreren aufeinander folgenden Gliedern der Thallusfäden entwickelt, unregelmässig kreuzförmig getheilt. . . . **Petrocelis.** S. 28, Fig. 4.
11 Tetrasporangien auf der Spitze verkürzter Thallusfäden entwickelt, kreuzförmig getheilt. **Cruoriella.** S. 30, Fig. 5.
Tetrasporangien seitlich an den Thallusfäden entwickelt, zonenförmig getheilt. . . . . . . **Cruoria.** S. 27, Fig. 3.

Thallus netzförmig, aus einem anastomosirend verzweigten monosiphonen Gliederfaden bestehend. **Halodictyon.** S. 257. Fig. 103.
Thallus fadenförmig, einfach (selten etwas verzweigt), aus einem monosiphonen Gliederfaden bestehend, der entweder immer monosiphon bleibt, oder später oberhalb polysiphon gegliedert, bis parenchymatisch wird. (Die Fortpflanzungsorgane werden aus den Fadenzellen gebildet.) — Vergl. auch Goniotrichum, S. 518, Fig. 233. . **Bangia.** S. 21, Fig. 1.
12 Thallus fadenförmig, verzweigt, aus einem monosiphonen, nackten oder mehr weniger berindeten Gliederfaden bestehend. . . 13
Thallus fadenförmig, verzweigt, stielrund, zusammengedrückt bis flach- zweischneidig, von verschiedener Struktur, immer aber von einer gegliederten, bisweilen aber nur an den jüngsten Theilen deutlich erkennbaren Fadenachse durchzogen. Aestchen bisweilen monosiphon gegliedert. . . . 24
Thallus verschieden gestaltet, solid oder hohl, aus einem zelligen oder fädigen Gewebe bestehend, nie von einer gegliederten Fadenachse durchzogen. 33

Fäden durchaus unberindet. Cystocarpien und Tetrasporangien äusserlich 14
13 Fäden theilweise oder ganz berindet. Cystocarpien äusserlich; Tetrasporangien äusserlich oder in der Rindenschichte eingesenkt 20

Tetrasporangien ungetheilt. Thallus kleine epiphytische Räschen bildend. . . . . **Chantransia.** S. 39, Fig. 10.
Tetrasporangien vieltheilig. Fäden wiederholt zweizeilig verzweigt. Cystocarpien von mehreren Hüllästchen umgeben,
14 aus einem rundlichen Kern bestehend, der in einer farblosen Membran ordnungslos gehäufte Carposporen enthält. . . . **Pleonosporium.** S. 87, Fig. 32.
Tetrasporangien kreuzförmig getheilt 15
Tetrasporangien tetraedrisch getheilt (selten auch zweitheilig). 16

Fäden einfach oder fast dichotom — abwechselnd verzweigt, aus niederliegenden Fäden oder einer Zellfläche entspringend.
15 . **Rhodochorton.** S. 67 und 521, Fig. 23.

Fäden reich opponirt bis vierzeilig verzweigt.
15 **Antithamnion.** (pro parte) S. 70, Fig. 24.
Hauptfäden reich verzweigt, an sämmtlichen Gliedern mit Wirteln kurzer verzweigter Aestchen besetzt.
Spondylothamnion. S. 49, Fig. 14.

Cystocarpien aus einem rundlichen oder gelappten Kern bestehend, der in einer farblosen Membran ordnungslos gehäufte Carposporen enthält. (Ausnahme siehe Fig. 26) . 17
Cystocarpien aus einem nackten rundlichen Kern bestehend, der aus birnförmigen, strahlig angeordneten Carposporen ge-
16 bildet wird. 19
Cystocarpien oval, mit zelligem Pericarp, aus dessen basaler Placenta birnförmige Carposporen strahlig entspringen.
Lejolisia. S. 521, Fig. 234.
Cystocarpien fehlend, dagegen keulenförmige, kurzgestielte Brutknospen vorhanden. . . **Monospora.** S. 46, Fig. 12.

Cystocarpien an den Zweigen sitzend, von keinen eigentlichen
17 Hüllästchen umgeben 18
Cystocarpien von einem Wirtel klauenförmig eingekrümmter Hüllästchen umgeben. . . **Griffithsia.** S. 89, Fig. 33.

Hauptfäden allseitig oder fiederig verzweigt.
Callithamnion. (pro parte) S. 73 und 522, Fig. 25—31.
18 Hauptfäden an allen Gliedern mit Wirteln kurzer di-polychotomer Aestchen dicht besetzt. Thallus gallertartig, schlüpfrig.
Crouania. S. 97. Fig. 35.

Thallus aus aufrechten, opponirt oder abwechselnd oder einseitig verzweigten Fäden bestehend, die aus niederliegenden entspringen. Tetrasporangien (bisweilen vieltheilig) einzeln
19 oder gehäuft. . . **Spermothamnion.** S. 42, Fig. 11.
Thallus dichotom verzweigt. Tetrasporangien an der Innenseite dichotomer Hüllästchen. . . **Bornetia.** S. 48, Fig. 13.

Thallus nur unterhalb oder in den Hauptästen mit einer faserigen Rindenschichte bekleidet. 21
20 Thallus an den Gelenken gürtelförmig, oder durchaus mit einer zelligen Rindenschichte bekleidet. 22

Tetrasporangien kreuzförmig getheilt.
21 **Antithamnion** (pro parte.) S. 70, Fig. 24.
Tetrasporangien tetraedrisch getheilt (selten auch zweitheilig). 23

Thallus dichotom, an den Gelenken gürtelförmig, oder durchaus berindet. . . . **Ceramium.** S. 102, Fig. 38, 39.
22 Thallus aus einem allseitig verzweigten, durchaus berindeten Hauptfaden bestehend, der mit kurzen haarförmigen Aestchen besetzt ist, die nur an den Gelenken gürtelförmig berindet sind. . . . . . . **Spyridia.** S. 114, Fig. 40, 41.

Hauptfäden unterwärts mehr oder weniger berindet, allseitig oder fiederig verzweigt.
23 **Callithamnion.** (pro parte.) S. 73, Fig. 25—31.
Hauptfäden bald zellig-faserig berindet, an allen Gliedern mit Wirteln kurzer, verzweigter, unberindeter Aestchen.
Wrangelia. S. 51, Fig. 15.

Cystocarpien äusserlich oder eingesenkt, aus einem rundlichen oder gelappten Kern bestehend, der in einer farblosen Membran ordnungslos gehäufte Carposporen enthält. . . . 25
Cystocarpien an den Aestchen Anschwellungen bildend. Kern an der Fadenachse entwickelt. Carposporen birnförmig, strahlig angeordnet, aus den Endzellen kurzer sporigener Fäden gebildet. 27
Cystocarpien äusserlich, mit eiförmigem, kugeligem, zelligem Pericarp, aus dessen grundständiger Placenta kurze sporigene
24 Fäden entspringen, deren Endglieder in birnförmige Carposporen umgewandelt sind. 28
Cystocarpien äusserlich (unter der Spitze kurzer Dornästchen), mit kugeligem, zelligem Pericarp, aus dessen (anscheinend) centraler Placenta büschelige sporigene Fäden entspringen, welche je eine verkehrt eiförmige ungetheilte oder quer zweitheilige Carpospore auf ihrer Spitze tragen. Thallus knorpelig, zusammengedrückt bis verflacht-zweischneidig, dichotom und fiederartig verzweigt.
Sphaerococcus. S. 178, Fig. 76.

Thallus knorpelig, zellig, flach oder zusammengedrückt-zweischneidig, zweizeilig verzweigt. Zweige kammartig gefiedert. Fiederchen monosiphon gegliedert oder berindet. Cystocarpien meist von Hüllästchen umgeben.
25 **Ptilota.** S. 94, Fig. 34.
Thallus gallertartig, fadenförmig, stielrund, allseitig verzweigt. Die äussere Schichte aus Wirtelästchen oder zur Oberfläche senkrechten dichotomen Fäden gebildet. 26

Thallus solid. Cystocarpien an der Basis der Wirtelästchen entwickelt. Tetrasporangien zonenförmig getheilt.
26 **Dudresnaya.** S. 98, Fig. 36.
Thallus solid, später röhrig. Cystocarpien eingesenkt. Tetrasporangien kreuzförmig getheilt.
Gloeosiphonia. S. 101, Fig. 37.

Thallus gallertartig, fadenförmig, stielrund, allseitig verzweigt. Aeussere Schichte anfänglich aus Wirtelästchen gebildet, später zellig. Kern des Cystocarps oval, an den Aestchen frei um die Achse entwickelt, von wenigen Wirtelästchen der Thallusschichte durchsetzt. **Naccaria.** S. 53, Fig. 16.
Thallus knorpelig, fadenförmig, verworren ästig. Aeussere Schichte durch verwachsene Wirtelästchen gebildet. Kern
27 des Cystocarps oval, an den Aestchen um die Fadenachse

entwickelt und von der Rindenschichte des angeschwollenen
27 Thallusstückes bedeckt. Tetrasporangien eingesenkt, zonenförmig getheilt. . . . **Caulacanthus.** S. 196, Fig. 85.
Thallus knorpelig, fadenförmig, stielrund, zusammengedrückt
oder flach, häufig fiederartig verzweigt; aus einem Gewebe
. fest verwachsener Zellen und Fäden bestehend und nur an
den jüngsten Theilen mit erkennbarer Fadenachse. Cystocarpien ein- oder zweifächerig, an einer oder zu beiden
Seiten der Fadenachse entwickelt, von der Rindenschichte des
Thallus gewölbeartig bedeckt. Tetrasporangien eingesenkt,
kreuzförmig getheilt. . **Gelidium.** S. 189, Fig. 82—84.

Thallus in dem Stämmchen und dessen Verzweigungen fadenförmig, stielrund oder zusammengedrückt, entweder (durch
gleich lange und in gleicher Höhe um die gegliederte Fadenachse geordnete — pericentrale — Zellen) polysiphon gegliedert, oder zellig und von einer polysiphon gegliederten
28 Achse durchzogen. 29
Thallus in dem Stämmchen und dessen Verzweigungen (oder
durchaus) fadenförmig, stielrund oder zusammengedrückt,
zellig (solid oder hohl), von einer monosiphon gegliederten
Fadenachse durchzogen. 32

Tetrasporangien in besonderen ei-lanzettlichen Fruchtästchen
(Stichidien). Stämmchen und Aeste stielrund oder zusammen-
gedrückt, polysiphon gegliedert oder ganz von einer zelligen
Rindenschichte bekleidet, mit zarten monosiphon gegliederten
29 (an der Basis häufig polysiphonen) dichotomen Aestchen
besetzt. Aestchen meist sehr zart, an den Stämmchen und
Aesten einen zottigen Ueberzug bildend.
Dasya. S. 250, Fig. 102.
Tetrasporangien in kaum veränderten Aestchen entwickelt. . 30

Thallus aus einem stielrunden, verzweigten Stämmchen bestehend,
welches dicht mit steifen, abstehenden, einfachen Aestchen
30 besetzt ist. . . . . . . **Digenea.** S. 214, Fig. 93.
Thallus fadenförmig, stielrund oder zusammengedrückt, allseitig
oder fiederartig verzweigt. 31

Thallus fadenförmig, in den Hauptfäden und dessen Verzweigungen polysiphon gegliedert, unberindet oder unterhalb,
seltener ganz, mit einer zelligen Rindenschichte bedeckt.
Spitzen der Zweige mit dichotomen haarförmigen Gliederfäden besetzt. Tetrasporangien in den Aestchen in einer
(oft spiraligen) Längsreihe entwickelt.
Polysiphonia. S. 218, Fig. 95—99.
Thallus fadenförmig (stielrund), von einer polysiphon gegliederten
Achse durchzogen, welche mit einer zelligen Schichte umgeben ist. Aestchen spindelig oder keulenförmig. Tetra-
31 sporangien zu mehreren in je einem Achsengliede der Aestchen entwickelt. . . . . **Chondria.** S. 210, Fig. 91.

31 Thallus ebenso, nur die Tetrasporangien einzeln in je einem Achsengliede der spindeligen Aestchen entwickelt. **Alsidium.** S. 213, Fig. 92.
Thallus stielrund oder zusammengedrückt-flach, von einer polysiphon gegliederten Achse durchzogen, die mit einer zelligen Schichte umgeben ist. Tetrasporangien in den Aestchen in zwei Längsreihen einander gegenüberstehend. **Rytiphlaea.** S. 246, Fig. 100.

32 Thallus (fadenförmig) stielrund oder zusammengedrückt, röhrig. Hauptäste abwechselnd gefiedert, ganz mit opponirten Fiederchen besetzt. Cystocarpien die Stelle von Fiederchen einnehmend. . . . . . **Bonnemaisonia.** S. 208, Fig. 90.
Thallus fadenförmig, allseitig verzweigt. Zweigspitzen mit dichotomen, haarförmigen Gliederfäden. Cystocarpien an den Aestchen sitzend. Tetrasporangien in den Aestchen in zwei Längsreihen entwickelt. . **Rhodomela.** S. 216, Fig. 94.

33 Thallus hohl oder fast hohl (oder Stämmchen solid und Aeste hohl). 34
Thallus solid. 41

34 Thallus gliederartig eingeschnürt. 35
Thallus nicht gliederartig eingeschnürt. 37

35 Tetrasporangien zonenförmig getheilt. Thallus kleine schwärzlich violette Räschen bildend. Alge an der Fluthgrenze wachsend. . . . . **Catenella.** S. 186, Fig. 80.
Tetrasporangien tetraedrisch getheilt. 36

36 Cystocarpien äusserlich, halbkugelig oder rundlich, mit zelligem am Scheitel geöffnetem Pericarp. Kern rundlich, aus strahligen Lappen gehäufter Carposporen bestehend, die sich aus den oberen Gliedern reich verzweigter sporigener Fäden entwickeln. . **Chylocladia.** (pro parte.) S. 153, Fig. 64.
Cystocarpien äusserlich, rundlich, mit zelligem, geschlossenem Pericarp. Kern rundlich, aus grossen keulenförmigen, strahlig aus der centralen Placenta entspringenden Carposporen gebildet. . . **Lomentaria.** (pro parte.) S. 200, Fig. 87.

37 Thallus gleichförmig. 38
Thallus stengelig; Stengel mit blasenförmigen oder gliederartig eingeschnürten Aestchen besetzt. 40
Thallus klein, blasenförmig, kurz gestielt, epiphytisch auf Laurencia obtusa. . . . **Ricardia.** S. 203. Fig. 204.

38 Tetrasporangien tetraedrisch getheilt. **Chylocladia.** (pro parte.) S. 153. Fig. 64.
Tetrasporangien kreuzförmig getheilt. 39

39 Innere Schichte des Thallus aus einem lockeren Gewebe verzweigter, anastomosirender Fäden gebildet. **Dumontia.** S. 128, Fig. 50.
Innere Schichte grosszellig. **Chrysymenia.** (pro parte.) S. 158, Fig. 65.

40 { Cystocarpien äusserlich, halbkugelig, mit zelligem, am Scheitel geöffnetem Pericarp. Kern rundlich, aus strahligen Lappen gehäufter Carposporen bestehend, die sich aus den oberen Gliedern reich verzweigter sporigener Fäden entwickeln **Chrysymenia.** (pro parte.) S. 158, Fig. 66.
Cystocarpien äusserlich, rundlich, mit zelligem, geschlossenem Pericarp. Kern rundlich, aus grossen keulenförmigen, strahlig aus der centralen Placenta entspringenden Carposporen gebildet. . . **Lomentaria.** (pro parte.) S. 200, Fig. 87.

41 { Thallus stengelig, mit nierenförmigen, fleischigen, halbstengelumfassenden Blattkörpern. **Constantinea.** S. 146, Fig. 60.
Thallus blattartig flach. 42
Thallus stielrund oder zusammengedrückt oder zusammengedrückt-flach. 56

42 { Blattkörper an den sterilen Stellen (bezw. zwischen den Rippen) aus einer Zellenlage bestehend, gleichförmig oder gerippt oder geadert. 43
Blattkörper aus zwei oder mehreren Zellenlagen oder aus einem fädig-zelligem Gewebe bestehend. 46

43 { Blattkörper mit deutlicher, oft fiederartig verzweigter Mittelrippe. 44
Blattkörper ohne Mittelrippe, ungeadert oder fein geadert. . 45

44 { Cystocarpien fast kugelig, gestielt, aus der entblössten Mittelrippe proliferirend. . **Hydrolapathum.** S. 167, Fig. 70.
Cystocarpien auf der Mittelrippe oder den Seitennerven warzenförmige Anschwellungen bildend. **Delesseria.** S. 173, Fig. 74, 75.

45 { Thallus ungeadert oder geadert. Cystocarpien auf dem Blattkörper warzenförmige Anschwellungen bildend. Tetrasporangien tetraedrisch getheilt. Rosenrothe Algen. **Nitophyllum.** S. 169, Fig. 71—73.
Thallus ungeadert. Die Fortpflanzungsorgane entwickeln sich direckt aus den Zellen des Thallus, der an den fertilen Stellen oft aus zwei oder mehreren Zellenlagen besteht. Braun oder purpurroth. . . . . **Porphyra.** S. 23, Fig. 2.

46 { Cystocarpien dem Thallus eingesenkt. 47
Cystocarpien äusserlich, warzenförmig oder fast kugelig. . . 49

47 { Tetrasporangien tetraedrisch getheilt. – Aeussere Schichte des Thallus aus zur Oberfläche senkrechten, deutlich perlschnurförmigen, dichotomen Fäden gebildet. **Nemastoma.** (pro parte.) S. 117, Fig. 42.
Tetrasporangien kreuzförmig getheilt. 48

48 { Thallus fleischig, ziemlich dick, blattartig, einfach, bisweilen geschlitzt. Tetrasporangien in der äusseren Thallusschichte in dichten Gruppen entwickelt (unbestimmt begrenzte Flecken bildend). . . . . . **Sarcophyllis.** S. 120, Fig. 44.

48 Thallus häutig (trocken papierartig) blattartig, einfach oder eingerissen. Tetrasporangien in der äusseren Thallusschichte zerstreut. . . . . . **Schizymenia.** S. 119, Fig. 43.
Thallus gallertartig häutig, dichotom oder fiedertheilig. Tetrasporangien aus den Rindenzellen sich entwickelnd, zerstreut. **Halymenia.** (pro parte.) S. 125, Fig. 47—49.

49 Tetrasporangien in besonderen, länglich-linearen, aus dem Randé des bandartigen, schraubenförmig gedrehten Blattkörpers proliferirenden Fruchtästchen (Stichidien). **Vidalia.** S. 248, Fig. 101.
Tetrasporangien in Nematheciencien. 50
Tetrasporangien im Thallus zerstreut, oder an bestimmten Stellen desselben zu Gruppen vereinigt. 51

50 Kern des Cystocarps einfach, mehrlappig. Thallus dichotom getheilt. . . . . **Fauchea.** S. 151, Fig. 63.
Kern des Cystocarps aus vielen kleinen, zusammenfliessenden Tochterkernen zusammengesetzt. Thallus meist dichotom getheilt, mit oder ohne Mittelrippe, häufig proliferirend. . . **Phyllophora.** S. 139 und 523, Fig. 57.

51 Tetrasporangien zonenförmig getheilt. Thallus dünnhäutig, dichotom, häufig proliferirend. **Rhodophyllis.** S. 165, Fig. 69.
Tetrasporangien kreuzförmig getheilt. 52

52 Innere Schichte des Thallus aus einem zelligen Gewebe bestehend. 53
Innere Schichte des Thallus aus einem fädigen Gewebe bestehend. 54

53 Tetrasporangien im (dichotom getheilten) Blattkörper zerstreut. **Gracilaria.** (pro parte.) S. 180.
Tetrasporangien in fleckenförmigen Gruppen, die über dem dichotomen Blattkörper zerstreut oder an den Spitzen desselben entwickelt sind. . **Rhodymenia.** S. 161, Fig. 67.

54 Cystocarpien warzenförmig; Kern einfach, aus unregelmässig gehäuften Carposporen bestehend. 55
Cystocarpien warzenförmig; Kern einfach, aus einem Bündel perlschnurförmig gereihter Carposporen bestehend. Thallus knorpelig-fleischig, unregelmässig gelappt. **Chondrymenia.** S. 184, Fig. 79.
Cystocarpien warzenförmig; Kern aus mehreren kleinen Tochterkernen zusammengesetzt. Thallus fleischig-häutig, blattförmig, gestielt, einfach oder verzweigt. **Kallymenia.** S. 145, Fig. 59.

55 Thallus blattförmig, gestielt, einfach oder proliferirend verästelt, papierartig-häutig. Tetrasporangien in kleinen, aus dem Rande proliferirenden Blättchen **Cryptonemia.** S. 130, Fig. 51.

55 Thallus dünnhäutig, dichotom getheilt. Tetrasporangien in rundlichen Gruppen unter den Spitzen der Segmente.
Acrodiscus. S. 132, Fig. 52.

56 Cystocarpien dem Thallus eingesenkt. 57
Cystocarpien äusserlich, warzenförmig oder rundlich 62

57 Kern des Cystocarps einfach, rundlich, aus ordnungslos gehäuften Carposporen bestehend. 58
Kern einfach, rundlich, aus verzweigten, strahlig entspringenden sporigenen Fäden gebildet, deren oberste Glieder in Carposporen umgewandelt sind. 60
Kern einfach, rundlich, aus grossen, strahlig aus einem Mittelpunkte entspringenden, keulenförmigen Carposporen gebildet. — Thallus (fadenförmig) stielrund, dichotom, knorpelig. Cystocarpien zahlreich in warzenförmigen Nemathecien eingesenkt. Tetrasporangien kreuzförmig getheilt.
Polyides. S. 197, Fig. 86.
Kern aus mehreren rundlichen Tochterkernen bestehend, die aus ordnungslos gehäuften Carposporen gebildet werden. — Thallus fadenförmig, reich verzweigt. Cystocarpien in den Aestchen Anschwellungen bildend. Tetrasporangien zonenförmig getheilt. . . **Cystoclonium.** S. 147, Fig. 61.

58 Tetrasporangien zonenförmig getheilt, in nematheciënartigen Anschwellungen des fadenförmigen (stielrunden) dichotomen, knorpeligen Thallus gelagert.
Fastigiaria. S. 123, Fig. 46.
Tetrasporangien tetraedrisch getheilt. Thallus zusammengedrückt oder flach, dichotom oder fast fiederartig getheilt, gallertartig-fleischig; innere Schichte aus längsverlaufenden, äussere Schichte aus senkrechten, perlschnurförmigen, dichotomen Fäden gebildet. . . . **Nemastoma.** S. 117, Fig. 42.
Tetrasporangien kreuzförmig getheilt. 59

59 Aeussere Schichte des zusammengedrückt-flachen, fiederförmig proliferirenden, häutig-fleischigen Thallus aus senkrechten, kurzen, perlschnurförmigen dichotomen Fäden gebildet.
Grateloupia. S. 122, Fig. 45.
Aeussere Schichte des stielrunden bis zusammengedrückt-flachen, dichotomen oder fiederig getheilten, gallertartig häutigen oder fleischigen Thallus zellig.
Halymenia. (pro parte.) S. 125, Fig. 47—49.

60 Aeussere Schichte des stielrunden, dichotomen, gallertartig häutigen Thallus hautartig, zellig.
Scinaia. S. 61, Fig. 20.
Aeussere Schichte des dichotomen oder seitlich verzweigten Thallus aus zur Oberfläche senkrechten, perlschnurförmigen, dichotomen, durch Gallerte verbundenen Fäden gebildet . 61

61 Thallus gallertartig, einfach oder dichotom; die innere Schichte aus längsverlaufenden, zu einer dünnen Achse ziemlich fest verbundenen Fäden bestehend.
Nemalion. S. 59, Fig. 19.

Thallus gallertartig, seitlich verzweigt; die innere Schichte aus längsverlaufenden, fast parallelen, locker verwobenen Fäden bestehend. . . . . **Helminthocladia.** S. 55, Fig. 17.

Thallus gallertartig, seitlich verzweigt; die innere Schichte aus längsverlaufenden, parallelen, zu einer cylindrischen Achse fest verbundenen, ziemlich grosszelligen Fäden bestehend.
Helminthora. S. 57, Fig. 18.

62 Thallus fadenförmig, stielrund oder zusammengedrückt, pyramidal rispig oder fiederartig verzweigt, fleischig oder knorpelig. Tetrasporangien unter der Spitze der Aestchen gehäuft.
Laurencia. S. 204, Fig. 89.

Tetrasporangien zonenförmig getheilt 63

Tetrasporangien kreuzförmig getheilt. 64

63 Thallus fadenförmig, ruthig verzweigt. Hauptäste und Aeste mit kurzen Aestchen besetzt. Cystocarpien halbkugelig. Tetrasporangien in nematheccienartigen Anschwellungen der Aestchen. . . . . **Hypnaea.** S. 188, Fig. 81.

Thallus flach zusammengedrückt, wiederholt gefiedert. Cystocarpien fast kugelig. Tetrasporangien 'in besonderen randständigen, meist sternförmigen Fruchtästchen.
Plocamium. S. 163, Fig. 68.

64 Thallus fadenförmig, dichotom. Tetrasporangien in warzenförmigen Nemathecien, deren sämmtliche Fadenglieder sich von oben nach unten in Tetrasporangien umwandeln.
Gymnogongrus. S. 138, Fig. 56.

Tetrasporangien nicht in Nemathecien 65

65 Thallus flach, dichotom getheilt, gallertartig-häutig. Tetrasporangien in dichten Gruppen in den oberen Segmenten.
Gloiocladia. S. 150, Fig. 62.

Thallus stielrund, zusammengedrückt bis flach, fleischig oder knorpelig. 66

66 Thallus flach, dichotom getheilt. Cystocarpien flach warzenförmig. Tetrasporangien in flach warzenförmigen Anschwellungen gehäuft. . . . . . **Chondrus.** S. 133, Fig. 53.

Thallus fadenförmig, stielrund, zusammengedrückt bis flach, dichotom oder seitlich verzweigt. Cystocarpien fast kugelig oder zäpfchenförmige Auswüchse bildend. Tetrasporangien in Anschwellungen des Thallus gehäuft.
Gigartina. S. 135, Fig. 54, 55.

Thallus stielrund, zusammengedrückt bis flach, seitlich oder dichotom verzweigt. Cystocarpien halbkugelig oder fast kugelig. Tetrasporangien im Thallus zerstreut.
Gracilaria. S. 180, Fig. 77, 78.

67 Fortpflanzungsorgane in besonderen kugeligen Höhlungen (Conceptakeln, S. 283) unter der Thallusoberfläche. Grosse lederartige, trocken schwarzbraune Tange (Fucoideae, S. 282.) 68
Fortpflanzungsorgane (Sporangien verschiedener Art) äusserlich oder dem Thallus eingesenkt, nie in Conceptakeln. Verschieden gestaltete Algen. 70

68 Thallus stengelig, mit Blättern und kugeligen, gestielten Luftblasen. . . . . . . **Sargassum.** S. 299, Fig. 125.
Thallus napfförmig, gestielt, aus der Mitte lange riemenförmige, dichotome Fruchtkörper treibend, ohne Luftblasen. **Himanthalia.** S. 287, Fig. 119.
Thallus flach, dichotom getheilt, mittelrippig. Fruchtkörper aus den Thallusspitzen sich entwickelnd. Luftblasen häufig vorhanden, meist neben der Mittelrippe in Blattkörper entwickelt. . . . . **Fucus.** S. 289, Fig. 121.
Thallus faden-stengelförmig und zwar stielrund, zusammengedrückt, bis fast flach, reich verzweigt. 69

69 Thallus zusammengedrückt, fast fiederästig, stellenweise mit in der Achse liegenden grossen, ovalen Lufblasen. Fruchtkörper eiförmig, gestielt, einzeln oder in Büscheln seitlich entspringend. . . . . **Ascophyllum.** S. 289, Fig. 120.
Thallus zusammengedrückt — zweischneidig, fiederästig. Luftblasen und Fruchtkörper aus den oberen Aestchen entwickelt. Luftblasen schotenförmig, gegliedert. Fruchtkörper lanzettlich. . . . . **Halidrys.** S. 292, Fig. 122.
Thallus stielrund oder zusammengedrückt — flach, verschieden verzweigt. Luftblasen (wenn vorhanden) in der Achse der Zweige liegend, einzeln oder kettenförmig gereiht. Conceptakeln kleine Wärzchen auf den Aestchen bildend, letztere häufig zu Fruchtkörpern umgewandelt. **Cystosira.** S. 293, Fig. 123 und 124.

70 Thallus Krusten oder Flecken bildend. 71
Thallus blattartig flach, horizontal ausgebreitet. 73
Thallus unregelmässig kugelig, hohl. 74
Thallus gallertartige Kugeln oder Polster bildend, aus welchen häufig freie, gegliederte Fäden rasig-büchelig entspringen. 75
Thallus aufrecht, flach, blattartig (oder bandartig). 77
Thallus fadenförmig oder stielrund, einfach oder verzweigt, solid oder hohl. 86

71 Thallus Spritzflecken auf Algen etc. bildend, aus einer horizontalen Zellenlage und aufrechten kurzen freien Fäden gebildet. **Myrionema.** S. 319, Fig. 131 und 132.
Thallus schwarzbraune Krusten bildend, von parenchymatischer Struktur. (Auf Steinen.) 72

72 Einfächerige Zoosporangien in oberflächlichen, warzenförmigen Sori zwischen Nebenfäden entwickelt. **Ralfsia.** S. 401, Fig. 176.

72 Einfächerige Zoosporangien in oberflächlichen flachen Sori unmittelbar aus den Zellen der Oberfläche (nicht zwischen Nebenfäden) entwickelt. **Lithoderma.** S. 402, Fig. 177.

73 Thallus haut- oder lederartig, genabelt, braun, im Alter schwarzbraun, auf der Unterseite dicht filzig. **Zanardinia.** S. 406, Fig. 180.
Thallus zarthäutig, nicht genabelt, olivenbräunlich, auf der Unterseite mit zerstreuten Wurzelfäden. **Aglaozonia.** S. 408, Fig. 181.

74 Thallus gallertartig. Rindenschichte aus keulenförmigen Fäden gebildet. (Leath. difformis). **Leathesia.** (pro parte). S. 354
Thallus hautartig, Rindenschichte zellig. **Hydroclathrus.** S. 393, Fig. 171.

75 Thallus aus einem basalen polsterförmigen Lager bestehend, aus welchen zahlreiche freie Gliederfäden rasig entspringen. (Büschelige Rasen und sammtartige Polster auf Fucaceen und Zostera). . . . . **Elachista.** S. 351, Fig. 148.
Thallus kugelig oder polsterförmig, ohne freie Fäden. . . . 76

76 Rindenschichte des Thallus aus einfachen, keulenförmigen Fäden bestehend. Thallus kleine Kugeln auf Cystosira und anderen Algen bildend. **Leathesia.** (pro parte). S. 354, Fig. 149, 150.
Rindenschichte des Thallus aus dichotomen Fäden bestehend. Thallus rundlich oder unregelmässig ausgebreitet, Felsen angewachsen. . . . **Petrospongium.** S. 357, Fig. 151.

77 Thallus mit einer mehr oder weniger entwickelten Mittelrippe 78
Thallus ohne Mittelrippe. 79

78 Thallus sehr gross, blattartig, gestielt, einfach, derbhäutig, mit dicker Mittelrippe. Zoosporangien in besonderen Fruchtblättchen, die aus dem Stiele unter der Basis des Blattkörpers entspringen. . . . . **Alaria.** S. 399. Fig. 175.
Thallus flach, zarthäutig, dichotom getheilt, mit starker Mittelrippe. Sporangien in Häufchen zu beiden Seiten der Mittelrippe. . . . . . **Dictyopteris.** S. 311, Fig. 130.
Thallus bandartig, häutig, opponirt gefiedert, mit zarter meist undeutlicher Mittelrippe. Rand mit Fadenbüscheln oder Sägezähnen. (D. ligulata.) **Desmarestia.** (pro parte.) S. 380.

79 Thallus bandartig, unvollkommen hohl. Zoosporangien in fleckenförmigen über die Oberfläche ausgesäeten Sori. (A. compressus.) . . **Asperococcus.** (pro parte.) S. 389.
Thallus solid. 80

80 Thallus sehr gross, blattartig, lang gestielt; Blattkörper häutig oder lederartig, oval oder lanzettlich, einfach oder handförmig gespalten. . . . **Laminaria.** S. 396, Fig. 173, 174.
Thallus kurz und zart gestielt. 81
Thallus ohne eigentlichen Stiel (wiewohl unterhalb verschmälert). Wurzel filzig. 82

Thallus blatt- oder bandförmig, hautartig, einfach. Zoosporangien auf der Oberfläche des Blattkörpers punktförmige Gruppen
81 bildend. . . . . . . **Punctaria.** S. 369, Fig. 158.
Thallus blatt- oder bandförmig, hautartig, einfach. (Vielfächerige) Zoosporangien zu einer die Thallusoberfläche bedeckenden Schichte vereinigt. . . . **Phyllitis.** S. 391, Fig. 170.

Thallus blattartig, fächerförmig, einfach oder eingeschlitzt (oft fast dichotom geschlitzt). Sporangien auf der Thallusoberfläche in Gruppen vereinigt, welche concentrische Zonen
82 bilden. 83
Thallus dichotom getheilt. Sporangien in Gruppen, die über die Oberfläche zerstreut sind. 85

Zoosporangien an büscheligen Nebenfäden entwickelt. Thallus fächerförmig, unregelmässig zerschlitzt. (C. adspersa).
83 **Cutleria.** (pro parte.) S. 405.
Sporangien nicht an Nebenfäden, sondern aus den Zellen der Thallusoberfläche entwickelt. 84

Thallus fächerförmig, einfach oder geschlitzt, mit dunkleren und weissen von Kalkinkrustationen gebildeten concentrischen Zonen. Oberer Rand zurückgerollt.
84 **Padina.** S. 308, Fig. 129.
Thallus von fächerförmigem Umfange, unregelmässig oder dicht dichotom in allmälig schmälere Lappen zerschlitzt; nicht mit Kalk inkrustirt. . . . . **Taonia.** S. 307, Fig. 128.

Thallus regelmässig dichotom getheilt, Spitzen nicht in Haare aufgelöst. Sporangien aus den Zellen der Thallusoberfläche entwickelt. . . . . **Dictyota.** S. 304, Fig. 126, 127.
85 Thallus von fächerförmigem Umfang, di-polychotom in immer schmälere Lappen gespalten; Spitzen in Haare aufgelöst. Zoosporangien an büscheligen Nebenfäden entwickelt. (C. multifida.) **Cutleria.** (pro parte). S. 403, Fig. 178, 179.

Thallus aus freien, nicht zu einem Gewebe verbundenen monosiphonen oder polysiphonen (bisweilen theilweise berindeten)
86 Gliederfäden bestehend. 87
Thallus fadenförmig oder stielrund, solid oder hohl, aus einem zelligen oder fädigen Gewebe gebildet. 94

Thallus monosiphon, mitunter zum Theil polysiphon gegliedert (Ectocarpeae, S. 322). 88
87 Thallus polysiphon gegliedert, mit grosser Scheitelzelle, mitunter von einer dünnen oder in dem Stämmchen dicken zelligen Berindungsschichte umgeben (Sphacelarieae, S. 342). . . 93

Zoosporangien den Fäden eingesenkt. Fäden monosiphon ge-
88 gliedert, reich verzweigt. . **Pilayella.** S. 339, Fig. 142.
Zoosporangien an den Fäden äusserlich, sitzend oder gestielt 89

89 Fäden durchaus monosiphon gegliedert. 90
Fäden zum Theil polysiphon gegliedert. 91

90

Mikroskopische Algen. Thallus aus einem verzweigten, im Rindengewebe grösserer Algen kriechenden Faden bestehend, aus welchem theils Zoosporangien, theils Gliederhaare entspringen. . . . . . **Streblonema.** S. 322, Fig. 133.

Kleine, meist mikroskopische Algen; Thallus aus einem verzweigten, im Rindengewebe grösserer Algen kriechenden Faden bestehend, aus welchem aufrechte Aeste entspringen, an welchen sich die Zoosporangien entwickeln. **Herponema.** S. 325, Fig. 135.

Grössere rasenbildende Algen. Fäden reich seitlich verzweigt, unterhalb bisweilen faserig berindet. Einfächerige Zoosporangien meist oval, vielfächerige fadenförmig, lanzettlich bis oval. (Euectocarpus S. 327.) **Ectocarpus.** S. 324, Fig. 134, 136.

Rasenbildende Algen. Fäden reich seitlich verzweigt. Vielfächerige Zoosporangiem traubenförmige Haufen an einzelnen Fadengliedern bildend. **Sorocarpus.** S. 333, Fig. 137.

Kleine, räschenbildende Alge. Fäden dichotom. Zweierlei Sporangien: 1. ovale vielfächerige, 2. grössere ovale, quer zweitheilige. . . . **Choristocarpus.** S. 333, Fig. 138

Kleine, räschenbildende Alge. Fäden seitlich verzweigt. Vielfächerige Zoosporangien wabenförmige Platten bildend, die den Fadengliedern aufsitzen. **Discosporangium.** S. 525, Fig. 236.

91

Thallus kleine, oft mikroskopische Räschen bildend, aus einem primären verzweigten Faden bestehend, aus welchem sich monosiphon gegliederte, einfache oder mit Aestchen besetzte Aeste erheben, an deren polysiphon werdenden Gliedern die Zoosporangien sitzen. 92

Thallus kleine Räschen bildend, aus oberhalb polysiphonen, einfachen, unterhalb jedoch monosiphonen und verzweigten Gliederfäden bestehend. Einfächerige Zoosporangien in dichten warzenförmigen Gruppen auf den polysiphonen Fadengliedern. Vielfächerige Zoosporangien länglich, an der Basis der Fäden entwickelt. . . **Giraudia.** S. 334, Fig. 139.

92

Zoosporangien nur an den aufrechten Aesten entwickelt. **Myriotrichia.** S. 336, Fig. 140.

Zoosporangien an den aufrechten Aesten und den kriechenden primären Fäden entwickelt. **Dichosporangium.** S. 337, Fig. 141.

93

Thallus aus seitlich verzweigten polysiphonen Gliederfäden bestehend, die unterhalb bisweilen mit Fasern bekleidet sind. **Sphacelaria.** S. 342, Fig. 143—145.

Thallus aus einem fadenförmigen, verzweigten, dick berindeten Stämmchen bestehend, dessen Zweige mit polysiphon-gegliederten Fiederchen besetzt sind. **Chaetopteris.** S. 347, Fig. 146.

93 Thallus aus einem fadenförmigen, verzweigten, dick berindeten Stämmchen bestehend, welches mit gedrängten Wirteln kurzer polysiphon gegliederter Aestchen besetzt ist.
Cladostephus. S. 349, Fig. 147.

94 Thallus einfach, hohl. 95
Thallus verzweigt, solid, selten hohl. 97

95 Zoosporangien in punkt- oder fleckenförmigen, über die Thallusoberfläche zerstreuten Gruppen. Thallus fadenförmig, stielrund oder sack- oder darmförmig.
Asperococcus. (pro parte.) S. 387, Fig. 168.
Zoosporangien eine fast die ganze Thallusoberfläche bedeckende Schichte bildend. Thallus stielrund, fadenförmig verlängert, oft sehr lang. 96

96 Thallus durchaus gleichförmig, innen durch Querwände gefächert (septirt). . . . **Chorda.** S. 394, Fig. 172.
Thallus durchaus gleichförmig oder stellenweise gliederartig eingeschnürt, innen nicht septirt.
Scytosiphon. S. 389, Fig. 169.

97 Thallus aus einer fädigen Markschichte bestehend, aus welcher zur Oberfläche senkrechte Gliederfäden entspringen, die durch Gallerte mehr oder weniger fest zur äusseren Schichte verbunden sind. Zoosporangien an oder aus den Fäden der äusseren Schichte entwickelt. — Gallertartige oder knorpelige, schlüpfrige Algen. 98
Thallus von anderer Struktur, zellig. 100

98 Thallus knorpelig; Markschichte solid, ein festes Gewebe bildend. Fäden der äusseren Schichte einfach.
Chordaria. S. 368, Fig. 157.
Thallus gallertartig; Markschichte solid oder hohl, ein mehr weniger lockeres Gewebe bildend. Fäden der äusseren Schichte meist büchelig verzweigt, selten einfach. . . . 99

99 Vielfächerige Zoosporangien aus den oberen Gliedern der Fäden der äusseren Schichte sich entwickelnd, bisweilen an denselben kurze seitliche Aestchen bildend. Markschichte solid oder hohl.
Castagnea. S. 358, Fig. 152, 153.
Vielfächerige Zoosporangien fadenförmig, durch Umwandlung von Zweigen der büscheligen Fäden der äusseren Schichte entstanden. Markschichte hohl.
Nemacystus. S. 366, Fig. 156.
Vielfächerige Zoosporangien ei-lanzettlich, gestielt, an den Fäden der äusseren Schichte entwickelt. Markschichte solid, locker. . . . **Mesogloea.** S. 363, Fig. 154.

100 Stämmchen und Aeste des Thallus in der Jugend oder auch im Alter mit deutlichen Haarbüscheln (zarten Gliederfäden) besetzt, oder doch die Zweigspitzen in Haarbüschel ausgehend. 101

100 Stämmchen und Aeste des Thallus nicht mit (deutlichen) Haarbüscheln besetzt. 104

101 Thallus aus einem fadenförmigen verzweigten Stämmchen bestehend, welches mit Wirteln kurzer Gliederfäden (Haarbüscheln) besetzt ist, an welchen die perlschnurförmigen Zoosporangien entspringen.
Arthrocladia. S. 380, Fig. 164.
Haarbüschel an den Thalluszweigen nicht wirtelig entspringend. 102

102 Zoosporangien zu besonderen länglichen oder keulenförmigen Fruchtkörpern vereinigt, die an der Spitze der Aeste oder kurzer seitlicher Aestchen des fadenförmigen Stämmchens entspringen und mit einem Haarbüschel gekrönt sind.
Sporochnus. S. 382, Fig. 165.
Zoosporangien nicht zu Fruchtkörpern vereinigt. 103

103 Thallusstämmchen und dessen Zweige fadenförmig, zusammengedrückt bis fast flach, fiederartig verzweigt, innen von einer gegliederten Fadenachse durchzogen. Zweigspitzen in Haarbüschel ausgehend, oder die Aeste am Rande mit Haarbüscheln, im Alter mit Dornästchen. Zoosporangien aus den Rindenzellen direkt entstehend.
Desmarestia. S. 378, Fig. 163.
Thallusstämmchen und dessen Zweige fadenförmig, innen von keiner gegliederten Fadenachse durchzogen. Haarbüschel an den Spitzen der Aeste und Aestchen. Zoosporangien in warzenförmigen, auf dem Stämmchen und dessen Zweigen zerstreuten Sori. . . . **Nereia.** S. 386, Fig. 167.

104 Thallus fadenförmig, solid oder später unvollkommen hohl. Zoosporangien in warzenförmigen, zahlreich über die Thallusoberfläche ausgesäeten Sori.
Stilophora. S. 383, Fig. 166.
Thallus fadenförmig, solid oder hohl. Zoosporangien aus den Rinden- oder Unterrindenzellen sich entwickelnd, einzeln oder in Gruppen über dem Thallus zerstreut, oder in Gruppen, die auf demselben punktirte Querlinien bilden. 105

105 Thallus fadenförmig, hohl. Zoosporangien in Gruppen, die auf dem Thallus punktirte Querlinien bilden.
Striaria. S. 376, Fig. 162.
Thallus fadenförmig, solid oder hohl. Zoosporangien aus den Rindenzellen entstehend, halb hervorbrechend oder fast eingesenkt, einzeln oder zu Gruppen vereinigt, über dem Thallus unregelmässig ausgesäet.
Stictyosiphon. S. 374, Fig. 161.
Thallus fadenförmig, unterhalb röhrig, oberhalb solid. Zoosporangien aus den Unterrindenzellen sich entwickelnd, eingesenkt, über dem Thallus zerstreut.
Dictyosiphon. S. 373, Fig. 160.

106 Thallus mit Kalk inkrustirt. 107
Thallus nicht mit Kalk inkrustirt. 108

107 Thallus schirmförmig, lang gestielt (einem kleinen Agaricus ähnlich). . . . . **Acetabularia.** S. 484, Fig. 214.
Thallus flach, Opuntien-ähnlich gegliedert. **Halimeda.** S. 481, Fig. 212.

108 Thallus einzellig. Zelle mikroskopisch klein (mitunter colonienweise in Gallerte eingebettet) oder gross, blasen- oder fadenförmig und verzweigt; in letzterem Falle rasige Formen, oder durch die dicht an einander schliessenden und sich filzenden Zweige Blatt- oder Spongien-ähnliche Formen bildend. 109
Thallus vielzellig, verschiedengestaltig (faden-, netz- oder blattförmige oder Spongien-ähnliche Formen bildend). 115

109 Zellen mikroskopisch. 110
Zellen gross. 111

110 Zellen rundlich, durch Gallerte zu einem horizontal ausgebreiteten, blattartigen, gallertigen, olivenfarbigen Lager vereinigt. . . . **Palmophyllum.** S. 485, Fig. 215.
Zellen nicht in Gallerte eingebettet, oval, an der Basis in einen langen soliden Stiel verdünnt, zu Räschen vereinigt. **Codiolum.** S. 471, Fig. 207.

111 Thallus aus einer grossen, blasen- oder schlauchförmigen, häufig verästelten, aber nie gegliederten Zelle bestehend. **Valonia.** S. 469, Fig. 205.
Thallus Spongien-artig, hart und elastisch, dunkelgrün, stielrund und verzweigt, oder kugelig und hohl oder krustenförmig, aus einem dicht verfilzten Fadengewebe bestehend. **Codium.** S. 477, Fig. 210.
Thallus blattartig, gestielt, fächerförmig, aus einem dicht verfilzten Fadengewebe bestehend. **Udotea.** S. 479, Fig. 211.
Thallus fadenförmig. 112

112 Thallus aus einer anfänglich ungegliederten, später sich gliedernden Schlauchzelle bestehend, aus deren Gliedern gleichgestaltete (jedoch nie an der Basis gegliederte) Aeste entspringen. . . **Siphonocladus.** S. 470, Fig. 206.
Thallus aus einer langen fadenförmigen (ungegliederten), mehr weniger verzweigten Zelle bestehend, rasenbildend. 113

113 Thallus fiederig, selten dichotom, verzweigt. Die Zoosporen entwickeln sich aus dem Inhalte der Fiederästchen. **Bryopsis.** S. 471, Fig. 208.
Thallus unregelmässig oder dichotom verzweigt; die Sporen entwickeln sich in besonderen terminalen oder seitlichen Sporangien. 114

Thallus unregelmässig oder dichotom verzweigt. Die seitlichen, kugeligen oder birnförmigen Sporangien enthalten zahlreiche Sporen. . . **Derbesia.** S. 175, Fig. 209.
114 Thallus meist dichotom verzweigt. Die seitlichen oder terminalen Sporangien enthalten nur eine grosse Spore. (Ausser den Sporangien auch Antheridien vorhanden). — Auf Schlamm wachsende Algen.
Vaucheria. S. 412. Fig. 182–186.

Thallus netzförmig, aus monosiphonen, anastomosirenden Gliederfäden gebildet.
Microdictyon. S. 466. Fig. 203.
Thallus (ca. zollhoch) keulenförmig, schwammig, dunkelgrün, aus einer ungegliederten Fadenachse bestehend, die dicht
115 mit gegliederten verzweigten Wirtelästchen besetzt ist.
Dasycladus. S. 483, Fig. 213.
Thallus blattartig oder stielrund, hohl, einfach oder verzweigt.
Enteromorpha. (pro parte.) S. 425, Fig. 188, 189.
Thallus blattartig oder häutig, solid. 116
Thallus fadenförmig (solid oder hohl), einfach oder verzweigt. 117

Thallus blatt- oder hautartig, aus einer Zellenlage bestehend.
Monostroma. S. 422, Fig. 187.
116 Thallus blatt- oder hautartig, aus zwei verwachsenen Zellenlagen bestehend . . . . **Ulva.** S. 435, Fig. 191.
Thallus blattartig, fächerförmig, mit polychotom verzweigten Adern durchzogen. . **Anadyomene.** S. 467, Fig. 204.

Thallus monosiphon gegliedert, einfach. 118
Thallus monosiphon gegliedert, verzweigt. 119
117 Thallus polysiphon (häufig an den Enden monosiphon oder polysiphon gegliedert), später meist röhrig, einfach oder verzweigt. . . **Enteromorpha.** (pro parte.) S. 425.

Fäden steif; Glieder meist länger als der Durchmesser.
Chaetomorpha. S. 437, Fig. 192.
118 Fäden schlaff, schlüpfrig; Glieder meist kürzer als der Durchmesser. . . . . . . **Ulothrix.** S. 440. Fig. 193.

119 Grössere Watten- oder Rasen- oder schwammige Ballen-bildende Algen. 120
Mikroskopische Algen, die als Epiphyten oder Parasiten auf grösseren Algen etc. leben. 121

Fäden fast einfach, hier und da mit kurzen Wurzelästchen besetzt. . . . . **Rhizoclonium.** S. 443. Fig. 194.
120 Fäden mehr weniger reich verzweigt, Rasen, Ballen oder Watten bildend.
Cladophora. S. 444. Fig. 195—197.

Zellen der Fäden ohne farblose Borsten. Alge in der Zellwand von Derbesia u. a. Algen vegetirend.
121 **Entocladia.** S. 462, Fig. 198, 199.
Zellen der Fäden mit langen farblosen Borsten. 122

122 { Borsten an der Basis knollenartig angeschwollen. In der Rindenschichte von Mesogloeaceen, Chorda etc. lebende Alge. . . . . . **Bolbocoleon.** S. 464, Fig. 201.
Borsten an der Basis nicht knollenartig angeschwollen. . . 123

123 { Fäden ohne aufrechte Aestchen. Fadenzellen auf dem Rücken eine oder zwei lange Borsten tragend. Alge auf der Oberfläche und in der Rindenschichte grösserer Algen etc. lebend. . . . . . **Phaeophila.** S. 464, Fig. 200.
Fäden mit kurzen aufrechten Aestchen, deren Endzellen in eine Borste auswachsen. Alge in der Rindenschichte von Mesogloeaceen, Chorda etc. lebend. **Acrochaete.** S. 465, Fig. 202.

124 { Thallus aus einem einfachen oder verzweigten Zellfaden bestehend. Fäden entweder frei oder durch Gallerte zu bestimmt geformten oder formlosen Lagern (Colonien) vereinigt. 125
Thallus einzellig, mikroskopisch. Zellen frei oder familienweise durch Gallerte zu einem rundlichen, krustenförmigen oder formlosen (nur in einem Falle fadenförmigen) Lager vereinigt. 135

125 { Fäden an der Spitze in ein farbloses Haar auslaufend. . . 126
Fäden niemals in ein Haar endigend. 129

126 { Fäden frei, zu kleinen Büscheln oder unbestimmt ausgebreiteten Räschen vereinigt. **Calothrix.** S. 491, Fig. 216.
Fäden durch Gallerte zu einem bestimmt geformten, krustigen oder rundlichen Lager vereinigt. 127

127 { Fäden nur mit basalen Grenzzellen (am Grunde der Hauptfäden und Aeste). 128
Fäden mit intercalaren Grenzzellen, einfach nahe der Oberfläche und gabelig im inneren Theile des rundlichen bald hohlen Lagers. . . . **Hormactis.** S. 499, Fig. 219.

128 { Lager krustenartig, flach; Fäden aufrecht parallel. **Isactis.** S. 499, Fig. 218.
Lager halbkugelig oder rundlich, solid oder hohl; Fäden radial angeordnet. . . **Rivularia.** S. 495. Fig. 217.

129 { Fäden mit Grenzzellen. 130
Fäden ohne Grenzzellen 131

130 { Fäden in dünne Scheiden eingeschlossen. Dauerzellen zwischen zwei Grenzzellen entwickelt und von diesen durch vegetative Zellen getrennt. . **Nodularia.** S. 502, Fig 221.
Fäden ohne Scheiden. Dauerzellen zu beiden Seiten der Grenzzellen. . . . **Sphaerozyga.** S. 501, Fig. 220.

131 { Fäden ohne Scheiden. 132
Fäden in Scheiden eingeschlossen. 133

Fäden schraubenförmig gewunden.
132 **Spirulina.** S. 511, Fig. 227.
Fäden nicht schraubenförmig gewunden.
Oscillaria. S. 508, Fig. 225.

Die Scheide enthält nur einen Faden. 134
133 Die Scheide enthält mehrere Fäden.
Microcoleus. S. 509, Fig. 226.

Fäden frei. . . . . . **Lyngbya.** S. 503. Fig. 222.
134 Fäden zu mehreren in kleine aufrechte Bündel vereinigt.
Symploca. S. 506, Fig. 223, 224.

Zellen (purpurn oder spangrün) in einer dicken, gallertartigen,
farblosen Scheide ein- oder mehrreihig übereinander gelagert. Lager (Thallus?) fadenförmig, dichotom.
135 **Goniotrichum.** S. 518, Fig. 233.
Zellen vereinzelt, oder zahlreich (meist familienweise) zu
gestaltlosen, krustenartigen oder rundlichen Lagern vereinigt 136

Zellen vereinzelt oder zu einschichtigen Lagern vereinigt.
Fortpflanzung durch Schizosporen, welche sich in grösserer oder geringerer Zahl aus dem Inhalte der Zellen entwickeln. Vermehrung durch Zelltheilung fehlend.
Dermocarpa. S. 516, Fig. 232.
Zellen mit dünnen Hüllmembranen, in den drei Richtungen
136 des Raumes sich theilend, in traubig-lappigen Familien
vereinigt bleibend. Fortpflanzung durch Schizosporen, die sich aus dem Inhalte grösserer Zellen entwickeln. Lager gestaltlos oder krustenartig.
Pleurocapsa. S. 515, Fig. 231.
Zellen mit dicken Hüllmembranen. Vermehrung nur durch vegetative Theilung. Lager gestaltlos, krustenartig oder rundlich. 137

Lager rundlich, solid oder hohl. Zellen mit dicken zusammenfliessenden Hüllmembranen, unregelmässig gelagert.
137 **Oncobyrsa.** S. 514, Fig. 230.
Lager formlos und gallertartig oder krustenartig 138

Zellen familienweise in gallert- oder krustenartigen Lagern ordnungslos vertheilt. **Gloeocapsa.** S. 512, Fig. 228.
138 Zellen familienweise in einem krustenartigem Lager zu kurzen vertikalen, anscheinend verästelten Reihen gruppirt.
Entophysalis. S. 513, Fig. 229.

Register

der Familien, Gattungen, Arten und Synonymen.

(Die Synonyme sind mit geradstehenden Lettern gedruckt.)

Acanthoceros azoricum (Menegh.) 112
— distans Kütz. 111
— echionotum Kütz. 111
— transcurrens Kütz. 111
Acanthotylus Heredia Kütz. 523
Acetabularia Lamour. 484
— *mediterranea Lamour.* 484
Acetabulariaceae. 484
Acrocarpus corymbosus Kütz. 194
— lubricus Kütz. 193
— pusillus Kütz. 195
— spathulatus Kütz. 194
— spinescens Kütz. 193
Acrochaete Pringsh. 465
— *repens Pringsh.* 466
Acrochaetium Griffithsianum Näg. 41
microscopicum Näg. 41
— pulvereum Näg. 41
Acrocladus mediterraneus Näg. 451
Acrodiscus Zanard. 132
— *Vidorichii (Menegh.) Zanard.* 132
Acrosorion Aglaophylloides Zanard. 172
Actinococcus roseus Kütz. 141
Aegagropila. 447
— cornea Kütz. 448
— Echinus Kütz. 448
— Meneghiniana Kütz. 450
— repens Kütz. 450
— trichotoma Kütz. 448
Agardhia adhaerens Cabrera 479
Aglaophyllum confervaceum Kütz. 171
— delicatulum Kütz. 170
— ocellatum Kütz. 170
— Sandrianum Kütz. 173
— Vidovichii Menegh. 171
Aglaozonia Zanard. 408
— parvula Zanard. 408
— *reptans (Cronan) Kütz.* 408
Ahnfeltia plicata Fr. 139
Alaria Grev. 399
— *esculenta (L.) Grev.* 399
Alcyonium Bursa L. 479
Alsidium Ag. 213
— *corallinum Ag.* 213
— *Helminthochortos (Latour) Kütz.* 214
— lanciferum Kütz. 214
— subtile Kütz. 212
— tenuissimum Kütz. 212
Amphiroa Lamour. 275
— amethystina Zanard. 276
cladoniaeformis Menegh. 276
— *cryptarthrodia Zanard.* 275
— *cryptarthrodia β. verruculosa.* 276
— inordinata Zanard. 276
— irregularis Kütz. 276
— *rigida Lamour.* 276
— spina Kütz. 276
— verruculosa Kütz. 276
Anadyomenaceae. 466
Anadyomene Lamour. 467
— flabellata Lamour. 468
— *stellata (Wulf.) Ag.* 468
Anotrichum (Coryphosporium) tenue Näg. 91
Antithamnion Näg. 70
— *cladodermum (Zanard.) Hauck.* 72
crispum Thur. 73
cruciatum (Ag.) Näg. 71
cruciatum (Ag.) Näg. F. fragilissima. 71
cruciatum F. radicans 71
— *cruciatum F. tenuissima* 71
plumula (Ellis) Thur. 72
plumula β. crispum 73
plumula α. genuinum. 72
Arachnophyllum confervaceum Zanard. 171
Arthrocladia Duby. 380
— australis Kütz. 381
septentrionalis Kütz. 381
— *villosa (Huds.) Duby.* 381

Arthrocladia villosa F. australis. 381
Arthrocladiaceae. 380
Ascocladium neapolitanum Näg. 93
Ascophyllum Stackh. 289
— *nodosum (L.)* Le Jol. 289
— *nodosum F. scorpioides.* 289
Asperococcus Lamour. 387
— attenuatus Zanard. 377
bullosus Lamour. 388
compressus Griff. 389
echinatus (Mert.) Grev. 388
ramosissimus Zanard. 378
— sinuosus Bory. 393
— tenuis Zanard. 389

Bangia Lyngb. 21
— bidentata Kütz. 23
— *ceramicola (Lyngb.) Chauv.* 22
ceramicola F. investiens. 22
ciliaris Carm. 25
— compacta Zanard. 23
— crispa Lyngb. 23
— elegans Chauv. 518
fusco-purpurea (Dillw.) Lyngb. 22
investiens Zanard. 22
pallida Kütz. 23
reflexa Crouan. 22
tenuissima Kütz. 22
— versicolor Kütz. 23
Batrachospermum attenuatum Bonnem. 98
Bisporium Crouani Näg. 98
Blennothrix elegans Menegh 507
— vermicularis Kütz. 510
Bolbocoleon *Pringsh.* 464
— *piliferum Pringsh.* 465
Bonnemaisonia Ag. 208
— adriatica Zanard. 210
— *asparagoides (Woodw.) Ag.* 209
Bornetia Thur. 48
— *secundiflora (J. Ag.) Thur.* 49
Boryna elegans β. cinnabarina Bonnem. 113
— cinnabarina Grat. 113
Bryopsideae. 471
Bryopsis Lamour. 471
— abietina Kütz. 473
— adriatica Kütz. 476
— adriatica Menegh. 473
— Arbuscula Kütz. 473
— Balbisiana Kütz. 476
— Balbisiana disticha J. Ag. 474
— Balbisiana Lamourouxii J. Ag. 476
caudata Kütz. 474
— cupressoides Kütz. 473
— cupressoides Var. adriatica J. Ag. 473
— dalmatica Kütz. 476
— *disticha J. Ag.* 474
— duplex De Not. 474
— elegans Menegh. 473
Bryopsis fastigiata Kütz. 473
— flagellata Kütz. 473
furcellata Zanard. 475
— *implexa De Not.* 475
implexa β. elegans. 473
— incompta Menegh. 476
— interrupta Menegh. 476
— *muscosa Lamour.* 474
— *myura J. Ag.* 474
Panizzei De Not. 475
Penicillum Zanard. 475
Petteri Menegh. 475
plumosa (Huds.) Ag. 471
— plumosa Kütz. 473
— *plumosa β. adriatica.* 473
— plumosa, Var. β Arbuscula J. Ag. 473
— *plumosa α. genuina.* 472
— plumosa Var. α. Plumosa J. Ag. 472
simplex Menegh. 476
tenuissima De Not. 477

Callithamnion Lyngb. 73
— abbreviatum Kütz. 44
— apiculatum Menegh. 87
— Batrachospermum Kütz. 98
Borreri Harv. 89
brachiatum (Bonnem.) Harv. 83
byssaceum Kütz. 41
Byssoides J. Ag. 83
— *byssoideum Arn.* 83
— *byssoideum β. flagellare.* 84
— Cabellae De Not. 84
— cladodermum Hauck. 71
— cladodermum Zanard. 72
clavatum Schousb. 47
— *corymbosum (Engl. Bot.) Ag.* 84
— condensatum Kütz. 98
— crispellum Ag. 252
— cruciatum Ag. 71
— cruciatum β. radicans J. Ag. 71
— Daviesii Auct. 41
— elegans Schousb. 76
— flagellare Zanard. 84
— floridulum Ag. 522
— fragilissimum Zanard. 71
— *gracillimum Harv.* 77
— graniferum Menegh. 87
— *granulatum (Ducl.) Ag.* 87
— *hyrtellum Zanard.* 78
— inordinatum Zanard. 45
— lanceolatum Derb. 86
— Lenormandi Suhr. 41
— luxurians J. Ag. 41
— macropterum Menegh. 73
— membranaceum Magnus. 69
— mesarthrocarpum Menegh. 525
— micropterum Kütz. 76
— microscopicum Näg. 41

Callith. minutissimum Kütz. 41
— minutissimum Zanard. 42
— multifidum Kütz. 51
— *nodulosum Kütz. 98
— pallens Zanard. 69
pedicellatum Ag. 47
— piliferum Kütz. 41
— pinnato-furcatum Kütz. 83
pluma (Dillw.) Ag. 75
pluma Hauck. 76
— *pluma β. microptera.* 76
Pluma var. micropterum Mont. 76
plumosum Kütz. 84
— plumula Harv. 73
— plumula β. crispum J. Ag. 73
plumula α. plumula J. Ag. 73
polyacanthum Kütz. 73
polyspermum Ag. 80
Posidoniae Zanard. 41
— Pubes Ag. 41
— pygmaeum Kütz. 41
ramellosum Kütz. 41
— refractum Kütz. 73
— repens Kütz. 44
— rigidulum Kütz. 44
roseolum Ag. 44
roseum Derb. et Sol. 86
— Rothii Lyngb. 69
— Savianum Menegh. 41
scopulorum J. Ag. 79
secundatum J. Ag. 41
scirospermum Griff. 85
scirospermum β. graniferum. 86
— *scirospermum α. lanceolatum* 86
— *scirospermum α. lanceolatum. F. trifaria* 523
seminudum Ag. 89
— semipennatum J. Ag. 45
sessile Menegh. 47
— spongiosum Harv. 87
— strictum J. Ag. 45
— *subtilissimum De Not.* 81
— subverticillatum Zanard. 44
— *tetragonum (Wither.) Ag.* 81
— tetragonum Harv. 83
— *tetragonum β. brachiatum.* 83
— *tetragonum α. genuinum* 82
— tetragonum α tetragonum J. Ag. 82
— *tetricum (Dillw.) Ag.* 81
Thuyoides (Engl. Bot.) Ag. 78
trifarium Menegh. 523
tripinnatum (Grat.) Ag. 79
truncatum Menegh. 522
— Turneri Ag. 44
— unilaterale Zanard. 45
— variabile Ag. 44
— Vermilarae De Not. 84
— versicolor Ag. 85
Callith. versicolor Auct. gall. 86
— *Vidovichii Menegh.* 522
— *Vidovichii F. divaricata* 522
— virgatulum Harv. 41
Calothrix Ag. 491
— *aeruginea (Kütz.) Thur.* 493
confervicola (Dillw.) Ag. 492
— *crustacea (Schousb.) Thur.* 491
— fasciculata Ag. 494
— hydnoides Carm. 497, 506
luteo-fusca Ag. 505
— pannosa Harv. 494
parasitica (Chauv.) Thur. 493
— *pulvinata (Mert.) Ag.* 494
— *scopulorum (Web. et Mohr) Ag.* 498
— semiplena Ag. 507
— variegata Zanard. 504
— vermicularis Kütz. 510
Calotricheae. 491
Castagnea Derb et Sol. 358
— *divaricata (Ag.) J. Ag.* 361
— *fistulosa (Zanard.) Derb et Sol.* 360
— *Griffithsiana (Grev.) J. Ag.* 360
polycarpa Derb. et Sol. 361
— *tuberculosa (Fl. Dan.) J. Ag.* 361
— *virescens (Carm.) Thur.* 358
Catenella Grev. 186
— *Opuntia (Good. et Woodw.) Grev.* 186
Caulacanthus Kütz. 196
— *ustulatus (Mert.) Kütz.* 197
Centroceras 112
brachiacanthum Kütz. 113
cinnabarinum J. Ag. 113
clavulatum Mont 113
— cryptacanthum Kütz. 113
— inerme Kütz. 113
— leptacanthum Kütz. 113
— macracanthum Kütz. 113
— micracanthum Kütz. 113
— oxyacanthum Kütz. 113
Ceramiaceae. 67
Ceramium Lyngb. 102, 104
— barbatum Kütz. 109
ciliatum (Ellis) Duel. 110
ciliatum β. echinatum. 111
cinnabarinum (Grat.) Hauck. 112
circinatum (Kütz.) J. Ag. 108
— *clavulatum Ag.* 113
— compactum Roth. 342
— confervoides Roth. 331
— crispum Duel. 73
— cristatum Menegh. 111
— dalmaticum Menegh. 112
decurrens Harv. 109
Deslongchampii Chaur. 105
— diaphanum Auct. 107
diaphanum (Lightf.) Roth. 107

Ceramium diaphanum var. arachnoidea Ag. 105
— diaphanum var. tenuissimum Lyngb. 104
— dichotomum Kütz. 109
— echionophorum Menegh. 112
— elegans J. Ag. 107
— *echionotum J. Ag.* 111
— erumpens Menegh. 104
fastigiatum Harv. 105
fastigiatum Roth. 246
— filicinum Grat. 347
— gibbosum Menegh. 104
— giganteum Menegh. 111
— granulatum Ducl. 87
— lanciferum Kütz. 109
— nodosum Harv. 104
— ocellatum Grat. 251
— ordinatum Kütz. 113
— Orsinianum Menegh. 104
— pennatum Roth. 239
— pulvinatum Mert. 494
— *radiculosum Grun.* 106
— ramulosum Menegh. 111
— roseum Roth. 81
— *rubrum (Huds.) Ag.* 108
— *rubrum F. barbata.* 109
— *rubrum F. decurrens.* 109
— sertularioides Grat. 220
— *strictum Grev. et Harv.* 106
— Teedii Roth. 137
— tenuissimum Aresch. 105
— *tenuissimum (Lyngb.) J. Ag.* 104
— *tenuissimum β. arachnoideum* 105
— tuberculosum Fl. Dan. 363
— tumidulum Menegh. 111
— Turneri Mert. 44
— uniforme Menegh. 110
— villosum Kütz. 109
— violaceum Roth. 225
Chaetangiaceae. 65
Chaetomorpha Kütz. 437
— *aerea (Dillw.) Kütz.* 438
— brachyarthra Kütz. 439
— *breviarticulata Hauck.* 440
— Callithrix Kütz. 440
— *chlorotica Kütz.* 439
crassa (Ag.) Kütz. 439
— dalmatica Kütz. 439
— gallica Kütz. 438
— *gracilis Kütz.* 440
— *gracilis β. longiarticulata.* 440
— implexa Kütz 440
— *Linum (Fl. Dan.) Kütz.* 439
— *Melagonium (Web. et Mohr.) Kütz.* 437
— princeps Kütz. 438
— setacea Kütz. 439
— *tortuosa (J. Ag.) Kütz.* 439
Chaetomorpha torulosa Kütz. 439
— urbica (Zanard.) Kütz. 438
— variabilis Kütz. 438
— vasta Kütz. 438
— Berkeleyi Grev. 358
— pellita Lyngb. 28
Chaetopteris Kütz. 347
— *plumosa (Lyngb.) Kütz.* 348
Champia parvula Harv. 157
Chantransia Fries. 39
— *minutissima (Zanard.) Hauck* 41
secunda (Lyngb.) Thur. 41
— velutina Hauck 42
— *virgatula (Harv.) Thur.* 39
Chlorophyceae. 410
Chlorozoosporeae. 417
Chondria Ag. 210
— *dasyphylla (Woodw.) Ag.* 210
furcata Ag. 150
parvula Ag. 157
— radicans Kütz. 208
— striolata Ag. 212
— *tenuissima (Good. et Woodw.) Ag.* 212
tenuissima F. divergens. 212
— *tenuissima F. subtilis.* 212
Chondriopsis dasyphylla J. Ag. 211
— divergens J. Ag. 212
— striolata J. Ag. 212
— tenuissima J. Ag. 212
Chondroclonium Teedii Kütz. 137
Chondrosiphon Baileyana Harv. 151
— compressus Kütz. 156
— mediterraneus Kütz. 156
— Meneghinianus Kütz. 154
— radicans Kütz. 156
Chondrothamnion clavellosum Kütz. 154
— confertum De Not. 154
— rigidum De Not. 156
— robustum De Not. 156
Chondrus Stackh. 133
adriaticus Zanard. 126
— Bangii Lyngb. 144
— *crispus (L.) Stackh.* 134
— *crispus β. incurvatus.* 135
— incurvatus Kütz. 135
— Vidovichii Menegh. 132
Chondrymenia Zanard. 184
— *lobata (Menegh.) Zanard.* 184
Chorda Stackh. 394
— *Filum (L.) Stackh.* 394
— filum ϑ. fistulosa Kütz. 390
— filum ζ. lomentaria Kütz. 390
— *Filum β. tomentosa.* 394
— lomentaria Lyngb. 390
— tomentosa Lyngb. 395
Chordaria Ag. 368
divaricata Ag. 361
— *flagelliformis (Fl. Dan.) Ag.* 365

Chordaria flagelliformis var β. et γ. J. Ag. 374
paradoxa Lyngb. 386
— tuberculosa Lyngb. 363
Choristocarpus Zanard. 333
— *tenellus (Kütz.) Zanard.* 334
Chroococcaceae 512
Chrysymenia J. Ag. 158
— Chiajeana Menegh. 159
clavellosa Harv. 154
dichotoma J. Ag. 126
— digitata Zanard. 159
— flagelliformis Ardiss. 182
microphysa Hauck. 160
— pinnulata (Ag.) J. Ag. 159
— *uvaria (Wulf.) J. Ag.* 160
ventricosa (Lamour.) J. Ag. 159
— *ventricosa F. digitata* 159
Chthonoblastus anguiformis Kütz. 511
— Lyngbyei Kütz. 511
Chylocladia Grev. 153
acicularis J. Ag. 156
articulata (Huds.) Grev. 156
— *articulata β. linearis.* 156
clavellosa (Turn.) Grev. 151
— firma J. Ag. 156
— kaliformis Hook. 201
— mediterranea J. Ag. 203
— *mediterranea (Kütz.) Zanard.* 154
— ovalis Hoock. 202
— *parvula (Ag.) Hook* 157
— phalligera J. Ag. 157
polycarpa Zanard. 156
— reflexa Lenorm. 201
— robusta J. Ag. 156
— *uncinata Menegh.* 153
Cladophora Kütz. 444
— *albida (Huds.) Kütz.* 458
— alyssoidea Menegh. 453
— *arcta (Dillw.) Kütz.* 445
— arctiuscula Kütz. 446
— Bertolonii Kütz. 457
— Binderi Kütz. 446
— Bruzelii Kütz. 461
catenata (Ag.) Hauck. 451
— catenata Kütz. 450
— centralis Kütz. 446
— ceratina Kütz. 460
chlorothrix Kütz. 458
— *coelothrix Kütz.* 447
— Comatula Kütz. 447
— comosa Kütz. 447
— conglomerata Kütz. 459
— congregata Kütz. 447
— *cornea Kütz.* 448
— corymbifera Kütz. 456
— cristata Kütz. 461
— Cronani (Chauv.) Kütz. 455
— *crystallina (Roth) Kütz.* 459
— cymosa Kütz. 446
Cladophora diffusa Harv. 453
— diffusa Kütz. 453
— diffusa Thur. 454
— *Echinus (Bias.) Kütz.* 448
— *expansa (Mert.) Kütz.* 462
flaccida Kütz. 462
— flavescens Harv. 462
— flavescens Kütz. 459
— *flexuosa (Griff.) Harv.* 456
— flexuosa Kütz. 456
— *fracta (Fl. Dan.) Kütz. F. marina* 461
— fruticulosa Kütz. 452
— fuscescens Kütz. 462
glaucescens (Griff.) Harv. 460
— *glomerata F. flavescens.* 459
— *glomerata (L.) Kütz. F. marina* 459
gracillima Kütz. 458
gracilis (Griff.) Kütz. 457
— *hamosa Kütz.* 456
— *hamosa F. refracta.* 457
— heteronema Kütz. 462
— *hirta Kütz.* 456
hormocladia Kütz. 453
humilis Kütz. 452
Hutchinsiae Kütz. 453
— *Hutchinsiae Kütz. β. distans.* 453
— laetevirens Harv. 455
— *laetevirens Kütz.* 458
— *lanosa (Roth) Kütz.* 447
— *lanosa F. uncialis* 447
— laxa Kütz. 454
— Lehmanniana Kütz. 455
— leucocoma Kütz. 447
— longiarticulata Kütz. 454
— longicoma Kütz. 461
— lubrica Kütz. 457
— lutescens Kütz. 459
— Lyngbyana Kütz. 452
— *mediterranea Hauck* 453
— Meneghiniana Kütz. 450
— multifida Kütz. 447
— mutila Kütz. 460
— *Neesiorum Kütz.* 452
— nitida Kütz. 461
— nitidissima Menegh. 460
patens Kütz. 462
pellucida (Huds.) Kütz. 451
pellucida F. nana. 451
— plumosa Kütz. 460
— Plumula Kütz. 457
— *prolifera (Roth) Kütz.* 450
pumila Kütz. 458
— radians Kütz. 446
— ramellosa Kütz. 458
— ramosa Kütz. 447
— ramosissima Kütz. 452
— ramulosa Menegh. 455
— *rectangularis (Griff.) Harv.* 455

Cladophora refracta Aresch. 457
— refracta (Roth) Kütz. 458
— *repens (J. Ag.) Harv.* 450
— *repens F. Meneghiniana.* 450
— reticulata Kütz. 458
Rissoana Kütz. 451
Ruchingeri Kütz. 461
Rudolphiana (Ag.) Harv. 457
rupestris (L.) Kütz. 452
— rupestris γ. mediterranea Kütz. 453
— scoparia Kütz. 450
— *scoparioides Hauck.* 451
— senescens Kütz. 447
— sericea Kütz. 460
siroсladia Kütz. 456
— *Sonderi Kütz.* 444
spinescens Kütz. 446
— stricta Kütz. 447
— Suhriana Kütz. 459
tenerrima Kütz. 460
tenuis Kütz. 458
Thoreana Kütz. 458
trichocoma Kütz. 461
— *trichotoma Kütz.* 448
— *utriculosa Kütz.* 454
— *utriculosa β. diffusa.* 454
— *utriculosa β. diffusa F. virgata.* 454
utriculosa α. genuina. 454
utriculosa δ. laetevirens. 455
— *utriculosa δ. laetevirens F. Lehmanniana.* 455
— *utriculosa γ. ramulosa.* 455
— utriculosa γ. virgata Kütz. 454
— vadorum Kütz. 458
— vaucheriaeformis (Ag.) Kütz. 446
— villosa Kütz. 447
— viridula Kütz. 461
Cladosiphon Giraudii J. Ag. 368
— mediterraneus J. Ag. 368
— mediterraneus Kütz. 361
Cladostephus Ag. 349
— densus Kütz. 350
— Lycopodium Ag. 215
— myriophyllum Ag. 350
— spongiosus Kütz. 350
— *spongiosus (Lightf.) Ag.* 350
— *verticillatus (Lightf.) Ag.* 350
Cladothele filiformis Kütz. 387
Coccochloris crassa Menegh. 486
Coccotylus Brodiaei Kütz. 141
— Brodiaei δ. angustissimus Kütz. 141
— Brodiaei β. concatenatus Kütz. 141
Codiaceae. 477
Codiolum A. Br. 471
— *gregarium A. Br.* 471
Codium Stackh. 477
— *adhaerens (Cabrera) Ag.* 479
— *Bursa (L.) Ag.* 479
— difforme Kütz. 479
— flabelliforme Ag. 481
— *tomentosum (Huds.) Stackh.* 479
Coelodictyon Zanardianum Kütz. 259
Colpomenia sinuosa Derb. et Sol. 393
Conferva aerea Dillw. 438
— albida Huds. 458
— arcta Dillw. 446
— atro-rubescens Dillw. 243
— barbata Engl. Bot. 91
— Borreri Engl. Bot. 89
— Brodiaei Dillw. 237
— cannabina Aresch. 439
— catenata Ag. 452
— ceramicola Lyngb. 22
— chthonoplastes Fl. Dan. 511
— ciliata Ellis. 110
cirrhosa Ag. 344
— clathrata Roth. 429
clavaeformis Roth. 483
— clavata Roth. 202
— coccinea Huds. 257
— collabens Ag. 443
— confervicola Dillw. 493
— corymbosa Engl. Bot. 85
— crassa Ag. 439
— crinita Roth. 429
— crystallina Roth. 460
— densa Roth. 221
— diaphana Lightf. 108
— dichotoma L. 412
— echinata Mert. 388
— Echinus Bias. 448
— elongata Huds. 227
— expansa Mertens. 462
— ferruginea Lyngb. 341
— filiformis Grev. 129
— flacca Dillw. 442
— flaccida Dillw. 353
— flexuosa Dillw. 456
— flexuosa Griff. 456
— floridula Dillw. 522
— foeniculacea Drap. 232
— foeniculacea Huds. 374
— fracta Fl. Dan. 462
— fucicola Velley. 353
— fusco-purpurea Dillw. 23
— glaucescens Griff. 460
— gracilis Griff. 458
— granulosa Engl. Bot. 333
— heteronema Ag. 462
— implexa Harv. 443
— isogona Engl. Bot. 442
— lanosa Roth. 447
— Linum Fl. Dan. 439
— Linum Harv. 439
— littoralis L. 339

Conferva majuscula Dillw. 504
— Melagonium Web. et Mohr. 438
— multifida Huds. 51
— Noesiorum Ag. 458
— nigrescens Dillw. 245
— patens Ag. 462
— pedicellata Sol. 47
— pellucida Huds. 451
— pluma Dillw. 76
— plumula Ellis. 72
— prolifera Roth. 450
— radicans Dillw. 344
— rectangularis Griff. 455
— repens J. Ag. 450
— rhizodes Ehrh. 385
— riparia Roth. 444
— Rissoana Mont. 453
— Rothii Engl. Bot. 69
— rubra Ag. 109
— Rudolphiana Harv. 457
— rupestris L. 452
— Sandri Zanard. 458
— scoparia Lyngb. 347
— scopulorum Ag. 494
— scutulata Engl. Bot. 352
— setacea Ellis. 93
— simplex Wulf. 215
— spongiosa Lightf. 350
— sutoria Berk. 439
— tetragona Wither. 82
— tetrica Dillw. 81
— Thuyoides Ag. 78
— tomentosa Huds. 330
— tortuosa J. Ag. 440
— umbilicata Velley. 467
— uncialis Fl. Dan. 447
— urceolata Lightf. 222
— utricularis Roth. 469
— Vadorum Aresch. 462
— verticillata Lightf. 350
— villosa Huds. 381
— Youngana Dillw. 442
Confervaceae 437
Constantinea Post. et Rupr. 146
— *reniformis Post. et Rupr.* 146
Contarinia Zanard. 31
— cruoriaeformis Crouan. 28
— *Peyssonneliaeformis Zanard.* 32
Corallina L. 277
— attenuata Kütz. 280
— corniculata L. 279
— cristata Kütz. 279
— densa Kütz. 281
— granifera Aresch. 280
— granifera Kütz. 281
— gibbosa Kütz. 280
— *longifurca Zanard.* 279
— mediterranea Aresch. 281
— membranacea Esper. 265
— nana Zanard. 281
Corallina officinalis L. 281
— *officinalis β. mediterranea* 281
— Plumula Zanard. 279
— *rubens L.* 278
— *rubens β. corniculata* 279
— spathulifera Kütz. 281
— spermophoros Kütz. 279
— Tuna Ellis et Soland. 483
— verrucosa Kütz. 279
— *virgata Zanard* 280
Corallinaceae 259
Corallineae 275
Corticularia arcta Kütz. 328
— brachiata Kütz. 333
— fuscata Kütz. 328
— Naegeliana Kütz. 331
— tenella Kütz. 331
— verminosa Kütz. 329
Corynephora baltica Kütz. 356
— granulosa Kütz. 514
— marina Ag. 356
— umbellata Ag. 355
Corynophlaea baltica Kütz. 356
— flaccida Kütz. 357
— umbellata Kütz. 355
Corynospora clavata J. Ag. 47
— pedicellata J. Ag. 47
Crouania J. Ag. 97
— *attenuata (Bonnem.) J. Ag.* 98
— *attenuata F. bispora* 98
— bispora Crouan. 98
Cruoria Fries. 27
— adhaerens Crouan. 28
— cruciata Zanard. 31
— pellita Harv. 29
— *pellita (Lyngb.) Fries.* 28
— pellita (Lyngbyei) Rupr. 30
— *purpurea Crouan.* 28
— verrucosa Aresch. 402
Cruoriella Crouan. 30
— *armorica Crouan.* 31
Cruoriopsis cruciata Duf. 31
Cryptacantha crinita Kütz. 296
— flaccida Kütz. 296
— robusta Kütz. 296
— squarrosa Kütz. 296
Cryptonemia J. Ag. 130
— *Lomation (Bertol.) J. Ag.* 130
— *tunaeformis (Bertol.) Zanard.* 131
— Vidovichii J. Ag. 132
Cryptonemiaceae 116
Cryptopleura lacerata Kütz. 172
Cutleria Grev. 403
— *adspersa (Roth) De Not.* 405
— collaris Zanard. 408
— dalmatica Zanard. 405
— dichotoma Kütz. 405
— fibrosa Kütz. 405
— intricata Zanard. 405
— *multifida (Engl. Bot.) Grev.* 404

Cutleria pardalis De Not. 406
— penicillata Kütz. 405
Cutleriaceae 403
Cyanophyceae 487
Cylindrocarpus Berkeleyi Crouan. 358
Cylindrospermum Carmichaelii Kütz. 501
— mesoleptum Kütz. 501
Cypellon patens Zanard. 153
Cystoclonium Kütz. 147
— *purpurascens (Huds.) Kütz.* 149
Cystosira Ag. 293
abrotanifolia Ag. 298
— *amentacea Bory.* 295
barbata (Good. et Woodw.) Ag. 296
corniculata (Wulf.) Zanard. 295
crinita (Desfont.) Duby. 296
— *discors (L.) Ag.* 297
— divaricata Kütz. 298
elata Kütz. 298
fibrosa (Huds.) Ag. 298
fimbriata Lamour. 298
— foeniculacea Harv. 298
— glomerata Kütz. 298
— Hoppii Ag. 297
— leptocarpa Kütz. 298
microcarpa Kütz. 298
— *Montagnei J. Ag.* 293
— *Montagnei β. moniliformis.* 294
— paniculata Kütz. 298
— patentissima Kütz. 298
— pumila Mont. 298
squarrosa Kütz. 298
— squarrosa De Not. 296

Dasya Ag. 250
arbuscula Kütz. 252
— *arbuscula Ag.* 252
— *arbuscula α. genuina* 252
— *arbuscula β. villosa* 252
— *coccinea (Huds.)* Ag. 257
— *corymbifera J. Ag.* 253
— *elegans (Mart.) Ag.* 253
Kützingiana Bias. 254
ocellata (Grat.) Harv. 251
pallescens Kütz. 254
— *penicillata Zanard.* 256
plana Ag. 255
— *punicea Menegh.* 255
rigescens Zanard. 254
simpliciuscula Ag. 251
spinella Ag. 256
Wurdemanni Bail. 250
Dasyactis Biasolettiana Kütz. 498
— plana Kütz. 499
— salina Kütz. 498
Dasycladaceae 483
Dasycladus Ag. 483
— *clavaeformis (Roth) Ag.* 483
Dasyopsis plana Zanard. 256
Delesseria Grev. 173
— *alata (Huds.) Lamour.* 176
— *alata β. angustissima* 177
— alata, var. dentata Mont. 37
— angustissima Griff. 177
— crispa Zanard. 175
— *Hypoglossum (Woodw.) Lamour.* 174
— *Hypoglossum β. angustifolia.* 175
— *Hypoglossum β. angustifolia F. crispa* 175
— *Hypoglossum γ. penicillata* 175
— *Hypoglossum α. Woodwardi.* 174
— lomentacea Zanard. 174
— penicillata Zanard. 176
— *ruscifolia (Turn.) Lamour.* 176
— Sandriana Zanard. 173
— sanguinea Lamour. 168
— sanguinea β. lanceolata Ag. 168
— sanguinea β. ligulata Kütz. 168
— *sinuosa (Good. et Woodw.) Lamour.* 177
— *sinuosa β. lingulata* 178
Delesseriaceae 169
Derbesia Sol. 475
— *Lamourouxii (J. Ag.) Sol.* 476
— marina Sol. 477
— *neglecta Berth.* 477
— *tenuissima (De Not.) Crouan.* 476
Derbesiaceae 475
Dermocarpa Crouan. 516
— *Leibleiniae (Reinsch) Born.* 517
prasina (Reinsch) Born. 516
violacea Crouan 517
Desmarestia Lamour. 378
— *aculeata (L.) Lamour.* 378
— filiformis J. Ag. 387
— hybrida Kütz. 380
— *ligulata (Lightf.) Lamour.* 380
— *viridis (Fl. Dan.) Lamour.* 378
Desmotrichum balticum Kütz. 372
— plumosum Kütz. 431
Dichloria viridis Grev. 378
Dichophycus repens Zanard. 153
Dichosporangium Hauck 337
— *repens Hauck* 339
Dictyomenia volubilis Grev. 250
Dictyopteris Lamour. 311
— *polypodioides (Desf.) Lamour.* 311
Dictyosiphon Grev. 373
— foeniculaceus α. Aresch. 374
foeniculaceus β. b. Aresch. 376
foeniculaceus (Huds.) Grev. 373
— *hippuroides (Lyngb.) Aresch.* 374
Dictyosphaeria valonioides Zanard. 170
Dictyota Lamour. 301
— acuta Kütz. 307
— aequalis Kütz. 306
— affinis Kütz. 307

Dictyota angustissima Kütz. 306
attenuata Kütz. 305
dichotoma (Huds.) Lamour. 304
dichotoma F. implexa. 306
divaricata Lamour. 306
elongata Kütz. 305
— *fasciola (Roth) Lamour.* 306
— fibrosa Kütz. 306
— implexa Lamour. 306
— intricata Kütz. 306
— latifolia Kütz. 305
linearis Ag. 306
ornata Zanard. 306
repens J. Ag. 307
— simplex Kütz. 307
spiralis Kütz. 306
striolata Kütz. 307
trichodes Menegh. 307
vulgaris Kütz. 305
Dictyotaceae 302
Dictyoteae 304
Digenea Ag. 214
— *simplex (Wulf.) Ag.* 215
— Wulfeni Kütz. 215
Diplostromium tenuissimum Kütz. 371
— undulatum Kütz. 372
Diplotrichia polyotis J. Ag. 495
Discosporangium Falkbg. 525
mesarthrocarpum (Menegh.) Hauck 525
— subtile Falkbg. 525
Dorythamnion tetragonum Näg. 82
Dudresnaya Bonnem. 98
— *coccinea (Ag.)* Crouan. 100
dalmatica (Kütz.) Zanard. 100
— divaricata J. Ag. 59
purpurifera J. Ag. 100
— verticillata (Wither.) Le Jol. 100
Dumontia Lamour. 128
filiformis (Fl. Dan.) Grev. 129
— *filiformis F. crispata* 130
— ventricosa Lamour. 159

Echinocaulon hispidum Kütz. 192
— strigosum Kütz. 192
Echinoceras armatum Kütz. 110
ciliatum Kütz. 110
diaphanum Kütz. 110
distans Kütz. 110
— hirsutum Kütz. 110
horridum Kütz. 110
Hystrix Kütz. 110
imbricatum Kütz. 110
julaceum Kütz. 110
nudiusculum Kütz. 110
— patens Kütz. 110
pellucidum Kütz. 110
— puberulum Kütz. 110
— ramulosum Menegh. 110
— secundatum Kütz. 110
Echinoceras spinulosum Kütz. 110
Ectocarpaceae 319
Ectocarpeae 322
Ectocarpus Lyngb. 324
— amphibius Harv. 331
— approximatus Kütz. 331
— *arctus Kütz.* 328
— bombycinus Kütz. 331
— *caespitulus J. Ag.* 327
— ceratoides Kütz. 331
— compactus Kütz. 342
— *confervoides (Roth) Le Jol.* 330
confervoides γ. approximatus 331
confervoides α. siliculosus 331
confervoides β. subulatus 331
corymbosus Kütz. 331
crinitus Carm. 330
draparnaldiaeformis Kütz. 331
elegans Thur. 332
— *fasciculatus* Harv. 332
ferrugineus J. Ag. 341
firmus J. Ag. 341
flagelliformis Kütz. 331
— flavescens Kütz. 331
— fluviatilis Kütz. 341
fuscatus Zanard. 328
— globifer Kütz. 328
— gracillimus Kütz. 331
granulosus (Engl. Bot.) Ag. 332
— intermedius Kütz. 329
— *investiens (Thur.) Hauck.* 325
— *irregularis Kütz.* 328
— Kochianus Kütz. 331
— laetus Ag. 333
— littoralis J. Ag. 331
littoralis Kütz. 341
— littoralis β. brachiatus J. Ag. 341
— littoralis γ. compactus J. Ag. 342
— lumbricalis Kütz. 354
— macroceras Kütz. 331
monocarpus Kütz. 327
— ochraceus Kütz. 341
— ochroleucus Kütz. 329
— patens Kütz. 331
— polycarpus Zanard. 329
— *pusillus Griff.* 327
— ramellosus Zanard. 341
— ramellosus Kütz. 341
— refractus Kütz. 332
reptans Crouan. 325
— rigidus Kütz. 329
rufulus Kütz. 329
rutilans Kütz. 341
Sandrianus Zanard. 332
— siliculosus Kütz. 331
— siliculosus Lyngb. 331
— siliculosus β uvaeformis Lyngb. 333
simpliciusculus Kütz. 326
— spalatinus Kütz. 331

Ectocarpus sphaericus Derb. et Sol. 323
— spinosus Kütz. 329
— subulatus Kütz. 331
— subverticillatus Kütz. 341
— tenellus Kütz. 331
terminalis Kütz. 326
tomentosus (Huds.) Lyngb. 329
— *velutinus (Grev.) Kütz.* 326
— venetus Kütz. 331
— verminosus Kütz. 328
— Vidovichii Menegh. 330
Elachista Duby 351
attenuata Harv. 351
— breviarticulata (Suhr) Aresch. 353
curta Aresch 353
flaccida (Dillw.) Aresch. 353
fucicola (Velley) Fries. 353
lumbricalis (Kütz.) Hauck 354
— *pulvinata (Kütz.) Harv.* 351
Rivularia Suhr. 351
— *scutulata (Engl. Bot.) Duby.* 352
stellaris Aresch. 352
velutina Aresch. 326
Encoelium bullosum Ag. 389
— echinatum Ag. 388
fistulosum Kütz. 388
ramosissimum Kütz. 378
— sinuosum Ag. 393
Enteromorpha Link. 425
— *aureola (Ag.) Kütz.* 434
clathrata Aresch. 430
— clathrata Kütz. 431
— *clathrata (Roth) J. Ag.* 429
clathrata γ. crinita 429
— clathrata δ. erecta Le Jol. 431
— clathrata F. longissima et validior Aresch. 429
— *clathrata β. procera* 429
— complanata Kütz. 428
compressa Auct. 429
— *compressa (L.) Grev.* 428
compressa β. lingulata 428
— crinita J. Ag. 430
— *erecta (Lyngb.) J. Ag.* 431
— fucicola (Menegh.) Kütz. 429
— fulvescens Kütz. 433
— Grevillei Thur. 425
Hopkirkii M'Calla 431
— *intestinalis (L.) Link.* 426
— *intestinalis F. bullosa* 427
— intestinalis α. capillaris Kütz. 427
intestinalis β. clavata J. Ag. 426
— *intestinalis F. Cornucopiae* 427
intestinalis F. cylindrica 426
— *intestinalis F. genuina* 426
— *intestinalis F. prolifera* 427
— *Jürgensii Kütz.* 433
— lingulata J. Ag. 428
— *Linza (L.) J. Ag.* 427
— *marginata J. Ag.* 432
Enteromorpha micrococca Kütz. 432
— *minima Näg.* 432
— paradoxa Kütz. 430
percursa (Ag.) J. Ag. 433
pilifera Kütz. 427
plumosa Ahln. 429
plumosa Kütz. 430
procera Ahln. 429
prolifera J. Ag. 427
quaternaria Ahln. 435
Ralfsii Harv. 434
ramulosa (Engl. Bot.) Hook. 431
ramulosa F. robusta 432
ramulosa F. tenuis 431
salina Kütz. 433
spermatoidea Kütz. 426
spinescens Kütz. 431
— tubulosa Kütz. 427
Entocladia Reinke 462
— *viridis Reinke* 462
— *Wittrockii Wille* 463
Entophysalis Kütz. 513
— *granulosa Kütz.* 514
Erythrotrichia ceramicola Aresch. 22
— ciliaris Thur. 25
— reflexa Thur. 22
Euactis amoena Kütz. 497
atra Kütz. 497
confluens Kütz. 498
— hemisphaerica Kütz. 498
— hospita Kütz. 497
— Jürgensii Kütz. 498
Lenormandiana Kütz. 498
— marina Kütz. 497
— pachynema Kütz. 497
prorumpens Kütz. 497
— pulchra Cramer 497
Eucladophora 450
Eudesme virescens J. Ag. 360
Euectocarpus 327
Euhymenia dichotoma Kütz. 132
— dichotoma, var. Vidovichii Kütz. 132
— Lactuca Kütz. 130
Eupogodon cervicornis Kütz. 256
— planus Kütz. 256
— spinellus Kütz. 256
Eupogonium rigidulum Kütz. 253
— squarrosum Kütz. 253
— villosum Kütz. 253
Eusphacelaria 342
Fastigiaria Stackh. 123
— *furcellata (L.) Stackh.* 123
Fauchea Mont. 151
— *repens (Ag.) Mont.* 152
Flabellaria Desfontainii Lamour. 481
— Zanichelii Zanard. 481
Florideae 8
Fucaceae 285

Fucodium nodosus J. Ag. 289
— nodosus, var. γ. Scorpioides J. Ag. 289
Fucoideae 282
Fucus L. 289
— acicularis Wulf. 136
— aculeatus L. 380
— alatus Huds. 176
— alatus γ. angustissimus Turn. 177
— asparagoides Woodw. 209
— balticus Ag. 291
— Bangii Fl. Dan. 144
— barbatus Good. et Woodw. 297
— bifidus Good. et Woodw. 167
— Brodiaei Turn. 141
— byssoides Good. et Woodw. 238
— capillaceus Gmel. 190
— capillaris Carm. 102
— *ceranoides L.* 292
— clavellosus Turn. 154
— coccineus Huds. 165
— confervoides L. 182
— corniculatus Wulf. 295
— coronopifolius Stackh. 180
— crinalis Turn. 193
— crinitus Desfont. 296
— crispus L. 135
— Cypellon Bert. 523
— dasyphyllus Woodw. 210
— digitatus L. 396
— discors L. 297
— distentus Mert. 65
— edulis Stackh. 120
— esculentus L. 399
— Fascia Fl. Dan. 391
— fasciola Roth. 307
— fibrosus Huds. 299
— filamentosus Wulf. 116
— filicinus Wulf. 123
— Filum L. 394
— flagelliformis Fl. Dan. 369
— Floresius Clemente. 127
— fruticulosus Wulf. 241
— furcellatus L. 125
— Griffithsiae Turn. 139
— Helminthochortos Latour. 214
— Heredia Clem. 523
— Hypoglossum Woodw. 174
— kaliformis Good. et Woodw. 201
— laceratus var. uncinatus Turn. 172
— ligulatus Lightf. 386
— linifolius Turn. 301
— Lomation Bertol. 130
— loreus L. 287
— lycopodioides L. 218
— mamillosus Good. et Wood. 138
— membranifolius Good. et Woodw. 143
— musciformis Lamour. 189
— nervosus De Cand. 143
Fucus nodosus L. 289
— nodosus, var. denudatus Ag. 289
— obtusus Huds. 206
— ocellatus Lamour. 170
— Opuntia Good. et Woodw. 187
— ovalis Huds. 202
— palmatus L. 163
— Palmetta Esper. 162
— papillosus Forsk. 207
— pedunculatus Huds. 383
— Phyllitis Stackh. 399
— pinastroides Gmel. 248
— pinnatifidus Gmel. 208
— *platycarpus* Thur. 291
— plicatus Huds. 139
— plumosus L. 96
— polypodioides Desf. 311
— purpurascens Huds. 149
— pusillus Stackh. 195
— rotundus Grev. 199
— rubens Good. et Woodw. 142
— ruscifolius Turn. 176
— saccharinus L. 398
— sanguineus L. 168
— scorpioides Fl. Dan. 289
— *serratus L.* 292
— siliquosus L. 293
— sinuatus Good. et Woodw. 178
— spiralis L. 291
— squamarius Gmel. 34
— subfuscus Woodw. 217
— tenuissimus Good. et Woodw. 212
— tinctorius Clem. 247
— tomentosus Huds. 479
— tunaeformis Bertol. 132
— ustulatus Mert. 197
— uvarius Wulf. 160
— *vesiculosus L.* 291
— *vesiculosus F. baltica.* 291
— vesiculosus var. Sherardi. Auct. 291
— vesiculosus var. subecostata Ag. 291
— viridis Fl. Dan. 378
— *virsoides J. Ag.* 291
— viscidus Forskal. 63
— volubilis L. 250
— Wigghii Turn. 53
Furcellaria fastigiata (Huds.) Lamour. 125
— lumbricalis Kütz. 199

Galaxaura Lamour. 66
— *adriatica Zanard.* 67
Gastroclonium Chiajeanum (Menegh.) Kütz. 159
— ovale Kütz. 202
— reflexum Kütz. 201
— Salicornia Kütz. 203
— subarticulatum Kütz 202
— umbellatum Kütz. 202
— Uvaria Kütz. 160

Gelidiaceae. 189
Gelidium Lamour. 189
— *capillaceum (Gmel.) Kütz.* 190
— *capillaceum F. crinita.* 191
— clavatum Lamour. 195
— corneum Auct. 190
— corneum var. caespitosum J. Ag. 195
corneum ζ. capillaceum Grev. 192
corneum var. clavatum Harv. 195
— corneum var. crinale Auct. 193
— corneum hypnoides Kütz. 192
— corneum Linnaei Kütz. 192
— corneum var. pinnatum Grev. 190
— corneum β. pristoides J. Ag. 192
— *crinale (Turn.) J. Ag.* 192
crinale Thur. 193
— *crinale α. genuinum.* 193
— *crinale β. lubricum.* 193
— *crinale γ polycladum.* 194
— *crinale γ. spathulatum.* 193
— *latifolium Born.* 192
— *latifolium Born. β. Hystrix.* 192
lubricum Thur. 193
— *miniatum (Lamour) Kütz.* 195
— polycladum Kütz. 194
— proliferum Kütz. 191
— *pusillum (Stackh.)* Le Jol. 195
— *secundatum Zanard.* 195
Geocyclus oscillarinus Kütz. 498
Gigartina Stackh. 135
— *acicularis (Wulf.) Lamour.* 136
compressa Kütz. 136
— *mamillosa (Good. et Woodw.) J. Ag.* 137
— miniata Lamour. 195
— *Teedii (Roth) Lamour.* 136
Gigartinaceae. 133
Ginannia furcellata Mont. 63
— irregularis Kütz. 117
pulvinata Kütz. 63
Giraudia Derb. et Sol. 334
— *sphacelarioides Derb. et Sol.* 335
Gloeocapsa Kütz. 512
— *crepidium Thur.* 513
— *deusta (Menegh.) Kütz.* 513
Gloeosiphonia Carm. 101
— *capillaris (Huds.) Carm.* 101
Gloiocladia J. Ag. 150
furcata (Ag.) J. Ag. 150
Gongroceras Agardhianum Kütz. 106
— Deslongchampii Kütz. 106
— fastigiatum Kütz. 105
— nodiferum Kütz. 104
pellucidum Kütz. 104
strictum Kütz. 106
— tenuicorne Kütz. 105
— tenuissimum Kütz. 105
Goniotrichum Kütz. 518
— ceramicola Kütz. 518
Goniotrichum coerulescens Zanard. 519
— *Cornu Cervi (Reinsch) Hauck.* 519
— dichotomum Berth. 519
dichotomum Kütz. 518
— *elegans (Chauv.) Le Jol.* 518
— elegans, var. Alsidii Zanard. 518
— *ramosum (Thwait.) Hauck.* 519
Gracilaria Grev. 180
— *armata (Ag.) J. Ag.* 182
— *compressa (Ag.) Grev.* 183
— *confervoides (L.) Grev.* 182
— *corallicola Zanard.* 184
— *dura (Ag.) J. Ag.* 183
Grateloupia Ag. 122
— *filicina (Wulf.) Ag.* 123
— gorgonioides Kütz. 126
— horrida Kütz. 123
— neglecta Kütz. 123
Griffithsia Ag. 89
— *barbata (Engl. Bot.) Ag.* 89
— crassa Kütz. 49
— cymiflora Kütz. 49
— dalmatica Kütz. 94
— irregularis Kütz. 94
— neapolitana Kütz. 94
— *opuntioides J. Ag.* 94
penicillata Ag. 53
phyllamphora J. Ag. 92
— pogonoides Menegh. 91
— repens Zanard. 45
— *Schousboei Mont.* 92
— secundiflora J. Ag. 49
— *setacea (Ellis) Ag.* 93
— *setacea b. irregularis.* 94
— sphaerica Schousb. 93
— *tenuis* Ag. 91
— torulosa Zanard. 46
Gymnogongrus Martius. 138
furcellatus Kütz. 139
— *Griffithsiae (Turn.) Martius.* 139
— *plicatus (Huds.) Kütz.* 138
— tentaculatus Kütz. 139
— Wulfeni Zanard. 139
Gymnophlaea caulescens Kütz. 117
— dichotoma Kütz. 117
— incrassata Kütz. 117

Hafgygia digitata Kütz. 398
— digitata var. cordata Kütz. 398
— digitata var. stenophylla Kütz. 398
Halarachnion aciculare Kütz. 128
— ligulatum Kütz. 128
— pinnulatum Kütz. 159
— ventricosum Kütz. 159
Halerica aculeata Kütz. 296
— amentacea Kütz. 295
— corniculata Kütz. 296
— ericoides Kütz. 295
— lupulina Kütz. 295
— selaginoides Kütz. 295

Halerica squarrosa Kütz. 296
Halidrys Lyngb. 292
— *siliquosa* (*L.*) *Lyngb.* 292
Halimeda Lamour 481
— *Tuna* (*Ellis et Sol.*) *Lamour.* 482
Halodictyon Zanard. 257
— *mirabile Zanard.* 258
Haloglossum Griffithsianum Kütz. 389
Halopithys pinastroides Kütz. 248
Halopteris filicina Kütz. 347
Halorhiza vaga Kütz. 363
Halymenia Ag. 125
— cyclocolpa Mont. 118
— *dichotoma J. Ag.* 125
— filiformis Ag. 129
filiformis β. crispata J. Ag. 130
Floresia (*Clem.*) *Ag.* 127
— furcellata Ag. 61
— ligulata Zanard. 128
ligulata (*Woodw.*) *Ag.* 127
ligulata F. aciculare 128
ligulata F. genuina 128
lobata Menegh. 185
— palmata Ag. 163
— pinnulata Kütz. 159
purpurascens β. crispata Grev. 130
ventricosa Kütz. 159
Halyseris polypodioides Ag. 311
Hanovia mirabile Ardiss. 259
Helminthora J. Ag. 57
— *divaricata* (*Ag.*) *J. Ag.* 57
Helminthocladia J. Ag. 55
— *purpurea* (*Harv.*) *J. Ag.* 57
Helminthocladiaceae. 55
Helmintochorton miniatum Zanard. 195
Herponema. 325
— velutinum J. Ag. 326
Heteractis mesenterica Kütz. 495
Hildenbrandtia Nardo. 38
— Nardi Zanard. 38
prototypus Nardo. 38
— *prototypus β. rosea.* 39
rosea Kütz. 39
rubra Kütz. 39
rubra Menegh. 39
— sanguinea Kütz. 39
Hildenbrandtiaceae. 37
Himanthalia Lyngb. 287
— *lorea* (*L.*) *Lyngb.* 287
Hormactis Thur. 499
— *Balani Thur.* 500
Hormidium implexum Kütz. 411
Hormoceras acrocarpum Kütz. 107
— Biasolettianum Kütz. 108
— cateniforme Kütz. 108
— circinatum Kütz. 108
— confluens Kütz. 108
decurrens Kütz. 108
— diaphanum Kütz. 107
duriusculum Kütz. 108
Hormoceras gracillimum Kütz. 107
— moniliforme Kütz. 107
perversum Kütz. 110
— polyceras Kütz. 107
— polygonum Kütz. 107
siliquosum Kütz. 108
syntrophum Kütz. 108
transfugum Kütz. 108
Hormospora ramosa Thwait. 519
Hormotrichum Carmichaelii Kütz. 412
— collabens Kütz. 443
— Cutleriae Harv. 441
— didymum Kütz. 442
fasciculare Kütz. 442
flaccum Kütz. 442
— isogonum Kütz. 442
— penicilliforme Kütz. 442
vermiculare Kütz. 442
— Younganum Kütz. 442
Hutchinsia aculeata Ag. 221
— arachnoidea Kütz. 225
— breviarticulata Ag. 223
— collabens Ag. 234
flexella Ag. 231
— furcellata Ag. 239
implicata Lyngb. 224
lepadicola var. intricata Ag. 235
obscura Ag. 244
opaca Ag. 246
— polyspora Ag. 237
rigens Schousb. 234
sanguinea Ag. 223
secunda Zanard. 240
subulifera Harv. 241
— tenella Ag. 240
— tenerrima Kütz. 220
— variegata Ag. 236
Hydroclathrus Bory. 393
sinuosus (*Roth*) *Zanard.* 393
Hydrocoleum lyngbyaceum Kütz. 510
Hydrolapathum Rupr. 167
— *sanguineum* (*L.*) *Stackh.* 168
sanguineum F. lanceolata. 168
Hypnaea Lamour. 188
musciformis (*Wulf.*) *Lamour.* 189
purpurascens Harv. 149
Rissoana J. Ag. 189
Hypnaeaceae. 187
Hypoglossum alatum Kütz. 177
angustissimum Kütz. 177
carpophyllum Kütz. 177
concatenatum Kütz. 174
confervaceum Kütz. 176
crispum Kütz. 176
minutum Kütz. 175
ruscifolium Kütz. 176
— Woodwardi Kütz. 174
— Woodwardi β. angustifolium Kütz. 175

Ilea fulvescens J. Ag. 435
Inochorion cervicorne Kütz. 167
— dichotomum Kütz. 167
Iridaea edulis Bory. 120
— minor Kütz. 146
Isactis Thur. 499
— *plana* (*Kütz.*) *Thur.* 499
Janczewskia Solms. 524
— *verrucaeformis Solms.* 525
Jania adhaerens Lamour. 279
— corniculata Lamour. 279
— cristata Kütz. 279
— longifurca Zanard. 280
— Plumula Zanard. 279
— rubens Lamour. 279

Kallymenia J. Ag. 145
— *microphylla* J. Ag. 146
— reniformis J. Ag. 146

Laminaria Lamour. 396
— caespitosa J. Ag. 391
— Clouston Edm. 398
— crispata Kütz. 398
— debilis J. Ag. 391
— digitata Auct. 398
— *digitata* (*L.*) *Lamour.* 396
— *digitata β. Cloustoni.* 398
— *digitata α. flexicaulis.* 396
— digitata var. stenophylla Harv. 398
— ensifolia Kütz. 398
— fascia J. Ag. 391
— fascia Harv. 391
— flexicaulis Le Jol. 398
— latifolia Ag. 398
— Phyllitis Lamour. 399
— *saccharina* (*L.*) *Lamour.* 398
— *saccharina F. Phyllitis.* 398
Laminariaceae. 394
Laurencia Lamour. 204
— cyanosperma Kütz. 206
— cyanosperma Lamour. 207
— dasyphylla Grev. 211
— glandulifera Kütz. 207
— laxa Kütz. 206
— obtusa Kütz. 206
— *obtusa* (*Huds.*) *Lamour.* 206
— *obtusa β. crucifera.* 206
— *obtusa α. genuina.* 206
— obtusa gracilis Kütz. 206
— obtusa var. paniculata Kütz. 207
— obtusa racemosa Kütz. 206
— oophora Kütz. 206
— *paniculata* (*Ag.*) *Kütz.* 206
— *paniculata F. genuina.* 207
— *paniculata F. patentiramea.* 207
— *papillosa* (*Forsk.*) *Grev.* 207
— patentiramea Kütz. 207
— patentissima Kütz. 206
— *pinnatifida* (*Gmel.*) *Lamour.* 208
Laurencia radicans Kütz. 208
— tenuissima Harv. 212
— thyrsoides Bory. 207
Leathesia Gray. 354
— Berkeleyi J. Ag. 358
— *difformis* (*L.*) *Aresch.* 355
— *Kützingii Hauck.* 356
— marina (Ag.). J. Ag. 356
— tuberiformis (Engl. Bot.) Gray. 356
— *umbellata* (*Ag.*) *Menegh.* 354
Leibleinia aeruginea Kütz. 493
— capillacea Kütz. 504
— chalybea Kütz. 493
— Cirrulus Kütz. 505
— flaccida Kütz. 493
— Hofmanni Kütz. 506
— Meneghiniana Kütz. 506
— polychroa Menegh. 504
— purpurea Kütz. 493
— semiplena Kütz. 505
— sordida Kütz. 505
— violacea Menegh. 503
— virescens Kütz. 493
Lejolisia Born. 520
— *mediterranea Born.* 520
Liagora Lamour. 63
— attenuata Kütz. 65
— coarctata Kütz. 65
— complanata Mert. 65
— dilatata Kütz. 65
— *distenta* (*Mert.*) *Ag.* 65
— versicolor Kütz. 65
— *viscida* (*Forsk.*) *Ag.* 63
— *viscida F. ceranoides* 65
Liebmannia Leveillei J. Ag. 366
— Posidoniae Menegh. 368
Limnactis salina Rabenh. 498
Lithoderma Aresch. 402
— *adriaticum Hauck.* 403
— *fatiscens Aresch.* 402
— fatiscens Hauck 403
Lithodermaceae. 402
Lithophyllum Phil. 266
— crassum Rosan. 271
— *crispatum Hauck.* 270
— *cristatum Menegh.* 270
— *cristatum F. crassa* 271
— *cristatum F. genuina.* 271
— decussatum Solms. 270
— *expansum Phil.* 268
— *expansum β. agariciforme.* 269
— giganteum Zanard 269
— *Lenormandi* (*Aresch.*) *Rosan.* 267
— *lichenoides* (*Ellis et Sol.*) *Rosan.* 268
Lithothamnion Phil. 271
— *byssoides* (*Lamarck*) *Phil.* 275
— coralloides Hauck. 274
— *crassum Phil.* 273
— crispatum Hauck 270

Lithothamnion dentatum (*Kütz.*) *Aresch.* 273
— *fasciculatum* (*Lamarck*) 274
— *fasciculatum β. fruticulosum.* 274
— incrustans Phil. 272
— *mamillosum Hauck.* 272
— *papillosum Zanard.* 272
— *polymorphum* (L.) Aresch. 271
— purpureum Hauck. 270
— racemus Aresch. 274
— ramulosum Phil. 274
— *Sonderi Hauck.* 273
Lomentaria Gaill. 200
— ambigua Kütz. 201
— articulata Lyngb. 156
— articulata β. linearis Zanard. 157
— *clavata* (*Roth*) *J. Ag.* 202
— dasyclada Kütz. 201
— fasciata (Menegh.) Kütz. 201
filiformis Kütz. 201
— *kaliformis* (*Good. et Woodw.*) Gail. 200
— *kaliformis β. squarrosa.* 201
linearis Zanard. 157
— *ovalis* (*Huds.*) *Endl.* 202
parvula Gaill. 157
— patens Kütz. 201
— phalligera J. Ag. 157
— phalligera Kütz. 201
— *reflexa Chauv.* 201
squarrosa Kütz. 201
— uncinata Menegh. 153
Lomentariaceae 199
Lophura cymosa Kütz. 217
— episcopalis Kütz. 248
gracilis Kütz. 217
— lycopodioides Kütz. 218
Lyngbya Ag. 503
— aeruginosa Ag. 504
— *aestuarii* (*Jürg.*) *Liebm.* 504
— ambigua Kütz. 504
— Brignolii DeNot. 504
— Carmichaelii Harv. 442
Catenellae Hauck. 507
— confervoides (Ag.) J. Ag. 505
— crispa Ag. 504
— Cutleriae Harv. 441
— ferruginea Ag. 504
— flacca Harv. 442
— glutinosa Kütz. 504
gracilis (*Menegh.*) *Rabenh.* 506
— interrupta Kütz. 504
— *livida Ardiss.* 505
— *luteo-fusca* (*Ag.*) *J. Ag.* 505
— luteo-fusca var. pacifica J. Ag. 505
lutescens Liebm. 505
major Kütz. 504
majuscula (*Dillw.*) *Harv.* 504
miniata Zanard. 508
obscura Kütz. 505
Lyngbya salina Kütz. 504
— *semiplena* (*Ag.*) *J. Ag.* 505
— speciosa Carm. 442
— stagnina Kütz. 504
— vermicularis Rabenh. 510
— *violacea* (*Menegh.*) *Rabenh.* 503
Lyngbyae. 503

Mastigonema plana Rabenh. 499
Mastocarpus mamillosus Kütz. 138
Mastophora lichenoides Kütz. 268
Melobesia Lamour. 260
— agariciformis Aresch. 270
— *callithamnioides Falkbg.* 262
— *Corallinae Crouan.* 266
— corticiformis Kütz. 265
— crassa Lloyd 271
— *Cystosirae Hauck* 266
— decussata Aresch. 270
— *farinosa Lamour.* 263
— fasciculata Harv. 274
— *Lejolisii Rosan.* 264
— Lenormandi Aresch. 267
— lichenoides Aresch. 268
— macrocarpa Rosan. 266
— *membranacea* (*Esper*) *Lamour.* 265
— polymorpha Harv. 272
— *pustulata Lamour.* 265
— strictaeformis Aresch. 269
— *Thureti Born.* 261
Melobesieae 260
Mertensia tripinnata Grat. 79
Mesogloea Ag. 363
— baltica Aresch. 360
— coccinea Ag. 100
— divaricata Ag. 59
— divaricata Kütz. 361
— Ekmani Aresch. 360
— fistulosa Zanard. 361.
— Griffithsiana Grev. 360
— *Leveillei* (*J. Ag.*) *Menegh.* 365
— purpurea Harv. 57
— vermicularis Ag. 365
— *vermiculata* (*Engl. Bot.*) *Le Jol.* 363
— virescens Carm. 359
— Zosterae Harv. 360
Mesogloeaceae 351
Microcoleus Desmaz. 509
— anguiformis Harv. 511
— *chthonoplastes* (*Fl. Dan.*) *Thur.* 510
— *lyngbyaceus* (*Kütz.*) *Thur.* 509
— *vermicularis Hauck* 510
Microcystis deusta Menegh. 513
Microdictyon Decne. 466
— Agardhianum Decne. 467
— *umbilicatum* (*Velley*) *Zanard.* 467
— Velleyanum Decne. 467
Microthamnium marinum Kütz. 41

Millepora agariciformis Pall. 270
— byssoides Phil. 275
— fasciculata Lamarck 274
— lichenoides Ellis et Sol. 268
— polymorpha L. 272
Monospora Sol. 46
— clavata J. Ag. 47
— *pedicellata (Engl. Bot.) Sol.* 47
— pedicellata var. clavata Zanard. 47
— *pedicellata β. sessile* 47
Monostroma Thur. 422
— *balticum (Aresch.) Wittr.* 424
— *fuscum (Post. et Rupr.) Wittr.* 425
— *Grevillei (Thur.) Wittr.*
— *Grevillei β. Lactuca* 425
— Lactuca J. Ag. 425
— *latissimum (Kütz.) Wittr.* 424
— *latissimum β. oxycoccum* 424
quaternarium (Kütz.) Desm. 422
Wittrockii Born. 422
Mychodea coerulescens Kütz. 182
Myriactis pulvinata Kütz. 351
Myrionema Grev. 319
— crustaceum J. Ag. 514
— *Henschei Casp.* 322
— *Liechtensternii Hauck* 321
— maculiforme Kütz. 321
— *orbiculare J. Ag.* 321
— strangulans Grev. 321
— *vulgare Thur.* 320
Myrionemeae 319
Myriotrichia Harv. 336
— *adriatica Hauck* 337
— canariensis Kütz. 337
— *clavaeformis Harv.* 336
— repens Hauck 339

Naccaria Endl. 53
— gelatinosa J. Ag. 55
— Vidovichii Menegh. 55
— *Whigghii (Turn.) Endl.* 53
Nemacystus Derb et Sol. 366
— *Posidoniae* (Menegh.) Hauck 368
— *ramulosus Derb.* et Sol. 366
Nemalion Duby 59
— clavatum Kütz. 59
— coccineum Kütz. 100
— comosum Menegh. 119
— divaricatum Kütz. 59
— *lubricum Duby* 59
— lubricum β. dalmaticum Kütz 101
— *multifidum (Web. et Mohr.) J. Ag.* 61
— purpureum Chauv. 57
— purpuriferum Kütz. 100
— ramosissimum Zanard. 59
Nemastoma J. Ag. 117
— cervicornis J. Ag. 119
— *cyclocolpa (Mont.) Zanard.* 117
dichotoma J. Ag. 117
— minor J. Ag. 120
Nemastoma minor Zanard. 117
Nereia Zanard. 386
— *filiformis (J. Ag.) Zanard.* 386
Neurocaulon foliosum Zanard. 147
Nitophyllum Grev. 169
— confervaceum Menegh. 171
— ocellatum Grev. 170
— *punctatum (Stackh.) Harv.* 169
— punctatum α. ocellatum J. Ag. 170
— *Sandrianum Zanard.* 172
— *uncinatum (Turn.) J. Ag.* 171
— *venulosum Zanard.* 172
— *Vidovichii (Menegh.) Hauck* 170
— *Vidovichii β. confervaceum* 171
Nodularia Mert. 502
— *litorea (Kütz.) Thur.* 502
— *litorea β. spumigena* 503
— spumigena Mert. 503
— spumigera Ag. 503
Nostocaceae 491
Nostoceae 501

Ochlochaete Phaeophila Falk. 464
Olivia Androsace Bertoloni 485
Oncobyrsa Ag. 514
— *adriatica Hauck* 515
Oosporeae 410
Oscillaria Bosc. 508
— *colubrina Thur.* 508
— lutea Ag. 506
— *miniata (Zanard.) Hauck* 508
— *neapolitana Kütz.* 509
— partita Kütz. 510
— *Spongeliae E. Schulze* 508
— *subsalsa Ag.* 508
Oscillatoria aestuarii Jürg. 504
— crustacea Schousb. 492
Ozothalia vulgaris Decne. et Thur. 289
— vulgaris, scorpioides Kütz. 289

Padina Adans. 308
— collaris Grev. 408
— *Pavonia (L.) Gaillon.* 309
— reptans Crouan. 408
Palmella crassa Naccari 486
Palmellaceae 485
Palmophyllum Kütz. 485
— *crassum (Naccari) Rabenh.* 485
— flabellatum Kütz. 486
Petalonia debilis Derb. et Sol. 391
Petrocelis J. Ag. 28
— *cruenta J. Ag.* 29
— *Ruprechtii Hauck* 30
Petrospongium Näg. 357
— *Berkeleyi (Grev.) Näg.* 358
Peyssonnelia Decne. 32
— *adriatica Hauck* 35
— *Dubyi Crouan.* 35
— Harveyana Crouan. 35
— *polymorpha (Zanard.) Schmitz* 35
— *rubra (Grev.) J. Ag.* 34

Peyssonnelia squamaria (*Gmel.*) *Decne.* 34
— umbilicata Kütz. 408
Phaeophila Hauck 464
— *Floridearum Hauck* 464
Phaeophyceae 282
Phaeozoosporeae 312
Phlebothamnion brachiatum Kütz. 83
— corymbiferum Kütz. 85
— corymbosum Kütz. 85
— divaricatum Kütz. 522
— granulatum Kütz. 87.
— polyspermum Kütz. 81
— scirospermum Kütz. 86
— spongiosum Kütz. 87
— tetragonum Kütz. 83
— tetricum Kütz. 81
— tripinnatum Kütz. 79
— versicolor Kütz. 85
— Vidovichii Kütz. 522
Phloeospora subarticulata Aresch. 376
Phycodrys sinuosa Kütz. 178
— sinuosa forma angustifolia prolifera Kütz. 178
Phycolapathum cuneatum Kütz. 391
— debile Kütz. 371
— fissum Kütz. 371
— plantagineum Kütz. 371
Phycophila Agardhii Kütz 353
— breviaticulata Kütz. 353
— curta Kütz. 353
— ferruginea (Roth) Kütz. 354
— flaccida Kütz. 353
— fucorum Kütz. 353
— gracilis Kütz. 354
— rigida Kütz. 354
— stellaris Kütz. 353
— torulosa Kütz. 353
— vulpina Kütz. 354
Phycoseris australis Kütz. 437
— crispata Kütz. 428
— curvata Kütz. 437
— gigantea Kütz. 437
— lacinulata Kütz. 437
— lanceolata Kütz. 428
— lapathifolia Kütz. 437
— Linza Kütz. 437
— Myriotrema Kütz. 437
— olivacea Kütz. 428
— planifolia Kütz. 428
— rigida Kütz. 437
— smaragdina Kütz. 428
Phyllacantha affinis Kütz. 294
— fibrosa Kütz. 299
— gracilis Kütz. 294
— moniliformis Kütz. 294
— Montagnei Kütz. 294
— pinnata Kütz. 294
— thesiophylla Kütz. 299
Phyllitis Kütz. 391
— caespitosa Le Jol. 391
— *Fascia* (*Fl. Dan.*) *Kütz.* 391
— fascia Le Jol. 391
— *Fascia β. caespitosa* 391
— *Fascia δ. debilis* 391
— *Fascia α. fascia* 391
Phyllophora Grev. 139
— *Bangii* (*Flor. Dan.*) *Jensen* 144
— *Brodiaei* (*Turn.*) *J. Ag.* 140
— *Brodiaei δ. baltica* 141
— Brodiaei β. concatenata Aresch. 141
— *Brodiaei β. elongata* 141
— Brodiaei var. simplex Harv. 141
— *Heredia* (*Clem.*) *J. Ag.* 523
— *membranifolia* (*Good. et Woodw.*) *J. Ag.* 143
— nervosa Grev. 143
— *palmettoides J. Ag.* 144
— *rubens* (*Good. et Woodw.*) *Grev.* 142
— *rubens β. nervosa* 143
Phyllotylus membranifolius Kütz. 144
— siculus Kütz. 144
Physactis atropurpurea Kütz. 499
— Lloydii Crouan. 501
— lobata Kütz. 497
— obducens Kütz. 499
— plicata Kütz. 497
— pulchra Cramer 495
Pilayella Bory. 339
— *littoralis* (*L.*) *Kjellm.* 339
— *littoralis F. compacta* 341
— *littoralis F. ferruginea* 341
— *littoralis F. firma* 341
— *littoralis F. fluviatilis* 341
— *littoralis F. ramellosa* 341
— littoralis F. vernalis Kjellm. 341
Pleonosporium Näg. 87
— *Borreri* (*Engl. Bot.*) *Näg.* 88
Pleurocapsa Thur. 515
— *fuliginosa Hauck* 515
Pleurococcus crepidium Rabenh. 513
Plocamium Lamour. 163
— Binderianum Kütz. 165
— *coccineum* (*Huds.*) *Lyngb.* 163
— *coccineum F. Binderiana* 165
— *coccineum β. uncinatum* 165
— fenestratum Kütz. 165
— subtile Kütz. 165
Polyides Ag. 197
— *lumbricalis* (*Gmel.*) *Grev.* 199
Polysiphonia Grev. 218
— acanthocarpa Kütz. 230
acanthophora Kütz. 223
acanthotricha Kütz. 231
— *aculeata* (*Ag.*) *Kütz.* 224
— aculeifera Kütz. 224
— adunca Kütz. 244

Polysiphonia Agardhiana Grev. 243
— angulosa Kütz. 225
arachnoidea J. Ag. 229
arachnoidea Kütz. 223
arborescens Kütz. 228
armata J. Ag. 241
asperula Kütz. 238
atro-rubescens (*Dillw.*) *Greville* 243
badia Kütz. 220
Bangii Kütz. 238
Biasolettiana J. Ag. 230
biformis Zanard. 229
— *breviarticulata* (*Ag*) *Zanard.* 223
— *Brodiaei* (*Dillw.*) *Grev.* 237
— byssacea Kütz. 238
— *byssoides* (*Good. et Woodw.*) *Grev.* 238
Callitricha Kütz. 237
chalarophlaea Kütz. 228
chrysoderma Kütz. 223
coarctata Kütz. 239
collabens (*Ag.*) *Kütz.* 234
— comatula Kütz. 241
commutata Kütz. 228
— condensata Kütz. 246
— dasyaeformis Zanard. 238
delphina De Not. 228
denudata (Ag.) Kütz. 236
— *Derbesii Sol.* 231
— *deusta* (*Roth*) *J. Ag.* 220
deusta Kütz. 223
— dichocephala Kütz. 245
— Dillwynii Kütz. 238
— discolor (Ag.) Kütz. 243
divaricata Kütz. 227
divergens J. Ag. 237
dysanophora Kütz. 229
— *elongata* (*Huds.*) *Harv.* 227
— *elongella Harv.* 228
— erythrocoma Kütz. 246
— expansa Zanard. 221
— fasciculata Kütz. 246
fastigiata (*Roth*) *Grev.* 245
fibrillosa J. Ag. 230
— *flexella* (*Ag.*) *J. Ag.* 231
floccosa Zanard. 220
foeniculacea (*Drap.*) *J. Ag.* 232
foetidissima Cocks 241
forcipata J. Ag. 239
formosa Harv. 222
formosa Suhr. 222
fruticulosa (*Wulf.*) *Spreng.* 241
— funicularis Menegh. 220
— *furcellata* (*Ag.*) *Harv.* 239
— grisea Kütz. 220
haematites Kütz. 228
hemisphaerica Aresch. 235
hispida Zanard. 230
hispida F. genuina 231
Polysiphonia hispida F. vestita. 231
— humilis Kütz. 241
— impolita Zanard. 227
— intricata J. Ag. 235
— *Kellneri Zanard.* 222
— laevigata Kütz. 239
— leptura Kütz. 236
— lophura Kütz. 245
— lubrica (Ag.) Zanard. 230
— macrocephala Zanard 246
— macroclonia Kütz. 228
— Martensiana Kütz. 241
— microdendron Kütz. 228
— Montagnei De Not. 227
— Morisiana J. Ag. 221
— multicapsularis Zanard. 227
— Nemalionis Zanard. 220
— *nigrescens* (*Dillw.*) *Grev.* 241
— nodulosa J. Ag. 221
— *obscura* (*Ag.*) *J. Ag.* 244
— *opaca* (Ag.) Zanard. 246
— ophiocarpa Kütz. 246
— *ornata J. Ag.* 228
— patens (Dillw.) Kütz. 222
— *pennata* (*Roth*) *J. Ag.* 238
— pennicillata (Ag.) Kütz. 237
— Perreymondi J. Ag. 225
— physarthra Kütz. 223
— pilosa Zanard. 230
— pinnulata Kütz. 239
— platyspira Kütz. 234
— polycarpa Kütz. 237
— polychotoma Kütz. 237
— *polyspora* (*Ag.*) *J. Ag.* 236
— pulvinata Aresch. 236
— *pulvinata Kütz.* 219
— purpurea J. Ag. 223
— *pycnocoma Kütz.* 224
— pycnophlaea Kütz. 241
— pygmaea Kütz. 235
— ramellosa Kütz. 244
— ramulosa (Ag.) Zanard. 246
— Ranieriana Zanard. 230
— regularis Kütz. 245
— repens Kütz. 246
— reptabunda Suhr 244
— *rigens* (*Schousb.*) *Zanard.* 232
— robusta Kütz. 220
— roseola Aresch. 222
— roseola Kütz. 227
— Ruchingeri (Ag.) J. Ag. 228
— *sanguinea* (*Ag.*) *Zanard.* 222
— *secunda* (*Ag.*) *Zanard.* 240
— secundata Suhr. 245
— sentosa Kütz. 245
— *sericea Hauck* 234
— *sertularioides* (*Grat.*) *J. Ag.* 219
— *sertularioides β. tenerrima* 220
— Solierii J. Ag. 238
— Solieri Kütz. 231

Polysiphonia spiculifera Zanard. 246
— spinella Ag. 234
— *spinosa (Ag.) J. Ag.* 230
- spinulosa Kütz. 230
stenocarpa Kütz. 228
stictophlaea Kütz. 246
— stricta Grev. 222
— stricta β. gracilis Kütz. 222
— strictoides (Lyngb.) Kütz. 228
— *stuposa Zanard.* 240
subadunca Kütz. 235
subadunca F. intricata 235
— subtilis Kütz. 235
— subulata (Duel.) J. Ag. 225
— *subulifera (Ag.) Harv.* 244
— *tenella (Ag.) J. Ag.* 239
— tenerrima Kütz. 220
— trichodes Kütz. 228
— *tripinnata J. Ag.* 241
— tripinnata Kütz. 246
— umbellifera Kütz. 246
— uncinata Kütz. 235
— *urceolata (Lightf.) Grev.* 221
— vaga Kütz. 238
— *variegata (Ag.) Zanard.* 236
— vestita J. Ag. 231
— vestita Kütz. 227
— *Vidovichii Menegh.* 234
— villifera (Ag.) Kütz. 238
— violacea J. Ag. 225
— *violacea (Roth) Grev.* 225
— *violacea α. genuina* 225
— *violacea β. subulata* 225
— *violacea γ. tenuissima* 227.
— violascens Kütz. 245
— virens Kütz. 246
— Wulfenii J. Ag. 241
Porphyra Ag. 23
— autumnalis Zanard. 26
— Boryana Mont. 25
— *ciliaris (Carm.) Crouan.* 25
— coriacea Zanard. 25
— *laciniata (Lightf.) Ag.* 26
— *leucosticta Thur.* 25
— linearis Grev. 26
— microphylla Zanard. 26
— purpurea Ag. 26
— reflexa Crouan 22
— umbilicalis Kütz. 26
— vermicellifera Kütz. 25
— vulgaris Auct. 25, 26
Porphyraceae 21
Protococcus crepidium Thur. 513
Pterocladia capillacea Born. et Thur. 191
Ptilota Ag. 94
— *elegans Bonnem.* 95
— *plumosa (L.) Ag.* 96
— Schousboei Born. 77
— sericea Harv. 96
Ptilothamnion pluma Thur. 76
Punctaria Grev. 369
— debilis Kütz. 371
— *latifolia Grev.* 371
— *plantaginea (Roth) Grev.* 371
— *tenuissima Grev.* 371
— undulata J. Ag. 371
Punctariaceae 369

Ralfsia Berk. 401
deusta Berk. 402
— *verrucosa (Aresch.) J. Ag.* 401
Ralfsiaceae 399
Rhipozonium Desfontainii Kütz. 481
— lacinulatum Kütz. 481
Rhizoclonium Kütz. 443
interruptum Kütz. 444
Jürgensii Kütz. 444
Kochianum Kütz. 441
— Linum Thur. 439
— littoreum Kütz. 444
— obtusangulum Kütz. 444
— pannosum (Aresch.) Kütz. 441
— *riparium (Roth) Harv.* 443
— salinum Kütz. 444
— *tortuosum Kütz.* 443
Rhizophyllis Kütz. 36
— Bangii J. Ag. 145
— *dentata Mont.* 37
— Squamariae Kütz. 37
Rhodochorton Näg. 67
— *floridulum (Dillw.) Näg.* 521
— *membranaceum* Magnus 69
— *pallens (Zanard.) Hauck* 69
— *Rothii (Engl. Bot.) Näg.* 68
Rhodomela Ag. 216
— gracilis Harv. 217
— *lycopodioides (L.) Ag.* 217
— spinosa Ag. 230
— subfusca Harv. 217
— *subfusca (Woodw.) Ag.* 217
— *subfusca F. firmior* 217
— *subfusca F. gracilior* 217
Rhodomelaceae 203
Rhodonema elegans Martens 254
Rhodophyceae 8
Rhodophyllis Kütz. 165
— *bifida (Good. et Woodw.) Kütz.* 166
Rhodymenia Grev. 161
— appendiculata J. Ag. 167
— corallicola Ardiss. 162
— *ligulata Zanard.* 162
— *palmata (L.) Grev.* 163
— *Palmetta (Esper) Grev.* 161
— Strafforellii Ardiss. 167
— tunaeformis Zanard. 132
Rhodymeniaceae 149
Rhynchococcus coronopifolius Kütz. 180
Ricardia Derb. et Sol. 203
- *Montagnei Derb. et Sol.* 203

Rivularia Roth 495
— *atra Roth* 497
— Balani Lloyd 501
— *Biasolettiana Menegh.* 498
— bullata J. Ag. 495
— *hospita (Kütz.) Thur.* 497
— mesenterica Thur. 495
— multifida Web. et Mohr 61
— nitida Hauck 495
— parasitica Chauv. 493
— *plicata Carm.* 496
— *polyotis (J. Ag.) Hauck* 495
— rosea Suhr. 144
— vermiculata Le Jol. 365
Rytiphlaea Ag. 246
— episcopalis (Mont.) Endl. 248
— fruticulosa Harv. 241
— *pinastroides (Gmel.) Ag.* 248
— pumila Zanard. 256
— rigidula Kütz. 248
— semicristata J. Ag. 248
— seminuda Kütz. 248
— *tinctoria (Clem.) Ag.* 247

Sarcophyllis Kütz. 120
— *edulis (Stackh.) J. Ag.* 120
— lobata Kütz. 122
Sargassum Ag. 299
— Boryanum Mont. 301
— coarctatum Kütz. 301
— *Hornschuchii Ag.* 301
— *linifolium (Turn.) Ag.* 299
— obtusatum Bory. 301
— vulgare Auct. 301
Schizogonium crispatum Kütz. 442
— laete-virens Kütz. 442
— nodosum Kütz. 433
— pallidum Kütz. 433
— percursum Kütz. 433
— virescens Kütz. 433
Schizophyceae 487
Schizosiphon fasciculatus Kütz. 495
— flagelliformis Kütz. 493
— lasiopus Kütz. 492
— lutescens Kütz. 494
— pulvinatus Rabenh. 494
— salinus Kütz. 494
— Warreniae Casp. 498
Schizymenia J. Ag. 119
— edulis J. Ag. 122
— *minor J. Ag.* 119
Scinaia Bivona 61
— *furcellata (Turn.) Biv.* 61
Scytosiphon Ag. 389
— erectus Lyngb. 431
— filum var. γ. lomentarius Ag. 390
— hippuroides Lyngb. 374
— intestinalis β. Cornucopiae Lyngb. 427
— *lomentarius (Lyngb.) J. Ag.* 390
Scytosiphon ramellosus J. Ag. 374
— tomentosum J. Ag. 395
— tomentosus Lyngb. 374
Scytosiphonaceae 389
Scirospora flaccida Kütz. 87
— Griffithsiana Harv. 86
Siphoderma lyngbyaceum Kütz. 505
— curvatum Kütz. 505
Siphonocladus Schmitz. 470
— *pusillus (Kütz.) Hauck* 470
— Wilbergi Schmitz 470
Solieriaceae 186
Sorocarpus Pringsh. 333
uvaeformis Pringsh. 333
Spatoglossum flabelliforme Kütz. 408
— Spanneri Menegh. 408
Spermatochnus adriaticus Kütz. 385
— claviceps Kütz. 385
— hirsutus Kütz. 385
— membranaceus Kütz. 385
— papillosus Kütz. 385
— paradoxus Kütz. 386
— rhizodes Kütz. 385
— setaceus Kütz. 385
Spermosira litorea Kütz. 502
— major Kütz. 503
— Vrieseana Kütz. 503
Spermothamnion Aresch. 42
— *flabellatum Born.* 45
— *inordinatum (Zanard.) Hauck* 45
— *roseolum (Ag.) Pringsh.* 44
— *torulosum (Zanard.) Ardiss.* 45
— *Turneri (Mert.) Aresch.* 42
— *Turneri F. variabilis* 44
Sphacelaria Lyngb. 342
— cervicornis Ag. 345
— cirrhosa Kütz. 345
— *cirrhosa (Roth) Ag.* 344
— *cirrhosa β. irregularis* 345
— *cirrhosa α. pennata* 345
— *filicina (Grat.) Ag.* 345
— irregularis Kütz. 345
— olivacea (Dillw.) Ag. 344
— olivacea var. radicans J. Ag. 344
— pennata (Huds.) Lyngb. 345
— *plumigera Holmes* 348
— plumosa Kütz. 348
— plumosa Menegh. 345
— *plumula Zanard.* 345
— pseudoplumosa Crouan 345
— pusilla Kütz. 344
— racemosa Reinsch 345
— *radicans (Dillw.) Ag.* 343
— rhizophora Kütz. 345
— rigida Hering 343
— *scoparia (L.) Lyngb.* 347
— simpliciuscula Ag. 347
— tenuis Bonnem. 347
— *tribuloides Menegh.* 342
— velutina Grev. 326

Sphacelarieae 342
Sphaenosiphon Leibleiniae Reinsch 517
Sphaerococcaceae 178
Sphaerococcus Stackh. 178
— armatus Ag. 183
— Bangii Ag. 145
— Brodiaei δ. angustissimus Ag. 141
Brodiaei β. concatenatus Lyngb. 141
— compressus Ag. 183
— confervoides Ag. 182
— *coronopifolius (Good. et Woodw.) Stackh.* 180
divergens Kütz. 182
— durus Ag. 184
— Helminthochortos Ag. 214
— Heredia Ag. 523
— ligulatus Kütz. 162
Meneghinii Kütz. 162
— nicaeensis Kütz. 144
— palmatus Kütz. 163
— Palmetta Ag. 162
— Palmetta var. acutifolia Kütz. 144
— Palmetta var. subdivisa Kütz. 144
— repens Ag. 153
— Sonderi Kütz. 184
— tunaeformis Kütz. 132
— vagus Kütz. 183
Sphaerozyga Ag. 501
— *Carmichaelii Harv.* 501
Carmichaelii Rabenh. 501
— Jacobi Ag. 501
Spirulina Turp. 511
— *miniata Hauck* 512
— *tenuissima Kütz.* 511
— *Thuretii Crouan* 511
— *versicolor Cohn* 512
— *Zanardinii Menegh.* 511
Spondylothamnion Näg. 49
— *multifidum (Huds.) Näg.* 49
Spongiocarpeae 197
Spongites confluens Kütz. 272
— crassa Kütz. 274
— cristata Kütz. 271
— crustacea Kütz. 272
— dentata Kütz. 273
— fruticulosa Kütz. 274
incrustans Kütz. 272
— polymorpha Kütz. 272
Spongomorpha 444
— arcta Kütz. 446
— arctiuscula Kütz. 446
— Binderi Kütz. 446
— castaneum Kütz. 342
— centralis Kütz. 446
— congregata Kütz. 447
— cymosa Kütz. 446
— ferruginea Kütz. 341
— lanosa Kütz. 447
— multifida Kütz. 447
Spongomorpha radians Kütz. 446
— ramosa Kütz. 447
— senescens Kütz. 447
— spinescens Kütz. 446
— uncialis Kütz. 447
— villosa Kütz. 447
Spongonema ferrugineum Kütz. 341
— tomentosum Kütz. 330
Spongopsis mediterranea Kütz. 440
Sporochnaceae 382
Sporochnus Ag. 382
— dalmaticus Menegh. 383
— *dichotomus Zanard.* 383
— filiformis J. Ag. 387
— *pedunculatus (Huds.) Ag.* 383
— rhizodes Ag. 385
— rhizodes β. paradoxa Ag. 386
Spyridia Harv. 114
— brachyarthra Menegh. 116
— crassa Kütz. 116
— crassiuscula Kütz. 116
— cuspidata Kütz. 116
— divaricata Kütz. 116
— *filamentosa (Wulf.) Harv.* 115
— fruticulosa Kütz. 116
— hirsuta Kütz. 116
— nudiuscula Kütz. 116
setacea Kütz. 116
— Vidovichii Menegh. 116
— villosa Kütz. 116
— villosiuscula Kütz. 116
Spyridiaceae 113
Squamariaceae 26
Stephanoconium adriaticum Kütz. 91
Stichophora Hornschuchii Kütz. 301
Stictyosiphon Kütz. 374
— *adriaticus Kütz.* 376
— *subarticulatus (Aresch.) Hauck* 375
Stilophora J. Ag. 383
— adriatica J. Ag. 385
— calcifera Zanard. 385
— *Lyngbyei J. Ag.* 386
— papillosa J. Ag. 385
— *rhizodes (Ehrh.) J. Ag.* 385
— *rhizodes F. papillosa* 385
Streblonema Derb. et Sol. 322
— *fasciculatum Thur.* 323
— investiens Thur. 325
— *sphaericum (Derb. et Sol.) Thur.* 323
— *tenuissimum Hauck* 323
— velutinum Thur. 326
— volubilis Pringsh. 324
Striaria Grev. 376
— *attenuata Grev.* 377
— *attenuata F. crinita* 377
— attenuata var. crinita Auct. partim. 376
— *attenuata F. ramosissima* 377

Striaria crinita J. Ag. 377
Stylonema Cornu Cervi Reinsch 519
Stypocaulon 347
— scoparium Kütz. 347
Symphyosiphon gallicus Kütz. 494
— pulvinatus Kütz. 494
Symploca Kütz. 506
— *Catenellae Hauck* 507
— elegans Kütz. 507
— fasciculata Kütz. 507
— *hydnoides (Carm.) Kütz.* 506
— pulchra Kütz. 507
— *violacea Hauck* 507

Taonia J. Ag. 307
— *atomaria (Woodw.) J. Ag.* 307
Tetranema percursum Aresch. 433
Thamnidium floridulum Thur. 522
— pallens Hauck 69
— Rothii Thur. 69
Tremella difformis L. 356
Trentepohlia virgatula Farl. 41
Trichoceras clavatum Kütz. 107
— transcurrens Kütz. 108
— villosum Kütz. 109
Trichothamnion coccineum Kütz. 257
— gracile Kütz. 257
— hirsutum Kütz. 257
Tylocarpus plicatus Kütz. 139
— tentaculatus Kütz. 139

Udotea Lamour. 479
— ciliata Kütz. 481
— cyathiformis Decne. 481
— *Desfontainii (Lamour.) Decne.* 481
— laciniulata Kütz. 481
Ulothrix Kütz. 440
— *collabens (Ag.) Thur.* 443
— flacca Hauck 441
— *flacca (Dillw.) Thur.* 442
— *implexa Kütz.* 440
— *isogona (Engl. Bot.) Thur.* 442
— submarina Kütz. 441
Ulva L. 435
— adspersa Roth 406
— articulata Huds. 156
— atomaria Woodw. 308
— aureola Ag. 435
— baltica Aresch. 424
— Bertoloni Ag. 428
— clathrata α. Agardhiana b. abbreviata Le Jol. 429
— clathrata α. Agardhiana a. nudiuscula Le Jol. 429
— clathrata γ. uncinata Le Jol. 431
— compressa Ag. 428
— compressa L. 428
— dichotoma Huds. 304
— enteromorpha β. compressa Le Jol. 428
Ulva enteromorpha, β. compressa c. Cornucopiae Le Jol. 427
— enteromorpha γ. intestinalis Le Jol. 426
— enteromorpha γ. intestinalis, c. bullosa Le Jol. 427
— enteromorpha α. lanceolata Le Jol. 428
— fulvescens Ag. 435
— furcellata Turn. 61
— fusca Post. et Rupr. 425
— Grevillei Le Jol. 425
— intestinalis L. 426
— laciniata Lightf. 26
— Lactuca Ag. 425
— Lactuca Kütz. 425
— *Lactuca (L.) Le Jol.* 435
— *Lactuca F. genuina* 435
— *Lactuca F. laciniulata* 437
— *Lactuca F. lapathifolia* 437
— lapathifolia Aresch. 437
— latissima Kütz. 424
— latissima Auct. 437
— ligulata Woodw. 128
— Linza L. 428
— multifida Engl. Bot. 405
— myriotrema Desmaz. 437
— oxycocca Kütz. 424
— oxysperma Kütz. 424
— percursa Ag. 433
— plantaginea Roth 371
— plumosa Huds. 472
— prolifera Fl. Dan. 427
— punctata Stackh. 170
— quaternaria Kütz. 422
— ramulosa Engl. Bot. 431
— rigida Ag. 437
— sinuosa Roth 393
— sordida Aresch. 425
— stellata Wulf. 468
Ulvaceae 422
Urospora penicilliformis Aresch. 442

Valonia Ginanni 469
— Aegagropila Ag. 470
— caespitula Zanard. 469
— incrustans Kütz. 469
— *macrophysa Kütz.* 470
— pusilla Kütz. 470
— syphunculus Bertoloni 469
— *utricularis (Roth) Ag.* 469
— *utricularis F. Aegagropila* 469
— Uvaria Kütz. 470
Valoniaceae 469
Vaucheria DC. 412
— clavata Lyngb. 414
— *dichotoma (L.) Ag. F. marina* 412
— dichotoma submarina Lyngb. 412
— fuscescens Kütz. 414
— *littorea Hofm.-Bang.* 414

Vaucheria piloboloides Thur. 413
— Pilus Mart. 412
— *sphaerospora Nordst.* 414
— *sphaerospora F. dioica* 415
— *synandra Woron.* 415
— *Thuretii Woron.* 413
— velutina Ag. 413
Vaucheriaceae 412
Vidalia Lamour. 248
— *volubilis (L.) J. Ag.* 250
Volubilaria mediterranea Lamour. 250
Wormskioldia sanguinea Spr. 168
Wrangelia Ag. 51
— multifida J. Ag. 51
— *penicillata Ag.* 51
— tenera Ag. 53
— verticillata Kütz. 53
Wrangeliaceae 39
Zanardinia Nardo 406
— *collaris (Ag.) Crouan* 406
— prototypus Nardo 408
Zonaria collaris Harv. 406
— collaris Ag. 408
— parvula Harv. 408
— Pavonia Kütz. 311
— rubra Grev. 34
— tenuis Kütz. 311
Zonotrichia amoena Rabenh. 498
— atra Rabenh. 498
— Biasolettiana Rabenh. 498
— confluens Rabenh. 498
— hemisphaerica J. Ag. 498
— Jürgensii Rabenh. 498
— Lenormandiana Rabenh. 498

Register der Abbildungen.

Acetabularia mediterranea Lamour. Fig. 214
Acrochaete repens Pringsh. Fig. 202
Acrodiscus Vidovichii (Menegh.) Zanard. Fig. 52
Aglaozonia reptans (Crouan) Kütz. Fig. 181
Alaria esculenta (L.) Grev. Fig. 175
Alsidium corallinum Ag. Fig. 92
Amphiroa rigida Lamour. Fig. 113
Anadyomene stellata (Wulf.) Ag. Fig. 204
Antithamnion cruciatum (Ag.) Näg. Fig. 24 b
— plumula (Ellis) Thur., β. crispum. Fig. 24 a
Arthrocladia villosa (Huds.) Duby. F. australis. Fig. 164
Ascophyllum nodosum (L.) Le Jol. Fig. 120 a, b
— nodosum F. scorpioides. Fig. 120 c
Asperococcus bullosus Lamour. Fig. 168 a
— echinatus (Mert.) Grev. Fig. 168 b c

Bangia ceramicola (Lyngb.) Chauv. Fig. 1 a b
— fusco-purpurea (Dillw.) Lyngb. Fig. 1 c—e
Bolbocoleon piliferum Pringsh. Fig. 201
Bonnemaisonia asparagoides (Woodw.) Ag. Fig. 90
Bornetia secundiflora (J. Ag.) Thur. Fig. 13
Bryopsis plumosa (Huds.) Ag. α. genuina. Fig. 208

Callithamnion corymbosum (Engl. Bot.) Ag. Fig. 25
— gracillimum Harv. Fig. 28
— pluma (Dillw.) Ag. Fig. 27
— polyspermum Ag. Fig. 29
— seirospermum Griff. Fig. 26
— seirospermum Griff. β. graniferum. Fig. 31
— tetragonum (Wither.) Ag. α. genuinum. Fig. 30
Calothrix crustacea (Schousb.) Thur. Fig. 216
Castagnea fistulosa (Zanard.) Derb. et Sol. Fig. 152
— tuberculosa (Fl. Dan.) J. Ag. Fig. 153
Catenella Opuntia (Good. et Woodw.) Grev. Fig. 80
Caulacanthus ustulatus (Mert.) Kütz. Fig. 85
Ceramium echionotum J. Ag. Fig. 39
— rubrum (Huds.) Ag. Fig. 38 a
— strictum Grev. et Harv. Fig. 38 b, c
Chaetomorpha aerea (Dillw.) Kütz. Fig. 192
Chaetopteris plumosa (Lyngb.) Kütz. Fig. 146
Chantransia virgatula (Harv.) Thur. Fig. 10
Chondria tenuissima (Good. et Woodw.) Ag. Fig. 91
Chondrus crispus (L.) Stackh. Fig. 53
Chondrymenia lobata (Menegh.) Zanard. Fig. 79
Chorda Filum (L.) Stackh. Fig. 172
Chordaria flagelliformis (Fl. Dan.) Ag. Fig. 157
Choristocarpus tenellus Zanard. Fig. 188
Chrysymenia uvaria (Wulf.) J. Ag. Fig. 66
— ventricosa (Lamour.) J. Ag. Fig. 65
Chylocladia mediterranea (Kütz.) Zanard. Fig. 64
Cladophora Echinus (Bias.) Kütz. Fig. 197
— gracilis (Griff.) Kütz. Fig. 195
— lanosa (Roth) Kütz. Fig. 196
Cladostephus verticillatus (Lightf.) Ag. Fig. 147
Codiolum gregarium A. Br. Fig. 207
Codium tomentosum (Huds.) Stackh. Fig. 210
Constantinea reniformis Post. et Rupr. Fig. 60
Contarinia Peyssonneliaeformis Zanard. Fig. 6

Corallina officinalis L. β. mediterranea. Fig. 114
— rubens L. Fig. 115
— virgata Zanard. Fig. 116
Crouania attenuata (Bonnem.) J. Ag. Fig. 35
Cruoria pellita (Lyngb.) Fries. Fig. 3
Cruoriella armorica Crouan. Fig. 5
Cryptonemia Lomation (Bertol.) J. Ag. Fig. 51
Cutleria multifida (Engl. Bot.) Grev. Fig. 178 und 179
Cystoclonium purpurascens (Huds.) Kütz. Fig. 61
Cystosira barbata (Good. et Woodw.) Ag. Fig. 124
— discors (L.) Ag. Fig. 123

Dasya elegans (Mart.) Ag. Fig. 102
Dasycladus clavaeformis (Roth) Ag. Fig. 213
Delesseria Hypoglossum (Woodw.) Lamour. α. Woodwardi. Fig. 75
— sinuosa (Good. et Woodw.) Lamour. Fig. 74
Derbesia Lamourouxii (J. Ag.) Sol. Fig. 209 a
— tenuissima (De Not.) Crouan. Fig. 209 b
Dermocarpa prasina (Reinsch) Born. Fig. 232
Desmarestia aculeata (L.) Lamour. Fig. 163
Dichosporangium repens Hauck. Fig. 141
Dictyopteris polypodioides (Desf.) Lamour. Fig. 130
Dictyosiphon foeniculaceus (Huds.) Grev. Fig. 160
Dictyota dichotoma (Huds.) Lamour. Fig. 126
— linearis Ag. Fig. 127
Digenea simplex (Wulf.) Ag. Fig. 93
Discosporangium mesarthrocarpum (Menegh.) Hauck. Fig. 236
Dudresnaya coccinea (Ag.) Crouan. Fig. 36
Dumontia filiformis (Fl. Dan.) Grev. Fig. 50

Elachista fucicola (Velley) Fries. Fig. 148
Ectocarpus arctus Kütz. Fig. 134
— investiens (Thur.) Hauck. Fig. 135
— tomentosus (Huds.) Lyngb. Fig. 136
Enteromorpha aureola (Ag.) Kütz. Fig. 190
— intestinalis (L.) Link. F. genuina. Fig. 188
— plumosa Kütz. Fig. 189
Entocladia viridis Reinke. Fig. 198
— Wittrockii Wille. Fig. 199
Entophysalis granulosa Kütz. Fig. 229

Fastigiaria furcellata (L.) Stackh. Fig. 46
Fauchea repens (Ag.) Mont. Fig. 63
Fucus serratus L. Fig. 121 b
— vesiculosus L. Fig. 117, 118 und 121 a

Galaxaura adriatica Zanard. Fig. 22
Gelidium capillaceum (Gmel.) Kütz. Fig. 82 a — c
— crinale (Turn) J. Ag. γ. spathulatum. Fig. 84
— latifolium Born. Fig. 82 d
— latifolium Born. β. Hystrix. Fig. 83
Gigartina mamillosa (Good. et Woodw.) J. Ag. Fig. 55
— Teedii (Roth) Lamour. Fig. 54
Giraudia sphacelarioides Derb. et Sol. Fig. 139
Gloeocapsa crepidium Thur. Fig. 228
Gloeosiphonia capillaris (Huds.) Carm. Fig. 37
Gloiocladia furcata (Ag.) J. Ag. Fig. 62
Goniotrichum elegans (Chauv.) Le Jol. Fig. 233
Gracilaria compressa (Ag.) Grev. Fig. 78
— confervoides (L.) Grev. Fig. 77
Grateloupia filicina (Wulf.) Ag. Fig. 45
Griffithsia barbata (Engl. Bot.) Ag. Fig. 33 a
— setacea (Ellis) Ag. Fig. 33 b
Gymnogongrus Griffithsiae (Turn.) Martius. Fig. 56

Halidrys siliquosa (L.) Lyngb. Fig. 122
Halimeda Tuna (Ellis et Sol.) Fig. 212
Halodictyon mirabile Zanard. Fig. 103
Halymenia dichotoma J. Ag. Fig. 48
— ligulata (Woodw.) Ag. Fig. 47
— ligulata (Woodw.) Ag. F. genuina Fig. 49
Helminthocladia purpurea (Harv.) J. Ag. Fig. 17
Helminthora divaricata (Ag.) J. Ag. Fig. 18
Hildenbrandtia prototypus Nardo. Fig. 9
Himanthalia lorea (L.) Lyngb. Fig. 119
Hormactis Balani Thur. Fig. 219
Hydroclathrus sinuosus (Roth) Zanard. Fig. 171
Hydrolapathum sanguineum (L.) Stackh. Fig. 70
Hypnaea musciformis (Wulf.) Lamour. Fig. 81

Isactis plana (Kütz.) Thur. Fig. 218
Janczewskia verrucaeformis Solms. Fig. 235

Kallymenia microphylla J. Ag. Fig. 59

Laminaria Fig. 173
— digitata (L.) Lamour α. flexicaulis Fig. 174 a, b
— digitata (L.) Lamour. β. Cloustoni Fig. 174 c—e
Laurencia paniculata (Ag.) Kütz. F. patentiramea. Fig. 89
Leathesia Kützingii Hauck. Fig. 150
— umbellata (Ag.) Menegh. Fig. 149
Lejolisia mediterranea Born. Fig. 234
Liagora distenta (Mert.) Ag. Fig. 21 b, c
— viscida (Forsk.) Ag. Fig. 21 a
Lithoderma fatiscens Aresch. Fig. 177
Lithophyllum crispatum Hauck. Taf. II, Fig. 3
— cristatum Menegh. Taf. II, Fig. 5, 6 und Taf. III, Fig. 8, 9
— decussatum Solms. Taf. I, Fig. 7
— expansum Phil. Fig. 111 und Taf. IV, Fig. 1
— expansum Phil. β. agariciforme. Taf. IV, Fig. 2
— Lenormandi (Aresch.) Rosan. Fig. 110 und Taf. III, Fig. 4
— lichenoides (Ellis et Sol.) Rosan. Taf. III, Fig. 7
Lithothamnion. Fig. 112
— byssoides (Lamarck) Phil. Taf. II, Fig. 1
— crassum Phil. Taf. I, Fig. 1—3
— dentatum (Kütz.) Aresch. Taf. II, Fig. 2 und Taf. V, Fig. 2
— fasciculatum (Lamarck) Aresch. Taf. V, Fig. 3
— fasciculatum (Lamarck) Aresch., β. fruticulosum. Taf. III, Fig. 10, 11 und Taf. V, Fig. 4, 5
— mamillosum Hauck. Taf. III, Fig. 3 und Taf. V, Fig. 1
— papillosum Zanard. Taf. II, Fig. 4
— polymorphum (L.) Aresch. Taf. I, Fig. 4, 5
— Sonderi Hauck. Taf. III, Fig. 5
Lomentaria kaliformis (Good. et Woodw.) Gaill. Fig. 87
Lyngbya aestuarii (Jürg.) Liebm. Fig. 222

Melobesia callithamnioides Falkbg. Fig. 106
— Cystosirae Hauck. Taf. III, Fig. 1, 2, 6
— farinosa Lamour. Fig. 107
— Lejolisii Rosan. Fig. 108
— membranacea (Esper) Lamour. Fig. 104
— pustulata Lamour. Fig. 109
— Thureti Born. Fig. 105 und 115
Mesogloea Leveillei (J. Ag.) Menegh. Fig. 155
Mesogloea vermiculata (Engl. Bot.) Le Jol. Fig. 154
Microcoleus lyngbyaceus (Kütz.) Thur. Fig. 226
Microdictyon umbilicatum (Velley) Zanard. Fig. 203
Monospora pedicellata (Engl. Bot.) Sol. Fig. 12
Monostroma Wittrockii Born. Fig. 187
Myrionema orbiculare J. Ag. Fig. 132
— vulgare Thur. Fig. 131
Myriotrichia clavaeformis Harv. Fig. 140

Naccaria Wigghii (Turn.) Endl. Fig. 16
Nemacystus ramulosus Derb. et Sol. Fig. 156
Nemalion lubricum Duby. Fig. 19
Nemastoma dichotoma J. Ag. Fig. 42
Nereia filiformis (J. Ag.) Zanard. Fig. 167
Nitophyllum punctatum (Stackh.) Harv. Fig. 71
— Sandrianum Zanard. Fig. 73
— Vidovichii (Menegh.) β. confervaceum. Fig. 72
Nodularia litorea (Kütz.) Thur. Fig. 221

Oncobyrsa adriatica Hauck. Fig. 230
Oscillaria Spongeliae E. Schulze. Fig. 225

Padina Pavonia (L.) Gaillon. Fig. 129
Palmophyllum crassum (Naccari) Rabenh. Fig. 215
Petrocelis cruenta J. Ag. Fig. 4
Petrospongium Berkeleyi (Grev.) Näg. Fig. 151
Peyssonnelia polymorpha (Zanard.) Schmitz. Taf. I, Fig. 6
— rubra (Grev.) J. Ag. Fig. 7 d, e
— Squamaria (Gmel.) Decne. Fig. 7 a—c
Phaeophila Floridearum Hauck. Fig. 200
Phyllitis Fascia (Fl. Dan.) Kütz. β. caespitosa Fig. 170
Phyllophora Brodiaei (Turn.) J. Ag. Fig. 57 a
— membranifolia (Good. et Woodw.) J. Ag. Fig. 57 b
— rubens (Good. et Woodw.) Grev. β. nervosa. Fig. 58
Pilayella littoralis (L.) Kjellm. F. ramellosa. Fig. 142
Pleonosporium Borreri (Engl. Bot.) Näg. Fig. 32
Pleurocapsa fuliginosa Hauck. Fig. 231
Plocamium coccineum (Huds.) Lyngb. Fig. 68
Polyides lumbricalis (Gmel.) Grev. Fig. 86
Polysiphonia fruticulosa (Wulf.) Spreng. Fig. 99

Polysiphonia opaca (Ag.) Zanard. Fig. 95
— rigens (Schousb.) Zanard. Fig. 98
— sertularioides (Grat.) J. Ag. β. tenerrima. Fig. 96
— violacea (Roth) Grev. α. genuina. Fig. 97
Porphyra laciniata (Lightf.) Ag. Fig. 2
Ptilota elegans Bonnem. Fig. 34 a
— plumosa (L.) Ag. Fig. 34 b
Punctaria latifolia Grev. Fig. 158
— tenuissima Grev. Fig. 159

Ralfsia verrucosa (Aresch.) J. Ag. Fig. 176
Rhizoclonium riparium (Roth) Harv. Fig. 194
Rhizophyllis dentata Mont. Fig. 8
Rhodochorton Rothii (Engl. Bot.) Näg. Fig. 23
Rhodomela subfusca (Woodw.) Ag. Fig. 94
Rhodophyllis bifida (Good. et Woodw.) Kütz. Fig. 69
Rhodymenia Palmetta (Esper) Grev. Fig. 67
Ricardia Montagnei Derb. et Sol. Fig. 88
Rivularia polyotis (J. Ag.) Hauck. Fig. 217
Rytiphlaea tinctoria (Clem.) Ag. Fig. 100

Sarcophyllis edulis (Stackh.) J. Ag. Fig. 44
Sargassum linifolium (Turn.) Ag. Fig. 125
Schizymenia minor J. Ag. Fig. 48
Scinaia furcellata (Turn.) Biv. Fig. 20
Scytosiphon lomentarius (Lyngb.) J. Ag. Fig. 169
Siphonocladus pusillus (Kütz.) Hauck. Fig. 206
Sorocarpus uvaeformis Pringsh. Fig. 137
Spermothamnion flabellatum Born. Fig. 11 a—c
— Turneri (Mert.) Aresch. Fig. 11 d
Sphacelaria cirrhosa (Roth) Ag. α. pennata. Fig. 143
— scoparia (L.) Lyngb. Fig. 145
— tribuloides Menegh. Fig. 144
Sphaerococcus coronopifolius (Good. et Woodw.) Stackh. Fig. 76
Sphaerozyga Carmichaelii Harv. Fig. 220
Spirulina Thuretii Crouan. Fig. 227
Spondylothamnion multifidum (Huds.) Näg. Fig. 14
Sporochnus pedunculatus (Huds.) Ag. Fig. 165
Spyridia filamentosa (Wulf.) Harv. Fig. 40 und 41
Stictyosiphon adriaticus Kütz. Fig. 161
Stilophora rhizodes (Ehrh.) J. Ag. F. papillosa. Fig. 166
Streblonema fasciculatum Thur. Fig. 133
Striaria attenuata Grev. Fig. 162
Symploca hydnoides (Carm.) Kütz. Fig. 223
— violacea Hauck. Fig. 224

Taonia atomaria (Woodw.) J. Ag. Fig. 128

Udotea Desfontainii (Lamour.) Decne. Fig. 211
Ulothrix implexa Kütz. Fig. 193
Ulva Lactuca (L.) Le Jol. F. genuina. Fig. 191

Valonia macrophysa Kütz. Fig. 205
Vaucheria dichotoma (L.) Ag. F. marina. Fig. 182
— littorea Hoffm.-Bang. Fig. 184
— piloboloides Thur. Fig. 183
— sphaerospora Nordst. Fig. 185
— synandra Woron. Fig. 186
Vidalia volubilis (L.) J. Ag. Fig. 101

Wrangelia penicillata Ag. Fig. 15

Zanardinia collaris (Ag.) Crouan. Fig. 180

Berichtigungen.

S. 26, Zeile 12 von oben lese man: „Saum“ statt „Raum“.

„ 146, vorletzte und letzte Zeile lese man: Purpurroth, trocken schwärzlich.

„ 197, Zeile 1 und 2 von oben lese man: Cystocarpien an den Aestchen deutliche Anschwellungen bildend, mit seitlich geöffnetem Pericarp.

„ 266, Zeile 9 von unten lese man: Tetrasporangien zwei- und viertheilig.

„ 376, Zeile 16 von unten schiebe man „Zellen“ nach „inneren“ ein.

„ 487, Zeile 15 von oben; S. 488, Zeile 16 von unten und S. 489, Zeile 12 von oben ist nach Dauersporen: (Dauerzellen) zu setzen.

„ 494, Zeile 8 von unten lese man: C. hydnoides Carm. in Harv. Phyc. brit. pl. 306? (sec. Bornet).

„ 506, Zeile 3 von unten setze man nach 306: (sec. Kützing).

Zur Erklärung der Tafeln:

Sämmtliche Figuren sind nach der Natur in natürlicher Grösse photographirt.

Gedruckt bei E. Polz in Leipzig

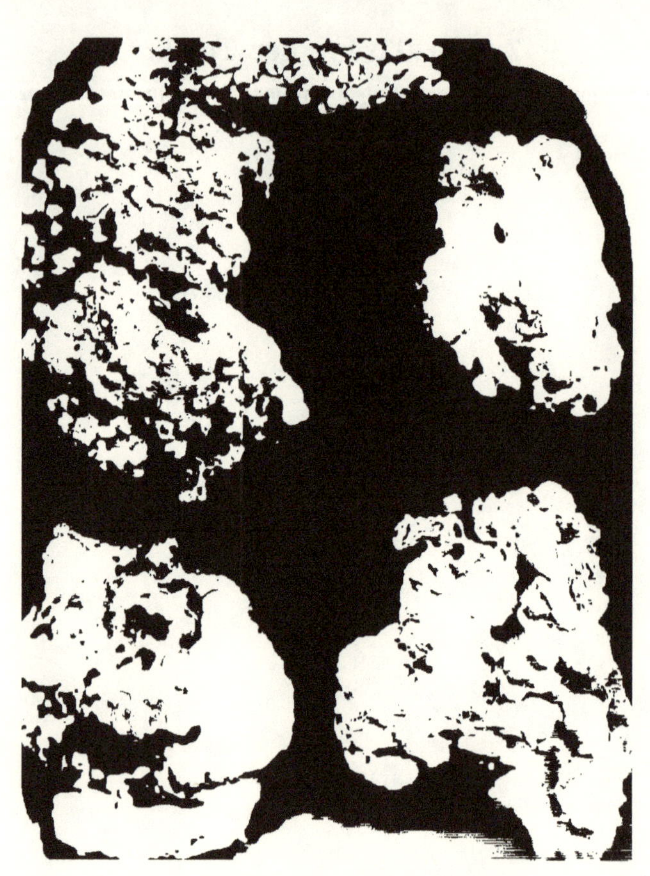

Photogr. *F. Benque*, Triest. Unveränderlicher Pressendruck von *J. B. Obernetter*, München.

Fig. 1. Lithothamnion byssoides (Lamarck) Phil.
- 2. Lithothamnion dentatum (Kütz.) Aresch.
- 3. Lithophyllum crispatum Hauck.
- 4. Lithothamnion papillosum Zanard.
- 5, 6. Lithophyllum cristatum Menegh.

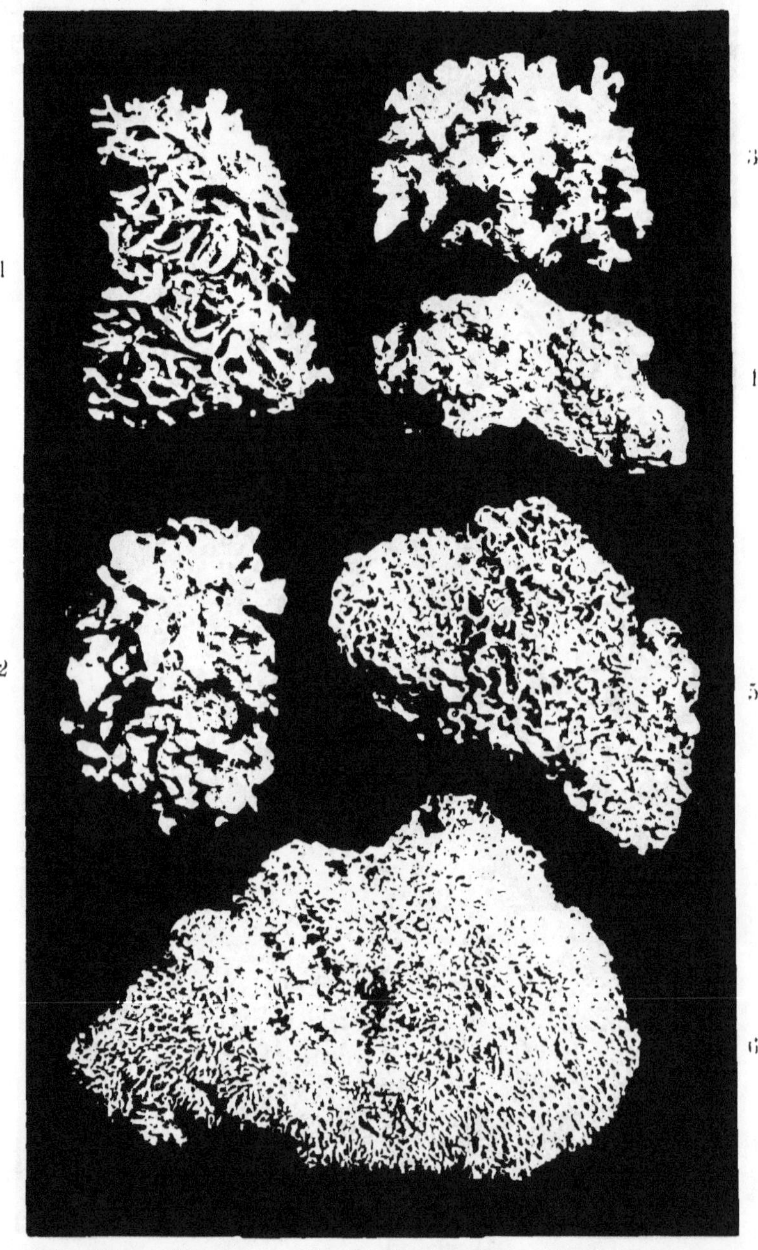

Photogr. *F. Benque*, Triest. Unveränderlicher Pressendruck von *J. B. Obernetter*, München.

Fig. 1. Lithothamnion byssoides (Lamarck) Phil.
- 2. Lithothamnion dentatum (Kütz.) Aresch.
- 3. Lithophyllum crispatum Hauck.
- 4. Lithothamnion papillosum Zanard.
- 5, 6. Lithophyllum cristatum Menegh.

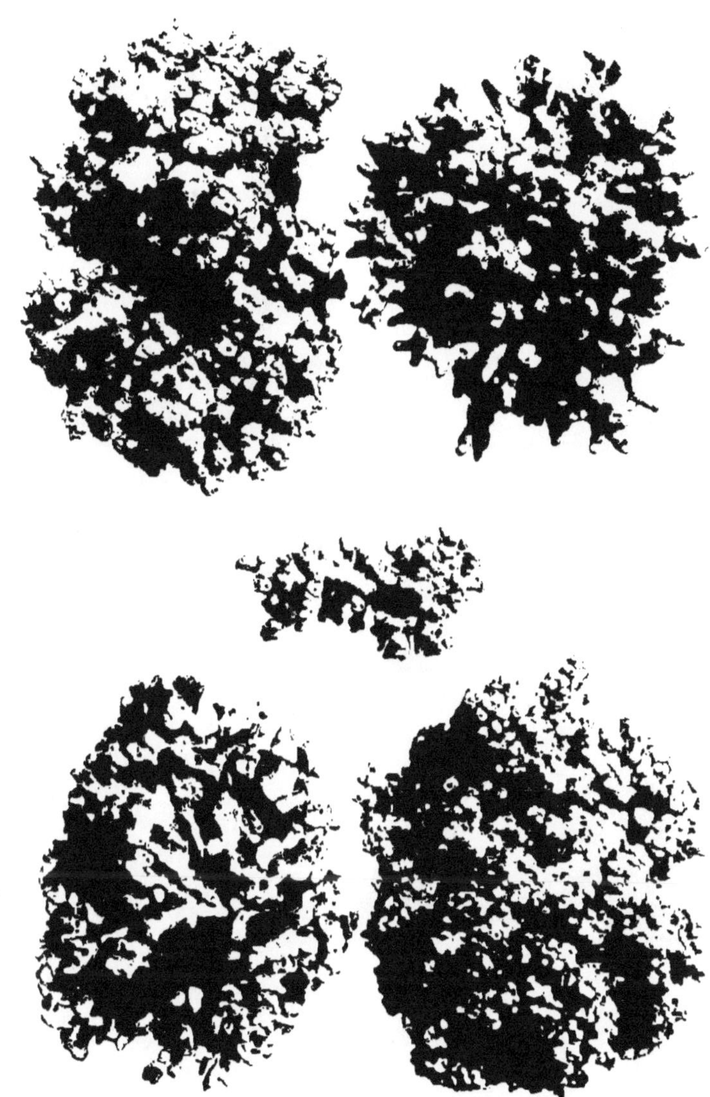

Photogr. F. Benque, Triest. Unveränderlicher Pressendruck von J. B. Obernetter, München.

Fig. 1. Lithothamnion mamillosum Hauck.
- 2. Lithothamnion dentatum (Kütz.) Aresch.
- 3. Lithothamnion fasciculatum (Lamarck) Aresch.
- 4. 5. Lithothamnion fasciculatum (Lamarck) Aresch., β. fruticulosum.

www.ingramcontent.com/pod-product-compliance
Lightning Source LLC
Chambersburg PA
CBHW020853210326
41598CB00018B/1649

* 9 7 8 3 7 4 1 1 7 1 5 6 7 *